中国国家标准汇编

2008年修订-35

中国标准出版社　编

中国标准出版社

北京

图书在版编目（CIP）数据

中国国家标准汇编：2008 年修订．35/中国标准出版社编．—北京：中国标准出版社，2009

ISBN 978-7-5066-5513-2

Ⅰ．中…　Ⅱ．中…　Ⅲ．国家标准-汇编-中国-2008　Ⅳ．T-652.1

中国版本图书馆 CIP 数据核字（2009）第 186443 号

中国标准出版社出版发行
北京复兴门外三里河北街 16 号
邮政编码：100045
网址 www.spc.net.cn
电话：68523946　68517548
中国标准出版社秦皇岛印刷厂印刷
各地新华书店经销

*

开本 880×1230　1/16　印张 38.75　字数 1 130 千字
2009 年 11 月第一版　2009 年 11 月第一次印刷

*

定价 200.00 元

ISBN 978-7-5066-5513-2

出 版 说 明

1.《中国国家标准汇编》是一部大型综合性国家标准全集。自1983年起，按国家标准顺序号以精装本、平装本两种装帧形式陆续分册汇编出版。它在一定程度上反映了我国建国以来标准化事业发展的基本情况和主要成就，是各级标准化管理机构，工矿企事业单位，农林牧副渔系统，科研、设计、教学等部门必不可少的工具书。

2.《中国国家标准汇编》收入我国每年正式发布的全部国家标准，分为"制定"卷和"修订"卷两种编辑版本。

"制定"卷收入上年度我国发布的、新制定的国家标准，顺延前年度标准编号分成若干分册，封面和书脊上注明"20××年制定"字样及分册号，分册号一直连续。各分册中的标准是按照标准编号顺序连续排列的，如有标准顺序号缺号的，除特殊情况注明外，暂为空号。

"修订"卷收入上年度我国发布的、被修订的国家标准，视篇幅分设若干分册，但与"制定"卷分册号无关联，仅在封面和书脊上注明"20××年修订-1,-2,-3,……"字样。"修订"卷各分册中的标准，仍按标准编号顺序排列（但不连续）；如有遗漏的，均在当年最后一分册中补齐。需提请读者注意的是，个别非顺延前年度标准编号的新制定的国家标准没有收入在"制定"卷中，而是收入在"修订"卷中。

读者配套购买《中国国家标准汇编》"制定"卷和"修订"卷则可收齐上一年度我国制定和修订的全部国家标准。

3. 由于读者需求的变化，自1996年起，《中国国家标准汇编》仅出版精装本。

4. 2008年制修订国家标准共5946项。本分册为"2008年修订-35"，收入新制修订的国家标准53项。

中国标准出版社

2009年10月

目　录

ICS 25.100.30
J 41

中华人民共和国国家标准

GB/T 6135.1—2008
代替 GB/T 6135.1—1996

直柄麻花钻
第1部分：粗直柄小麻花钻的型式和尺寸

Parallel shank twist drills—
Part 1: The types and dimensions for small type twist drills with oversize parallel shank

2008-11-04 发布　　2009-04-01 实施

中华人民共和国国家质量监督检验检疫总局
中国国家标准化管理委员会　发布

前　言

GB/T 6135《直柄麻花钻》分为四个部分：

——第 1 部分：粗直柄小麻花钻的型式和尺寸；

——第 2 部分：直柄短麻花钻和直柄麻花钻的型式和尺寸；

——第 3 部分：直柄长麻花钻的型式和尺寸；

——第 4 部分：直柄超长麻花钻的型式和尺寸。

本部分为 GB/T 6135 的第 1 部分。

本部分代替 GB/T 6135.1—1996《直柄麻花钻　第 1 部分：粗直柄小麻花钻的型式和尺寸》。

本部分与 GB/T 6135.1—1996 相比主要变化如下：

——“本标准”改为“本部分”。

——进行编辑性修改。

本部分由中国机械工业联合会提出。

本部分由全国刀具标准化技术委员会(SAC/TC 91)归口。

本部分起草单位：成都工具研究所、上海工具厂有限公司。

本部分主要起草人：曾宇环、邓智光、励政伟、陈丽萍。

本部分所代替标准的历次版本发布情况为：

——GB 6135—1985、GB/T 6135.1—1996。

直柄麻花钻 第1部分:粗直柄小麻花钻的型式和尺寸

1 范围

GB/T 6135的本部分规定了粗直柄小麻花钻的型式和尺寸。

本部分适用于直径0.10 mm～0.35 mm的粗直柄小麻花钻。

2 符号

d 钻头直径

d_1 柄部直径

l 总长

l_1 钻体长度

l_2 沟槽长度

3 型式与尺寸

3.1 粗直柄小麻花钻的型式和尺寸分别按图1和表1的规定。

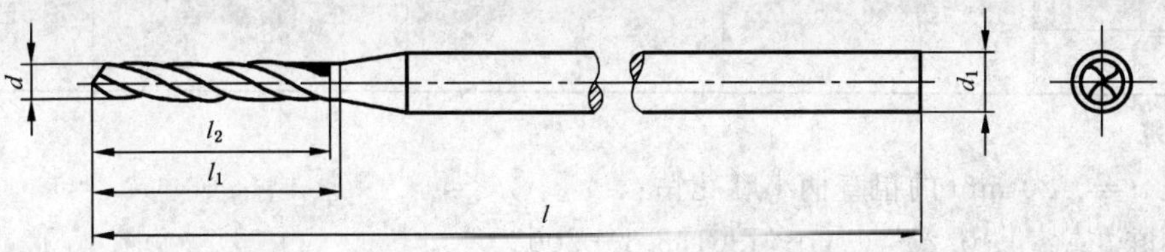

图 1

表 1

单位为毫米

d h7	l ±1	l_1 js15	l_2 min	d_1 h8
0.10	20	1.2	0.7	1
0.11				
0.12				
0.13		1.5	1.0	
0.14				
0.15				
0.16		2.2	1.4	
0.17				
0.18				
0.19				

表 1（续）

单位为毫米

<table>
<tr><th>d
h7</th><th>l
±1</th><th>l_1
js15</th><th>l_2
min</th><th>d_1
h8</th></tr>
<tr><td>0.20</td><td rowspan="16">20</td><td rowspan="5">2.5</td><td rowspan="5">1.8</td><td rowspan="16">1</td></tr>
<tr><td>0.21</td></tr>
<tr><td>0.22</td></tr>
<tr><td>0.23</td></tr>
<tr><td>0.24</td></tr>
<tr><td>0.25</td><td rowspan="6">3.2</td><td rowspan="6">2.2</td></tr>
<tr><td>0.26</td></tr>
<tr><td>0.27</td></tr>
<tr><td>0.28</td></tr>
<tr><td>0.29</td></tr>
<tr><td>0.30</td></tr>
<tr><td>0.31</td><td rowspan="5">3.5</td><td rowspan="5">2.8</td></tr>
<tr><td>0.32</td></tr>
<tr><td>0.33</td></tr>
<tr><td>0.34</td></tr>
<tr><td>0.35</td></tr>
</table>

3.2 标记示例

钻头直径 d=0.20 mm 的粗直柄小麻花钻：

粗直柄小麻花钻　0.20　GB/T 6135.1—2008

ICS 25.100.30
J 41

GB

中华人民共和国国家标准

GB/T 6135.2—2008
代替 GB/T 6135.2—1996,GB/T 6135.3—1996

直柄麻花钻 第2部分:直柄短麻花钻和直柄麻花钻的型式和尺寸

**Parallel shank twist drills—
Part 2:The types and dimensions for parallel shank stub series twist drills and parallel shank jobber series twist drills**

(ISO 235:1980,Parallel shank jobber and stub series drills and Morse taper shank drills,MOD)

2008-11-04 发布 2009-04-01 实施

中华人民共和国国家质量监督检验检疫总局
中国国家标准化管理委员会 发布

前　言

GB/T 6135《直柄麻花钻》分为四个部分：

——第1部分：粗直柄小麻花钻的型式和尺寸；

——第2部分：直柄短麻花钻和直柄麻花钻的型式和尺寸；

——第3部分：直柄长麻花钻的型式和尺寸；

——第4部分：直柄超长麻花钻的型式和尺寸。

本部分为GB/T 6135的第2部分。

本部分修改采用ISO 235：1980《直柄通用系列和短系列麻花钻和莫氏锥柄麻花钻》(英文版)。

本部分与ISO 235：1980相比有下列技术差异：

——标准名称“直柄通用系列和短系列麻花钻和莫氏锥柄麻花钻”改为“直柄麻花钻　第2部分：直柄短麻花钻和直柄麻花钻的型式和尺寸”；

——增加了规范性引用文件；

——删除了互换性；

——删除了莫氏锥柄麻花钻的型式和尺寸；

——删除了直柄短麻花钻和通用直柄麻花钻英寸尺寸表；

——修改了制造中间直径的直柄短麻花钻和通用直柄麻花钻时，总长和沟槽长度尺寸；

——增加了制造带扁尾的直柄短麻花钻和直柄麻花钻时，扁尾部分的尺寸和公差规定；

——增加了标记示例。

本部分代替GB/T 6135.2—1996《直柄麻花钻　第2部分：直柄短麻花钻的型式和尺寸》和GB/T 6135.3—1996《直柄麻花钻　第3部分：直柄麻花钻的型式和尺寸》。

本部分与GB/T 6135.2—1996、GB/T 6135.3—1996相比主要变化如下：

——型式和尺寸以及标记示例包括直柄短麻花钻和直柄麻花钻；

——标记示例中“高性能”改为“精密级”。

本部分由中国机械工业联合会提出。

本部分由全国刀具标准化技术委员会(SAC/TC 91)归口。

本部分起草单位：成都工具研究所、上海工具厂有限公司。

本部分主要起草人：曾宇环、邓智光、励政伟、陈丽萍。

本部分所代替标准的历次版本发布情况为：

——GB 1435—1978、GB 1435—1985、GB/T 6135.2—1996；

——GB 1436—1978、GB 1436—1985、GB 6134—1985、GB/T 6135.3—1996。

直柄麻花钻
第2部分:直柄短麻花钻和直柄麻花钻的型式和尺寸

1 范围

GB/T 6135 的本部分规定了直柄短麻花钻和直柄麻花钻的型式和尺寸。

本部分适用于直径 0.20 mm～40 mm 的直柄麻花钻。

2 规范性引用文件

下列文件中的条款通过 GB/T 6135 的本部分的引用而成为本部分的条款。凡是注日期的引用文件,其随后所有的修改单(不包括勘误的内容)或修订版均不适用于本部分,然而,鼓励根据本部分达成协议的各方研究是否可使用这些文件的最新版本。凡是不注日期的引用文件,其最新版本适用于本部分。

GB/T 1442 直柄工具用传动扁尾及套筒 尺寸(GB/T 1442—2004,ISO 4203:1978,MOD)

3 符号

d 钻头直径

l 总长

l_1 沟槽长度

4 型式与尺寸

4.1 直柄短麻花钻的型式和尺寸

4.1.1 直柄短麻花钻的型式和尺寸分别按图1和表1的规定。

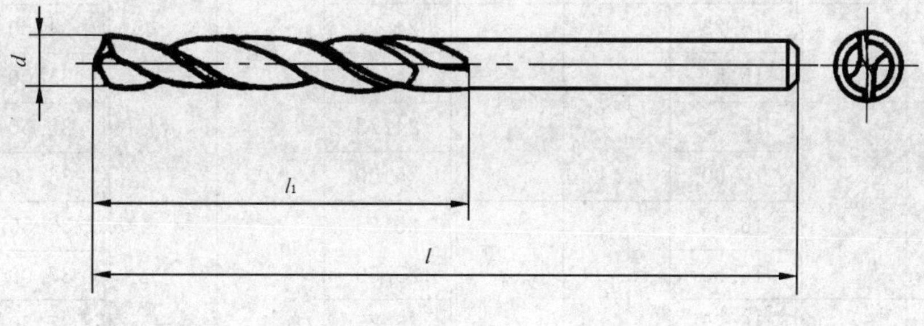

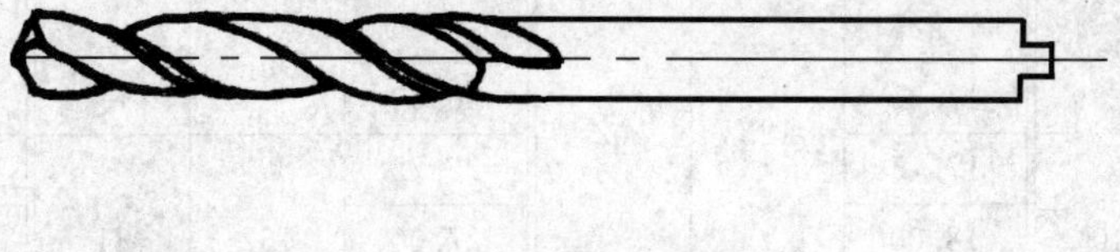

图 1

表 1

单位为毫米

d h8	l	l_1	d h8	l	l_1	d h8	l	l_1	d h8	l	l_1
0.50	20	3	9.50	84	40	18.50	127	64	27.50	162	81
0.80	24	5	9.80	89	43	18.75			27.75		
1.00	26	6	10.00			19.00			28.00		
1.20	30	8	10.20			19.25	131	66	28.25	168	84
1.50	32	9	10.50			19.50			28.50		
1.80	36	11	10.80	95	47	19.75			28.75		
2.00	38	12	11.00			20.00			29.00		
2.20	40	13	11.20			20.25	136	68	29.25		
2.50	43	14	11.50			20.50			29.50		
2.80	46	16	11.80			20.75			29.75		
3.00			12.00	102	51	21.00			30.00		
3.20	49	18	12.20			21.25	141	70	30.25	174	87
3.50	52	20	12.50			21.50			30.50		
3.80	55	22	12.80			21.75			30.75		
4.00			13.00			22.00			31.00		
4.20			13.20			22.25			31.25		
4.50	58	24	13.50	107	54	22.50	146	72	31.50		
4.80	62	26	13.80			22.75			31.75	180	90
5.00			14.00			23.00			32.00		
5.20			14.25	111	56	23.25			32.50		
5.50	66	28	14.50			23.50			33.00		
5.80			14.75			23.75	151	75	33.50		
6.00			15.00			24.00			34.00	186	93
6.20	70	31	15.25	115	58	24.25			34.50		
6.50			15.50			24.50			35.00		
6.80	74	34	15.75			24.75			35.50		
7.00			16.00			25.00			36.00	193	96
7.20			16.25	119	60	25.25	156	78	36.50		
7.50			16.50			25.50			37.00		
7.80	79	37	16.75			25.75			37.50		
8.00			17.00			26.00			38.00	200	100
8.20			17.25	123	62	26.25			38.50		
8.50			17.50			26.50			39.00		
8.80	84	40	17.75			26.75	162	81	39.50		
9.00			18.00			27.00			40.00		
9.20			18.25	127	64	27.25					

4.1.2 制造中间直径的直柄短麻花钻时，总长和沟槽长度尺寸按表 2 的规定。

表 2

单位为毫米

直径范围 d	l	l_1	直径范围 d	l	l_1
≥0.50～0.53	20	3.0	>7.50～8.50	79	37
>0.53～0.60	21	3.5	>8.50～9.50	84	40
>0.60～0.67	22	4.0	>9.50～10.60	89	43
>0.67～0.75	23	4.5	>10.60～11.80	95	47
>0.75～0.85	24	5.0	>11.80～13.20	102	51
>0.85～0.95	25	5.5	>13.20～14.00	107	54
>0.95～1.06	26	6.0	>14.00～15.00	111	56
>1.06～1.18	28	7.0	>15.00～16.00	115	58
>1.18～1.32	30	8.0	>16.00～17.00	119	60
>1.32～1.50	32	9.0	>17.00～18.00	123	62
>1.50～1.70	34	10	>18.00～19.00	127	64
>1.70～1.90	36	11	>19.00～20.00	131	66
>1.90～2.12	38	12	>20.00～21.20	136	68
>2.12～2.36	40	13	>21.20～22.40	141	70
>2.36～2.65	43	14	>22.40～23.60	146	72
>2.65～3.00	46	16	>23.60～25.00	151	75
>3.00～3.35	49	18	>25.00～26.50	156	78
>3.35～3.75	52	20	>26.50～28.00	162	81
>3.75～4.25	55	22	>28.00～30.00	168	84
>4.25～4.75	58	24	>30.00～31.50	174	87
>4.75～5.30	62	26	>31.50～33.50	180	90
>5.30～6.00	66	28	>33.50～35.50	186	93
>6.00～6.70	70	31	>35.50～37.50	193	96
>6.70～7.50	74	34	>37.50～40.00	200	100

4.1.3 制造带扁尾的直柄短麻花钻时，扁尾部分的尺寸和公差按 GB/T 1442。

4.2 直柄麻花钻的型式和尺寸

4.2.1 直柄麻花钻的型式和尺寸分别按图 2 和表 3 的规定。

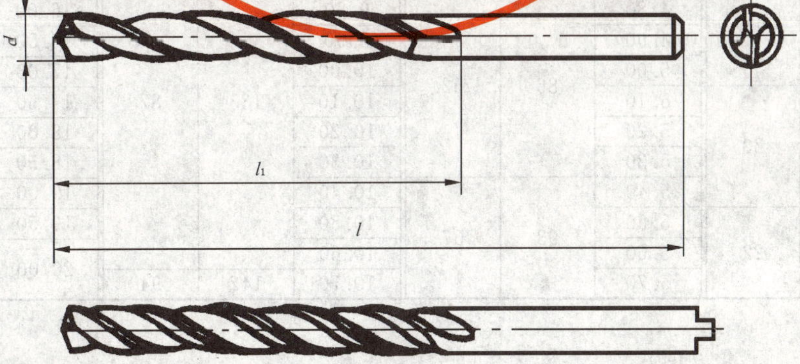

图 2

表 3

单位为毫米

d h8	l	l_1	d h8	l	l_1	d h8	l	l_1	d h8	l	l_1
0.2	19	2.5	1.90	46	22	5.80	93	57	10.80	142	94
0.22			1.95	49	24	5.90			10.90		
0.25		3	2.00			6.00			11.00		
0.28			2.05			6.10	101	63	11.10		
0.30			2.10			6.20			11.20		
0.32		4	2.15	53	27	6.30			11.30		
0.35			2.20			6.40			11.40		
0.38			2.25			6.50			11.50		
0.40	20	5	2.30			6.60			11.60		
0.42			2.35			6.70			11.70		
0.45			2.40	57	30	6.80	109	69	11.80		
0.48			2.45			6.90			11.90	151	101
0.50	22	6	2.50			7.00			12.00		
0.52			2.55			7.10			12.10		
0.55	24	7	2.60			7.20			12.20		
0.58			2.65			7.30			12.30		
0.60			2.70	61	33	7.40			12.40		
0.62	26	8	2.75			7.50			12.50		
0.65			2.80			7.60	117	75	12.60		
0.68	28	9	2.85			7.70			12.70		
0.70			2.90			7.80			12.80		
0.72			2.95			7.90			12.90		
0.75			3.00			8.00			13.00		
0.78	30	10	3.10	65	36	8.10			13.10		
0.80			3.20			8.20			13.20		
0.82			3.30			8.30			13.30	160	108
0.85			3.40	70	39	8.40			13.40		
0.88	32	11	3.50			8.50			13.50		
0.90			3.60			8.60	125	81	13.60		
0.92			3.70			8.70			13.70		
0.95	34	12	3.80	75	43	8.80			13.80		
0.98			3.90			8.90			13.90		
1.00			4.00			9.00			14.00		
1.05			4.10			9.10			14.25	169	114
1.10	36	14	4.20			9.20			14.50		
1.15			4.30	80	47	9.30			14.75		
1.20	38	16	4.40			9.40			15.00		
1.25			4.50			9.50			15.25	178	120
1.30			4.60			9.60	133	87	15.50		
1.35	40	18	4.70			9.70			15.75		
1.40			4.80	86	52	9.80			16.00		
1.45			4.90			9.90			16.50	184	125
1.50			5.00			10.00			17.00		
1.55	43	20	5.10			10.10			17.50	191	130
1.60			5.20			10.20			18.00		
1.65			5.30			10.30			18.50	198	135
1.70			5.40	93	57	10.40			19.00		
1.75	46	22	5.50			10.50			19.50	205	140
1.80			5.60			10.60			20.00		
1.85			5.70			10.70	142	94			

4.2.2 制造中间直径的直柄麻花钻时，总长和沟槽长度尺寸按表 4 的规定。

表 4

单位为毫米

直径范围 d	l	l_1	直径范围 d	l	l_1
≥0.20～0.24	19	2.5	>3.00～3.35	65	36
>0.24～0.30		3	>3.35～3.75	70	39
>0.30～0.38		4	>3.75～4.25	75	43
>0.38～0.48	20	5	>4.25～4.75	80	47
>0.48～0.53	22	6	>4.75～5.30	86	52
>0.53～0.60	24	7	>5.30～6.00	93	57
>0.60～0.67	26	8	>6.00～6.70	101	63
>0.67～0.75	28	9	>6.70～7.50	109	69
>0.75～0.85	30	10	>7.50～8.50	117	75
>0.85～0.95	32	11	>8.50～9.50	125	81
>0.95～1.06	34	12	>9.50～10.60	133	87
>1.06～1.18	36	14	>10.60～11.80	142	94
>1.18～1.32	38	16	>11.80～13.20	151	101
>1.32～1.50	40	18	>13.20～14.00	160	108
>1.50～1.70	43	20	>14.00～15.00	169	114
>1.70～1.90	46	22	>15.00～16.00	178	120
>1.90～2.12	49	24	>16.00～17.00	184	125
>2.12～2.36	53	27	>17.00～18.00	191	130
>2.36～2.65	57	30	>18.00～19.00	198	135
>2.65～3.00	61	33	>19.00～20.00	205	140

4.2.3 制造带扁尾的直柄麻花钻时，扁尾部分的尺寸和公差按 GB/T 1442。

4.3 标记示例

钻头直径 d=15.00 mm 的右旋直柄短麻花钻：

直柄短麻花钻　15　GB/T 6135.2—2008

钻头直径 d=15.00 mm 的左旋直柄短麻花钻：

直柄短麻花钻　15-L　GB/T 6135.2—2008

钻头直径 d=10.00 mm 的右旋直柄麻花钻：

直柄麻花钻　10　GB/T 6135.2—2008

钻头直径 d=10.00 mm 的左旋直柄麻花钻：

直柄麻花钻　10-L　GB/T 6135.2—2008

精密级的直柄短麻花钻或直柄麻花钻应在直径前加“H-”，如：H-10，H-15。

ICS 25.100.30
J 41

中华人民共和国国家标准

GB/T 6135.3—2008
代替 GB/T 6135.4—1996

直柄麻花钻
第3部分:直柄长麻花钻的型式和尺寸

Parallel shank twist drills—
Part 3:The types and dimensions for parallel shank long series twist drills

(ISO 494:1975,Parallel shank twist drills—Long series,MOD)

2008-11-04 发布　　2009-04-01 实施

中华人民共和国国家质量监督检验检疫总局
中国国家标准化管理委员会　发布

前言

GB/T 6135《直柄麻花钻》分为四个部分：

——第1部分：粗直柄小麻花钻的型式和尺寸；

——第2部分：直柄短麻花钻和直柄麻花钻的型式和尺寸；

——第3部分：直柄长麻花钻的型式和尺寸；

——第4部分：直柄超长麻花钻的型式和尺寸。

本部分为GB/T 6135的第3部分。

本部分修改采用ISO 494：1975《直柄麻花钻　长型系列》(英文版)。

本部分与ISO 494：1975相比有下列技术差异：

——增加了规范性引用文件；

——标准名称"直柄麻花钻钻头　长型系列"改为"直柄麻花钻　第3部分：直柄长麻花钻的型式和尺寸"；

——删除了互换性；

——删除了英寸尺寸表；

——修改了制造中间直径的直柄长麻花钻时，总长和沟槽长度尺寸；

——增加了制造带扁尾的直柄长麻花钻时，扁尾部分的尺寸和公差规定；

——增加了标记示例。

本部分代替GB/T 6135.4—1996《直柄麻花钻　第4部分：直柄长麻花钻的型式和尺寸》。

本部分与GB/T 6135.4—1996相比主要变化如下：

——修改了规范性引用文件；

——标记示例中"高性能"改为"精密级"。

本部分由中国机械工业联合会提出。

本部分由全国刀具标准化技术委员会(SAC/TC 91)归口。

本部分起草单位：成都工具研究所、上海工具厂有限公司。

本部分主要起草人：曾宇环、邓智光、励政伟、陈丽萍。

本部分所代替标准的历次版本发布情况为：

——GB 1436—1978、GB 1437—1985、GB/T 6135.4—1996。

直柄麻花钻
第3部分：直柄长麻花钻的型式和尺寸

1 范围

GB/T 6135 的本部分规定了直柄长麻花钻的型式和尺寸。

本部分适用于直径 1.00 mm～31.50 mm 的直柄长麻花钻。

2 规范性引用文件

下列文件中的条款通过 GB/T 6135 的本部分的引用而成为本部分的条款。凡是注日期的引用文件，其随后所有的修改单(不包括勘误的内容)或修订版均不适用于本部分，然而，鼓励根据本部分达成协议的各方研究是否可使用这些文件的最新版本。凡是不注日期的引用文件，其最新版本适用于本部分。

GB/T 1442　直柄工具用传动扁尾及套筒　尺寸(GB/T 1442—2004,ISO 4203:1978,MOD)

3 符号

d　钻头直径

l　总长

l_1　沟槽长度

4 型式与尺寸

4.1　直柄长麻花钻的型式和尺寸分别按图 1 和表 1 的规定。

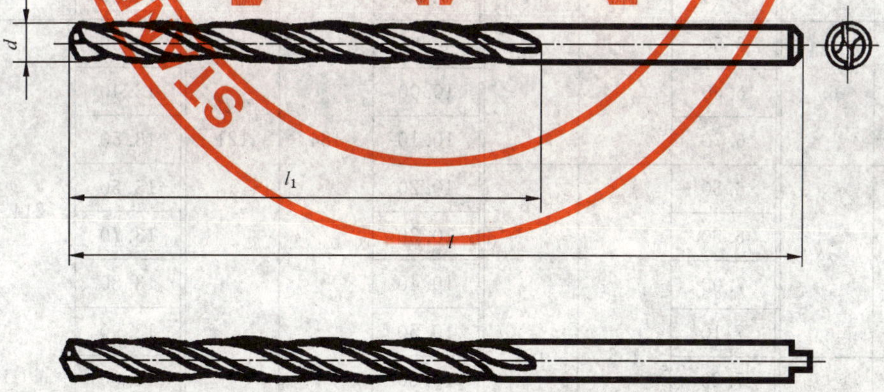

图 1

表 1 单位为毫米

<table>
<tr><th>d
h8</th><th>l</th><th>l1</th><th>d
h8</th><th>l</th><th>l1</th><th>d
h8</th><th>l</th><th>l1</th><th>d
h8</th><th>l</th><th>l1</th></tr>
<tr><td>1.00</td><td>56</td><td>33</td><td>4.40</td><td rowspan="4">126</td><td rowspan="4">82</td><td>7.80</td><td rowspan="8">165</td><td rowspan="8">109</td><td>11.20</td><td rowspan="7">195</td><td rowspan="7">128</td></tr>
<tr><td>1.10</td><td>60</td><td>37</td><td>4.50</td><td>7.90</td><td>11.30</td></tr>
<tr><td>1.20</td><td rowspan="2">65</td><td rowspan="2">41</td><td>4.60</td><td>8.00</td><td>11.40</td></tr>
<tr><td>1.30</td><td>4.70</td><td>8.10</td><td>11.50</td></tr>
<tr><td>1.40</td><td rowspan="2">70</td><td rowspan="2">45</td><td>4.80</td><td rowspan="6">132</td><td rowspan="6">87</td><td>8.20</td><td>11.60</td></tr>
<tr><td>1.50</td><td>4.90</td><td>8.30</td><td>11.70</td></tr>
<tr><td>1.60</td><td rowspan="2">76</td><td rowspan="2">50</td><td>5.00</td><td>8.40</td><td>11.80</td></tr>
<tr><td>1.70</td><td>5.10</td><td>8.50</td><td>11.90</td><td rowspan="14">205</td><td rowspan="14">134</td></tr>
<tr><td>1.80</td><td rowspan="2">80</td><td rowspan="2">53</td><td>5.20</td><td>8.60</td><td rowspan="10">175</td><td rowspan="10">115</td><td>12.00</td></tr>
<tr><td>1.90</td><td>5.30</td><td>8.70</td><td>12.10</td></tr>
<tr><td>2.00</td><td rowspan="2">85</td><td rowspan="2">56</td><td>5.40</td><td rowspan="7">139</td><td rowspan="7">91</td><td>8.80</td><td>12.20</td></tr>
<tr><td>2.10</td><td>5.50</td><td>8.90</td><td>12.30</td></tr>
<tr><td>2.20</td><td rowspan="2">90</td><td rowspan="2">59</td><td>5.60</td><td>9.00</td><td>12.40</td></tr>
<tr><td>2.30</td><td>5.70</td><td>9.10</td><td>12.50</td></tr>
<tr><td>2.40</td><td rowspan="3">95</td><td rowspan="3">62</td><td>5.80</td><td>9.20</td><td>12.60</td></tr>
<tr><td>2.50</td><td>5.90</td><td>9.30</td><td>12.70</td></tr>
<tr><td>2.60</td><td>6.00</td><td>9.40</td><td>12.80</td></tr>
<tr><td>2.70</td><td rowspan="4">100</td><td rowspan="4">66</td><td>6.10</td><td rowspan="7">148</td><td rowspan="7">97</td><td>9.50</td><td>12.90</td></tr>
<tr><td>2.80</td><td>6.20</td><td>9.60</td><td rowspan="11">184</td><td rowspan="11">121</td><td>13.00</td></tr>
<tr><td>2.90</td><td>6.30</td><td>9.70</td><td>13.10</td></tr>
<tr><td>3.00</td><td>6.40</td><td>9.80</td><td>13.20</td></tr>
<tr><td>3.10</td><td rowspan="3">106</td><td rowspan="3">69</td><td>6.50</td><td>9.90</td><td>13.30</td><td rowspan="8">214</td><td rowspan="8">140</td></tr>
<tr><td>3.20</td><td>6.60</td><td>10.00</td><td>13.40</td></tr>
<tr><td>3.30</td><td>6.70</td><td>10.10</td><td>13.50</td></tr>
<tr><td>3.40</td><td rowspan="4">112</td><td rowspan="4">73</td><td>6.80</td><td rowspan="8">156</td><td rowspan="8">102</td><td>10.20</td><td>13.60</td></tr>
<tr><td>3.50</td><td>6.90</td><td>10.30</td><td>13.70</td></tr>
<tr><td>3.60</td><td>7.00</td><td>10.40</td><td>13.80</td></tr>
<tr><td>3.70</td><td>7.10</td><td>10.50</td><td>13.90</td></tr>
<tr><td>3.80</td><td rowspan="5">119</td><td rowspan="5">78</td><td>7.20</td><td>10.60</td><td>14.00</td></tr>
<tr><td>3.90</td><td>7.30</td><td>10.70</td><td rowspan="5">195</td><td rowspan="5">128</td><td>14.25</td><td rowspan="4">220</td><td rowspan="4">144</td></tr>
<tr><td>4.00</td><td>7.40</td><td>10.80</td><td>14.50</td></tr>
<tr><td>4.10</td><td>7.50</td><td>10.90</td><td>14.75</td></tr>
<tr><td>4.20</td><td>7.60</td><td rowspan="2">165</td><td rowspan="2">109</td><td>11.00</td><td>15.00</td></tr>
<tr><td>4.30</td><td>126</td><td>82</td><td>7.70</td><td>11.10</td><td>15.25</td><td>227</td><td>149</td></tr>
</table>

表 1（续） 单位为毫米

d h8	l	l_1	d h8	l	l_1	d h8	l	l_1	d h8	l	l_1
15.50	227	149	19.75	254	166	24.00	282	185	28.25	307	201
15.75			20.00			24.25			28.50		
16.00			20.25	261	171	24.50			28.75		
16.25	235	154	20.50			24.75			29.00		
16.50			20.75			25.00			29.25		
16.75			21.00			25.25	290	190	29.50		
17.00			21.25	268	176	25.50			29.75		
17.25	241	158	21.50			25.75			30.00		
17.50			21.75			26.00			30.25	316	207
17.75			22.00			26.25			30.50		
18.00			22.25			26.50			30.75		
18.25	247	162	22.50	275	180	26.75	298	195	31.00		
18.50			22.75			27.00			31.25		
18.75			23.00			27.25			31.50		
19.00			23.25			27.50					
19.25	254	166	23.50			27.75					
19.50			23.75	282	185	28.00					

4.2 制造中间直径的直柄长麻花钻时，总长和沟槽长度尺寸按表 2 的规定。

表 2 单位为毫米

直径范围 d	l	l_1	直径范围 d	l	l_1
≥1.00～1.06	56	33	>4.75～5.30	132	87
>1.06～1.18	60	37	>5.30～6.00	139	91
>1.18～1.32	65	41	>6.00～6.70	148	97
>1.32～1.50	70	45	>6.70～7.50	156	102
>1.50～1.70	76	50	>7.50～8.50	165	109
>1.70～1.90	80	53	>8.50～9.50	175	115
>1.90～2.12	85	56	>9.50～10.60	184	121
>2.12～2.36	90	59	>10.60～11.80	195	128
>2.36～2.65	95	62	>11.80～13.20	205	134
>2.65～3.00	100	66	>13.20～14.00	214	140
>3.00～3.35	106	69	>14.00～15.00	220	144
>3.35～3.75	112	73	>15.00～16.00	227	149
>3.75～4.25	119	78	>16.00～17.00	235	154
>4.25～4.75	126	82	>17.00～18.00	241	158

表 2（续）

单位为毫米

直径范围 d	l	l_1	直径范围 d	l	l_1
>18.00～19.00	247	162	>23.60～25.00	282	185
>19.00～20.00	254	166	>25.00～26.50	290	190
>20.00～21.20	261	171	>26.50～28.00	298	195
>21.20～22.40	268	176	>28.00～30.00	307	201
>22.40～23.60	275	180	>30.00～31.50	316	207

4.3 制造带扁尾的直柄长麻花钻时，扁尾部分的尺寸和公差按 GB/T 1442。

4.4 标记示例

钻头直径 d=15.00 mm 的右旋直柄长麻花钻：

直柄长麻花钻 15 GB/T 6135.3—2008

钻头直径 d=15.00 mm 的左旋直柄长麻花钻：

直柄长麻花钻 15-L GB/T 6135.3—2008

精密级的直柄长麻花钻应在直径前加“H-”，如：H-15。

ICS 25.100.30
J 41

中华人民共和国国家标准

GB/T 6135.4—2008
代替 GB/T 6135.5—1996

直柄麻花钻
第4部分:直柄超长麻花钻的型式和尺寸

**Parallel shank twist drills—
Part 4:The types and dimensions for extra long parallel shank twist drills**

(ISO 3292:1995,Extra-long parallel shank twist drills,MOD)

2008-11-04 发布 2009-04-01 实施

中华人民共和国国家质量监督检验检疫总局
中国国家标准化管理委员会 发布

前言

GB/T 6135《直柄麻花钻》分为四个部分：

——第 1 部分：粗直柄小麻花钻的型式和尺寸；

——第 2 部分：直柄短麻花钻和直柄麻花钻的型式和尺寸；

——第 3 部分：直柄长麻花钻的型式和尺寸；

——第 4 部分：直柄超长麻花钻的型式和尺寸。

本部分为 GB/T 6135 的第 4 部分。

本部分修改采用 ISO 3292:1995《加长型直柄麻花钻》(英文版)。

本部分与 ISO 3292:1995 相比有下列技术差异：

——标准名称"加长型直柄麻花钻"改为"直柄麻花钻　第 4 部分：直柄超长麻花钻的型式和尺寸"；

——修改了范围；

——规范性引用文件中的国际标准用我国国家标准替代，并增加了其他相应国家标准；

——删除了技术规范；

——删除了附录 A；

——增加了制造中间直径的直柄超长麻花钻时，总长和沟槽长度尺寸；

——增加了制造带扁尾的直柄超长麻花钻时，扁尾部分的尺寸和公差规定；

——修改了标记示例。

本部分代替 GB/T 6135.5—1996《直柄麻花钻　第 5 部分：直柄超长麻花钻的型式和尺寸》。

本部分与 GB/T 6135.5—1996 相比主要变化如下：

——修改了规范性引用文件；

——标记示例中"高性能"改为"精密级"。

本部分由中国机械工业联合会提出。

本部分由全国刀具标准化技术委员会(SAC/TC 91)归口。

本部分起草单位：成都工具研究所、上海工具厂有限公司。

本部分主要起草人：曾宇环、邓智光、励政伟、陈丽萍。

本部分所代替标准的历次版本发布情况为：

——GB 6136—1985、GB/T 6135.5—1996。

直柄麻花钻
第 4 部分:直柄超长麻花钻的型式和尺寸

1 范围

GB/T 6135 的本部分规定了直柄超长麻花钻的型式和尺寸。

本部分适用于直径 2.0 mm～14.0 mm 的直柄超长麻花钻。

2 规范性引用文件

下列文件中的条款通过 GB/T 6135 的本部分的引用而成为本部分的条款。凡是注日期的引用文件,其随后所有的修改单(不包括勘误的内容)或修订版均不适用于本部分,然而,鼓励根据本部分达成协议的各方研究是否可使用这些文件的最新版本。凡是不注日期的引用文件,其最新版本适用于本部分。

GB/T 1442 直柄工具用传动扁尾及套筒 尺寸(GB/T 1442—2004,ISO 4203:1978,MOD)

3 符号

d 钻头直径

l 总长

l_1 沟槽长度

4 型式与尺寸

4.1 直柄超长麻花钻的型式和尺寸分别按图 1 和表 1 的规定。

图 1

表 1

单位为毫米

d h8	$l=125$ $l_1=80$	$l=160$ $l_1=100$	$l=200$ $l_1=150$	$l=250$ $l_1=200$	$l=315$ $l_1=250$	$l=400$ $l_1=300$
2.0	×	×	—	—	—	—
2.5	×	×	—	—	—	—
3.0	—	×	×	—	—	—
3.5	—	×	×	×	—	—
4.0	—	×	×	×	×	—
4.5	—	×	×	×	×	—
5.0	—	—	×	×	×	×
5.5	—	—	×	×	×	×
6.0	—	—	×	×	×	×
6.5	—	—	×	×	×	×
7.0	—	—	×	×	×	×
7.5	—	—	×	×	×	×
8.0	—	—	—	×	×	×
8.5	—	—	—	×	×	×
9.0	—	—	—	×	×	×
9.5	—	—	—	×	×	×
10.0	—	—	—	×	×	×
10.5	—	—	—	×	×	×
11.0	—	—	—	×	×	×
11.5	—	—	—	×	×	×
12.0	—	—	—	×	×	×
12.5	—	—	—	×	×	×
13.0	—	—	—	×	×	×
13.5	—	—	—	×	×	×
14.0	—	—	—	×	×	×

注：×——表示有的规格。

4.2 制造中间直径的直柄超长麻花钻时，总长和沟槽长度尺寸按表 2 的规定。

表 2

单位为毫米

直径范围 d	l	l_1	直径范围 d	l	l_1
≥2.0～2.65	125	80	>3.35～14.0	250	200
≥2.0～4.75	160	100	>3.75～14.0	315	250
>2.65～7.5	200	150	>4.75～14.0	400	300

4.3 制造带扁尾的直柄超长麻花钻时，扁尾部分的尺寸和公差按 GB/T 1442。

4.4 标记示例

钻头直径 d=10.0 mm，总长 l=250 mm 的右旋直柄超长麻花钻：

直柄超长麻花钻　10×250　GB/T 6135.4—2008

钻头直径 d=10.0 mm，总长 l=250 mm 的左旋直柄超长麻花钻：

直柄超长麻花钻　10×250-L　GB/T 6135.4—2008

精密级的直柄超长麻花钻应在直径前加“H-”，如：H-10。

ICS 65.020.01
B 00

中华人民共和国国家标准

GB 6141—2008
代替 GB 6141—1985

豆科草种子质量分级

Quality grading of legume seeds

2008-04-09 发布　　2008-09-01 实施

中华人民共和国国家质量监督检验检疫总局
中国国家标准化管理委员会　发布

前言

本标准的第4.3条、第5章、第6.2条为强制性的，其余为推荐性的。

本标准代替GB 6141—1985《豆科主要栽培牧草种子质量分级》。

本标准与GB 6141—1985相比主要变化如下：

——修改了标准名称；

——增加了引用文件(见2)；

——增加了术语与定义(见3)；

——增加了分级原则(见4.1)；

——修改并增加了分级指标的检验方法（1985年版的附录A，本版的4.2)；

——增加了32种豆科牧草种子的质量分级(见4.3)；

——修改了17种豆科牧草种子的分级指标(1985年版的2，本版的4.3)；

——规范了豆科牧草的学名与部分中文名(1985年版的2，本版的4.3)；

——增加了质量等级评定方法(见5)；

——增加了要求(见6)；

——不再设有附录(1985年版的附录A)。

本标准由中华人民共和国农业部提出并归口。

本标准起草单位：农业部牧草及草坪草种子质量监督检验测试中心(呼和浩特)、农业部牧草种子质量监督检验测试中心(乌鲁木齐)。

本标准主要起草人：李淑君、巴图尔江·贾帕尔、张德英、张步廉、李存福、何剑、张聚美、艾尼库尔班、玉格、李宏、达丽。

本标准所代替标准的历次版本发布情况为：

——GB 6141—1985。

豆科草种子质量分级

1 范围

本标准规定了豆科草种子质量分级指标及评定方法。

本标准适用于生产、销售和使用的豆科草种子的质量分级。同属近似植物种和品种可参照执行。

2 规范性引用文件

下列文件中的条款通过本标准的引用而成为本标准的条款。凡是注日期的引用文件,其随后所有的修改单(不包括勘误的内容)或修订版均不适用于本标准,然而,鼓励根据本标准达成协议的各方研究是否可使用这些文件的最新版本。凡是不注日期的引用文件,其最新版本适用于本标准。

GB/T 2930.1 牧草种子检验规程 扦样

GB/T 2930.2 牧草种子检验规程 净度分析

GB/T 2930.3 牧草种子检验规程 其他植物种子数测定

GB/T 2930.4 牧草种子检验规程 发芽试验

GB/T 2930.8 牧草种子检验规程 水分测定

国际种子检验规程 国际种子检验协会(ISTA)

3 术语和定义

下列术语和定义适用于本标准。

3.1

种子用价 seed utilization value

也叫种子利用率,指真正有利用价值的种子所占的百分率。计算公式为:

种子用价(%)=净度×发芽率×100

4 质量分级

4.1 分级原则

依据净度、发芽率、其他植物种子数、水分进行质量分级。发芽率中可含有硬实种子。当净度、发芽率不在同一级别时,用种子用价取代净度与发芽率。

4.2 检验方法

净度、发芽率、其他植物种子数、水分的检验方法遵照GB/T 2930.1、GB/T 2930.2、GB/T 2930.3、GB/T 2930.4、GB/T 2930.8和《国际种子检验规程》。

4.3 质量分级

豆科牧草种子质量分为一级、二级、三级。表1给出了豆科牧草种子的质量分级。

表1 豆科牧草种子质量分级

序号	中文名	学名	级别	净度/% ≥	发芽率/% ≥	种子用价/% ≥	其他植物种子数/(粒/kg)≤	水分/% ≤
1	沙打旺	*Astragalus adsurgens* Pall.	一	98.0	90	88.2	1 000	12.0
			二	95.0	80	76.0	3 000	
			三	90.0	70	63.0	5 000	

表 1（续）

序号	中文名	学名	级别	净度/% ≥	发芽率/% ≥	种子用价/% ≥	其他植物种子数/(粒/kg)≤	水分/% ≤
2	草木樨状黄芪	*Astragalus melilotoides* Pall.	一	98.0	90	88.2	500	12.0
			二	95.0	85	80.8	1 000	
			三	90.0	80	72.0	2 000	
3	紫云英	*Astragalus sinicus* L.	一	98.0	90	88.2	500	12.0
			二	95.0	85	80.8	1 000	
			三	90.0	80	72.0	2 000	
4	平托花生	*Arachis pintoi*	一	98.0	90	88.2	250	14.0
			二	95.0	80	76.0	500	
			三	92.0	70	64.4	1 000	
5	紫穗槐	*Amorpha fruticosa* L.	一	98.0	80	78.4	500	13.0
			二	95.0	70	66.5	1 000	
			三	90.0	60	54.0	2 000	
6	鹰嘴豆	*Cicer arietinum* L.	一	98.0	90	88.2	100	13.0
			二	95.0	85	80.8	200	
			三	92.0	80	73.6	400	
7	中间锦鸡儿	*Caragana intermedia* Kuang et H. C. Fu	一	98.0	80	78.4	200	13.0
			二	95.0	70	66.5	400	
			三	92.0	60	55.2	600	
8	柠条锦鸡儿	*Caragana korshinskii* Kom.	一	98.0	85	83.3	200	13.0
			二	95.0	75	71.2	400	
			三	92.0	65	59.8	600	
9	小叶锦鸡儿	*Caragana microphylla* Lam.	一	98.0	80	78.4	200	13.0
			二	95.0	70	66.5	400	
			三	92.0	60	55.2	600	
10	多变小冠花	*Coronilla varia* L.	一	98.0	90	88.2	500	12.0
			二	95.0	80	76.0	1 000	
			三	90.0	70	63.0	2 000	
11	绿叶山蚂蝗	*Desmodium intortum* Urd.	一	98.0	90	88.2	500	14.0
			二	95.0	85	80.8	1 000	
			三	90.0	75	67.5	2 000	
12	银叶山蚂蝗	*Desmodium uncinatum* DC.	一	98.0	90	88.2	500	14.0
			二	95.0	85	80.8	1 000	
			三	90.0	75	67.5	2 000	

表 1（续）

序号	中文名	学名	级别	净度/% ≥	发芽率/% ≥	种子用价/% ≥	其他植物种子数/(粒/kg)≤	水分/% ≤
13	饲用大豆	*Glycine max* (L.) merr.	一	98.0	95	93.1	50	13.0
			二	95.0	90	85.5	100	
			三	92.0	85	78.2	200	
14	甘草	*Glycyrrhiza uralensis* Fisch.	一	98.0	90	88.2	200	12.0
			二	95.0	80	76.0	400	
			三	92.0	70	64.4	600	
15	山竹岩黄芪	*Hedysarum fruticosum* Pall.	一	98.0	80	78.4	200	13.0
			二	95.0	70	66.5	400	
			三	92.0	60	55.2	600	
16	塔落岩黄芪	*Hedysarum laeve* Maxim.	一	98.0	70	68.6	200	13.0
			二	95.0	65	61.8	400	
			三	92.0	60	55.2	600	
17	蒙古岩黄芪	*Hedysarum mongolicum* Turcz.	一	98.0	70	68.6	200	13.0
			二	95.0	65	61.8	400	
			三	92.0	60	55.2	600	
18	细枝岩黄芪	*Hedysarum scoparium* Fisch. et Mey.	一	98.0	80	78.4	200	13.0
			二	95.0	70	66.5	400	
			三	92.0	60	55.2	600	
19	多花木蓝	*Indigofera amblyantha* Craib	一	96.0	90	86.4	500	13.0
			二	93.0	80	74.4	1 000	
			三	90.0	70	63.0	2 000	
20	马棘	*Indigofera pseudotinctoria* Mats	一	96.0	90	86.4	500	13.0
			二	93.0	80	74.4	1 000	
			三	90.0	70	63.0	2 000	
21	山黧豆	*Lathyrus sativus* L.	一	98.0	95	93.1	50	13.0
			一	95.0	90	85.5	100	
			三	90.0	85	76.5	200	
22	二色胡枝子	*Lespedeza bicolor* Turcz.	一	98.0	85	83.3	500	13.0
			二	95.0	80	76.0	2 000	
			三	90.0	70	63.0	3 000	
23	达乌里胡枝子	*Lespedeza davurica* (Laxm)Schindl.	一	98.0	90	88.2	500	12.0
			二	95.0	85	80.8	2 000	
			三	90.0	80	72.0	4 000	

表 1（续）

序号	中文名	学名	级别	净度/% ≥	发芽率/% ≥	种子用价/% ≥	其他植物种子数/(粒/kg)≤	水分/% ≤
24	百脉根	*Lotus corniculatus* L.	一	98.0	90	88.2	500	12.0
			二	95.0	85	80.8	1 000	
			三	90.0	80	72.0	2 000	
25	银合欢	*Leucaena leucocephala* (Lam.) de Wit	一	98.0	85	83.3	50	14.0
			二	95.0	80	76.0	100	
			三	92.0	70	64.4	200	
26	罗顿豆	*Lotononis bainesii* Baker	一	98.0	95	93.1	50	14.0
			二	95.0	85	80.8	100	
			三	90.0	75	67.5	200	
27	大翼豆	*Macroptilium atropurpureum* (DC.) Urb	一	98.0	90	88.2	200	12.0
			二	95.0	80	76.0	500	
			三	90.0	70	63.0	1 000	
28	紫花苜蓿	*Medicago sativa* L.	一	98.0	90	88.2	1 000	12.0
			二	95.0	85	80.8	3 000	
			三	90.0	80	72.0	5 000	
29	南苜蓿（金花菜）	*Medicago polymorpha* L.	一	98.0	90	88.2	1 000	12.0
			二	95.0	85	80.8	3 000	
			三	90.0	80	72.0	5 000	
30	杂花苜蓿	*Medicago varia* Martin.	一	98.0	90	88.2	1 000	12.0
			二	95.0	85	80.8	3 000	
			三	90.0	80	72.0	5 000	
31	扁蓿豆	*Melilotoides ruthenica* (L.) Sojak	一	98.0	90	88.2	500	12.0
			二	95.0	85	80.8	1 000	
			三	90.0	80	72.0	2 000	
32	白花草木樨	*Melilotus albus* Desr.	一	98.0	95	93.1	1 000	12.0
			二	95.0	90	85.5	3 000	
			三	90.0	80	72.0	5 000	
33	黄花草木樨	*Melilotus officinalis* Lam.	一	98.0	95	93.1	1 000	12.0
			二	95.0	90	85.5	3 000	
			三	90.0	80	72.0	5 000	
34	大结豆	*Macrotyloma axillaris* (E. Meyer) Verde.	一	98.0	85	83.3	250	14.0
			二	95.0	80	76.0	500	
			三	90.0	70	63.0	1 000	

表 1（续）

序号	中文名	学名	级别	净度/% ≥	发芽率/% ≥	种子用价/% ≥	其他植物种子数/(粒/kg)≤	水分/% ≤
35	红豆草	*Onobrychis viciifolia* Scop.	一	98.0	90	88.2	50	13.0
			二	95.0	85	80.8	100	
			三	92.0	75	69.0	200	
36	豌豆	*Pisum sativum* L.	一	98.0	95	93.1	50	13.0
			二	95.0	90	85.5	100	
			三	90.0	85	76.5	200	
37	葛藤	*Pueraria lobata*（Willd.）Ohwi	一	98.0	90	88.2	250	14.0
			二	95.0	85	80.8	500	
			三	90.0	75	67.5	1 000	
38	圭亚那柱花草	*Stylosanthes guianensis* (Aubl)Sw.	一	98.0	90	88.2	500	14.0
			二	95.0	80	76.0	1 000	
			三	90.0	70	63.0	2 000	
39	有钩柱花草	*Stylosanthes Hamata*（L.）Taub.	一	98.0	90	88.2	500	14.0
			二	95.0	80	76.0	1 000	
			三	90.0	70	63.0	2 000	
40	西卡柱花草	*Stylosanthes scabra Vog.*	一	98.0	90	88.2	500	14.0
			二	95.0	80	76.0	1 000	
			三	90.0	70	63.0	2 000	
41	红三叶	*Trifolium pratense* L.	一	98.0	90	88.2	500	12.0
			二	95.0	85	80.8	2 000	
			三	90.0	80	72.0	4 000	
42	白三叶	*Trifolium repens* L.	一	98.0	90	88.2	500	12.0
			二	95.0	85	80.8	2 000	
			三	90.0	80	72.0	4 000	
43	草莓三叶	*Trifolium fragiferum* L.	一	98.0	90	88.2	500	12.0
			二	95.0	85	80.8	2 000	
			三	90.0	80	72.0	4 000	
44	杂三叶	*Trifolium hybridum* L.	一	98.0	90	88.2	500	12.0
			二	95.0	85	80.8	2 000	
			三	90.0	80	72.0	4 000	
45	绛三叶	*Trifolium incarnatum* L.	一	98.0	90	88.2	500	12.0
			二	95.0	85	80.8	2 000	
			三	90.0	80	72.0	4 000	

表 1（续）

序号	中文名	学名	级别	净度/% ≥	发芽率/% ≥	种子用价/% ≥	其他植物种子数/(粒/kg)≤	水分/% ≤
46	胡卢巴	*Trigonella foenum-graecum* L.	一	98.0	90	88.2	500	12.0
			二	95.0	85	80.8	1 000	
			三	90.0	80	72.0	2 000	
47	山野豌豆	*Vicia amoena* Fisch.	一	98.0	95	93.1	50	12.0
			二	95.0	90	85.5	100	
			三	92.0	85	78.2	200	
48	春箭筈豌豆	*Vicia sativa* L.	一	98.0	95	93.1	50	13.0
			二	95.0	90	85.5	100	
			三	92.0	85	78.2	200	
49	长柔毛野豌豆（毛苕子）	*Vicia villosa* Roth	一	98.0	95	93.1	50	13.0
			二	95.0	90	85.5	100	
			三	92.0	85	78.2	200	
50	光叶紫花苕	*Vicia villosa* Roth var. *glabrescens*	一	98.0	95	93.1	50	13.0
			二	95.0	90	85.5	100	
			三	92.0	85	78.2	200	
51	饲用豇豆	*Vigna unguiculata* (L.) Walp	一	98.0	95	93.1	50	14.0
			二	95.0	85	80.8	100	
			三	92.0	75	69.0	200	

5 质量等级评定方法

5.1 单项指标定级

根据表 1 可对净度、发芽率、其他植物种子数、水分进行单项指标的定级，三级以下定为等外。

5.2 四项指标综合定级

5.2.1 四项指标均在表 1 给出的同一质量等级时，直接定级。

5.2.2 四项指标有一项在三级以下，定为等外。

5.2.3 四项指标均在三级以上，其中净度与发芽率不在同一级别时，先计算种子用价，用种子用价取代净度与发芽率。种子用价和其他植物种子数在同一级别，则按该级别定级；不在同一级别，按较低的指标定级。

6 要求

6.1 分级的同时应给出发芽率中所含硬实种子的百分率。

6.2 种子中不应含有检疫性植物种子。

ICS 65.020.01
B 00

中华人民共和国国家标准

GB 6142—2008
代替 GB 6142—1985

禾本科草种子质量分级

Quality grading of the grass seeds

2008-06-27 发布　　　　2009-01-01 实施

中华人民共和国国家质量监督检验检疫总局
中国国家标准化管理委员会　发布

前　言

本标准的4.3条、第6章为强制性的，其余为推荐性的。

本标准代替GB 6142—1985《禾本科主要栽培牧草种子质量分级》。

本标准与GB 6142—1985相比主要变化如下：

——修改了标准名称；

——增加了规范性引用文件（见第2章）；

——增加了术语与定义（见第3章）；

——分级指标中增加了种子用价（见4.1）；

——修改并增加了分级指标的检验方法（1985年版的附录A，本版的4.2）；

——修改了13种禾本科草种子质量分级指标（1985年版的第2章，本版的4.3）；

——增加了48种禾本科草种子的质量分级指标（见4.3）；

——增加了质量等级评定方法（见第5章）；

——增加了要求（见第6章）；

——不再设有附录（1985年版的附录A）。

本标准由中华人民共和国农业部提出。

本标准由全国畜牧业标准化技术委员会归口。

本标准起草单位：农业部牧草与草坪草种子质量监督检验测试中心（北京）。

本标准主要起草人：韩建国、孙彦、毛培胜、王赟文、秦歌菊。

本标准所代替标准的历次版本发布情况为：

——GB 6142—1985。

禾本科草种子质量分级

1 范围

本标准规定了禾本科草种子质量分级指标及评定方法。

本标准适用于生产、销售和使用的禾本科草种子的质量分级，同属近似植物种和品种可参照执行。

2 规范性引用文件

下列文件中的条款通过本标准的引用而成为本标准的条款。凡是注日期的引用文件，其随后所有的修改单(不包括勘误的内容)或修订版均不适用于本标准，然而，鼓励根据本标准达成协议的各方研究是否可使用这些文件的最新版本。凡是不注日期的引用文件，其最新版本适用于本标准。

GB/T 2930.1 牧草种子检验规程 扦样

GB/T 2930.2 牧草种子检验规程 净度分析

GB/T 2930.3 牧草种子检验规程 其他植物种子数测定

GB/T 2930.4 牧草种子检验规程 发芽试验

GB/T 2930.8 牧草种子检验规程 水分测定

国际种子检验规程 国际种子检验协会

3 术语和定义

下列术语和定义适用于本标准。

3.1

种子用价 seed utilization value

真正有利用价值的种子所占的百分率，也叫种子利用率。计算公式为：

$$种子用价(\%) = 净度 \times 发芽率$$

4 质量分级

4.1 分级原则

以净度、发芽率、其他植物种子数和水分四项指标进行质量单项定级和综合评定。当四项分级指标均在三级以上，净度、发芽率不在同一级时，用种于用价取代净度与发芽率。

4.2 检验方法

扦样、净度、发芽率、其他植物种子数、水分的测定方法遵照 GB/T 2930.1、GB/T 2930.2 、GB/T 2930.3、GB/T 2930.4、GB/T 2930.8 和《国际种子检验规程》。

4.3 质量分级

禾本科草种子质量分为一级、二级和三级，表 1 给出了禾本科草种子质量分级的指标。

表 1　禾本科草种子质量分级

序号	中文名	学名	级别	净度/% ≥	发芽率/% ≥	种子用价/% ≥	其他植物种子数/(粒/kg) ≤	水分/% ≤
1	羽茅	*Achnatherum sibiricum* (Linn.) Keng	一	95.0	85	80.7	1 000	11.0
			二	90.0	80	72.0	2 000	11.0
			三	85.0	70	59.5	3 000	11.0
2	冰草	*Agropyron cristatum* (Linn.) Gaertn.	一	95.0	90	85.5	2 000	11.0
			二	90.0	85	76.5	3 000	11.0
			三	85.0	80	68.0	5 000	11.0
3	沙生冰草	*Agropyron desertorum* (Fisch.) Schult.	一	95.0	85	80.7	2 000	11.0
			二	90.0	80	72.0	3 000	11.0
			三	85.0	75	63.7	5 000	11.0
4	沙芦草	*Agropyron mongolicum* Keng	一	95.0	85	80.7	2 000	11.0
			二	90.0	80	72.0	3 000	11.0
			三	85.0	75	63.7	5 000	11.0
5	小糠草	*Agrostis alba* L.	一	95.0	85	80.7	2 000	11.0
			二	90.0	80	72.0	3 000	11.0
			三	85.0	75	63.7	5 000	11.0
6	匍匐翦股颖	*Agrostis stolonifera* Linn.	一	95.0	85	88.2	2 000	11.0
			二	90.0	80	72.0	3 000	11.0
			三	85.0	75	63.7	5 000	11.0
7	草原看麦娘	*Alopecurus pratensis* Linn.	一	95.0	80	76.0	2 000	11.0
			二	90.0	75	67.5	3 000	11.0
			三	85.0	70	59.5	5 000	11.0
8	黄花茅	*Anthoxanthum odoratum* Linn.	一	95.0	85	80.7	2 000	11.0
			二	90.0	80	72.0	3 000	11.0
			三	85.0	75	63.7	5 000	11.0
9	燕麦草	*Arrhenatherum elatius* (Linn.) Presl	一	95.0	85	80.7	2 000	11.0
			二	90.0	80	72.0	3 000	11.0
			三	85.0	75	63.7	5 000	11.0
10	燕麦	*Avena sativa* Linn.	一	98.0	90	88.2	200	12.0
			二	95.0	85	80.7	500	12.0
			三	90.0	80	72.0	1 000	12.0
11	地毯草	*Axonopus compressus* (Swartz) Beauv.	一	95.0	85	80.7	1 000	11.0
			二	90.0	80	72.0	2 000	11.0
			三	85.0	75	63.7	3 000	11.0

表 1（续）

序号	中　文　名	学　　名	级别	净度/% ≥	发芽率/% ≥	种子用价/% ≥	其他植物种子数/(粒/kg) ≤	水分/% ≤
12	扁穗雀麦	*Bromus catharticus* Vahl	一	95.0	85	80.7	1 000	11.0
			二	90.0	80	72.0	2 000	11.0
			三	85.0	75	63.7	3 000	11.0
13	无芒雀麦	*Bromus inermis* Leyss	一	95.0	85	80.7	1 000	11.0
			二	90.0	80	72.0	2 000	11.0
			三	85.0	75	63.7	3 000	11.0
14	野牛草	*Buchloë dactyloides* (Nutt.) Engelm.	一	95.0	85	80.7	100	12.0
			二	90.0	80	72.0	200	12.0
			三	85.0	75	63.7	300	12.0
15	无芒虎尾草	*Chloris gayana* Kunth	一	95.0	80	76.0	2 000	11.0
			二	90.0	75	67.5	3 000	11.0
			三	85.0	70	59.5	5 000	11.0
16	虎尾草	*Chloris virgata* Swartz	一	95.0	80	76.0	2 000	11.0
			二	90.0	75	67.5	3 000	11.0
			三	85.0	70	59.5	5 000	11.0
17	狗牙根	*Cynodon dactylon* (L.) Pers.	一	95.0	85	80.7	1 000	11.0
			二	90.0	80	72.0	2 000	11.0
			三	85.0	75	63.7	3 000	11.0
18	鸭茅	*Dactylis glomerata* L.	一	95.0	80	76.0	1 000	11.0
			二	90.0	75	67.5	2 000	11.0
			三	85.0	70	59.5	3 000	11.0
19	稗	*Echinochloa crusgalli* (L.) Beauv.	一	95.0	85	80.7	1 000	11.0
			二	90.0	80	72.0	2 000	11.0
			三	85.0	75	63.7	3 000	11.0
20	墨西哥类玉米	*Euchlaena mexicana* Schrad.	一	98.0	85	83.3	100	12.0
			二	95.0	80	76.0	300	12.0
			三	90.0	75	67.5	500	12.0
21	披碱草	*Elymus dahuricus* Turcz.	一	95.0	85	80.7	2 000	11.0
			二	90.0	80	72.0	3 000	11.0
			三	85.0	75	63.7	5 000	11.0
22	垂穗披碱草	*Elymus nutans* Griseb.	一	95.0	85	80.7	2 000	11.0
			二	90.0	80	72.0	3 000	11.0
			三	85.0	75	63.7	5 000	11.0

表 1(续)

序号	中文名	学名	级别	净度/% ≥	发芽率/% ≥	种子用价/% ≥	其他植物种子数/(粒/kg) ≤	水分/% ≤
23	老芒麦	*Elymus sibiricus* Linn.	一	95.0	85	80.7	2 000	11.0
			二	90.0	80	72.0	3 000	11.0
			三	85.0	75	63.7	5 000	11.0
24	长穗偃麦草	*Elytrigia elongata* (Host)Nevski	一	95.0	85	80.7	1 000	11.0
			二	90.0	80	72.0	2 000	11.0
			三	85.0	75	63.7	3 000	11.0
25	弯叶画眉草	*Eragrostis curvula* (Schrad.)Nees	一	95.0	85	80.7	2 000	11.0
			二	90.0	80	72.0	3 000	11.0
			三	85.0	75	63.7	5 000	11.0
26	假俭草	*Eremochloa ophiuroides* (Munro)Hack.	一	98.0	85	83.3	1 000	11.0
			二	95.0	80	76.0	2 000	11.0
			三	90.0	75	67.5	3 000	11.0
27	苇状羊茅	*Festuca arundinacea* Schreb.	一	98.0	90	88.2	1 000	11.0
			二	95.0	85	80.7	2 000	11.0
			三	90.0	80	72.0	3 000	11.0
28	羊茅	*Festuca ovina* L.	一	98.0	85	83.3	1 000	11.0
			二	95.0	80	76.0	2 000	11.0
			三	90.0	75	67.5	3 000	11.0
29	牛尾草	*Festuca pratensis* Huds.	一	98.0	85	83.3	1 000	11.0
			二	95.0	80	76.0	2 000	11.0
			三	90.0	75	67.5	3 000	11.0
30	紫羊茅	*Festuca rubra* L.	一	98.0	90	88.2	1 000	11.0
			二	95.0	85	80.7	2 000	11.0
			三	90.0	80	72.0	3 000	11.0
31	羊茅黑麦草	*Festulolium braunii* (K. Richt.)A. Camus	一	98.0	90	88.2	1 000	11.0
			二	95.0	85	80.7	2 000	11.0
			三	90.0	80	72.0	3 000	11.0
32	绒毛草	*Holcus lanatus* Linn.	一	95.0	85	80.7	1 000	11.0
			二	90.0	80	72.0	2 000	11.0
			三	85.0	75	63.7	3 000	11.0
33	布顿大麦	*Hordeum bogdanii* Wilensky	一	95.0	85	80.7	1 000	11.0
			二	90.0	80	72.0	2 000	11.0
			三	85.0	75	63.7	3 000	11.0

表 1（续）

序号	中文名	学名	级别	净度/% ≥	发芽率/% ≥	种子用价/% ≥	其他植物种子数/(粒/kg) ≤	水分/% ≤
34	野大麦	*Hordeum brevisubulatum* (Trin.) Link	一	95.0	85	80.7	1 000	11.0
			二	90.0	80	72.0	2 000	11.0
			三	85.0	75	63.7	3 000	11.0
35	大麦	*Hordeum vulgare* L.	一	98.0	90	88.2	300	12.0
			二	95.0	85	80.7	500	12.0
			三	90.0	80	72.0	1 000	12.0
36	羊草	*Leymus chinensis* (Trin.) Tzvel.	一	95.0	80	76.0	2 000	11.0
			二	90.0	70	63.0	3 000	11.0
			三	85.0	60	51.0	5 000	11.0
37	多年生黑麦草	*Lolium perenne* L.	一	98.0	90	88.2	1 000	11.0
			二	95.0	85	80.7	2 000	11.0
			三	90.0	80	72.0	3 000	11.0
38	多花黑麦草	*Lolium multiflorum* Lam.	一	98.0	90	88.2	1 000	11.0
			二	95.0	85	80.7	2 000	11.0
			三	90.0	80	72.0	3 000	11.0
39	大黍	*Panicum maximum* Jacq.	一	95.0	65	61.7	500	12.0
			二	90.0	60	54.0	1 000	12.0
			三	85.0	55	46.7	2 000	12.0
40	毛花雀稗	*Paspalum dilatatum* Poir.	一	95.0	80	76.0	500	11.0
			二	90.0	75	67.5	1 000	11.0
			三	85.0	70	59.5	2 000	11.0
41	巴哈雀稗	*Paspalum notatum* Flüggé	一	98.0	80	78.4	500	11.0
			二	95.0	75	71.2	1 000	11.0
			三	90.0	70	63.0	2 000	11.0
42	小花毛花雀稗	*Paspalum urvillei* Steud.	一	95.0	80	76.0	500	11.0
			二	90.0	75	67.5	1 000	11.0
			三	85.0	70	59.5	2 000	11.0
43	宽叶雀稗	*Paspalum wettsteinii* Hack.	一	95.0	80	76.0	500	11.0
			二	90.0	75	67.5	1 000	11.0
			三	85.0	70	59.5	2 000	11.0
44	御谷（珍珠粟）	*Pennisetum glaucum* (L.) R. Br.	一	98.0	90	88.2	500	11.0
			二	95.0	85	80.7	1 000	11.0
			三	90.0	80	72.0	2 000	11.0

表 1（续）

序号	中文名	学名	级别	净度/% ≥	发芽率/% ≥	种子用价/% ≥	其他植物种子数/(粒/kg) ≤	水分/% ≤
45	虉草	*Phalaris arundinacea* L.	一	95.0	85	76.0	2 000	11.0
			二	90.0	80	72.0	3 000	11.0
			三	85.0	70	59.5	5 000	11.0
46	猫尾草	*Phleum pratense* L.	一	98.0	85	83.3	2 000	11.0
			二	95.0	80	76.0	3 000	11.0
			三	90.0	75	67.5	5 000	11.0
47	草地早熟禾	*Poa pratensis* L.	一	96.0	85	81.6	2 000	11.0
			二	93.0	80	74.4	3 000	11.0
			三	90.0	75	67.5	5 000	11.0
48	普通早熟禾	*Poa trivialis* L.	一	96.0	85	81.6	2 000	11.0
			二	93.0	80	74.4	3 000	11.0
			三	90.0	75	67.5	5 000	11.0
49	新麦草	*Psathyrostachys juncea* (Fisch.)Nevski	一	95.0	85	80.7	1 000	11.0
			二	90.0	80	72.0	2 000	11.0
			三	85.0	75	63.7	3 000	11.0
50	朝鲜碱茅	*Puccinellia chinampoensis* Onwi	一	95.0	85	80.7	2 000	11.0
			二	90.0	80	72.0	3 000	11.0
			三	85.0	75	63.7	5 000	11.0
51	星星草	*Puccinellia tenuiflora* (Turcz.) Scribn. & Merr.	一	95.0	85	80.7	2 000	11.0
			二	90.0	80	72.0	3 000	11.0
			三	85.0	75	63.7	5 000	11.0
52	碱茅	*Puccinellia distans* (L.)Parl.	一	95.0	85	80.7	2 000	11.0
			二	90.0	80	72.0	3 000	11.0
			三	85.0	75	63.7	5 000	11.0
53	青海鹅观草	*Roegneria kokonorica* Keng	一	95.0	85	80.7	2 000	11.0
			二	90.0	80	72.0	3 000	11.0
			三	85.0	75	63.7	5 000	11.0
54	无芒鹅观草	*Roegneria mutica* Keng	一	95.0	85	80.7	2 000	11.0
			二	90.0	80	72.0	3 000	11.0
			三	85.0	75	63.7	5 000	11.0
55	黑麦	*Secale cereale* Linn.	一	98.0	90	88.2	300	12.0
			二	95.0	85	80.7	500	12.0
			三	90.0	80	72.0	1 000	12.0

表 1（续）

序号	中 文 名	学 名	级别	净度/% ≥	发芽率/% ≥	种子用价/% ≥	其他植物种子数/(粒/kg) ≤	水分/% ≤
56	非洲狗尾草	*Setaria anceps* Stapf ex Massey	一	95.0	80	76.0	1 000	11.0
			二	90.0	75	67.5	2 000	11.0
			三	85.0	70	59.5	3 000	11.0
57	苏丹草	*Sorgham sudanense* (Piper)Stapf	一	98.0	90	88.2	100	12.0
			二	95.0	85	80.7	300	12.0
			三	90.0	80	72.0	500	12.0
58	粟	*Setaria italica* (L.) p. Beauv.	一	98.0	90	88.2	500	12.0
			二	95.0	85	80.7	1 000	12.0
			三	90.0	80	72.0	2 000	12.0
59	高粱苏丹草杂交种	*Sorghum bicolor* (L.) Moench × *S. sudanense* (Piper)Stapf	一	98.0	90	88.2	200	12.0
			二	95.0	85	80.7	300	12.0
			三	90.0	80	72.0	500	12.0
60	克氏针茅	*Stipa krylovii* Roshev.	一	95.0	80	76.0	1 000	11.0
			二	90.0	75	67.5	2 000	11.0
			三	85.0	70	59.5	3 000	11.0
61	小黑麦	*Triticale Wittmack*	一	98.0	90	88.2	200	12.0
			二	95.0	85	80.7	300	12.0
			三	90.0	80	72.0	500	12.0
62	饲用玉米	*Zea mays* L.	一	98.0	90	88.2	100	14.0
			二	95.0	85	80.7	200	14.0
			三	90.0	80	72.0	300	14.0
63	结缕草	*Zoysia japonica* Steud.	一	98.0	80	78.4	500	11.0
			二	95.0	75	71.2	1 000	11.0
			三	90.0	70	63.0	2 000	11.0

5 质量等级评定方法

5.1 根据表 1 净度、发芽率、其他植物种子数、水分进行单项指标的定级，三级以下定为等外。

5.2 根据表 1 用净度、发芽率、其他植物种子数、水分四项指标进行综合定级。

5.2.1 四项指标在表 1 同一质量等级时，直接定级。

5.2.2 四项指标有一项在三级以下定为等外。

5.2.3 四项指标均在三级以上（包括三级），其中净度和发芽率不在同一级时，先计算种子用价，用种子用价取代净度与发芽率。种子用价和其他植物种子数在同一级别，则按该级别定级；若不在同一级别，按低的等级定级。

6 要求

种子中不应有检疫性植物种子。

ICS 77.120.99
H 63

中华人民共和国国家标准

GB/T 6150.1—2008
代替 GB/T 6150.1—1985

钨精矿化学分析方法 三氧化钨量的测定 钨酸铵灼烧重量法

Methods for chemical analysis of tungsten concentrates —Determination of tungsten trioxide content —The ammonium tungstate igniting gravimetric method

2008-03-31 发布 2008-09-01 实施

中华人民共和国国家质量监督检验检疫总局
中国国家标准化管理委员会 发布

前　言

GB/T 6150《钨精矿化学分析方法》分为17部分：

GB/T 6150.1　钨精矿化学分析方法　三氧化钨量的测定　钨酸铵灼烧重量法

GB/T 6150.2　钨精矿化学分析方法　锡量的测定　碘酸钾容量法和氢化物原子吸收光谱法

GB/T 6150.3　钨精矿化学分析方法　磷量的测定　磷钼黄分光光度法

GB/T 6150.4　钨精矿化学分析方法　硫量的测定　高频红外吸收法

GB/T 6150.5　钨精矿化学分析方法　钙量的测定　EDTA容量法和火焰原子吸收光谱法

GB/T 6150.6　钨精矿化学分析方法　湿存水量的测定　重量法

GB/T 6150.7　钨精矿化学分析方法　钽铌量的测定　等离子体发射光谱法和分光光度法

GB/T 6150.8　钨精矿化学分析方法　钼量的测定　硫氰酸盐分光光度法

GB/T 6150.9　钨精矿化学分析方法　铜量的测定　火焰原子吸收光谱法

GB/T 6150.10　钨精矿化学分析方法　铅量的测定　火焰原子吸收光谱法

GB/T 6150.11　钨精矿化学分析方法　锌量的测定　火焰原子吸收光谱法

GB/T 6150.12　钨精矿化学分析方法　二氧化硅量的测定　硅钼蓝分光光度法和重量法

GB/T 6150.13　钨精矿化学分析方法　砷量的测定　氢化物原子吸收光谱法和DDTC-Ag分光光度法

GB/T 6150.14　钨精矿化学分析方法　锰量的测定　硫酸亚铁铵容量法和火焰原子吸收光谱法

GB/T 6150.15　钨精矿化学分析方法　铋量的测定　火焰原子吸收光谱法

GB/T 6150.16　钨精矿化学分析方法　铁量的测定　磺基水杨酸分光光度法

GB/T 6150.17　钨精矿化学分析方法　锑量的测定　氢化物原子吸收光谱法

本部分为GB/T 6150的第1部分。

本部分代替GB/T 6150.1—1985《钨精矿化学分析方法　钨酸铵灼烧法测定三氧化钨量》。

本部分与GB/T 6150.1—1985相比主要变化如下：

——显色剂由硫氰酸钾代替硫氰酸铵；

——残渣比色测定范围扩大；

——增加了7.1重复性条款。

本部分由中国有色金属工业协会提出。

本部分由全国有色金属标准化技术委员会归口。

本部分由赣州有色冶金研究所、中国有色金属工业标准计量质量研究所负责起草。

本部分由赣州有色冶金研究所起草。

本部分由株洲硬质合金集团有限公司、崇义章源钨制品有限公司参加起草。

本部分主要起草人：刘红英、邝静、易桂华、黄广海、李果华、张江峰。

本部分主要验证人：陈大保、文利娟、朱芳勇。

本部分所代替标准的历次版本发布情况为：

——GB/T 6150.1—1985。

钨精矿化学分析方法 三氧化钨量的测定 钨酸铵灼烧重量法

1 范围

本部分规定了钨精矿中三氧化钨含量的测定方法。

本部分适用于钨精矿中三氧化钨含量的测定。测定范围：≥50%。

2 方法提要

试样在少量氟化铵存在下，以盐酸、硝酸、高氯酸溶解，浓缩至冒白烟以驱除氟离子与硝酸根，钨成钨酸析出，过滤，使之与大部分共存元素分离后，用氨水溶解钨酸，滤液经蒸干、灼烧，以氢氟酸去硅，再灼烧后称三氧化钨量。用分光光度法测定残渣中三氧化钨量，补正结果。

3 试剂

除非另有说明，本部分所用试剂均为符合国家标准或行业标准的分析纯试剂，所用水均为蒸馏水。

3.1 过氧化钠。

3.2 氟化铵。

3.3 乙二胺四乙酸二钠(EDTA)。

3.4 盐酸(ρ1.19 g/mL)。

3.5 硝酸(ρ1.42 g/mL)。

3.6 氢氟酸(ρ1.15 g/mL)。

3.7 无水乙醇。

3.8 氨水溶液(1+4)。

3.9 氢氧化钠溶液(48 g/L)。

3.10 高氯酸(ρ1.67 g/mL)。

3.11 高氯酸洗涤液(1+199)。

3.12 硫氰酸钾溶液(350 g/L)。

3.13 三氯化钛-盐酸混合液：移取 0.5 mL 三氯化钛溶液(150 g/L)，用盐酸(2+3)稀释至 100 mL，混匀。用时现配。

3.14 三氧化钨标准溶液：称取 0.100 0 g 经烘干的纯三氧化钨(99.95%以上)，置于 250 mL 烧杯中，加入 48 g 氢氧化钠、约 100 mL 水，微热至溶解完全，冷却，移入 1 000 mL 容量瓶中，用水稀释至刻度，混匀，贮存于塑料瓶中。此溶液 1 mL 含 0.100 mg 三氧化钨。

4 试样

4.1 试样粒度小于 0.074 mm。

4.2 试样预先在 105℃～110℃烘 2 h，置于干燥器中冷却至室温。

5 分析步骤

5.1 试料

称取 0.5 g 试样(精确至 0.000 1 g)。

5.2 测定次数

独立地进行两次测定,取其平均值。

5.3 测定

5.3.1 将试料(5.1)置于 250 mL 烧杯中,加入 50 mL 盐酸(3.4),置于沸水浴上溶解 30 min～40 min,加入 0.3 g 氟化铵(3.2),摇动,继续溶解 10 min。取下,置于电炉上浓缩体积至 30 mL～40 mL,加入 3 mL高氯酸(3.10),2 mL 硝酸(3.5),继续低温加热至冒白烟 1 min,取下,稍冷,用水吹洗表面皿及杯壁并稀释至 30 mL～40 mL,煮沸,取下,静置片刻。

5.3.2 以中速定量滤纸过滤于 100 mL 容量瓶中,用倾泻法以高氯酸洗涤液(3.11)洗烧杯及滤纸各 4 次,用水各洗 1 次。

5.3.3 取下容量瓶,加入 0.5 mL 无水乙醇(3.7),用水稀释至约 80 mL(待钨酸溶入铂皿并洗净后,再将此溶液倒入原烧杯中作浸取残渣用)。

5.3.4 将已称量的铂皿置于漏斗下,用热氨水溶液(3.8)吹洗烧杯及滤纸使钨酸溶解,并将烧杯中的残渣移入漏斗中,用擦棒擦净烧杯。

5.3.5 将铂皿置于沸水浴上蒸发至干后,移到电炉上加热驱尽铵盐,移入 780℃～800℃高温炉中灼烧 10 min～15 min,取出,冷却。加入 5 mL 氢氟酸(3.6),置于沸水浴上蒸干,再移入 780℃～800℃高温炉上灼烧 10 min,取出,在干燥器中冷却至室温后称量,并反复灼烧至恒重。

5.3.6 残渣中三氧化钨量的测定:

5.3.6.1 将 5.3.4 所得的残渣连同滤纸移入 30 mL 铁坩埚中,置于电炉上烘干,灰化,冷却后加入约 6 g过氧化钠(3.1),在 700℃～750℃高温炉中熔融至内容物呈樱红透明,取出,稍冷,置于 5.3.3 所得的滤洗液中[如系白钨精矿需补加 1 gEDTA(3.3)],浸取完全后,用水洗出坩埚,冷却后移入 100 mL 容量瓶中,用水稀释至刻度,混匀,静置澄清。移取上清液 2.00 mL～10.00 mL[不足 10.00 mL 用氢氧化钠溶液(3.9)补足]于 50 mL 比色管中。

5.3.6.2 加入 2 mL 硫氰酸钾溶液(3.12)以三氯化钛-盐酸混合液(3.13)稀释至刻度,混匀,放置 10 min后,将部分溶液移入 1 cm 比色皿中,以试剂空白为参比,于分光光度计波长 400 nm 处测量其吸光度,从工作曲线上查出相应的三氧化钨量。

5.3.6.3 工作曲线的绘制

移取 0.00 mL、0.50 mL、1.00 mL、2.00 mL、3.00 mL、4.00 mL、5.00 mL、6.00 mL 三氧化钨标准溶液(3.14),分别置于一组 50 mL 比色管中,用氢氧化钠溶液(3.9)补足至 10 mL,以下按 5.3.6.2 进行,测量其吸光度,以三氧化钨量为横坐标,吸光度为纵坐标,绘制工作曲线。

6 分析结果的计算

按式(1)计算三氧化钨的质量分数,数值以%表示:

$$w(WO_3)=\frac{(m_2-m_3)}{m_0}\times 100+\frac{m_1\times V_0\times 10^{-3}}{m_0\times V_1}\times 100 \quad \cdots\cdots\cdots\cdots(1)$$

式中:

m_1——从工作曲线上查得的三氧化钨量,单位为毫克(mg);

m_2——三氧化钨和铂皿的质量,单位为克(g);

m_3——铂皿的质量,单位为克(g);

V_1——分取试液体积,单位为毫升(mL);

V_0——试液总体积，单位为毫升(mL)；

m_0——试料量，单位为克(g)。

7 精密度

7.1 重复性

在重复性条件下获得的两次独立测试结果的测定值，在以下给出的平均值范围内，这两个测试结果的绝对差值不超过重复性限(r)，超过重复性限(r)的情况不超过5%。重复性限(r)按以下数据采用线性内插法求得：

三氧化钨的质量分数(%)：	50.00	60.00	70.00
重复性限 r (%)：	0.30	0.35	0.40

7.2 允许差

实验室之间分析结果的差值应不大于0.50%。

8 质量保证和控制

分析时，用标准样品或控制样品进行校核，或每半年至少用标准样品或控制样品对分析方法校核一次。当过程失控时，应找出原因。纠正错误后，重新进行校核。

ICS 77.120.99
H 63

中华人民共和国国家标准

GB/T 6150.2—2008
代替 GB/T 6150.2～6150.3—1985

钨精矿化学分析方法 锡量的测定 碘酸钾容量法和氢化物原子吸收光谱法

Methods for chemical analysis of tungsten concentrates—Determination of tin content—The potassium iodate volumetry and hydrogenate atomic absorption spectrometry

2008-06-17 发布　　2008-12-01 实施

中华人民共和国国家质量监督检验检疫总局
中国国家标准化管理委员会　发布

前　言

GB/T 6150《钨精矿化学分析方法》分为17部分：

GB/T 6150.1　钨精矿化学分析方法　三氧化钨量的测定　钨酸铵灼烧重量法

GB/T 6150.2　钨精矿化学分析方法　锡量的测定　碘酸钾容量法和氢化物原子吸收光谱法

GB/T 6150.3　钨精矿化学分析方法　磷量的测定　磷钼黄分光光度法

GB/T 6150.4　钨精矿化学分析方法　硫量的测定　高频红外吸收法

GB/T 6150.5　钨精矿化学分析方法　钙量的测定　EDTA容量法和火焰原子吸收光谱法

GB/T 6150.6　钨精矿化学分析方法　湿存水量的测定　重量法

GB/T 6150.7　钨精矿化学分析方法　钽铌量的测定　等离子体发射光谱法和分光光度法

GB/T 6150.8　钨精矿化学分析方法　钼量的测定　硫氰酸盐分光光度法

GB/T 6150.9　钨精矿化学分析方法　铜量的测定　火焰原子吸收光谱法

GB/T 6150.10　钨精矿化学分析方法　铅量的测定　火焰原子吸收光谱法

GB/T 6150.11　钨精矿化学分析方法　锌量的测定　火焰原子吸收光谱法

GB/T 6150.12　钨精矿化学分析方法　二氧化硅量的测定　硅钼蓝分光光度法和重量法

GB/T 6150.13　钨精矿化学分析方法　砷量的测定　氢化物原子吸收光谱法和DDTC-Ag分光光度法

GB/T 6150.14　钨精矿化学分析方法　锰量的测定　硫酸亚铁铵容量法和火焰原子吸收光谱法

GB/T 6150.15　钨精矿化学分析方法　铋量的测定　火焰原子吸收光谱法

GB/T 6150.16　钨精矿化学分析方法　铁量的测定　磺基水杨酸分光光度法

GB/T 6150.17　钨精矿化学分析方法　锑量的测定　氢化物原子吸收光谱法

本部分为GB/T 6150的第2部分。

本部分代替GB/T 6150.2—1985《钨精矿化学分析方法　碘酸钾容量法测定锡量》和GB/T 6150.3—1985《钨精矿化学分析方法　水杨基荧光酮-氯化十四烷基吡啶光度法测定锡量》。

本部分与GB/T 6150.2—1985和GB/T 6150.3—1985相比主要变化如下：

——以氢化物原子吸收光谱法代替光度法；

——增加了重复性限条款。

本部分由中国有色金属工业协会提出。

本部分由全国有色金属标准化技术委员会归口。

本部分由赣州有色冶金研究所、中国有色金属工业标准计量质量研究所负责起草。

本部分方法1由赣州有色冶金研究所、中国有色金属工业标准计量质量研究所负责起草。

本部分方法2由株洲硬质合金集团有限公司负责起草。

本部分方法1由郴州钻石钨制品有限责任公司参加起草。

本部分方法2由赣州有色冶金研究所参加起草。

本部分方法1主要起草人：张江峰、朱纯茌、李果华。

本部分方法2主要起草人：杜方才、王璇。

本部分方法1主要验证人：杜方才、王璇。

本部分方法2主要验证人：陈涛、赖剑。

本部分所代替标准的历次版本发布情况为：

——GB/T 6150.2—1985、GB/T 6150.3—1985。

钨精矿化学分析方法 锡量的测定 碘酸钾容量法和氢化物原子吸收光谱法

方法1 碘酸钾容量法

1 范围

本方法规定了钨精矿中锡含量的测定方法。

本方法适用于钨精矿中锡含量的测定。测定范围(质量分数):0.20%～2.0%。

2 方法提要

试料以锌粉-氢氧化钠烧结,盐酸浸取,用高锰酸钾将钨氧化成钨酸析出,过滤,使之与锡分离。然后在一定酸度下,用铁粉将锡还原,以淀粉为指示剂,用碘酸钾标准溶液测定。

3 试剂

除非另有说明,在分析中仅使用确认为分析纯的试剂和蒸馏水或去离子水或相当纯度的水。

3.1 锌粉。

3.2 氢氧化钠。

3.3 氯化钠。

3.4 高锰酸钾。

3.5 还原铁粉。溶于盐酸后应清亮无色。

3.6 盐酸(ρ1.19 g/mL)。

3.7 盐酸(2+1)。

3.8 盐酸(3+7)。

3.9 饱和碳酸氢钠溶液。

3.10 动物胶溶液(10 g/L):用时现配。

3.11 碘化钾-淀粉混合液:称取50 g碘化钾,置于400 mL烧杯中,用250 mL水溶解。再称取5 g淀粉,置于600 mL烧杯中,用200 mL沸水溶解,然后煮沸2 min。冷却后将两者混匀,再加入0.5 g氢氧化钾,以水稀至500 mL,混匀,储存于棕色瓶中。有效期为一个月。

3.12 锡标准溶液:称取0.500 0 g纯锡[w(Sn)≥99.95%,用前去掉表面氧化层],置于1 000 mL容量瓶中,加入200 mL盐酸(3.6),在沸水浴上溶解完全后,冷却,以水稀至刻度,混匀。此溶液1 mL含锡0.50 mg。

3.13 碘酸钾标准溶液

3.13.1 配制:称取0.125 g碘酸钾、0.5 g碘化钾和0.2 g氢氧化钾于1 000 mL烧杯中,用热水溶解,冷却后用水稀至1 000 mL,混匀。

3.13.2 标定:将按5.4.1操作的空白坩埚置于200 mL烧杯中,加入45 mL盐酸(3.7),煮沸浸取后,滤入300 mL锥形瓶中,加入10.00 mL锡标准溶液(3.12)、20 mL盐酸(3.6),以盐酸(3.8)稀释至100 mL,以下按5.4.3和5.4.4进行。

同时作空白试验。其消耗的碘酸钾标准溶液体积应小于0.3 mL。

按式(1)计算碘酸钾标准溶液对锡的滴定度：

$$T=\frac{\rho\times V_1}{V_2-V_0} \quad \cdots\cdots(1)$$

式中：

T——碘酸钾标准溶液对锡的滴定度，单位为克每毫升(g/mL)；

ρ——锡标准溶液的浓度，单位为克每毫升(g/mL)；

V_1——移取锡标准溶液的体积，单位为毫升(mL)；

V_2——标定时所消耗碘酸钾标准溶液的体积，单位为毫升(mL)；

V_0——空白试液消耗碘酸钾标准溶液的体积，单位为毫升(mL)。

4 试样

4.1 试样粒度小于 0.074 mm。

4.2 试样预先在 105℃～110℃烘 2 h，置于干燥器中冷却至室温。

5 分析步骤

5.1 试料

按表 1 称取试样，精确到 0.000 1 g。

表 1

锡的质量分数/%	试样量/g	氢氧化钠加入量/g
≤0.50	0.50	1.0
>0.50	0.30	0.6

5.2 测定次数

独立地进行两次测定，取其平均值。

5.3 空白试验

随同试料做空白试验。

5.4 测定

5.4.1 将试料(5.1)置于预先垫有 1.5 g～2.0 g 锌粉(3.1)的 8 mL 或 10 mL 瓷坩埚中，用圆头小玻璃棒搅匀，以小毛刷轻轻刷下粘于玻璃棒上的试料，按表 1 加入氢氧化钠(3.2)，用约 2 g 氯化钠(3.3)覆盖，将坩埚置于 500℃高温炉中，待炉温升至 600℃时，断电，稍冷，取出坩埚，冷却。

注：锌粉应干燥，且无结块现象，搅拌时尽量勿使粘于坩埚上部。

5.4.2 将坩埚置于 200 mL 烧杯中，加入 45 mL 盐酸(3.7)，加热使烧结块溶解完全(此时体积约为 30 mL)，吹洗表面皿，趁热加入约 0.3 g～0.4 g 高锰酸钾(3.4)，不断搅拌坩埚及溶液，并置于热水浴上保温约 5 min，使钨酸全部转化为黄色。加入 5 mL 动物胶溶液(3.10)，再保温 5 min，于冷水中冷却至室温，用盐酸(3.8)洗净坩埚，以中速滤纸过滤于 300 mL 锥形瓶中，再用盐酸(3.8)洗净烧杯，并洗沉淀 5 次～6 次(控制试液体积约 80 mL)，加入 20 mL 盐酸(3.6)。

5.4.3 向锥形瓶中加入 1 g～1.5 g 还原铁粉(3.5)，盖上盖氏漏斗，向盖氏漏斗中加入饱和碳酸氢钠溶液，于低温电炉上加热，并不断摇动，待铁粉溶解后，再煮沸至冒大气泡为止。取下，向盖氏漏斗中补加饱和碳酸氢钠溶液，并将锥形瓶放入流水中冷至室温。

5.4.4 取下盖氏漏斗，向锥形瓶中加入 5 mL 碘化钾-淀粉混合液(3.11)，迅速用碘酸钾标准溶液(3.13)滴定至浅蓝色即为终点。

6 分析结果的计算

按式(2)计算锡的质量分数，数值以%表示：

$$w(\mathrm{Sn})=\frac{T\times(V_3-V_4)}{m_0}\times 100 \quad \cdots\cdots(2)$$

式中：

T——碘酸钾标准溶液对锡的滴定度，单位为克每毫升(g/mL)；

V_3——滴定时所消耗的碘酸钾标准溶液的体积，单位为毫升(mL)；

V_4——空白试验所消耗的碘酸钾标准溶液的体积，单位为毫升(mL)；

m_0——试样量，单位为克(g)。

7 精密度

7.1 重复性

在重复性条件下获得的两次独立测试结果的测定值，在以下给出的平均值范围内，这两个测试结果的绝对差值不超过重复性限(r)，超过重复性限(r)的情况不超过5%。重复性限(r)按以下数据采用线性内插法求得：

锡的质量分数(%)：0.24　0.85　1.24

重复性限 r(%)：0.02　0.04　0.05

7.2 允许差

实验室之间分析结果的差值不应大于表2所列允许差。

表2

锡的质量分数/%	允许差/%
0.20～0.50	0.03
>0.50～1.00	0.05
>1.00～2.00	0.10

8 质量保证和控制

分析时，用标准样品或控制样品进行校核，或每年至少用标准样品或控制样品对分析方法校核一次。当过程失控时，应找出原因。纠正错误后，重新进行校核。

方法2　氢化物原子吸收光谱法

9 范围

本方法规定了钨精矿中锡含量的测定方法。

本方法适用于钨精矿中锡含量的测定。测定范围(质量分数)：0.005%～0.20%。

10 方法提要

试料以锌粉-氢氧化钠烧结，盐酸浸取，用过氧化氢将钨氧化成钨酸析出，过滤，使之与锡分离。然后在酒石酸介质中，经流动注射-氢化物发生器与原子吸收光谱仪联用测定锡量。

11 试剂

除非另有说明，在分析中仅使用确认为分析纯的试剂和蒸馏水或去离子水或相当纯度的水。

11.1 锌粉。

11.2 氢氧化钠(优级纯)。

11.3 氯化钠。

11.4 过氧化氢(ρ1.10 g/mL)。

11.5 盐酸(ρ1.19 g/mL)。

11.6 盐酸(2+1)。

11.7 盐酸(1+95)。

11.8 氨水溶液(1+4)。

11.9 溴甲酚绿溶液(1 g/L)。

11.10 酒石酸溶液(50 g/L)。

11.11 酒石酸溶液(4 g/L)。

11.12 硼氢化钾溶液:称取 10 g 硼氢化钾和 3 g 氢氧化钠,溶于水中,用水稀释至 1 000 mL(用时现配)。

11.13 锡标准贮存溶液:称取 0.100 0 g 纯锡[w(Sn)≥99.95%,用前去掉表面氧化层],置于1 000 mL 容量瓶中,加入 200 mL 盐酸(11.5),在沸水浴上溶解完全后,冷却,以水稀释至刻度,混匀。此溶液 1 mL 含锡 0.1 mg。

11.14 锡标准溶液:移取 10.00 mL 锡标准贮存溶液(11.13)于 1 000 mL 容量瓶中,用盐酸(11.7)稀释至刻度,混匀。此溶液 1 mL 含锡 1 μg。

12 仪器

12.1 原子吸收光谱仪,附锡空心阴极灯。

12.2 流动注射氢化物发生器。

12.2.1 原子化温度:800℃～900℃。

12.2.2 载气:充氧氮气(含 0.5%～1%氧气),调压器输出压强 0.25 MPa,流量 400 mL/min。

如实验室无充氧氮气可按图 1 连接辅助载气(压缩空气或氧气)实现同样的效果:

载气工作参数:

主载气——高纯氮气,输出压强 0.25 MPa,流量 400 mL/min;

辅助载气——压缩空气,输出压强 0.05 MPa,流量 20 mL/min～30 mL/min;

——氧气,输出压强 0.05 MPa,流量 4 mL/min～8 mL/min。

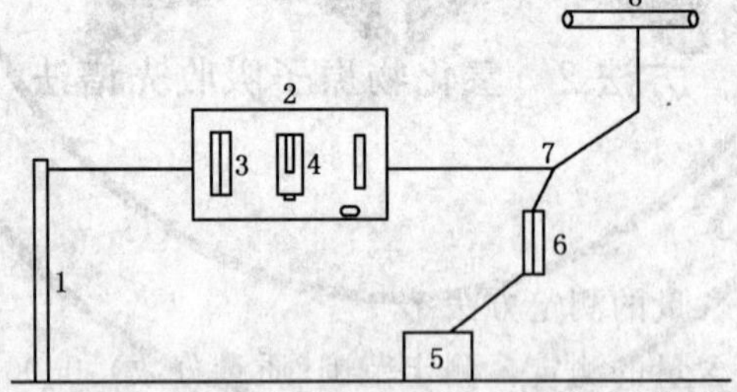

1——氮气瓶;

2——氢化物发生器;

3——流量计;

4——气液分离器;

5——空压机或氧气瓶;

6——流量计;

7——玻璃三通(一角约 60°,另两角约 150°);

8——石英管。

图 1 氢化物发生器载气连接图

12.3 当仪器(12.1)和仪器(12.2)联用之后,在仪器最佳工作条件下,凡能达到下列指标者均可使用:

——特征浓度：在与测量溶液基体相一致的溶液中，锡的特征浓度应不大于 1.5 ng/mL。

——精密度：用最高浓度的标准溶液测量 10 次吸光度，其标准偏差应不超过平均吸光度的 1.5%；用最低浓度的标准溶液（不是“零”浓度标准溶液）测量 10 次吸光度，其标准偏差应不超过最高浓度平均吸光度的 0.5%。

——工作曲线线性：将工作曲线按浓度等分成五段，最高段的吸光度差值与最低段的吸光度差值之比应不小于 0.7。

13 试样

13.1 试样粒度小于 0.074 mm。

13.2 试样预先在 105℃～110℃烘 2 h，置于干燥器中冷却至室温。

14 分析步骤

14.1 试料量

按表 3 称取试样，精确到 0.000 1 g。

表 3

锡的质量分数/%	试样量/g	移取溶液/mL	补加空白溶液/mL
0.005～0.010	0.50	10.00	0.00
>0.010～0.050	0.20	5.00	5.00
>0.050～0.10	0.10	5.00	5.00
>0.10～0.20	0.10	2.00	8.00

14.2 测定次数

独立地进行两次测定，取其平均值。

14.3 空白试验

随同试料做空白试验。

14.4 测定

14.4.1 将试料（14.1）置于预先垫有 1.5 g～2.0 g 锌粉（11.1）的 8 mL 或 10 mL 瓷坩埚中，用圆头小玻璃棒搅匀，以小毛刷轻轻刷下粘于玻璃棒上的试料，加 1 g 氢氧化钠（11.2），用约 2 g 氯化钠（11.3）覆盖，将坩埚置于 500℃高温炉中，待炉温升至 600℃时，断电，稍冷，取出坩埚，冷却。

14.4.2 将坩埚置于 250 mL 烧杯中，加 70 mL 盐酸（11.6），加热使烧结块溶解完全，吹洗表面皿，趁热加入 3 滴～6 滴过氧化氢（11.4），不断搅拌坩埚及溶液，用盐酸（11.7）洗出坩埚，搅匀，在沸水浴上保温 10 min，使钨酸全部转化为黄色。冷却后，将溶液连同沉淀一起转入 100 mL 容量瓶中，用水稀至刻度，摇匀。

14.4.3 用两层中速滤纸干过滤，按表 3 吸取滤液置于 100 mL 容量瓶中，按表 3 补加空白溶液。加 2 滴溴甲酚绿溶液（11.9），用氨水（11.8）调至刚好出现蓝色，加 8 mL 酒石酸溶液（11.10），混匀，用水稀释至刻度，混匀。

14.4.4 将试液在氢化物-原子吸收光谱仪上，于波长 286.3 nm 处，以水调零，测量其吸光度。从工作曲线上查出相应的锡浓度。

14.5 工作曲线的绘制

14.5.1 锡标准工作溶液：分别移取 0 mL、1.00 mL、2.00 mL、4.00 mL、6.00 mL、8.00 mL 锡标准溶液（11.14）于一系列 100 mL 容量瓶中，加入试剂空白溶液 10 mL，滴加 2 滴溴甲酚绿溶液（11.9），用氨水（11.8）调至刚好出现蓝色，加 8 mL 酒石酸溶液（11.10），混匀，用水稀释至刻度，混匀。

14.5.2 将标准溶液（14.5.1）在氢化物-原子吸收光谱仪上，于波长 286.3 nm 处，以试剂空白调零，测量其吸光度。以锡浓度为横坐标，吸光度为纵坐标绘制工作曲线。

15 分析结果的计算

按式(3)计算锡的质量分数，数值以%表示：

$$w(\mathrm{Sn}) = \frac{(\rho_1 - \rho_0) \times V_5 \times V_7}{m_1 \times V_6 \times 10^6} \times 100 \quad \cdots\cdots\cdots\cdots (3)$$

式中：

ρ_1——自工作曲线上查得试液中锡的浓度，单位为微克每毫升(μg/mL)；

ρ_0——自工作曲线上查得空白溶液中锡的浓度，单位为微克每毫升(μg/mL)；

V_5——试液总体积，单位为毫升(mL)；

V_6——分取试液体积，单位为毫升(mL)；

V_7——测定试液体积，单位为毫升(mL)；

m_1——试样量，单位为克(g)。

16 精密度

16.1 重复性

在重复性条件下获得的两次独立测试结果的测定值，在以下给出的平均值范围内，这两个测试结果的绝对差值不超过重复性限(r)，超过重复性限(r)的情况不超过5%。重复性限(r)按以下数据采用线性内插法求得：

锡的质量分数(%)：0.005 0　0.050　0.100

重复性限 r(%)：0.001 1　0.006　0.014

16.2 允许差

实验室之间分析结果的差值不应大于表4所列允许差。

表 4

锡的质量分数/%	允许差/%
0.005～0.010	0.003
>0.010～0.030	0.004
>0.030～0.050	0.008
>0.050～0.10	0.015
>0.10～0.20	0.03

17 质量保证和控制

应用国家级标准样品或行业标准样品(当两者都没有时，也可用控制样品代替)，每周或每两周校核一次本分析方法标准的有效性。当过程失控时，应找出原因，纠正错误后，重新进行校核。

ICS 77.120.99
H 63

中华人民共和国国家标准

GB/T 6150.4—2008
代替 GB/T 6150.5—1985

钨精矿化学分析方法 硫量的测定 高频红外吸收法

Methods for chemical analysis of tungsten concentrates—Determination of sulfur content—The high frequency-infrared absorption method

2008-03-31 发布　　　　2008-09-01 实施

中华人民共和国国家质量监督检验检疫总局
中国国家标准化管理委员会　发布

前言

GB/T 6150《钨精矿化学分析方法》分为17部分：

GB/T 6150.1 钨精矿化学分析方法 三氧化钨量的测定 钨酸铵灼烧重量法
GB/T 6150.2 钨精矿化学分析方法 锡量的测定 碘酸钾容量法和氢化物原子吸收光谱法
GB/T 6150.3 钨精矿化学分析方法 磷量的测定 磷钼黄分光光度法
GB/T 6150.4 钨精矿化学分析方法 硫量的测定 高频红外吸收法
GB/T 6150.5 钨精矿化学分析方法 钙量的测定 EDTA容量法和火焰原子吸收光谱法
GB/T 6150.6 钨精矿化学分析方法 湿存水量的测定 重量法
GB/T 6150.7 钨精矿化学分析方法 钽铌量的测定 等离子体发射光谱法和分光光度法
GB/T 6150.8 钨精矿化学分析方法 钼量的测定 硫氰酸盐分光光度法
GB/T 6150.9 钨精矿化学分析方法 铜量的测定 火焰原子吸收光谱法
GB/T 6150.10 钨精矿化学分析方法 铅量的测定 火焰原子吸收光谱法
GB/T 6150.11 钨精矿化学分析方法 锌量的测定 火焰原子吸收光谱法
GB/T 6150.12 钨精矿化学分析方法 二氧化硅量的测定 硅钼蓝分光光度法和重量法
GB/T 6150.13 钨精矿化学分析方法 砷量的测定 氢化物原子吸收光谱法和DDTC-Ag分光光度法
GB/T 6150.14 钨精矿化学分析方法 锰量的测定 硫酸亚铁铵容量法和火焰原子吸收光谱法
GB/T 6150.15 钨精矿化学分析方法 铋量的测定 火焰原子吸收光谱法
GB/T 6150.16 钨精矿化学分析方法 铁量的测定 磺基水杨酸分光光度法
GB/T 6150.17 钨精矿化学分析方法 锑量的测定 氢化物原子吸收光谱法

本部分为GB/T 6150的第4部分。

本部分代替GB/T 6150.5—1985《钨精矿化学分析方法 硫酸钡重量法测定硫量》。

本部分与GB/T 6150.5—1985相比主要变化如下：

——测定方法由重量法改为高频红外吸收法；

——增加了7.1重复性条款。

本部分由中国有色金属工业协会提出。

本部分由全国有色金属标准化技术委员会归口。

本部分由赣州有色冶金研究所、中国有色金属工业标准计量质量研究所负责起草。

本部分由赣州有色冶金研究所起草。

本部分由中南大学粉末冶金研究院、株洲硬质合金集团有限公司参加起草。

本部分主要起草人：邝静、刘红英。

本部分主要验证人：郑灵芝、陈大保、曾丽元。

本部分所代替标准的历次版本发布情况为：

——GB/T 6150.5—1985。

钨精矿化学分析方法
硫量的测定
高频红外吸收法

1 范围

本部分规定了钨精矿中硫含量的测定方法。

本部分适用于钨精矿中硫含量的测定。测定范围：0.1%～2%。

2 方法提要

在助熔剂存在下，在高频炉内通入氧气流，使试样在高温下燃烧，硫转变成 SO_2。导入红外线检测器，以检测试样中硫含量。

3 试剂与材料

3.1 锡粒(含碳小于 0.001 0%，含硫小于 0.000 5%)。

3.2 钨粒(含碳小于 0.001 0%，含硫小于 0.000 3%)。

3.3 铁助熔剂(含碳小于 0.000 9%，含硫小于 0.000 9%)。

3.4 坩埚

陶瓷坩埚，使用前应在 1 000℃马弗炉中灼烧 1 h～1.5 h，留置马弗炉内过夜，取出置于干燥器内冷却备用。

3.5 标准样品

硫含量与待测样品相近的国家级标准物质。

4 仪器

高频红外碳硫分析仪。

检测器灵敏度：优于 0.000 1%。

5 试样

5.1 试样粒度应不大于 0.074 mm。

5.2 试样预先在 105℃～110℃烘 2 h，置于干燥器中冷却至室温。

6 分析步骤

6.1 试料

按表 1 称取试样(精确到 0.000 1 g)。

表 1

硫的质量分数/%	试料/g
≤1.0	0.15
>1.0	0.10

6.2 测定次数

独立地进行两次测定，取其平均值。

6.3 仪器准备

按仪器说明书准备好仪器待用。

6.4 仪器的稳定性

通过燃烧几个类似于待测试样的样品来调整和稳定仪器。

6.5 校正仪器

6.5.1 将1 g锡粒(3.1)置于坩埚(3.4)底部，称取0.1 g(精确到0.000 1 g)标准样品(3.5)，再加入约1.5 g钨粒(3.2)，0.5 g铁助熔剂(3.3)。

6.5.2 按仪器说明书校准步骤进行操作，重复做3～5个标准样品(3.5)，得到一个重复性较好的平均结果，通过校准步骤直到硫的结果稳定在误差范围以内。

6.6 校正空白

依次称取1 g锡粒(3.1)，1.5 g钨粒(3.2)，0.5 g铁助熔剂(3.3)置于坩埚(3.4)中，以下同6.5.2测定空白。得到的空白值储存于计算机中。

6.7 测定

将1 g锡粒(3.1)置于坩锅(3.4)底部，加入试料(6.1)，加入约1.5 g钨粒(3.2)，0.5 g铁助熔剂(3.3)，以下同6.5.2，由仪器计算机给出测定结果。所得结果表示至两位小数。

7 精密度

7.1 重复性

在重复性条件下获得的两次独立测试结果的测定值，在以下给出的平均值范围内，这两个测试结果的绝对差值不超过重复性限(r)，超过重复性限(r)的情况不超过5%。重复性限(r)按以下数据采用线性内插法求得：

硫的质量分数(%)：	0.50	1.00	1.88
重复性限 r (%)：	0.02	0.04	0.06

7.2 允许差

实验室之间分析结果的差值应不大于表2所列允许差。

表2

硫的质量分数/%	允许差/%
0.10～0.50	0.04
>0.50～1.00	0.06
>1.00～2.00	0.10

8 质量保证和控制

分析时，用标准样品或控制样品进行校核，或每年至少用标准样品或控制样品对分析方法校核一次。当过程失控时，应找出原因。纠正错误后，重新进行校核。

ICS 77.120.99
H 63

GB

中华人民共和国国家标准

GB/T 6150.5—2008
代替 GB/T 6150.6—1985,GB/T 6150.7—1985

钨精矿化学分析方法
钙量的测定
EDTA 容量法和火焰原子吸收光谱法

**Methods for chemical analysis of tungsten concentrates —
Determination of calcium content —
EDTA volumetric method and flame atomic absorption spectrometric method**

2008-03-31 发布　　　　2008-09-01 实施

中华人民共和国国家质量监督检验检疫总局
中国国家标准化管理委员会　发布

前　言

GB/T 6150 《钨精矿化学分析方法》分为17部分：

GB/T 6150.1　钨精矿化学分析方法　三氧化钨量的测定　钨酸铵灼烧重量法

GB/T 6150.2　钨精矿化学分析方法　锡量的测定　碘酸钾容量法和氢化物原子吸收光谱法

GB/T 6150.3　钨精矿化学分析方法　磷量的测定　磷钼黄分光光度法

GB/T 6150.4　钨精矿化学分析方法　硫量的测定　高频红外吸收法

GB/T 6150.5　钨精矿化学分析方法　钙量的测定　EDTA容量法和火焰原子吸收光谱法

GB/T 6150.6　钨精矿化学分析方法　湿存水量的测定　重量法

GB/T 6150.7　钨精矿化学分析方法　钽铌量的测定　等离子体发射光谱法和分光光度法

GB/T 6150.8　钨精矿化学分析方法　钼量的测定　硫氰酸盐分光光度法

GB/T 6150.9　钨精矿化学分析方法　铜量的测定　火焰原子吸收光谱法

GB/T 6150.10　钨精矿化学分析方法　铅量的测定　火焰原子吸收光谱法

GB/T 6150.11　钨精矿化学分析方法　锌量的测定　火焰原子吸收光谱法

GB/T 6150.12　钨精矿化学分析方法　二氧化硅量的测定　硅钼蓝分光光度法和重量法

GB/T 6150.13　钨精矿化学分析方法　砷量的测定　氢化物原子吸收光谱法和DDTC-Ag分光光度法

GB/T 6150.14　钨精矿化学分析方法　锰量的测定　硫酸亚铁铵容量法和火焰原子吸收光谱法

GB/T 6150.15　钨精矿化学分析方法　铋量的测定　火焰原子吸收光谱法

GB/T 6150.16　钨精矿化学分析方法　铁量的测定　磺基水杨酸分光光度法

GB/T 6150.17　钨精矿化学分析方法　锑量的测定　氢化物原子吸收光谱法

本部分为GB/T 6150的第5部分。

本部分代替GB/T 6150.6—1985《钨精矿化学分析方法　EDTA容量法测定钙量》和GB/T 6150.7—1985《钨精矿化学分析方法　原子吸收分光光度法测定钙量》。

本部分与GB/T 6150.6—1985和GB/T 6150.7—1985相比主要变化如下：

——测定方法由原来的焦硫酸钾熔融改为硫-磷混合酸溶样，沉淀的草酸钙由原来的灼烧成氧化钙改为高氯酸-硝酸混合酸破坏滤纸；

——扩大了检测范围；

——增加了重复性条款。

本部分由中国有色金属工业协会提出。

本部分由全国有色金属标准化技术委员会归口。

本部分由赣州有色冶金研究所、中国有色金属工业标准计量质量研究所负责起草。

本部分由赣州有色冶金研究所起草。

本部分由株洲硬质合金集团有限公司、崇义章源钨制品有限公司参加起草。

本部分方法1主要起草人：朱兰、赖剑。

本部分方法2主要起草人：施江海、许春才。

本部分主要验证人：陈大保、邹容、吴昌萍。

本部分所代替标准的历次版本发布情况为：

——GB/T 6150.6—1985、GB/T 6150.7—1985。

钨精矿化学分析方法
钙量的测定
EDTA 容量法和火焰原子吸收光谱法

方法 1 EDTA 容量法

1 范围

本方法规定了钨精矿中钙含量的测定方法。

本方法适用于钨精矿中钙含量的测定。测定范围:大于 1%～20%。

2 方法提要

试样以硫-磷混酸溶解,饱和草酸铵溶液浸取,使钙成草酸钙沉淀而与钨、锰、铁等分离,过滤后连同滤纸用高氯酸-硝酸混合酸破坏至白烟冒尽,以盐酸溶解,用三乙醇胺掩蔽残留的铁、锰等,于 pH 大于 12 时以钙黄绿素—百里酚酞作指示剂用 EDTA 标准溶液滴定。

3 试剂

除非另有说明,本部分所用试剂均为符合国家标准或行业标准的分析纯试剂,所用水均为蒸馏水。

3.1 硫酸铵-硫-磷混酸溶液:10 g 硫酸铵溶于 40 mL 水后,在不断搅拌下加入磷酸 20 mL,硫酸 40 mL。

3.2 草酸铵:研成粉末。

3.3 草酸铵饱和溶液:过滤后使用。

3.4 草酸铵洗涤液(2 g/L)。

3.5 盐酸(ρ1.19 g/mL)。

3.6 盐酸溶液(1+1)。

3.7 氨水溶液(1+1)。

3.8 高氯酸-硝酸混合酸:高氯酸 20 mL,硝酸 80 mL 混匀。

3.9 氢氧化钾溶液(150 g/L)。

3.10 三乙醇胺溶液(1+1)。

3.11 混合指示剂:0.10 g 钙黄绿素,0.06 g 百里酚酞与 10 g 硫酸钾混合,研磨均匀。

3.12 钙标准溶液:称取 2.497 2 g 经烘干的碳酸钙(99.95%以上),置于 250 mL 烧杯中,加入 10 mL 盐酸溶液(3.6)溶解后,煮沸 1 min～2 min 驱除二氧化碳,冷却,移入 1 000 mL 容量瓶中,用水稀释至刻度,混匀,此溶液每毫升含钙 1.0 毫克。

3.13 乙二胺四乙酸二钠(EDTA)标准溶液:

3.13.1 配制:称取 15 g EDTA 溶解于 200 mL 热水中,过滤,冷却后稀释到 2 000 mL,混匀,其浓度约为 0.02 mol/L。

3.13.2 标定:移取 10.00 mL 钙标准溶液(3.12)置于 300 mL 烧杯中,用水稀释到 100 mL,以下按(5.4.4)进行。

按公式(1)计算 EDTA 标准溶液对钙的滴定度:

$$T = \frac{\rho \times V_1}{V_2} \quad \cdots\cdots\cdots\cdots (1)$$

式中：

ρ——EDTA 标准溶液对钙的滴定度，单位为毫克每毫升(mg/mL)；

m——钙标准溶液的浓度，单位为毫克每毫升(mg/mL)；

V_1——移取钙标准溶液的体积，单位为毫升(mL)；

V_2——标定时消耗 EDTA 标准溶液的体积，单位为毫升(mL)。

4 试样

4.1 试样粒度小于 0.074 mm。

4.2 试样预先在 105℃～110℃烘 2h，置于干燥器中冷却至室温。

5 分析步骤

5.1 试料

按表 1 称取试样(精确到 0.000 1 g)。

表 1

钙的质量分数/%	试料/g
>1.00～4.00	0.50
>4.00～10.00	0.20
>10.00～20	0.10

5.2 测定次数

独立地进行两次测定，取其平均值。

5.3 空白试验

随同试料做空白试验。

5.4 测定

5.4.1 将试料(5.1)置于 300 mL 烧杯中，加入 7 mL 硫酸铵-硫-磷混酸溶液(3.1)在电炉上加热到分解完全，取下冷却。

5.4.2 向烧杯中加 150 mL 饱和草酸铵溶液(3.3)，加热至沸，稍冷，用氢氧化铵溶液(3.7)调至 pH3～pH4(用精密 pH 试纸检查)，加入 2 g 草酸铵(3.2)搅拌使草酸钙沉淀，加热煮沸数分钟，保温 30 min，置冷水中冷却，静置 2 h 以上。

5.4.3 用慢速定量滤纸过滤，以草酸铵洗涤液(3.4)将沉淀全部移至滤纸上，并以此洗涤液洗沉淀 10 次～12 次，将沉淀连同滤纸移入原烧杯中，加入 25 mL 高氯酸-硝酸混合酸(3.8)，在电炉上加热至白烟冒尽，稍冷，加入 1 mL 盐酸(3.5)，用水吹洗表面皿和杯壁，微热使沉淀溶解，过滤于 400 mL 烧杯中，用热水洗涤烧杯及滤纸(控制体积 100 mL～125 mL)。

5.4.4 向烧杯中加入 10 mL～20 mL 三乙醇胺溶液(3.10)，15 mL 氢氧化钾溶液(3.9)，0.1 g～0.2 g 混合指示剂(3.11)，衬以黑色背景，用 EDTA 标准溶液(3.13)滴定到绿色荧光消失即为终点。

6 分析结果的计算

按公式(2)计算钙的质量分数，数值以%表示：

$$w(\mathrm{Ca}) = \frac{T \times (V_3 - V_4)}{m_0 \times 1\,000} \times 100 \qquad \cdots\cdots(2)$$

式中：

T——EDTA 标准溶液对钙的滴定度，单位为毫克每毫升(mg/mL)；

V_3——滴定时消耗的 EDTA 标准溶液体积，单位为毫升(mL)；

V_4——空白试验消耗的 EDTA 标准溶液的体积，单位为毫升(mL)；

m_0——试样量，单位为克(g)。

7 精密度

7.1 重复性

在重复性条件下获得的两次独立测试结果的测定值，在以下给出的平均值范围内，这两个测试结果的绝对差值不超过重复性限(*r*)，超过重复性限(*r*)的情况不超过5%。重复性限(*r*)按以下数据采用线性内插法求得：

钙的质量分数(%)：	5.00	10.00	15.00
重复性限 *r*(%)：	0.10	0.20	0.30

7.2 允许差

实验室之间分析结果的差值不应大于表2所列允许差。

表2

钙的质量分数/%	允许差/%
1.0～1.50	0.07
>1.50～3.00	0.10
>3.00～7.00	0.15
>7.00～10.00	0.20
>10.00～15.00	0.30
>15.00～20.00	0.40

8 质量保证和控制

分析时，用标准样品或控制样品进行校核，或每年至少用标准样品或控制样品对分析方法校核一次。当过程失控时，应找出原因。纠正错误后，重新进行校核。

方法2 火焰原子吸收光谱法

9 范围

本方法规定了钨精矿中钙含量的测定方法。

本方法适用于钨精矿中钙含量的测定。测定范围：0.05%～1.00%。

10 方法提要

试样以盐酸、硝酸、高氯酸加热溶解至冒浓白烟以消除硫的干扰，在适宜浓度的高氯酸介质中，以氯化锶和氧化镧消除铝、磷、硅、钛、硫酸根及部分铁、锰等杂质的干扰，于原子吸收光谱仪波长 422.7 nm 处，以空气-乙炔火焰测量钙的吸光度，用工作曲线法计算钙的浓度。

11 试剂

除非另有说明，本部分所用试剂均为符合国家标准或行业标准的分析纯试剂，所用水均为蒸馏水。

11.1 盐酸(ρ1.19 g/mL)。

11.2 硝酸(ρ1.42 g/mL)。

11.3 高氯酸(ρ1.67 g/mL)。

11.4 氯化锶溶液(150 g/L)。

11.5 氧化镧溶液(50 g/L):称取 25 g 纯氧化镧[$w(La_2O_3)\geqslant 99.99\%$],置于 250 mL 烧杯中,加入 100 mL盐酸(1+1),加热溶解完全,冷却,用水定容于 500 mL 容量瓶中,混匀。

11.6 二氧化锰溶液(16 g/L):称取 1.6 g 纯二氧化锰[$w(MnO_2)\geqslant 99.9\%$],置于 250 mL 烧杯中,加入 10 mL 盐酸(11.1),加热溶解完全,蒸发至体积约为 5 mL,冷却,用水定容于 100 mL 容量瓶中,混匀。

11.7 铁溶液(10 g/L):称取 1.0 g 纯铁[$w(Fe)\geqslant 99.9\%$],置于 250 mL 烧杯中,加入 10 mL 盐酸(11.1),加热溶解完全,稍冷,加入 3 mL 高氯酸(11.3),继续加热至冒浓烟,冷却,用水定容于 100 mL 容量瓶中,混匀。

11.8 钙标准贮存溶液:称取 0.299 7 g 纯碳酸钙[$w(CaCO_3)\geqslant 99.95\%$]于 250 mL 烧杯中,盖上表面皿,加入 10 mL 盐酸(1+3),微热溶解完全,冷却,定容于 1 000 mL 容量瓶中,混匀,贮存于塑料瓶中。此溶液每毫升含钙 100 微克。

12 仪器

原子吸收光谱仪,附钙空心阴极灯。

在仪器最佳工作条件下,凡能达到下列指标者均可使用:

——精密度:用最高浓度的标准溶液测量 10 次吸光度,其标准偏差应不超过平均吸光度的 1.5%;用最低浓度的标准溶液(不是"零"浓度标准溶液)测量 10 次吸光度,其标准偏差应不超过最高浓度平均吸光度的 0.5%。

——工作曲线线性:将工作曲线按浓度等分成五段,最高段的吸光度差值与最低段的吸光度差值之比应不小于 0.7。

13 试样

13.1 试样粒度小于 0.074 mm。

13.2 试样预先在 105℃~110℃烘 2 h,置于干燥器中冷却至室温。

14 分析步骤

14.1 试料

按表 3 称取试样(精确到 0.000 1 g)。

表 3

钙量/%	试料/g
0.05~0.30	0.50
>0.30~0.75	0.20
>0.75~1.00	0.10

14.2 测定次数

独立地进行两次测定,取其平均值。

14.3 空白试验

随同试料做空白试验。

14.4 测定

14.4.1 将试料(14.1)置于 300 mL 的烧杯中,用水润湿,加入 40 mL 盐酸(11.1),置于沸水浴中加热溶解 50 min,取下稍冷。加入 15 mL 硝酸(11.2),4 mL 高氯酸(11.3),加热至冒浓白烟至体积约为 2 mL,取下冷却。用水吹洗表面皿和杯壁,加水使体积约为 30 mL,煮沸使可溶性盐类溶解，加入8.0 mL氯化锶溶液(11.4)、4.0 mL氧化镧溶液(11.5)，冷却后，移入100 mL容量瓶中，用水定容，混匀。

14.4.2 将澄清或干过滤的试液，在原子吸收光谱仪上，于波长422.7 nm，用空气-乙炔火焰，以水调零，测定试液及随同试料空白的吸光度。在工作曲线上查出相应的钙的浓度。

14.5 工作曲线的绘制

14.5.1 分别移取0 mL、3.00 mL、6.00 mL、9.00 mL、12.00 mL、15.00 mL钙标准贮存溶液(11.8)，置于一组100 mL容量瓶中，各加入2.0 mL高氯酸(11.3)、8.0 mL氯化锶溶液(11.4)、4.0 mL氧化镧溶液(11.5)、4.0 mL二氧化锰溶液(11.6)、4.0 mL铁溶液(11.7)，用水定容，混匀。贮存于塑料瓶中。

14.5.2 将标准溶液(14.5.1)在原子吸收光谱仪上，于波长422.7 nm，用空气-乙炔火焰，以水调零，测定钙的吸光度。以钙浓度为横坐标，吸光度为纵坐标绘制工作曲线。

15 分析结果的计算

按公式(3)计算钙的质量分数，数值以%表示：

$$w(\mathrm{Ca})=\frac{(\rho_1-\rho_0)\times V}{m_0\times 10^6}\times 100 \qquad \cdots\cdots(3)$$

式中：

ρ_1——从工作曲线上查的试液中钙的浓度，单位为微克每毫升(μg/mL)；

ρ_0——从工作曲线上查的随同试样空白中钙的浓度，单位为微克每毫升(μg/mL)；

V——试液定容的体积，单位为毫升(mL)；

m_0——试样量，单位为克(g)。

16 精密度

16.1 重复性

在重复性条件下获得的两次独立测试结果的测定值，在以下给出的平均值范围内，这两个测试结果的绝对差值不超过重复性限(r)，超过重复性限(r)的情况不超过5%。重复性限(r)按以下数据采用线性内插法求得：

钙的质量分数(%)：	0.15	0.50	0.75
重复性限r(%)：	0.012	0.039	0.049

16.2 允许差

实验室之间分析结果的差值不应大于表4所列允许差。

表4

钙的质量分数/%	允许差/%
0.05～0.10	0.015
>0.10～0.30	0.03
>0.30～0.50	0.05
>0.50～1.00	0.07

17 质量保证和控制

分析时，用标准样品或控制样品进行校核，或每年至少用标准样品或控制样品对分析方法校核一次。当过程失控时，应找出原因。纠正错误后，重新进行校核。

ICS 77.120.99
H 63

中华人民共和国国家标准

GB/T 6150.6—2008
代替 GB/T 6150.8—1985

钨精矿化学分析方法 湿存水量的测定 重量法

Methods for chemical analysis of tungsten concentrates—Determination hygroscopic moisture content—Gravimetric method

2008-03-31 发布　　2008-09-01 实施

中华人民共和国国家质量监督检验检疫总局
中国国家标准化管理委员会　发布

前言

GB/T 6150《钨精矿化学分析方法》分为17部分：

GB/T 6150.1 钨精矿化学分析方法 三氧化钨量的测定 钨酸铵灼烧重量法

GB/T 6150.2 钨精矿化学分析方法 锡量的测定 碘酸钾容量法和氢化物原子吸收光谱法

GB/T 6150.3 钨精矿化学分析方法 磷量的测定 磷钼黄分光光度法

GB/T 6150.4 钨精矿化学分析方法 硫量的测定 高频红外吸收法

GB/T 6150.5 钨精矿化学分析方法 钙量的测定 EDTA容量法和火焰原子吸收光谱法

GB/T 6150.6 钨精矿化学分析方法 湿存水量的测定 重量法

GB/T 6150.7 钨精矿化学分析方法 钽铌量的测定 等离子体发射光谱法和分光光度法

GB/T 6150.8 钨精矿化学分析方法 钼量的测定 硫氰酸盐分光光度法

GB/T 6150.9 钨精矿化学分析方法 铜量的测定 火焰原子吸收光谱法

GB/T 6150.10 钨精矿化学分析方法 铅量的测定 火焰原子吸收光谱法

GB/T 6150.11 钨精矿化学分析方法 锌量的测定 火焰原子吸收光谱法

GB/T 6150.12 钨精矿化学分析方法 二氧化硅量的测定 硅钼蓝分光光度法和重量法

GB/T 6150.13 钨精矿化学分析方法 砷量的测定 氢化物原子吸收光谱法和DDTC-Ag分光光度法

GB/T 6150.14 钨精矿化学分析方法 锰量的测定 硫酸亚铁铵容量法和火焰原子吸收光谱法

GB/T 6150.15 钨精矿化学分析方法 铋量的测定 火焰原子吸收光谱法

GB/T 6150.16 钨精矿化学分析方法 铁量的测定 磺基水杨酸分光光度法

GB/T 6150.17 钨精矿化学分析方法 锑量的测定 氢化物原子吸收光谱法

本部分为GB/T 6150的第6部分。

本部分代替GB/T 6150.8—1985《钨精矿化学分析方法 重量法测定湿存水量》。

本部分与GB/T 6150.8—1985相比主要变化如下：

——扩大了测定范围；

——增加了7.1重复性条款。

本部分由中国有色金属工业协会提出。

本部分由全国有色金属标准化技术委员会归口。

本部分由赣州有色冶金研究所、中国有色金属工业标准计量质量研究所负责起草。

本部分由赣州有色冶金研究所起草。

本部分由南昌硬质合金有限责任公司、株洲硬质合金集团有限公司参加起草。

本部分主要起草人：黎英、刘鸿、梁欣。

本部分主要验证人：朱小华、史静。

本部分所代替标准的历次版本发布情况为：

——GB/T 6150.8—1985。

钨精矿化学分析方法
湿存水量的测定　重量法

1　范围

本部分规定了钨精矿中湿存水量的测定方法。

本部分适用于钨精矿中湿存水量的测定。测定范围：0.2%～5%。

2　方法提要

试样经105℃～110℃烘干，用减量法计算湿存水量。

3　仪器和用具

恒温干燥箱。

4　试样

试样应置于密闭容器中，隔绝空气。粒度不大于1.65 mm。

5　分析步骤

5.1　试料

称取20 g试样，准确至0.000 1 g。

5.2　测定次数

独立地进行两次测定，取其平均值。

5.3　测定

将试料(5.1)置于预先在105℃～110℃烘干至恒重的称量皿中。在恒温干燥箱内于105℃～110℃干燥2 h。取出，置于干燥器内冷至室温称量，并反复进行至恒重。

注：称量皿在盛试样前应在恒温干燥箱内干燥1 h。取出，置于干燥皿内。冷却至室温，称量，并反复进行至恒重。

6　分析结果的计算

按式(1)计算湿存水的质量分数，数值以%表示：

$$w(H_2O)=\frac{(m_1-m_2)}{(m_1-m_0)}\times 100 \qquad \cdots\cdots(1)$$

式中：

m_1——烘干前试料与称量皿质量，单位为克(g)；

m_2——烘干后试料与称量皿质量，单位为克(g)；

m_0——空称量皿质量，单位为克(g)。

7　精密度

7.1　重复性

在重复性条件下获得的两次独立测试结果的测定值，在以下给出的平均值范围内，这两个测试结果的绝对差值不超过重复性限(r)，超过重复性限(r)的情况不超过5%。重复性限(r)按以下数据采用线性内插法求得：

湿存水的质量分数(%)： 0.20 2.00 4.50

重复性限 r(%)： 0.02 0.05 0.09

7.2 允许差

实验室之间分析结果的差值不应大于表1所列允许差。

表1

湿存水的质量分数/%	允许差/%
>0.2～1.0	0.03
>1.0～2.0	0.06
>2.0～3.5	0.09
>3.5～5.0	0.12

8 质量保证和控制

分析时,用标准样品或控制样品进行校核,或每年至少用标准样品或控制样品对分析方法校核一次。当过程失控时,应找出原因。纠正错误后,重新进行校核。

ICS 77.120.99
H 63

中华人民共和国国家标准

GB/T 6150.7—2008
代替 GB/T 6150.9—1985

钨精矿化学分析方法
钽铌量的测定
等离子体发射光谱法和分光光度法

**Methods for chemical analysis of tungsten concentrates—
Determination of tantalum content and niobium content—
Inductively coupled plasma emission spectrometry and spectrophotometry**

2008-06-17 发布 2008-12-01 实施

中华人民共和国国家质量监督检验检疫总局
中国国家标准化管理委员会 发布

前 言

GB/T 6150《钨精矿化学分析方法》分为17部分：

GB/T 6150.1 钨精矿化学分析方法 三氧化钨量的测定 钨酸铵灼烧重量法

GB/T 6150.2 钨精矿化学分析方法 锡量的测定 碘酸钾容量法和氢化物原子吸收光谱法

GB/T 6150.3 钨精矿化学分析方法 磷量的测定 磷钼黄分光光度法

GB/T 6150.4 钨精矿化学分析方法 硫量的测定 高频红外吸收法

GB/T 6150.5 钨精矿化学分析方法 钙量的测定 EDTA容量法和火焰原子吸收光谱法

GB/T 6150.6 钨精矿化学分析方法 湿存水量的测定 重量法

GB/T 6150.7 钨精矿化学分析方法 钽铌量的测定 等离子体发射光谱法和分光光度法

GB/T 6150.8 钨精矿化学分析方法 钼量的测定 硫氰酸盐分光光度法

GB/T 6150.9 钨精矿化学分析方法 铜量的测定 火焰原子吸收光谱法

GB/T 6150.10 钨精矿化学分析方法 铅量的测定 火焰原子吸收光谱法

GB/T 6150.11 钨精矿化学分析方法 锌量的测定 火焰原子吸收光谱法

GB/T 6150.12 钨精矿化学分析方法 二氧化硅量的测定 硅钼蓝分光光度法和重量法

GB/T 6150.13 钨精矿化学分析方法 砷量的测定 氢化物原子吸收光谱法和DDTC-Ag分光光度法

GB/T 6150.14 钨精矿化学分析方法 锰量的测定 硫酸亚铁铵容量法和火焰原子吸收光谱法

GB/T 6150.15 钨精矿化学分析方法 铋量的测定 火焰原子吸收光谱法

GB/T 6150.16 钨精矿化学分析方法 铁量的测定 磺基水杨酸分光光度法

GB/T 6150.17 钨精矿化学分析方法 锑量的测定 氢化物原子吸收光谱法

本部分为GB/T 6150的第7部分。

本部分代替GB/T 6150.9—1985《钨精矿化学分析方法 氯代磺酚S光度法测定铌量 丁基罗丹明B萃取光度法测定钽量》。

本部分与GB/T 6150.9—1985相比主要变化如下：

——增加了等离子体发射光谱法；

——增加了重复性限条款。

五氧化二钽的质量分数在0.020%～0.25%范围内、五氧化二铌的质量分数在0.020%～0.50%范围内，仲裁时推荐采用方法1。

本部分由中国有色金属工业协会提出。

本部分由全国有色金属标准化技术委员会归口。

本部分由赣州有色冶金研究所、中国有色金属工业标准计量质量研究所负责起草。

本部分方法1由北京有色金属研究总院，赣州有色冶金研究所起草。

本部分方法2由北京有色金属研究总院，赣州有色冶金研究所起草。

本部分方法1主要起草人：童坚、颜广炅、刘鸿、黎英。

本部分方法2主要起草人：佟伶、李满芝、牟淑君、余新民。

本部分所代替标准的历次版本发布情况为：

——GB/T 6150.9—1985。

钨精矿化学分析方法
钽铌量的测定
等离子体发射光谱法和分光光度法

方法1 等离子体发射光谱法

1 范围

本方法规定了钨精矿中钽量、铌量的测定方法。

本方法适用于钨精矿中钽量、铌量的测定。测定范围：五氧化二钽质量分数0.020%～1.00%、五氧化二铌质量分数0.020%～1.00%。

2 方法提要

试料以硝酸、氢氟酸溶解，溶液用ICP光谱仪测定，采用基体匹配法消除钨对测定的干扰。

3 试剂

除非另有说明，在分析中仅使用确认为分析纯的试剂和蒸馏水或去离子水或相当纯度的水。

3.1 硝酸(ρ1.42 g/mL)，优级纯。

3.2 氢氟酸(ρ1.14 g/mL)，优级纯。

3.3 偏钨酸铵(AMT)：w(AMT)≥99.99%。

3.4 钽标准贮存溶液：称取0.100 0 g纯钽[w(Ta)≥99.9%]，置于100 mL聚四氟乙烯烧杯中，加入5 mL硝酸(3.1)、5 mL氢氟酸(3.2)，盖上表皿，低温加热至钽完全溶解，取下，冷却至室温，移入100 mL塑料容量瓶中，以水稀释至刻度，混匀。贮存于塑料瓶中。此溶液1 mL含1.0 mg钽。

3.5 铌标准贮存溶液：称取0.100 0 g纯铌[w(Nb)≥99.9%]，置于100 mL聚四氟乙烯烧杯中，加入5 mL硝酸(3.1)、5 mL氢氟酸(3.2)，盖上表皿，低温加热至铌完全溶解，取下，冷却至室温，移入100 mL塑料容量瓶中，以水稀释至刻度，混匀。贮存于塑料瓶中。此溶液1 mL含1.0 mg铌。

3.6 钽铌混合标准溶液A：移取10.00 mL钽标准贮存溶液(3.4)、10.00 mL铌标准贮存溶液(3.5)，于100 mL塑料容量瓶中，补加5 mL氢氟酸(3.2)以水稀释至刻度，混匀。贮存于塑料瓶中。此溶液1 mL分别含100 μg钽和100 μg铌。

3.7 钽铌混合标准溶液B：移取10.00 mL钽铌混合标准溶液A(3.6)，于100 mL塑料容量瓶中，补加5 mL氢氟酸(3.2)，以水稀释至刻度，混匀。贮存于塑料瓶中。此溶液1 mL分别含10 μg钽和10 μg铌。

4 仪器

电感耦合等离子体光谱仪，耐氢氟酸进样系统。

5 试样

5.1 试样粒度小于0.074 mm。

5.2 试样预先在105℃～110℃烘2 h，置于干燥器中冷却至室温。

6 分析步骤

6.1 试料

称取 0.50 g 试样(5),精确至 0.000 1 g。

6.2 测定次数

独立的进行两次测定,取其平均值。

6.3 空白试验

随同试料做空白试验。

6.4 测定

6.4.1 将试料(6.1)置于 30 mL 铂坩埚中,加入 2 mL 硝酸(3.1)、5 mL 氢氟酸(3.2),加热分解试料,当样品蒸至湿盐状时取下,冷却。

6.4.2 按 6.4.1 重复操作,再加入 7 mL～8 mL 氢氟酸(3.2)、5 mL 水加热至盐类溶解。取下,冷却,移入 100 mL 塑料容量瓶中。取干过滤清液用 ICP 光谱仪测定。

6.5 工作曲线的绘制

于一组 100 mL 塑料容量瓶中,各加入 0.4 g 偏钨酸铵(3.3),用少量水溶解,补加 5 mL 氢氟酸(3.2),依次分别加入 0 mL、1.00 mL、5.00 mL、10.00 mL、50.00 mL 钽铌混合标准溶液 B(3.7),用水稀释至刻度混匀。用 ICP 光谱仪于波长 Ta263.558 nm、Nb309.418 nm 处测定,由计算机自动绘制工作曲线。

7 分析结果的计算

按式(1)计算五氧化二钽(铌)的质量分数,数值以%表示:

$$w(Ta_2O_5, Nb_2O_5) = \frac{\rho \times V_2 \times K}{m_3 \times 10^6} \times 100 \quad \cdots\cdots\cdots\cdots (1)$$

式中:

ρ——自工作曲线上查得的钽铌浓度,单位为微克每毫升(μg/mL);

V_2——试液定容体积,单位为毫升(mL);

m_3——试料的质量,单位为克(g);

K——换算系数,Ta 换算成 Ta_2O_5 的系数为 1.221 1,Nb 换算成 Nb_2O_5 的系数为 1.430 5。

8 精密度

8.1 重复性

在重复性条件下获得的两个独立测试结果的测定值,在以下给出的平均值范围内,这两个测试结果的绝对差值不超过重复性限(r),超过重复性限(r)的情况不超过 5%,重复性限(r)按表 1 的数据采用线性内插法求得。

表 1

五氧化二钽的质量分数/%	0.032	0.148	1.222
重复性限 r/%	0.003	0.013	0.056
五氧化二铌的质量分数/%	0.036	0.271	0.574
重复性限 r/%	0.003	0.018	0.026

8.2 允许差

实验室之间分析结果的差值不应大于表 2 所列允许差。

表 2

五氧化二钽(铌)的质量分数/%	允许差/%
>0.020~0.050	0.007
>0.050~0.075	0.010
>0.075~0.10	0.012
>0.10~0.25	0.015
>0.25~0.50	0.035
>0.50~1.00	0.05

9 质量控制与保证

应用国家级标准样品或行业标准样品(当两者都没有时,也可用控制样品代替),每周或每两周校核一次本分析方法标准的有效性。当过程失控时,应找出原因,纠正错误后,重新进行校核。

方法 2 分光光度法

10 范围

本方法规定了钨精矿中钽量、铌量的测定方法。

本方法适用于钨精矿中钽量、铌量的测定。测定范围:五氧化二钽质量分数 0.005%~0.25%,五氧化二铌质量分数 0.010%~0.50%。

11 方法提要

试料经碱熔融分解,水浸取后,用磷酸络合钨,在有 EDTA 和草酸存在的氨水溶液中,以硅酸富集铌,钽,使其与钨、钼、锰、铝等分离。沉淀经过滤、灼烧后,用氢氟酸去硅。将钽、铌制成酒石酸溶液。

在 4.25 mol/L 硫酸介质中,以丁基罗丹明 B 萃取光度法测定钽量;在 1.7 mol/L 盐酸介质中,以氯代磺酚 S 光度法测定铌量。

12 试剂

除非另有说明,在分析中仅使用确认为分析纯的试剂和蒸馏水或去离子水或相当纯度的水。

12.1 过氧化钠。

12.2 氢氧化钠。

12.3 丙酮。

12.4 氨水(ρ0.88 g/mL)。

12.5 磷酸(ρ1.70 g/mL)。

12.6 氢氟酸(ρ1.15 g/mL)。

12.7 盐酸(ρ1.19 g/mL)。

12.8 盐酸(1+1)。

12.9 盐酸(1+9)。

12.10 硫酸(ρ1.84 g/mL)。

12.11 硫酸(283+217)。

12.12 混合萃取剂:V(甲苯):V(丙酮)=9:1。

12.13 乙二胺四乙酸二钠(EDTA)溶液(100 g/L)。

12.14 乙二胺四乙酸二钠(EDTA)溶液(40 g/L)。

12.15 氯化铵饱和溶液。

12.16 草酸($H_2C_2O_4 \cdot 2H_2O$)溶液(100 g/L)。

12.17 硅酸钠($Na_2SiO_3 \cdot 9H_2O$)溶液(150 g/L)。

12.18 酒石酸溶液(150 g/L)。

12.19 酒石酸溶液(60 g/L)。

12.20 酒石酸-苯酚溶液:称取 60 g 酒石酸用 1 000 mL 水溶解,加入 5.00 mL 苯酚。

12.21 三氯化铝($AlCl_3 \cdot 6H_2O$)溶液(400 g/L)。

12.22 三氯化铁($FeCl_3 \cdot 6H_2O$)溶液(5 g/L)。

12.23 盐酸羟胺溶液(100 g/L)。

12.24 氟化钾($KF \cdot 2H_2O$)溶液(150 g/L),贮于塑料瓶中。

12.25 氯化铵洗涤液:900 mL 水和 100 mL 氯化铵饱和溶液(12.15)混匀,加氨水(12.4)至酚酞呈红色。

12.26 酚酞乙醇溶液(10 g/L)。

12.27 氯代磺酚 S 溶液(1 g/L)。过滤后使用。

12.28 丁基罗丹明 B 溶液(5 g/L)。过滤后使用。

12.29 五氧化二铌标准贮存溶液:称取 0.250 0 g 已于 800℃灼烧 1 h 的五氧化二铌[$w(Nb_2O_5) \geqslant$ 99.9%],置于 30 mL 瓷坩埚中。加入 10 滴硫酸(12.10)润湿,加入 6 g 焦硫酸钾,在喷灯上熔融至红色透明[勿使干涸,若发现已熔干,可滴加数滴硫酸(12.10),再熔片刻]。冷却后以 100 mL 酒石酸(12.18)加热浸取(勿煮沸)。用水洗出坩埚,将溶液用慢速定量滤纸过滤于 500 mL 容量瓶中,再用水洗涤滤纸数次。将滤纸移入原坩埚中灰化,加 10 滴硫酸(12.10)、2 g 焦硫酸钾,按上法熔融,以 100 mL 酒石酸溶液(12.18)浸取。洗出坩埚,过滤于原容量瓶中,冷却,加入 2.50 mL 苯酚,以水稀释至刻度,混匀。此溶液 1 mL 含五氧化二铌 0.50 mg。

12.30 五氧化二铌标准溶液:移取 20.00 mL 五氧化二铌标准贮存溶液(12.29),置于 500 mL 容量瓶中,以酒石酸-苯酚溶液(12.20)稀释至刻度,混匀。此溶液 1 mL 含五氧化二铌 20 μg。

12.31 五氧化二钽标准贮存溶液:称取 0.125 0 g 已于 800℃灼烧 1 h 的纯五氧化二钽[$w(Ta_2O_5) \geqslant$ 99.9%],置于 30 mL 瓷坩埚中,加入 10 滴硫酸(12.10)润湿,加入 6 g 焦硫酸钾,在喷灯上熔融至红色透明[勿使干涸,若发现已熔干,可滴加数滴硫酸(12.10),再熔片刻]。冷却后以 100 mL 酒石酸(12.18)加热浸取(勿煮沸)。用水洗出坩埚,将溶液用慢速定量滤纸过滤于 500 mL 容量瓶中,再用水洗涤滤纸数次。将滤纸移入原坩埚中灰化,加 10 滴硫酸(12.10)、2 g 焦硫酸钾,按上法熔融,以 100 mL 酒石酸溶液(12.18)浸取。洗出坩埚,过滤于原容量瓶中,冷却,加入 2.50 mL 苯酚,以水稀释至刻度,混匀。此溶液 1 mL 含五氧化二钽 0.25 mg。

12.32 五氧化二钽标准溶液:移取 10.00 mL 五氧化二钽标准贮存溶液(12.31),置于 500 mL 容量瓶中,以酒石酸-苯酚溶液(12.20)稀释至刻度,混匀。此溶液 1 mL 含五氧化二钽 5 μg。

12.33 酒石酸溶液(400 g/L)。

13 试样

13.1 试样粒度小于 0.074 mm。

13.2 试样预先在 105℃~110℃烘 2 h,置于干燥器中冷却至室温。

14 分析步骤

14.1 试料

按表 3 称取试样,精确到 0.000 1 g。

表 3

五氧化二钽质量分数/%	五氧化二铌质量分数/%	试料质量/g	移取溶液体积/mL
0.005～0.010	0.010～0.050	0.50	10.00
>0.010～0.050	>0.050～0.10	0.25	5.00
>0.050～0.50	>0.10～0.50	0.10	5.00

14.2 测定次数

独立地进行两次测定，取其平均值。

14.3 空白试验

随同试料做空白试验。

14.4 测定

14.4.1 将试料(14.1)置于30 mL刚玉坩埚中，加入1 g～2 g过氧化钠(12.1)、0.5 g～1.5 g氢氧化钠(12.2)，搅匀。在600℃高温炉中熔融10 min～15 min，取出，稍冷。

14.4.2 将坩埚置于盛有30 mL沸水的400 mL烧杯中，待熔块溶解后用水洗出坩埚[必要时可加数滴盐酸(12.7)洗]。加入30 mL EDTA溶液(12.13)，搅匀，加热至沸5 min～10 min，稍冷，加8 mL磷酸(12.5)，搅匀，加12 mL盐酸(12.7)[如溶液浑浊，可稍加热或补加盐酸(12.7)至清亮]、50 mL氯化铵饱和溶液(12.15)、30 mL草酸溶液(12.16)，搅匀，加热至沸，加适量纸浆及0.5 mL酚酞溶液(12.26)，用氨水(12.4)调至红色并过量4 mL～5 mL，以水稀释至约200 mL。加热至微沸，趁热滴加10 mL硅酸钠溶液(12.17)。充分搅动，70℃～80℃保温30 min(或在室温下静置2 h)。

14.4.3 趁热以快速定量滤纸过滤，用热氯化铵洗涤液(12.25)洗烧杯及沉淀约8次(至无草酸根离子)，再用热盐酸溶液(12.9)洗4次，热水洗2次。

14.4.4 将沉淀连同滤纸移入30 mL瓷坩埚中，灰化，于750℃高温炉中灼烧30 min，取出，稍冷。将沉淀小心移入铂坩埚或聚四氟乙烯坩埚中，以水润湿，加6 mL～8 mL氢氟酸(12.6)，微热并蒸发至湿盐状，加10 mL酒石酸溶液(12.18)，微热浸取10 min～15 min，冷却，移入25 mL容量瓶中，以水稀释至刻度，混匀，干过滤。

14.4.5 按表3移取清液于50 mL比色管中[试液不足10 mL时，用酒石酸溶液(12.19)补足]。

14.4.6 加入5 mL三氯化铝溶液(12.21)，混匀，加0.5 mL三氯化铁溶液(12.22)、3 mL盐酸羟胺溶液(12.23)，混匀，在微沸的水浴上放置5 min，取下，流水冷却至室温(冬天不必冷却)。加入1 mL EDTA溶液(12.14)、14 mL盐酸溶液(12.8)，混匀，加入5 mL丙酮(12.3)、3 mL氯代磺酚S溶液(12.27)，以水稀释至刻度，放置1 h。

注：在移取铌的试液中，含钽量如超过20 μg，应补加3.5 mL酒石酸溶液(12.33)，使试液中酒石酸浓度为40 g/L。

14.4.7 将部分溶液移入1 cm吸收皿中，以试剂空白为参比，于分光光度计计波长645 nm处测量试料溶液及随同试料空白溶液的吸光度，从工作曲线上查出相应的五氧化二铌量。

14.4.8 按表3移取清液于小塑料瓶[试液不足5 mL时，用酒石酸溶液(12.19)补足]。

14.4.9 加入5 mL硫酸溶液(12.11)，混匀，流水冷却至室温，加入1 mL氟化钾溶液(12.24)、1 mL丁基罗丹明B溶液(12.28)，混匀。加入10.00 mL混合萃取剂(12.12)，振荡1 min，静置1 h。

注：塑料瓶应充分洗净，否则会影响分析结果。可先用乙醇洗，再用水洗去乙醇，然后以硫酸-重铬酸钾洗液浸泡。最后用水冲洗干净，凉干备用。

14.4.10 将部分有机相移入0.5 cm吸收皿中，以混合萃取剂(12.12)为参比，于分光光度计波长560 nm处测量试料溶液及随同试料空白溶液的吸光度，从工作曲线上查出相应的五氧化二钽量。

14.5 工作曲线的绘制

14.5.1 移取0 mL、1.00 mL、2.00 mL、3.00 mL、4.00 mL、5.00 mL五氧化二铌标准溶液(12.30)，置于一组50 mL比色管中，分别加入酒石酸溶液(12.19)至10 mL，以下按14.4.6进行。

14.5.2 将部分溶液移入1 cm吸收皿中，以试剂空白为参比，于分光光度计波长645 nm处测量其吸光度。以五氧化二铌量为横坐标，吸光度为纵坐标绘制工作曲线。

注：如试样含铌量较低，须绘制 0～50 μg 五氧化二铌工作曲线时，可用 2 cm 吸收皿。

14.5.3 移取 0 mL、1.00 mL、2.00 mL、3.00 mL、4.00 mL、5.00 mL 五氧化二钽标准溶液(12.32)，置于一组小塑料瓶中，分别加入酒石酸-苯酚溶液(12.20)至 5 mL。以下按 14.4.9～14.4.10 进行，测量其吸光度。以五氧化二钽量为横坐标，吸光度为纵坐标绘制工作曲线。

注：如试样含钽量较低，须绘制 0～10 μg 五氧化二钽工作曲线时，可用 1 cm 吸收皿。

15 分析结果的计算

按式(2)计算五氧化二钽(铌)的质量分数，数值以%表示：

$$w(Ta_2O_5 Nb_2O_5) = \frac{(m_1 - m_2) \times V_0}{m_0 \times V_1 \times 10^6} \times 100 \qquad \cdots\cdots\cdots\cdots (2)$$

式中：

m_1——自工作曲线上查得五氧化二钽(铌)量，单位为微克(μg)；

m_2——自工作曲线上查得随同试样空白中五氧化二钽（铌）量，单位为微克(μg)；

V_0——试液总体积，单位为毫升(mL)；

V_1——分取试液体积，单位为毫升(mL)；

m_0——称取试料的质量，单位为克(g)。

16 精密度

16.1 重复性

在重复性条件下获得的两个独立测试结果的测定值，在以下给出的平均值范围内，这两个测试结果的绝对差值不超过重复性限(r)，超过重复性限(r)的情况不超过 5%，重复性限(r)按表 4 数据采用线性内插法求得。

表 4

Ta_2O_5 的质量分数/%	0.006 6	0.020 5	0.099
重复性限 r/%	0.001 2	0.002 6	0.014
Nb_2O_5 的质量分数/%	0.010 2	0.051 8	0.112
重复性限 r/%	0.001 8	0.004 4	0.015

16.2 允许差

实验室之间分析结果的差值应不大于表 5。

表 5

五氧化二钽(铌)的质量分数/%	允许差/%
0.005～0.010	0.002
>0.010～0.025	0.005
>0.025～0.050	0.010
>0.050～0.100	0.020
>0.100～0.250	0.05
>0.250～0.500	0.10

17 质量控制与保证

应用国家级标准样品或行业标准样品(当两者都没有时，也可用控制样品代替)，每周或每两周校核一次本分析方法标准的有效性。当过程失控时，应找出原因，纠正错误后，重新进行校核。

ICS 77.120.99
H 63

GB

中华人民共和国国家标准

GB/T 6150.10—2008
代替 GB/T 6150.12—1985

钨精矿化学分析方法 铅量的测定 火焰原子吸收光谱法

Methods for chemical analysis of tungsten concentrates—Determination of lead content—Flame atomic absorption spectrometric method

2008-03-31 发布　　2008-09-01 实施

中华人民共和国国家质量监督检验检疫总局
中国国家标准化管理委员会　发布

前言

GB/T 6150《钨精矿化学分析方法》分为17部分：

GB/T 6150.1 钨精矿化学分析方法 三氧化钨量的测定 钨酸铵灼烧重量法

GB/T 6150.2 钨精矿化学分析方法 锡量的测定 碘酸钾容量法和氢化物原子吸收光谱法

GB/T 6150.3 钨精矿化学分析方法 磷量的测定 磷钼黄分光光度法

GB/T 6150.4 钨精矿化学分析方法 硫量的测定 高频红外吸收法

GB/T 6150.5 钨精矿化学分析方法 钙量的测定 EDTA容量法和火焰原子吸收光谱法

GB/T 6150.6 钨精矿化学分析方法 湿存水量的测定 重量法

GB/T 6150.7 钨精矿化学分析方法 钽铌量的测定 等离子体发射光谱法和分光光度法

GB/T 6150.8 钨精矿化学分析方法 钼量的测定 硫氰酸盐分光光度法

GB/T 6150.9 钨精矿化学分析方法 铜量的测定 火焰原子吸收光谱法

GB/T 6150.10 钨精矿化学分析方法 铅量的测定 火焰原子吸收光谱法

GB/T 6150.11 钨精矿化学分析方法 锌量的测定 火焰原子吸收光谱法

GB/T 6150.12 钨精矿化学分析方法 二氧化硅量的测定 硅钼蓝分光光度法和重量法

GB/T 6150.13 钨精矿化学分析方法 砷量的测定 氢化物原子吸收光谱法和DDTC-Ag分光光度法

GB/T 6150.14 钨精矿化学分析方法 锰量的测定 硫酸亚铁铵容量法和火焰原子吸收光谱法

GB/T 6150.15 钨精矿化学分析方法 铋量的测定 火焰原子吸收光谱法

GB/T 6150.16 钨精矿化学分析方法 铁量的测定 磺基水杨酸分光光度法

GB/T 6150.17 钨精矿化学分析方法 锑量的测定 氢化物原子吸收光谱法

本部分为GB/T 6150的第10部分。

本部分代替GB/T 6150.12—1985《钨精矿化学分析方法 盐酸-氯化钠底液极谱法测定铅量》。

本部分与GB/T 6150.12—1985相比主要变化如下：

——测定方法由极谱法改为火焰原子吸收光谱法；

——增加了8.1重复性条款。

本部分由中国有色金属工业协会提出。

本部分由全国有色金属标准化技术委员会提出并归口。

本部分由赣州有色冶金研究所、中国有色金属工业标准计量质量研究所负责起草。

本部分由赣州有色冶金研究所起草。

本部分由自贡硬质合金有限责任公司、湖南柿竹园有色金属有限责任公司参加起草。

本部分主要起草人：潘建忠、钟道国、张江峰。

本部分主要验证人：李慧玲、邱秋、王周林。

本部分所代替标准的历次版本发布情况为：

——GB/T 6150.12—1985。

钨精矿化学分析方法
铅量的测定
火焰原子吸收光谱法

1 范围

本部分规定了钨精矿中铅含量的测定方法。

本部分适用于钨精矿中铅含量的测定。测定范围:0.005%~0.30%。

2 方法提要

试样在沸水浴上以盐酸分解,加入硝酸、高氯酸加热溶解至冒浓白烟,冷却,在硝酸介质中,于原子吸收光谱仪波长283.3 nm处,以空气-乙炔火焰测量铅的吸光度,用工作曲线法计算铅的含量。钨精矿中的杂质不干扰测定。

3 试剂

除非另有说明,本部分所用试剂均为符合国家标准或行业标准的分析纯试剂,所用水均为蒸馏水。

3.1 盐酸(ρ 1.19 g/mL)。

3.2 硝酸(ρ 1.42 g/mL)。

3.3 高氯酸(ρ 1.67 g/mL)。

3.4 硝酸溶液(1+1)。

3.5 铅标准贮存溶液:称取0.400 0 g纯金属铅[w(Pb)≥99.99%]于300 mL烧杯中,加入100 mL硝酸溶液(3.4),加热溶解,冷却,定容于1 000 mL容量瓶中,混匀,此溶液1 mL含400 μg铅。

4 仪器

原子吸收光谱仪,附铅空心阴极灯。

在仪器最佳工作条件下,凡能达到下列指标者均可使用:

——特征浓度:在与测量溶液基体相一致的溶液中,铅的特征浓度应不大于0.76 μg/mL。

——精密度:用最高浓度的标准溶液测量10次吸光度,其标准偏差应不超过平均吸光度的1.5%;用最低浓度的标准溶液(不是"零"浓度标准溶液)测量10次吸光度,其标准偏差应不超过最高浓度平均吸光度的0.5%。

——工作曲线线性:将工作曲线按浓度等分成五段,最高段的吸光度差值与最低段的吸光度差值之比应不小于0.7。

5 试样

5.1 试样粒度小于0.074 mm。

5.2 试样预先在105℃~110℃烘2 h,置于干燥器中冷却至室温。

6 分析步骤

6.1 试料

按表1称取试样(精确到0.000 1 g)。

表 1

铅的质量分数/%	试料/g
>0.005～0.10	1.00
>0.10～0.30	0.50

6.2　**测定次数**

独立地进行两次测定，取其平均值。

6.3　**空白试验**

随同试料做空白试验。

6.4　**测定**

6.4.1　将试料(6.1)置于 250 mL 的烧杯中，用水润湿，加入 50 mL 盐酸(3.1)，置于沸水浴中加热溶解 50 min，取下稍冷。加入 20 mL 硝酸(3.2)，2 mL 高氯酸(3.3)，加热至冒浓白烟，取下冷却。加入 2.5 mL硝酸(3.2)，用水吹洗表面皿和杯壁，煮沸使可溶性盐类溶解，冷却后，移入 50 mL 容量瓶中，用水定容，混匀。

6.4.2　将澄清或干过滤的试液，在原子吸收光谱仪上，于波长 283.3 nm，用空气-乙炔火焰，以水调零，测定试液及随同试料空白的吸光度。在工作曲线上查出相应的铅的浓度。

6.5　**工作曲线的绘制**

6.5.1　铅标准工作溶液：分别移取 0 mL、1.00 mL、2.50 mL、5.00 mL、10.00 mL、15.00 mL、20.00 mL 铅标准贮存溶液(3.5)于一系列 200 mL 容量瓶中，加入 20 mL 硝酸溶液(3.4)，用水定容，混匀。

6.5.2　将标准溶液(6.5.1)在原子吸收光谱仪上，于波长 283.3 nm，用空气-乙炔火焰，以水调零，测定铅的吸光度。以铅浓度为横坐标，吸光度为纵坐标绘制工作曲线。

7　分析结果的计算

按式(1)计算铅的质量分数，数值以%表示：

$$w(\mathrm{Pb}) = \frac{(\rho_1 - \rho_0) \times V_1}{m_0 \times 10^6} \times 100 \qquad \cdots\cdots(1)$$

式中：

ρ_1——从工作曲线上查的试液中铅的浓度，单位为微克每毫升(μg/mL)；

ρ_0——从工作曲线上查的空白溶液中铅的浓度，单位为微克每毫升(μg/mL)；

V_1——测定试液的体积，单位为毫升(mL)；

m_0——试料量，单位为克(g)。

8　精密度

8.1　**重复性**

在重复性条件下获得的两次独立测试结果的测定值，在以下给出的平均值范围内，这两个测试结果的绝对差值不超过重复性限(r)，超过重复性限(r)的情况不超过 5%。重复性限(r)按以下数据采用线性内插法求得：

铅的质量分数(%)：	0.005	0.018 0	0.078
重复性限 r (%)：	0.001	0.002	0.006

8.2　**允许差**

实验室之间分析结果的差值不应大于表 2 所列允许差。

表 2

铅的质量分数/%	允许差/%
0.005～0.010	0.003
>0.010～0.030	0.005
>0.030～0.050	0.007
>0.050～0.10	0.01
>0.10～0.20	0.02
>0.20～0.30	0.03

9 质量保证和控制

分析时，用标准样品或控制样品进行校核，或每年至少用标准样品或控制样品对分析方法校核一次。当过程失控时，应找出原因。纠正错误后，重新进行校核。

ICS 77.120.99
H 63

中华人民共和国国家标准

GB/T 6150.11—2008
代替 GB/T 6150.13—1985

钨精矿化学分析方法 锌量的测定 火焰原子吸收光谱法

Methods for chemical analysis of tungsten concentrates—Determination of zinc content—Flame atomic absorption spectrometric method

2008-03-31 发布　　2008-09-01 实施

中华人民共和国国家质量监督检验检疫总局
中国国家标准化管理委员会　发布

前　言

GB/T 6150《钨精矿化学分析方法》分为17部分：

GB/T 6150.1　钨精矿化学分析方法　三氧化钨量的测定　钨酸铵灼烧重量法

GB/T 6150.2　钨精矿化学分析方法　锡量的测定　碘酸钾容量法和氢化物原子吸收光谱法

GB/T 6150.3　钨精矿化学分析方法　磷量的测定　磷钼黄分光光度法

GB/T 6150.4　钨精矿化学分析方法　硫量的测定　高频红外吸收法

GB/T 6150.5　钨精矿化学分析方法　钙量的测定　EDTA容量法和火焰原子吸收光谱法

GB/T 6150.6　钨精矿化学分析方法　湿存水量的测定　重量法

GB/T 6150.7　钨精矿化学分析方法　钽铌量的测定　等离子体发射光谱法和分光光度法

GB/T 6150.8　钨精矿化学分析方法　钼量的测定　硫氰酸盐分光光度法

GB/T 6150.9　钨精矿化学分析方法　铜量的测定　火焰原子吸收光谱法

GB/T 6150.10　钨精矿化学分析方法　铅量的测定　火焰原子吸收光谱法

GB/T 6150.11　钨精矿化学分析方法　锌量的测定　火焰原子吸收光谱法

GB/T 6150.12　钨精矿化学分析方法　二氧化硅量的测定　硅钼蓝分光光度法和重量法

GB/T 6150.13　钨精矿化学分析方法　砷量的测定　氢化物原子吸收光谱法和DDTC-Ag分光光度法

GB/T 6150.14　钨精矿化学分析方法　锰量的测定　硫酸亚铁铵容量法和火焰原子吸收光谱法

GB/T 6150.15　钨精矿化学分析方法　铋量的测定　火焰原子吸收光谱法

GB/T 6150.16　钨精矿化学分析方法　铁量的测定　磺基水杨酸分光光度法

GB/T 6150.17　钨精矿化学分析方法　锑量的测定　氢化物原子吸收光谱法

本部分为GB/T 6150的第11部分。

本部分代替GB/T 6150.13—1985《钨精矿化学分析方法　氢氧化铵-氯化铵底液极谱法测定锌量》。

本部分与GB/T 6150.13—1985相比主要变化如下：

——测定方法由极谱法改为火焰原子吸收光谱法；

——扩展了测定范围；

——增加了8.1重复性条款。

本标准由中国有色金属工业协会提出。

本标准由全国有色金属标准化技术委员会归口。

本标准由赣州有色冶金研究所、中国有色金属工业标准计量质量研究所负责起草。

本部分由赣州有色冶金研究所起草。

本部分由自贡硬质合金有限责任公司、湖南柿竹园有色金属有限责任公司参加起草。

本部分主要起草人：钟道国、潘建忠、张江峰。

本部分主要验证人：李慧玲、邱秋、王周林。

本部分所代替标准的历次版本发布情况为：

——GB/T 6150.13—1985。

钨精矿化学分析方法
锌量的测定
火焰原子吸收光谱法

1 范围

本部分规定了钨精矿中锌含量的测定方法。

本部分适用于钨精矿中锌含量的测定。测定范围：0.005%～0.50%。

2 方法提要

试样在沸水浴上以盐酸分解，加入硝酸、高氯酸加热溶解至冒浓白烟，冷却，在硝酸介质中，于原子吸收光谱仪波长 213.9 nm 处，以空气-乙炔火焰测量锌的吸光度，用工作曲线法计算锌的含量。钨精矿中的杂质不干扰测定。

3 试剂

除非另有说明，本部分所用试剂均为符合国家标准或行业标准的分析纯试剂，所用水均为蒸馏水。

3.1 盐酸（ρ1.19 g/mL）。

3.2 硝酸（ρ1.42 g/mL）。

3.3 高氯酸（ρ1.67 g/mL）。

3.4 硝酸溶液（1+1）。

3.5 锌标准贮存溶液：称取 0.100 0 g 纯金属锌[$w(Zn)\geqslant 99.99\%$]于 300 mL 烧杯中，加入 100 mL 硝酸溶液（3.4），加热溶解，冷却，定容于 1 000 mL 容量瓶中，混匀，此溶液 1 mL 含100 μg锌。

4 仪器

原子吸收光谱仪，附锌空心阴极灯。

在仪器最佳工作条件下，凡能达到下列指标者均可使用：

——特征浓度：在与测量溶液基体相一致的溶液中，锌的特征浓度应不大于 0.037 μg/mL。

——精密度：用最高浓度的标准溶液测量 10 次吸光度，其标准偏差应不超过平均吸光度的 1.5%；用最低浓度的标准溶液（不是“零”浓度标准溶液）测量 10 次吸光度，其标准偏差应不超过最高浓度平均吸光度的 0.5%。

——工作曲线线性：将工作曲线按浓度等分成五段，最高段的吸光度差值与最低段的吸光度差值之比应不小于 0.7。

5 试样

5.1 试样粒度小于 0.074 mm。

5.2 试样预先在 105℃～110℃烘 2 h，置于干燥器中冷却至室温。

6 分析步骤

6.1 试料

按表 1 称取试样（精确到 0.000 1 g）。

表 1

锌的质量分数/%	试料/g	定容体积/mL	加硝酸量/mL
≤0.05	0.50	50	2.5
>0.05～0.15	0.20	100	5
>0.15～0.50	0.10	100	5

6.2 测定次数

独立地进行两次测定,取其平均值。

6.3 空白试验

随同试料做空白试验。

6.4 测定

6.4.1 将试料(6.1)置于 250 mL 的烧杯中,用水润湿,加入 50 mL 盐酸(3.1),置于沸水浴中加热溶解 50 min,取下稍冷。加入 20 mL 硝酸(3.2),2 mL 高氯酸(3.3),加热至冒浓白烟,取下冷却。按表 1 补加硝酸(3.2),用水吹洗表面皿和杯壁,煮沸使可溶性盐类溶解,冷却后,按表 1 用水定容,混匀。

6.4.2 将澄清或干过滤的试液,在原子吸收光谱仪上,于波长 213.9 nm,用空气-乙炔火焰,以水调零,测定试液及随同试料空白的吸光度。在工作曲线上查出相应的锌的浓度

6.5 工作曲线的绘制

6.5.1 锌标准工作溶液:分别移取 0.00 mL、1.00 mL、3.00 mL、5.00 mL 锌标准贮存溶液(3.5)于一系列 100 mL 容量瓶中,加入 10 mL 硝酸溶液(3.4),用水定容,混匀。

6.5.2 将标准溶液(6.5.1)在原子吸收光谱仪上,于波长 213.9 nm,用空气-乙炔火焰,以水调零,测定锌的吸光度。以锌浓度为横坐标,吸光度为纵坐标绘制工作曲线。

7 分析结果的计算

按式(1)计算锌的质量分数,数值以%表示:

$$w(\mathrm{Zn})=\frac{(\rho_1-\rho_0)\times V_1}{m_0\times 10^6}\times 100 \qquad \cdots\cdots(1)$$

式中:

ρ_1——从工作曲线上查的试液中锌的浓度,单位为微克每毫升(μg/mL);

ρ_0——从工作曲线上查的空白溶液中锌的浓度,单位为微克每毫升(μg/mL);

V_1——测定试液的体积,单位为毫升(mL);

m_0——试料量,单位为克(g)。

8 精密度

8.1 重复性

在重复性条件下获得的两次独立测试结果的测定值,在以下给出的平均值范围内,这两个测试结果的绝对差值不超过重复性限(r),超过重复性限(r)的情况不超过 5%。重复性限(r)按以下数据采用线性内插法求得:

锌的质量分数(%):	0.04	0.25	0.50
重复性限 r (%):	0.002	0.02	0.04

8.2 允许差

实验室之间分析结果的差值不应大于表2所列允许差。

表 2

锌的质量分数/%	允许差/%
0.005～0.010	0.002
>0.010～0.030	0.004
>0.030～0.050	0.006
>0.050～0.10	0.01
>0.10～0.20	0.02
>0.20～0.30	0.03
>0.30～0.50	0.05

9 质量保证和控制

分析时，用标准样品或控制样品进行校核，或每年至少用标准样品或控制样品对分析方法校核一次。当过程失控时，应找出原因。纠正错误后，重新进行校核。

ICS 77.120.99
H 63

中华人民共和国国家标准

GB/T 6150.12—2008
代替 GB/T 6150.14—1985

钨精矿化学分析方法 二氧化硅量的测定 硅钼蓝分光光度法和重量法

Methods for chemical analysis of tungsten concentrates—Determination of silicon dioxide content—The silicomolybdenum blue spectrophotometry and the gravimetry

2008-06-17 发布 2008-12-01 实施

中华人民共和国国家质量监督检验检疫总局
中国国家标准化管理委员会 发布

前 言

GB/T 6150《钨精矿化学分析方法》分为17部分：

GB/T 6150.1 钨精矿化学分析方法 三氧化钨量的测定 钨酸铵灼烧重量法

GB/T 6150.2 钨精矿化学分析方法 锡量的测定 碘酸钾容量法和氢化物原子吸收光谱法

GB/T 6150.3 钨精矿化学分析方法 磷量的测定 磷钼黄分光光度法

GB/T 6150.4 钨精矿化学分析方法 硫量的测定 高频红外吸收法

GB/T 6150.5 钨精矿化学分析方法 钙量的测定 EDTA容量法和原子吸收光谱法

GB/T 6150.6 钨精矿化学分析方法 湿存水量的测定 重量法

GB/T 6150.7 钨精矿化学分析方法 钽铌量的测定 等离子体发射光谱法和分光光度法

GB/T 6150.8 钨精矿化学分析方法 钼量的测定 硫氰酸盐分光光度法

GB/T 6150.9 钨精矿化学分析方法 铜量的测定 火焰原子吸收光谱法

GB/T 6150.10 钨精矿化学分析方法 铅量的测定 火焰原子吸收光谱法

GB/T 6150.11 钨精矿化学分析方法 锌量的测定 火焰原子吸收光谱法

GB/T 6150.12 钨精矿化学分析方法 二氧化硅量的测定 硅钼蓝分光光度法和重量法

GB/T 6150.13 钨精矿化学分析方法 砷量的测定 氢化物原子吸收光谱法和DDTC-Ag分光光度法

GB/T 6150.14 钨精矿化学分析方法 锰量的测定 硫酸亚铁铵容量法和火焰原子吸收光谱法

GB/T 6150.15 钨精矿化学分析方法 铋量的测定 火焰原子吸收光谱法

GB/T 6150.16 钨精矿化学分析方法 铁量的测定 磺基水杨酸分光光度法

GB/T 6150.17 钨精矿化学分析方法 锑量的测定 氢化物原子吸收光谱法

本部分为GB/T 6150的第12部分。

本部分代替GB/T 6150.14—1985《钨精矿化学分析方法 钼蓝光度法测定二氧化硅量》

本部分与GB/T 6150.14—1985相比主要变化如下：

——采用两种方法测定钨精矿中的二氧化硅量；

——方法1测定范围由0.50%～10.00%修订为0.50%～3.00%；增加了重复性与质量保证和控制条款；

——方法2为新增方法，采用重量法测定高含量二氧化硅量。

本部分由中国有色金属工业协会提出。

本部分由全国有色金属标准化技术委员会归口。

本部分由赣州有色冶金研究所、中国有色金属工业标准计量质量研究所负责起草。

本部分由广州有色金属研究院起草。

本部分由赣州有色冶金研究所、株洲硬质合金集团有限公司参加起草。

本部分方法1主要起草人：戴凤英、岳伟、徐俊义。

本部分方法2主要起草人：岳伟、游玉萍、麦丽碧、张江峰。

本部分主要验证人：赖剑、文利娟、杨峰、谢康喜。

本部分所代替标准的历次版本发布情况为：

——GB/T 6150.14—1985。

钨精矿化学分析方法
二氧化硅量的测定
硅钼蓝分光光度法和重量法

方法1 硅钼蓝分光光度法

1 范围

本方法规定了钨精矿中二氧化硅含量的测定方法。

本方法适用于钨精矿中二氧化硅含量的测定。测定范围(质量分数):0.50%~3.00%。

2 方法提要

试料以焦硫酸钾熔融,用草酸-盐酸混合溶液浸取,大部分杂质进入溶液而与二氧化硅分离,过滤后,残渣用氢氧化钠熔融。然后在稀硫酸介质中使硅与钼酸铵形成硅钼杂多酸,以抗坏血酸还原成硅钼蓝,于分光光度计波长650 nm处测量其吸光度。

3 试剂

除非另有说明,在分析中仅使用确认为分析纯的试剂和蒸馏水或去离子水或相当纯度的水。

3.1 焦硫酸钾。

3.2 盐酸(ρ1.19 g/mL)。

3.3 氨水(ρ0.88 g/mL)。

3.4 硫酸(1+3)。

3.5 硫酸(1+9)。

3.6 氢氧化钠,优级纯。

3.7 草酸饱和溶液:称取100 g草酸,加400 mL水,加热溶解,放置过夜后使用。

3.8 草酸-盐酸溶液:量取20 mL草酸饱和溶液(3.7),加入5 mL盐酸(1+1)、95 mL水,混匀。

3.9 草酸-盐酸洗液:称取10 g草酸溶解于1 000 mL盐酸(1+49)溶液中。

3.10 甲基橙溶液(10 g/L)。

3.11 钼酸铵溶液(100 g/L):称取100 g钼酸铵,用约800 mL水溶解,加入几滴对硝基酚指示剂(10 g/L乙醇溶液),以氢氧化钠溶液(200 g/L)调至pH不小于7,用水稀释至1 000 mL,贮存于塑料瓶中。

3.12 草酸-硫酸-抗坏血酸混合溶液:于50 mL草酸溶液(60 g/L)中,在搅拌下加入100 mL硫酸(2+3),冷却后加入0.20 g抗坏血酸至完全溶解,用时现配。

3.13 二氧化硅标准贮存溶液:称取0.500 0 g纯二氧化硅[$w(SiO_2)\geqslant 99.95\%$],置于铂坩埚中,加入6 g无水碳酸钠,在950℃高温炉中熔融30 min,取出稍冷。放入已盛有约70 mL热水的塑料杯中浸取,洗净坩埚,冷却后移入500 mL容量瓶中,用水稀释至刻度,混匀。贮存于塑料瓶中。此溶液1 mL含1.0 mg二氧化硅。

3.14 二氧化硅标准溶液:移取50.00 mL二氧化硅标准贮存溶液(3.13),置于500 mL容量瓶中用水稀释至刻度,混匀。贮存于塑料瓶中。此溶液1 mL含100 μg二氧化硅。

4 仪器

分光光度计。

5 试样

5.1 试样粒度小于 0.074 mm。

5.2 试样预先在 105℃～110℃烘 2 h，置于干燥器中冷却至室温。

6 分析步骤

6.1 试料

称取 0.5 g 试样(5)，精确至 0.000 1 g。

6.2 测定次数

独立地进行两次测定，取其平均值。

6.3 空白试验

随同试料做空白试验。

6.4 测定

6.4.1 将试料(6.1)置于预先盛有已在电炉上加热除去水分的 6 g 焦硫酸钾(3.1)的 30 mL 瓷坩埚中，再用 1 g 焦硫酸钾(3.1)覆盖试料，在电炉上加热至冒白烟，摇动坩埚使试料散开，置于 780℃～800℃高温炉中熔融 10 min，取出，冷却。

6.4.2 将坩埚置于 300 mL 烧杯中，加入 120 mL 沸热的草酸-盐酸溶液(3.8)浸出熔块，用水洗净坩埚，加热使熔块溶解完全，取下，稍冷[对白钨精矿，加入 1 滴甲基橙溶液(3.10)，用氨水(3.3)中和呈碱性，再过量 20 mL，然后用盐酸(3.2)中和呈酸性。按溶液体积在不断搅拌下加入盐酸(3.2)，使加入盐酸量约为溶液体积的 10%]。

6.4.3 用慢速定量滤纸过滤，以热的草酸-盐酸洗液(3.9)洗净烧杯及沉淀各 3 次，再用热水洗沉淀 3 次。将沉淀连同滤纸置于镍坩埚中，在电炉上烘干，灰化，冷却后加 4 g 氢氧化钠(3.6)，置于电炉上加热除去水分并使其熔化，放入 750℃高温炉中熔融 15 min，取出，稍冷。

6.4.4 将坩埚置于已盛有 60 mL 沸水的塑料杯中浸取，用塑料棒取出坩埚并用水洗净，在搅拌下用滴管加入 15.0 mL 硫酸(3.4)，流水冷却后移入 200 mL 容量瓶中，用水稀释至刻度，混匀，放置 1 h 以上，澄清或干过滤。

6.4.5 移取 5.00 mL 清液置于 100 mL 容量瓶中，加入 4.00 mL 硫酸(3.5)，加水至体积约为 66 mL，混匀。

6.4.6 加入 4.00 mL 钼酸铵溶液(3.11)，混匀，放置 20 min。加入 30 mL 草酸-硫酸-抗坏血酸混合溶液(3.12)，以水定容至刻度，混匀。放置 35 min。

6.4.7 将部分溶液移入 1 cm 比色皿中，以随同试料的空白为参比，于分光光度计波长 650 nm 处测量其吸光度。从工作曲线上查出相应的二氧化硅量。

6.5 工作曲线的绘制

移取 0 mL、0.50 mL、1.00 mL、2.00 mL、3.00 mL、4.00 mL、5.00 mL 二氧化硅标准溶液(3.14)，置于一组 100 mL 容量瓶中，加入 4.00 mL 硫酸(3.5)，补加水至 66 mL，混匀。以下按 6.4.6 进行。将部分溶液移入 1 cm 比色皿中，以试剂空白为参比，于分光光度计波长 650 nm 处测量其吸光度。以二氧化硅量为横坐标，吸光度为纵坐标绘制工作曲线。

7 分析结果的计算

按公式(1)计算二氧化硅的质量分数 $w(SiO_2)$，数值用%表示：

$$w(SiO_2) = \frac{m_1 \times V_0 \times 10^{-6}}{m_0 \times V_1} \times 100 \quad \cdots\cdots(1)$$

式中：

m_1——自工作曲线上查得的二氧化硅量，单位为微克(μg)；

m_0——试料的质量，单位为克(g)；

V_0——试液总体积，单位为毫升(mL)；

V_1——分取试液体积，单位为毫升(mL)。

所得结果表示至小数点后两位。

8 精密度

8.1 重复性

在重复性条件下获得的两次独立测试结果的测定值，在以下给出的平均值范围内，这两个测试结果的绝对差值不超过重复性限(r)，超过重复性限(r)的情况不超过5%。重复性限(r)按以下数据采用线性内插法求得：

二氧化硅的质量分数(%)：	0.50	2.00	3.00
重复性限 r (%)：	0.12	0.20	0.23

8.2 允许差

实验室之间分析结果的差值不应大于表1所列允许差。

表 1

二氧化硅的质量分数/%	允许差/%
0.50～1.00	0.15
>1.00～3.00	0.25

9 质量保证和控制

应用国家级标准样品或行业标准样品(当两者都没有时，也可用控制样品代替)，每周或每两周校核一次本分析方法标准的有效性。当过程失控时，应找出原因，纠正错误后，重新进行校核。

方法 2 重量法

10 范围

本方法规定了钨精矿中二氧化硅含量的测定方法。

本方法适用于钨精矿中二氧化硅含量的测定。测定范围(质量分数)：≥3.00%～10.00%。

11 方法提要

试料以焦硫酸钾熔融，用草酸-盐酸混合溶液浸取，用氨水中和并过量，然后加盐酸控制溶液酸度，大部分杂质进入溶液而与二氧化硅分离，过滤后残渣连同滤纸在高温炉内灼烧，加氢氟酸除去硅，两次重量之差，即为二氧化硅的量。

12 试剂

除非另有说明，在分析中仅使用确认为分析纯的试剂和蒸馏水或去离子水或相当纯度的水。

12.1 焦硫酸钾。

12.2 盐酸（ρ1.19 g/mL）。

12.3 氨水（ρ0.88 g/mL）。

12.4 氢氟酸（ρ1.14 g/mL）。

12.5 草酸饱和溶液：称取 100 g 草酸，加 400 mL 水，加热溶解，放置过夜后使用。

12.6 草酸-盐酸溶液：量取 20 mL 草酸饱和溶液（12.5），加入 5 mL 盐酸（1+1）、95 mL 水，混匀。

12.7 草酸-盐酸洗液：称取 10 g 草酸溶解于 1 000 mL 盐酸（1+49）溶液中。

12.8 甲基橙溶液（10 g/L）。

13 试样

13.1 试样粒度小于 0.074 mm。

13.2 试样预先在 105℃～110℃烘 2 h，置于干燥器中冷却至室温。

14 分析步骤

14.1 试料

称取 0.5 g 试样（13），精确到 0.000 1 g。

14.2 测定次数

独立地进行两次测定，取其平均值。

14.3 空白试验

随同试料做空白试验。

14.4 测定

14.4.1 将试料（14.1）置于预先盛有已在电炉上加热除去水分的 6 g 焦硫酸钾（12.1）的 30 mL 瓷坩埚中，再用 1 g 焦硫酸钾（12.1）覆盖试料，在电炉上加热至冒白烟，摇动坩埚使试料散开，置于 780℃～800℃高温炉中熔融 10 min，取出，冷却。

14.4.2 将坩埚置于 300 mL 烧杯中，加入 120 mL 沸热的草酸-盐酸溶液（12.6）浸出熔块，用水洗净坩埚，加热使熔块溶解完全，取下，稍冷［对白钨精矿，加入 1 滴甲基橙溶液（12.8），用氨水（12.3）中和呈碱性，再过量 20 mL，然后用盐酸（12.2）中和呈酸性。按溶液体积在不断搅拌下加入盐酸（12.2），使加入盐酸量约为溶液体积的 10%］。

14.4.3 用慢速定量滤纸过滤，以热的草酸-盐酸洗液（12.7）洗净烧杯及沉淀 5 次～8 次，再用热水洗沉淀 3 次～5 次。将沉淀连同滤纸置于铂坩埚中，先在电炉上烘干并灰化，然后移入高温炉内，在 900℃下灼烧 30 min，取出，置于干燥器内，冷却至室温，称量，并反复灼烧至恒重。

14.4.4 用少量水先将残渣润湿，加入 5 mL 氢氟酸（12.4），在低温电炉上缓慢加热，把酸蒸发至干，取下稍冷；加少量水冲洗坩埚壁，再加 2 mL 氢氟酸（12.4），重复上述操作。将坩埚移入高温炉内，在 750℃下灼烧 10 min，取出，置于干燥器内冷却至室温，称量，并反复灼烧至恒重。以差减法得出二氧化硅量。

15 分析结果的计算

按公式（2）计算二氧化硅的质量分数 $w(SiO_2)$，数值用%表示：

$$w(SiO_2)=\frac{(m_3-m_4)-(m_5-m_6)}{m_2}\times 100 \quad \cdots\cdots\cdots(2)$$

式中：

m_3——氢氟酸处理前沉淀及坩埚的质量，单位为克(g)；

m_4——氢氟酸处理后沉淀及坩埚的质量，单位为克(g)；

m_5——氢氟酸处理前随同试料的空白和坩埚的质量，单位为克(g)；

m_6——氢氟酸处理后随同试料的空白和坩埚的质量，单位为克(g)；

m_2——试料的质量，单位为克(g)。

所得结果表示至小数点后两位。

16 精密度

16.1 重复性

在重复性条件下获得的两次独立测试结果的测定值，在以下给出的平均值范围内，这两个测试结果的绝对差值不超过重复性限(r)，超过重复性限(r)的情况不超过5%。重复性限(r)按以下数据采用线性内插法求得：

二氧化硅的质量分数(%)：	3.00	5.00	10.00
重复性限 r (%)：	0.22	0.35	0.40

16.2 允许差

实验室之间分析结果的差值不应大于表2所列允许差。

表 2

二氧化硅的质量分数/%	允许差/%
≥3.00～5.00	0.35
>5.00～7.00	0.40
>7.00～10.0	0.45

17 质量保证和控制

应用国家级标准样品或行业标准样品(当两者都没有时，也可用控制样品代替)，每周或每两周校核一次本分析方法标准的有效性。当过程失控时，应找出原因，纠正错误后，重新进行校核。

ICS 77.120.99
H 63

中华人民共和国国家标准

GB/T 6150.13—2008
代替 GB/T 6150.15—1985

钨精矿化学分析方法 砷量的测定 氢化物原子吸收光谱法和 DDTC-Ag 分光光度法

Methods for chemical analysis of tungsten concentrates—Determination of arsenic content—Hydride reduction atomic absorption spectrometry and the silver diethyldithiocarbamate(DDTC-Ag) photometry

2008-06-17 发布　　2008-12-01 实施

中华人民共和国国家质量监督检验检疫总局
中国国家标准化管理委员会　发布

前言

GB/T 6150《钨精矿化学分析方法》分为17部分：

GB/T 6150.1 钨精矿化学分析方法 三氧化钨量的测定 钨酸铵灼烧重量法

GB/T 6150.2 钨精矿化学分析方法 锡量的测定 碘酸钾容量法和氢化物原子吸收光谱法

GB/T 6150.3 钨精矿化学分析方法 磷量的测定 磷钼黄分光光度法

GB/T 6150.4 钨精矿化学分析方法 硫量的测定 高频红外吸收法

GB/T 6150.5 钨精矿化学分析方法 钙量的测定 EDTA容量法和原子吸收光谱法

GB/T 6150.6 钨精矿化学分析方法 湿存水量的测定 重量法

GB/T 6150.7 钨精矿化学分析方法 钽铌量的测定 等离子体发射光谱法和分光光度法

GB/T 6150.8 钨精矿化学分析方法 钼量的测定 硫氰酸盐分光光度法

GB/T 6150.9 钨精矿化学分析方法 铜量的测定 火焰原子吸收光谱法

GB/T 6150.10 钨精矿化学分析方法 铅量的测定 火焰原子吸收光谱法

GB/T 6150.11 钨精矿化学分析方法 锌量的测定 火焰原子吸收光谱法

GB/T 6150.12 钨精矿化学分析方法 二氧化硅量的测定 硅钼蓝分光光度法和重量法

GB/T 6150.13 钨精矿化学分析方法 砷量的测定 氢化物原子吸收光谱法和DDTC-Ag分光光度法

GB/T 6150.14 钨精矿化学分析方法 锰量的测定 硫酸亚铁铵容量法和火焰原子吸收光谱法

GB/T 6150.15 钨精矿化学分析方法 铋量的测定 火焰原子吸收光谱法

GB/T 6150.16 钨精矿化学分析方法 铁量的测定 磺基水杨酸分光光度法

GB/T 6150.17 钨精矿化学分析方法 锑量的测定 氢化物原子吸收光谱法

本部分为GB/T 6150的第13部分。

本部分代替GB/T 6150.15—1985《钨精矿化学分析方法 DDTC-Ag光度法测定砷量》。

本部分与GB/T 6150.15—1985相比主要变化如下：

——测定方法由原来的过氧化钠熔融，酒石酸浸取改为硫酸-硫酸铵分解，柠檬酸络合杂质；

——增加了氢化物原子吸收光谱法；

——扩大了检测范围，检测范围由0.010%～0.50%改为0.005%～0.50%；

——增加了重复性条款。

砷的质量分数在0.010%～0.50%范围内，仲裁时推荐采用方法2。

本部分由中国有色金属工业协会提出。

本部分由全国有色金属标准化技术委员会归口。

本部分由赣州有色冶金研究所、中国有色金属工业标准计量质量研究所负责起草。

本部分由赣州有色冶金研究所起草。

本部分由株洲硬质合金集团有限公司、崇义章源钨制品有限公司参加起草。

本部分主要起草人：陈涛、潘建忠、张江峰。

本部分主要验证人：王璇、邹容。

本部分所代替标准的历次版本发布情况为：

——GB/T 6150.15—1985。

钨精矿化学分析方法
砷量的测定　氢化物原子吸收光谱法和DDTC-Ag分光光度法

警告——使用本部分的人员应有正规实验室工作的实践经验。本部分并未指出所有可能的安全问题。使用者有责任采取适当的安全和健康措施，并符合国家有关法规规定的条件。

方法1　氢化物原子吸收光谱法

1　范围

本方法规定了钨精矿中砷含量的测定方法。

本方法适用于钨精矿中砷含量的测定。测定范围(质量分数)：0.005%～0.50%。

2　方法提要

试料经硫酸-硫酸铵分解，在氨性介质中用柠檬酸络合钨、铁、锰等，用抗坏血酸预还原五价的砷为三价的砷，试液在盐酸介质中，经流动注射氢化物发生器与原子吸收光谱仪联用测定砷量。

3　试剂

除非另有说明，在分析中仅使用确认为分析纯的试剂和蒸馏水或去离子水或相当纯度的水。

3.1　硫酸铵。

3.2　硫酸(ρ1.84 g/mL)。

3.3　盐酸(ρ1.19 g/mL)，优级纯。

3.4　氨水(ρ0.88 g/mL)。

3.5　柠檬酸溶液(500 g/L)。

3.6　硫酸溶液(1+1)。

3.7　柠檬酸-硫酸铵底液：称取40 g柠檬酸，加入140 mL硫酸溶液(3.6)，加入200 mL水，用氨水(3.4)中和到pH5～6，冷却，用水稀释到1 000 mL。

3.8　硫脲-抗坏血酸预还原液：称取5 g硫脲和5 g抗坏血酸溶于100 mL水中。用时现配。

3.9　硼氢化钾溶液：称取15 g硼氢化钾和2 g氢氧化钠，溶于水中，用水稀释到1 000 mL。用时现配。

3.10　砷标准贮存溶液：称取0.100 0 g砷[w(As)≥99.95%]于250 mL烧杯中，加入20 mL硫酸(3.2)，置电炉上加热至完全溶解，冷却后在不断搅拌下缓慢加入20 mL水，加热溶解，冷却后移入100 mL的容量瓶中，以硫酸溶液(3.6)稀释至刻度，摇匀，此溶液1 mL含1.0 mg砷。

3.11　砷标准溶液A：移取10.00 mL砷标准贮存溶液(3.10)于1 000 mL的容量瓶中，以硫酸溶液(3.6)稀释至刻度，混匀，此溶液1 mL含10 μg砷。

3.12　砷标准溶液B：移取10.00 mL砷标准溶液A(3.11)于200 mL的容量瓶中，用柠檬酸-硫酸铵底液(3.7)稀释至刻度，混匀，此溶液1 mL含0.5 μg砷。

4　仪器

4.1　原子吸收光谱仪，附砷空心阴极灯。

当仪器和氢化物发生器联用时，在仪器最佳工作条件下，凡能达到下列指标者均可使用：

——特征浓度：在与测量溶液基体相一致的溶液中，砷的特征浓度应不大于 0.73 ng/mL。

——精密度：用最高浓度的标准溶液测量 10 次吸光度，其标准偏差应不超过平均吸光度的 1.5%；用最低浓度的标准溶液（不是“零”浓度标准溶液）测量 10 次吸光度，其标准偏差应不超过最高浓度平均吸光度的 0.5%。

——工作曲线线性：将工作曲线按浓度等分成五段，最高段的吸光度差值与最低段的吸光度差值之比应不小于 0.7。

4.2 流动注射氢化物发生器

5 试样

5.1 试样粒度小于 0.074 mm。

5.2 试样预先在 105℃～110℃烘 2 h，置于干燥器中冷却至室温。

6 分析步骤

6.1 试料

称取 0.1 g 试样(5)，精确到 0.000 1 g。

6.2 测定次数

独立地进行两次测定，取其平均值。

6.3 空白试验

随同试料做空白试验。

6.4 测定

6.4.1 将试料(6.1)置于 250 mL 烧杯中，加入 1 g 硫酸铵(3.1)，摇匀，再加入 7 mL 硫酸(3.2)，在高温电炉上分解，并浓缩至体积为 1 mL～2 mL，冷却，用少量水吹洗表面皿及杯壁。加入 8 mL 柠檬酸溶液(3.5)，20 mL 氨水(3.4)，用水洗杯壁和表面皿，并加热赶除过量的氨水，冷却后，将溶液移入 100 mL 容量瓶中，用水稀释至刻度，混匀。

6.4.2 移取 10.00 mL 试液(6.4.1)于 50 mL 容量瓶中，加入 10 mL 柠檬酸-硫酸铵底液(3.7)，7.5 mL 硫脲-抗坏血酸预还原液(3.8)，7.5 mL 盐酸(3.3)，用水稀释到刻度，混匀。

6.4.3 将试液(6.4.2)在原子吸收光谱仪上，经流动注射-氢化物发生器，以水调零，于波长197.6 nm，测定吸光度。从标准曲线上查出相应的砷的浓度。

6.5 工作曲线的绘制

分别移取 0 mL、2.00 mL、4.00 mL、8.00 mL、16.00 mL 砷标准溶液 B(3.12)于一组 50 mL 容量瓶中，加入 10 mL 柠檬酸-硫酸铵底液(3.7)，7.5 mL 硫脲-抗坏血酸预还原液(3.8)，7.5 mL 盐酸(3.3)，用水稀释至刻度，混匀。在原子吸收光谱仪上，于波长 197.6 nm，经流动注射氢化物发生器，以试剂空白调零，测定砷的吸光度。以砷浓度为横坐标，吸光度为纵坐标绘制工作曲线。

7 分析结果的计算

按式(1)计算砷的质量分数，数值以%表示：

$$w(\mathrm{As}) = \frac{(\rho_1 - \rho_0) \times V \times V_1}{m_0 \times V_2 \times 10^6} \times 100 \qquad \cdots\cdots(1)$$

式中：

ρ_1——自工作曲线上查得试液中砷的质量浓度，单位为微克每毫升(μg/mL)；

ρ_0——自工作曲线上查得随同试样空白中砷的质量浓度，单位为微克每毫升(μg/mL)；

V——试液定容的体积，单位为毫升(mL)；

V_1——试液测定的体积，单位为毫升(mL)；

V_2——试液分取的体积，单位为毫升(mL)；

m_0——试样量，单位为克(g)。

8 精密度

8.1 重复性

在重复性条件下获得的两次独立测试结果的测定值，在以下给出的平均值范围内，这两个测试结果的绝对差值不超过重复性限(r)，超过重复性限(r)的情况不超过5%。重复性限(r)按以下数据采用线性内插法求得：

砷的质量分数(%)：	0.062	0.11	0.17
重复性限 r (%)：	0.003 4	0.011	0.035

8.2 允许差

实验室之间分析结果的差值不应大于表1所列允许差。

表 1

砷的质量分数/%	允许差/%
0.005～0.010	0.002
>0.010～0.020	0.004
>0.020～0.050	0.007
>0.050～0.10	0.012
>0.10～0.15	0.03
>0.15～0.20	0.04
>0.20～0.30	0.05
>0.30～0.40	0.06
>0.40～0.50	0.08

9 质量保证和控制

应用国家级标准样品或行业标准样品(当两者都没有时，也可用控制样品代替)，每周或每两周校核一次本分析方法标准的有效性。当过程失控时，应找出原因，纠正错误后，重新进行校核。

方法 2 DDTC-Ag 分光光度法

10 范围

本方法规定了钨精矿中砷含量的测定方法。

本方法适用于钨精矿中砷含量的测定。测定范围(质量分数)：0.010%～0.50%。

11 方法提要

试料经硫酸-硫酸铵分解，在氨性介质中用柠檬酸络合钨、铁、锰等，用氯化亚锡和碘化钾将五价态的砷还原成亚砷酸，再加入锌粒使其产生砷化氢气体。将砷化氢气体导入显色剂 DDTC-Ag 吸收液中，于分光光度计波长为 530 nm 处测量其吸光度。

12 试剂

除非另有说明，在分析中仅使用确认为分析纯的试剂和蒸馏水或去离子水或相当纯度的水。

12.1 硫酸铵。

12.2 无砷锌粒。

12.3 硫酸(ρ1.84 g/mL)。

12.4 三氯甲烷。

12.5 氨水(ρ0.88 g/mL)。

12.6 二乙基二硫代氨基甲酸银 (DDTC-Ag)：如无商品试剂，可自行制备。其方法是：在不断搅拌下，将一定体积的硝酸银溶液(17 g/L)徐徐倾入等体积的二乙基二硫代氨基甲酸钠溶液(23 g/L)中。沉淀用水倾洗三次，过滤，用水洗涤三次，将沉淀移入表面皿中，风干或置于干燥器中干燥后，贮存于棕色瓶中。有效期限为半年。

12.7 柠檬酸溶液(500 g/L)。

12.8 酒石酸溶液(300 g/L)。

12.9 硫酸溶液(1+1)。

12.10 氯化亚锡溶液：称取 20 g 氯化亚锡($SnCl_2 \cdot 2H_2O$)置于 150 mL 烧杯中，加入 25 mL 盐酸(ρ1.19 g/mL)，微热溶解，冷却，用水稀释到 100 mL，加入 1 粒高纯锡。贮存于棕色瓶中。有效期限为 15 天。

12.11 碘化钾溶液(300 g/L)：称取 30 g 碘化钾置于 150 mL 烧杯中，加入约 70 mL 水溶解，加 4 滴氢氧化钠溶液(200 g/L)，用水稀释到 100 mL，贮存于棕色瓶中。

12.12 砷化氢吸收液：称取 2 g DDTC-Ag 于已盛有 500 mL 三氯甲烷-三乙醇胺混合液[485 mL 三氯甲烷(12.4)中，加入 15 mL 三乙醇胺，混匀]的磨口棕色瓶中，盖上磨口塞，激烈振摇，放置过夜使其完全溶解，过滤后使用。

12.13 乙酸铅脱脂棉：将脱脂棉浸入盛有乙酸铅-乙酸混合液(100 mL 乙酸铅-乙酸混合液中含 10 g 乙酸铅，0.5 mL 乙酸)的烧杯中，取出挤干，在 105℃干燥箱中烘干备用。

12.14 砷标准贮存溶液：称取预先在 105℃烘 1.5 h～2 h 并在干燥器中冷至室温的 0.132 0 g 三氧化二砷[$w(As_2O_3) \geqslant 99.95\%$]于 100 mL 烧杯中，加入 10 mL 氢氧化钠溶液(100 g/L)溶解完全后，加入 40 mL 水、1 滴酚酞指示剂，用硫酸溶液(12.9)中和至无色后过量 12 滴，冷却，移入 1 000 mL 容量瓶中，用水稀释至刻度，混匀。此溶液 1 mL 含 0.1 mg 砷。

12.15 砷标准溶液：移取 20.00 mL 砷标准贮存溶液(12.14)于 1 000 mL 的容量瓶中，以水稀释至刻度，混匀，此溶液 1 mL 含 2 μg 砷。

13 试样

13.1 试样粒度小于 0.074 mm。

13.2 试样预先在 105℃～110℃烘 2 h，置于干燥器中冷却至室温。

14 分析步骤

14.1 试料

按表 2 称取试样(13)，精确到 0.000 1 g。

表 2

砷的质量分数/%	试料量/g	移取试液体积/mL	补加水体积/mL
0.010～0.05	0.50	20.00	2
>0.05～0.20	0.20	10.00	12
>0.20～0.50	0.10	5.00	17

14.2　测定次数

独立地进行两次测定，取其平均值。

14.3　空白试验

随同试料做空白试验。

14.4　测定

14.4.1　将试料(14.1)置于 250 mL 烧杯中，加入 1 g 硫酸铵(12.1)，摇匀，再加入 7 mL 硫酸(12.3)，在高温电炉上分解，并浓缩至体积为 1 mL～2 mL，冷却，用少量水吹洗表面皿及杯壁。加入 8 mL 柠檬酸溶液(12.7)，20 mL 氨水(12.5)，用水洗杯壁和表面皿，并加热赶除过量的氨水，冷却后，将溶液移入 100 mL 容量瓶中，用水稀释至刻度，混匀。

14.4.2　按表 2 移取溶液(14.4.1)于砷化氢发生瓶中，加入 6 mL 酒石酸溶液(12.8)，6 mL 硫酸溶液(12.9)，按表 2 补加水，冷却至室温，加入 3 mL 氯化亚锡溶液(12.10)、3 mL 碘化钾溶液(12.11)，混匀，放置 15 min。同时移取 10 mL 砷化氢吸收液(12.12)于吸收管中，加入 5 g 无砷锌粒(12.2)于砷化氢气体发生瓶中，立即塞紧连有玻璃导气管[(内装有乙酸铅脱脂棉(12.13)]的橡皮塞，吸收 40 min。

注 1：砷化氢气体剧毒，操作应在通风柜中进行。当室温低于 10℃时，砷化氢气体发生不完全，需用温水浴加热，提高发生瓶中溶液温度。

注 2：导气管尖端常被 DDTC-Ag 堵塞，每次用完后，将其尖端部分浸泡于三氯甲烷中，以洗去 DDTC-Ag，然后用水洗净，烘干备用。

14.4.3　取出导气管，用数滴三氯甲烷(12.4)洗涤管尖并稀释至 10 mL 刻度。盖紧磨口塞，混匀。

14.4.4　将部分溶液移入 1 cm 比色皿中，以随同试料的空白为参比，于分光光度计波长 530 nm 处测量其吸光度，从工作曲线上查出相应的砷量。

14.5　工作曲线的绘制

分别移取 0 mL、1.50 mL、2.50 mL、5.00 mL、7.50 mL、10.00 mL、15.00 mL、20.00 mL 砷标准溶液(12.15)于一组砷化氢发生瓶中，加入 7.5 mL 酒石酸溶液(12.8)，6 mL 硫酸溶液(12.9)，加水使体积为 34 mL，以下同 14.4.2～14.4.3 进行。将部分溶液移入 1 cm 比色皿中，以试剂空白为参比，于分光光度计波长 530 nm 处测量其吸光度。以砷浓度为横坐标，吸光度为纵坐标绘制工作曲线。

15　分析结果的计算

按式(2)计算砷的质量分数，数值以%表示：

$$w(\mathrm{As})=\frac{m_1\times V_3}{m\times V_4\times 10^6}\times 100 \qquad \cdots\cdots(2)$$

式中：

m_1——自工作曲线上查得试液中砷的量，单位为微克(μg)；

V_3——试液总体积，单位为毫升(mL)；

V_4——分取试液的体积，单位为毫升(mL)；

m——试样量，单位为克(g)。

16 精密度

16.1 重复性

在重复性条件下获得的两次独立测试结果的测定值，在以下给出的平均值范围内，这两个测试结果的绝对差值不超过重复性限(r)，超过重复性限(r)的情况不超过5%。重复性限(r)按以下数据采用线性内插法求得：

砷的质量分数(%)：　　0.062　　0.11　　0.17

重复性限 r (%)：　　0.004 6　　0.012　　0.025

16.2 允许差

实验室之间分析结果的差值不应大于表3所列允许差。

表 3

砷的质量分数/%	允许差/%
0.010～0.020	0.004
>0.020～0.050	0.007
>0.050～0.10	0.012
>0.10～0.15	0.02
>0.15～0.20	0.03
>0.20～0.30	0.04
>0.30～0.40	0.06
>0.40～0.50	0.08

17 质量保证和控制

应用国家级标准样品或行业标准样品(当两者都没有时，也可用控制样品代替)，每周或每两周校核一次本分析方法标准的有效性。当过程失控时，应找出原因，纠正错误后，重新进行校核。

ICS 77.120.99
H 63

中华人民共和国国家标准

GB/T 6150.14—2008
代替 GB/T 6150.16—1985

钨精矿化学分析方法　锰量的测定　硫酸亚铁铵容量法和火焰原子吸收光谱法

Methods for chemical analysis of tungsten concentrates—Determination of manganese content—The ammonium ferrous sulfate volumetric method and flame atomic absorption spectrometric method

2008-03-31 发布　　　　2008-09-01 实施

中华人民共和国国家质量监督检验检疫总局
中国国家标准化管理委员会　发布

前言

GB/T 6150《钨精矿化学分析方法》分为17部分：

GB/T 6150.1 钨精矿化学分析方法 三氧化钨量的测定 钨酸铵灼烧重量法

GB/T 6150.2 钨精矿化学分析方法 锡量的测定 碘酸钾容量法和氢化物原子吸收光谱法

GB/T 6150.3 钨精矿化学分析方法 磷量的测定 磷钼黄分光光度法

GB/T 6150.4 钨精矿化学分析方法 硫量的测定 高频红外吸收法

GB/T 6150.5 钨精矿化学分析方法 钙量的测定 EDTA容量法和原子吸收光谱法

GB/T 6150.6 钨精矿化学分析方法 湿存水量的测定 重量法

GB/T 6150.7 钨精矿化学分析方法 钽铌量的测定 等离子体发射光谱法和分光光度法

GB/T 6150.8 钨精矿化学分析方法 钼量的测定 硫氰酸盐分光光度法

GB/T 6150.9 钨精矿化学分析方法 铜量的测定 火焰原子吸收光谱法

GB/T 6150.10 钨精矿化学分析方法 铅量的测定 火焰原子吸收光谱法

GB/T 6150.11 钨精矿化学分析方法 锌量的测定 火焰原子吸收光谱法

GB/T 6150.12 钨精矿化学分析方法 二氧化硅量的测定 硅钼蓝分光光度法和重量法

GB/T 6150.13 钨精矿化学分析方法 砷量的测定 氢化物原子吸收光谱法和DDTC-Ag分光光度法

GB/T 6150.14 钨精矿化学分析方法 锰量的测定 硫酸亚铁铵容量法和火焰原子吸收光谱法

GB/T 6150.15 钨精矿化学分析方法 铋量的测定 火焰原子吸收光谱法

GB/T 6150.16 钨精矿化学分析方法 铁量的测定 磺基水杨酸分光光度法

GB/T 6150.17 钨精矿化学分析方法 锑量的测定 氢化物原子吸收光谱法

本部分为GB/T 6150的第14部分。

本部分代替GB/T 6150.16—1985《钨精矿化学分析方法 原子吸收光度法测定锰量》。

本部分与GB/T 6150.16—1985相比主要变化如下：

——测定方法增加了硫酸亚铁铵容量法测定锰量；

——增加了重复性条款。

本部分由中国有色金属工业协会提出。

本部分由全国有色金属标准化技术委员会归口。

本部分由赣州有色冶金研究所、中国有色金属工业标准计量质量研究所负责起草。

本部分由赣州有色冶金研究所起草。

本部分由江西下垄钨业有限公司参加起草。

本部分方法1主要起草人：赖剑，朱兰。

本部分方法2主要起草人：刘达炯、赵红。

本部分方法1主要验证人：许景光。

本部分所代替标准的历次版本发布情况为：

——GB/T 6150.16—1985。

钨精矿化学分析方法　锰量的测定 硫酸亚铁铵容量法和火焰原子吸收光谱法

方法 1:硫酸亚铁铵容量法

1　范围

本方法规定了钨精矿中锰含量的测定方法。

本方法适用于钨精矿中锰含量的测定。测定范围:大于 2%～20%。

2　方法提要

试料经磷酸分解,加入磷酸氢二钠缓冲溶液,在硝酸银存在下,用过硫酸铵将低价锰氧化为高价锰,加热煮沸破坏过剩的过硫酸铵,用硫酸亚铁铵标准溶液滴定。

3　试剂

除非另有说明,本部分所用试剂均为符合国家标准或行业标准的分析纯试剂,所用水均为蒸馏水。

3.1　硫磷混酸溶液:配制方法:将 5%(体积分数)的硫酸溶液和 5%(体积分数)的磷酸溶液按 1∶1 的比例混匀。

3.2　磷酸(ρ1.69 g/mL)。

3.3　磷酸氢二钠溶液(100 g/L)。

3.4　过硫酸铵溶液(200 g/L),用时现配。

3.5　硝酸银溶液(20 g/L),贮于棕色瓶中。

3.6　二苯胺磺酸钠指示剂溶液(5 g/L)。

3.7　硫酸溶液(1+9)。

3.8　重铬酸钾标准溶液(0.01 mol/L):称取 2.941 7 g 经 150℃烘 1 h 干燥的基准重铬酸钾,溶于水中,移至 1 000 mL 容量瓶中,定容,混匀。

3.9　硫酸亚铁铵标准溶液(0.1 mol/L):称取硫酸亚铁铵 39 g,溶于硫酸溶液(3.7)中,并用硫酸溶液(3.7)稀释至 1 000 mL,混匀,贮于棕色瓶中,用时标定。

硫酸亚铁铵标准溶液的标定:

准确移取 20.00 mL 硫酸亚铁铵标准溶液(3.9)于 300 mL 三角锥瓶中,加入 100 mL 硫磷混酸溶液(3.1),加 2～3 滴二苯胺磺酸钠指示剂溶液(3.6),用重铬酸钾标准溶液(3.8)滴定至稳定的蓝色为终点,记下体积数 V_1。

按公式(1)计算硫酸亚铁铵溶液的浓度,单位为摩尔每升。

$$c_2 = \frac{c_1 \times V_1}{V_2} \qquad \cdots\cdots(1)$$

式中:

c_2——硫酸亚铁铵的摩尔浓度,单位为摩尔每升(mol/L);

c_1——重铬酸钾标准溶液的摩尔浓度,单位为摩尔每升(mol/L);

V_1——消耗重铬酸钾标准溶液的体积,单位为毫升(mL);

V_2——吸取硫酸亚铁铵溶液的体积，单位为毫升(mL)。

按公式(2)计算硫酸亚铁铵对锰的滴定度，单位为毫克每毫升。

$$T=\frac{c_2\times 54.94}{5} \qquad\cdots\cdots(2)$$

式中：

T——硫酸亚铁铵对锰的滴定度，单位为毫克每毫升(mg/mL)；

c_2——硫酸亚铁铵的摩尔浓度，单位为摩尔每升(mol/L)；

54.94——锰的摩尔质量，单位为克每摩尔(g/mol)；

5——锰化合价价态变化数。

4 试样

4.1 试样粒度小于0.074 mm。

4.2 试样预先在105℃～110℃烘2 h，置于干燥器中冷却至室温。

5 分析步骤

5.1 试料

按表1称取试样(精确到0.000 1 g)。

表 1

锰的质量分数/%	试料/g
>2.0～10.0	0.20
>10.0～20.0	0.10

5.2 测定次数

独立地进行两次测定，取其平均值。

5.3 测定

5.3.1 将试料(5.1)置于300 mL三角锥瓶中，加入15 mL磷酸(3.2)(当样品分解不好时，可加入盐酸、硝酸各2 mL～3 mL)，摇匀，置于电炉上加热分解。在分解过程中经常摇动锥瓶，至冒烟后2 min～3 min，取下，稍冷却后加入50 mL磷酸氢二钠溶液(3.3)，摇匀。

5.3.2 加10 mL过硫酸铵溶液(3.4)、5 mL硝酸银溶液(3.5)，摇匀，加热煮沸，溶液由浅紫色经酒红色至深紫红色，待小气泡冒完后，继续煮沸3min，取下，在流水中冷至室温，以硫酸亚铁铵(3.9)滴定。当锰的紫色将完全消失时，加入3～4滴二苯胺磺酸钠指示剂(3.6)，再滴至紫色转为淡绿色，即为终点。

6 分析结果的计算

按公式(3)计算锰的质量分数，数值以%表示：

$$w(\mathrm{Mn})=\frac{T\times V}{m_0\times 1\,000}\times 100 \qquad\cdots\cdots(3)$$

式中：

T——硫酸亚铁铵对锰的滴定度，单位为毫克每毫升(mg/mL)；

m_0——试料量，单位为克(g)；

V——滴定消耗硫酸亚铁铵的体积数，单位为毫升(mL)。

7 精密度

7.1 重复性

在重复性条件下获得的两次独立测试结果的测定值，在以下给出的平均值范围内，这两个测试结果的绝对差值不超过重复性限(r),超过重复性限(r)的情况不超过5%。重复性限(r)按以下数据采用线性内插法求得:

锰的质量分数(%):5.00　　10.00　　15.00

重复性限 r(%):　0.05　　0.12　　0.20

7.2　允许差

实验室之间分析结果的差值不应大于表2所列允许差。

表2

锰的质量分数/%	允许差/%
2.0～5.0	0.10
>5.0～10.0	0.20
>10.0～20.0	0.40

8　质量保证和控制

分析时,用标准样品或控制样品进行校核,或每年至少用标准样品或控制样品对分析方法校核一次。当过程失控时,应找出原因。纠正错误后,重新进行校核。

方法2:火焰原子吸收光谱法

9　范围

本方法规定了钨精矿中锰含量的测定方法。

本方法适用于白钨精矿中锰含量的测定。测定范围:0.05%～2.00%。

10　方法提要

试样以盐酸、硝酸分解。在适宜的酸度下,用氯化锶消除硅的干扰,于原子吸收光谱仪波长279.5 nm处,以空气-乙炔火焰测量锰的吸光度,用工作曲线法计算锰的含量。白钨精矿中的其他杂质不干扰测定。

11　试剂

除非另有说明,本部分所用试剂均为符合国家标准或行业标准的分析纯试剂,所用水均为蒸馏水。

11.1　盐酸(ρ1.19 g/mL)。

11.2　盐酸溶液(1+1)。

11.3　硝酸(ρ1.42 g/mL)。

11.4　氯化锶溶液(50 g/L)。

11.5　锰标准贮存溶液:称取0.791 2 g纯二氧化锰(99.95%)于300 mL烧杯中,加入50 mL盐酸(11.2),加热溶解完全,冷却,定容于500 mL容量瓶中,混匀,此溶液1 mL含1 mg锰。

11.6　锰标准溶液:移取50.0 mL锰标准溶液(11.5)于500 mL容量瓶中,用水定容,混匀,此溶液1 mL含100 μg锰。

12　仪器

原子吸收光谱仪,附锰空心阴极灯。

在仪器最佳工作条件下,凡能达到下列指标者均可使用:

——精密度:用最高浓度的标准溶液测量10次吸光度,其标准偏差应不超过平均吸光度的1.5%;

用最低浓度的标准溶液(不是“零”浓度标准溶液)测量10次吸光度,其标准偏差应不超过最高浓度平均吸光度的0.5%。

——工作曲线线性:将工作曲线按浓度等分成五段,最高段的吸光度差值与最低段的吸光度差值之比应不小于0.7。

13 试样

13.1 试样粒度小于0.074 mm。

13.2 试样预先在105℃～110℃烘2 h,置于干燥器中冷却至室温。

14 分析步骤

14.1 试料

按表3称取试样(精确到0.000 1 g)。

表3

锰的质量分数/%	试料/g
≤0.1	0.50
>0.1	0.20

14.2 测定次数

独立地进行两次测定,取其平均值。

14.3 空白试验

随同试料做空白试验。

14.4 测定

14.4.1 将试料(14.1)置于250 mL的烧杯中,用水润湿,加入30 mL盐酸(11.1),置于沸水浴中加热溶解40 min,取下稍冷。加入10 mL硝酸(11.3),置于砂浴上加热至体积约4 mL,取下冷却。用水吹洗表面皿和杯壁,煮沸使可溶性盐类溶解,加入2 mL氯化锶溶液(11.4),冷却后,移入100 mL容量瓶中,用水定容,混匀。

14.4.2 将澄清或干过滤的试液,在原子吸收光谱仪上,于波长279.5 nm,用空气-乙炔火焰,以水调零,测定试液及随同试料空白的吸光度。在工作曲线上查出相应的锰的浓度。

14.5 工作曲线的绘制

14.5.1 分别移取0 mL、4.00 mL、8.00 mL、12.00 mL、16.00 mL、20.00 mL锰标准溶液(11.6),置于一组100 mL容量瓶中,各加入8.0 mL盐酸(11.1)、2.0 mL氯化锶溶液(11.4),用水定容,混匀。

14.5.2 将标准溶液(14.5.1)在原子吸收光谱仪上,于波长279.5 nm,用空气-乙炔火焰,以水调零,测定锰的吸光度。以锰浓度为横坐标,吸光度为纵坐标绘制工作曲线。

15 分析结果的计算

按公式(4)计算锰的质量分数,数值以%表示:

$$w(\mathrm{Mn})=\frac{(\rho_1-\rho_0)\times V_3}{m_0\times 10^6}\times 100 \qquad\cdots\cdots(4)$$

式中:

ρ_1——从工作曲线上查的试液中锰的浓度,单位为微克每毫升(μg/mL);

ρ_0——从工作曲线上查的空白溶液中锰的浓度,单位为微克每毫升(μg/mL);

V_3——测定试液的体积,单位为毫升(mL);

m_0——试样量,单位为克(g)。

16 精密度

16.1 重复性

在重复性条件下获得的两次独立测试结果的测定值，在以下给出的平均值范围内，这两个测试结果的绝对差值不超过重复性限(r)，超过重复性限(r)的情况不超过5%。重复性限(r)按以下数据采用线性内插法求得：

锰的质量分数(%)：0.10　　0.76　　1.78

重复性限 r(%)：　0.010　　0.031　　0.072

16.2 允许差

实验室之间分析结果的差值不应大于表4所列允许差。

表 4

锰的质量分数/%	允许差/%
0.05～0.10	0.015
>0.10～0.30	0.03
>0.30～0.60	0.05
>0.60～1.00	0.07
>1.00～1.50	0.09
>1.50～2.00	0.11

17 质量保证和控制

分析时，用标准样品或控制样品进行校核，或每年至少用标准样品或控制样品对分析方法校核一次。当过程失控时，应找出原因。纠正错误后，重新进行校核。

ICS 77.120.99
H 63

中华人民共和国国家标准

GB/T 6150.15—2008
代替 GB/T 6150.17—1985

钨精矿化学分析方法 铋量的测定 火焰原子吸收光谱法

Methods for chemical analysis of tungsten concentrates—Determination of bismuth content—Flame atomic absorption spectrometric method

2008-03-31 发布 2008-09-01 实施

中华人民共和国国家质量监督检验检疫总局
中国国家标准化管理委员会 发布

前　言

GB/T 6150《钨精矿化学分析方法》分为17部分：

GB/T 6150.1　钨精矿化学分析方法　三氧化钨量的测定　钨酸铵灼烧重量法

GB/T 6150.2　钨精矿化学分析方法　锡量的测定　碘酸钾容量法和氢化物原子吸收光谱法

GB/T 6150.3　钨精矿化学分析方法　磷量的测定　磷钼黄分光光度法

GB/T 6150.4　钨精矿化学分析方法　硫量的测定　高频红外吸收法

GB/T 6150.5　钨精矿化学分析方法　钙量的测定　EDTA容量法和火焰原子吸收光谱法

GB/T 6150.6　钨精矿化学分析方法　湿存水量的测定　重量法

GB/T 6150.7　钨精矿化学分析方法　钽铌量的测定　等离子体发射光谱法和分光光度法

GB/T 6150.8　钨精矿化学分析方法　钼量的测定　硫氰酸盐分光光度法

GB/T 6150.9　钨精矿化学分析方法　铜量的测定　火焰原子吸收光谱法

GB/T 6150.10　钨精矿化学分析方法　铅量的测定　火焰原子吸收光谱法

GB/T 6150.11　钨精矿化学分析方法　锌量的测定　火焰原子吸收光谱法

GB/T 6150.12　钨精矿化学分析方法　二氧化硅量的测定　硅钼蓝分光光度法和重量法

GB/T 6150.13　钨精矿化学分析方法　砷量的测定　氢化物原子吸收光谱法和DDTC-Ag分光光度法

GB/T 6150.14　钨精矿化学分析方法　锰量的测定　硫酸亚铁铵容量法和火焰原子吸收光谱法

GB/T 6150.15　钨精矿化学分析方法　铋量的测定　火焰原子吸收光谱法

GB/T 6150.16　钨精矿化学分析方法　铁量的测定　磺基水杨酸分光光度法

GB/T 6150.17　钨精矿化学分析方法　锑量的测定　氢化物原子吸收光谱法

本部分为GB/T 6150的第15部分。

本部分代替GB/T 6150.17—1985《钨精矿化学分析方法　半二甲酚橙光度法测定铋量》。

本部分与GB/T 6150.17—1985相比主要变化如下：

——测定方法由半二甲酚橙光度法改为火焰原子吸收光谱法；

——增加了8.1重复性条款。

本部分由中国有色金属工业协会提出。

本部分由全国有色金属标准化技术委员会归口。

本部分由赣州有色冶金研究所、中国有色金属工业标准计量质量研究所负责起草。

本部分由赣州有色冶金研究所起草。

本部分由自贡硬质合金有限责任公司、湖南柿竹园有色金属有限责任公司参加起草。

本部分主要起草人：钟道国、潘建忠、张江峰。

本部分主要验证人：李慧玲、邱秋、王周林。

本部分所代替标准的历次版本发布情况为：

——GB/T 6150.17—1985。

钨精矿化学分析方法　铋量的测定 火焰原子吸收光谱法

1　范围

本部分规定了钨精矿中铋含量的测定方法。

本部分适用于钨精矿中铋含量的测定。测定范围：0.01%～0.30%。

2　方法提要

试样在沸水浴上以盐酸分解，加入硝酸、高氯酸加热溶解至冒浓白烟，冷却，在硝酸介质中，于原子吸收光谱仪波长 223.1 nm 处，以空气-乙炔火焰测量铋的吸光度，用工作曲线法计算铋的含量。钨精矿中的杂质不干扰测定。

3　试剂

除非另有说明，本部分所用试剂均为符合国家标准或行业标准的分析纯试剂，所用水均为蒸馏水。

3.1　盐酸(ρ1.19g/mL)。

3.2　硝酸(ρ1.42g/mL)。

3.3　高氯酸(ρ1.67g/mL)。

3.4　硝酸溶液(1+1)。

3.5　铋标准贮存溶液：称取 0.400 0 g 纯金属铋[$w(Bi)\geqslant 99.99\%$]于 300 mL 烧杯中，加入 100 mL 硝酸溶液(3.4)，加热溶解，冷却，定容于 1 000 mL 容量瓶中，混匀，此溶液每毫升含铋 400 μg。

4　仪器

原子吸收光谱仪，附铋空心阴极灯。

在仪器最佳工作条件下，凡能达到下列指标者均可使用：

——特征浓度：在与测量溶液基体相一致的溶液中，铋的特征浓度应不大于 0.77 μg/mL。

——精密度：用最高浓度的标准溶液测量 10 次吸光度，其标准偏差应不超过平均吸光度的 1.5%；用最低浓度的标准溶液(不是“零”浓度标准溶液)测量 10 次吸光度，其标准偏差应不超过最高浓度平均吸光度的 0.5%。

——工作曲线线性：将工作曲线按浓度等分成五段，最高段的吸光度差值与最低段的吸光度差值之比应不小于 0.7。

5　试样

5.1　试样粒度小于 0.074 mm。

5.2　试样预先在 105℃～110℃烘 2 h，置于干燥器中冷却至室温。

6　分析步骤

6.1　试料

按表 1 称取试样(精确到 0.000 1 g)。

表 1

铋的质量分数/%	试料/g
≤0.1	0.50
>0.10～0.30	0.30

6.2 测定次数

独立地进行两次测定,取其平均值。

6.3 空白试验

随同试料做空白试验。

6.4 测定

6.4.1 将试料(6.1)置于250 mL的烧杯中,用水润湿,加入50 mL盐酸(3.1),置于沸水浴中加热溶解50 min,取下稍冷。加入20 mL硝酸(3.2),2 mL高氯酸(3.3),加热至冒浓白烟,取下冷却。加入2.5 mL硝酸(3.2),用水吹洗表面皿和杯壁,煮沸使可溶性盐类溶解,冷却后,移入50 mL容量瓶中,用水定容,混匀。

6.4.2 将澄清或干过滤的试液,在原子吸收光谱仪上,于波长223.1 nm,用空气-乙炔火焰,以水调零,测定试液及随同试料空白的吸光度。在工作曲线上查出相应的铋的浓度。

6.5 工作曲线的绘制

6.5.1 铋标准工作溶液:分别移取0 mL、1.00 mL、2.50 mL、5.00 mL、10.00 mL、15.00 mL、20.00 mL铋标准贮存溶液(3.5)于一系列200 mL容量瓶中,加入20 mL硝酸溶液(3.4),用水定容,混匀。

6.5.2 将标准溶液(6.5.1)在原子吸收光谱仪上,于波长223.1 nm,用空气-乙炔火焰,以水调零,测定铋的吸光度。以铋浓度为横坐标,吸光度为纵坐标绘制工作曲线。

7 分析结果的计算

按公式(1)计算铋的质量分数,数值以%表示:

$$w(\mathrm{B}i)\ \frac{(\rho_1-\rho_0)\times V_1}{m_0\times 10^6}\times 100 \qquad \cdots\cdots(1)$$

式中:

ρ_1——从工作曲线上查的试液中铋的浓度,单位为微克每毫升(μg/mL);

ρ_0——从工作曲线上查的空白溶液中铋的浓度,单位为微克每毫升(μg/mL);

V_1——测定试液的体积,单位为毫升(mL);

m_0——试料量,单位为克(g)。

8 精密度

8.1 重复性

在重复性条件下获得的两次独立测试结果的测定值,在以下给出的平均值范围内,这两个测试结果的绝对差值不超过重复性限(r),超过重复性限(r)的情况不超过5%。重复性限(r)按以下数据采用线性内插法求得:

铋的质量分数(%):0.04　0.10　0.17

重复性限r(%):0.003　0.004　0.02

8.2 允许差

实验室之间分析结果的差值不应大于表2所列允许差。

表 2

铋的质量分数/%	允许差/%
0.01～0.030	0.005
>0.030～0.050	0.008
>0.050～0.10	0.012
>0.10～0.20	0.025
>0.20～0.30	0.035

9 质量保证和控制

分析时，用标准样品或控制样品进行校核，或每年至少用标准样品或控制样品对分析方法校核一次。当过程失控时，应找出原因。纠正错误后，重新进行校核。

ICS 77.120.99
H 63

中华人民共和国国家标准

GB/T 6150.17—2008
代替 GB/T 6150.19—1985

钨精矿化学分析方法
锑量的测定
氢化物原子吸收光谱法

Methods for chemical analysis of tungsten concentrates—Determination of antimony content—Hydride reduction atomic absorption spectrometry

2008-06-17 发布　　2008-12-01 实施

中华人民共和国国家质量监督检验检疫总局
中国国家标准化管理委员会　发布

前　言

GB/T 6150《钨精矿化学分析方法》分为17部分：

GB/T 6150.1　钨精矿化学分析方法　三氧化钨量的测定　钨酸铵灼烧重量法

GB/T 6150.2　钨精矿化学分析方法　锡量的测定　碘酸钾容量法和氢化物原子吸收光谱法

GB/T 6150.3　钨精矿化学分析方法　磷量的测定　磷钼黄分光光度法

GB/T 6150.4　钨精矿化学分析方法　硫量的测定　高频红外吸收法

GB/T 6150.5　钨精矿化学分析方法　钙量的测定　EDTA容量法和原子吸收光谱法

GB/T 6150.6　钨精矿化学分析方法　湿存水量的测定　重量法

GB/T 6150.7　钨精矿化学分析方法　钽铌量的测定　等离子体发射光谱法和分光光度法

GB/T 6150.8　钨精矿化学分析方法　钼量的测定　硫氰酸盐分光光度法

GB/T 6150.9　钨精矿化学分析方法　铜量的测定　火焰原子吸收光谱法

GB/T 6150.10　钨精矿化学分析方法　铅量的测定　火焰原子吸收光谱法

GB/T 6150.11　钨精矿化学分析方法　锌量的测定　火焰原子吸收光谱法

GB/T 6150.12　钨精矿化学分析方法　二氧化硅量的测定　硅钼蓝分光光度法和重量法

GB/T 6150.13　钨精矿化学分析方法　砷量的测定　氢化物原子吸收光谱法和DDTC-Ag分光光度法

GB/T 6150.14　钨精矿化学分析方法　锰量的测定　硫酸亚铁铵容量法和火焰原子吸收光谱法

GB/T 6150.15　钨精矿化学分析方法　铋量的测定　火焰原子吸收光谱法

GB/T 6150.16　钨精矿化学分析方法　铁量的测定　磺基水杨酸分光光度法

GB/T 6150.17　钨精矿化学分析方法　锑量的测定　氢化物原子吸收光谱法

本部分为GB/T 6150的第17部分。

本部分代替GB/T 6150.19—1985《钨精矿化学分析方法　5-Br-PADAP光度法测定锑量》

本部分与GB/T 6150.19—1985相比主要变化如下：

——测定方法由分光光度法改为氢化物原子吸收光谱法；

——扩大了检测范围，检测范围由0.005%～0.30%改为0.002%～0.30%；

——增加了8.1重复性条款。

本部分由中国有色金属工业协会提出。

本部分由全国有色金属标准化技术委员会归口。

本标准由赣州有色冶金研究所、中国有色金属工业标准计量质量研究所负责起草。

本部分由赣州有色冶金研究所负责起草。

本部分由株洲硬质合金集团有限公司参加起草。

本部分主要起草人：潘建忠、陈涛、张江峰。

本部分主要验证人：邹容、曾丽元。

本部分所代替标准的历次版本发布情况为：

——GB/T 6150.19—1985。

钨精矿化学分析方法
锑量的测定
氢化物原子吸收光谱法

警告——使用本部分的人员应有正规实验室工作的实践经验。本部分并未指出所有可能的安全问题。使用者有责任采取适当的安全和健康措施,并符合国家有关法规规定的条件。

1 范围

本部分规定了钨精矿中锑含量的测定方法。

本部分适用于钨精矿中锑含量的测定。测定范围(质量分数):0.002%～0.30%。

2 方法提要

试料经硫酸-硫酸铵分解,在氨性介质中用柠檬酸络合钨、铁、锰等,用抗坏血酸预还原五价的锑为三价的锑,试液在盐酸介质中,经流动注射氢化物发生器与原子吸收光谱仪联用测定锑量。

3 试剂

除非另有说明,在分析中仅使用确认为分析纯的试剂和蒸馏水或去离子水或相当纯度的水。

3.1 硫酸铵。

3.2 硫酸(ρ1.84 g/mL)。

3.3 盐酸(ρ1.19 g/mL),优级纯。

3.4 氨水(ρ0.88 g/mL)。

3.5 柠檬酸溶液:(500 g/L)。

3.6 硫酸溶液(1+1)。

3.7 柠檬酸-硫酸铵底液:称取 40 g 柠檬酸,加入 140 mL 硫酸溶液(3.6),加入 200 mL 水,用氨水(3.4)中和到 pH5～6,冷却,用水稀释到 1 000 mL。

3.8 硫脲-抗坏血酸预还原液:称取 5 g 硫脲和 5 g 抗坏血酸,溶于 100 mL 水中。用时现配。

3.9 硼氢化钾溶液:称取 15 g 硼氢化钾和 2 g 氢氧化钠,溶于水中,用水稀释到 1 000 mL。用时现配。

3.10 锑标准贮存溶液:称取 0.100 0 g 光谱纯金属锑[w(Sb)≥99.95%]于 250 mL 烧杯中,加入 20 mL 硫酸(3.2),置电炉上加热至完全溶解,冷却后在不断搅拌下缓慢加入 20 mL 水,加热溶解,冷却后移入 100 mL 的容量瓶中,以硫酸溶液(3.6)稀释至刻度,混匀,此溶液 1 mL 含 1.0 mg 锑。

3.11 锑标准溶液 A:移取 10.00 mL 锑标准贮存溶液(3.10)于 1 000 mL 的容量瓶中,以硫酸溶液(3.6)稀释至刻度,混匀,此溶液 1 mL 含 10 μg 锑。

3.12 锑标准溶液 B:移取 10.00 mL 锑标准溶液 A(3.11)于 200 mL 的容量瓶中,用柠檬酸-硫酸铵底液(3.7)稀释至刻度,混匀,此溶液 1 mL 含 0.5 μg 锑。

4 仪器

4.1 原子吸收光谱仪,附锑空心阴极灯。

当仪器和氢化物发生器联用时,在仪器最佳工作条件下,凡能达到下列指标者均可使用:

——特征浓度:在与测量溶液基体相一致的溶液中,锑的特征浓度应不大于 0.18 ng/mL。

——精密度:用最高浓度的标准溶液测量 10 次吸光度,其标准偏差应不超过平均吸光度的 1.5%;

用最低浓度的标准溶液(不是“零”浓度标准溶液)测量10次吸光度,其标准偏差应不超过最高浓度平均吸光度的0.5%。

——工作曲线线性:将工作曲线按浓度等分成五段,最高段的吸光度差值与最低段的吸光度差值之比应不小于0.7。

4.2 流动注射氢化物发生器。

5 试样

5.1 试样粒度小于0.074 mm。

5.2 试样预先在105℃～110℃烘2 h,置于干燥器中冷却至室温。

6 分析步骤

6.1 试料

称取0.1 g试样(5),精确到0.000 1 g。

6.2 测定次数

独立地进行两次测定,取其平均值。

6.3 空白试验

随同试料做空白试验。

6.4 测定

6.4.1 将试料(6.1)置于250 mL烧杯中,加入1 g硫酸铵(3.1),摇匀,再加入7 mL硫酸(3.2),在高温电炉上分解,并浓缩至体积为1 mL～2 mL,冷却,用少量水吹洗表面皿及杯壁。加入8 mL柠檬酸溶液(3.5),20 mL氨水(3.4),用水洗杯壁和表面皿,并加热驱除过量的氨水,冷却后,将溶液移入100 mL容量瓶中,用水稀释至刻度,混匀。

6.4.2 移取10.00 mL试液(6.4.1)于50 mL容量瓶中,加入10 mL柠檬酸-硫酸铵底液(3.7),7.5 mL硫脲-抗坏血酸预还原液(3.8),7.5 mL盐酸(3.3),用水稀释到刻度,混匀。

6.4.3 将试液(6.4.2)在原子吸收光谱仪上,于波长217.6 nm,经流动注射-氢化物发生器,以水调零,测定吸光度。从标准曲线上查出相应的锑的浓度。

6.5 工作曲线的绘制

分别移取0 mL、1.00 mL、2.00 mL、4.00 mL、8.00 mL锑标准溶液B(3.12)于一组50 mL容量瓶中,加入10 mL柠檬酸-硫酸铵底液(3.7),7.5 mL硫脲-抗坏血酸预还原液(3.8),7.5 mL盐酸(3.3),用水稀释至刻度,混匀。在原子吸收光谱仪上,于波长217.6 nm,经流动注射-氢化物发生器,以试剂空白调零,测定锑的吸光度。以锑浓度为横坐标,吸光度为纵坐标绘制工作曲线。

7 分析结果的计算

按式(1)计算锑的质量分数,数值以%表示:

$$w(\mathrm{Sb})=\frac{(\rho_1-\rho_0)\times V\times V_1}{m_0\times V_2\times 10^6}\times 100 \qquad \cdots\cdots(1)$$

式中:

ρ_1——自工作曲线上查得试液中锑的质量浓度,单位为微克每毫升(μg/mL);

ρ_0——自工作曲线上查得随同试样空白中锑的质量浓度,单位为微克每毫升(μg/mL);

V——试液定容的体积,单位为毫升(mL);

V_1——试液测定的体积,单位为毫升(mL);

V_2——试液分取的体积,单位为毫升(mL);

m_0——试样量,单位为克(g)。

8　精密度

8.1　重复性

在重复性条件下获得的两次独立测试结果的测定值，在以下给出的平均值范围内，这两个测试结果的绝对差值不超过重复性限(r)，超过重复性限(r)的情况不超过5%。重复性限(r)按以下数据采用线性内插法求得：

锑的质量分数(%)：　0.003 6　0.010　0.17

重复性限r　(%)：　0.000 76　0.001 7　0.015

8.2　允许差

实验室之间分析结果的差值不应大于表1所列允许差。

表 1

锑的质量分数/%	允许差/%
0.002～0.005	0.001
>0.005～0.010	0.002
>0.010～0.020	0.003
>0.020～0.050	0.007
>0.050～0.10	0.012
>0.10～0.20	0.03
>0.20～0.30	0.04

9　质量保证和控制

应用国家级标准样品或行业标准样品(当两者都没有时，也可用控制样品代替)，每周或每两周校核一次本分析方法标准的有效性。当过程失控时，应找出原因，纠正错误后，重新进行校核。

ICS 29.050
Q 52

中华人民共和国国家标准

GB/T 6155—2008
代替 GB/T 6155—1985,GB/T 6156—1985

炭素材料真密度和真气孔率测定方法

Carbon materials—Determination of the true density or porosity

2008-12-06 发布　　2009-10-01 实施

中华人民共和国国家质量监督检验检疫总局
中国国家标准化管理委员会　发布

前 言

本标准代替 GB/T 6155—1985《炭素材料真密度测定方法》和 GB/T 6156—1985《炭素材料真气孔率测定方法》。

本标准与 GB/T 6155—1985 的主要差异如下：

——整合后标准名称改为炭素材料真密度真气孔率测定方法；

——将两个标准中相同内容放入同一章节中；

——将试验误差改为精密度。

本标准由中国钢铁工业协会提出。

本标准由全国钢标准化技术委员会归口。

本标准起草单位：冶金工业信息标准研究院、中钢集团吉林炭素公司。

本标准主要起草人：孙伟、张凤翘、张进莺。

本标准所代替标准的历次版本发布情况为：

——GB/T 6155—1985；

——GB/T 6156—1985。

炭素材料真密度和真气孔率测定方法

1 范围

本标准规定了炭素材料真密度和真气孔率测定的定义、原理、试剂、仪器和设备、试样、试验步骤、结果计算、试验误差和试验报告。

本标准适用于炭素材料真密度和真气孔率的测定。

2 规范性引用文件

下列文件中的条款通过本标准的引用而成为本标准的条款。凡是注日期的引用文件，其随后所有的修改单(不包括勘误的内容)或修订版均不适用于本标准，然而，鼓励根据本标准达成协议的各方研究是否可使用这些文件的最新版本。凡是不注日期的引用文件，其最新版本适用于本标准。

GB/T 8170 数值修约规则与极限数值的表示和判定

3 术语和定义

3.1

真密度 true density

真密度是炭素材料的质量与真体积(不包含气孔在内)的比值。

3.2

真气孔率 true porosity

真气孔率是真密度同体积密度之差与真密度的比值。

4 原理

试样经液浸在真空中排气后，用比重瓶法测定其 25 ℃时的密度。

5 试剂

5.1 乙醇：95%，分析纯。

5.2 丙酮：分析纯。

5.3 硫酸：密度 1.84 g/cm³，分析纯。

5.4 重铬酸钾：分析纯。

5.5 二甲苯：密度 0.860 g/cm³，分析纯。

6 仪器和设备

6.1 比重瓶：25 mL/25 ℃，长颈，颈的内径 ϕ3.5 mm～ϕ4.5 mm，或用 25 mL/25 ℃毛细管比重瓶。

6.2 滴瓶：50 mL～125 mL。

6.3 恒温水浴：能控制在 25 ℃±0.5 ℃。

6.4 分析天平：感量 0.1 mg。

6.5 干燥箱：控温范围 0 ℃～200 ℃。

6.6 干燥器：内装变色硅胶。

6.7 定性滤纸。

6.8 抽气装置：带有压力指示仪表。

7 试样

7.1 干燥后的试样粒度不大于 20 mm,重量不少于 0.5 kg,全部破碎至 4 mm 以下。

7.2 将 7.1 中的试样用四分法缩分,取 50 g~60 g 进行细碎,全部通过 0.15 mm 的标准筛网。

8 试验步骤

8.1 比重瓶的标定:在 25 ℃±0.5 ℃下进行。

8.1.1 比重瓶质量的测定:比重瓶按下列步骤洗涤干净。首先将比重瓶浸泡在浓硫酸重铬酸钾饱和溶液中,浸泡 1 h~2 h 取出,用水冲洗,再分别用乙醇、丙酮洗涤,最后用蒸馏水清洗。放入干燥箱内,在 120 ℃±2 ℃下烘干 2 h,取出放到干燥器内,冷却至室温称量,精确至 0.000 1 g。

8.1.2 比重瓶容积的测定:将无气泡的蒸馏水注入到比重瓶的刻度线处,与注入蒸馏水的滴瓶同置于恒温水浴中,水浴里的水面应到达或稍高于比重瓶的刻度线。在 25 ℃±0.5 ℃下放置 20 min,将比重瓶在不拿出恒温水浴的情况下,用滤纸卷和滴瓶取出或补充比重瓶内的液体,使其液面准确到达刻度线处。如用毛细管瓶,则此时应盖好瓶塞。取出比重瓶,用毛巾仔细地擦干比重瓶的外部,迅速称其质量。

8.1.3 比重瓶的容积计算

8.1.3.1 比重瓶的容积按式(1)计算:

$$V=\frac{m_1-m_0}{0.997\ 05} \qquad \cdots\cdots(1)$$

式中:

V——比重瓶的容积,单位为毫升(mL);

m_0——比重瓶的质量,单位为克(g);

m_1——比重瓶和蒸馏水的质量,单位为克(g);

0.997 05——25 ℃水的密度,单位为克每立方厘米(g/cm^3)。

8.1.3.2 比重瓶的质量应恒定在±0.01 g 范围内。

8.1.3.3 注入蒸馏水的比重瓶的质量,误差不得超过 0.001 g。比重瓶容积的测定,应反复进行 8~10 次,取其平均值。个别测定值与平均值之差不得超过 0.001 5 mL。

8.1.3.4 比重瓶的容积,每三个月标定一次。

8.2 二甲苯密度的测定

8.2.1 测定步骤与 8.1.2 的规定相同。

8.2.2 二甲苯的密度按式(2)计算:

$$\rho=\frac{m_2-m_0}{V} \qquad \cdots\cdots(2)$$

式中:

ρ——二甲苯的密度,单位为克每立方厘米(g/cm^3);

m_0——比重瓶的质量,单位为克(g);

m_2——比重瓶和二甲苯的质量,单位为克(g);

V——比重瓶的容积,单位为毫升(mL)。

8.3 试样密度的测定:称取 3 g 试样,精确至 0.000 2 g,置于清洁干燥的比重瓶中,加入二甲苯至略高过试样为止,放入抽气装置内抽真空,使剩余压力达到 1.3 kPa±0.3 kPa。然后同大气相通,取出比重瓶,加入无气泡的二甲苯(经排气处理)至刻线处后放入水浴中,在 25 ℃±0.5 ℃保持 30 min。用滤纸卷和滴瓶精确调正二甲苯液面至刻度线,取出并用毛巾擦干比重瓶、立即称量。

9 结果计算

9.1 真密度的计算

9.1.1 试样真密度 D_t 按式(3)计算:

$$D_t = \frac{m_3}{V - \frac{m_4 - (m_0 + m_3)}{\rho}} \quad \cdots\cdots(3)$$

式中：

D_t——试样的真密度，单位为克每立方厘米(g/cm^3)；

m_0——比重瓶的质量，单位为克(g)；

V——比重瓶的容积，单位为毫升(mL)；

ρ——二甲苯的密度，单位为克每立方厘米(g/cm^3)；

m_3——称取的试样质量，单位为克(g)；

m_4——装有试样和二甲苯的比重瓶的质量，单位为克(g)。

9.1.2 精密度

重复性(r)不超过±0.01 g/cm^3，再现性(R)不超过 0.02 g/cm^3。

9.2 真气孔率的计算

试样真气孔率 P_t 按式(4)计算：

$$P_t = \frac{D_t - D_b}{D_t} \times 100 \quad \cdots\cdots(4)$$

式中：

P_t——试样的真气孔率，%；

D_t——试样的真密度，单位为克每立方厘米(g/cm^3)；

D_b——试样的体积密度，单位为克每立方厘米(g/cm^3)。

结果计算值取小数点后两位。

9.3 数值的修约按 GB/T 8170 规定进行。

10 试验报告

试验报告应包括下列内容：

a) 委托单位；

b) 试样名称及编号；

c) 试样结果的平均值；

d) 试验单位；

e) 试验人员；

f) 试验日期。

ICS 37.080
A 14

中华人民共和国国家标准

GB/T 6161—2008/ISO 3334:2006
代替 GB/T 6161—1994

缩微摄影技术 ISO 2号解像力测试图的描述及其应用

Micrographics—ISO resolution test chart No. 2—Description and use

(ISO 3334:2006,IDT)

2008-07-16 发布　　2009-01-01 实施

中华人民共和国国家质量监督检验检疫总局
中国国家标准化管理委员会　发布

前　言

本标准等同采用 ISO 3334:2006《缩微摄影技术　ISO 2 号解像力测试图　描述和使用》(英文版)。

本标准与 ISO 3334:2006 相比,做了以下编辑性修改:

——重新编写了前言;

——第 6.3 条增加了提及图 3 的说明。

本标准代替 GB/T 6161—1994《缩微摄影技术　2 号测试图的特征及其在缩微摄影技术中的应用》。

本标准与 GB/T 6161—1994 相比重大技术变化如下:

——增加了 GB/T 1543—1988《纸不透明度测定法》、GB/T 6159.3—2003《缩微摄影技术　词汇　第 3 部分:胶片处理》、GB/T 6159.5—2000《缩微摄影技术　词汇　第五部分:影像的质量、可读性和检查》、GB/T 6159.6—2003《缩微摄影技术　词汇　第 6 部分:设备》、GB/T 6159.22—2000《缩微摄影技术　词汇　第二部分:影像的布局和记录方法》、GB/T 12823—1991《摄影密度测量的术语、符号、坐标系和函数表示法》、GB/T 17293—2008《缩微摄影技术　检查平台式缩微摄影机系统性能用的测试标板》、ISO 5-2:2001《摄影术　密度测量　第 2 部分:透射密度的几何条件》、ISO 5-3:1995《摄影术　密度测量　第 3 部分:光谱条件》和 ISO 5-4:1995《摄影术　密度测量　第 4 部分:反射密度的几何条件》等 10 个规范性引用文件;

——删去了 GB/T 6160《缩微摄影技术　银-明胶型缩微胶片的密度》、GB/T 6987《缩微摄影技术　缩微摄影时检验负像光学密度用测试标板》和 GB/T 12356《缩微摄影技术　16 mm 平台式缩微摄影机用测试标板的特征及其使用》等三个规范性引用文件。

本标准的附录 A 是资料性附录。

本标准由全国文献影像技术标准化技术委员会(SAC/TC 86)提出并归口。

本标准起草单位:全国文献影像技术标准化技术委员会一分会。

本标准主要起草人:张斌、寇瑞清、李铭。

本标准所代替标准的历次版本发布情况为:

——GB/T 6161—1985,GB/T 6161—1994。

引　言

各个缩微系统记录字母数字字符或紧密排列线条之类的细节的能力是不同的。本标准规定了给定缩微摄影机、感光材料和处理工艺组成缩微系统的复制影像细节能力的测量方法，因而能够应用于限定和控制影像质量。

由于缩微系统能够工作在临近可读性限度的状态，所以解像力测试提供了防止信息损失的安全措施，不过其他因素也会影响缩微影像的总的质量。

本标准描述了用ISO 2号解像力测试图测量解像力的方法，而图1和图2分别给出了测试图样和测试图样的排列方式。

缩微摄影技术 ISO 2 号解像力测试图的描述及其应用

1 范围

本标准规定了通过测量缩微品中可识别最小细节尺寸来决定解像力的方法。本标准给出了测试图样和 ISO 2 号解像力测试图,并给出了表述解像力的方法。

ISO 2 号解像力测试图适合用作测试标板的一部分,如同其他有关缩微摄影技术的标准所要求的那样。

本标准适用于确定摄影机、胶片和处理工艺组成的缩微摄影系统的解像力以及由这样的系统摄制的缩微品所达到的解像力。在后种情况下,它不适用于确定阅读器、阅读复印机或计算机输出缩微品(COM)成像系统的解像力。

2 规范性引用文件

下列文件中的条款通过本标准的引用而成为本标准的条款。凡是注日期的引用文件,其随后所有的修改单(不包括勘误的内容)或修订版均不适用于本标准,然而,鼓励根据本标准达成协议的各方研究是否可使用这些文件的最新版本。凡是不注日期的引用文件,其最新版本适用于本标准。

GB/T 321—2005 优先数和优先数系(ISO 3:1973,IDT)

GB/T 1543—2005 纸和纸板 不透明度(纸背衬)的测定(漫反射法)(ISO 2471:1998,MOD)

GB/T 6159.1—2003 缩微摄影技术 词汇 第 1 部分:一般术语(ISO 6196-1:1993,MOD)

GB/T 6159.3—2003 缩微摄影技术 词汇 第 3 部分:胶片处理(ISO 6196-3:1997,MOD)

GB/T 6159.4—2003 缩微摄影技术 词汇 第 4 部分:材料和包装物(ISO 6196-4:1998,MOD)

GB/T 6159.5—2000 缩微摄影技术 词汇 第五部分:影像的质量、可读性和检查(eqv 6196-5:1987)

GB/T 6159.6—2003 缩微摄影技术 词汇 第 6 部分:设备(ISO 6196-6:1993,MOD)

GB/T 6159.22—2000 缩微摄影技术 词汇 第二部分:影像的布局和记录方法(eqv 6196-2:1993)

GB/T 12823—1991 摄影密度测量的术语、符号、坐标系和函数表示法(neq ISO 5-1:1984)

GB/T 17293—2008 缩微摄影技术 检查平台式缩微摄影机系统性能用的测试标板(ISO 10500:1994,MOD)

ISO 5-2:2001 摄影术 密度测量 第 2 部分:透射密度的几何条件

ISO 5-3:1995 摄影术 密度测量 第 3 部分:光谱条件

ISO 5-4:1995 摄影术 密度测量 第 4 部分:反射密度的几何条件

3 术语和定义

GB/T 6159.1—2003 、GB/T 6159.3—2003、GB/T 6159.4—2003、GB/T 6159.5—2000、GB/T 6159.6—2003、GB/T 6159.22—2000 和 GB/T 12823—1991 确立的术语和定义适用于本标准。

4 ISO 2 号解像力测试图

4.1 底基

4.1.1 概述

测试图应制作在不透明底基或透明底基上。

4.1.2 不透明底基

测试图应制作在白色不透明光面底基上。

按照 ISO 5-3:1995 和 ISO 5-4:1995 测量的漫反射视觉密度应不大于 0.08。按照 GB/T 1543—2005 规定所测量的不透明度应大于 85%。测试图应为正像。

4.1.3 透明底基

测试图应制作在按照 ISO 5-2:1995 和 ISO 5-3:1995 测量的最大漫透射视觉密度为 0.08 的无色透明的底基上。该测试图可为正像或负像。

4.2 ISO 2 号解像力测试图样

测试图样应由标有数码的两组各五条相互垂直的平行线所组成，如图 1 所示。线条和线条之间的间隔应等宽。

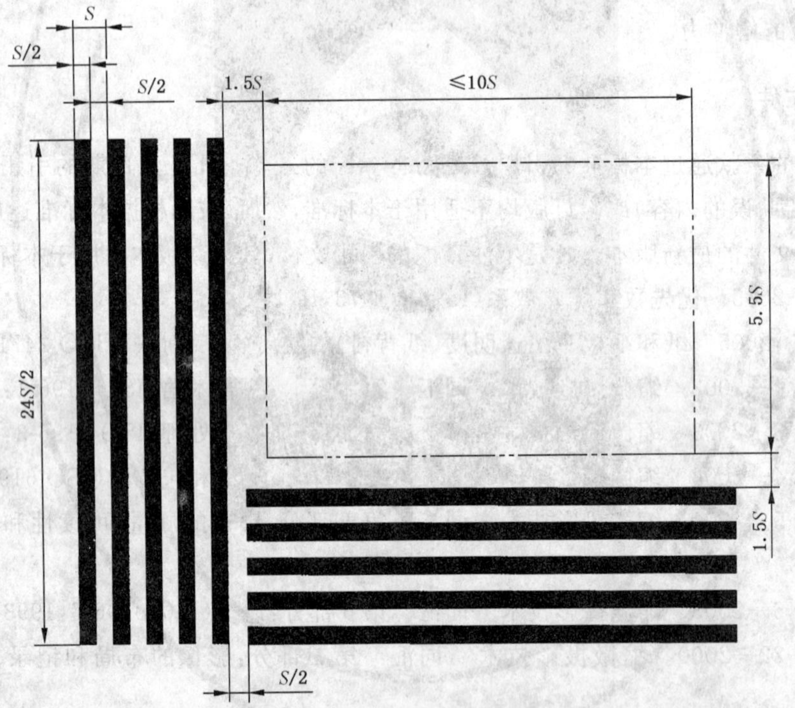

图 1 ISO 2 号解像力测试图样

线条的尺寸(以毫米为单位)应如图 1 所示，图中 S 为频率，以“线对每毫米”为单位。图样中任意四个线对的宽度应为名义宽度的±3%。线条长度与线条宽度之比应为 24.0±1.2。对(1～10)线对每毫米来说，线条宽度与间隔宽度之比应为 1.00±0.05；对(11～18)线对每毫米来说，线条宽度与间隔宽度之比应为 1.0±0.1。

尺寸应使用带测微计的精密显微镜、光学比长仪或计算机控制坐标测量仪来测量，测量仪器应经过校准，能够测量 1 μm 或更小的尺寸，且在(23±2)℃和 50%±5%的相对湿度下调整至少 1 h。

对于不透明底基的测试图，线条的漫反射视觉密度应不小于 1.60，间隔的漫反射视觉密度不应比底基的漫反射视觉密度大 0.02 以上。对于透明底基的测试图，底基与线条之间的漫透射视觉密度差最低不应小于 3.0。

附录 A 给出了线条与间隔的外观质量水平。

4.3 测试图样的空间频率

测试图中使用的测试图样排列应如图 2 所示。

梯级序列从 1.0 开始，依照 GB/T 321—2005 给出的 R 20 系列优选数值排列，并且除图样 1.25 和 12.5 外，采用一级圆整。

注：这些数字的圆整会引起空间频率序列变化的百分比过大，每级平均增量为 12.2%。

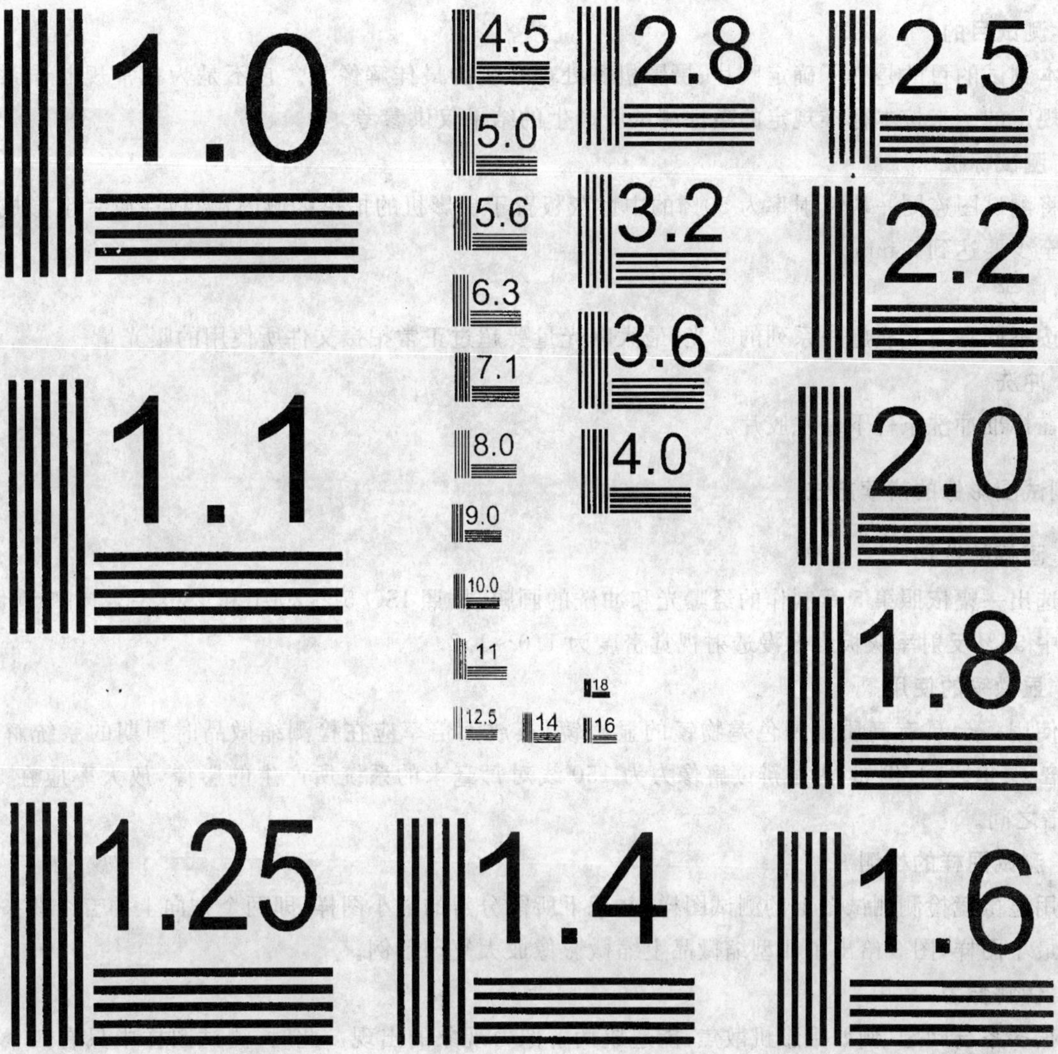

注：本图不适合用于测试。

图 2 测试图中测试图样排列样式的放大样

4.4 测试图样的数码标示方法

测试图中标示的数码应为其以线对每毫米为单位的空间频率。

示例：在标示数码为 2.0 的图样中，每个线条宽 0.25 mm，故由一个线条和一个间隔组成的线对宽 0.5 mm，因此图样的空间频率为 2 线对每毫米。

4.5 测试图样标示数码

每个测试图样的标示数码应置于图样所形成的矩形的右上角。数码的大小应如图 1 所示。所用字体应为适合摄影复制的无衬线字体。

4.6 测试图样的排列

测试图样应按图 2 所示空间频率递增的方式在测试图上排列。

4.7 测试图名称与来源

在测试图中测试图样的下方，应给出“ISO 2 号解像力测试图”的字样，并注明认证机构或发行机构。

5 测试图使用方法

5.1 测试目的

本测试的目的是为了确定胶片、摄影机和处理系统的最佳解像力。它不是为在常规制作系统下使用而规定的。未按本标准规定的条件测试所产生的结果仅供参考。

5.2 测试标板

将测试图连同一块反射率为 50％的中性灰板置于摄影机的拍摄区域内，灰板在胶片上形成的影像直径至少要达到 2 mm。

5.3 曝光

按不同曝光量实施一系列的曝光，最大曝光量要超过正常拍摄文件所使用的曝光量。

5.4 冲洗

在标准冲洗条件下冲洗胶片。

6 测试图影像的辨读方法

6.1 画幅的选择

选出一幅依照第 5 章制作的经曝光和冲洗的画幅，按照 ISO 5-2:2001 和 ISO 5-3:1995 测量时，该画幅中 50％反射率灰板影像漫透射视觉密度为 1.0～1.2。

6.2 显微镜的使用

使用一台具有高质量消色差物镜的显微镜，其放大倍率应在检测缩微品时预期的系统解像力的 1/3 倍～1倍之间，例如：为了辨读解像力为 150 线对每毫米的系统所产生的影像，放大率应在 50 倍～150 倍之间。

6.3 测试图样的检测

用显微镜检测测试图上的测试图样，并记下所能分辨的最小图样，即两个方向上的五个线条均能分辨的最小图样，图 3 给出了典型缩微品上缩微影像放大复印示例。

6.4 伪解像力

很多系统问题，例如摄影机散焦，能造成伪解像力现象的出现。此时，测试图样中只有四个线条能够被分辨。只有在出现伪解像力缺陷之前(即使有一个或若干个比有缺陷的图样更小的图样似乎能够分辨)，最后一个在两个方向上的五个线条都能够分辨的图样，才应报告为系统解像力。

6.5 一个方向上的线条不能分辨

如果一个方向上的线条能够分辨，而与其垂直的线条却不能分辨时，这有可能是由于检测者的视力散光造成的。为了验证这种可能性，将图样调转 90°后再辨读，如果同一组线条仍不能分辨，则问题原因不在检测者，而在样片或摄影机。

6.6 解像力的表示方法

将最小可分辨图样的标示数码乘以拍摄标板所用缩率的倒数，所得乘积即为以“线对每毫米”来表示的摄影机、胶片和显影组合的解像力。例如：如果最小可分辨图样的标示数码为 5.0，缩率为 1/24，则解像力为 120 线对每毫米。

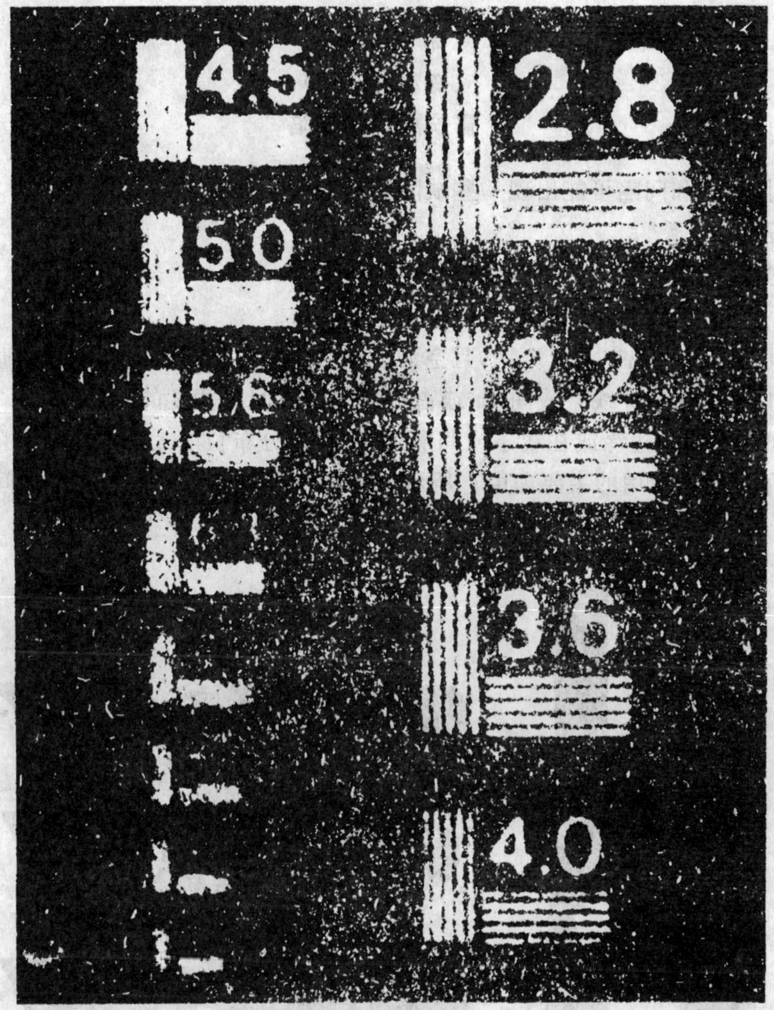

图 3　典型缩微品上缩微影像放大复印示例

附 录 A
(资料性附录)
影响质量的缺陷

制作测试图时，线条和间隔可能出现一些缺陷。缺陷相对于线条或间隔的尺寸将决定影响缩微拍摄系统解像力的程度。

建议以下面对缺陷的描述作为拒用测试图的依据：

a) 角部不呈直角形，线条和间隔的边缘缺损不平；

b) 线条或间隔部位出现空洞或斑块，且空洞或斑块的尺寸大于线条或间隔宽度的一半；

c) 断痕、缺口或斑块贯穿线条或间隔，或占据了线条或间隔宽度的一半；

d) 缺口或斑块沿线条边缘或在线条或间隔内分布，且分布长度大于线条或间隔长度的 1/4。

图 A.1 显示了测试图拒用的主要理由。所示缺陷类型对垂直和水平的线条和间隔均适用。

1——线条；
2——间隔。

图 A.1 缺陷示例

参 考 文 献

[1] GB/T 18405—2008 缩微摄影技术 ISO字符和ISO 1号测试图的特征及其使用

ICS 91.140.30
P 46

中华人民共和国国家标准

GB/T 6165—2008
代替 GB/T 6165—1985 和 GB/T 6166—1985

高效空气过滤器性能试验方法 效率和阻力

Test methed of the performance of high efficiency particulate air filter —Efficiency and risistance

2008-11-04 发布　　　　2009-06-01 实施

中华人民共和国国家质量监督检验检疫总局
中国国家标准化管理委员会　发布

前 言

本标准代替 GB/T 6166—1985《高效滤料性能试验方法　透过率和阻力》与 GB/T 6165—1985《高效空气过滤器性能试验方法　透过率和阻力》。

本标准与 GB/T 6165—1985 及 GB/T 6166—1985 相比，本标准主要变化如下：

——合并后的标准名称为《高效空气过滤器性能试验方法　效率和阻力》。

——将 GB/T 6165—1985 及 GB/T 6166—1985 中对高效过滤器及滤料的检测方法由两种增加为三种，计数法为新增方法。

——对钠焰法的修改主要如下：

a）过滤器部分主要修改内容为：

对高效空气过滤器钠焰法试验装置做了两处修改：在系统中标准孔板前增加测量绝对压力的微压计；将系统中的指针式光电测量仪改为数字式光电测量仪，"检测步骤"一节中的相关内容也均做相应修改。

将过滤器透过率的计算改为效率计算，修改了计算公式。

b）滤料部分的主要修改内容为：

将钠焰法试验气溶胶的粒径分布的描述修订为计数中值直径（0.09±0.02）μm，同时淡化气溶胶发生装置的设计尺寸，而强调其所发生试验气溶胶的粒径分布；

对滤料钠焰法试验台流程图进行了修改；把喷雾压缩空气源与干燥空气源分开，这样更合理，运行更稳定、方便；在缓冲箱中增加了测量系统相对湿度的湿度计；

将透过率的计算改为效率计算，修改了计算公式。

——油雾法的修改主要如下：

a）过滤器部分主要修改内容为：

将喷雾型油雾发生器试验装置流程示意图进行了如下修改：在系统中标准孔板前增加测量绝对压力的微压计；将 1-90 型浊度计修改为光电雾室；将 2-45 型浊度计改为透过率测定仪；删除了用于水冷却的水管。

将试验装置可测范围进行了修改；

在发雾参数一条中加入油雾浓度基本不变的规定；

将取样管构造和取样系统构造合并为一条，并将流动时间不超过 3 s 改为油雾气溶胶在管内的流速应与试验风道内等流速；

增加了从光电雾室观察窗观察烟柱状态的方法调整控制流量；

将透过率检测改为效率检测，修改了计算公式；

重新编写检测操作步骤；

对采用新光源的光电测油雾仪，给出了新的 Δ 值控制范围。

b）滤料部分主要修改内容为：

将喷雾型油雾发生器试验装置流程示意图进行了如下修改：将 1-90 型浊度计修改为光电雾室；将 2-45 型浊度计改为透过率测定仪；删除了用于水冷却的水管。

修改了取样流量和清洁空气流量，增加了从光电雾室观察窗观察烟尘状态的方法调整控制流量；

重新编写检测操作步骤；

对采用新光源的光电测油雾仪，给出了新的 Δ 值控制范围；

将过滤器透过率的计算改为效率计算，修改了计算公式。

本部分附录中附录 A、附录 C、附录 E、附录 F、附录 G、附录 H、附录 I 为规范性附录，其余附录为资料性附录。

本标准由中华人民共和国住宅和城乡建设部提出。

本标准由全国暖通空调与净化设备标准化技术委员会归口。

本标准的负责起草单位：中国建筑科学研究院；清华大学核能与新能源技术研究院。

本标准的参加起草单位：中国人民解放军防化研究院、北京核工程研究设计院、苏州华泰空气过滤器有限公司、河南核净洁净技术有限责任公司、美国 TSI 公司北京代表处、重庆长江特种造纸厂、上海松华空调净化设备有限公司。

本标准的主要起草人：张益昭、江锋、朱玲英、王智超、冯昕、张振中、温庚寅、刘卫洪、冯朝阳、周楠 、郭茂、汪世云。

本标准所代替标准的历次版本发布情况为：

——GB/T 6165—1985；

——GB/T 6166—1985。

高效空气过滤器性能试验方法
效率和阻力

1 范围

本标准规定了高效、超高效滤料及过滤器的效率和阻力检测的试验方法及其试验装置。

本标准所述试验方法适用于检测过滤空气中粒子所使用的高效、超高效滤料及过滤器。亚高效滤料及过滤器的效率和阻力检测，可参考本方法进行。

2 规范性引用文件

下列文件中的条款通过本标准的引用而成为本标准的条款。凡是注日期的引用文件，其随后所有的修改单(不包括勘误的内容)或修订版均不适用于本标准，然而，鼓励根据本标准达成协议的各方研究是否可使用这些文件的最新版本。凡是不注日期的引用文件，其最新版本适用于本标准。

GB/T 1236 工业通风机 用标准化风道进行性能试验

GB/T 2624.2—2006 用安装在圆形截面管道中的差压装置测量满管流体流量 第2部分：孔板

GB/T 2624.3—2006 用安装在圆形截面管道中的差压装置测量满管流体流量 第3部分：喷嘴和文丘里喷嘴

GB/T 6167 尘埃粒子计数器性能试验方法

GB 11120 L-TSA 汽轮机油

GB 50243 通风与空调工程施工质量验收规范

3 术语、定义、符号与缩略语

3.1 术语和定义

下列术语和定义适用于本标准。

3.1.1

透过率 penetration

指对过滤元件进行试验时，过滤元件过滤后的气溶胶浓度与过滤前的气溶胶浓度之比，单位以百分数%表示。

3.1.2

效率 efficiency

指对过滤元件进行试验时，过滤元件过滤掉的气溶胶浓度与过滤前的气溶胶浓度之比，单位以百分数%表示。

3.1.3

额定风量 rated air flow rate

由过滤器生产厂家所提供，标识过滤器工作能力的技术参数，表示过滤器在单位时间内所处理的空气最大体积流量，单位为 m^3/h。

3.1.4

阻力 resistance

一定试验风速或风量条件下，过滤元件前、后的静压差，单位以 Pa 表示。对于过滤器而言，是指额定风量下过滤器前、后的静压差。

3.1.5

滤料 filter medium

未经折叠的，用于过滤空气粒子的平面过滤材料。

3.1.6

高效空气过滤器 high efficiency particulate air (HEPA) filter

用于进行空气过滤且使用本标准所规定的钠焰法进行试验，额定风量下过滤效率不低于99.9%的空气过滤器。

3.1.7

超高效空气过滤器 ultra low penetration air (ULPA) filter

用于进行空气过滤且使用本标准所规定的计数法进行试验，额定风量下过滤效率不低于99.999%的空气过滤器。

3.1.8

高效滤料 high-efficiency-particulate-air (HEPA) filter medium

用于制作高效空气过滤器的过滤材料。

3.1.9

超高效滤料 ultra-low-penetration-air (ULPA) filter medium

用于制作超高效空气过滤器的过滤材料。

3.1.10

气溶胶发生器 aerosol generator

用于发生试验用标准气溶胶的装置。

3.1.11

粒子发生量 particle output rate

气溶胶发生器单位时间内产生的粒子数，单位为粒/s。

3.1.12

粒子计数浓度 particle number concentration

单位体积气体(空气)中粒子的数量。

3.1.13

粒径 particle size

用某种方法测量得到的粒子名义直径。

3.1.14

粒径效率 particle size efficiency

对特定粒径粒子的过滤效率，该效率是以粒径为横坐标的一条曲线。以百分数表示。

3.1.15

最易透过粒径 most penetrating particle size

粒径效率曲线最低点对应的粒径，简称MPPS。

3.1.16

最低过滤效率 minimum filter efficiency

给定运行条件下滤料粒径效率曲线的最低点的效率，简称MPPS效率。以百分数表示。

3.1.17

中值直径 median particle diameter

气溶胶粒径累计分布占总量50%时所对应的粒径值。

3.1.18

取样体积流量 sampling flow rate

粒子计数器在测定过滤元件上游或下游粒子数量时，粒子计数器测量元件取样的空气体积流量。

3.1.19

取样持续时间 sampling duration

在取样体积流量下，被测高效空气过滤元件上游或下游对粒子进行计数的那一段有效时间。

3.1.20

重合误差 coincide error

由于在给定时间内粒子计数器的散射腔中含有多个颗粒而产生的误差。重合误差会导致测量结果中数量浓度偏低，以及平均粒径偏高。

3.1.21

单分散气溶胶 monodisperse aerosol

用分布方程描述时，粒径几何标准差 $\sigma_g<1.15$ 的气溶胶为单分散气溶胶。几何标准差 $1.15\leqslant\sigma_g\leqslant1.5$ 的气溶胶为准单分散气溶胶。

3.1.22

多分散气溶胶 polydisperse aerosol

粒径尺寸几何标准差 $\sigma_g>1.5$ 的气溶胶为多分散气溶胶。

3.1.23

钠焰法 sodium flame method

发生多分散相 NaCl 气溶胶，用钠焰光度计检测过滤元件上下游的质量浓度，然后求出过滤元件的质量效率。对于滤料试验，发生试验气溶胶颗粒的质量中值直径约为 0.4 μm，计数中值直径为(0.09±0.02)μm，数量几何标准偏差小于或等于 1.86；对于过滤器试验，发生试验气溶胶颗粒的质量中值直径为 0.5 μm。

3.1.24

油雾法 oil mist method

发生多分散相液体气溶胶，颗粒的质量平均直径为(0.28～0.34)μm，用油雾仪检测过滤元件上下游的质量光学浓度，然后求出过滤元件的质量效率。

3.1.25

准单分散气溶胶计数法 particle counting method with quasi-monodisperse challenge aerosol

发生准单分散相气溶胶(可以是固体颗粒如 NaCl 或液体颗粒如 DEHS 或 DOP)，颗粒的计数中值直径为(0.20～0.30)μm，几何标准偏差小于或等于 1.5，使用凝结核粒子计数器(CNC)检测滤料上下游的计数浓度，或采用光学粒子计数器(OPC)测量其(0.2～0.3)μm 间的计数浓度值，然后求出滤料的计数效率。

3.1.26

单分散气溶胶计数法 particle counting method with monodisperse challenge aerosol

发生单分散相气溶胶，用凝结核粒子计数器(CNC)检测过滤元件上下游的计数浓度，然后求出过滤元件的计数效率。

单分散相气溶胶的发生可以有多种方法，例如：微分迁移率分级器(DMA)、扩散电池组、蒸发冷凝法、聚苯乙烯小球(PSL)等。测量仪器为凝结核粒子计数器(CNC)。

3.1.27

多分散气溶胶计数法 particle counting method with polydisperse challenge aerosol

发生多分散相气溶胶，用光学粒子计数器(OPC)检测过滤元件上下游的计数浓度，然后求出过滤元件的计数效率。

多分散相气溶胶可以是固体颗粒，如 NaCl 或液体颗粒如 DEHS 或 DOP 等。

3.1.28

相关系数　correlation ratio

在试验系统未安装被测过滤器及保持稳定气溶胶浓度的情况下，下游与上游采样系统粒子浓度之比。

当试验系统采用一台光学粒子计数器依次对被测过滤器的上下游气溶胶浓度进行检测时，相关系数表示由于上下游采样管路粒子损失、稀释器稀释比（如果上游采样采用稀释器）以及上下游采样时间的差异所导致的上下游采样系统差异。

当试验系统分别采样 2 台光学粒子计数器对被测过滤器的上下游气溶胶浓度进行检测时，相关系数表示由于上下游采样计数器采样流量以及计数效率不同所引起的差异。

3.2　符号与缩略语

下述符号与缩略语适用于本标准。

d_p	粒径
E	效率
P	透过率
RH	相对湿度
T	温度
σ_g	几何标准差
CNC	凝结核计数器
DEHS	癸二酸二辛酯，Sebacic acid-bis(2-ethyl-)ester（通用名 di-ethyl-hexyl-sebacate）
DMA	微分电迁移分析仪
DMPS	微分电迁移粒度仪
DOP	邻苯二甲酸二辛酯，Phthalic acid-bis(2-ethyl-)ester（通用名 di-octyl-phthalate）
MPPS	最易透过粒径
OPC	光学粒子计数器
PSL	聚苯乙烯乳胶球
R	相关系数
HEPA	高效空气过滤器
ULPA	超高效空气过滤器

4　试验方法的选择

4.1　本标准给出钠焰法、油雾法、计数法三种试验方法。对于高效空气过滤器及滤料，可根据用户的要求，用以下三种方法中任意一种进行效率检测。对于超高效空气过滤器及滤料，应使用计数法进行效率检测。

4.2　钠焰法作为进行高效空气过滤器及滤料效率检测的基准试验方法。计数法作为进行超高效空气过滤器及滤料效率检测的基准试验方法。

5　高效及超高效空气过滤器性能试验方法

5.1　钠焰法

5.1.1　原理

用雾化干燥的方法人工发生氯化钠气溶胶，气溶胶颗粒的质量中值直径约 0.5 μm。将过滤器上下游的氯化钠气溶胶采集到燃烧器中并在氢火焰下燃烧，将燃烧产生的钠焰光转变为电流信号并由光电测量仪检测，电流值代表了氯化钠气溶胶的质量浓度，用测定的电流值即可求出过滤器的过滤效率。

5.1.2 **试验装置的可测范围**

标准状态下试验装置的的最大可测风量可根据用户的要求确定。在气溶胶的原始浓度大于或等于 2 mg/m^3 时，系统的最高可测效率应大于 99.999%。

5.1.3 **试验装置原理流程**

试验装置主要由发雾装置、风道系统、气溶胶取样与检测装置三部分组成。试验流程以及设备、仪表和部件的编号见图 1。

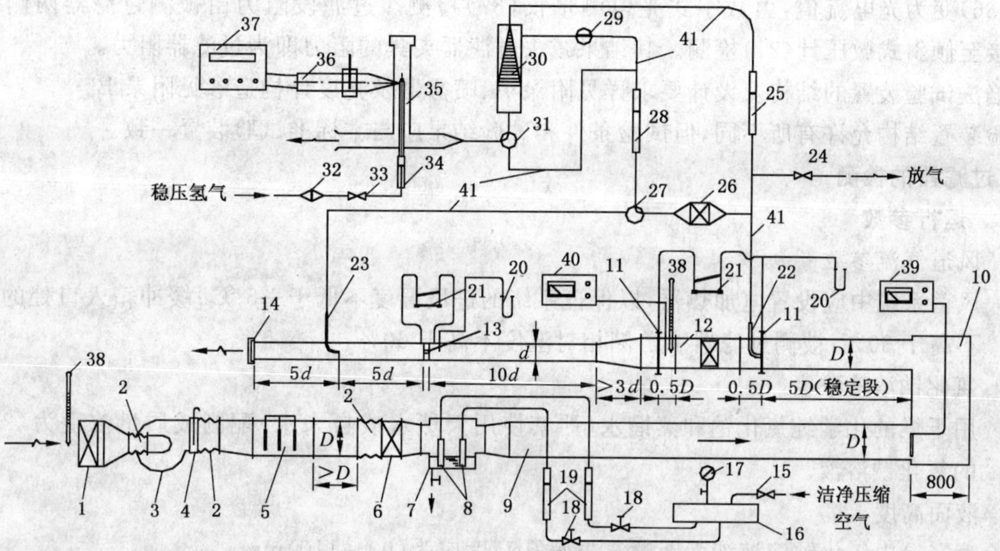

1——预过滤器；
2——软管；
3——风机；
4——阀门；
5——加热器；
6——高效过滤器；
7——喷雾箱；
8——喷雾器；
9——混合干燥段；
10——缓冲箱；
11——静压环；
12——被测过滤器及其夹具；
13——标准孔板；
14——阀门；
15——调节阀；
16——分气缸；
17——压力表；
18——通断阀；
19——流量计；
20——U 型压力计；
21——倾斜式微压计；
22——前取样管；
23——后取样管；
24——放气调节阀；
25——流量计；
26——本底过滤器；
27——三通切换阀；
28——流量计；
29——通段阀；
30——混合器；
31——三通切换阀；
32——氢气过滤器；
33——调节阀；
34——流量计；
35——燃烧器；
36——光电转换器；
37——光电测量仪；
38——温度计；
39——湿度计；
40——湿度计；
41——连接管。

图 1 钠焰法试验装置原理流程图

用洁净压缩空气，将喷雾箱(7)中质量浓度为 2%的氯化钠水溶液经喷雾器(8)雾化，形成含盐雾滴气溶胶；与来自风机(3)经过加热与过滤的洁净热空气相混合。在混合干燥段(9)，雾滴中的水分蒸发，气流到达缓冲箱(10)时，试验气溶胶已形成均匀的多分散相固体气溶胶。气流从缓冲箱流出后有一稳定过程，以使气溶胶在前取样管(22)口的速度场和浓度场基本均匀。风道系统的风量和静压由阀门(4、14)控制，试验后的气流由风道末端排出。

气溶胶取样是靠风道内的静压，通过被测过滤器前、后取样管(22,23)压入检测系统，通过改变阀门(27,29,31)的位置，交替对过滤器前、后气溶胶进行取样。原始气溶胶在混合器(30)中与经过本底过滤器(26)过滤的洁净空气相混合(即稀释)后，方进入燃烧器(35)。在燃烧器内，气溶胶中的钠原子被氢气火焰高温所激发，发出波长约589 nm的特征光，其强度与气溶胶质量浓度成正比。钠光强值通过光电转换器(36)变为光电流值，由数字式光电测量仪(37)检测。过滤段阻力由被测过滤器两侧的静压环(11)连接至倾斜式微压计(21)检测。其结果减去过滤器夹具的阻力即为过滤器阻力。

钠焰法试验装置的结构及设计要求详见附录A、喷雾器及光度计构造参见附录B。

试验装置结构允许有所不同，但试验条件和试验结果应与本标准试验装置一致。

5.1.4 过滤器的检测

5.1.4.1 运行参数

a) 风道气流参数

风道系统中应设置电加热器，以保证系统的进风温度不低于+5 ℃；缓冲箱入口处的相对湿度不高于30%；被测过滤器下游侧相对湿度不高于60%。

b) 氯化钠溶液浓度

用干燥的化学纯氯化钠和蒸馏水(严禁使用天然水或自来水)配制成质量浓度为(2±0.1)%的氯化钠溶液。

c) 液面高度

喷雾箱内氯化钠溶液液面距喷雾器喷孔高度应为(90～110)mm。

d) 喷雾压力

进入喷雾器的洁净压缩空气的压力应为0.6 MPa表压，允许偏差±0.02 MPa。

e) 喷雾空气量

在规定的压力下，进入每个喷雾器的压缩空气量见附录A中表A.1。

f) 气溶胶原始浓度

氯化钠原始重量浓度范围为2 mg/m^3～8 mg/m^3。

g) 原始气溶胶稀释倍数

单燃烧器检测系统在测量气溶胶浓度时，必须对原始气溶胶进行稀释，稀释倍数宜为50倍。

h) 气溶胶取样量

当稀释倍数为50倍时，原始气溶胶取样量为0.4 L/min，稀释空气量为19.6 L/min，二者之和为20 L/min；过滤后及本底气溶胶取样量也为20 L/min；则进入燃烧器的空气量为20 L/min。

i) 氢气

进入燃烧器的氢气量为200 mL/min，并应保持恒定。

5.1.4.2 检测步骤

5.1.4.2.1 运行准备

1) 预热燃烧器：将光电转换器上的转盘转到“全闭”位置。打开氢气发生器，点燃氢气，调节流量为200 L/min，燃烧器预热30 min后可启动系统开始检测。

2) 预热光电测量系统：打开光电测量仪电源开关，将倍率旋钮置于最灵敏档(0.01)，检查并调节光电测量仪的零点。1 min后按下光电测量仪高压开关，稍后按下高压测量键测量高压(光电测量仪的显示屏上将显示高压值)。继续预热10 min后，检测并记录光电测量系统的暗电流值，当其不大于10×0.01时，方可投入检测。

3) 将湿敏探头从干燥器皿中取出，与湿度计上引出的信号线连接并放入缓冲箱入口处测孔中。

打开湿度计的电源，按下“测量”键，湿度计上即可显示缓冲箱入口处的湿度。

4）检查并安装被测过滤器：目测检查被测过滤器中的滤料有无缺损、裂缝和孔洞；检查过滤器边框角的接合部位以及边框与滤料之间是否密封、有无间隙、构造上有否异常。经外观检查合格的过滤器方可作为检测用。

将被测过滤器置于风道系统的箱体中并夹紧。

5.1.4.2.2 系统启动

1）启动风机，调节阀门（4、14）使风道系统的风量和静压达到检测要求。启动空气压缩机，待压力达到0.5 MPa表压时，开启喷雾电磁阀，喷雾压力将逐渐达到0.6 MPa表压，应维持压力稳定，每个喷雾器的空气流量计读数应稳定在设计值附近；同时，再次校核试验风量。

2）测量缓冲箱入口处的空气相对湿度，如果相对湿度未达到30%以下，应逐步投入电加热器，直至相对湿度达到规定值。

5.1.4.2.3 阻力检测

在倾斜式微压计（21）上测出额定风量下过滤段（12）的阻力。

5.1.4.2.4 效率检测

1）本底光电流值 A_0 测量

按下光电测量仪上的测量键 V_0，将三通切换阀（27、31）置于“本底”的位置，将通断阀（29）置于“断”的位置；调节流量计（28）的流量为20 L/min；将光电测量仪（37）的倍率旋钮 K 置于×1档，将光电转换器（36）上的滤光转盘转到“全通”位置（此时减光倍数 $N=1$），打开燃烧器的光窗，显示屏上将显示 V_0 值，系统本底光电流值 $A_0=V_0\times1\times1$。

2）原始光电流值 A_1 测量

按下光电测量仪上的测量键 V_1，将倍率旋钮 K 置于×10档；将滤光转盘转到“Ⅱ”位置（此时减光倍数 $N=100$），将通断阀（29）置于“通”的位置，将三通切换阀（27、31）置于“过滤前”的位置，将原始气溶胶取样量和稀释空气量调节到规定值，使过滤前气溶胶稀释倍数 n 为50或100（若原始气溶胶取样量为0.4 L/min，稀释空气量为19.6 L/min，二者之和为20 L/min，则稀释倍数 n 为50）。打开光窗，显示屏上将显示 V_1 值，系统原始光电流值 $A_1=V_1\times10\times100$。

3）过滤后光电流值 A_2 测量

按下光电测量仪上的测量键 V_2，将通断阀（29）置于“断”的位置，三通切换阀（27、31）置于“过滤后”的位置，调节流量计（28）的流量为20 L/min；将倍率旋钮 K 置于×10档，将滤光转盘转到“Ⅱ”位置，打开光窗，显示屏上将显示 V_2 值，若显示值 <10，则应调小 K 值或中性滤光片减光倍数 N，直至显示值 ≥10。系统过滤后光电流值 $A_2=V_2\times K\times N$（$K=1$ 或10，$N=1$、10或100）。

5.1.4.2.5 其他参数检测

在检测期间，应同时测出被测过滤器处风道内的温度、静压和环境的大气压值及温湿度。

5.1.4.2.6 停机

a）切断氢气源；

b）断开光电测量仪高压开关及电源开关，并将光电转换器上的转盘转到“全关”位置；

c）断开空气压缩机电源开关，关闭供气阀门，并打开旁通放气阀和油水分离器上的排水阀，放空剩余压缩空气和油水；

d）断开空气加热器电源开关；

e）15 min后，断开通风机电源开关，关闭风道阀门（4、14）。

5.1.4.3 过滤器效率计算

根据氯化钠气溶胶浓度与钠光强度成比例的关系，而钠光强度又可用光电流值表示，则过滤器的效率 E（%）可按式（1）计算：

$$E=\left(1-\frac{A_2-A_0}{nA_1-A_0}\right)\times 100 \quad \cdots\cdots(1)$$

式中：

A_1——过滤器前气溶胶光电流值，μA；

A_2——过滤器后气溶胶光电流值，μA；

A_0——检测系统本底光电流值，μA；

n——过滤器前气溶胶稀释倍数。

E 值取最后一个 9 之后的头二位数字为有效数字，第三位数字进行修约，例如实测值 E=99.976 4%，修约后 E=99.976%；实测值 E=99.9776%，修约后 E=99.978%。

5.2 油雾法

5.2.1 原理

在规定的试验条件下，用汽轮机油通过汽化—冷凝式油汽发生炉人工发生油雾气溶胶，气溶胶粒子的质量平均直径为 0.28 μm～0.34 μm。使经过与空气充分混合的油雾气溶胶通过被测过滤器，分别采集过滤器上下游的气溶胶，通过油雾仪（或浊度计）测量其散射光强度。散射光强度的大小与气溶胶浓度成正比，由此即可求出过滤器的过滤效率。

5.2.2 可测范围

标准状态下的最大可测风量可根据用户的要求确定，但系统的最高可测效率应为 99.9999%。

5.2.3 试验装置原理流程

试验装置主要由发雾装置、风道系统、气溶胶取样与检测装置三部分组成。试验流程以及设备、仪表和部件的编号见图 2。

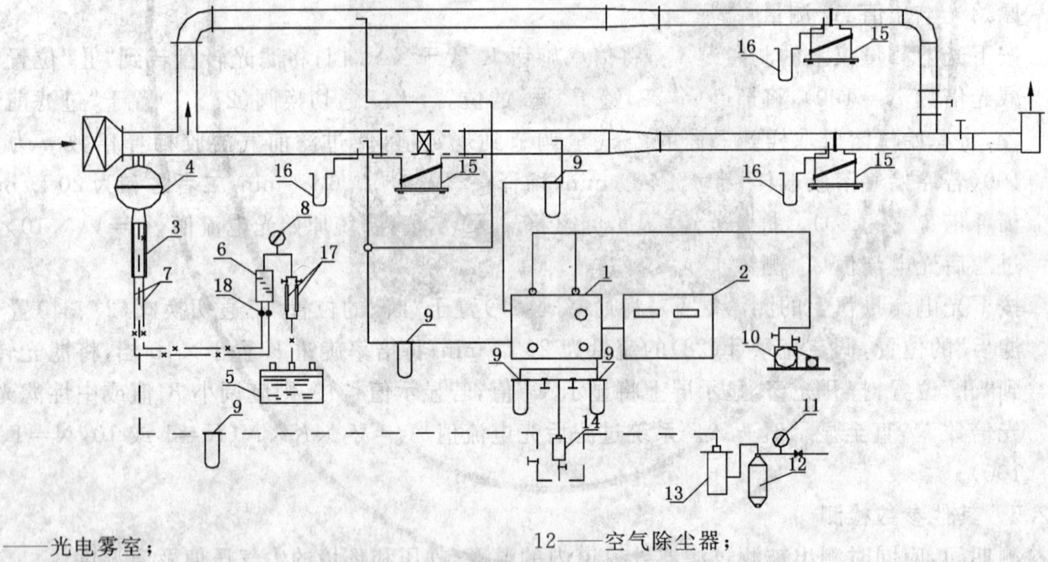

1——光电雾室；
2——透过率测定仪；
3——油雾发生炉；
4——缓冲分离器；
5——贮油器；
6——分油罐；
7——玻璃毛细管；
8——液压计；
9——玻璃孔板流量计；
10——真空泵；
11——气压计；
12——空气除尘器；
13——空气过滤器；
14——滤尘罐；
15——微压计；
16——U 型压力计；
17——液体转子流量计；
18——玻璃旋塞；
———：油雾管；
- - -：压缩空气管；
—×—：油管。

图 2 油雾法试验装置原理流程图

油雾法试验装置的结构及设计要求详见附录C,标定、校对与维护参见附录D。

试验装置结构允许有所不同,但试验条件和试验结果应与本标准试验装置一致。

5.2.4 过滤器检测

5.2.4.1 过滤器外观检查

检查并安装被测过滤器:目测检查被测过滤器中的滤料有无缺损、裂缝和孔洞;检查过滤器边框角的接合部位以及边框与滤料之间是否密封、有无间隙、构造上有否异常。经外观检查合格的过滤器方可作为检测用。

5.2.4.2 运行准备

5.2.4.2.1 风道部件调节和阻力测试

a) 按箭头指示方向确定被测过滤器的气流方向及上、下位置,加上密封圈后,将它均匀地夹紧在主风道上;

b) 关闭旁风道电动阀,打开主风道电动阀,启动风机,用风量调节阀将风量调到被测过滤器的额定风量,测试被测过滤器在额定风量下的阻力;

c) 打开旁风道电动阀,关闭主风道电动阀,调节旁风道上的阻力模拟器的阻力,使之与被测过滤器的阻力相同。

5.2.4.2.2 试验油雾发生

a) 向贮油器内添加经预先过滤的汽轮机油;

b) 接通油雾发生炉电源,加热炉膛;

c) 当温度升高到适当温度后(视工作风量及试验油雾浓度而定),向油雾发生炉供给压缩空气;

d) 应按附录E的发雾参数,调节油管数、稀释空气量、加油量等,并保持稳定。

5.2.4.2.3 油雾仪调校

油雾仪的构造见附录F。

a) 自校

按油雾仪使用说明书的要求接通电源并进行仪器自校。

b) 调校

将浓度为1 000 mg/m³、油雾质量平均粒径为0.28 μm～0.34 μm的油雾气溶胶和清洁空气送入雾室。按油雾仪使用说明书的要求调满度并测自身散光值(K_0),K_0应小于0.000 20%。

5.2.4.2.4 油雾浓度和分散度测量

a) 油雾浓度测量

仪器调零。启动真空泵,关闭主风道,开启旁风道,将清洁空气和油雾气溶胶取样通入光电雾室。开启光源,由光电雾室测得油雾浓度(mg/m³)。

b) 分散度测量

转动专门用于分散度测量的偏振旋钮分别于⊥和//位置上,得到相应的光电雾室测量值,并按式(2)计算偏光故障值Δ(%):

$$\Delta = \frac{T_{\perp}}{T_{/\!/}} \times 100 \qquad \cdots\cdots(2)$$

式中:

$T_{\perp}$、$T_{/\!/}$——偏振旋钮分别置于⊥和//位置上时,得到的相应光电雾室测量值。

Δ值与油雾仪所使用的特定光源有关。在光电测油雾仪使用12 V、50 W卤钨灯作为光源的条件下,相应于合格分散度的Δ值应为45%～64%。

5.2.4.2.5 效率检测

用电动阀切换,开启主风道,关闭旁风道。将清洁空气和过滤后油雾气溶胶取样通入透过率测定仪,调节量程转换旋钮,由透过率测定仪测得值P'。

$$P = P' - P_0 \quad \cdots\cdots(3)$$

$$E = 100 - P \quad \cdots\cdots(4)$$

式中：

P——被测过滤器透过率，%；

P'——透过率测定仪测得值，%；

P_0——透过率测定仪本底测得值，%；

E——被测过滤器效率，%。

需要连续进行过滤器检测时，一般只需重复试验步骤5.2.4.2.4和5.2.4.2.5。油雾气溶胶通过被测过滤器的时间总计应不超过1 min。

测定透过率的同时，将清洁空气和过滤前油雾气溶胶取样通入光电雾室，可监控油雾气溶胶的浓度和分散度。

5.2.4.3 其他参数检测

检测期间应同时测出室内的温、相对湿度和大气压值。

5.2.4.4 关机

a) 试验完毕，应以清洁空气通入雾室，将雾室内残留的油雾吹净；

b) 开启旁风道、关闭主风道；

c) 停止给油雾发生炉供油；

d) 关闭发雾压缩空气，从分油罐上部通入压缩空气，将油罐吹洗10 min；

e) 关闭风机，切断光源、电源、气源等。

5.3 计数法

5.3.1 原理

用气溶胶发生器发生满足试验要求的气溶胶，其计数中值直径应在0.1 μm～0.3 μm范围内。用洁净的压缩空气将气溶胶喷射入过滤器检测系统的上游，并保证气溶胶在过滤前取样口前分布均匀。再用气溶胶检测装置（如光学粒子计数器）对过滤器上游、下游的气溶胶分别取样，测量气溶胶某种粒径档的浓度。通过上游、下游气溶胶浓度之比计算出被测过滤器的透过率或过滤效率。测量上游气溶胶浓度时，大多数情况下采样空气必须经过稀释，稀释是为了降低上游浓度过高造成光学粒子计数器计数的重合误差。采样空气的稀释可通过稀释器实现，也可通过上游及下游光学粒子计数器取样流量的差异实现。

5.3.2 试验方法

可选择单分散气溶胶计数法进行效率试验，也可选择多分散气溶胶计数法进行试验。两种方法的风道系统基本一致，仅气溶胶发生器及对应检测装置有所区别。

当采用单分散气溶胶计数法进行试验时，如过滤器所采用滤料已经过单分散气溶胶计数法试验，并获得其最易透过粒径（MPPS），则过滤器试验中所选择的单分散气溶胶计数中值直径应在MPPS的±10%以内。否则，过滤器制造商应与用户协商确定试验气溶胶的计数中值直径范围。

本标准以下介绍为多分散气溶胶计数法。

5.3.3 可测范围

标准状态下具体风量可根据用户的要求确定，系统最高可测效率应为99.999 99%。

5.3.4 试验装置

试验装置主要由气溶胶发生器、风道系统与检测装置三部分组成，试验流程见图3。

计数法试验装置的结构及设计要求详见附录G。

试验装置结构允许有所不同，但试验条件和试验结果应与本标准试验装置一致。

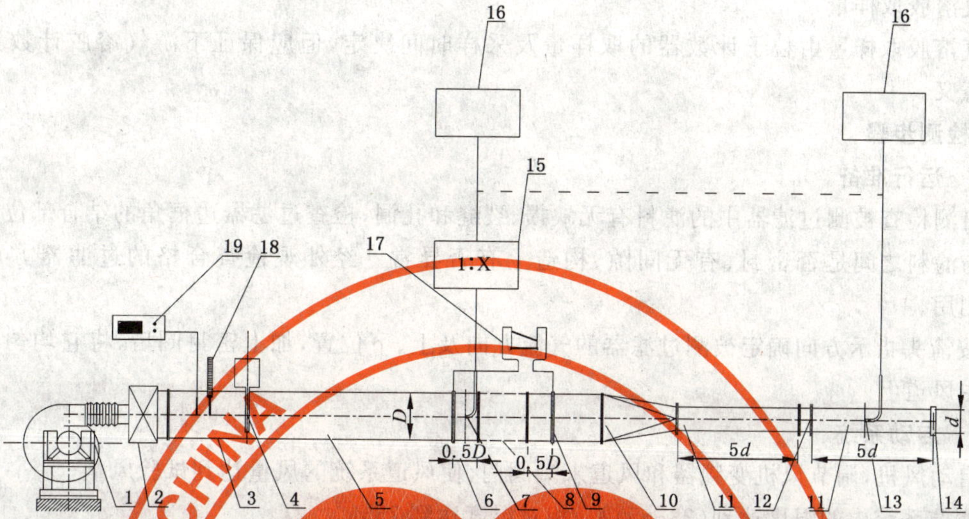

1——风机；
2——高效空气过滤器；
3——直管段；
4——气溶胶入口；
5——稳定段；
6——过滤前静压环；
7——过滤前采样管；
8——被测过滤器；
9——过滤后静压环；
10——变径管；
11——直管段；
12——流量计；
13——过滤后采样管；
14——阀门；
15——稀释器；
16——粒子采样系统；
17——微压计；
18——温度计；
19——湿度计。

图 3　计数法试验装置原理流程图示例

测量装置使用光学粒子计数器(OPC)，光学粒子计数器(OPC)在(0.1～0.3)μm 粒径范围内应至少包括 0.1 μm、0.2 μm、0.3 μm 在内的三档。

5.3.5　过滤器的检测

5.3.5.1　运行参数

a)　风道气流参数

风道系统中可设置电加热器，以保证系统的进风温度在(23±5)℃范围内；相对湿度小于 75%。

b)　气溶胶物质

气溶胶物质可以是 DEHS、DOP、NaCl 等。

c)　喷雾空气压力

进入喷雾器的洁净压缩空气的压力应满足气溶胶发生器的要求。

d)　喷雾空气量

在规定的压力下，进入每个喷雾器的压缩空气量应恒定。

e)　测试气溶胶

用于试验 E 类及 F 类过滤器的多分散气溶胶颗粒产生速率宜为 10^8 粒/s～10^{11} 粒/s；用于试验的多分散气溶胶计数中值直径在 0.1 μm～0.3 μm 之间。

f)　上游气溶胶稀释

光学粒子计数器在测量气溶胶浓度时，大多数情况下须对原始气溶胶进行稀释，稀释倍数在 10～1 000 之间，取决于最初的气溶胶浓度和使用的测量设备，以保证测试气溶胶浓度不会超过粒子计数器的最大饱和浓度。

g) 气溶胶取样量

气溶胶取样量由粒子计数器的取样量及采样时间决定，但应保证下游气溶胶计数具有统计意义。

5.3.5.2 检测步骤

5.3.5.2.1 运行准备

a) 目测检查被测过滤器中的滤料有无缺损、裂缝和孔洞；检查过滤器边框角的结合部位以及边框与滤料之间是否密封、有无间隙、构造上有否异常。经外观检查合格的过滤器方可作为检测用。

b) 按箭头指示方向确定被测过滤器的气流方向及上、下位置，加上密封圈后，将它均匀地夹紧在主风道上。

5.3.5.2.2 启动系统

a) 启动风机，调节风机变频器和风道末端阀门，使风道系统的风量达到试验风量；

b) 调节系统内的温度达到(23±5)℃，相对湿度达到75%。

5.3.5.2.3 预备性检验

在进行过滤器效率试验以前，应先检查或调整以下参数：

a) 光学粒子计数器的背景计数率

应该在关闭气溶胶发生器和被测过滤器就位的情况下，通过测量下游的粒子计数浓度检查背景计数率。

b) 试验空气的洁净度

应该在关闭气溶胶发生器的情况下，通过测量上游的粒子数量浓度检查试验空气的洁净度。

c) 上游、下游采样的相关系数测定

应该在开启气溶胶发生器，试验系统上无被测过滤器的情况下，分别测量上游及下游的粒子数量浓度来计算上游下游采样的相关系数。

5.3.5.2.4 阻力检测

在微压计上测出试验风量下的过滤段的阻力。将其值减去过滤器夹具的阻力即为过滤器阻力。

5.3.5.2.5 启动气溶胶发生器

启动气溶胶发生器，依据产品说明书调节气溶胶发生器各项参数并保持稳定。

5.3.5.2.6 效率检测

试验气溶胶应与试验空气均匀混合。为了测定粒径效率，应对0.1 μm～0.2 μm及0.2 μm～0.3 μm两档粒径范围进行至少三次试验，并选择其较低值作为被测过滤器的计数法试验效率。进行效率试验时，可以用两台光学粒子计数器同时测量，也可以用一台光学粒子计数器先后在被测过滤器的上下游分别测量。采用第二种测量方式时，应该在每次下游气溶胶浓度检测前对光学粒子计数器进行净吹，以便在开始测量下游浓度之前，光学粒子计数器的计数浓度已经下降到能可靠测定下游气溶胶浓度的水平。

5.3.5.2.7 其他参数检测

在检测期间，应同时测出被测过滤器处管道内的温度、湿度、静压和环境的大气压值及温湿度。

5.3.5.2.8 停机

a) 关闭气溶胶发生器；

b) 粒子计数器自净后关闭；

c) 断开通风机电源开关。

5.3.6 过滤效率计算

根据粒子计数器对过滤器前后的粒子数测量结果，过滤效率E(%)可按公式(5)计算：

$$E=\left(1-\frac{A_2}{R\,A_1}\right)\times 100 \qquad \cdots\cdots(5)$$

式中：

A_1——上游气溶胶粒子浓度,(粒/m^3)；

A_2——下游气溶胶粒子浓度,(粒/m^3)；

R——相关系数；

E——过滤器的过滤效率,%。

E值取最后一个9之后的头二位数字为有效数字,第三位数字进行修约,例如实测值E=99.976 4%,修约后E=99.976%;实测值E=99.977 6%,修约后E=99.978%。

置信度为95%的置信区间下限效率$E_{95\%,\min}$可依据式(6)、式(7)、式(8)计算

$$E_{95\%,\min}=\left(1-\frac{A_{2,95\%\max}}{RA_{1,95\%\min}}\right)\times 100 \qquad \cdots\cdots(6)$$

$$A_{1,95\%\min}=\frac{N_{1,95\%\min}}{V_1} \qquad \cdots\cdots(7)$$

$$A_{2,95\%\max}=\frac{N_{2,95\%\max}}{V_2} \qquad \cdots\cdots(8)$$

式中：

$E_{95\%,\min}$——置信度为95%的置信区间下限效率,%。

$A_{1,95\%\min}$——置信度为95%的上游气溶胶浓度下限,(粒/m^3)；

$A_{2,95\%\max}$——置信度为95%的下游气溶胶浓度上限,(粒/m^3)；

$N_{1,95\%\min}$——取样周期内,置信度为95%的上游气溶胶计数下限,(粒)；

$N_{2,95\%\max}$——取样周期内,置信度为95%的下游气溶胶计数上限,(粒)；

V_1——取样周期内,上游取样量,(m^3)；

V_2——取样周期内,下游取样量,(m^3)。

表1给出了依据泊松分布,取置信度为95%的粒子计数置信区间。

表1　依据泊松分布,置信度为95%的粒子计数置信区间

粒子数	置信下限	置信上限	粒子数	置信下限	置信上限
0	0.0	3.7	35	24.4	48.7
1	0.1	5.6	40	28.6	54.5
2	0.2	7.2	45	32.8	60.2
3	0.6	8.8	50	37.1	65.9
4	1.0	10.2	55	41.4	71.6
5	1.6	11.7	60	45.8	77.2
6	2.2	13.1	65	50.2	82.9
8	3.4	15.8	70	54.6	88.4
10	4.7	18.4	75	59.0	94.0
12	6.2	21.0	80	63.4	99.6
14	7.7	23.5	85	67.9	105.1
16	9.4	26.0	90	72.4	110.6
18	10.7	28.4	95	76.9	116.1
20	12.2	30.8	100	81.4	121.6
25	16.2	36.8	$n(n>100)$	$n-1.96\sqrt{n}$	$n+1.96\sqrt{n}$
30	20.2	42.8			

为保证检测结果具有良好的重复性，每个试验周期内，检测到的下游粒子总数不宜少于100粒。

6　高效及超高效滤料性能试验方法

6.1　试验要求

6.1.1　试验样品

试验过程需要至少五件滤料样品。

试验样品上不应出现折痕、褶皱、孔洞或其他异常。试验样品的最小尺寸为200 mm×200 mm。

所有试验样品均须有下述清晰而持久性的标记：

a）　滤料的设计参数；

b）　滤料的上游面。

6.1.2　试验滤速

滤料的试验滤速，应取检测前由用户与供货商之间商定的试验滤速。

6.1.3　滤料夹具

试验滤料夹具由可移动的上半段与固定的下半段构成。夹具应保证滤料有100 cm^2 的圆形被测面积，除非另有规定。滤料夹紧后其测值不应受到旁通泄漏的干扰。所采用的密封圈不应改变滤料的被测面积。与试验气溶胶相接触的滤料夹具的表面都应保持清洁、易于保洁、耐腐蚀、导电并且接地。材料宜采用不锈钢或电镀铝。

试验气溶胶从滤料夹具上半段的入口输入。应该保证通过滤料的试验气溶胶在整个过滤面积上具有均匀的浓度值（标准偏差 $\sigma<10\%$）。在滤料夹的底部有试验气溶胶的出口。

本节所提供的滤料夹具对油雾法不适用。

6.2　钠焰法

6.2.1　试验原理

用雾化干燥的方法人工发生氯化钠气溶胶，气溶胶颗粒的计数中值直径为（0.09±0.02）μm，几何标准偏差小于或等于1.86。将采集到的滤料上游、下游的氯化钠气溶胶在氢火焰下燃烧，用钠焰光度计通过光电转换器将燃烧产生的钠焰光强值转换为电流信号并由光电测量仪检测，电流值反应了氯化钠气溶胶的质量浓度，用测定的电流值即可求出滤料的过滤效率。

6.2.2　试验装置及流程

钠焰法效率检测试验装置主要包括三部分：氯化钠气溶胶发生装置、采样部分和测量装置（见图4）。

用一股洁净的压缩空气通入专用喷雾器（8），将喷雾箱（9）里的特定浓度氯化钠水溶液雾化成小液滴，含液滴的气流在蒸发管（14）内与另一股洁净的干燥空气混合，使液滴中的水分充分蒸发，形成多分散固体氯化钠气溶胶。

气溶胶经缓冲箱（15）后分为两路：第一路直接引到钠焰光度计的燃烧器（25）；第二路经被测滤料后也引到燃烧器。

在燃烧器中有一稳定的氢火焰，当含有氯化钠粒子的空气助燃氢火焰时，氯化钠中钠原子在高温中被激发，发出波长为589nm的黄色特征光，其光强与气溶胶质量浓度成比例；特征光通过光电转换器（26）变为光电流；在光电测量仪（27）上读出与该特征光强成比例的光电流值。被测滤料的透过率为过滤后与过滤前气溶胶浓度之比的百分数，即过滤后与过滤前光电流值之比的百分数。

由于氢火焰在“绝对”洁净空气中燃烧也会发出很弱的蓝光，也有一定的光电流值（称为本底光电流值）。所以应在测得的过滤后光电流值中扣除本底光电流值。为了测量本底光电流值，在第二路气溶胶中分出一股气溶胶，当其流过本底过滤器（21）后，可以近似看作“绝对”洁净空气，引入燃烧器助燃氢火焰。

当气溶胶浓度为22 mg/m^3～24 mg/m^3 时，试验装置的最高可测效率为99.999 9%。

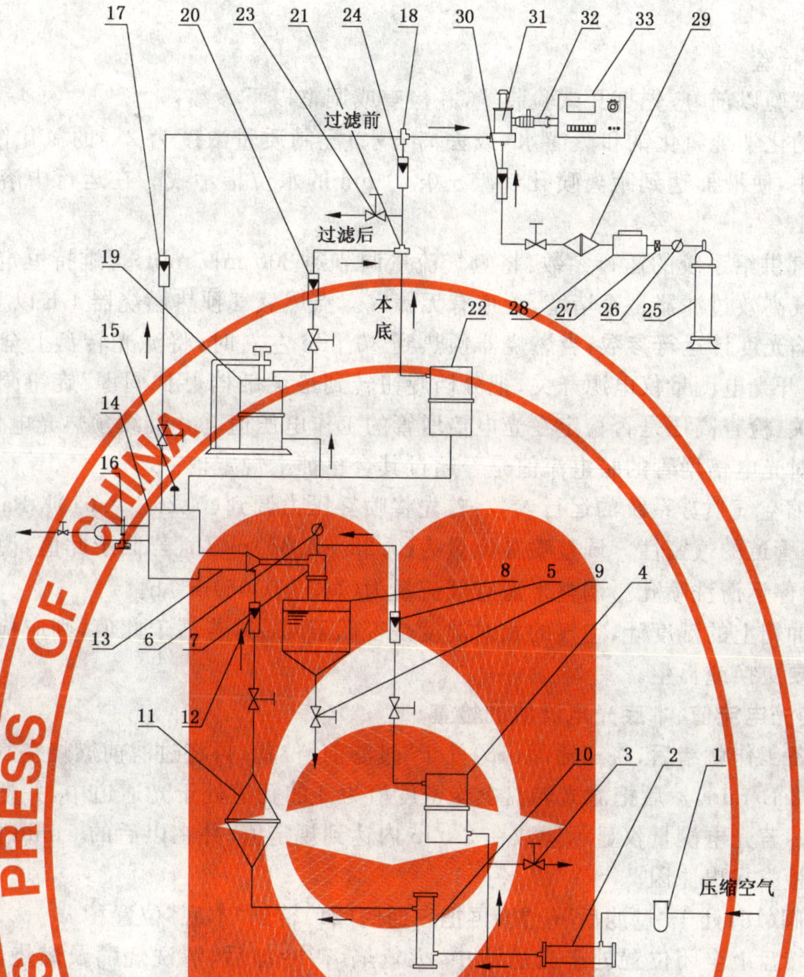

1——气水分离器；
2——除油器；
3——放气阀；
4——高效空气过滤器；
5——喷雾空气流量计；
6——压力表；
7——喷雾器；
8——喷雾箱；
9——溶液放空阀；
10——干燥器；
11——高效空气过滤器；
12——干燥空气流量计；
13——蒸发管；
14——缓冲箱；
15——限压阀；
16——干湿球温度计；
17——过滤前燃烧空气流量计；
18——三通阀；
19——滤料夹；
20——过滤流量计；
21——三通阀；
22——本底过滤器；
23——放气阀；
24——过滤后燃烧空气流量计；
25——氢气瓶；
26——减压阀；
27——阻火器；
28——稳压器；
29——高效空气过滤器；
30——氢气流量计；
31——燃烧器；
32——光电转换器；
33——光电测量仪。

图 4　钠焰法试验流程图

对试验装置中各部件的详细描述见附录 H、喷雾器及光度计构造参见附录 B。

试验装置的结构允许有所不同，但试验条件和试验结果应与本标准试验装置一致。

6.2.3 试验步骤

6.2.3.1 预备性检验

在进行滤料试验以前，应先打开试验装置，并检查或调整以下参数：

a) 用干燥的化学纯氯化钠和蒸馏水(或去离子水)配制质量浓度为2%的氯化钠溶液，将其倒入喷雾箱中，使液面达到距离喷孔(5.5±0.5)mm的水位指示线。在运行中溶液浓度允许变化范围为1.9%～2.1%。

b) 调整氢气供给系统的运行参数：将氢气流量调节到200 mL/min，且维持恒定，若低于此值，则检查氢气高效过滤器是否堵塞，管道有无漏气。点燃氢气预热燃烧器1 h以上。

c) 调整钠焰光度计运行参数：当燃烧器预热到30 min左右时，将滤光转盘上全闭位置处于光通道中，打开光电测量仪电源开关，把分档旋钮转到最灵敏档，用"调零"旋钮调整零点。再打开高压开关，检查高压是否稳定在光电倍增管的工作电压值。并继续预热光电倍增管20 min以上。核对光电倍增管的暗电流值是否超过其合格证上规定值。

d) 调节压缩空气喷雾系统的运行参数：首先将喷雾压力调到(0.26±0.01)MPa工作压力。检查高、低压管道的气密性。调整喷雾流量为(0.28～0.36)m^3/h，若低于此值，说明喷孔有堵塞现象，需要停运清洗喷孔。调整干燥空气流量为(1.7±0.05)m^3/h。

e) 检查缓冲箱上的湿度计，空气的相对湿度是否低于40%，若高于此值，则应检查吸湿剂是否已饱和需要更换或再生。

6.2.3.2 过滤前光电流值、本底光电流值的检查

a) 运行准备工作就绪后，将三通阀(18)处于"过滤前"位置，再将过滤前燃烧空气流量计(17)流量调节到2 L/min，然后把滤光转盘上光密度值为3的孔道处于光通道中，并把分档旋钮转到合适的档。若光电测量仪显示读数在2 min内达到规定值，并在以后的5 min内稳定不变即可，否则应检查找出原因。

b) 将三通阀(18)处于"过滤后"位置，再把三通阀(21)转到"本底"位置。

c) 将滤光转盘上全闭位置处于光通道中，灭氢焰，待冷却后，清洗烧嘴及燃烧器内壁，再点燃氢气，稳定燃烧10 min。调节过滤后燃烧流量计流量到2 L/min。将滤光转盘上全通孔道处于光通道中，将光电测量仪的分档旋钮转到合适的档，测量本底光电流值，电流表指针应稳定且不大于规定值为合格。若偏大则重新清洗，重复上述步骤直到合格为止。

6.2.3.3 阻力测量

应在气溶胶通过滤料之前，采用纯净试验空气，在试验滤速下测定滤料两侧的压降。要调节试验体积流量，使得每张滤料样品的流量值的变化不超过要求值的±2%。应该在系统处于稳定运行状态下进行测量。

6.2.3.4 效率测量

a) 将被测滤料装入滤料夹，把三通阀(18)转到"过滤后"位置。

b) 将过滤流量计(20)的流量调到所需要的流量。调节放气阀(23)，使过滤后燃烧空气流量计(24)的流量为2 L/min。

c) 选择合适光密度值的中性滤光片和光电测量仪的分档旋钮位置，读出过滤后的光电流值。

d) 按效率计算公式求得被测滤料的效率值。

6.2.3.5 滤料的效率计算

计算公式见式(9)。

$$E = 1 - P = \left(1 - \frac{A_2 - A_0}{\varphi A_1 - A_0}\right) \times 100 \qquad \cdots\cdots(9)$$

式中：

E——被测滤料效率，%；

P——被测滤料透过率，%；

A_1——过滤前气溶胶光电流值，μA；

A_2——过滤后气溶胶光电流值，μA；

A_0——本底洁净空气光电流值，μA；

φ——自吸收修正系数。由试验求得，在本标准的设备和运行参数条件下 $\varphi=2$。

在 A_1 远远大于 A_0 时，则 A_0 可以忽略不计，公式(9)可简化为：

$$E=1-P=\left(1-\frac{A_2-A_0}{\varphi A_1}\right)\times 100 \qquad\cdots\cdots(10)$$

E 值取最后一个 9 之后的头二位数字为有效数字，第三位数字进行修约，例如实测值 $E=99.976\ 4\%$，修约后 $E=99.976\%$；实测值 $E=99.977\ 6\%$，修约后 $E=99.978\%$。

6.3 油雾法

6.3.1 试验原理

在规定的试验条件下，用汽轮机油通过汽化—冷凝式油雾发生炉人工发生油雾气溶胶，气溶胶粒子的质量平均直径为(0.28～0.34)μm。使经过与空气充分混合的油雾气溶胶通过被测滤料，采用油雾仪测量滤料过滤前后的气溶胶散射光强度。散射光强度大小与气溶胶浓度成正比，由此求出过滤器的过滤效率。

6.3.2 试验装置及流程

油雾法效率检测装置由发雾装置和试验装置两部分组成。

发雾装置可采用喷雾式油雾发生器或者汽化—凝聚式油雾发生器，采用喷雾式油雾发生器的试验装置见图 5。

气溶胶发生装置结构不限，但其试验结果应与标准试验装置的实验结果一致。汽化—凝聚式油雾发生器的详细说明见附录 I。

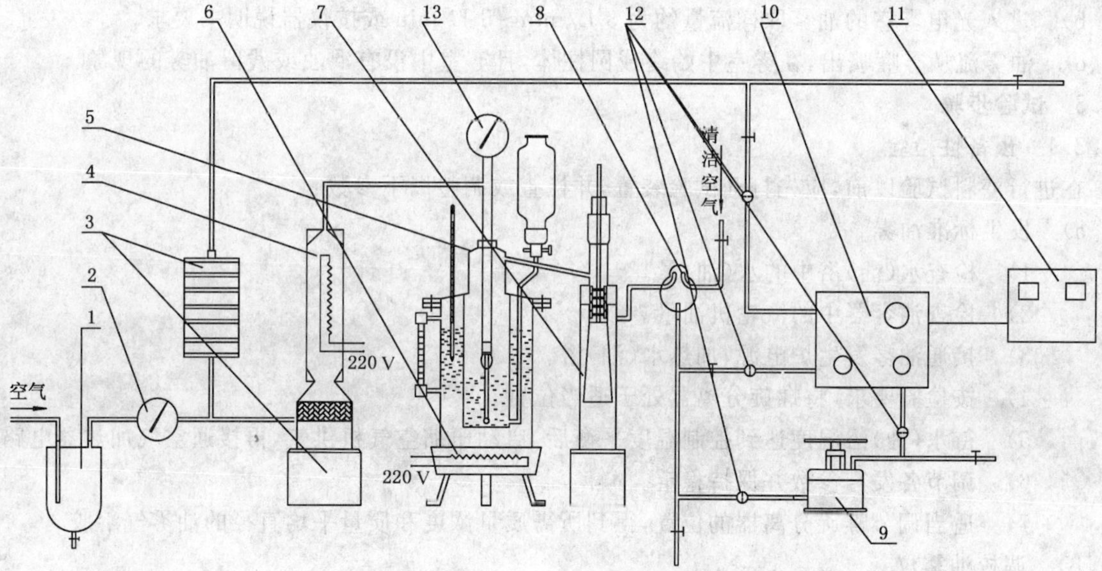

1——气水分离器；
2——稳压阀；
3——空气过滤器；
4——空气加热器；
5——油雾发生器；
6——加热电炉；
7——螺旋分离器；
8——混合器；
9——滤料夹具；
10——光电雾室；
11——透过率测定仪；
12——流量计；
13——气压表。

图 5 油雾法试验流程图

6.3.2.1 **发雾装置**

喷雾式油雾发生器(5)的详细说明见附录I。

6.3.2.2 **测量装置**

由光电雾室(10)和透过率测定仪(11)组成。

6.3.2.3 **发雾参数**

a) 具有一定大小分布、质量平均直径为0.28 μm～0.34μm油雾的发生，通过控制压缩空气的压力、空气加热器的温度和加热电炉加热油雾发生炉的温度、发雾剂的量以及调节螺旋分离器的位置等参数可以控制所需要的油雾浓度和油雾粒子的质量平均直径。当发雾参数固定时，油雾气溶胶的粒径大小及分布和浓度基本保持不变。

b) 发雾剂采用32号或46号汽轮机油，质量应符合GB 11120的要求。

c) 浓度为1 000 mg/m^3 的油雾发雾参数如下：

喷雾空气压力　120 kPa

空气加热温度　92 ℃±2 ℃

水浴温度　95 ℃～100 ℃

油量　约100 mL

注：以上发雾参数不稳定时，可使用螺旋分离器对油雾浓度和分散度进行适当微调。

6.3.2.4 **滤料夹具**

有效过滤面积为50 cm^2(圆形)，周边采用面密封，密合框宽度不应小于7 mm，夹紧时，夹具上下两部分应同心。

6.3.2.5 **流量控制**

a) 进入光电雾室的清洁空气流量约为5 L/min～7 L/min或按仪器说明书要求。

b) 进入光电雾室的油雾取样流量约为3 L/min～5 L/min或按仪器说明书要求。

c) 油雾流从雾嘴喷出，在雾室中始终成圆柱体，且雾室中没有混浊或残留油雾的现象。

6.3.3 **试验步骤**

6.3.3.1 **预备性检验**

在进行滤料试验以前，应先打开试验装置，并检查或调整以下参数：

a) 发生标准油雾

1) 检查水(油)浴中的水(油)量。

2) 检查油容器中的汽轮机油量。

3) 接通油雾发生炉电源，加热水(油)浴。

4) 按检验要求，将螺旋分离器处于适当位置。

5) 待水(油)浴温度达到控制温度平衡后，启动压缩空气机供气，再接通空气加热器电路。

6) 调节各发雾参数并保持稳定。

7) 适当调节螺旋分离器的位置，得到所需质量浓度和质量平均直径的油雾气溶胶。

b) 调校油雾仪

1) 自校

按油雾仪使用说明书的要求接通仪器电源并进行仪器自校。

2) 调校

将质量平均直径为(0.28～0.34)μm，已确定浓度的油雾气溶胶和清洁空气送入雾室。按油雾仪使用说明书的要求调满度，并测量仪器自身散光值(K_0)，当油雾浓度为1 000 mg/m^3 时，K_0 应小于0.000 20%。

c) 测量油雾气溶胶浓度和分散度

1) 油雾气溶胶浓度一般为(1 000±10)mg/m^3。当有特殊需要(如被测过滤元件过滤效率过高或过低)时,也可使用(2 000～2 500)mg/m³,或 250 mg/m³。

2) 油雾气溶胶浓度测量

仪器调零。将清洁空气和油雾气溶胶取样通入光电雾室,开启光源,由光电雾室测得油雾气溶胶浓度(mg/m³)。

3) 分散度测量

转动专门用于分散度测量的偏振旋钮分别于⊥和∥位置上,得到相应的光电雾室测量值 $T_{\perp}$ 和 $T_{/\!/}$ 并按式(11)计算偏光故障值 Δ(%):

$$\Delta = \frac{T_{\perp}}{T_{/\!/}} \times 100 \qquad \cdots\cdots (11)$$

式中:

$T_{\perp}$、$T_{/\!/}$——偏振旋钮分别置于⊥和∥位置上时,得到的相应光电雾室测量值。

Δ 值与油雾仪所使用的特定光源有关。在光电测油雾仪使用 12 V、50 W 卤钨灯为光源的条件下,相应于合格分散度的 Δ 值应为 45% ～64%。

6.3.3.2 **阻力检测**

应在气溶胶通过滤料之前,采用纯净试验空气,在试验滤速下测定滤料两侧的压降。要调节试验体积流量,使得每张滤料样品的流量值的变化不超过要求值的±2%。应在系统处于稳定运行状态下进行测量。

6.3.3.3 **效率检测**

a) 将被测滤料平整地置于滤料夹具上夹紧,按滤料试验的比速要求调节流量计流量,通入油雾气流。

b) 将滤料过滤后的气流和清洁空气通入透过率测定仪,调节量程转换旋钮,由透过率测定仪测得值 P',由式(12)、式(13)计算得到油雾过滤效率 E。

$$P = P' - P_0 \qquad \cdots\cdots (12)$$

$$E = 100 - P \qquad \cdots\cdots (13)$$

式中:

P——被测过滤器透过率,%;

P'——透过率测定仪测得值,%;

P_0——透过率测定仪本底测得值,%;

E——被测过滤器效率,%。

当 $P' \geqslant 20P_0$ 时,P_0 可忽略不计。

注:测定透过率的同时,将清洁空气和过滤前油雾取样通入光电雾室,可监控油雾的浓度和分散度。

c) 检测完毕,应以清洁空气通入雾室,将雾室内残留的油雾吹净;

d) 关闭空气加热器和水浴加热电炉的电源;关闭油雾仪电源;

e) 停止给油雾发生炉供气,切断空气压缩机电源。

6.4 准单分散气溶胶计数法(用于高效滤料)

6.4.1 试验原理

发生固态或液态的准单分散气溶胶,气溶胶通过中和器中和自身所带电荷,采集试验装置上滤料上下游的气溶胶,通过凝结核粒子计数器(CNC)测量其计数浓度值,或采用光学粒子计数器(OPC)测量其 0.2μm～0.3 μm 间的计数浓度值,然后求出滤料的计数过滤效率。

6.4.2 试验装置及流程

效率检测装置主要包括三部分:气溶胶发生装置、采样部分和测量装置。

气溶胶发生装置结构不限,发生原理一般基于蒸发冷凝技术(或其他准单分散发生技术),发生气溶胶计数中值直径为 0.20 μm～0.30 μm,粒径分布的几何标准偏差不大于 1.5。

采样部分应保证采样气流对粒子计数浓度具有代表性。从采样点到测量仪器之间的接管应易于保持清洁、耐腐蚀、导电且应接地。为了避免粒子损失，应使接管尽量短，并避免管道中阀门、收缩管的干扰。

测量装置使用粒子计数器(CNC或OPC)，如果上游的数量浓度超过了计数器的测量范围，应在采样点与计数器之间设置稀释系统。

试验流程如图6。

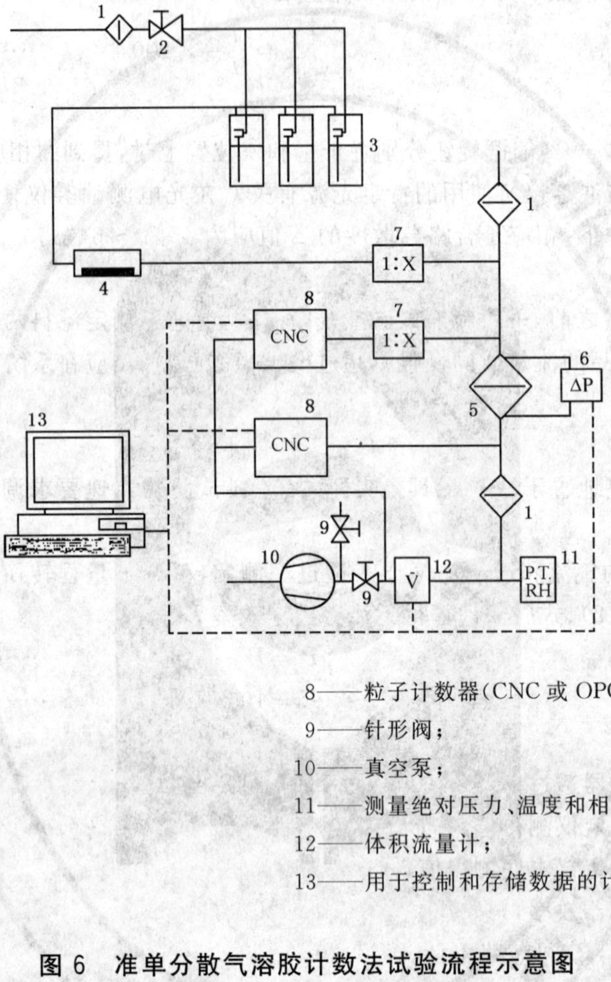

1——过滤器；
2——调压阀；
3——气溶胶发生装置；
4——中和器；
5——试验滤料夹；
6——压差计；
7——稀释系统；
8——粒子计数器(CNC或OPC)；
9——针形阀；
10——真空泵；
11——测量绝对压力、温度和相对湿度的仪器；
12——体积流量计；
13——用于控制和存储数据的计算机。

图6 准单分散气溶胶计数法试验流程示意图

6.4.3 试验步骤

6.4.3.1 预备性检验

在进行滤料试验以前，应先打开试验装置，并检查或调整以下参数：

a) 为测量设备的使用做好准备

应遵守测量设备制造商所规定的预热时间；凝结核计数器(CNC)中应灌入工作液；应调节测量设备体积流量。

若设备制造商规定了测量前的进一步的常规检查，则还应进行相应检查工作。

b) 粒子计数器的零计数率

应该在关闭气溶胶发生器和滤料就位的情况下，通过测量下游的粒子计数浓度检查零计数率。

c) 试验空气的洁净度

应该在关闭气溶胶发生器的情况下，通过测量上游的粒子数量浓度检查试验空气的洁净度。

d) 试验空气的绝对压力、温度及相对湿度等参数应在试验滤夹下游气流达到试验体积流量时进行测定。

e) 标准滤料的测定

制备不同过滤级别的标准样品用于滤料压差和效率的测量是很有用的。在上述各项检查之后应马上对与待测滤料级别相同的标准滤料进行测定。这种重复性试验的状况会提供有关试验系统可重复性的信息(试验系统的漂移、损坏及误差)。

6.4.3.2 **阻力测量**

应在系统处于稳定运行状态下进行测量。在气溶胶通过滤料之前,采用纯净试验空气,在试验滤速下测定滤料两侧的压降。应调节试验体积流量,使得通过每张滤料样品的流量值的变化不超过要求值的±2%。

6.4.3.3 **效率测量**

试验气溶胶与试验空气均匀混合。在滤料的上游、下游分别测量其计数浓度。可以用两台同样的粒子计数器同时测量,也可以用一台先后在滤料的上游、下游分别测量。使用第二种测量方式时,应该对粒子计数器进行净吹,以便在开始测量下游浓度之前,粒子计数器的计数浓度已经下降到能可靠测定滤料下游颗粒浓度的水平。

6.4.3.4 **滤料的过滤效率计算**

根据凝结核计数器对过滤器前后的粒子数测量结果,过滤效率 E 可按公式(14)计算:

$$E=\left(1-\frac{A_2}{RA_1}\right)\times 100 \qquad (14)$$

式中:

E——滤料的过滤效率,%;

A_1——上游气溶胶粒子浓度,(粒/m³);

A_2——下游气溶胶粒子浓度,(粒/m³);

R——相关系数。

E 值取最后一个 9 之后的头二位数字为有效数字,第三位数字进行修约,例如,实测值 E=99.976 4%,修约后 E=99.976%;实测值 E=99.977 6%,修约后 E=99.978%。

置信度为 95%的置信区间下限效率 $E_{95\%,\min}$ 可依据式(15)、式(16)、式(17)计算

$$E_{95\%,\min}=\left(1-\frac{A_{2,95\%\max}}{RA_{1,95\%\min}}\right)\times 100 \qquad (15)$$

$$A_{1,95\%\min}=\frac{N_{1,95\%\min}}{V_1} \qquad (16)$$

$$A_{2,95\%\max}=\frac{N_{2,95\%\max}}{V_2} \qquad (17)$$

式中:

$E_{95\%,\min}$——置信度为 95%的置信区间下限效率,%;

$A_{1,95\%\min}$——置信度为 95%的上游气溶胶浓度下限,(粒/m³);

$A_{2,95\%\max}$——置信度为 95%的下游气溶胶浓度上限,(粒/m³);

R——相关系数;

$N_{1,95\%\min}$——取样周期内,置信度为 95%的上游气溶胶计数下限,(粒);

$N_{2,95\%\max}$——取样周期内,置信度为 95%的下游气溶胶计数上限,(粒);

V_1——取样周期内,上游取样量,(m³);

V_2——取样周期内,下游取样量,(m³)。

依据泊松分布,取置信度为 95%的粒子计数置信区间见表 1。

6.5 单分散气溶胶计数法(用于超高效滤料)

6.5.1 试验原理

首先发生单分散的固态或液态气溶胶,气溶胶通过中和器中和自身所带电荷,采集试验装置中滤料上下游的气溶胶,通过凝结核计数器(CNC)测量其计数浓度值,最后求出滤料的最低过滤效率。

6.5.2 试验装置及流程

单分散相气溶胶计数法效率检测装置主要包括三部分:气溶胶发生装置、采样部分和测量装置。

气溶胶发生方法不限(这里以微分迁移率分级法为例),但发生气溶胶粒径范围应包括最易穿透粒径,在要试验的粒径范围内至少测定四个近似对数等距插值点,且至少分别有一点大于和小于最易穿透粒径。

测量装置使用凝结核计数器(CNC),如果上游的数量浓度超过了计数器的测量范围,应在采样点与计数器之间设置稀释系统。

试验流程如图 7:

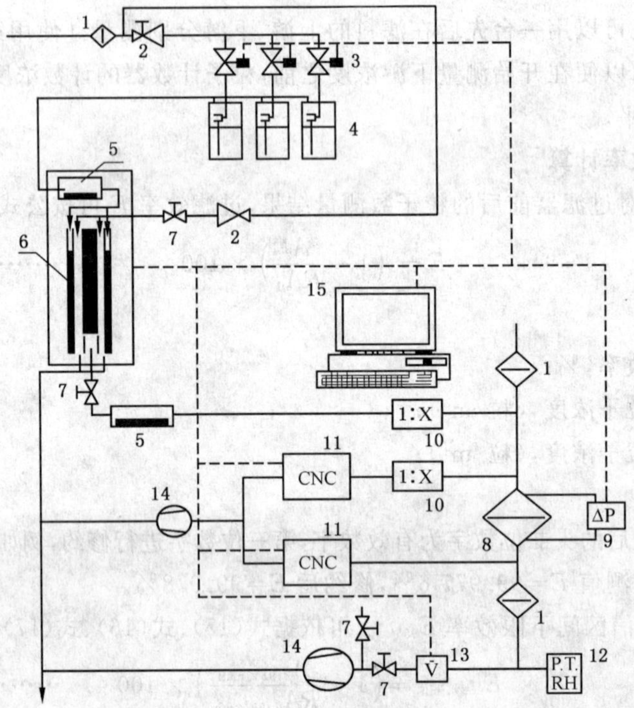

1——过滤器;
2——调压阀;
3——电磁阀;
4——喷雾器;
5——中和器;
6——微分迁移率分析仪;
7——针形阀;
8——试验滤料夹;
9——压差计;
10——稀释系统;
11——凝结核计数器(CNC);
12——测量绝对压力、温度和相对湿度的仪器;
13——体积流量计;
14——真空泵;
15——用于控制和存储数据的计算机。

图 7 单分散气溶胶试验流程图

6.5.3 试验步骤

6.5.3.1 预备性检验

应按 6.4.3.1 执行。

6.5.3.2 阻力测量

应按 6.4.3.2 执行。

6.5.3.3 效率测量

试验气溶胶应与试验空气均匀混合。为了测定粒径效率，应在要试验的粒径范围内至少测定四个近似对数等距插值点，且至少分别有一点大于和小于最易穿透粒径。使用单分散发生装置连续发生四组具有合适的平均粒径的单分散气溶胶，在滤料的上游、下游分别测量其粒数浓度。可以用两台同样的凝结核计数器同时测量，也可以用一台凝结核计数器(CNC)先后在滤料的上下游分别测量。采用第二种测量方式时，应该对凝结核计数器(CNC)进行净吹，以便在开始测量下游浓度之前，凝结核计数器(CNC)的计数浓度已经下降到能可靠测定滤料下游颗粒浓度的水平。

6.5.3.4 滤料的过滤效率计算

应按6.4.3.4执行。

6.6 多分散气溶胶计数法(用于超高效滤料)

6.6.1 试验原理

首先发生多分散的固态或液态气溶胶，气溶胶通过中和器中和自身所带电荷，采集试验装置中滤料上游、下游的气溶胶，通过光学粒子计数器(OPC)测量其计数浓度值，最后求出滤料的最低过滤效率。

6.6.2 试验装置及流程

多分散相气溶胶计数法效率检测装置主要包括三部分：气溶胶发生装置、采样部分和测量装置。

气溶胶发生装置结构不限，但发生气溶胶粒径范围应包括最易穿透粒径。

测量装置使用光学粒子计数器(OPC)，如果上游的数量浓度超过了计数器的测量范围，应在采样点与计数器之间设置稀释系统。

试验流程如图8：

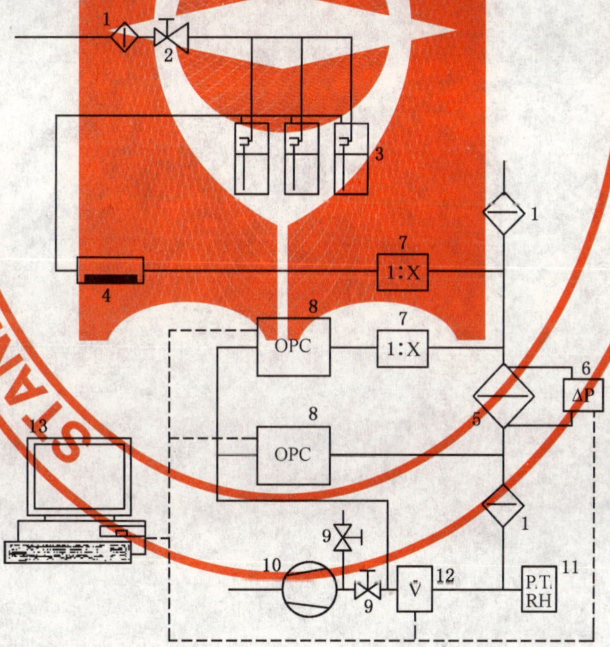

1——过滤器；
2——调压阀；
3——喷雾器；
4——中和器；
5——试验滤料夹；
6——压差计；
7——稀释系统；
8——光学粒子计数器(OPC)；
9——针形阀；
10——真空泵；
11——测量绝对压力、温度和相对湿度的仪器；
12——体积流量计；
13——用于控制和存储数据的计算机。

图8 多分散气溶胶试验流程图

6.6.3 试验步骤

6.6.3.1 预备性检验

应按6.4.3.1执行。

6.6.3.2 阻力测量

应按6.4.3.2执行。

6.6.3.3 效率测量

试验气溶胶应与试验空气均匀混合。选择包括最易穿透粒径范围内有近似几何分布的四个粒径区间，且至少分别有一个区间大于和小于最易穿透粒径（如0.1 μm～0.15 μm、0.15 μm～0.2 μm、0.2 μm～0.25 μm和0.25 μm～0.3 μm）测定粒数浓度和粒径分布。应使用光学粒子计数器（OPC）测量计数浓度。在测量上游侧测量计数浓度和粒径分布时，特别要注意保证不超过容许的一致性误差。此外，光学粒子计数器（OPC）还应具有足够高的分辨率以满足测量要求。

6.6.3.4 滤料的过滤效率计算

应按6.4.3.4执行。

附　录　A
（规范性附录）
钠焰法过滤器试验装置的构造与维护

A.1　钠焰法试验装置的组成

试验装置主要由发雾装置、风道系统、气溶胶取样与检测装置三部分组成。试验装置的设备、仪表和部件编号见图1。

A.2　发雾装置

A.2.1　组成

主要由压缩空气供给系统、喷雾器和喷雾箱等组成。

A.2.2　压缩空气供给系统

一般包括空气压缩机、油水分离器、稳压装置、净化装置、电磁阀、分气缸、压力和流量测量仪表。压缩空气应有足够的压力、气量和洁净度。喷雾器的工作压力为0.6 MPa，喷雾用气量按表A.1选用。净化后的气体含尘浓度应小于等于35粒/L（粒径等于大于0.5 μm的粒子）。

喷雾流量计用来监测喷雾流量。应考虑足够的耐压性能（抗气流冲击、防爆），一般每个喷雾器设一个流量计。每支流量计上游的手动阀门只起开、关作用，不应用其调节喷雾流量。

压力测量一般选用分度值为0.02 MPa的1.5级压力表，其最大量程宜为1 MPa。

A.2.3　喷雾器(8)

其构造参见附录B的图B.1喷雾器构造示意图。

喷雾器的材料一般采用耐腐蚀的不锈钢和塑料。喷头分为3孔、6孔、9孔三种形式，孔径0.6 mm。其主要性能参数列于表A.1，可根据系统风量大小予以选配。例如：当系统风量为1 000 m^3/h时，采用3孔喷头的喷雾器4个，此时气溶胶原始浓度约为2×10^{-3} g/m^3。

表 A.1　喷雾器喷头性能参数

喷头孔数	3　孔	6　孔	9　孔
压缩空气消耗量（折算成常压）/(m^3/min)	约0.09	约0.18	约0.27
氯化钠发生量/(g/h)	约0.5	<1	<1.5

A.2.4　喷雾箱(7)

喷雾箱的材料一般采用塑料和有机玻璃，其上应设置足够大的观察窗和液面指示标尺，在构造上应使多个喷雾器（一般不超过5个）错开布置，且沿气流方向不超过两排，下部应有一定容积的液槽，并有补液孔及排液孔，上部应有便于拆卸的箱盖，以便拆洗喷雾器。

A.3　风道系统

A.3.1　风机(3)

A.3.1.1　风量

一般按被测过滤器最大风量的1.3倍计算。

A.3.1.2　风压

一般包括下列各项之和：

a)　风道阻力（按计算阻力的1.2倍取值）；

b)　进风过滤器阻力（按其初阻力的2倍计算）；

c) 被测过滤器最大阻力；

d) 风量测量装置阻力；

e) 过滤器后取样所需的正压值(一般不小于 600 Pa)。

A.3.2 风道

A.3.2.1 风道系统的相对尺寸

相对尺寸见图 1。注意排风口与障碍物之间应有适当的距离。

A.3.2.2 材料

自喷雾箱至缓冲箱一般采用聚氯乙烯塑料或其他耐腐蚀材料，其余部分可采用金属风道。风道系统应考虑风压较高的因素。

A.3.2.3 混合干燥段(9)尺寸

应满足下列条件：

a) 长度不小于 10D 的直管段；

b) 气溶胶在本管段流动时间不小于 2 s；

c) 气溶胶速度一般不超过 5 m/s。

A.3.2.4 风量测量装置前、后管段尺寸

当采用标准孔板(13)时，其前后管段尺寸按 GB/T 2624.2 要求进行设计。

A.3.2.5 被测过滤器连接管的角度

扩散段不大于 14°，收敛段不大于 30°，详见 GB/T 1236。

A.3.2.6 阀门

阀门(4)一般采用密闭式插板阀。阀门(14)一般采用光圈阀或瓣阀。

A.3.2.7 风道制作安装

试验装置中的风道属中压系统，风管的制作、安装及检验应符合 GB 50243，其中严密性试验按 5.3.2.8 规定。风管接缝处应采用焊接或采用咬口加锡焊。

A.3.2.8 严密性

整个风道系统要求严密，尤其缓冲箱之后的管段，要求在阀门(4)全开、阀门(14)全闭条件下，对所有接缝用肥皂泡法检漏。

A.3.3 进风过滤

A.3.3.1 预过滤器(1)

一般采用中效过滤器。

A.3.3.2 高效过滤器(6)

在额定风量下，钠焰法效率不低于 99.99%，初阻力不高于 250 Pa，耐温不低于 60 ℃。

A.3.4 温度、湿度控制

A.3.4.1 加热器(5)

一般采用管状加热器，其容量按：将缓冲箱入口处气体的相对湿度降至 30%以下，一般可按温升(15～20)℃计算，夏季特别潮湿的地区(如青岛)可按温升 23 ℃计算。电加热器开关与风机开关应连锁：系统起动时先启动风机，再开电加热器；停机时先关加热器，才能关风机电源开关。

A.3.4.2 温度计(38)

可采用 0 ℃～50 ℃、分度值为 1 ℃的普通温度计。

A.3.4.3 湿度计(39,40)

一般采用电阻式湿度计或干湿球温度计。一般情况下只设一个湿度计(39)，测点位于缓冲箱入口处，特殊情况[3)]下设两个。

A.3.5 风量测量

一般采用标准孔板，，按 GB/T 2624.2 进行设计、安装和使用。风量校核可按 GB/T 1236 的规定进行。

A.3.6 压差测量

被测过滤器阻力和流量测量装置压差的测量，要求精度不低于 2 Pa。

A.4 气溶胶取样和检测装置

A.4.1 取样系统

A.4.1.1 取样系统的组成及设计原则

取样系统由取样管(22、23)、通断阀(29)、三通切换阀(27、31)、流量调节阀(24)、流量计(25、28)、本底过滤器(26)、混合器(30)及连接管(41)组成。取样系统应尽量靠近取样点，布置应紧凑，各部件之间连接管应尽量短，连接管拐弯处应圆滑。连接管与各部件的连接处应严格密封。取样系统投入使用前，应在风机全压下对各部件及其连接处进行检漏。连接管应选用不易老化的橡皮管，内壁应光滑，使用前应将内壁洗净吹干。

A.4.1.2 取样管(22、23)

材料应耐腐蚀，一般采用紫铜管或不锈钢管。其内壁应光滑，拐弯处应圆滑无凹陷、扭曲，曲率半径应大于 2 倍管径，管口应做成薄壁。管径的选取应使取样管口处流速相当于风道流速的(1/4～4)倍。取样管的安装应使其管口迎着气流。

A.4.1.3 混合器(30)

一般采用聚氯乙烯等耐腐蚀材料焊接而成，接缝处应严格密封，其内壁应光滑。

A.4.1.4 本底过滤器

滤料应选用高效滤纸(钠焰法效率不低于 99.999)，其层数不小于三层；滤料过滤面积不小于 3.50×10^{-2} m^2(滤速小于 0.01 m/s)。框体材料应耐腐蚀，一般采用聚氯乙烯塑料焊接，结构严密。

A.4.1.5 流量计(25、28)

测量原始气溶胶流量、本底流量、过滤后流量及稀释空气流量，一般采用转子流量计，但应为直通式的，转子材料应能耐腐蚀。

A.4.1.6 通断阀(29)、三通切换阀(27、31)

应采用耐腐蚀材料制作。阀体与阀心接触面和阀体与连接管嘴的连接处应严密。

A.4.2 气溶胶浓度检测装置

A.4.2.1 组成

浓度测量采用专用的钠焰光度计，它主要包括燃烧器、光电转换器、光电测量仪三部分(构造示意图见附录 C 图 C.3)，并配备一个氢气供给系统。

A.4.2.2 燃烧器(35)

采用旁通式结构，燃烧器垂直管内壁应有良好的反光性且不易生锈。

A.4.2.3 光电转换器(36)

光电转换器中的聚光镜应有较好的消光差性能，合适的焦距(一般 70 mm 左右)，直径应与光电倍增管光阴极直径大小相同或稍大。钠干涉滤光片的波长峰值应为(589～592)nm，半波长宽度(6～10)nm。中性滤光片装在滤光转盘上。转盘上有四个位置：一为全通(无滤光片)，二、三分别为光密度值 1(减光 10 倍)、2(减光 100 倍)的中性滤光片，四为全闭(不透光)。光电倍增管应具有灵敏度高、暗电流小、光谱性能较合适的性能；同时，也应考虑其体积、重量、安装方便等因素。

A.4.2.4 光电测量仪(37)

应具有良好线性、零点漂移小、测量精度高、可靠性强、抗干扰性强等性能，光电测量仪的电路原理参见附录 B 的图 B.5。

A.4.2.5 氢气供给系统

氢气供给应用纯度为 99.99%以上的氢气源，其流量与压力均应稳定。流量调节阀应具有较好的微调性能。

A.5 钠焰法试验装置的维护

A.5.1 补液时间和补液浓度

发雾装置在运行过程中应经常补充氯化钠溶液至初始液面，时间间隔一般为 2 h；补充质量浓度为 1%。配置一次溶液最多累积使用 8 h，即须全部更换新液。若有分析浓度条件者，将溶液浓度控制在 2.1%～1.9%范围内，可延长溶液使用时间，但最长不得超过 3 d(按每天运行 8 h 计)。

A.5.2 发雾装置清洗周期

发雾装置连续运行 3 d，或停止运行一周以上时，应将喷雾器卸下用清水洗净；同时清洗喷雾箱内部。

A.5.3 光电元件的维护

试验装置停止使用一周以上时，应将光电转换器中的光电元件放在干燥器内保存。

A.5.4 仪表的维护

试验装置所用的钠焰光度计和流量、压力、压差、温度等测量仪表，均按其说明书维护、检查、校正。

A.5.5 过滤部件的更换周期

进风过滤器、压缩空气过滤器内的填料应根据使用情况，分别定期更换，一般(1～2)年更换一次。

A.5.6 机电设备的维护

通风机、空气压缩机、电加热器等机电设备，均按其说明书进行维护和检修。

A.5.7 机电设备维护一览表见表 A.2

表 A.2 钠焰法试验装置机电设备维护一览表

维护和检查的项目	检修周期	检修内容	备注
喷雾箱中的溶液	见 A.5.1	更换溶液	
流量计	每年一次	标定	
孔板	每年一次	校核	按 GB/T 1236 方法进行
压力表	每年一次	标定	
湿度计	每年一次	标定	

附　录　B
（资料性附录）
钠焰法部件构造示意图

单位为毫米

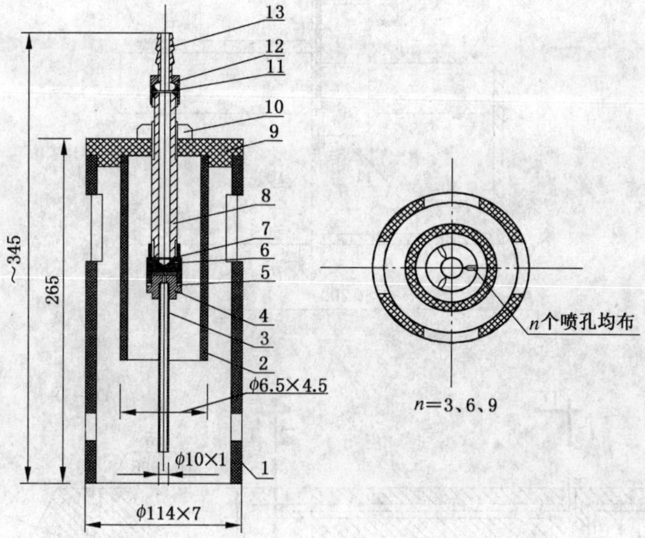

1——筒身；
2——套筒；
3——吸液管；
4——接头；
5——垫圈；
6——喷头；
7——垫圈；
8——进气管；
9——盖；
10——螺母；
11——垫圈；
12——螺母；
13——进气嘴。

图 B.1　过滤器试验装置喷雾器构造示意图

单位为毫米

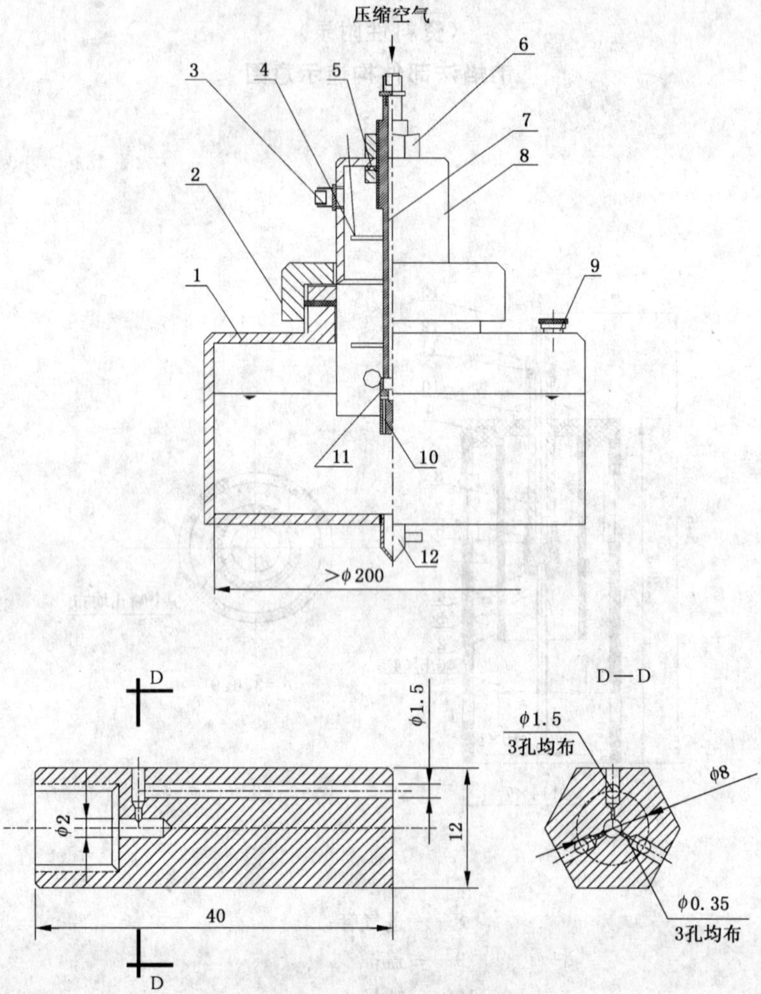

1——喷雾箱；
2——锁紧盖；
3——短管；
4——橡胶挡板；
5——橡胶垫圈；
6——喷头螺母；
7——进气管；
8——套筒；
9——加液口；
10——喷头；
11——聚四氟乙烯垫片；
12——放液管。

图 B.2 滤料试验装置喷雾器构造示意图

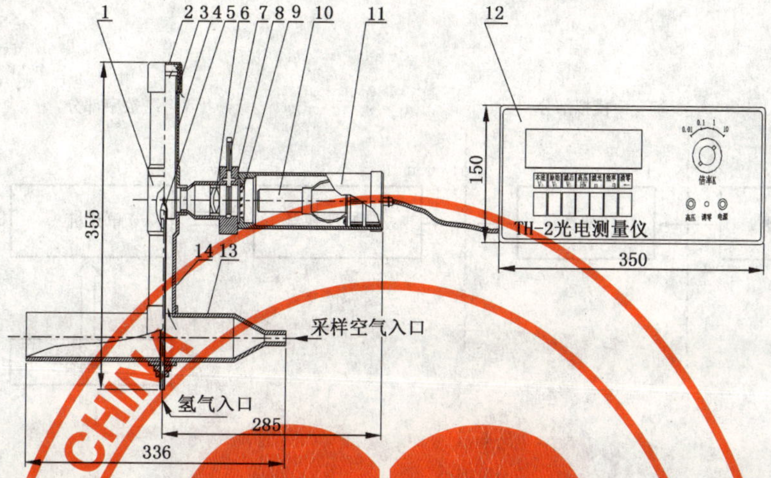

1——燃烧器；
2——上盖；
3——隔热反光层；
4——上套筒；
5——烧嘴；
6——聚光镜；
7——中性滤光片；
8——滤光转盘；
9——钠干涉滤光片；
10——光电倍增管；
11——光电转换器；
12——光电测量仪；
13——水平管；
14——下套筒。

图 B.3　过滤器试验台钠焰光度计构造示意图

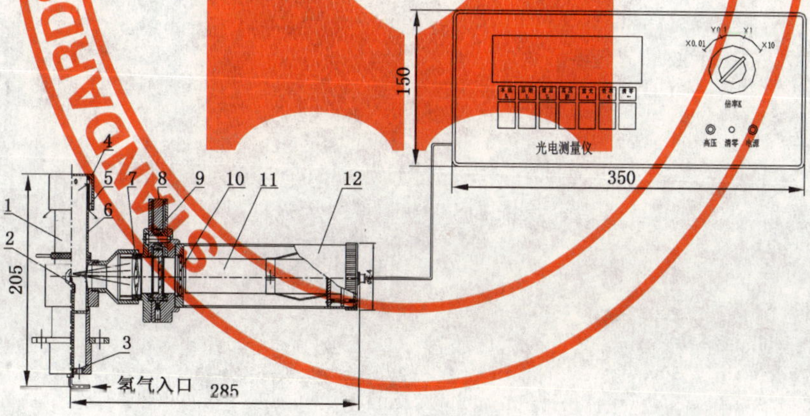

1——燃烧器；
2——烧嘴；
3——助燃空气入口；
4——上盖；
5——光反射层；
6——上套筒；
7——聚光透镜；
8——滤光转盘；
9——中性滤光片；
10——钠干涉滤光片；
11——光电倍增管；
12——光电转换器。

图 B.4　滤料试验台钠焰光度计构造示意图

数字式光电测量仪硬件包括:电流/电压变换器、模拟/数字变换器、单片机、数码显示器、高压电源、低压电源和控制键盘 7 个部分。其原理框图如下:

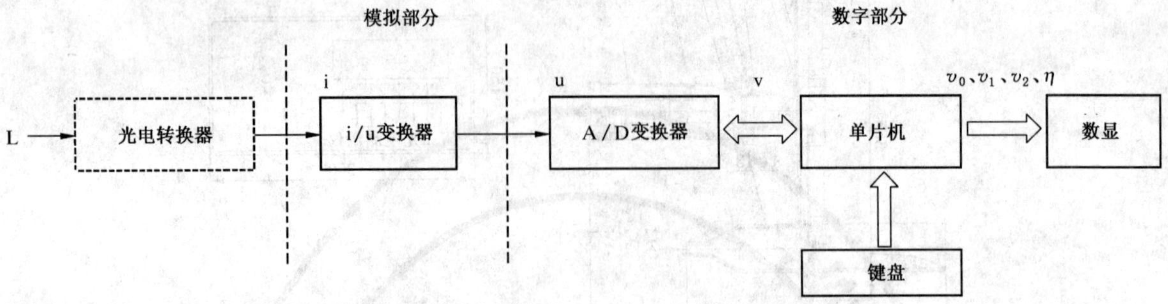

图 B.5 光电测量仪电路原理图

附　录　C
（规范性附录）
油雾法过滤器试验装置的构造

C.1　油雾法过滤器试验装置的组成

试验装置主要由发雾装置、风道系统、气溶胶取样与检测装置三部分组成。试验流程以及设备、仪表和部件的编号见图 2。

C.2　发雾装置

C.2.1　组成

发雾装置主要由油雾发生炉、压缩空气源、发雾剂供给系统等组成。

C.2.2　主要设备和材料

a)　汽化—冷凝式油雾发生炉(3)，详见附录 E；
b)　空气压缩机(可独立或集中供气)；
c)　缓冲分离器(4)，详见附录 E；
d)　贮油器(5)；
e)　分油罐(6)，详见附录 E；
f)　进油流量计(7)；
g)　油压计(8)：可选用量程 0 kPa～100 kPa 的液压表；
h)　气体流量计(9)；
i)　压力计(11)：一般可选用量程 250 kPa 的气压表；
j)　空气除油器(12)；
k)　空气过滤器(13)；
l)　压差表(16)；
m)　液体流量计(17)；
n)　流量调节阀(18)；
o)　温度自动控制器；
p)　发雾剂：采用 32 号或 46 号汽轮机油(透平油)，质量应符合 GB 11120 L-TSA 的要求。

C.2.3　发雾参数

标准油雾是指在试验浓度下具有质量平均直径为 0.28 μm～0.34 μm 的油雾气溶胶。油雾浓度可根据被测过滤器的要求选用 225 mg/m³～275 mg/m³ 或 900 mg/m³～1 100 mg/m³。通过调节油雾发生炉的炉温、发雾剂的加入量和稀释空气量三项参数控制所需要的油雾浓度和油雾粒子的平均直径。当三项发雾参数控制适当并稳定时，油雾浓度和油雾气溶胶的大小分布基本不变。

各试验风量下的发雾参数的参考值见附录 E。

C.3　风道系统

C.3.1　风机

C.3.1.1　风量

一般按被测过滤器最大风量的 1.3 倍计算。

C.3.1.2　风压

一般包括下列之和：

a) 风道阻力(按计算阻力的1.2倍取值);

b) 进风过滤器阻力(按其初阻力的2倍计算);

c) 被测过滤器最大阻力;

d) 风量测量装置阻力。

C.3.2 风道

C.3.2.1 风道系统各部分相对尺寸

相对尺寸见图2。

C.3.2.2 材料

一般采用厚度不小于1 mm的钢板,外刷防锈漆。

C.3.2.3 混合装置和整流格栅

风道中设有混合装置(搅拌用的风扇或混合挡板)和整流格栅,整流格栅的尺寸应符合GB/T 1236中的规定。

C.3.2.4 被测过滤器连接管的角度

扩散段不大于14°,收敛段不大于30°,详见GB/T 1236。

C.3.2.5 阀门

在风机进口(或出口管段)处和旁通管上各设置风量调节阀一个。在主风道和旁风道的进口段各设电动阀一个。两个电动阀的启闭应以电路连锁控制。

C.3.2.6 跨越管

在主风道和旁风道的连接管上设跨越管,跨越管上设置风量调节阀一个。

C.3.2.7 阻力模拟器

在旁风道的中间段设一合适的阻力模拟器。阻力模拟器可根据被测过滤器的阻力范围进行阻力调节。

C.3.2.8 被测过滤器安装

被测过滤器用法兰与风道夹紧、密封、固定。根据被测过滤器的尺寸、大小、形状,风道部分要有安装变径管的可能。

C.3.2.9 风道制作安装

风道的制作、安装及检验,应符合GB 50243的规定。风道内表面应平整、光滑,不得有凹凸不平。

C.3.2.10 严密性

整个风道系统要求严格密封,对所有接缝用肥皂泡法检漏。

C.3.3 进风过滤

为了减少室内、外空气尘埃对试验结果的影响,在进风口设置中效或亚高效过滤器一个。

C.3.4 风量测量

一般采用标准孔板,按GB/T 2624.2进行设计、安装和使用。风量校核可按GB/T 1236有关规定进行。

C.3.5 压力测量

被测过滤器阻力和流量测量装置压差的测量,要求灵敏度不低于2 Pa。

C.4 油雾气溶胶采样与检测装置

C.4.1 取样系统

由取样管和真空泵组成。

被测过滤器前的取样口位置应设在距离整流格栅5倍风道直径,并距离被测过滤器1/2倍风道直径处。被测过滤器后取样的位置应设在距离被测过滤器5倍风道直径处。

取样管应位于风道中心,与气流保持平行,管口迎着气流方向。

取样管内径一般为 8 mm～12 mm，弯曲部分的曲率半径应大于采样管直径的 2 倍。从取样口到弯曲管的距离应为取样管外径的 10 倍。取样管应尽量的短，管部件应尽量的少，油雾气溶胶在取样管内的流速应与试验风道内等流速。

取样管采用耐油、耐腐蚀的金属管或玻璃管，管壁厚度小于 2 mm；可用橡胶管连接。

当用一台真空泵时，可选用的泵容量为 60 L/min。如用两台真空泵时，可选用容量为 30 L/min 的真空泵，真空泵的抽力应大于 4 kPa。

C.4.2 检测装置

C.4.2.1 主要检测设备

a) 光电测油雾仪。

b) 微压差计(15)精度应不低于 2 Pa。

C.4.2.2 流量控制

a) 进入光电雾室的清洁空气流量约为 5 L/min～7 L/min 或按仪器说明书要求。

b) 进入光电雾室的油雾取样流量约为 3 L/min～5 L/min 或按仪器说明书要求。

c) 油雾流从喷雾嘴喷出，在雾室中始终应成圆柱状，且雾室中没有混浊或残留油雾的现象。

附　录　D
（资料性附录）
油雾法试验装置的校对、标定及维护

D.1　流量计的标定

按国家质量监督检验检疫总局仪器检验标准进行标定。

D.2　浊度计的标定

D.2.1　油雾重量浓度的标定

用重量法。测定已知体积中沉积下来的沉积物重量。

将高效玻璃纤维滤料置于滤料夹具中，首先通洁净空气 10 min，使滤料有恒定的湿度，然后取下，用万分之一天平称量，并记下数字。再将其放回夹具中，通油雾空气流 10 min，再取下称其质量，并记下数字。重量浓度 C，mg/m^3，按式(D.1)计算：

$$C = \frac{g_2 - g_1}{Q \cdot t} \qquad \text{(D.1)}$$

式中：

g_1、g_2——分别为通油雾空气流前、后滤料的质量，mg；

t 和 Q 相应为油雾空气流通过滤料的时间(s)和流量(m^3/s)。重复试验三次，当其中任意两次测定结果的差别不大于10%时，取其平均值作为油雾重量浓度。此方法用来标定浊度法所测得的油雾浓度。为确保油雾透过率试验准确，每月应标定一次。

D.2.2　油雾粒子平均粒径的标定

采用粒重计数法，通过油雾重量浓度(g/L)[mg/m^3](重量法测定的)及仪器测定的油雾气溶胶的粒数浓度 n(粒/mL)，计算所得。用式(D.2)计算重量粒径 d(μm)：

$$d = 10 \cdot \sqrt[3]{\frac{6c}{3.14 n\rho}} \qquad \text{(D.2)}$$

式中：

ρ——油雾粒子密度，0.87 g/cm^3。

单位体积内的粒子数的测定常采用连续超显微镜或各种凝结核粒子计数器，静电气溶胶分析器等进行。此方法可标定浊度法测定的油雾分散度。

D.2.3　透过率测定值的标定

试验方应将测试结果与由受委托的标准油雾台站的测试结果进行比对。

D.3　油雾法试验装置的维护

D.3.1　应经常检查各连接部件的气密性，橡皮管是否破损。

D.3.2　试验装置中使用的玻璃孔板或毛细管流量计应按有关规定期限进行标定。

D.3.3　当试验装置中过滤空气用的过滤器阻力达到初始阻力的两倍时，应及时更换。

D.3.4　随时检查清除管路，缓冲器，螺旋分离器中的积油。

D.3.5　不得在无洁净空气通入浊度计雾室时首先通进油雾。要严格保持雾室的清洁与遮光。

D.3.6　油雾分散度不得中途改变。从油雾气流出口起到油雾气流进入滤料夹具的路程应尽量短。

D.3.7 避免被测滤料通油雾时间太长，应把试验时间限制在浊度计内保持浓度不变所必要的时间，一般不超过20s。

D.3.8 整个系统搞好通风排气装置。油雾发生情况若有变化，应检查发雾剂质量，发生炉喷嘴是否通畅，喷嘴系统是否严密无漏，并应对发生炉内部件进行定期清洗。

D.3.9 为试验结果的一致性，发雾剂应有一定储量。

附 录 E
（规范性附录）
油雾法过滤器试验装置中的汽化—冷凝式油雾发生炉

汽化—冷凝式油雾发生炉（以下简称油雾发生炉）发生稳定的标准油雾。它主要用于试验 500 m^3/h～1 500 m^3/h风量的高效过滤器的透过率。其发雾浓度为 250 mg/m^3～1 000 mg/m^3，油雾粒子的质量平均直径为 0.28 μm～0.34 μm。

E.1 油雾发生炉的炉体结构：见图 E.1。

炉体的中间部分是炉芯，中心是一根直径 14 mm 的不锈钢压缩空气管，管端装一喷嘴，伸入混合室内。喷嘴的中间有一直径 2.5 mm 的喷孔，周围开有八个与中心轴成 45°、直径 2 mm 的喷孔。不锈钢压缩空气管外套有内径为 16 mm 的瓷管，瓷管外从近喷嘴端由密到疏绕有两组直径 1 mm、长各为 22.5 m 镍铬电阻丝，绝缘装于一个内径 63 mm 的钢制内套管中，内套管外是互相等距离排列的六根直径 14 mm 的不锈钢油汽化管和二支热电偶测插管。油管的一端拧于混合器上，中间和另一端以环圈固定，连同混合器一起装在内径 107 mm、厚 2 mm 的钢制中套筒内，中套管外均匀的绕有直径 1 mm、长 33 m 的镊铬电阻丝（电阻丝外套有小瓷管），使油管内的发雾剂受热更为均匀，并有利保温。混合器的端部是一直径 20 mm 的喷嘴，高浓度的油雾气溶胶由此喷出进入缓冲分离器。

炉体的外部是在中套筒的电炉丝外缠绕厚达 50 mm 的石棉保温层，装在带有法兰的直径为 220 mm 的钢制外壳里。炉体总长约 1.5 m，置于支架上，支架为可调式，以便能在 20°范围内调节炉体的倾斜度。

油雾发生炉的主要附属设备有分油罐和缓冲分离器。

图 E.2 为分油罐的简图，其主要目的为使发雾剂流动稳定，均匀给油。分油罐的底部带有 6 根分油管，每根管端均装有玻璃旋塞开关，下部是内径 1 mm 的玻璃毛细管，另一端接于油雾发生炉上油管的进口。来自贮油器的发雾剂（汽轮机油）在空气压力作用下经过分油罐均匀地向发生炉连续供油（见图 E.1）。

缓冲分离器是一个直径 650 mm 的大圆桶（见图 E.3），底部制成锥形，下设放油阀，总高为 1 mm。桶内水平和垂直方向各装一挡板，挡板用开孔率约为 43%的多孔板制成。从油雾发生炉喷嘴出的油雾气溶胶从缓冲分离器的下侧进入，经过竖直挡板到缓冲器桶内，再经水平挡板由上部孔口被风机吸入风道。

E.2 发雾原理

油雾发生炉的发雾原理简单的说是当电炉丝通电后，加热炉膛使油管内的发雾剂加热、蒸发、汽化。压缩空气经喷嘴喷出，与油蒸汽在混合室混合、冷凝，形成浓度很高的油雾气溶剂。在缓冲分离器中，因流速骤然减小，并经与挡板的碰撞，使大颗粒的油雾粒子沉淀而被分离，其余被风机吸入风道后，与大流量的冷空气均匀混合、充分冷凝成具有一定大小分布的油雾气溶剂。

E.3 标准油雾的发生

所谓标准油雾是指在试验浓度下具有一定大小分布，质量平均直径在 0.28 μm～0.34 μm 的油雾气溶胶。标准油雾的发生是靠油雾发生炉的定型化和固定发雾参数来实现的。

本标准中，依靠下列措施发生标准油雾：

E.3.1 发生油雾气溶胶的压缩空气经过空气除油器和空气过滤器净化。吸入风道内的空气经中效或亚高效过滤器过滤。

E.3.2 用热电偶作为温度敏感元件，通过温度自动调节器控制炉膛温度。用气体流量计和液体流量计分别控制稀释空气量和给油量。

表 E.1 为被测过滤器风量分别为 500 m^3/h、1 000 m^3/h、1 500 m^3/h 发生标准油雾发雾参数的参考值。

表 E.1 过滤器试验风量分别为 500 m³/h、1 000 m³/h、1 500 m³/h 的油雾发雾参数表

试验风量/(m³/h)	试验浓度/(mg/m³)	炉膛温度/℃	稀释空气量/(L/min)	总给油量/(mL/min)	输油管数/根
500	250	450±10	80±3	2.5～3	3
	1 000	600±10	195±5	10～11	6
1 000	250	450±10	88±3	5～6	3
	1 000	600±10	205±5	20～23	6
1 500	250	500±10	110±3	8～9	3
	1 000	620±10	220±5	30～37	6

E.4 当试验风量不等于上述三种风量时，应从主风道和旁风道连结段上的跨越管把多余的风量通过旁通风道由风机排走。

E.5 当试验风量大于 1 500 m³/h 时，可用两台汽化—冷凝式油雾发生炉并联。此时，试验装置中的其他设备如：风机、标准孔板等应与试验风量配套，风道管径需要放大。

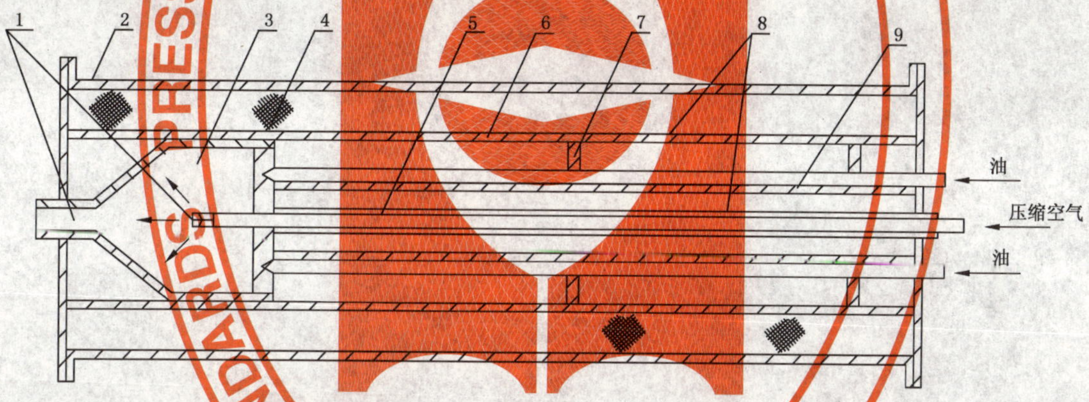

1——喷嘴；
2——钢壳体；
3——混合室；
4——石棉保温层；
5——瓷管；
6——内套管；
7——撑圈；
8——电热丝；
9——内套管。

图 E.1 炉体构造示意图

单位为毫米

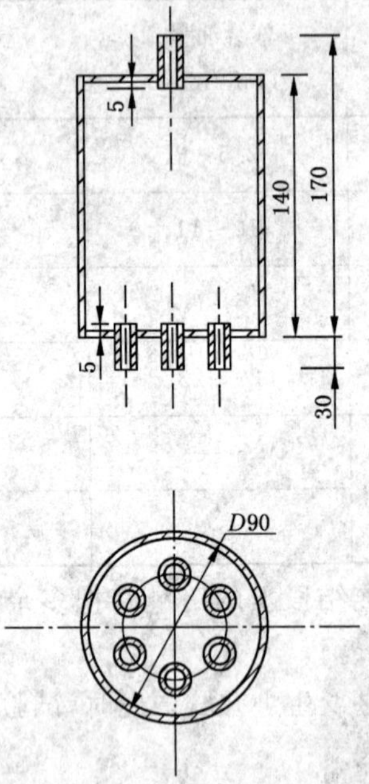

图 E.2 分油罐示意图

单位为毫米

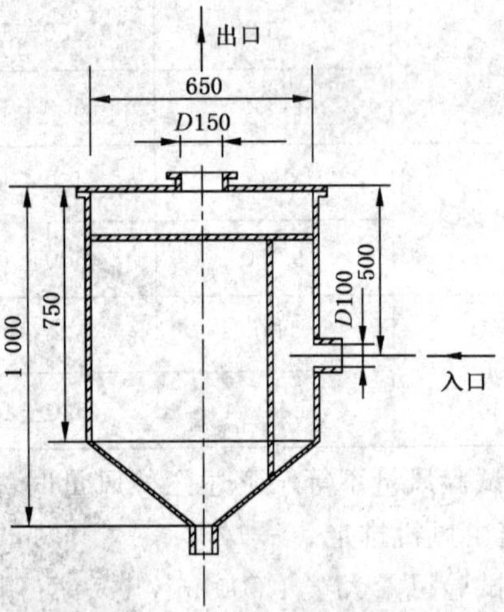

图 E.3 缓冲分离器示意图

附 录 F
（规范性附录）
油 雾 仪

F.1 这里使用的油雾仪为采用光电法进行测量的油雾仪。

F.2 光电测油雾仪主要结构

仪器由光电雾室和透过率测定仪组成。

F.2.1 光电雾室

光电雾室分两个光电系统，由光源、雾室、中性滤光器、光电转换器和偏振器等构成。透过率测定仪主要用于油雾透过率的测定，光电雾室主要用于测控油雾浓度和分散度。

F.2.2 透过率测定仪

透过率测定仪的电路安装在一个机箱内，由光源可调变压稳压电路、供光电倍增管工作的高压电路（稳压并可调）、放大和 A—F 转换电路及显示电路等组成，并构成透过率测定仪和光电雾室两个试验系统。其电路原理如图 F.1 所示。

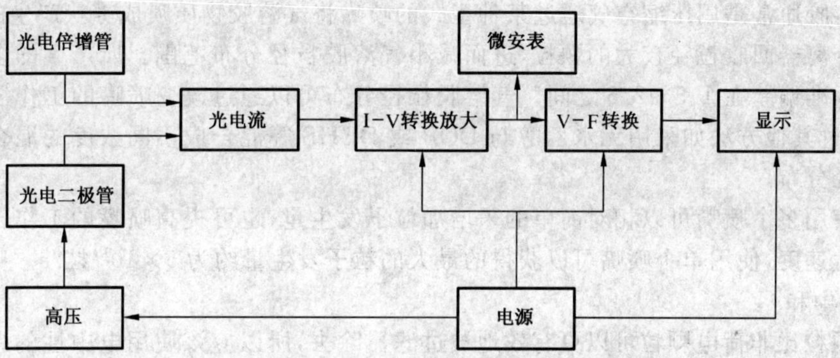

图 F.1 透过率测定仪电路原理示意图

F.3 油雾仪的调校操作和维护等参见光电测油雾仪使用说明书。

附　录　G
（规范性附录）
计数法过滤器试验装置的构造及维护

G.1　计数法试验装置的组成

试验装置主要由气溶胶发生器、风道系统、气溶胶取样与检测装置三部分组成。试验装置的设备、仪表和部件编号见图3。

G.2　气溶胶发生器

G.2.1　气溶胶发生器的组成

气溶胶发生器通常由液体储存器、洁净压缩空气源、流量控制器、喷雾器和中和器等部件组成。

G.2.2　多分散气溶胶的发生

粒子计数法要求气溶胶发生器能产生计数中值直径为0.1 μm～0.3 μm的多分散气溶胶。

多分散气溶胶通常是用压缩空气通过某种型式的喷嘴将气溶胶物质喷成雾状产生的。可使用挡板等形式的惯性分离器回收粒径较大的颗粒，进而减小气溶胶粒径分布范围。所产生的多分散气溶胶粒径分布的几何标准偏差在1.5～2.5之间。气溶胶粒径分布可以通过改变喷嘴的工作压力来进行微小调节，也可以通过其他方法如采用无水乙醇与DOP或DEHS等混合成不同浓度的混合溶液来控制气溶胶粒径的粒径分布。

通过并联使用多个喷嘴可以相对简单的来增加粒子发生量，也可提高喷嘴的工作压力来提高单个喷嘴的颗粒产生速度，使用单个喷嘴可以获得的最大的粒子发生量约为5×10^{10}粒/s。

G.2.3　气溶胶中和

因为荷电颗粒比非荷电颗粒可以更有效地被过滤器除去，所以应该使用电中性的颗粒来检测过滤器。电中性状态通常可以理解为一种稳定的平衡，这种平衡是当荷电气溶胶颗粒与足够数量的正、负气体离子一起被带入时发生的，一般是通过使用放射源或者电晕放电电离气溶胶气体载体来完成的。对于过滤过程来说，在中和作用之后气溶胶中低电位的剩余电荷可以忽略不计。

G.2.4　气溶胶发生器的最小性能参数

气溶胶发生器发生气溶胶计数中值直径要求在0.1 μm～0.3 μm之间。用于E类及F类过滤器效率试验的发生器要求粒子发生量宜为10^8粒/s～10^{11}粒/s。进行效率试验时，可以调节稀释器的倍率，使气溶胶浓度满足试验要求。

G.2.5　气溶胶浓度分布均匀性

气溶胶浓度分布均匀性是指粒子计数法检测台风道系统中，在检测台正常运行情况下，气溶胶取样断面上的气溶胶浓度的均匀性，按图G.1中的9点进行取样，用粒子计数器进行测量，要求各点之间气溶胶浓度的误差不大于20%。

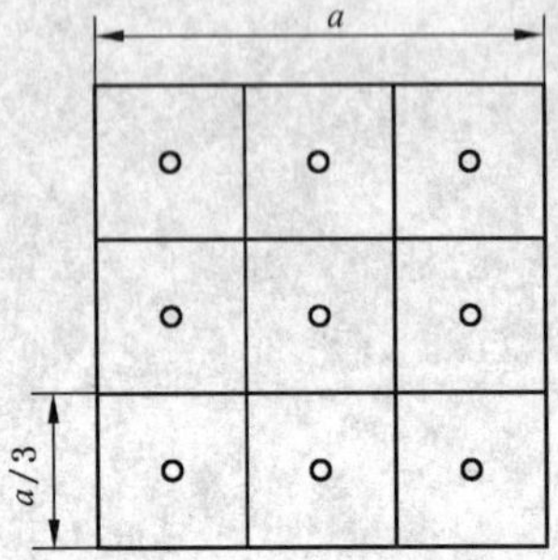

图G.1　均匀性测点布置图

G.2.6 误差来源

应当注意供给气溶胶发生器的气体的压力保持稳定。提供的气体应洁净。

较长时间存放的气溶胶物质可能会发生变化，应注意定期更换。

当采用DOP或DEHS与无水乙醇的混合溶液作为气溶胶物质时，气溶胶物质的浓度会随着无水乙醇的挥发而发生变化，进而对发生气溶胶的浓度以及粒径分布产生影响，应当及时补充溶液以维持气溶胶物质浓度的稳定。但当采用2台光学粒子计数器分别对上游以及下游的气溶胶浓度进行试验时，可基本抵消这一影响。

G.2.7 维护和检查

气溶胶发生器应当按照制造商的说明定期维护；应使用合适的测量系统检查粒径分布，产生速率应在规定的时间内维持不变。

G.3 风道系统

G.3.1 风机

G.3.1.1 风量

一般按被测过滤器最大风量的1.3倍计算，计数法检测台系统风量范围通常为200 m^3/h～4 000 m^3/h。

G.3.1.2 风压

一般包括下列各项之和：

a) 风道阻力(按计算阻力的1.2倍取值)；

b) 进风过滤器阻力(按其初阻力的1.2倍计算)；

c) 被测过滤器最大阻力；

d) 风量测量装置阻力。

G.3.2 风道

G.3.2.1 风道系统的相对尺寸

相对尺寸参见图3与G.3.2.3和G.3.2.4的要求。注意排风口与障碍物之间应有适当的距离。

G.3.2.2 材料

根据气溶胶物质的不同性质应选用不同的材料。风道系统应考虑风压较高的因素。

G.3.2.3 过滤前直管段尺寸

过滤前直管段尺寸应满足下列条件：

a) 静压环前后直管段必须大于等于0.5D；

b) 保证气溶胶取样断面上风速以及气溶胶浓度分布的均匀性；

c) 试验气体风速一般不超过5 m/s。

G.3.2.4 风量测量装置前、后管段尺寸

风量测量可以使用标准孔板和喷嘴流量计测量，当使用标准孔板时，其前后管段尺寸按GB/T 2624.2要求进行设计；当使用喷嘴时，其喷嘴箱按GB/T 2624.3要求进行设计。

G.3.2.5 被测过滤器连接管的角度

扩散管段不大于14°，收敛段不大于30°，其做法详见GB/T 1236。

G.3.2.6 阀门

系统进气阀门可采用插板阀，末端阀门一般采用光圈阀或瓣阀。

G.3.2.7 风道制作安装

试验装置中的风道属于中压系统，风管的制作、安装及检验应符合GB 50243，其中严密性试验按G.3.2.8规定。

G.3.2.8 严密性

整个风道系统要求严密，尤其混合器之后的管段，要求在风机额定频率下，末端阀门全闭条件下，对所有接缝用肥皂泡法检查。

G.3.2.9 风速均匀性

风速均匀性是指粒子计数法检测台风系统中，检测台正常运行情况下，气溶胶取样断面上的风速均匀性，按图 G.2 中的 9 点进行取样，用风速仪进行测量，要求各点之间风速值的误差不大于 10%。

G.3.3 进风过滤

G.3.3.1 预过滤器

一般采用中效空气过滤器。

G.3.3.2 高效空气过滤器

钠焰法效率不低于 99.99%，初阻力不高于 220 Pa。

G.3.4 温度、湿度控制

环境温度要控制，保证进入系统的空气温度不低于 5 ℃。

G.3.5 风量测量

一般采用标准孔板或喷嘴，按 GB/T 2624.2 及 GB/T 2624.3 进行设计、安装和使用。风量校核可按 GB/T 1236 的规定进行。

G.3.6 压差测量

被测过滤器阻力和流量测量装置压差的测量，要求精度不低于 2 Pa。

G.4 检测装置

G.4.1 取样系统

G.4.1.1 取样系统的组成及设计原则

取样系统由取样管、三通切换阀、流量调节阀、流量计、稀释器及连接管等组成。取样系统应尽量靠近取样点，布置应紧凑，各部件之间连接管应尽量短，连接管拐弯处应圆滑。连接管与各部件的连接处应严格密封。取样系统投入使用前，应在风机全压下对各部件及其连接处进行检漏。连接管应选用不易老化的软管，内壁应光滑，使用前应将内壁洗净吹干。

G.4.1.2 取样管

取样管内壁应光滑，拐弯处应圆滑无凹陷、扭曲，曲率半径应大于 2 倍管径，管口应做成薄壁。管径的选取应使取样管处流速相当于风道流速的(1/4～4)倍。取样管的安装应使其管口迎着气流。

G.4.1.3 稀释器

稀释用洁净空气的来源可为采样空气直接经绝对过滤器过滤得到，也可为额外补充的洁净空气。但应尽量减少气流在稀释器内的突然转向，以减少粒子沉降聚集的影响。

G.4.1.4 流量计

一般采用转子流量计，但应尽量减少气流在流量计内的突然转向，以减少粒子沉降聚集的影响。

G.4.2 气溶胶浓度检测装置

气溶胶粒子浓度一般采用光学粒子计数器。

G.4.2.1 光学粒子计数器的工作原理

在光学粒子计数器中，颗粒被单独的引入通过一个集中的照射散射腔。在通过散射腔时，颗粒散射光线，散射光在规定的立体角下被光电探测器检测，并且转换成电脉冲。脉冲的程度反应颗粒的大小，单位时间内脉冲的数量反映了被分析空气空间中的颗粒浓度。

G.4.2.2 光学粒子计数器最小性能参数

光学粒子计数器应具有良好的线性、零点飘移小、测量精度高、可靠性强、抗干扰性强等性能。

光学粒子计数器最大计数要高于 3 000 粒/s，在最大流量不一致性或者电信号损失小于 10%，其取样流量与其标称流量的误差小于±5%。

G.4.2.3 误差来源和误差范围

由于光学粒子计数器检测的粒径是散射光当量直径，它不仅取决于颗粒的几何形状大小，也取决于颗粒的形状和颗粒材料的光学性能。这种依赖关系的特性随着粒子计数器结构类型的变化而变化。

如果颗粒浓度太高，那么就会发生所谓的重合误差。这就意味着几个颗粒同时进入散射腔后，被当作一个较大颗粒。为了确保不超过计数器制造商规定的最大饱和浓度，应当采取适当的稀释方法。

G.4.2.4 维护和检查

光学粒子计数器应当有专门的技术人员定期维护和检查。同时也包括使用标准粒子(如聚苯乙烯乳胶球 PSL)来标定。

使用者正规操作检查应该包括流量的检查。也包括通过在上游放入合适的过滤器(高效过滤器)进行仪器零计数率的定期检查。

G.4.2.5 光学粒子计数器的标定

光学粒子计数器的标定依据 GB/T 6167 进行。

G.5 计数法过滤器试验装置的维护

维护和检查的项目	检修周期	检修内容	备注
流量计	每年一次	标定	
标准孔板或者喷嘴	每年一次	校核	按 GB/T 1236 方法进行
压力表	每年一次	标定	
湿度计	每年一次	标定	
温度计	每年一次	标定	
光学粒子计数器零计数率	每天一次	校核	
光学粒子计数器计数效率及分辨率	每年一次	标定	按 GB/T 6167 进行标定
试验空气洁净度	每天一次	校核	
上游下游采样相关系数	每周一次	校核	当连续 2 次检查结果偏差低于 5%时，可适当放宽检查频率，但最多不应超过每月一次； 当连续 3 次检查结果偏差超过 5%时，须增加检查频率。
参考过滤器检测	每周一次	校核	当连续 2 次检查结果偏差低于 5%时，可适当放宽检查频率，但最多不应超过每月一次； 当连续 3 次检查结果偏差超过 5%时，须增加检查频率。

附 录 H
（规范性附录）
钠焰法滤料试验装置的构造及维护

H.1 试验装置

试验装置所用设备，仪表编号见图4。

本试验装置由氯化钠气溶胶发生部分、管道部分和检测部分组成。试验装置的结构允许有所不同，但试验条件和试验结果应与本标准试验装置一致。

H.1.1 氯化钠气溶胶发生装置

H.1.1.1 压缩空气供给系统

应包括压缩空气源、气水分离器(1)、除油器(2)、流量计[(5)，(12)]、高效过滤器[(4)，(11)]、压力表(6)等。各部件应考虑耐压。

H.1.1.1.1 压缩空气源应有足够容量并能保持喷雾器所需的稳定压力。

H.1.1.1.2 用于压缩空气系统的高效过滤器的透过率都应不大于0.01%(钠焰法)。用于喷雾的高效过滤器(5)，其过滤面积约为100 cm^2。

H.1.1.1.3 流量计[(5)，(12)]，可采用转子流量计或其他耐压空气流量计。精度不低于2.5级。

H.1.1.1.4 压力表(6)的刻度最小分度值为0.01 MPa。精度不低于2.5级。

H.1.1.2 喷雾器(7)[构造示意见附录D图D.1]。由喷头、进气管、套筒和橡胶挡板等组成。

H.1.1.2.1 喷头和进气管宜用耐高速气流和耐盐水腐蚀的不锈钢等金属材料制造。

H.1.1.2.2 套筒宜采用有机玻璃等耐腐蚀材料制造。

H.1.1.2.3 挡板可选用厚度为5 mm的橡胶板等耐腐蚀材料制造。

H.1.1.3 喷雾箱(8)(构造示意图D.1)由锁紧盖、箱体、加液口和放液管等组成。

H.1.1.3.1 应设有观察窗和液位指示标志。

H.1.1.3.2 便于喷雾器的拆装清洗。

H.1.1.3.3 应设置排液口和加液口。

H.1.1.3.4 液面面积一般不小于100 cm^2；溶液容积一般不小于1 L。

H.1.2 管道部件

H.1.2.1 蒸发管(13)

H.1.2.1.1 应采用耐盐水腐蚀的材料制造，一般用有机玻璃或塑料。

H.1.2.1.2 氯化钠小液滴在蒸发管内流动蒸发时间不得少于2 s。蒸发管长度不小于其管径的十倍。

H.1.2.2 缓冲箱(14)

H.1.2.2.1 应采用耐盐水腐蚀的材料制造，一般用有机玻璃或塑料。

H.1.2.2.2 气溶胶宜由下口进入，由上口流出。

H.1.2.2.3 应设有湿度计和限压装置。限压装置的限压值可根据系统低压部分工作耐压值而定。

H.1.2.3 滤料夹(19)

H.1.2.3.1 滤料夹是被测滤料的夹紧装置，气流有效过滤面积可为100 cm^2。

H.1.2.3.2 周边密封面宽度不小于7 mm。

H.1.2.3.3 夹具上下两部分应保持其同轴度。

H.1.2.4 流量计[(17)，(20)，(24)]

H.1.2.4.1 测量过滤前气溶胶流量应采用直通式连接的转子力量计。其他的可采用带调节阀的转子流量计。

H.1.2.4.2 转子流量计的转子应采用耐腐蚀材料。

H.1.2.4.3 流量计精度不低于2.5级。

H.1.2.5 连接管道

H.1.2.5.1 各设备、仪器之间的连接管道,内径尺寸应尽量统一。

H.1.2.5.2 高压管道应采用耐压橡胶管,低压管道宜采用优质橡胶管或优质塑料管。

H.1.2.5.3 安装前管道内壁应清洗干净,各设备、仪器与管道接口应有良好的气密性。

H.1.2.5.4 管道上尽可能少用管接头,各设备、仪器与管道接口应有良好的气密性。

H.1.2.5.5 管道布置合理,管道长度尽可能短,并使气流通顺。

H.1.2.6 本底过滤器(22)

H.1.2.6.1 宜用透过率不大于0.001%(钠焰法)的高效滤料三层以上,使用滤速低于1 cm/s。

H.1.2.6.2 过滤器框体应耐腐蚀。

H.1.2.7 三通切换阀[(18),(21)]

H.1.2.7.1 三通切换阀内外有良好气密性。

H.1.2.7.2 三通切换阀的各通道之间应有良好气密性,应尽量减少气流在阀内的突然转向以减少粒子沉降聚集的影响。

H.1.2.8 氢气供给系统

H.1.2.8.1 氢气纯度不宜低于99.99%。

H.1.2.8.2 氢气流量调节阀要求微量调节性能好,一般采用微调针阀。

H.1.2.8.3 氢气流量计(30)宜采用量程(40～400)mL/min的转子流量计,精度不低于2.5级。

H.1.3 检测装置

浓度测量采用专用钠焰光度计,构造示意见图C.4。

H.1.3.1 燃烧器(31)为直通式燃烧器。上套筒内应设耐热玻璃管,其外壁涂反射层(一般镀银),或在耐热玻璃管外壁包铝箔。

H.1.3.2 光电转换器(32)中聚光透镜应具有较好的消光差性能,焦距一般为70mm左右,直径宜与光电倍增管光阴极相同或稍大;钠干涉滤光片的波长峰值应为(589～592)nm,半波宽度为(6～10)nm;中性滤光片装在滤光转盘上,转盘上有四个孔道:一是全通孔道(无滤光片),二、三孔道中分别装有光密度为1、2的中性滤光片,四孔道为全闭(不透光);光电倍增管应具有灵敏度高,暗电流小,光谱响应较合适的性能。

H.1.3.3 光电测量仪(33)应具有线性好,零点漂移小,抗干扰性强等性能并设有补偿电路。其电路原理见图B.5。

H.2 注意事项

H.2.1 装置一经运行,非事故原因不要轻易灭火停运。

H.2.2 当燃烧器的助燃空气被切断时,应先把滤光转盘的全闭孔道处于光通道中,然后打开燃烧器上套筒的上盖以防灭火。

H.2.3 在运行中要防止超过最大限度的强光照射光电倍增管阴极。

H.2.4 本底光电流值可经常检查,过滤前光电流值不宜经常检查,一般根据具体情况可隔2～4 h或更长时间检查一次,以光电流值的波动对效率测量结果不造成影响为宜。每一次检查后都要重复6.2.3.2.中1)及2)规定步骤。

H.2.5 测定滤料透过率后,关闭装置使装置恢复到备用状态。

H.3 钠焰法试验装置的维护

H.3.1 空气压缩机应按照使用和维修说明书进行维护。

H.3.2 所有仪表应按其说明书规定条件使用和维护，按国家有关规定进行校正。

H.3.3 喷雾器在停运期间应从喷雾箱中取出浸泡在清水中或清洗后干燥存放。喷雾箱内的溶液应加盖存放，若停运期较长，应将溶液倒掉，清洗喷雾箱后干燥加盖存放。

H.3.4 各种高效过滤器应根据具体情况不定期地更换滤料(即由管道内剩余压力及流量是否能够满足运行要求和本底光电流值有无变化等而定)。

H.3.5 对光学部件和光电元件应特别注意防潮湿，停运期较长时，有必要采取干燥存放。

H.3.6 检测装置的管路和阀门应注意保洁和清洗。

H.4 钠焰法自吸收修正系数的测定方法

自吸收修正系数 φ 是气溶胶浓度与其光电流值关系的修正系数。

H.4.1 原理

自吸收现象是发射光谱中的客观现象，即在被激发的钠元素浓度较高时，在氢火焰中被激发的钠特征光经过火焰外部的钠蒸汽层，一部分特征光被吸收而使总的特征光强减弱。被激发元素浓度越高，这种现象越明显。此时应在相应的光电流值上乘一个大于1的修正系数。而浓度低到一定程度后，则这种现象就不显著而趋于可以忽略了。

H.4.2 试验装置与方法

试验装置流程示意图如图H.1所示，采用一套三级定比例稀释装置，用一系列已知量的“绝对”洁净空气稀释气溶胶，从而可得相当于过滤前气溶胶浓度的1/1 000～1的不同浓度的气溶胶。将每种比例的气溶胶引入燃烧器，测量其相应的光电流值，记录在表H.1中。

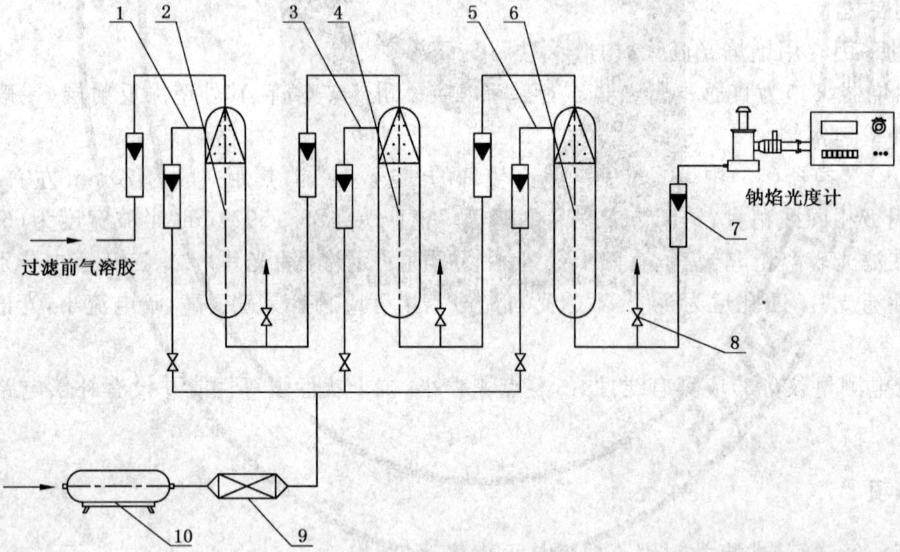

1——一级稀释；
2——混合器；
3——二级稀释；
4——混合器；
5——三级稀释；
6——混合器；
7——流量计；
8——放气阀；
9——高效过滤器；
10——空气泵。

图H.1 自吸收修正系数测定装置原理图

表 H.1 自吸收修正系数 φ 的测定

原始浓度：____________ mg/m³

试验日期：　　　　　　　　　　　　　　　　　　　　试验人员(签名)：

一级稀释混合		二级稀释混合		三级稀释混合		相对浓度	光电流值/μA
含尘空气量	稀释空气量	含尘空气量	稀释空气量	含尘空气量	稀释空气量		
L/min		L/min		L/min			

H.4.3 φ 值的确定

将所测得的数据点绘于双对数坐标纸上，联成一条曲线，用实线表示称为“实际曲线”。纵坐标为相对浓度，横坐标为对应的光电流值。假设没有自吸收现象的浓度与光电流值之间的关系线(始终是正比关系)称为“理想线”，用虚线表示。“理想线”为 45°的直线，在低浓度时与“实际曲线”的直线部分重合。对应于同一相对浓度下的理想的光电流值与实际测得的光电流值之比即为自吸收修正系数 φ 值。

H.4.4 对某一类型的定型装置，自吸收修正系数只需做一次试验即可求得，此后不必再做，但对不同类型装置，有不同自吸收修正系数，尤其反映在气溶胶原始浓度有较大变化时，必须重新做试验求得新的自吸收修正系数值。

附 录 I
（规范性附录）
滤料试验装置中的油雾发生器

I.1 喷雾式油雾发生器(示意图见图I.1)

I.1.1 发雾原理

压缩空气流以超音速通过喷嘴，将汽轮机油(透平油)带出分散成雾，藉滤油网子的撞击，大的油滴基本被油面捕获，只有较小的油雾随空气流流出，经螺旋分离器进一步分离，去掉较大的粒子。喷雾时油温应保持在95 ℃～100 ℃。

I.1.2 结构

I.1.2.1 油雾发生炉(结构示意图见图I.1)是一个钢制水(油)浴容器(1)，在其内放有能拧上喷嘴的钢(或铜)管(2)。喷嘴(3)由内径0.6 mm～0.7 mm的五个小孔组成。经过管的另一端进入空气，该端的连接螺帽在管接头内。管接头仍拧在油雾发生炉上。汽轮机油(透平油)由漏斗(4)按定量注入油容器(5)内，油容器置于水(油)浴容器(1)内，用水(油)位玻璃管(6)检查圆筒内的水(油)位。水(油)浴温度由控温器恒温。整个发生炉座在自控的加热电炉(9)上。

I.1.2.2 螺旋分离器是一个金属圆筒，在盖上压入一个金属管，管子上接有一个方形螺纹螺杆，由于螺杆外径与分离器内径有一定的配合关系，从而成一个螺旋的渠道，油雾经渠道以一定线速度通过。

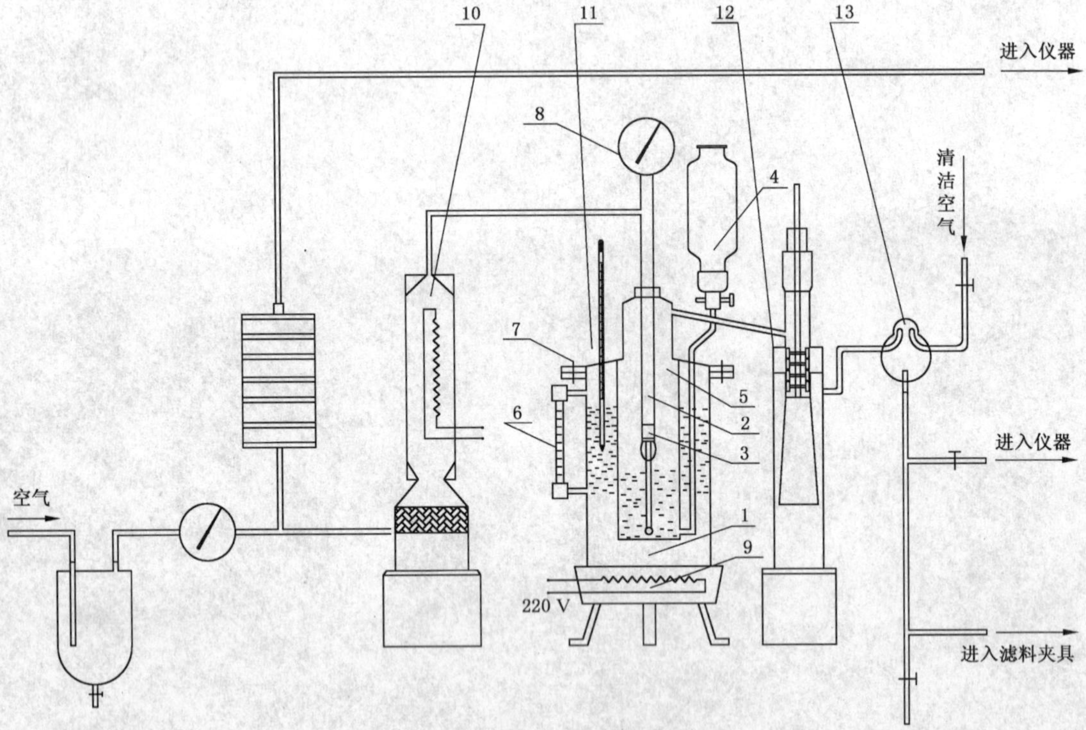

1——钢制水(油)浴容器；
2——钢(铜)管；
3——喷嘴；
4——油漏斗；
5——油容器；
6——水(油)位玻璃管；
7——温度计；
8——气压表；
9——加热电炉；
10——空气加热器；
11——油雾发生炉；
12——螺旋分离器；
13——混合器。

图I.1 喷雾型油雾发生器示意图

I.2 汽化—凝聚式油雾发生器(示意图见图 I.2)

I.2.1 发雾原理

用压缩空气将贮油器中的汽轮机油(透平油)经毛细管流量计控制压入汽化炉中,油通过上接管,进入管状电炉加热到给定温度的直径为 1.5 mm 的内(素)瓷管内,受热汽化。汽化的油蒸汽经过喷嘴与稀释空气混合而凝聚成雾。油雾经过缓冲器并根据试验要求再经空气稀释调节到所需要浓度(用玻璃孔板流量计控制稀释比)。

电炉温度由变压器调节输入电压或电流来控制。

I.2.2 发生炉结构(结构示意图见 I.2)

I.2.2.1 发生炉炉芯的绕制

I.2.2.1.1 材料及规格

a) 内瓷管(1-3)内径 1.5 mm±0.05 mm,外径 3.5 mm±0.17 mm,长为 200 mm～300 mm;

b) 外瓷管(1-4)内径 14 mm,外径 30 mm,长为 440 mm;

c) 喷嘴(1-6)材料用铜或不锈钢,孔径为 1.2 mm;

d) 镍铬电阻丝(1-5)直径为 0.5 mm,长为 11.5 m;

e) 石棉绳;

f) 水玻璃(工业用)。

I.2.2.1.2 炉芯的绕制步骤

a) 挑选平直、光滑的外瓷管,在离端头 5 mm 处锉一个小槽;

b) 将电阻丝一端拉直约 600 mm～700 mm,固定在小槽上,以 1 mm～2 mm 的间隔均匀地绕在外瓷管上,将另一端拉直约 150 mm～200 mm 固定;

c) 将电阻丝间隙用石棉绳填满,缠紧;

d) 将两端拉直的电阻丝套上瓷管,顺外瓷管引出,用石棉绳紧密、均匀地缠绕至与炉子壳体长度相近为止。在缠好石棉绳的表面涂一层水玻璃;

e) 在外瓷管的下端紧紧地嵌入金属喷嘴,为使喷嘴严密,在喷嘴上涂一层水玻璃,喷嘴孔内插入一小木塞以防喷嘴被水玻璃堵塞;

f) 将缠好的炉芯接通电源,慢慢升高电压,烘干炉芯(也可放入烘箱内烘干)。烘干后取出喷嘴孔中的木塞。

I.2.2.2 发生炉炉芯的装配

a) 烘干的炉芯插入钢外壳内正中并固定。把炉芯的电阻丝接在炉子外壳的接线柱上(注意绝缘);

b) 用石棉纤维和汽轮机油(透平油)一起混合均匀的填料填平缝隙,盖好盖子,拧紧螺丝;

c) 插入内瓷管,用填料压紧、压实,以保证不漏油。最后固定。

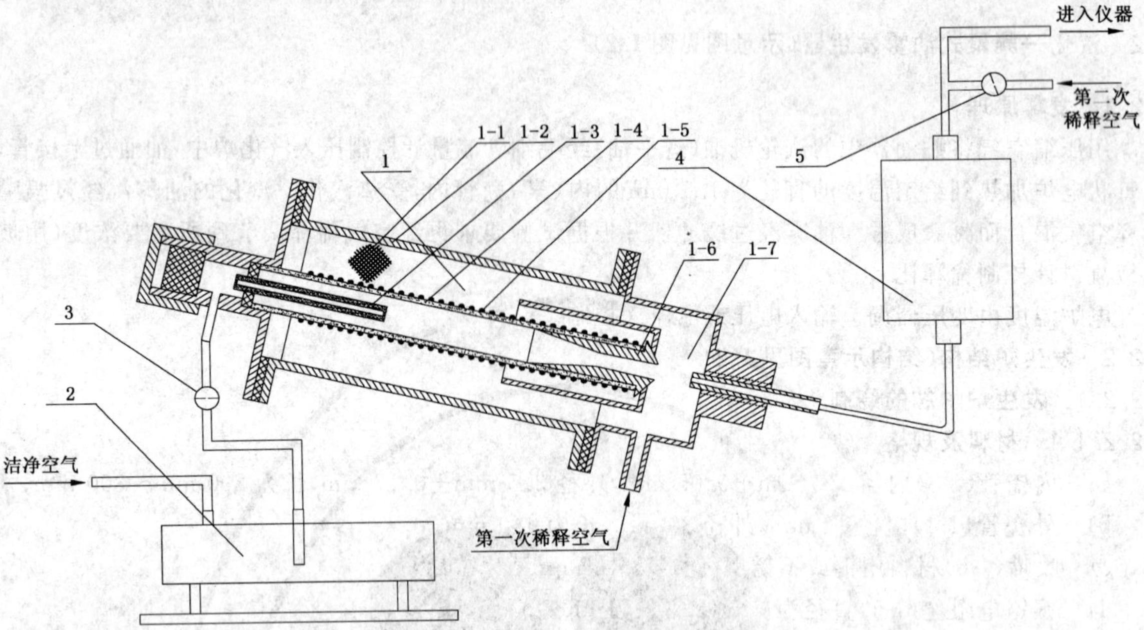

1——油雾发生炉；
2——储油器；
3——毛细管流量计(输油)；
4——缓冲器；
5——孔板流量计(空气)；
1-1——石棉保温层；
1-2——钢外壳；
1-3——内瓷管；
1-4——外瓷管；
1-5——电阻丝；
1-6——喷嘴；
1-7——混合室。

图 I.2 汽化—凝聚式油雾发生器示意图

ICS 21.060.10
J 13

中华人民共和国国家标准

GB/T 6188—2008/ISO 10664:2005
代替 GB/T 6188—2000

螺栓和螺钉用内六角花形

Hexalobular internal driving feature for bolts and screws

(ISO 10664:2005,IDT)

2008-08-25 发布　　2009-02-01 实施

中华人民共和国国家质量监督检验检疫总局
中国国家标准化管理委员会　发布

前 言

本标准等同采用 ISO 10664:2005《螺栓和螺钉用内扳拧的六角花形》(英文版)。

本标准代替 GB/T 6188—2000《螺栓和螺钉用内六角花形》。

本标准与 GB/T 6188—2000 相比主要变化如下：

——调整了 f 的数值(见表 2)；

——给出 B、r_i 和 r_e 与 A 尺寸的近似关系式(见图 A.1)。

本标准的附录 A 为资料性附录。

本标准由中国机械工业联合会提出。

本标准由全国紧固件标准化技术委员会(SAC/TC 85)归口。

本标准负责起草单位：中机生产力促进中心。

本标准参加起草单位：东莞市国菱机械有限公司。

本标准由全国紧固件标准化技术委员会秘书处负责解释。

本标准所代替标准的历次版本发布情况为：

——GB 6188—86、GB/T 6188—2000。

螺栓和螺钉用内六角花形

1 范围

本标准规定了螺栓和螺钉用内六角花形的型式与基本尺寸以及测量方法。

螺栓和螺钉用内六角花形曲线的曲率由量规确定，该量规应符合表3～表5的规定。当绘制外形曲线时，供参考的资料在附录A中给出。

为检查内六角花形，本标准给出了明细图，但它不宜作为制造的标准。

2 基本尺寸

内六角花形的型式与基本尺寸见图1和表1。

[a] 见表2。

沉孔：$c \leqslant 0.13$ mm，适用于槽号≤No.15；

$c \leqslant 0.25$ mm，适用于槽号>No.15；

插入深度 t 见相关产品标准。

图1 基本尺寸

表 1 基本尺寸

单位为毫米

槽号 No.	公称尺寸[a]	
	A	*B*
6	1.75	1.27
8	2.4	1.75
10	2.8	2.05
15	3.35	2.4
20	3.95	2.85
25	4.5	3.25
30	5.6	4.05
40	6.75	4.85
45	7.93	5.64
50	8.95	6.45
55	11.35	8.05
60	13.45	9.6
70	15.7	11.2
80	17.75	12.8
90	20.2	14.4
100	22.4	16

[a] 内六角花形曲线的曲率由表 3～表 5 规定的量规确定。

3 测量

3.1 规则

通规(见 3.2)应能自由地插入内六角花形，并达到相关产品标准规定的插入深度 t。

止规(见 3.3.1 和 3.3.2)插入内六角花形的深度应不大于表 2 的规定。

表 2 止规插入的深度

单位为毫米

槽号 No.	6	8	10	15	20	25	30	40
允许的插入深度 f	0.35	0.48	0.56	0.67	0.79	0.90	1.12	1.18
槽号 No.	45	50	55	60	70	80	90	100
允许的插入深度 f	1.39	1.56	1.98	2.35	2.75	3.11	3.53	3.92

所有的测量应以头部顶面为基准。对半沉头或圆头，应以头部顶面与内六角花形的沉孔实际相交部位为准。

使用测深表时，当测量头压在平面上（压缩指针转动）使其与基准面齐平，将表调至“0”位，见图2。

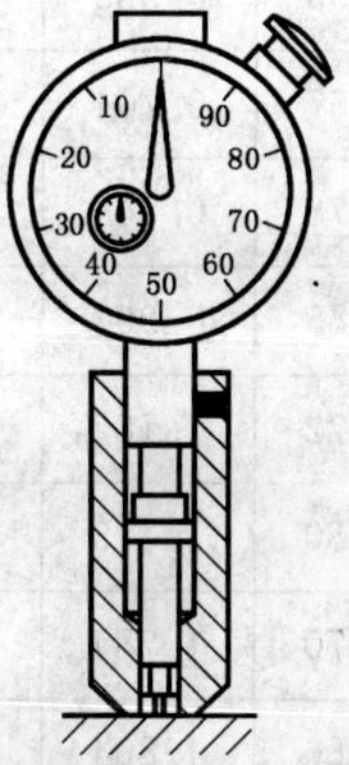

图2　测深表（0位）

3.2　通规

通规尺寸（见图3）应在表3规定的极限尺寸内。

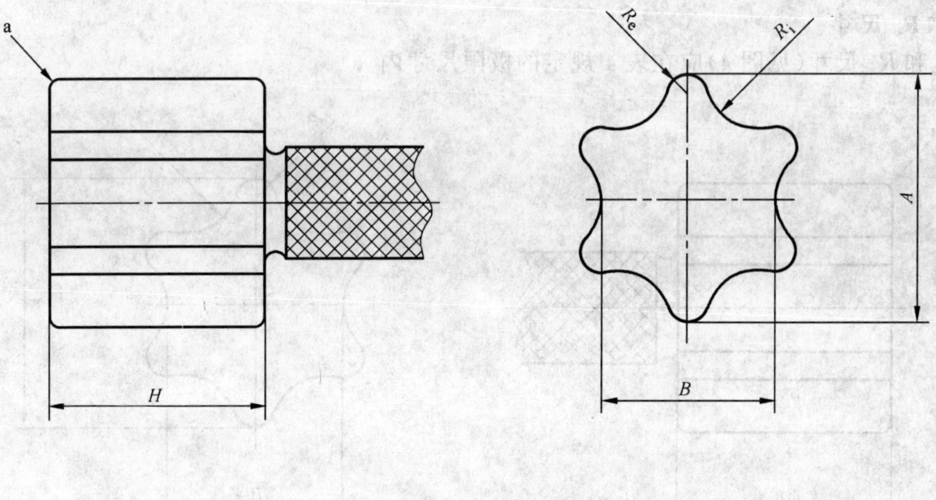

a 圆角最大尺寸：0.076 mm，适用于槽号≥No.10；

0.025 4 mm，适用于槽号＜No.10。

图3　通规尺寸

表 3　通规极限尺寸

单位为毫米

槽号 No.	A		B		R_i		R_e		H	
	min	max	min	max	min	max	min	max	min	max
6	1.695	1.709	1.210	1.224	0.371	0.396	0.130	0.134	1.33	1.82
8	2.335	2.349	1.672	1.686	0.498	0.523	0.188	0.193	2.54	3.05
10	2.761	2.776	1.979	1.993	0.585	0.609	0.227	0.231	3.05	3.56
15	3.295	3.309	2.353	2.367	0.704	0.728	0.265	0.269	3.30	3.81
20	3.879	3.893	2.764	2.778	0.846	0.871	0.303	0.307	3.56	4.07
25	4.451	4.465	3.170	3.185	0.907	0.932	0.371	0.378	3.94	4.45
30	5.543	5.557	3.958	3.972	1.182	1.206	0.448	0.454	4.44	4.95
40	6.673	6.687	4.766	4.780	1.415	1.440	0.544	0.548	5.08	5.59
45	7.841	7.856	5.555	5.570	1.784	1.808	0.572	0.576	5.71	6.22
50	8.857	8.872	6.366	6.380	1.804	1.828	0.773	0.777	5.97	6.48
55	11.245	11.259	7.930	7.945	2.657	2.682	0.765	0.769	6.22	6.73
60	13.302	13.317	9.490	9.504	2.871	2.895	1.065	1.069	7.68	8.17
70	15.588	15.603	11.085	11.099	3.465	3.489	1.192	1.196	8.46	8.96
80	17.619	17.635	12.646	12.661	3.625	3.629	1.524	1.529	9.4	9.9
90	20.021	20.035	14.232	14.246	4.456	4.480	1.527	1.535	10.06	10.56
100	22.231	22.245	15.820	15.834	4.913	4.937	1.718	1.724	10.85	11.35

3.3　止规

3.3.1　*A* 和 R_e 尺寸

止规 A 和 R_e 尺寸(见图 4)应在表 4 规定的极限尺寸内。

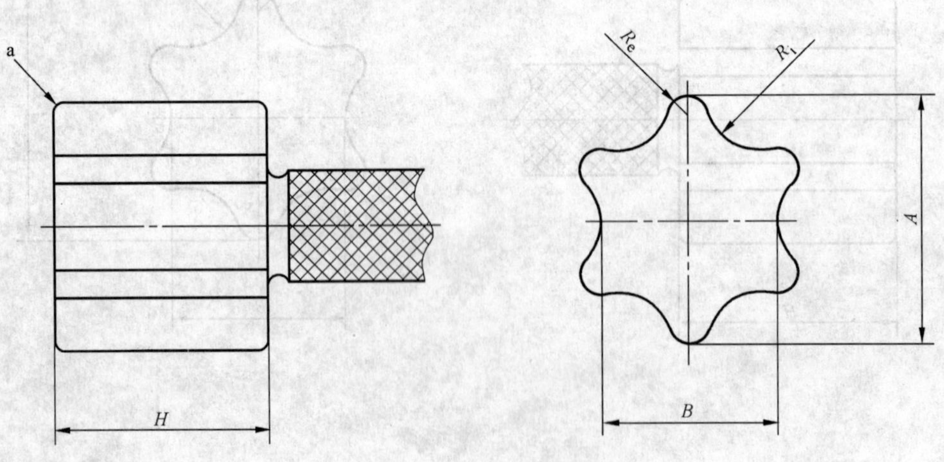

[a] 圆角最大尺寸:0.076 mm,适用于槽号≥No.10;

0.025 4 mm,适用于槽号<No.10。

图 4　止规 *A* 和 R_e 尺寸

表 4　止规 A 和 R_e 极限尺寸

单位为毫米

槽号 No.	A		B	R_i		R_e		H ±0.25
	min	max	max	min	max	min	max	
6	1.778	1.785	1.181	0.231	0.241	0.173	0.180	1.57
8	2.419	2.425	1.664	0.36	0.37	0.231	0.238	2.79
10	2.845	2.852	1.956	0.431	0.441	0.269	0.276	3.3
15	3.379	3.385	1.956	0.398	0.408	0.307	0.315	3.56
20	3.963	3.970	2.616	0.602	0.614	0.345	0.353	3.81
25	4.560	4.566	2.868	0.637	0.647	0.429	0.436	4.19
30	5.652	5.659	3.886	0.939	0.949	0.505	0.513	4.7
40	6.807	6.814	4.661	1.112	1.125	0.612	0.619	5.33
45	7.976	7.983	4.661	1.110	1.123	0.640	0.648	5.97
50	8.992	8.999	6.413	1.628	1.640	0.840	0.848	6.22
55	11.405	11.412	7.684	2.176	2.189	0.845	0.853	6.48
60	13.488	13.495	7.684	2.153	2.164	1.158	1.165	7.92
70	15.774	15.781	10.262	2.545	2.557	1.285	1.292	8.71
80	17.831	17.838	11.76	2.608	2.621	1.628	1.635	9.52
90	20.257	20.264	12.827	3.111	3.121	1.648	1.656	10.31
100	22.467	22.473	15.24	4.006	4.018	1.839	1.847	11.1

3.3.2　*B* 尺寸

圆柱止规直径 B(见图 5)应在表 5 规定的极限尺寸内。

符合表 5 规定的圆柱止规插入内六角花形的深度应不大于表 2 的规定。

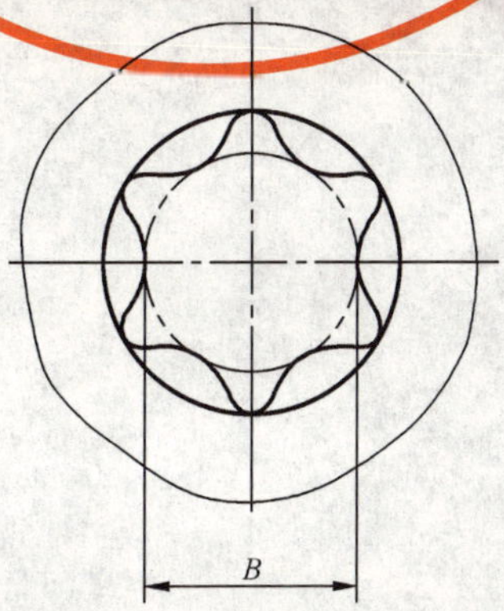

图 5　测量圆柱的范围

表 5　圆柱止规直径尺寸 *B*　　　单位为毫米

槽号 No.	圆柱止规直径尺寸 *B*	
	min	max
6	1.440	1.445
8	1.920	1.925
10	2.280	2.285
15	2.760	2.765
20	3.280	3.285
25	3.720	3.725
30	4.660	4.665
40	5.600	5.605
45	6.660	6.665
50	7.380	7.385
55	9.660	9.665
60	11.340	11.345
70	13.340	13.345
80	14.920	14.925
90	17.160	17.165
100	19.020	19.025

4　标记

标记应引用本标准编号及槽号。

示例：槽号 No. 20 的内六角花形的标记：

内六角花形　GB/T 6188-20

附 录 A
（资料性附录）
内六角花形轮廓画法

图 A.1 给出的尺寸关系，仅为便于绘制扳拧部分，如采用 CAD 辅助设计时使用。

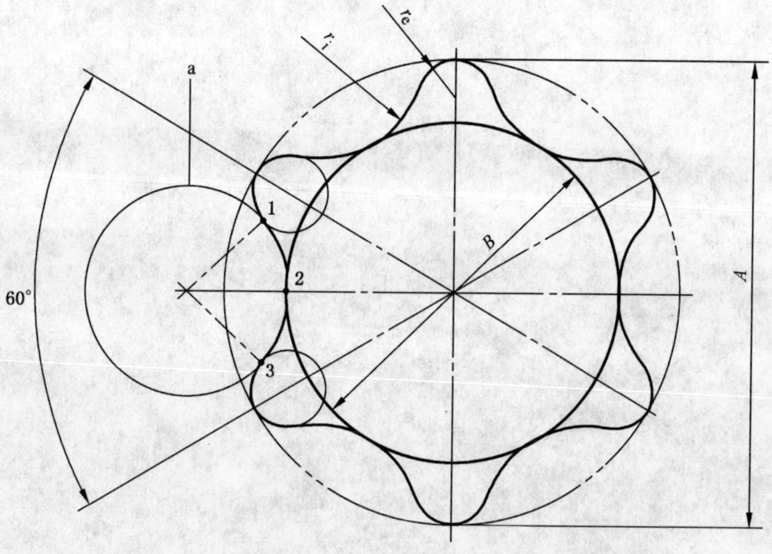

$B \approx 0.72A$

$r_e \approx 0.1A$

$r_i \approx 0.175A$

[a] 圆周与凹槽轮廓于 1、2 和 3 点相切。

图 A.1 六角花形画法

ICS 67.080.20
B 31

中华人民共和国国家标准

GB/T 6192—2008
代替 GB/T 6192—1986

黑 木 耳

Auricularia auricular

2008-08-07 发布　　　　2008-12-01 实施

中华人民共和国国家质量监督检验检疫总局
中国国家标准化管理委员会　发布

前 言

本标准代替 GB/T 6192—1986《黑木耳》。

本标准与 GB/T 6192—1986 相比主要修改如下：

——本标准的英文名称由原名《Jew's-ear fungus》改为《*Auricularia auricular*》；

——增加了“规范性引用文件”；

——补充和修订了术语和定义；

——将“物理指标”和“化学指标”合并成“理化指标，增加了 “卫生指标”；

——修改了食用菌产品抽样方法。

本标准由中华全国供销合作总社提出。

本标准由中华全国供销合作总社昆明食用菌研究所归口。

本标准主要起草单位：中华全国供销合作总社昆明食用菌研究所。

本标准主要起草人：桂明英、徐俊、罗孝坤、朱萍、张陶、高观世。

本标准所代替标准的历次版本发布情况为：

——GB/T 6192—1986。

黑　木　耳

1　范围

本标准规定了黑木耳[拉丁学名：*Auricularia auricula*（L. ex Hook.）Underw]干制产品的要求、试验方法、检验规则、标志、标签、包装、运输和贮存。

本标准适用于经过热风、晾晒、干燥加工的黑木耳干制品。

2　规范性引用文件

下列文件中的条款通过本标准的引用而成为本标准的条款。凡是注日期的引用文件，其随后所有的修改单（不包括勘误的内容）或修订版均不适用于本标准，然而，鼓励根据本标准达成协议的各方研究是否可使用这些文件的最新版本。凡是不注日期的引用文件，其最新版本适用于本标准。

GB/T 191　包装储运图示标志

GB/T 5009.3　食品中水分的测定

GB/T 5009.10　植物类食品中粗纤维的测定

GB/T 5009.11　食品中总砷及无机砷的测定

GB/T 5009.12　食品中铅的测定

GB/T 5009.15　食品中镉的测定

GB/T 5009.17　食品中总汞及有机汞的测定

GB/T 5009.19　食品中六六六、滴滴涕残留量的测定

GB 7718　预包装食品标签通则

GB/T 12532　食用菌灰分测定

GB/T 12533　食用菌杂质测定

GB/T 15672　食用菌总糖含量测定方法

GB/T 15673　食用菌粗蛋白质含量测定方法

GB/T 15674　食用菌粗脂肪含量测定方法

定量包装商品计量监督管理办法　国家质量监督检验检疫总局令第75号

3　术语和定义

下列术语和定义适用于本标准。

3.1

黑木耳　*Auricularia auricular*

隶属于担子菌亚门（Basidiomycotina）、木耳目（Auriculariales）、木耳科（Auriculariaceae）的可食用的大型真菌。

3.2

拳耳　fisted fruit body

在阴雨多湿季节，因晾晒不及时，耳片互相粘裹而形成的拳头状的黑木耳。

3.3

薄耳　thin fruit body

在高温、高湿条件下，采收不及时而形成的色泽较浅的薄片状的黑木耳。

3.4

流失耳　damaged fruit body

高温、高湿导致木耳肉质破坏、胶质溢出、失去商品价值的黑木耳。

3.5

干湿比　dry-wet ratio

黑木耳干制品与浸泡吸水并滤去余水后的湿黑木耳质量之比。

3.6

杂质　extraneous matters

除黑木耳以外的一切有机物和无机物。

4　要求

4.1　感官指标

应符合表1规定。

表1　感官要求

项　目	要　求		
	一　级	二　级	三　级
色泽	耳正面黑褐色、有光泽，耳背面暗灰色	耳正面黑褐色，背暗灰色	多为黑褐色至浅棕色
形态大小	耳片完整，不能通过直径3 cm的筛眼	耳片基本完整，不能通过直径2 cm的筛眼	耳片小或成碎片，不能通过直径1 cm的筛眼
耳片厚度/mm	≥1	≥0.7	—
杂质/%	≤0.3	≤0.5	≤1
拳耳/%	无	无	≤1
薄耳/%	无	无	≤0.5
流失耳	无		
虫蛀耳			
霉烂耳			
气味	具有黑木耳特有的气味，无异味		

4.2　理化指标

应符合表2规定。

表2　理化要求

项　目	要　求		
	一　级	二　级	三　级
干湿比	≥1∶13	≥1∶12	
水分/%	≤14		
灰分/%	≤6.0		
总糖(以转化糖计)/%	≥22.0		
粗蛋白质/%	≥7.0		
粗脂肪/%	≥0.40		
粗纤维/%	3.0～6.0		

4.3 卫生指标

应符合表3规定。

表3 卫生要求

项　目	要　求
总砷(以As计)/(mg/kg)	≤1.0
铅(以Pb计)/(mg/kg)	≤2.0
总汞(以Hg计)/(mg/kg)	≤0.2
镉(以Cd计)/(mg/kg)	≤1.0
六六六/(mg/kg)	≤0.2
滴滴涕/(mg/kg)	≤0.1

4.4 净含量

应符合《定量包装商品计量监督管理办法》的要求。

5 试验方法

5.1 感官检验

5.1.1 色泽、形态大小、气味

采用手握、耳听、鼻嗅、目测的方法进行感官检验。

5.1.2 形态大小

将被检木耳用网孔直径为3 cm、2 cm和1 cm的筛网判断等级。

5.1.3 耳片厚度

用读数值0.05 mm的游标卡尺测量耳片中间的厚度。

5.1.4 杂质

按GB/T 12533规定的方法测定。

5.1.5 拳耳、薄耳、流失耳、虫蛀耳、霉烂耳

随机抽取样品500 g(精确至0.1 g),分别拣出拳耳、薄耳、流失耳、虫蛀耳、霉烂耳,用感量为0.1 g的天平称其质量,按式(1)分别计算样品中的拳耳、薄耳、流失耳、虫蛀耳、霉烂耳的质量分数,计算结果精确到小数点后一位。

$$X = \frac{m_1}{m} \times 100\% \qquad \cdots\cdots(1)$$

式中:

X——拳耳、薄耳、流失耳、虫蛀耳、霉烂耳的质量分数,%;

m_1——拳耳、薄耳、流失耳、虫蛀耳、霉烂耳的质量,单位为克(g);

m——样品的质量,单位为克(g)。

5.2 理化检验

5.2.1 干湿比

称取样品100.0 g(精确至±0.1 g),将样品放入室温下水中浸泡4 h后,取出用漏水容器滤尽余水,直到不产生水滴为止后称量,按式(2)计算干湿比,计算结果精确到小数点后一位。

$$Y = 1 : \frac{m_1}{m} \qquad \cdots\cdots(2)$$

式中：

Y——样品干湿比；

m_1——样品湿重，单位为克(g)；

m——样品干重，单位为克(g)。

5.2.2 水分的测定

按 GB/T 5009.3 规定的方法测定。

5.2.3 灰分的测定

按 GB/T 12532 规定的方法测定。

5.2.4 总糖的测定

按 GB/T 15672 规定的方法测定。

5.2.5 粗蛋白质的测定

按 GB/T 15673 规定的方法测定。

5.2.6 粗脂肪的测定

按 GB/T 15674 规定的方法测定。

5.2.7 粗纤维的测定

按 GB/T 5009.10 规定的方法测定。

5.3 卫生指标的检验

5.3.1 总砷

按 GB/T 5009.11 规定的方法测定。

5.3.2 铅

按 GB/T 5009.12 规定的方法测定。

5.3.3 总汞

按 GB/T 5009.17 规定的方法测定。

5.3.4 镉

按 GB/T 5009.15 规定的方法测定。

5.3.5 六六六、滴滴涕

按 GB/T 5009.19 规定的方法测定。

6 检验规则

6.1 组批规则

同一产地、同一批次 、同一等级作为一个检验批次。

6.2 抽样

6.2.1 抽样数量

在整批货物中，包装产品以同类货物的小包装袋(盒、箱等)为基数，散装产品以同类货物的质量(kg)或件数为基数，按下列整批货物件数的基数进行随机取样：

——整批货物 50 件以下，抽样基数为 2 件；

——整批货物 51 件～100 件，抽样基数为 4 件；

——整批货物 101 件～200 件，抽样基数为 5 件；

——整批货物 201 件以上，以 6 件为最低限度，每增加 50 件加抽 1 件。

小包装质量不足检验所需质量时，适当加大抽样量。

6.2.2 抽样方法

在整批货物中的不同部位抽样，每件深入耳包中心处抽取 100 g，把抽取出的样品置于铺垫物上，充分混合后，以四分法分取需要数量样品，装入密封样品袋。

6.3 检验分类

6.3.1 交收检验

每批产品交收前，生产者应进行交收检验。交收检验内容包括感官、水分、标志和包装。检验合格后，附合格证方可交收。

6.3.2 型式检验

型式检验是对产品进行全面考核，即对本标准的全部规定进行检验。有下列情形之一者应进行型式检验：

a) 国家质量监督机构或行业主管部门提出型式检验要求时；

b) 前后两次抽样检验结果差异较大时；

c) 因人为或自然因素使生产技术和生产环境发生较大变化时。

6.4 判定规则

6.4.1 卫生指标中任何一项不符合本标准要求的，则判定该批产品不合格。其他指标如有一项不合格，允许在同批次产品中加倍抽样，对不合格项目进行复检，若仍有一项不合格，则判定该批产品为不合格。

6.4.2 在判定级别时，若各指标间所对应级别不一致，则按照舍高取低原则，判定该产品为较低等级指标对应的等级。

6.4.3 因净含量不符合标准判为不合格时，允许经适当处理后再有复验；复验项目、检查水平和合格质量水平仍按原要求，以复验结果作为最终判定依据。

7 标志、标签

7.1 外包装标志应符合 GB/T 191 的规定。应标明产品名称、产品标准号、等级、质量或数量、规格、生产日期、保质期、生产企业名称、地址。

7.2 标签应符合 GB 7718 的要求。

8 包装、运输和贮存

8.1 包装

8.1.1 包装材料应坚固、洁净、干燥、防湿、无破损、无异味、无毒、无害。

8.1.2 每批产品所用的包装、质量单位应一致。

8.1.3 包装检验规则：逐件称量抽取的样品，每件的净含量应不低于包装外标志的净含量。

8.2 运输

8.2.1 运输时应轻装、轻卸，避免机械损伤。

8.2.2 运输工具应清洁、卫生，无污染物、无杂物。

8.2.3 防日晒、防雨淋、不可裸露运输。

8.2.4 不得与有毒、有害、有异味的物品和鲜活动物混装混运，不得用有毒(害)或受污染的运输工具运载。

8.3 贮存

8.3.1 置于通风良好、阴凉干燥、清洁卫生、有防潮设备及防霉变、防虫蛀和防鼠设施的库房贮存。

8.3.2 不得与有毒、有害、有异味和易于传播霉菌、虫害的物品混合存放。

ICS 65.060.10
T 69

中华人民共和国国家标准

GB/T 6236—2008
代替 GB/T 6236—1986

农林拖拉机和机械 驾驶座标志点

Tractors and machinery for agricultural and forestry—Seat index point

(ISO 5353:1995, Earth-moving machinery, and tractors and machinery for agricultural and forestry—Seat index point, MOD)

2008-02-03 发布 2008-07-01 实施

中华人民共和国国家质量监督检验检疫总局
中国国家标准化管理委员会 发布

前　言

本标准修改采用ISO 5353:1995《土方机械、农林拖拉机和机械　驾驶座标志点》(英文版)。

本标准根据ISO 5353:1995重新起草。

为符合我国的标准编写规定及与我国标准相协调,本标准在采用国际标准时进行了修改。这些技术差异用垂直线标识在它们所涉及的条款的页边空白处。主要技术内容修改如下:

——将标准名称改为"农林拖拉机和机械　驾驶座标志点";

——修改了"驾驶座标志点(SIP)测定装置"要求;

——驾驶座标志点(SIP)测定时删除了座椅准备的部分内容。

为便于使用,本标准作了下列编辑性修改:

——"本国际标准"一词改为"本标准";

——用小数点"."代替作为小数点的逗号",";

——删除了国际标准的前言。

本标准是对GB/T 6236—1986《农业拖拉机驾驶座标志点》的修订。修订时除作了编辑性修改外,本标准与GB/T 6236—1986相比主要修改内容如下:

——将标准名称改为"农林拖拉机和机械　驾驶座标志点";

——修改了驾驶座标志点的定义;

——3.1中增加了注2的内容;

——增加了第4章"多功能机械座椅";

——增加了5.1条SIP测量装置的技术要求;

——5.2.1.2中增加了"应按制造厂……";

——修改了5.3.2的d)款SIP装置的总质量;

——5.3.3中增加了对多功能机械座椅每个位置重复进行测定的要求;

——增加了5.4试验报告的内容。

本标准自实施之日起代替GB/T 6236—1986。

本标准由中国机械工业联合会提出。

本标准由全国拖拉机标准化技术委员会归口。

本标准起草单位:洛阳拖拉机研究所、国家拖拉机质量监督检验中心。

本标准主要起草人:刘华、陈志强、徐惠娟。

本标准所代替标准的历次版本发布情况为:

——GB/T 6236—1986。

农林拖拉机和机械　驾驶座标志点

1　范围

本标准规定了农林拖拉机和机械用各种驾驶座标志点(SIP)位置的测定方法及测定设备。

本标准给出了驾驶座上SIP相对于固定点位置的一个统一的定义方法。SIP可在驾驶座上单独测定或驾驶座装于机械上且处于工作环境下进行测定。SIP是驾驶座的特性。该点可以由驾驶座制造厂提供。

本标准适用于农林拖拉机和机械。

2　规范性引用文件

下列文件中的条款通过本标准的引用而成为本标准的条款。凡是注日期的引用文件,其随后所有的修改单(不包括勘误的内容)或修订版均不适用于本标准,然而,鼓励根据本标准达成协议的各方研究是否可使用这些文件的最新版本。凡是不注日期的引用文件,其最新版本适用于本标准。

GB/T 6960(所有标准)　拖拉机术语

3　术语和定义

GB/T 6960确立的以及下列术语和定义适用于本标准。

3.1

驾驶座标志点　seat index point(简称SIP)

驾驶座标志点(SIP)的位置按5.3规定的方法确定。该点位于驾驶座纵向中心平面内,如图1所示。

注1:驾驶座标志点相对于拖拉机和机械的位置是固定的,它不因驾驶座的调整或振动而改变。

注2:本标准规定的SIP是为设计驾驶员工作位置时,相当于人体躯干和大腿之间假想的枢轴线与通过驾驶座中垂面的交点。

3.2

安装固定点　fixing point

由制造厂规定的作为SIP的基准点,见图2和图3的示例。

4　多功能机械座椅

在特定的机械上,驾驶员在座椅上需执行多种功能的操作。因拖拉机或机械有第二种操作装置而提供了座椅的第二种位置,则座椅的SIP相对于机械或拖拉机就有两个位置(即有两个座椅),每个位置对应于一个SIP。SIP的第一种定位应符合第一种位置和操纵装置所适用的标准,而SIP的第二种定位也应符合第二种位置和操纵装置所适用的标准。

5　技术要求

5.1　驾驶座标志点(SIP)测定装置

驾驶座标志点(SIP)测定装置如图1所示。该装置的质量为6 kg±1 kg。装置的工作表面应是与驾驶座表面具有最小摩擦性能的硬木(用200号或更细的砂纸或同等的磨料抛光),或具有相同性质的其他材料。

单位为毫米

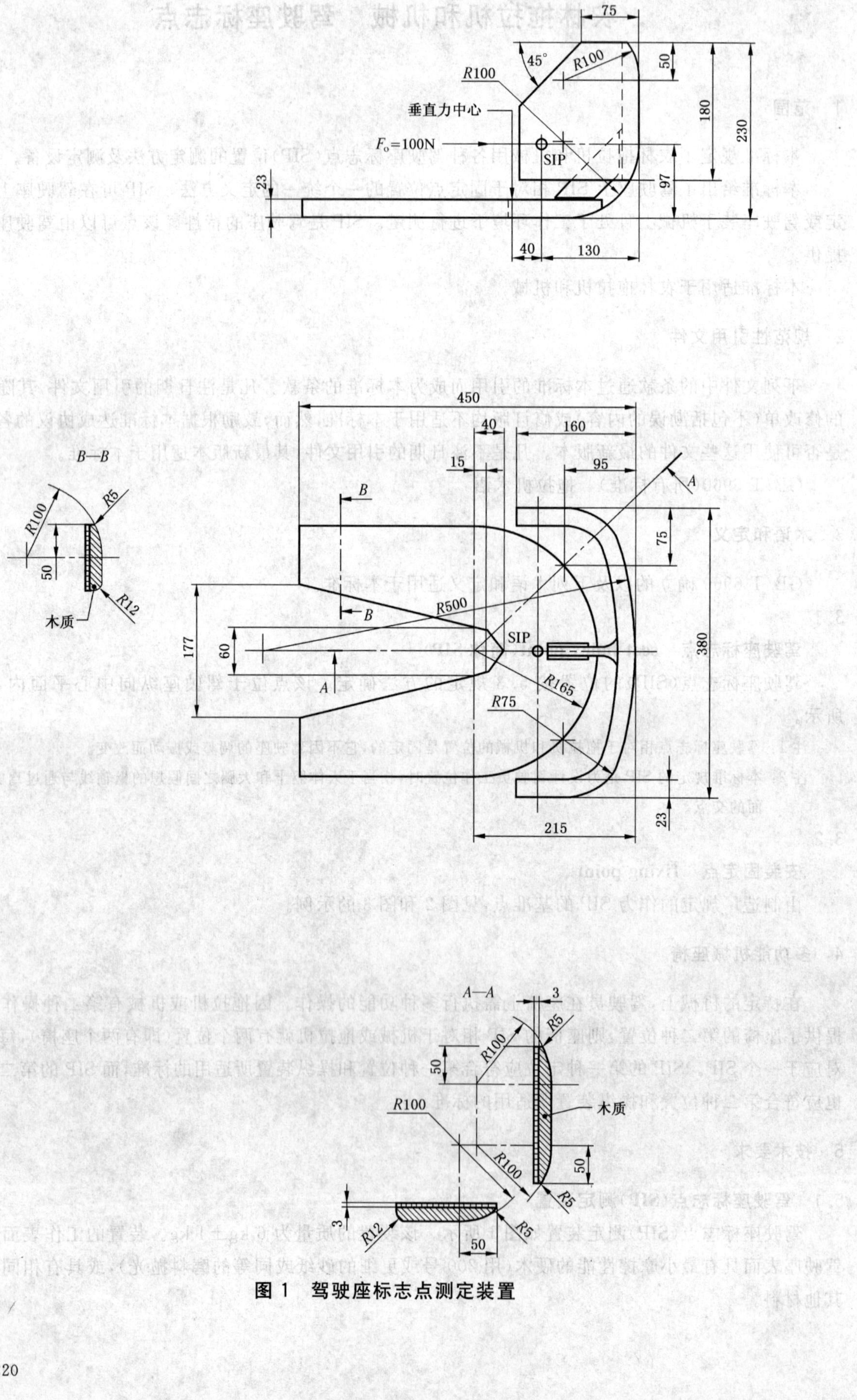

图 1　驾驶座标志点测定装置

5.2　测定驾驶座标志点(SIP)时的调整

5.2.1　可调的驾驶座悬架系统

当座椅或其悬架的一部分可以进行相应的调整时,在确定 SIP 之前,按下列步骤顺序进行调整。

5.2.1.1　座椅的调整

所有前后方向上、高度方向上和角度的调整,均应调整到它们的中间位置。如因结构上的限制无法调整到中间位置时,则应调整到使 SIP 装置处于中间位置最接近的偏上或偏后的位置。

5.2.1.2　悬架装置调整

应按制造厂说明书的规定将可调的驾驶座悬架系统锁定住。若制造厂未提供说明书,则应将悬架装置锁定在其振幅范围的中间位置上。

5.2.2　不可调的驾驶座悬架系统

不可调的驾驶座悬架系统,应将测定装置连同规定的加重物放上后,固定在垂直位置处。

5.3　驾驶座标志点(SIP)的测定

5.3.1　座椅的准备

在测定前,应给出足够的时间使座椅达到 20℃±2℃ 的室温。

将座椅放在一个水平表面上。

在座椅上分两次坐上一个体重 75 kg±10 kg 的人,每次持续 1 min,以使座垫和靠背垫挠曲(即产生变形),人离开座椅 5 min 后方可进行试验。

5.3.2　放置测定装置

a)　将无外重的驾驶座标志点测定装置(以下简称 SIP 装置)顺着中心放在驾驶座座垫的横向中心处,并向后推贴至驾驶座的靠背,并使装置顺向调整和水平放置于座椅上,见图 2。

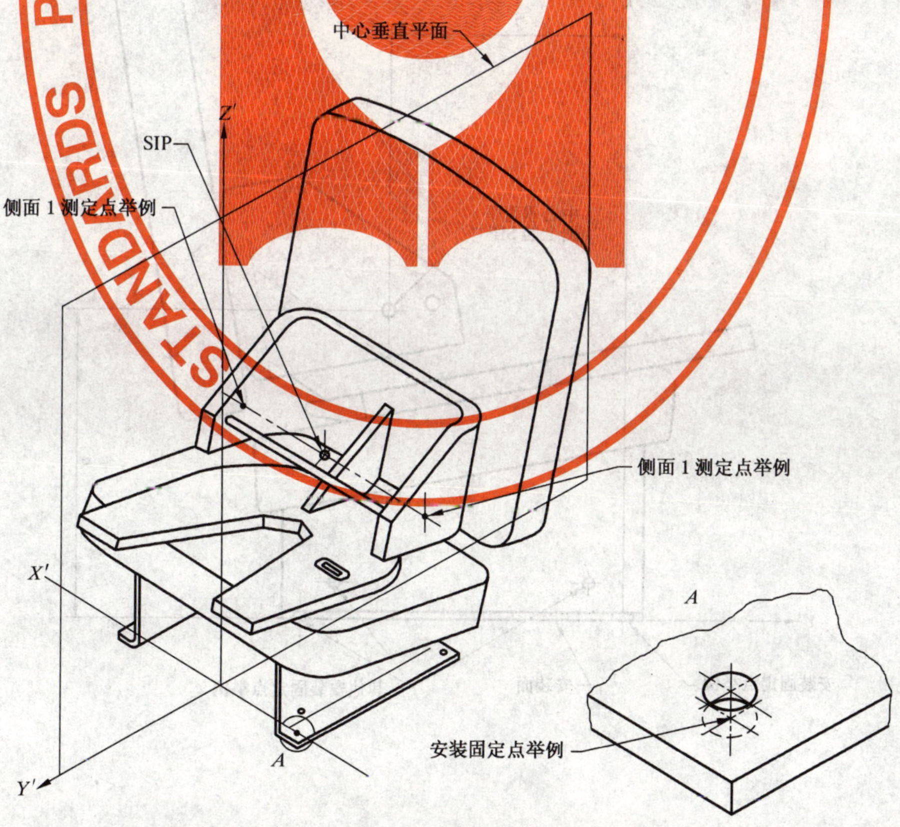

图 2　放置 SIP 测定装置的座椅

b) 在 SIP 装置上施加重物，使装置的总质量由 6 kg±1 kg 增加到 26 kg±1 kg。另外，所加质量的垂直力作用点应在 SIP 标记前 40 mm 处。

c) 如图 1 所示，为使驾驶座座垫、靠背垫与 SIP 测定装置之间得到良好的贴合，在 SIP 点对该装置交替施加并释放约 100 N 向后的水平力，并左右摇晃该装置。

d) 继续增加质量，使 SIP 装置的总质量从 26 kg±1 kg 增加到 65 kg±1 kg，所加重物的力作用点同上述 b)款。

注：一个 75 kg 重的驾驶员相当于在座椅上一个 65 kg 的加载装置。

e) 重复对测定装置进行交替的加载、卸载以及摆动，并进行检查，以确保该测定装置位于座椅的横向中心和水平位置。

5.3.3 测量

在 SIP 测定装置的两侧测得至中垂面等距离的点(见图 2)。取他们的中间值。在±1 mm 的允差范围内记录下由制造厂所定义的座椅总成上 SIP 至固定点的坐标尺寸(见图 3)。

某些机械的座椅一般能通过旋转完成多种功能。这些功能可以包括使用机械装置或者在行走状态下操动机械。在这些情况下，难以计算出不同的 SIP 相对于固定点的位置。此时应按 5.2、5.3 的规定，对每个位置重复进行测定。

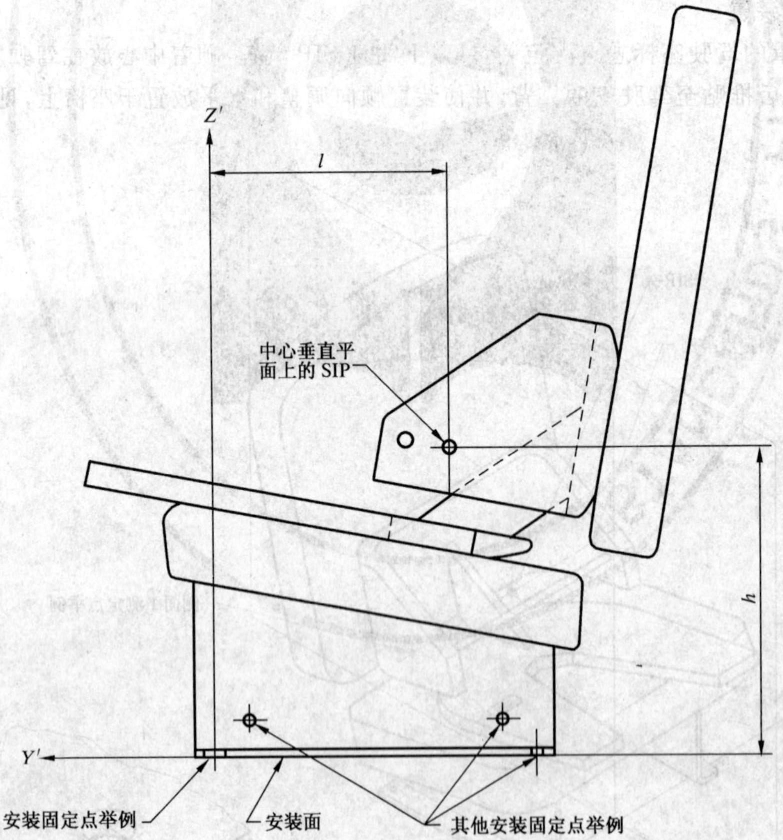

图 3 SIP 的位置

5.4 报告

测试报告应包括下列内容：

a） 参照本标准；

b） 详细说明所有与本标准规定不相同的试验条件或调整方法；

c） 一张带有固定点与 SIP 之间坐标尺寸的座椅总成的附图或简图(如图 3 所示)；

d） 与 5.2 有关的座椅调整范围的说明。

ICS 71.060.50
G 12

中华人民共和国国家标准

GB/T 6276.1—2008
代替 GB/T 6276.1—1986

工业用碳酸氢铵的测定方法
第1部分：碳酸氢铵含量 酸碱滴定法

Determination of ammonium hydrogen carbonate for industrial use—
Part 1：Ammonium hydrogen carbonate content—Acid-base method

2008-06-17 发布　　　　2008-09-01 实施

中华人民共和国国家质量监督检验检疫总局
中国国家标准化管理委员会　发布

前　言

GB/T 6276《工业用碳酸氢铵的测定方法》分为九个部分：

——第1部分：碳酸氢铵含量　酸碱滴定法；

——第2部分：氯化物含量　电位滴定法；

——第3部分：硫化物含量　目视比浊法；

——第4部分：硫酸盐含量　目视比浊法；

——第5部分：灰分含量　重量法；

——第6部分：铁含量　邻菲啰啉分光光度法；

——第7部分：砷含量　二乙基二硫代氨基甲酸银分光光度法；

——第8部分：砷含量　砷斑法；

——第9部分：重金属含量　目视比浊法。

本部分是 GB/T 6276 的第1部分。

本部分代替 GB/T 6276.1—1986《工业用碳酸氢铵　总碱度的测定　容量法》。

本部分与 GB/T 6276.1—1986 的主要差异是：

——标准名称由《工业用碳酸氢铵　总碱度的测定　容量法》改为《工业用碳酸氢铵的测定方法　第1部分：碳酸氢铵含量　酸碱滴定法》；

——试剂溶液、标准滴定溶液等的配制和标定方法执行 HG/T 2843 标准。

本部分由中国石油和化学工业协会提出。

本部分由全国肥料和土壤调理剂标准化技术委员会(SAC/TC 105)归口并负责解释。

本部分起草单位：国家化肥质量监督检验中心(上海)。

本部分主要起草人：周庆云、屈昕。

本部分于1986年首次发布。

工业用碳酸氢铵的测定方法 第1部分：碳酸氢铵含量 酸碱滴定法

1 范围

GB/T 6276 的本部分规定了采用酸碱滴定法测定工业用碳酸氢铵的含量。

本部分适用于工业用碳酸氢铵的碳酸氢铵含量的测定。

2 规范性引用文件

下列文件中的条款通过 GB/T 6276 的本部分的引用而成为本部分的条款。凡是注日期的引用文件，其随后所有的修改单（不包括勘误的内容）或修订版均不适用于本部分，然而，鼓励根据本部分达成协议的各方研究是否可使用这些文件的最新版本。凡是不注日期的引用文件，其最新版本适用于本部分。

HG/T 2843 化肥产品 化学分析常用标准滴定溶液、标准溶液、试剂溶液和指示剂溶液

3 原理

向试料中加入过量的硫酸标准滴定溶液，在指示液存在下，用氢氧化钠标准滴定溶液返滴定。

4 试剂和材料

本标准中所用试剂、溶液和水，在未注明规格和配制方法时，均应符合 HG/T 2843 的规定。

4.1 硫酸标准滴定溶液，$c(\frac{1}{2}H_2SO_4)=0.5$ mol/L；

4.2 氢氧化钠标准滴定溶液，$c(NaOH)=0.5$ mol/L；

4.3 甲基红-亚甲基蓝混合指示液。

5 仪器

通常实验室仪器。

6 分析步骤

6.1 测定

做两份试料的平行测定。

迅速称取约 1 g 试样（精确到 0.000 2 g）于带磨口塞的称量瓶中，立即洗入预先盛有 50.0 mL 硫酸标准滴定溶液的 250 mL 锥形瓶中，摇动锥形瓶，使试料完全溶解，加热煮沸逐出二氧化碳，冷却后加入 3～4 滴甲基红-亚甲基蓝混合指示液，用氢氧化钠标准滴定溶液滴定至试液呈现灰绿色为终点。

7 分析结果的表述

碳酸氢铵含量 w，以碳酸氢铵（NH_4HCO_3）质量分数计，数值以%表示，按式（1）计算：

$$w=\frac{(V_1c_1-V_2c_2)\times 79.06}{m\times 1\,000}\times 100 \qquad (1)$$

式中：

V_1——加入硫酸标准滴定溶液的体积的数值，单位为毫升（mL）；

c_1——硫酸标准滴定溶液的实际浓度的准确数值，单位为摩尔每升（mol/L）；

V_2——滴定所消耗氢氧化钠标准滴定溶液的体积的数值，单位为毫升（mL）；

c_2——氢氧化钠标准滴定溶液浓度的准确数值，单位为摩尔每升（mol/L）；

79.06——碳酸氢铵（NH_4HCO_3）摩尔质量的数值，单位为克每摩尔（g/mol）；

m——试料质量的数值，单位为克（g）。

计算结果表示到小数点后两位，取平行测定结果的算术平均值为测定结果。

8 允许差

平行测定结果的绝对差值不大于0.50%；

不同实验室测定结果的绝对差值不大于1.00%。

ICS 71.020;71.040
G 04

中华人民共和国国家标准

GB/T 6283—2008
代替 GB/T 6283—1986

化工产品中水分含量的测定 卡尔·费休法(通用方法)

Chemical products—Determination of water Karl·fischer method(general method)

(ISO 760:1978,Determination of water Karl·fischer method(general method),NEQ)

2008-06-18 发布　　2009-02-01 实施

中华人民共和国国家质量监督检验检疫总局
中国国家标准化管理委员会　发布

前言

本标准与ISO 760:1978《水的测定　卡尔·费休法(通用方法)》的一致性程度为非等效。

本标准代替GB/T 6283—1986《化工产品中水分含量的测定》。

本标准与GB/T 6283—1986相比主要有以下差异:

——增加了“本标准不适用于能与卡尔·费休试剂的主要成分反应并生产水的样品以及能还原碘或氧化碘化物的样品中水分的测定”的内容。

——卡尔·费休试剂的“水当量”改为“滴定度”;

——增加了“可依据样品性质选用市场上其他配方的卡尔·费休试剂”的内容;

——对标准的附录顺序进行了重新编排。

本标准的附录A、附录B、附录C、附录D为规范性附录。

本标准由中国石油和化学工业协会提出。

本标准由全国化学标准化技术委员会(SAC/TC 63)归口。

本标准由中国石油化工股份有限公司北京燕山分公司、中化化工标准化研究所负责起草。

本标准主要起草人:崔广洪、杨建海、魏静、毕晓霞、苏晓燕。

本标准所代替标准的历次版本发布情况为:

——GB/T 6283—1986。

化工产品中水分含量的测定 卡尔·费休法(通用方法)

1 范围

本标准规定了用卡尔·费休目测法和电量法测定样品游离水或结晶水含量的通用方法。

本标准适用于大部分有机和无机固、液体化工产品中游离水或结晶水含量的测定。

本标准不适用于能与卡尔·费休试剂的主要成分反应并生产水的样品以及能还原碘或氧化碘化物的样品中水分的测定。

在某些情况下,样品需要预处理措施,它们均在相应的国家标准中作了规定。

当没有电量法的仪器时,可使用目测法,它是一种直接滴定法,但只能用于无色的溶液。电量法包括直接滴定和反滴定两种方法,无论采用哪一种,都是较为准确的,因此,推荐用电量法。

2 规范性引用文件

下列文件中的条款通过本标准的引用而成为本标准的条款。凡是注日期的引用文件,其随后所有的修改单(不包括勘误的内容)或修订版均不适用于本标准,然而,鼓励根据本标准达成协议的各方研究是否可使用这些文件的最新版本。凡是不注日期的引用文件,其最新版本适用于本标准。

GB/T 6682　分析实验室用水规格和试验方法(GB/T 6682—2008,ISO 3696:1987,MOD)

3 原理

存在于试样中的任何水分(游离水或结晶水)与已知滴定度的卡尔·费休试剂(碘、二氧化硫、吡啶和甲醇组成的溶液)进行定量反应。

注:甲醇可用乙二醇甲醚代替。用此试剂,可得更为恒定的滴定体积,而且可在不使用任何专门技术下测定某些醛和酮类化工产品的水分。

4 反应式

$$H_2O + I_2 + SO_2 + 3C_5H_5N \longrightarrow 2C_5H_5N \cdot HI + C_5H_5N \cdot SO_3$$

$$C_5H_5N \cdot SO_3 + ROH \longrightarrow C_5H_5NH \cdot OSO_2OR$$

5 试剂和材料

5.1 水

实验用水应符合 GB/T 6682 中三级水规格。

5.2 甲醇

分析纯。如试剂中水的质量分数大于 0.05%,于 500 mL 甲醇中加入 5A 分子筛约 50 g,塞上瓶塞,放置过夜,吸取上层清液使用。

5.3 乙二醇甲醚

分析纯。如试剂中水的质量分数大于 0.05%,于 500 mL 乙二醇甲醚中加入 5A 分子筛约 50 g,塞上瓶塞,放置过夜,吸取上层清液使用。

5.4 碘

分析纯。

5.5 吡啶

分析纯。如试剂中水的质量分数大于 0.05%,于 500 mL 吡啶中加入 5A 分子筛约 50 g,塞上瓶塞,放置过夜,吸取上层清液使用。

5.6　**冰乙酸(冰醋酸)**

分析纯。

5.7　**氯仿(三氯甲烷)**

分析纯。如试剂中水的质量分数大于0.05%,于500 mL氯仿中加入5A分子筛约50 g,塞上瓶塞,放置过夜,吸取上层清液使用。

5.8　**硫酸**

化学纯。

5.9　**无水亚硫酸钠**

化学纯。

5.10　**二氧化硫**

钢瓶装二氧化硫或用硫酸分解饱和亚硫酸钠溶液制得的二氧化硫,均需经脱水干燥处理。二氧化硫发生装置见附录A。

5.11　**样品溶剂**

含4体积甲醇和1体积吡啶的混合物,或含4体积乙二醇甲醚和1体积吡啶的混合物(尤适用于某些含羰基化合物)。在特殊情况下,其他溶剂也能使用,如冰乙酸、吡啶或含1体积甲醇和3体积氯仿的混合物。

5.12　**干燥剂**

5.12.1　**5A分子筛**

直径3 mm～5 mm颗粒,用作干燥剂。使用前于500℃下焙烧2 h并在内装分子筛的干燥器中冷却;使用过的分子筛可用水洗涤、烘干、焙烧再生后备用。

5.12.2　**活性硅胶**

用作填充干燥剂。

5.13　**卡尔·费休试剂**

置670 mL甲醇或乙二醇甲醚于干燥的1 L带塞的棕色玻璃瓶中,加约85 g碘,塞上瓶塞,振荡至碘全部溶解后,加入270 mL吡啶,盖紧瓶塞,再摇动至完全混合。用下述方法溶解65 g二氧化硫于溶液中。

通入二氧化硫时,用橡皮塞取代瓶塞。橡皮塞上装有温度计、进气玻璃管(离瓶底10 mm,管径约为6 mm)和通大气毛细管。

将整个装置及冰浴置于天平上,称量,称准至1 g,通过软管使二氧化硫钢瓶(或二氧化硫发生器出口)与填充干燥剂的干燥塔及进气玻璃管连接,缓慢打开进气开关。

调节二氧化硫流速,使其完全被吸收,进气管中液位无上升现象。

随着质量的缓慢增加,调节天平砝码以维持平衡,并使溶液温度不超过20℃,当质量增加达到65 g时,立即关闭进气开关。

迅速拆去连接软管,再称量玻璃瓶和进气装置,溶解二氧化硫的质量应为60 g～70 g。稍许过量无妨碍。

盖紧瓶塞后,混合溶液,放置暗处至少24 h后使用。

此试剂滴定度为3.5 mg/mL～4.5 mg/mL。若用甲醇制备,需逐日标定;若用乙二醇甲醚制备,则不必时常标定。

用样品溶剂稀释所制备的溶液,可以制得较低滴定度的卡尔·费休试剂。

试剂宜贮存于棕色试剂瓶中,放于暗处,并防止大气中湿气影响。

注:由于反应是放热的,因此应从反应一开始就将棕色玻璃瓶冷却,并保持温度在0℃左右。例如,浸于冰浴或碎固体二氧化碳(干冰)中。

在新制备试剂中,由于存在不甚明了的反应,使试剂的滴定度在开始时下降得很快,然后下降得极为缓慢。

也可依据样品性质选用市场上其他配方的卡尔·费休试剂。选用后的测定结果应与本标准规定配制的卡尔·费休试剂测定结果一致。

5.14 酒石酸钠($Na_2C_4H_4O_6 \cdot 2H_2O$)

分析纯。

5.15 水-甲醇标准溶液(10 g 水/L)

用微量滴定管或吸液管注入 1 mL 纯水于含约 50 mL 甲醇之充分干燥的 100 mL 容量瓶中,用同样甲醇稀释至刻度,混匀(用此溶液标定卡尔·费休试剂,见附录 B 之 B.1 或 B.2,可采用目测法或直接电量法)。

1 mL 标准溶液含 10 mg 水。

5.16 水-甲醇标准溶液(2 g 水/L)

用微量滴定管或吸液管注入 1 mL 纯水于含约 100 mL 甲醇之充分干燥的 500 mL 容量瓶中,用同样甲醇稀释至刻度,混匀(此溶液与卡尔·费休试剂体积之间的对应值按 9.2.2 测得)。

1 mL 标准溶液含 2 mg 水。

5.17 硅酮润滑脂

润滑磨砂玻璃接头用。

6 仪器

所有使用的玻璃器皿在控制约 130℃烘箱中预先干燥 30 min,然后在含干燥剂的干燥器中冷却和贮存。

6.1 直接滴定(目测法或电量法)

6.1.1 本方法之仪器,见附录 C,此标准仪器由下述部分组成

6.1.1.1 自动滴定管:25 mL,细尖端,分度 0.05 mL,连接填充干燥剂的保护管,防止大气中湿气进入管内。

6.1.1.2 滴定容器:有效容量 100 mL,以磨砂玻璃接头与自动滴定管相连,并有两个支管,一支供电量法时插入铂电极用,另一支塞橡皮塞,以便在不打开容器情况下用注射器注入液体试样。

6.1.1.3 铂电极(见附录 C 图 C.1、图 C.2),焊接铂丝电极于玻璃管中,使其插到滴定容器底部,同时与终点电量测定装置之两根铜丝联接(用目测法时可省略)。

6.1.1.4 电磁搅拌器,固定在可调高度的底座上,使用外包玻璃或聚四氟乙烯的软钢棒搅拌,转速为 150 r/min～300 r/min。

6.1.1.5 装卡尔·费休试剂的试剂瓶,容量 3 L,棕色玻璃,通过磨砂塞插入自动滴定管的加料管。

6.1.1.6 双连橡皮球,与填充干燥剂的干燥瓶相连,以便压送干燥空气至试剂瓶中,使试剂充满滴定管。

6.1.1.7 终点电量测定装置,见附录 C 图 C.3(目测法时可省略)。

6.1.2 医用注射器,容量适宜,体积经校正。

6.1.3 小玻璃管(称样管),一端封闭,另一端用橡皮塞密封,用于称量试样和加物料等到滴定容器中去,例如称量标定卡尔·费休试剂所用的酒石酸钠(约 0.250 g)或称量固体试样。

6.2 电量反滴定法

6.2.1 本方法之仪器,见附录 D,此标准仪器由下述部分组成:

6.2.1.1 两支自动滴定管,25 mL,细尖端,直接与加液容器联接,供卡尔·费休试剂使用的是棕色滴定管,另一支供标准水—甲醇溶液之用。

6.2.1.2 滴定容器,有效容量 100 mL,以磨砂玻璃接头与自动滴定管联接,有两个支管,一支插入铂电极,另一支塞橡皮塞,使其在不打开容器情况下用注射器注入液体试样。

6.2.1.3 干燥管,连接滴定管加料容器和滴定容器塞成闭路。

6.2.1.4 铂电极(见附录D图D.1、图D.2),焊接铂丝电极于玻璃管中,使其插到滴定容器底部,同时与终点电量测定装置之两根铜丝联接。

6.2.1.5 电磁搅拌器,固定在可调高度的底座上,使用外包玻璃或聚四氟乙烯的软钢棒搅拌,转速为150 r/min～300 r/min。

6.2.1.6 终点电量测定装置,见附录D中图D.3。

6.2.2 医用注射器,容量适宜,体积经校正。

6.2.3 小玻璃管(称样管),一端封闭,另一端用橡皮塞密封,用于称量试样和加物料等到滴定容器中去,例如称量标定卡尔·费休试剂所用的酒石酸钠(约0.250 g)或称量固体试样。

7 目测法

7.1 终点测定原理

卡尔·费休试剂中碘的颜色遇待测试样中的水逐渐消失,过量第一滴试剂则显示出颜色。

7.2 操作步骤

7.2.1 卡尔·费休试剂的标定

7.2.1.1 按附录C所示装配仪器。用硅酮润滑脂润滑接头,用注射器经橡皮塞注入25 mL甲醇到滴定容器中,打开电磁搅拌器,为了与存在于甲醇中的微量水反应,由自动滴定管滴加卡尔·费休试剂,至溶液呈现棕色。

7.2.1.2 在小玻璃管中,称取约0.250 g酒石酸钠,称准至0.000 1 g,移去橡皮塞,在几秒钟内迅速地将它加到滴定容器中,然后再称量小玻璃管,通过减差确定使用的酒石酸钠的质量(m_1)。

也可由滴瓶加入约0.040 g水进行标定。称量加到滴定容器前、后滴瓶的质量,通过减差确定使用的水质量(m_2)。

用水-甲醇标准溶液标定,见附录B中B.1。

用待标定的卡尔·费休试剂滴定加入的已知量水,到溶液呈现与7.2.1.1同样棕色,记录消耗卡尔·费休试剂的体积(V_1)。

7.2.2 测定

通过排泄嘴将滴定容器中残液放完,用注射器经橡皮塞注入25 mL(或按待测试样规定的体积)甲醇或其他溶剂,打开电磁搅拌器,为了与存在于甲醇中的微量水反应,由自动滴定管滴加卡尔·费休试剂至溶液呈现棕色。

试样的加入,若是液体,用注射器注入;若是固体粉末,用小玻璃管加入,称准至0.000 1 g,用卡尔·费休试剂滴定至溶液呈现同样棕色,记录测定时消耗卡尔·费休试剂的体积(V_2)。

注:为了精确地测定试样的水分,可根据其水含量,称取适量试样,使滴定用去卡尔·费休试剂的体积能精密地读取出来,必要时,按比例增加试样量和溶剂,并使用合适容积的滴定容器。

7.3 结果表示

7.3.1 卡尔·费休试剂的滴定度T,以mg/mL表示,按式(1)或式(2)计算:

$$T=\frac{m_1\times 0.156\ 6}{V_1} \qquad \cdots\cdots(1)$$

$$T=\frac{m_2}{V_1} \qquad \cdots\cdots(2)$$

式中:

m_1——若用酒石酸钠标定,表示所加入酒石酸钠的质量,单位为毫克(mg);

m_2——若用水标定,表示所加入水的质量,单位为毫克(mg);

V_1——标定时,消耗卡尔·费休试剂的体积,单位为毫升(mL);

0.156 6——酒石酸钠的质量换算为水的质量系数。

7.3.2 试样水含量

试样水含量 X 以质量分数表示，按式(3)或式(4)计算：

$$X=\frac{V_2\times T}{m_0\times 10} \quad\cdots\cdots(3)$$

$$X=\frac{V_2\times T}{V_0\times\rho\times 10} \quad\cdots\cdots(4)$$

式中：

m_0——试样的质量(固体试样)，单位为克(g)；

V_0——试样的体积(液体试样)，单位为毫升(mL)；

V_2——测定时，消耗卡尔·费休试剂的体积，单位为毫升(mL)；

ρ——20℃时试样的密度(液体试样)，单位为克每毫升(g/mL)；

T——按 7.3.1 计算的卡尔·费休试剂的滴定度，单位为毫克每毫升(mg/mL)。

8 直接电量滴定法

8.1 终点测定原理

使浸入溶液中的两铂电极有一电位差，当溶液中存在水时，阴极极化反抗电流通过，由阴极去极化伴随着突然增加的电流(由合适的电装置示出)指示滴定终点。

8.2 操作步骤

8.2.1 卡尔·费休试剂的标定

8.2.1.1 按附录 C 图 C.1 所示装配仪器，用硅酮润滑脂润滑接头，用注射器经橡皮塞注入 25 mL 甲醇到滴定容器中，打开电磁搅拌器，并连接终点电量测定装置。

调节仪器，使电极间有 1 V～2 V 电位差，同时电流计指示出低电流，通常为几个微安。为了与存在于甲醇中的微量水反应，加入卡尔·费休试剂，直到电流计指示电流突然增加至约 10 μA～20 μA，并至少保持稳定 1 min。

8.2.1.2 在小玻璃管中，称取约 0.250 g 酒石酸钠，称准至 0.000 1 g，移去橡皮塞，在几秒钟内迅速地将它加到滴定容器中，然后再称量小玻璃管，通过减差确定使用的酒石酸钠质量(m_3)。

也可由滴瓶加入约 0.040 g 水进行标定。称量加到滴定容器前、后滴瓶的质量，通过减差确定使用的水质量(m_4)。

用水-甲醇标准溶液标定，见附录 B 中 B.2。

用待标定的卡尔·费休试剂滴定加入的已知量水，到电流计指针达到同样偏斜度，并至少保持稳定 1 min，记录消耗卡尔·费休试剂的体积(V_3)。

8.2.2 测定

通过排泄嘴将滴定容器中残液放完，用注射器经橡皮塞注入 25 mL(或按待测试样规定的体积)甲醇或其他溶剂(吡啶或样品)，打开电磁搅拌器，为了与存在于甲醇中的微量水反应，按 8.2.1 规定加入卡尔·费休试剂，直到电流计指针产生突然偏斜，并至少保持稳定 1 min。

试样的加入，若是液体，以注射器注入；若是固体粉末，用小玻璃管称取适量试样加入，称准至 0.000 1 g。使用同样终点电量测定的操作步骤，用卡尔·费休试剂滴定至终点，记录测定时消耗卡尔·费休试剂的体积(V_4)。

注：为了精确地测定试样的水分，可根据其水含量，称取适量试样，使滴定用去卡尔·费休试剂的体积能够精密地读取出来，必要时，按比例增加试样量和溶剂，并使用合适容积的滴定容器。

8.3 结果表示

8.3.1 卡尔·费休试剂的滴定度 T，以 mg/mL 表示，按式(5)或式(6)计算：

$$T=\frac{m_3\times 0.1566}{V_3} \qquad \cdots\cdots(5)$$

$$T=\frac{m_4}{V_3} \qquad \cdots\cdots(6)$$

式中：

m_3——若用酒石酸钠标定，表示所加入酒石酸钠的质量，单位为毫克(mg)；

m_4——若用水标定，表示所加入水的质量，单位为毫克(mg)；

V_3——标定时，消耗卡尔·费休试剂的体积，单位为毫升(mL)；

0.156 6——酒石酸钠质量换算为水的质量系数。

8.3.2 试样水含量

试样水含量 X 以质量百分数表示，按式(7)或式(8)计算：

$$T=\frac{V_4\times T}{m_0\times 10} \qquad \cdots\cdots(7)$$

$$T=\frac{V_4\times T}{V_0\times \rho\times 10} \qquad \cdots\cdots(8)$$

式中：

m_0——试样的质量(固体试样)，单位为克(g)；

V_0——试样的体积(液体试样)，单位为毫升(mL)；

V_4——测定时，消耗卡尔·费休试剂的体积，单位为毫升(mL)；

ρ——20℃时试样的密度(液体试样)，单位为克每毫升(g/mL)；

T——按8.3.1计算的卡尔·费休试剂的滴定度，单位为毫克每毫升(mg/mL)。

9 电量反滴定法

9.1 终点测定原理

加过量卡尔·费休试剂，用水-甲醇标准溶液反滴定。在反滴定开始时，电极有上很小的电位差，但足以引起电流计指针的大偏转，通过阴极极化伴随着电流的突然中断(由合适的电装置示出)指示滴定终点。

9.2 操作步骤

9.2.1 卡尔·费休试剂的标定

9.2.1.1 按附录D所示装配仪器，用硅酮润滑脂润滑接头，由一自动滴定管加过量卡尔·费休试剂到滴定容器中，使之能淹没电极，打开电磁搅拌器，并连接终点电量测定装置，由第二支自动滴定管滴入标准水-甲醇溶液，直到电流计的指针突然回到零。

9.2.1.2 在小玻璃管中，称取约0.250 g酒石酸钠，称准至0.000 1 g，移去橡皮塞，在几秒钟内迅速地将它加到滴定容器中，然后再称量小玻璃管，通过减差确定使用的酒石酸钠质量。

也可由滴瓶加入约0.040 g水进行标定。称量加到滴定容器前、后滴瓶的质量，通过减差确定使用的水质量(m_6)。

然后加入已知过量体积(V_5)卡尔·费休试剂，至溶液变棕色为止，等待30 s，用标准水-甲醇溶液反滴定过量的试剂，直到电流计的指针突然回到零，记录消耗此标准溶液的体积。

9.2.2 卡尔·费休试剂与标准水-甲醇溶液之间的对应值

部分地放空滴定容器，使电极仍淹没在按9.2.1所述的液体中。

由第一支滴定管加入待测定的20 mL卡尔·费休试剂，用第二支滴定管中的水-甲醇标准溶液滴定，到电流计的指针突然回到零，记录消耗此标准溶液的体积(V_7)。

9.2.3 **测定**

通过排泄嘴将滴定容器中残液放完，用注射器经橡皮塞注入 25 mL(或按待测试样规定的体积)甲醇，打开电磁搅拌器，为了与存在于甲醇中的微量水反应，加入稍过量(约 2 mL)的卡尔·费休试剂，然后滴加水-甲醇标准溶液，到电流计指针突然回到零。

试样的加入，若是液体，以注射器注入；若是固体粉末，用小玻璃管称取适量试样加入，称准至0.000 1 g。

加入已知过量体积(V_8)卡尔·费休试剂，至溶液变为棕色为止，等待 30s，用水-甲醇标准溶液反滴定过量的试剂，直到电流计的指针突然回到零。记录消耗此标准溶液的体积(V_9)。

注：为了精确地测定试样的水分，可根据其水含量，称取适量试样，使滴定用去卡尔·费休试剂的体积能够精密地读取出来，必要时，按比例增加试样量和溶剂，并使用合适容积的滴定容器。

9.3 **结果表示**

9.3.1 卡尔·费休试剂的滴定度 T，以 mg/mL 表示，按式(9)或式(10)计算：

$$T=\frac{m_5\times 0.156\,6}{V_5-\left(V_6\times\frac{20}{V_7}\right)} \qquad (9)$$

$$T=\frac{m_6}{V_5-\left(V_6\times\frac{20}{V_7}\right)} \qquad (10)$$

式中：

m_5——若用酒石酸钠标定，表示所加入酒石酸钠的质量，单位为毫克(mg)；

m_6——若用水标定(9.2.1.2)，表示所加入水的质量，单位为毫克(mg)；

V_5——在 9.2.1.2 中加入的已知过量卡尔·费休试剂的体积，单位为毫升(mL)；

V_6——在 9.2.1.2 反滴定消耗水-甲醇标准溶液的体积，单位为毫升(mL)；

V_7——在 9.2.2(同卡尔·费休试剂对应值)中消耗水-甲醇标准溶液的体积，单位为毫升(mL)；

0.156 6——酒石酸钠质量换算为水的质量系数。

9.3.2 试样水含量

试样水含量 X 用质量百分数表示，按式(11)或式(12)计算：

$$X=\left[V_8-\left(V_9\times\frac{20}{V_7}\right)\right]\times\frac{T}{m_0\times 10} \qquad (11)$$

$$X=\left[V_8-\left(V_9\times\frac{20}{V_7}\right)\right]\times\frac{T}{V_0\times\rho\times 10} \qquad (12)$$

式中：

m_0——试样的质量(固体试样)，单位为克(g)；

V_0——试样的体积(液体试样)，单位为毫升(mL)；

ρ——20℃时试样的密度，g/mL(液体试样)g；

V_7——同 9.3.1；

V_8——在 9.2.3 中所加入的已知过量卡尔·费休试剂的体积，单位为毫升(mL)；

V_9——在 9.2.3 中反滴定消耗水-甲醇标准溶液的体积，单位为毫升(mL)；

T——按 9.3.1 计算，卡尔·费休试剂的滴定度，单位为毫克每毫升(mg/mL)。

附 录 A
(规范性附录)
二氧化硫发生装置

A.1 二氧化硫发生装置见图 A.1 所示。

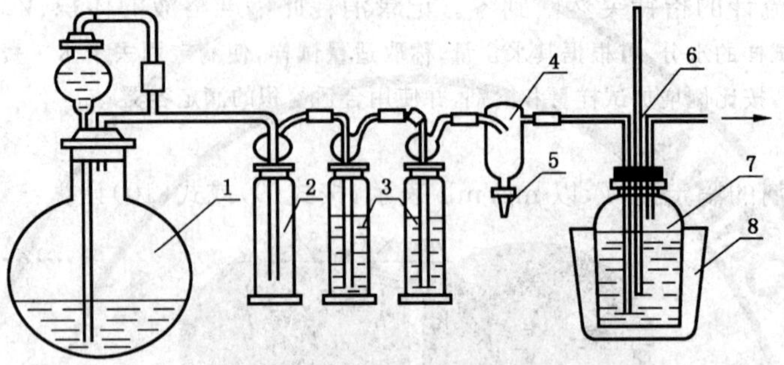

1——二氧化硫气体发生器；
2——空洗气瓶；
3——浓硫酸洗气瓶；
4——分离器；
5——接水泵；
6——温度计；
7——盛有甲醇、碘、吡啶溶液的吸收瓶；
8——冰浴。

图 A.1 二氧化硫气体发生装置

附 录 B
（规范性附录）
水-甲醇标准溶液标定卡尔·费休试剂

B.1 目测法

B.1.1 如用水-甲醇标准溶液代替酒石酸钠标定卡尔· 费休试剂，有关目测滴定的7.2.1.2修改如下：

用注射器注10.0 mL甲醇于滴定容器中，用卡尔· 费休试剂滴定到溶液呈现7.2.1.1同样棕色，记录消耗试剂的体积(V_{10})。

以同样方式，注入10.0 mL水-甲醇标准溶液，用待标定的卡尔·费休试剂滴定加入已知量的水，到溶液呈现同样棕色，记录消耗试剂的体积(V_{11})。

B.1.2 此外，7.3.1修改如下：

卡尔·费休试剂的滴定度 T，以mg/mL表示，按式(B.1)计算：

$$T=\frac{100}{V_{11}-V_{10}} \qquad \cdots\cdots(\text{B.1})$$

式中：

100——10 mL水-甲醇标准溶液所含水的质量，单位为毫克(mg)；

V_{10}——滴定10 mL甲醇消耗卡尔·费休试剂的体积，单位为毫升(mL)；

V_{11}——滴定10 mL水-甲醇标准溶液消耗卡尔·费休试剂的体积，单位为毫升(mL)。

B.2 直接电量滴定法

B.2.1 如用水-甲醇标准溶液代替酒石酸钠标定卡尔· 费休试剂，有关直接电量滴定的8.2.1.2项修改如下：

用注射器注10.0 mL甲醇于滴定容器中，用卡尔· 费休试剂滴定至电流计指针达到同样偏斜度，并至少保持稳定1 min，记录消耗试剂的体积(V_{12})。

以同样方式，加入10.0 mL水-甲醇标准溶液，用待标定的卡尔·费休试剂滴定由此加入的已知量水，到电流计指针达到同样偏斜度，并至少保持稳定1 min，记录消耗试剂的体积(V_{13})。

B.2.2 此外，8.3.1修改如下：

卡尔·费休试剂的滴定度 T，以mg/mL表示，按式(B.2)计算：

$$T=\frac{100}{V_{13}-V_{12}} \qquad \cdots\cdots(\text{B.2})$$

式中：

100——10 mL水-甲醇标准溶液中所含水的质量，单位为毫克(mg)；

V_{12}——滴定10 mL甲醇消耗卡尔·费休试剂的体积，单位为毫升(mL)；

V_{13}——滴定10 mL水-甲醇标准溶液消耗卡尔·费休试剂的体积，单位为毫升(mL)。

附　录　C
（规范性附录）
目测[1]或直接电量滴定仪器

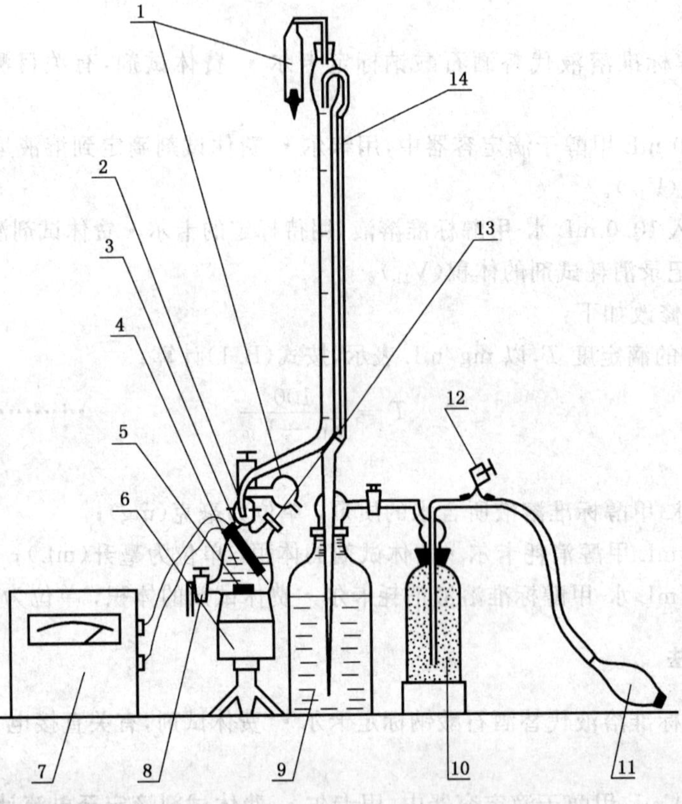

1——填充干燥剂的保护管；
2——球磨玻璃接头；
3——铂电极；
4——滴定容器；
5——外套玻璃或聚四氟乙烯的软钢棒；
6——电磁搅拌器；
7——终点电量测定装置；
8——排泄嘴；
9——装卡尔·费休试剂的试剂瓶；
10——填充干燥剂的干燥瓶；
11——双连橡皮球；
12——螺旋夹；
13——带橡皮塞的进样口；
14——25 mL 自动滴定管，分度 0.05 mL。

图 C.1　一般装置

1）　目测滴定，省略电极和其相联接的电器装置。

1——12/12 锥形磨口玻璃接头；
2——铜线，一根用塑料套绝缘。

图 C.2 铂电极

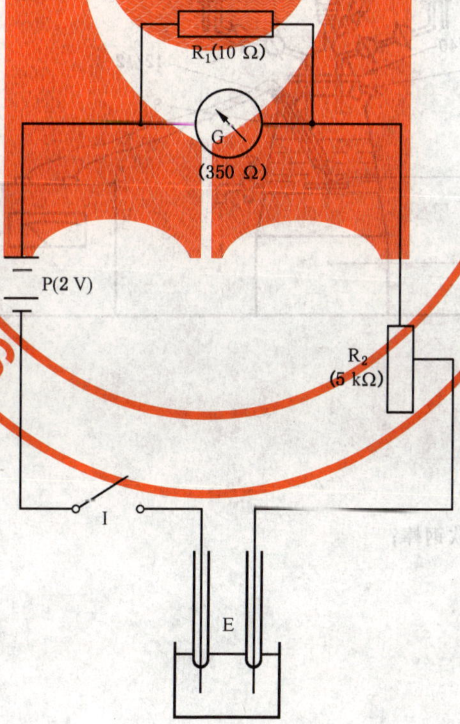

P——电池；
I——开关；
E——铂电极；
R_1、R_2——电阻；
G——电流计。

图 C.3 终点电量测定装置线路(直接滴定)

附 录 D
（规范性附录）
电量反滴定仪器

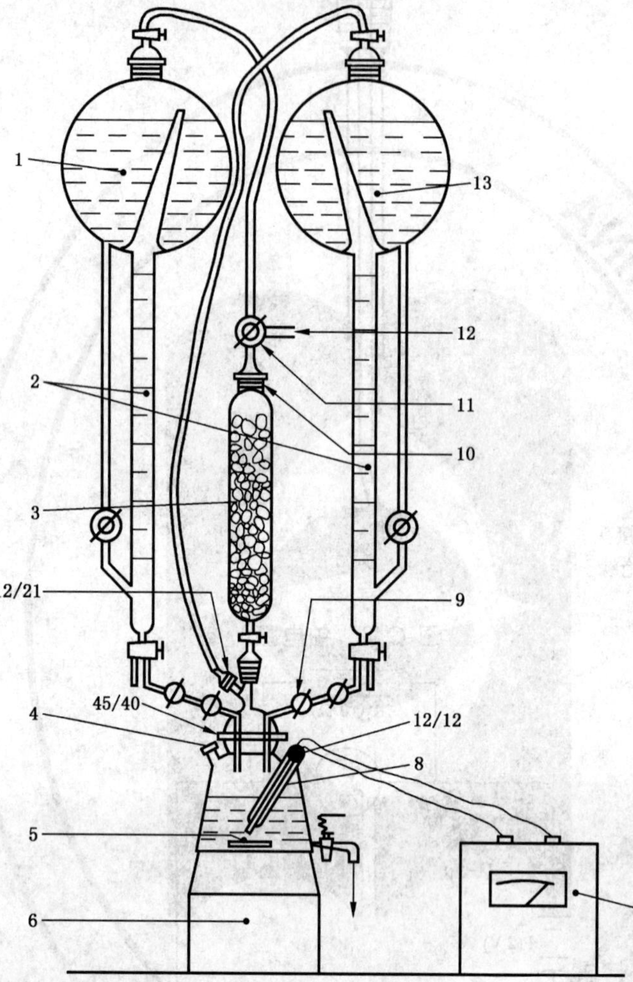

1——水-甲醇标准溶液容器；
2——25 mL 自动滴定管；
3——填充干燥剂的干燥管；
4——带橡皮塞的进样口；
5——外套玻璃或聚四氟乙烯的软钢棒；
6——电磁搅拌器；
7——终点电量测定装置；
8——铂电极；
9——球磨玻璃接头；
10——29/32 锥形磨口玻璃接头；
11——三通活塞；
12——干燥空气入口；
13——卡尔·费休试剂容器。

图 D.1 电量反滴定仪器

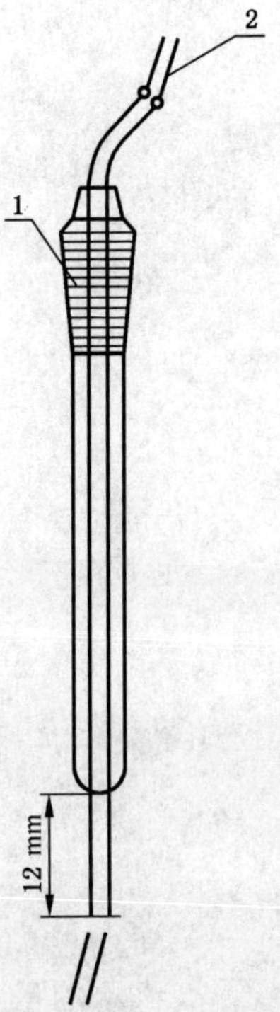

1——12/12 锥形磨口玻璃接头；
2——铜线，一根用塑料套绝缘。

图 D.2 铂电极

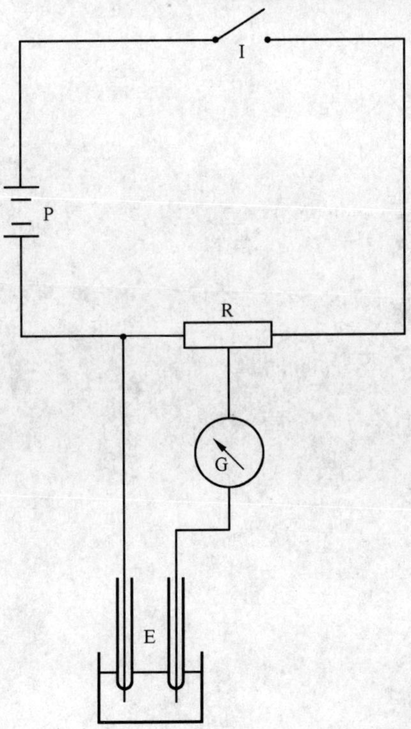

P——电池；
I——开关；
E——铂电极；
R——可变电阻；
G——电流计。

图 D.3 终点电量测定装置线路(反滴定)

ICS 17.040.30
J 42

中华人民共和国国家标准

GB/T 6315—2008
代替 GB/T 6315—1996

游标、带表和数显万能角度尺

Vernier, dial and digital display universal bevel protractors

2008-02-02 发布 2008-07-01 实施

中华人民共和国国家质量监督检验检疫总局
中国国家标准化管理委员会 发布

前　言

本标准是对 GB/T 6315—1996《游标万能角度尺》和 JB/T 10026—1999《带表万能角度尺》2 项标准进行整合修订的。

本标准代替 GB/T 6315—1996《游标万能角度尺》。自本标准实施之日起，JB/T 10026—1999《带表万能角度尺》作废。

本标准与 GB/T 6315—1996 的主要差异如下：

——修改了标准名称；

——增加了带表万能角度尺、数显万能角度尺的要求。

本标准的附录 A 为资料性附录。

本标准由中国机械工业联合会提出。

本标准由全国量具量仪标准化技术委员会(SAC/TC 132)归口。

本标准负责起草单位：哈尔滨量具刃具集团有限责任公司、桂林广陆数字测控股份有限公司。

本标准参加起草单位：成都成量工具有限公司和无锡锡工量具有限公司。

本标准主要起草人：于晓霞、武英、张伟、朱鸿杰、林强兴、李隆勇、孔福宝、陈永琪、陆惠良。

本标准所代替标准的历次版本发布情况为：

——GB/T 6315—1986；

——GB/T 6315—1996。

游标、带表和数显万能角度尺

1 范围

本标准规定了游标、带表和数显万能角度尺(以下简称“万能角度尺”)的术语和定义、形式与基本参数、要求、检验方法、标志与包装等。

本标准适用于分度值为2′和5′,测量范围为0°～320°和0°～360°的游标万能角度尺;分度值为2′和5′,测量范围为0°～360°的带表万能角度尺;分辨力为30″,测量范围为0°～360°的数显万能角度尺。

2 规范性引用文件

下列文件中的条款通过本标准的引用而成为本标准的条款。凡是注日期的引用文件,其随后所有的修改单(不包括勘误的内容)或修订版均不适用于本标准,然而,鼓励根据本标准达成协议的各方研究是否可使用这些文件的最新版本。凡是不注日期的引用文件,其最新版本适用于本标准。

GB/T 2423.3—1993 电工电子产品基本环境试验规程 试验Ca:恒定湿热试验方法(eqv IEC 60068-2-3:1984)

GB/T 2423.22—2002 电工电子产品环境试验 第2部分:试验方法 试验N:温度变化(IEC 60068-2-14:1984, IDT)

GB 4208—1993 外壳防护等级(IP代码)(eqv IEC 529:1989)

GB/T 17163 几何量测量器具术语 基本术语

GB/T 17164 几何量测量器具术语 产品术语

GB/T 17626.2—1998 电磁兼容 试验和测量技术 静电放电抗扰度试验(IEC 61000-4-2:1995, IDT)

GB/T 17626.3—1998 电磁兼容 试验和测量技术 射频电磁场辐射抗扰度试验(IEC 61000-4-3:1995,IDT)

3 术语和定义

GB/T 17163、GB/T 17164中确立的以及下列术语和定义适用于本标准。

3.1

数显万能角度尺 universal bevel protractor with a digital display

利用电子数字显示原理对两测量面相对转动所分隔的角度进行读数的角度测量器具。

3.2

最大允许误差(MPE) maximum permissible error

由技术规范、规则等对万能角度尺规定的误差极限值。

4 形式与基本参数

4.1 万能角度尺的形式见图1～图3所示。图示仅供图解说明,不表示详细结构。

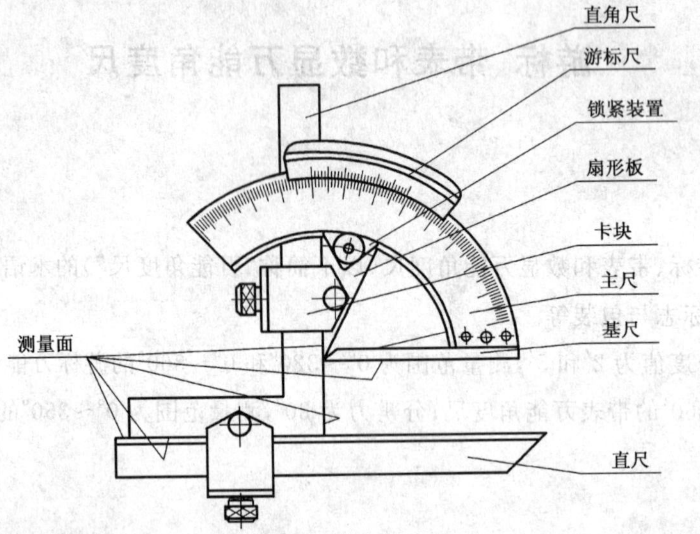

a)　Ⅰ型游标万能角度尺

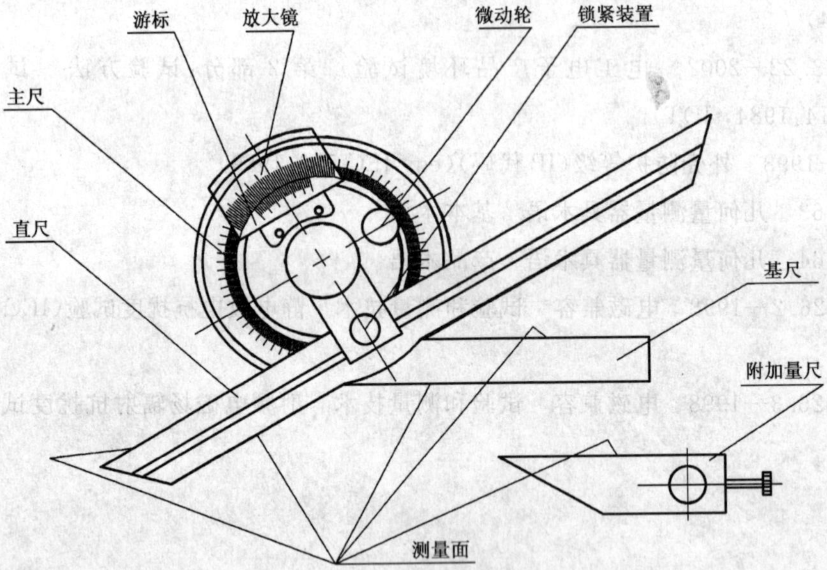

b)　Ⅱ型游标万能角度尺

图1　游标万能角度尺的形式示意图

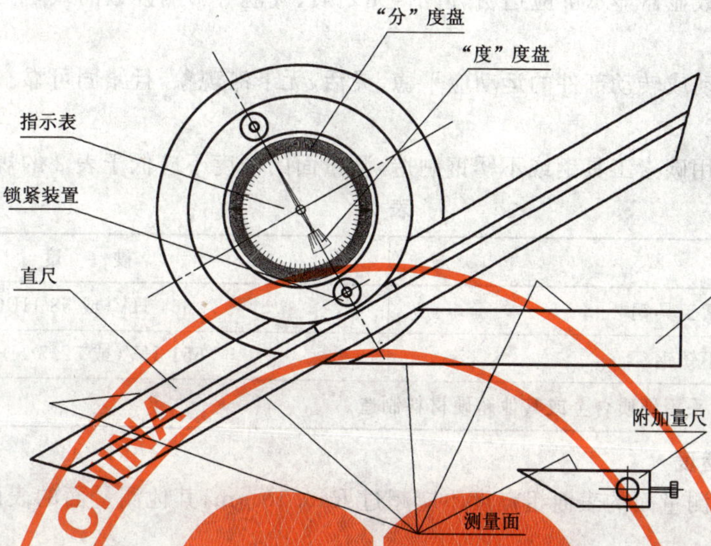

图 2　带表万能角度尺的形式示意图

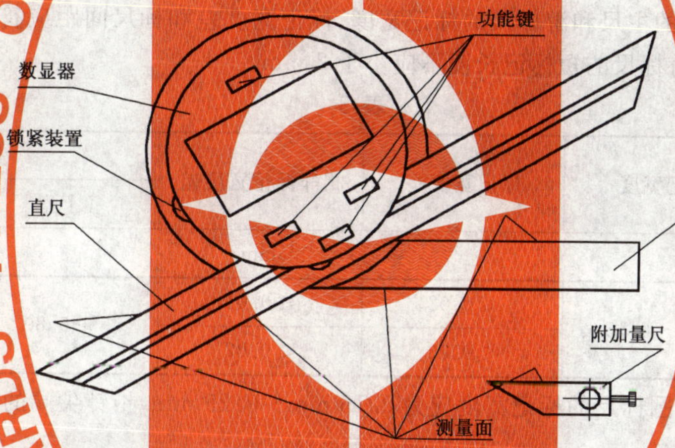

图 3　数显万能角度尺的形式示意图

4.2　万能角度尺的基本参数和尺寸见表 1 的规定。

表 1

形　式	测量范围	直尺测量面标称长度	基尺测量面标称长度	附加量尺测量面标称长度
		mm		
Ⅰ型游标万能角度尺	(0～320)°	≥150	≥50	—
Ⅱ型游标万能角度尺	(0～360)°	150 或 200 或 300		≥70
带表万能角度尺				
数显万能角度尺				

4.3　万能角度尺应具有锁紧装置。

5　要求

5.1　外观

5.1.1　万能角度尺表面不应有影响外观和使用性能的裂痕、划伤、碰伤、锈蚀、毛刺等缺陷。

5.1.2　万能角度尺表面的镀、涂层不应有脱落和影响外观的色泽不均等缺陷。

5.1.3　标尺标记不应有目力可见的断线、粗细不均及影响读数的其他缺陷。

5.1.4 指示表的表蒙、数显器显示屏应透明、清洁，无划痕、气泡等影响读数的缺陷。

5.2 相互作用

万能角度尺上各移动或转动部件的运动应平稳、灵活，无卡滞现象，且紧固可靠。

5.3 材料和测量面硬度

万能角度尺一般采用碳素工具钢或不锈钢制造，测量面的硬度不应低于表2的规定。

表2

材料	硬度
碳素工具钢	664 HV(或58 HRC)
不锈钢	551 HV(或52.5 HRC)
注：测量面的材料也可采用硬质合金或其他超硬材料制造。	

5.4 测量面的表面粗糙度

万能角度尺上直尺测量面的表面粗糙度不应超过 Ra0.10 μm，其他测量面的表面粗糙度不应超过 Ra0.20 μm。

5.5 标尺标记

5.5.1 游标万能角度尺的主尺和游标尺的标记宽度、标记宽度差和标尺间距应符合表3的规定；主尺的短标记长度(可见)和游标尺的短标记长度不应小于2 mm。

表3

分度值	标记宽度	标记宽度差	相邻标记宽度差	标尺间距	
				Ⅰ型	Ⅱ型
	mm				
2′	0.08～0.15	≤0.02	≤0.01	≥0.80	≥0.45
5′		≤0.03	≤0.02		

5.5.2 带表万能角度尺圆标尺的标记宽度应为0.15 mm～0.25 mm，指针尖端的宽度应接近圆标尺的标记宽度。

5.6 指示装置各部分相对位置

5.6.1 游标万能角度尺的游标尺标记表面棱边至主尺标记表面的距离不应大于0.22 mm；游标尺的标记长度覆盖主尺的标记长度不应小于0.5 mm。

5.6.2 带表万能角度尺的指针与圆标尺标记表面间的间隙不应大于0.25 mm；指针尖端应覆盖“分”度盘短标记长度的30%～80%；指针尖端与“分”度盘之间的间隙不应大于0.5 mm；“分”度盘与“度”度盘之间的间隙不应大于0.2 mm，且不应产生相互摩擦或相碰。

5.7 零值误差

5.7.1 移动Ⅰ型游标万能角度尺的主尺，使基尺测量面与直尺测量面均匀接触，无论锁紧装置紧固与否，游标尺“零”标记与主尺“零”标记的重合度不应大于分度值的1/4，且两测量面之间的间隙不应大于表4的规定。

表4

分度值	基尺测量面与直尺测量面之间的间隙/mm
2′	0.006
5′	0.010

5.7.2 当Ⅱ型游标万能角度尺在“零”位状态时，“零”标记应位于正上方，且垂直于基尺测量面。

5.7.3 游标万能角度尺游标尺“零”标记与主尺“零”标记重合时，游标尺“尾”标记与主尺相应标记的重合度不应大于分度值的 1/2。

5.7.4　当带表万能角度尺指针在“零”位状态时，“分”度盘标记与“度”度盘“零”标记在四个象限的重合度均不应大于 0.15 mm。

5.8　电子数显器的性能

5.8.1　数字显示应清晰、完整、无闪跳现象；响应速度不应小于 540°/s。

5.8.2　功能键应灵活，可靠，标注符号或图文应清晰且含义准确。

5.8.3　数字漂移不应大于 1 个分辨力值。

5.8.4　电子数显器应能在环境温度 0℃～40℃、相对湿度不大于 80%的条件下进行正常工作。

5.9　通讯接口

5.9.1　制造商应能够提供数显万能角度尺与其他设备之间的通讯电缆和通讯软件。

5.9.2　通讯电缆应能将数显万能角度尺的输出数据转换为 RS-232、USB 或其他的输出接口型式。

5.10　防护等级(IP)

数显万能角度尺防护等级不应低于 IP40(见 GB 4208—1993)。

5.11　抗静电干扰能力和电磁干扰能力

数显万能角度尺的抗静电干扰能力和电磁干扰能力均不应低于 1 级(见 GB/T 17626.2—1998、GB/T 17626.3—1998)。

5.12　形位误差

5.12.1　Ⅰ型游标万能角度尺各测量面的平面度不大于 0.003 mm。

注：距各测量面两边缘不大于量面宽度的 1/20(最小为 0.2 mm)范围内其平面度可不计。

5.12.2　Ⅱ型游标万能角度尺、带表万能角度尺和数显万能角度尺的直尺测量面的平面度应符合表 5 的规定。

表 5

单位为毫米

检 测 长 度	直尺测量面的平面度
任意 100	0.003
任意 200	0.004
300	0.005
注：直尺测量面两端 5 mm 长度范围内允许有塌边，其平面度可不计。	

5.12.3　Ⅱ型游标万能角度尺、带表万能角度尺或数显万能角度尺在“零”位状态时，直尺测量面和基尺测量面间不共面不应大于 0.15 mm。

5.12.4　Ⅱ型游标万能角度尺、带表万能角度尺和数显万能角度尺的直尺两测量面间的平行度为 0.02 mm，基尺两测量面间的平行度为 0.006 mm。

5.12.5　Ⅱ型游标万能角度尺、带表万能角度尺和数显万能角度尺的直尺测量面与基尺测量面间的平行度为 0.006 mm(在每 100 mm 长度上)。

5.12.6　当Ⅱ型游标万能角度尺、带表万能角度尺或数显万能角度尺在“零”位状态时，直尺测量面对基尺测量面间的平行度应符合表 6 的规定。

表 6

分度值或分辨力	直尺测量面对基尺测量面间的平行度/mm
2′	0.02
5′	0.04
30″	0.02
注：在直尺测量面位于正上方位置上测量，直尺测量面两端 5 mm 长度范围内，其平行度可不计；基尺测量面两端 1 mm 长度范围内，其平行度可不计。	

5.12.7 万能角度尺的直角尺外角的垂直度为 0.01 mm(在每 100 mm 长度上)。

5.12.8 万能角度尺的附加量尺测量面对基尺测量面的垂直度为 0.006 mm。

5.13 最大允许误差

无论锁紧装置紧固与否,万能角度尺的最大允许误差不应超过表 7 的规定。

表 7

万能角度尺名称	最大允许误差		
	分度值或分辨力		
	2′	5′	30″
游标万能角度尺	±2′	±5′	—
带表万能角度尺	±2′	±5′	—
数显万能角度尺	—	—	±4′
注:当使用附加量尺测量时,其允许误差在上述值基础上增加±1.5′。			

5.14 重复性

5.14.1 当正反重复转动带表万能角度尺指示表时,无论锁紧装置紧固与否,"零"位重复性不应超过 1/4 分度值。

5.14.2 数显万能角度尺的重复性(示值)不应超过 1′。

6 试验方法

6.1 温度变化试验

数显万能角度尺的温度变化试验应符合 GB/T 2423.22—2002 的规定。

6.2 湿热试验

数显万能角度尺的湿热试验应符合 GB/T 2423.3—1993 的规定。

6.3 抗静电干扰试验

数显万能角度尺的抗静电干扰试验应符合 GB/T 17626.2—1998 的规定。

6.4 抗电磁干扰试验

数显万能角度尺的抗电磁干扰试验应符合 GB/T 17626.3—1998 的规定。

6.5 防尘、防水试验

数显万能角度尺的防尘、防水试验应符合 GB 4208—1993 的规定。

7 检验条件

7.1 数显万能角度尺检验时,室内温度应为 20℃±5℃,相对湿度不应大于 80%。

7.2 其他形式的万能角度尺检验时室内温度应为 20℃±10℃。检验前,应将被检万能角度尺或角度量块等检验用设备置于检定室内平板上,平衡温度时间不小于 1 h。

8 检验方法

8.1 外观

用目力观察检验。

8.2 相互作用

通过移动试验检验。

8.3 测量面硬度

用洛氏硬度计检验。

8.4　测量面的表面粗糙度

用表面粗糙度样板以比较法检验。如有异议时，则在表面粗糙度检查仪上进行检验。

8.5　标尺标记

8.5.1　标记宽度可用工具显微镜直接检验。

8.5.2　标记宽度差可用目力观察检验；或用5倍放大镜观察主尺和游标尺任一标记重合时，在读数部位的标记宽度差。发生争议时，则在工具显微镜上进行检验。

8.5.3　标尺间距和短标记长度可用游标卡尺检验。

8.6　指示装置各部分相对位置

8.6.1　游标尺标记表面棱边至主尺标记表面的距离及指针与圆标尺标记表面间的间隙用2级塞尺检验。

8.6.2　游标尺的标记长度覆盖主尺的标记长度可用游标卡尺检验。

8.7　零值误差

8.7.1　移动游标万能角度尺的主尺，当基尺测量面与直尺测量面均匀接触时，无论锁紧装置紧固与否，用光隙法检验两测量面之间的间隙，并观察游标尺"零"、"尾"标记与主尺"零"、"相应"标记的重合度，重合度用目力或5倍放大镜观察。有争议时，则在工具显微镜上进行检验。

8.7.2　带表万能角度尺在检验直尺测量面对基尺测量面的平行度的同时，正反重复转动指示表(重复次数不少于3次)目力观察"零"位的变化。

8.7.3　调整带表万能角度尺直尺测量面与基尺测量面平行或在90°位置上，用0级矩形直角尺调整直尺测量面与基尺测量面垂直，检验指针与零刻线偏移值。

8.8　电子数显器的性能

8.8.1　数字显示情况、响应速度及功能键的作用三相性能宜同时检验。用手动速度模拟，移动或转动部件后观察数字显示是否正常，功能键的作用是否灵活、可靠。

8.8.2　漂移采用试验方法进行检验，观察显示数值在1 h内的变化，数值漂移不应大于1个分辨力值。

8.9　形位误差

8.9.1　各测量面的平面度用0级刀口尺或四棱平尺以光隙法检验，参见附录A。

8.9.2　直尺测量面和基尺测量面间的平行度在0级平板上用分度值为0.001 mm的指示表检验。

8.9.3　直角尺外角的垂直度在0级平板上用0级直角尺或专用检具比较检验。

8.9.4　附加量尺测量面对基尺测量面的垂直度用0级直角尺进行检验。

8.9.5　Ⅱ型游标万能角度尺，当游标尺"零"标记与主标尺"零"标记重合时，直尺测量面与基尺测量面的平行度在0级平板上用分度值为0.001 mm的指示表或专用检具检验。

8.9.6　当带表万能角度尺指针在"零"位时，直尺和基尺测量面间不共面用目测或手感检验，有争议时用塞尺检验。

8.9.7　当带表万能角度尺指针在"零"位时，"分"度盘窗口指示线与"度" 度盘"零"刻线在四个象限的重合度用目测比较检验。

8.10　示值误差

在各检验点，用相应角度的2级角度量块与万能角度尺的两测量面均匀接触，在锁紧装置松开与紧固时各检验一次，指示值与角度量块实际角度之差即为万能角度尺的示值误差，其值不应超过表7规定。2级角度量块的角度宜见表8。

表 8

形　　式	2 级角度量块的角度
Ⅰ型游标万能角度尺	15°10′;30°20′;45°30′;50°;60°40′;75°50′;90°
Ⅱ型游标万能角度尺[a]	30°20′;60°40′;90°
带表万能角度尺[a]	
数显万能角度尺[a]	

[a] Ⅱ型游标万能角度尺、带表万能角度尺和数显万能角度的检定点应分别在 0°～90°(第Ⅰ象限)和 270°～360°(第Ⅳ象限)内及 90°位置上进行检定。

8.11　**重复性**

在万能角度尺零位及其他任意两个位置上测量。对同一位置连续测量不少于 5 次,其示值误差的最大差值。

9　标志与包装

9.1　万能角度尺上至少应标有:

a)　制造厂厂名或注册商标;

b)　分度值或分辨力;

c)　产品序号。

9.2　万能角度尺的包装盒上至少应标有:

a)　制造厂厂名或注册商标;

b)　产品名称;

c)　测量范围。

9.3　万能角度尺在包装前应经防锈处理,并妥善包装。不得因包装不善而在运输过程中损坏产品。

9.4　万能角度尺经检验符合本标准要求的,应附有产品合格证和使用说明书。产品合格证上应标有本标准的标准号、产品序号和出厂日期。

附　录　A
（资料性附录）
平面度的检验方法

测量面的平面度用0级刀口形直尺或四棱平尺以光隙法检查。检查测量面的平面时，分别在测量面的长边，短边方向和对角线位置上进行（见图A.1）。

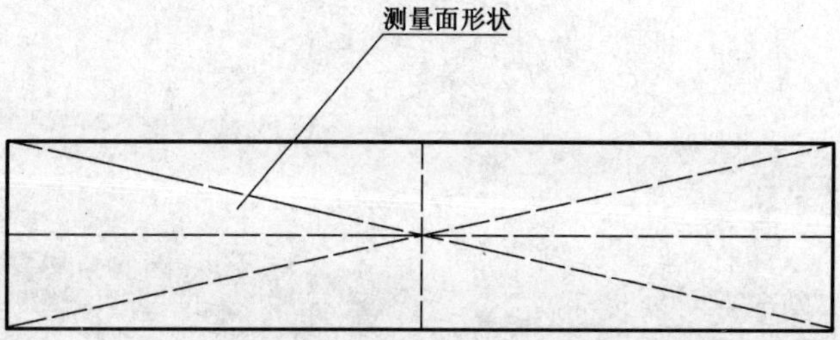

注：图中虚线为检查位置。

图 A.1　测量面平面度的检查示意图

平面度根据各方位的间隙情况确定：

——当所有检查方位上出现的间隙均在中间部位或两端部位时，取其中一方位间隙量最大的作为平面度；

——当有的方位中间部位有间隙，而有的方位两端部位有间隙时，以中间和两端最大间隙量之和作为平面度；

——当掉边、掉角（即靠量面边、角处塌陷）时，以此处的最大间隙作为平面度。但在距量面边缘不大于量面宽度的1/20（最小为0.2 mm）范围不计。

ICS 17.040.30
J 42

中华人民共和国国家标准

GB/T 6316—2008
代替 GB/T 6316—1996

游标、带表和数显齿厚卡尺

Vernier, dial and digital indicating gear tooth callipers

2008-02-02 发布   2008-07-01 实施

中华人民共和国国家质量监督检验检疫总局
中国国家标准化管理委员会
发布

前言

本标准是对 GB/T 6316—1996《齿厚游标卡尺》和 JB/T 6080—1992《电子数显齿厚卡尺》2 项标准进行整合修订的。

本标准代替 GB/T 6316—1996《齿厚游标卡尺》。自本标准实施之日起，JB/T 6080—1992《电子数显齿厚卡尺》作废。

本标准与 GB/T 6316—1996 和 JB/T 6080—1992 相比，主要变化如下：

——增加了带表齿厚卡尺的要求；

——用“分度值”和“分辨力”术语代替“游标读数值”和“分辨率”；

——修改了测量齿轮模数范围，即：将(1～16)mm、(1～25)mm、(5～32)mm 和(10～50)mm 修改为(1～16)mm、(1～26)mm、(5～32)mm 和(15～55)mm(GB/T 6316—1996 的 4.1.2、JB/T 6080—1992 的 4.2；本版的第 1 章)；

——修改了游标齿厚卡尺测量面表面粗糙度 *Ra* 值(GB/T 6316—1996 的 5.4、JB/T 6080—1992 的 5.4；本版的 5.3.3)；

——用“标记宽度”和“标记宽度差”术语代替“刻线宽度”和“刻线宽度差”(GB/T 6316—1996 的 5.6；本版的 5.4.1)；

——删除了游标齿厚卡尺的“相邻刻线宽度差”要求(GB/T 6316—1996 的 5.6)；

——修改了游标齿厚卡尺的游标尺标记表面棱边至主标尺标记表面的距离(GB/T 6316—1996 的 5.5；本版的 5.5.1)；

——增加了微视差游标齿厚卡尺的游标尺标记表面棱边至主标尺标记表面的距离要求(本版的 5.5.1)；

——删除了游标齿厚卡尺的“微动装置的空行程”的要求(GB/T 6316—1996 的 5.8)；

——删除了数显齿厚卡尺的“示值变动性”的要求(JB/T 6080—1992 的 5.9)；

——删除了游标齿厚卡尺的“检测规则”的要求(GB/T 6316—1996 的第 7 章)；

——增加了数显齿厚卡尺电子数显装置防水、防尘能力等要求(本版的 5.9)；

——增加了数显齿厚卡尺电子数显装置的抗静电干扰能力和抗电磁干扰能力要求(本版的 5.10)；

——用“最大允许误差”术语代替“示值误差”和“综合误差”(GB/T 6316—1996 的 5.12、JB/T 6080—1992 的 5.7 和 5.8；本版的 5.12)；

——修改了游标齿厚卡尺的齿厚尺、齿高尺及游标齿厚卡尺的最大允许误差(GB/T 6316—1996 的 5.12；本版的 5.12)。

本标准由中国机械工业联合会提出。

本标准由全国量具量仪标准化技术委员会(SAC/TC 132)归口。

本标准负责起草单位：上海量具刃具厂。

本标准参加起草单位：桂林广陆数字测控股份有限公司和成都工具研究所。

本标准主要起草人：周国明、彭凤平、姜志刚。

本标准所代替标准的历次版本发布情况为：

——GB 6316—1986、GB/T 6316—1996。

游标、带表和数显齿厚卡尺

1 范围

本标准规定了游标齿厚卡尺、带表齿厚卡尺和数显齿厚卡尺的术语和定义、形式与基本参数、要求、检验条件、检验方法、试验方法、标志与包装等。

本标准适用于分度值/分辨力为 0.01 mm 和 0.02 mm，测量齿轮模数范围为(1～16)mm、(1～26)mm、(5～32)mm 和(15～55)mm 的游标齿厚卡尺、带表齿厚卡尺和数显齿厚卡尺(以下简称“齿厚卡尺”)。

2 规范性引用文件

下列文件中的条款通过本标准的引用而成为本标准的条款。凡是注日期的引用文件，其随后所有的修改单(不包括勘误的内容)或修订版均不适用于本标准，然而，鼓励根据本标准达成协议的各方研究是否可使用这些文件的最新版本。凡是不注日期的引用文件，其最新版本适用于本标准。

GB/T 1800.1—1997 极限与配合 基础 第1部分:词汇

GB/T 2423.3—1993 电工电子产品基本环境试验规程 试验 Ca:恒定湿热试验方法(eqv IEC 60068-2-3:1984)

GB/T 2423.22—2002 电工电子产品环境试验 第2部分:试验方法 试验 N:温度变化(IEC 60068-2-14:1984，IDT)

GB 4208—1993 外壳防护等级(IP 代码)(eqv IEC 529:1989)

GB/T 17163 几何量测量器具术语 基本术语

GB/T 17164 几何量测量器具术语 产品术语

GB/T 17626.2—1998 电磁兼容 试验和测量技术 静电放电抗扰度试验(IEC 61000-4-2:1995，IDT)

GB/T 17626.3—1998 电磁兼容 试验和测量技术 射频电磁场辐射抗扰度试验(IEC 61000-4-3:1995，IDT)

3 术语和定义

GB/T 1800.1—1997、GB/T 17163 和 GB/T 17164 中确立的以及下列术语和定义适用于本标准。

3.1

响应速度 rcsponse speed

数显齿厚卡尺能正常显示数值时，尺框相对于主尺的最大移动速度。

3.2

最大允许误差(MPE) maximum permissible error

由技术规范、规则等对齿厚卡尺规定的误差极限值。

注：允许误差的极限值不能小于数字级差(分辨力)或游标标尺间隔。

4 形式与基本参数

4.1 齿厚卡尺的形式见图1所示。图示仅供图解说明，不表示详细结构。

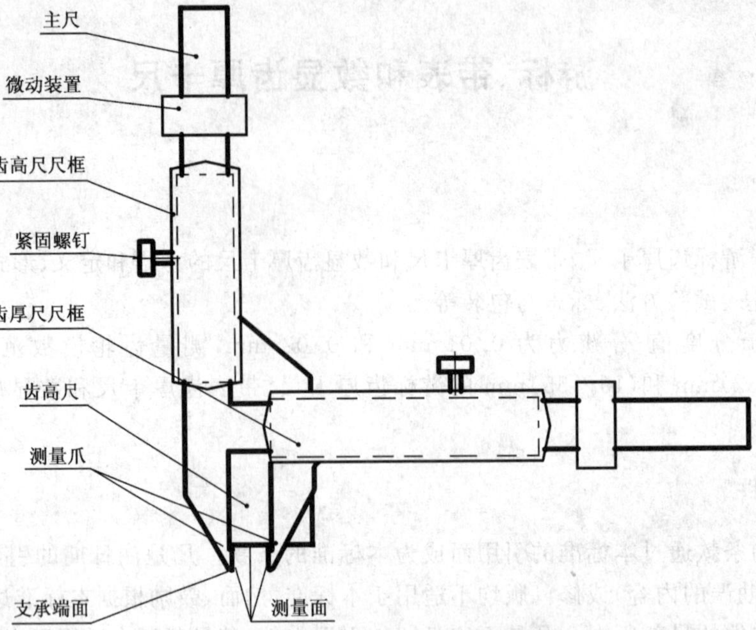

图 1 齿厚卡尺的形式示意图

4.2 齿厚卡尺的指示装置见图 2 所示。图示仅供图解说明，不表示详细结构。

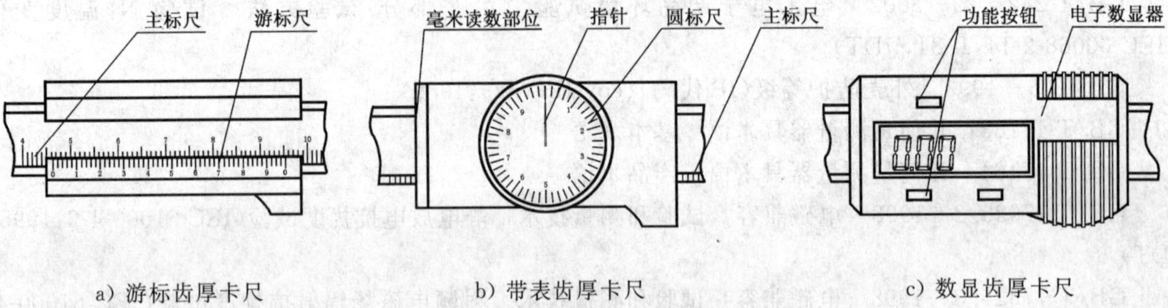

a) 游标齿厚卡尺　　b) 带表齿厚卡尺　　c) 数显齿厚卡尺

图 2 指示装置的示意图

4.3 齿厚卡尺应具有微动装置。

5 要求

5.1 外观

5.1.1 齿厚卡尺表面不应有影响外观和使用性能的裂痕、划伤、碰伤、锈蚀、毛刺等缺陷。

5.1.2 齿厚卡尺表面的镀、涂层不应有脱落和影响外观的色泽不均等缺陷。

5.1.3 标尺标记不应有目力可见的断线、粗细不均及影响读数的其他缺陷。

5.1.4 表蒙、显示屏应透明、清洁，无划痕、气泡等影响读数的缺陷。

5.2 相互作用

齿厚卡尺的尺框/微动装置沿主尺的移动应平稳、无卡滞和松动现象，用紧固螺钉能准确、可靠地固紧在主尺上。

5.3 材料、硬度及表面粗糙度

5.3.1 齿厚卡尺宜采用碳钢、工具钢或不锈钢材料制造；测量面也可采用硬质合金或其他超硬材料制造。

5.3.2 齿厚卡尺采用碳钢或工具钢材料制造，其测量面的硬度不应小于 664 HV(或 58 HRC)；采用不锈钢材料制造，其测量面的硬度不应小于 551 HV(或 52.5 HRC)。

5.3.3 齿厚卡尺测量面的表面粗糙度 *Ra* 的值不应大于 0.2 μm。

5.4 标尺标记

5.4.1 游标齿厚卡尺主标尺和游标尺的标记宽度应为(0.08～0.18)mm，标记宽度差不应大于0.02 mm。

5.4.2 带表齿厚卡尺主标尺的标记宽度应为(0.10～0.25)mm，标记宽度差不应大于 0.05 mm；圆标尺的标记宽度应为(0.10～0.20)mm，标尺间距不应小于 0.8 mm，指针末端的宽度应接近圆标尺的标记宽度。

5.5 指示装置各部分相对位置

5.5.1 游标齿厚卡尺的游标尺标记表面棱边至主标尺标记表面的距离，见图 3。

单位为毫米

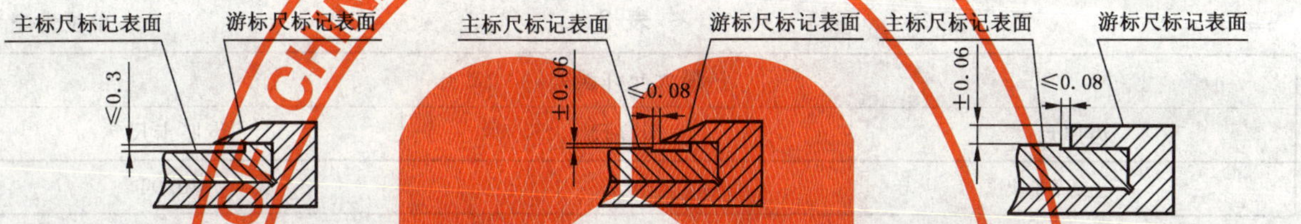

a) 游标齿厚卡尺　　b) 微视差游标齿厚卡尺

图 3 游标尺标记表面棱边至主标尺标记表面的距离

5.5.2 带表齿厚卡尺的指针末端应盖住圆标尺上短标尺标记长度的 30%～80%；指针末端与圆标尺标记表面间的间隙不应大于 0.7 mm。

5.6 形位公差

5.6.1 齿高尺测量面的直线度误差不应大于 0.002 mm。

5.6.2 齿厚尺尺框位于测量范围内的任意位置时，两测量爪的支承端面与齿高尺测量面的平行度误差不应大于 0.01 mm。

5.6.3 移动齿厚尺尺框使两测量面至手感接触时，无论尺框紧固与否，两测量面之间不应有目力可见光隙。

5.7 零值误差

5.7.1 移动游标齿厚卡尺齿厚尺尺框使两测量面至手感接触时，游标尺上的“零”标记和“尾”标记与主标尺相应标记应相互重合，其重合度不应超过表 1 的规定。

5.7.2 移动游标齿厚卡尺齿高尺尺框使齿高尺测量面与量块(尺寸等于测量模数的下限)接触时，游标尺上的“零”标记和“尾”标记与主标尺相应标记应相互重合，其重合度不应超过表 1 的规定。

表 1

单位为毫米

重合度	
“零”标记	“尾”标记
±0.005	±0.010

5.7.3 移动带表齿厚卡尺齿厚尺尺框使两测量面手感接触时，指针应指向圆标尺上的“零”标尺标记，并位于正上方，左、右偏位均不应大于 1 个标尺分度；此时毫米读数部位至主标尺“零”标记的距离不应超过标记宽度，压线不应超过标记宽度的 1/2 。

5.8 电子数显器的性能

5.8.1 功能键应灵活、可靠，标注的符号或图文应清晰且含义准确。

5.8.2 数字显示应清晰、完整、无闪跳现象；响应速度不应小于 1 m/s。

5.8.3 数值漂移不应大于一个分辨力；工作电流不宜大于 40 μA。

5.8.4 应能在环境温度0℃～40℃、相对湿度不大于80%的条件下,进行正常工作。

5.9 防护等级

数显齿厚卡尺防护等级不得低于IP40(见GB 4208—1993)。

5.10 抗静电干扰能力和抗电磁干扰能力

数显齿厚卡尺的抗静电干扰能力和抗电磁干扰能力均不应低于1级(见GB/T 17626.2—1998、GB/T 17626.3—1998)。

5.11 通信接口

5.11.1 制造商应能够提供数显齿厚卡尺与其他设备之间的通讯电缆和通讯软件。

5.11.2 通讯电缆应能将数显齿厚卡尺的输出数据转换为RS-232、USB或其他的输出接口形式。

5.12 最大允许误差

齿厚尺、齿高尺及齿厚卡尺的最大允许误差不应超过表2的规定。

表2 单位为毫米

最大允许误差		
齿厚尺	齿高尺	齿厚卡尺
±0.03	±0.03	±0.04

5.13 重复性

带表齿厚卡尺和数显齿厚卡尺的重复性不应大于表3的规定。

表3 单位为毫米

分辨力/分度值	重复性	
	带表齿厚卡尺	数显齿厚卡尺
0.010	0.005	0.010
0.020	0.010	—

6 检验条件

6.1 检验前,应将被检齿厚卡尺及量块等检验用设备同时置于铸铁平板或木桌上,其平衡温度时间参见表4。

表4 单位为小时

平衡温度时间	
置于铸铁平板上	置于木桌上
1	2

6.2 数显齿厚卡尺检验时,室内温度应为20℃±5℃;相对湿度不大于80%。

7 检验方法

7.1 外观

目力观察。

7.2 相互作用

目测和手感检查。如有异议,用测力计在水平方向测量尺框和主尺间的相对移动力,其移动力应为4 N～8 N,移动力变化不应大于2 N。

7.3　测量面硬度

在维氏硬度计(或洛氏硬度计)上检查。

7.4　测量面的表面粗糙度

用表面粗糙度比较样块目测比较。如有异议,用表面粗糙度检查仪检查。

7.5　标尺标记

目测。如有异议,用工具显微镜或读数显微镜检查。

7.6　指示装置各部分相对位置

目测或借助塞尺比较检查。

7.7　形位公差

7.7.1　齿高尺测量面的直线度

用零级刀口尺检查。

7.7.2　两测量爪的支承端面与齿高尺测量面的平行度

将两测量爪的支承端面与1级平板工作面接触,然后把一块尺寸等于测量模数下限的3级或5等量块置于平板工作面与齿高尺之间,移动齿高尺尺框使齿高尺测量面与量块接触,观察齿高尺测量面与量块之间的间隙,以检验两测量爪的支承端面与齿高尺测量面的平行度。

7.7.3　两测量面合并间隙

目力观察。

7.8　零值误差

目测。如有异议,用工具显微镜或读数显微镜检查。

7.9　电子数显器的性能

7.9.1　数字显示情况、响应速度及功能键作用的三项性能宜同时检查。用手动速度模拟,移动尺框后观察数字显示是否正常,功能键的作用是否灵活、可靠。

7.9.2　工作电流用电流表或专用芯片检测仪检查。

7.9.3　数字漂移采用试验方法进行检查,拉动尺框并使其停止在任意位置上,紧固尺框,观察显示数值在1 h内的变化。

7.10　示值误差

7.10.1　齿厚尺和齿高尺

检验齿厚尺时,移动齿厚尺尺框,用微动装置使两测量爪测量面与一组3级或5等量块工作面接触并能正常滑动。每个检测点测得的齿厚尺读数值与量块标称值之代数差,即为齿厚尺的示值误差,各检测点示值误差均不应超过表2的规定。

检验齿高尺时,将两测量爪支承端面与1级平板工作面接触,然后将一组3级或5等量块置于平板工作面与齿高尺测量面之间,用微动装置使齿高尺测量面与量块工作面接触。每个检测点测得的齿高尺读数值与量块标称值之代数差,即为齿高尺的示值误差,各检测点示值误差均不应超过表2的规定。

注:检验点应均匀分布在主尺和游标的三个位置上。

7.10.2　齿厚卡尺

用两个标准圆柱检定齿厚卡尺。标准圆柱检定前,先计算弦高 h 值和相应的弦长 s 值。弦高 h 值按公式(1)计算;然后代入公式(2)求其相对应的弦长 s 值。

推荐的标准圆柱 d 见表5。

$$h = \frac{d(1-\sin\alpha)}{2} \qquad \cdots\cdots(1)$$

$$s = 2\sqrt{dh - h^2} \qquad \cdots\cdots(2)$$

式中:

h——弦高,单位为毫米(mm);

s——弦长，单位为毫米(mm)；

d——标准圆柱的直径，单位为毫米(mm)；

α——压力角，单位为度(°)。

将齿高尺调整到弦高计算值，并使齿高尺测量面与标准圆柱(见图4)接触，然后移动齿厚尺尺框使两测量爪的测量棱与标准圆柱(见图4)接触，齿厚尺读数值与弦长计算值之代数差，即为齿厚卡尺的示值误差，示值误差不应超过表2的规定。

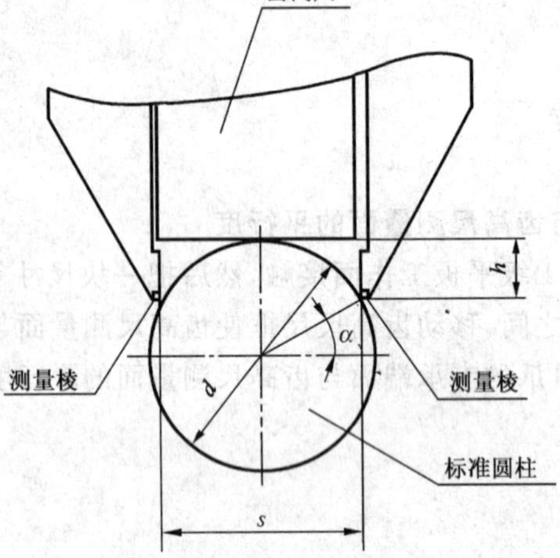

图 4

表 5

测量模数范围/mm	标准圆柱 d/mm	公差等级/μm
1～16	5,20	IT4
1～26	5,35	
5～32	15,35	
15～55	25,60	

7.11 重复性

重复5次移动尺框使两外测量面手感接触，其5次测得值间的最大差异即为重复性。

8 试验方法

8.1 防水、防尘试验

数显齿厚卡尺的防水、防尘试验应符合GB 4208—1993的规定。

8.2 温度变化试验

数显齿厚卡尺的温度变化试验应符合GB/T 2423.22—2002的规定。

8.3 湿热试验

数显齿厚卡尺的湿热试验应符合GB/T 2423.3—1993的规定。

8.4 抗静电干扰试验

数显齿厚卡尺的抗静电干扰试验应符合GB/T 17626.2—1998的规定。

8.5 抗电磁干扰试验

数显齿厚卡尺的抗电磁干扰试验应符合GB/T 17626.3—1998的规定。

9 标志与包装

9.1 齿厚卡尺上至少应标有：

a) 制造厂厂名或注册商标；

b) 分度值或分辨力；

c) 产品序号；

d) 用不锈钢制造的齿厚卡尺，应标有识别标志。

9.2 齿厚卡尺的包装盒上至少应标有：

a) 制造厂厂名或注册商标；

b) 产品名称；

c) 测量齿轮模数范围。

9.3 齿厚卡尺在包装前应经防锈处理，并妥善包装。不得因包装不善而在运输过程中损坏产品。

9.4 齿厚卡尺经检验符合本标准要求的，应附有产品合格证和使用说明书。产品合格证上应标有本标准的标准号、产品序号和出厂日期。

ICS 17.040.30
J 42

中华人民共和国国家标准

GB/T 6320—2008
代替 GB/T 6320—1997

杠杆齿轮比较仪

Mechanical dial comparators

2008-02-28 发布 2008-08-01 实施

中华人民共和国国家质量监督检验检疫总局
中国国家标准化管理委员会 发布

前 言

本标准代替 GB/T 6320—1997《杠杆齿轮比较仪》。

本标准与 GB/T 6320—1997《杠杆齿轮比较仪》相比较，仅在编写格式上存在差异。

本标准由中国机械工业联合会提出。

本标准由全国量具量仪标准化技术委员会(SAC/TC 132)归口。

本标准负责起草单位：哈尔滨量具刃具集团有限责任公司、中国计量学院。

本标准主要起草人：孔令义、张伟、武英、田世国、谷秋梅、赵军。

本标准所代替标准的历次版本发布情况为：

GB 6320—1986、GB/T 6320—1997。

杠杆齿轮比较仪

1 范围

本标准规定了杠杆齿轮比较仪的术语和定义、型式与基本参数、要求、试验方法、检验方法、标志与包装等。

本标准适用于分度值为0.000 5 mm、0.001 mm、0.002 mm、0.005 mm和0.01 mm的杠杆齿轮比较仪(以下简称“比较仪”)。

2 规范性引用文件

下列文件中的条款通过本标准的引用而成为本标准的条款。凡是注日期的引用文件,其随后所有的修改单(不包括勘误的内容)或修订版均不适用于本标准,然而,鼓励根据本标准达成协议的各方研究是否可使用这些文件的最新版本。凡是不注日期的引用文件,其最新版本适用于本标准。

GB/T 17163　几何量测量器具术语　基本术语

GB/T 17164　几何量测量器具术语　产品术语

3 术语和定义

GB/T 17163、GB/T 17164中确立的以及下列术语和定义适用于本标准。

3.1

最大允许误差(MPE)　maximum permissible error

由技术规范、规则等对杠杆齿轮比较仪规定的误差极限值。

4 型式与基本参数

4.1 型式

比较仪的型式见图1、图2所示。图示仅供图解说明,不表示详细结构。

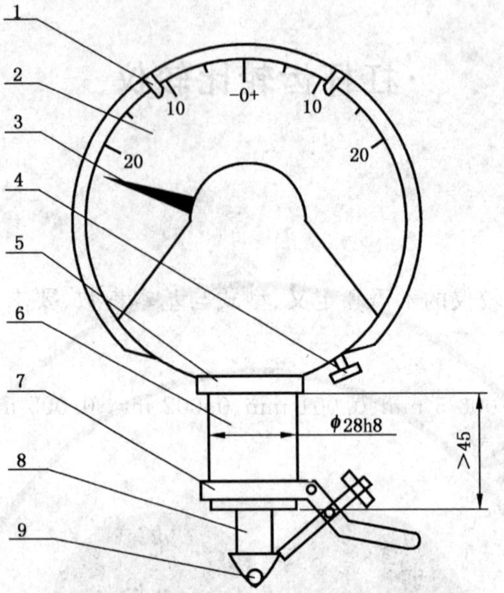

1——公差指示器；
2——度盘；
3——指针；
4——调零装置；
5——表体；
6——轴套；
7——拨叉装置；
8——测量杆；
9——测量头。

图 1　比较仪的型式示意图

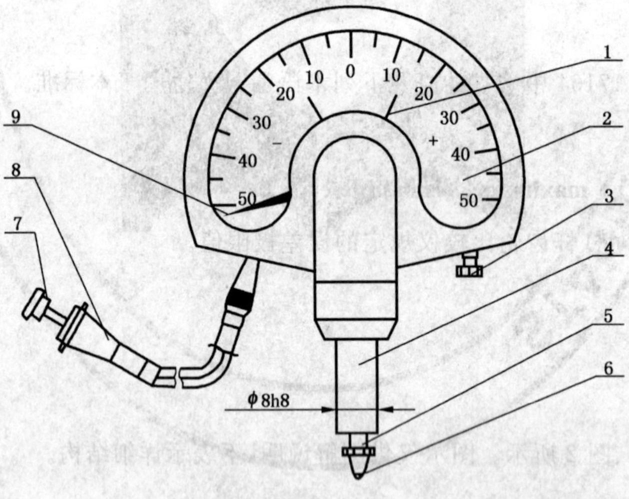

1——公差指示器；
2——度盘；
3——微调螺钉；
4——轴套；
5——测量杆；
6——测量头；
7——快门线按钮；
8——柔性测量杆提升器；
9——指针。

图 2　比较仪的型式示意图

4.2　基本参数

比较仪的示值范围见表 1 的规定。

表 1

单位为毫米

分度值	示值范围	
	轴套直径为 ϕ28 的比较仪	轴套直径为 ϕ8 的比较仪
0.000 5	±0.015	±0.025
	±0.05	
0.001	±0.03	±0.05
	±0.10	
0.002	±0.06	±0.06
	±0.10	±0.10
	±0.20	±0.20
0.005	±0.15	±0.15
0.01	±0.30	±0.30
	±0.40	±0.40

5 要求

5.1 外观

比较仪不应有影响使用性能的外部缺陷。

5.2 相互作用

比较仪在正常使用状态下，测量杆和指针的运动应平稳、灵活，无卡滞现象。

5.3 度盘和指针

5.3.1 比较仪应具有能使指针对准度盘标尺标记的调零装置，其调整范围不应小于 5 个标尺标记。

5.3.2 度盘上的标尺间距不应小于 0.8 mm。

5.3.3 指针尖端宽度、标尺标记的宽度及宽度差见表 2 的规定。

表 2

单位为毫米

分度值	指针尖端和标尺标记的宽度	标尺标记的宽度差
0.000 5、0.001	0.10～0.15	—
0.002、0.005、0.01	0.10～0.20	0.05

5.3.4 指针尖端应与度盘上的标尺标记方向一致，不应有目力可见的歪斜。

5.3.5 测量杆处于自由状态时，指针应处于最小“负”标尺标记 5 个标尺间距以外。

5.3.6 指针尖端与度盘表面间的间隙不应大于 0.5 mm。

5.3.7 指针长度应保证指针尖端位于短标尺标记长度的 30%～80%之间。

5.4 行程

比较仪的测量杆行程应超过量程的终点不少于 2 mm。

5.5 测量头

5.5.1 测量头由钢质、人造刚玉或硬质合金等坚硬耐磨的材料制造。钢质测量头测量面的硬度不应低于 766 HV(或 62 HRC)；人造刚玉测量头测量面的硬度不应低于 1 700 HV。钢质或人造刚玉测量头测量面的表面粗糙度 *Ra* 值不应大于 0.05 μm；硬质合金测头测量面的表面粗糙度 *Ra* 值不应大于0.10 μm。

5.5.2 平面测量头测量面的平面度公差为 0.3 μm(不允许凹)。

5.6 测量力

比较仪的最大测量力、测量力变化和测量力落差均不应大于表3的规定。

表3　　　单位为牛

型式	最大测量力	测量力变化	测量力落差
轴套直径为 ϕ28 的比较仪	2.0	0.6	0.5
轴套直径为 ϕ8 的比较仪	1.5	0.4	0.4

5.7 最大允许误差

比较仪的最大允许误差、重复性和回程误差见表4的规定。

表4

分度值	示值范围	最大允许误差			重复性	示值变化	回程误差
		≤30 分度	>30 分度	全量程			
mm		(分度)					
0.000 5	±0.015	±0.5	—	0.8	0.3	0.3	0.5
	±0.025		±1.0	1.2			
	±0.05						
0.001	±0.03		—	0.8			
	±0.10		±1.0	1.2			
	±0.05						
0.002	±0.06		—	0.8			
	±0.10		±1.0	1.2			
	±0.20						
0.005	±0.15		—	0.8			
0.01	±0.30		—				
	±0.40		±1.0	1.2			

注：表中数值均为按标准温度在20℃、测量杆处于垂直向下状态时给定的。分度值为0.000 5 mm和0.001 mm的比较仪，若测量杆处于其他状态时，其允许误差、重复性和回程误差值可在表中数值上增大30%。

6 检验方法

6.1 检验工具

回程误差检具的回程误差不应大于表5的规定。

表5

分度值/mm	检具或仪器的回程误差/μm
0.000 5	0.1
0.001、0.002	0.2
0.005、0.01	0.5

6.2 示值误差

6.2.1 将比较仪安装在专用检具上，将测量杆压缩使指针对准“0”位，然后先按正向以10个标尺标记为间隔进行示值误差检定，并记下相应各点示值误差，到正向行程终点时，继续压缩测量杆使指针转过

"10"个标尺间距，开始反向检定，并以相反顺序检定相应各点示值误差，并记下相应各点示值误差，在改变检定方向时，不许作任何调整，并以正向最终的一点作为反向检定的起始点，直至"0"位。

再重新把指针对准"0"位，然后在按负向以10个标尺标记为间隔进行示值误差检定，并记下相应各点示值误差，到负向行程终点时，继续压缩测量杆使指针转过"10"个标尺间距，开始反向检定，并以相反顺序检定相应各点示值误差，并记下相应各点示值误差，在改变检定方向时，不许作任何调整，并以负向最终的一点作为反向检定的起始点，直至"0"位。比较仪在检定过程中除到达被检终点外，不得改变行程方向，也不准拨动测量杆。

根据检定结果绘制比较仪示值误差曲线(见图3)。

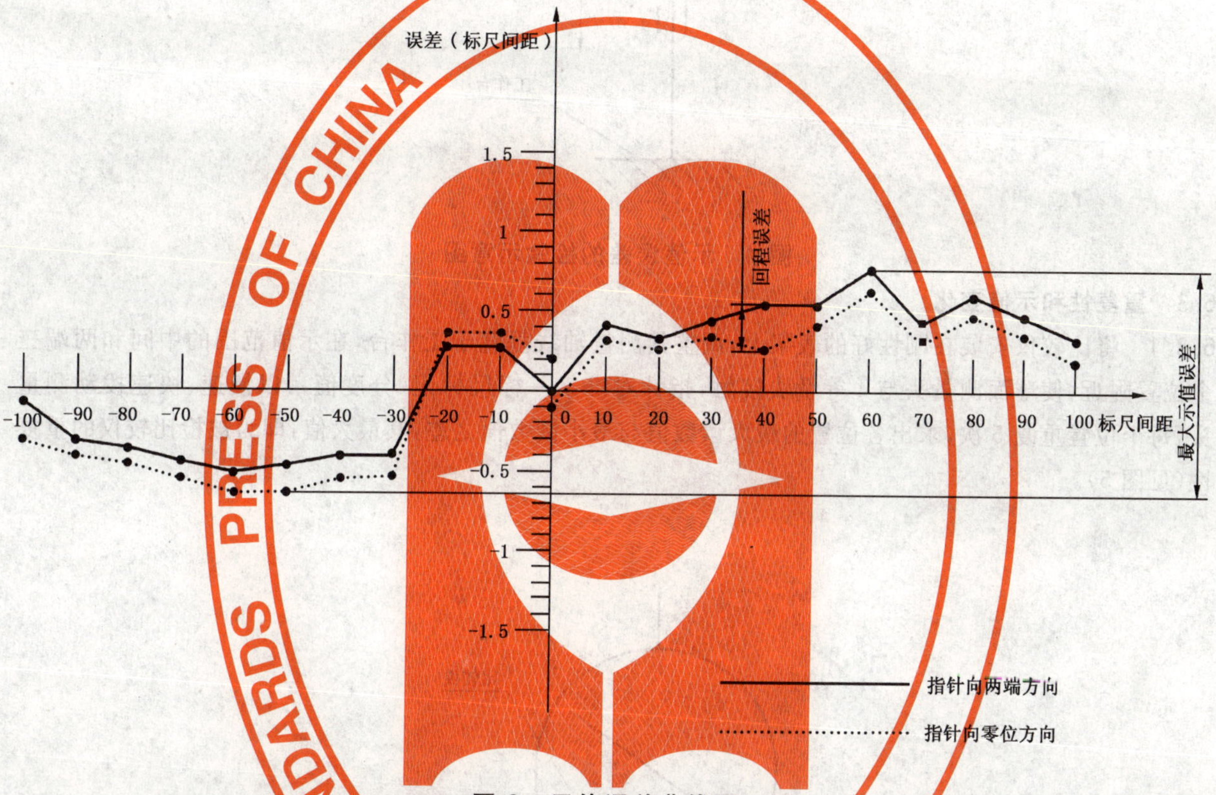

图3 示值误差曲线图

6.2.2 在示值误差曲线上，示值误差的最高点与最低点在纵坐标上之差值，即为被检比较仪示值范围内的最大示值误差。

6.2.3 在示值误差曲线上，同一点正反示值误差的代数差的绝对值的最大值即为比较仪的回程误差。

注：各受检点示值误差 δ_i 值按公式(1)进行计算(见图4)。

$$\delta_i = \Delta r_i + \Delta K \quad \cdots\cdots(1)$$

式中：

δ_i——受检点示值误差，单位为微米(μm)；

Δr_i——受检点的指示值与标称值之代数差，单位为微米(μm)；

ΔK——受检点示值误差的修正值，单位为微米(μm)，修正值按公式(2)进行计算。

$$\Delta K = -(\Delta L_i + \Delta L_0) \quad \cdots\cdots(2)$$

式中：

ΔL_i——受检点所用量块的尺寸偏差，单位为微米(μm)；

ΔL_0——对准零位时与标称值之代数差，单位为微米(μm)。

图 4　示值误差的检验示意图

6.3　重复性和示值变化

6.3.1　将比较仪安装在刚性好的表架上，调整其测量轴线垂直于工作台，在示值范围的中间和两端三个位置附近，使球面测量头与 4 等量块接触，指针对准某一标尺标记（分度值），以慢速、快速拨动测量头，每个位置重复 5 次，求出各位置的最大读数值与最小读数值之差，其最大值，即为被检比较仪的重复性（见图 5）。

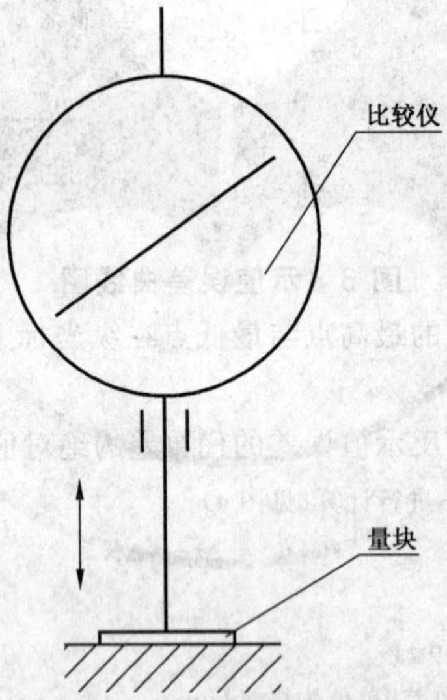

图 5　重复性的检验示意图

6.3.2　将比较仪安装在刚性好的表架上，调整其测量轴线垂直于 1 级刚性平台，将半径为 R10 mm 的圆弧测块置放在平台上，调整比较仪和测块，使其球面测量头与测块圆弧面最高点接触，测块沿平台面上从任意的前后、左右方向推动测量杆，重复 5 次，取其最大与最小读数值之差，即为该点的示值变动性，上述检验应在示值范围的中间和两端三个位置进行，其最大值，即为被检比较仪的示值变化（见图 6）。

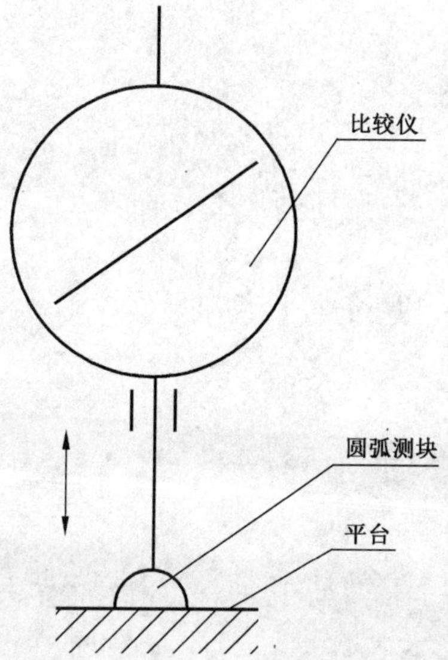

图 6 示值变化的检验示意图

6.4 测量力

将比较仪安装在刚性好的表架上，用感量小于或等于 0.05 N 的测力仪测量正行程的示值范围的中间和两端三个位置上的测量力，然后继续压缩测量杆超出示值范围约 5 个标尺间距；然后再按后方向返回，测出上述三个位置的反行程的测量力。

正行程中最大测量力，即为被检比较仪的最大测量力。

正行程中最大测量力与最小测量力之差，即为被检比较仪的测量力变化。

示值范围的中间和两端三个位置上的同一点的正、反行程的测量力之差的最大值，即为被检比较仪的测量力落差。

7 标志与包装

7.1 比较仪上至少应标志：

a) 制造厂厂名或注册商标；

b) 分度值及“＋”和“－”符号；

c) 产品序号。

7.2 比较仪包装盒上至少应标志：

a) 制造厂厂名或注册商标；

b) 产品名称；

c) 分度值及示值范围。

7.3 比较仪在包装前应经防锈处理并妥善包装，不得因包装不善而在运输过程中损坏产品。

7.4 比较仪经检验符合本标准要求的应附有产品合格证，产品合格证上应标有本标准的标准号、产品序号和出厂日期。

ICS 71.040
G 15

中华人民共和国国家标准

GB/T 6324.4—2008
代替 GB/T 6324.4—1986

有机化工产品试验方法 第4部分:有机液体化工产品微量硫的测定 微库仑法

Test method of organic chemical products—Part 4: Determination of trace sulfur in organic liquid products—Microcoulometric method

2008-05-14 发布　　　　2008-10-01 实施

中华人民共和国国家质量监督检验检疫总局
中国国家标准化管理委员会　发布

前　言

GB/T 6324 分为 6 个部分：

——第 1 部分：液体有机化工产品水混溶性试验；

——第 2 部分：挥发性有机液体水浴上蒸发后干残渣的测定；

——第 3 部分：有机化工产品还原高锰酸钾物质的测定方法；

——第 4 部分：有机液体产品微量硫的测定　微库仑法；

——第 5 部分：有机化工产品中羰基化合物含量的测定　容量法；

——第 6 部分：有机化工产品中微量羰基化合物含量的测定　光度法。

本部分为 GB/T 6324 的第 4 部分。

本部分代替 GB/T 6324.4—1986《有机液体产品微量硫的测定　微库仑法》。

本部分与 GB/T 6324.4—1986 相比主要变化如下：

——扩大了标准的适用范围（见第 1 章）；

——取消了仪器的示意图（1986 年版的 3.1，本版的第 5 章）；

——增加了二苯并噻吩和二丁基二硫醚两种标准物质及异辛烷和十六烷两种溶剂（见 4.5 和 4.6）；

——增加了电解液的种类（见 4.4）；

——重新确定了反应条件范围（1986 年版的 5.1.4，本版的 6.2）；

——重新确定了样品的重复性，增加了再现性（1986 年版的第 6 章，本版的第 8 章）。

本部分由中国石油和化学工业协会提出。

本部分由全国化学标准化技术委员会有机分会（SAC/TC 63/SC 2）归口。

本部分起草单位：中国石油辽阳石化分公司。

本部分主要起草人：刘殿丽、杨丹、李菊、洪丽静、李长军。

本部分于 1986 年首次发布。

有机化工产品试验方法 第4部分:有机液体化工产品微量硫的测定 微库仑法

1 范围

GB/T 6324 的本部分规定了用微库仑法测定有机液体产品中微量硫的试验方法。

GB/T 6324 的本部分适用于有机液体产品中硫含量在 0.5 mg/kg～1 000 mg/kg 范围内的样品。

2 规范性引用文件

下列文件中的条款通过 GB/T 6324 的本部分的引用而成为本部分的条款。凡是注日期的引用文件,其随后所有的修改单(不包括勘误的内容)或修订版均不适用于本部分,然而,鼓励根据本部分达成协议的各方研究是否可使用这些文件的最新版本。凡是不注日期的引用文件,其最新版本适用于本部分。

GB/T 6682—1992 分析试验室用水规格和试验方法(neq ISO 3696:1987)

GB/T 8170—1987 数值修约规则

3 方法原理

样品在裂解管气化段气化并与载气混合进入燃烧段与氧气混合并燃烧,硫转化成二氧化硫,随载气一起进入滴定池,与电解液中的碘三离子(I_3^-)发生如下反应:

$$I_3^- + SO_2 + H_2O \longrightarrow SO_3 + 3I^- + 2H^+$$

滴定池中碘三离子(I_3^-)浓度降低,指示-参比电极对指示出这一变化并和给定的偏压相比较,将此信号输入到微库仑放大器,经放大后输出电压加到电解电极,电解阳极处发生如下反应:

$$3I^- \longrightarrow I_3^- + 2e$$

被消耗的碘三离子(I_3^-)得到补充,消耗的电量就是电解电流对时间的积分,根据法拉第电解定律计算试样中的硫含量。

4 试剂

除非另有说明,在分析中仅使用确认为分析纯的试剂和 GB/T 6682—1992 规定的二级水。

4.1 载气:氮气、氩气或氦气,体积分数不低于 99.5%。

4.2 氧气:体积分数不低于 99.5%。

4.3 电解液 1:取 0.5 g 碘化钾,加入少许水溶解,加入 4 mL 乙酸溶液(1+9),用水稀释到 1 000 mL,装入棕色瓶中,贮于阴暗凉爽处,使用期不得超过一个月。适用于卤素含量小于 60 μg/mL、总氮含量小于 100 μg/mL,重金属(镍、钒、铅等)含量小于 500 mg/kg 的样品。

4.4 电解液 2:取 0.5 g 碘化钾,0.6 g 叠氮化钠,溶于 500 mL 水中,加 5 mL 冰乙酸,用水稀释到 1 000 mL,装入棕色瓶中,贮于阴暗凉爽处,使用期不得超过一个月。适用于卤素含量小于硫含量的 10 倍,总氮含量小于硫含量的 1 000 倍,重金属(镍、钒、铅等)含量小于 500 mg/kg 的样品。

4.5 标准物质:二苯并噻吩($C_6H_4C_6H_4S$)、噻吩(C_4H_4S)或二丁基二硫醚($C_4H_9C_4H_9S_2$)等,质量分数不小于 98%。

4.6 溶剂:异辛烷、正庚烷或十六烷等。溶剂在检测条件下无硫的积分值显示。

4.7 标准储备液（硫含量约1 000 ng/μL）：在100 mL容量瓶中加入少量溶剂，称取标准物质二苯并噻吩约0.58 g(或噻吩约0.26 g、二丁基二硫醚约0.28 g)，精确至0.1 mg，定量转移至容量瓶中，用溶剂稀释至刻度。标准储备液的硫含量C，数值以ng/μL表示，按式(1)计算：

$$C=\frac{m\times n\times 10^{6}}{V_1} \qquad (1)$$

式中：

m——标准物质的质量的数值，单位为克(g)；

n——标准物质中硫的质量分数；

V_1——溶剂的体积的数值，单位为毫升(mL)($V_1=100$)。

4.8 标准溶液：用溶剂将标准储备液稀释为一系列浓度的硫标准溶液，其浓度用C_1表示，单位为ng/μL，也可外购符合要求的标准溶液。

5 仪器

5.1 微库仑仪：能满足最小检测硫含量不大于0.5 mg/kg的微库仑仪均可使用。

5.2 微量注射器：1 μL、5 μL或10 μL。

6 分析步骤

6.1 按照仪器说明书，将仪器调整至工作状态。

6.2 推荐的典型操作条件见表1。

表1 推荐的典型操作条件

气体流量/(mL/min)	载气 N_2 60～240
	反应气 O_2 40～200
裂解炉温度/℃	气化段 600～800
	燃烧段 730～1 000
	稳定段 630～900
进样速度/(μL/s)	0.2～0.6
偏压/mV	135～160

6.3 校正

每次分析需用与待测试样硫含量相近的硫标准溶液进行校正。

用微量注射器，抽取一定体积的标准溶液，消除气泡，擦干针头，将针芯慢慢拉出一定体积，读取针管内标准溶液体积数，匀速进样。完毕后，将针芯慢慢拉出一定体积，读取标准溶液残留体积数。两者差值即为进样体积。

硫的转化系数F，按式(2)计算：

$$F=\frac{M\times Q\times Q_1}{V_2\times R\times C_1} \qquad (2)$$

式中：

M——硫的电化当量，单位为毫克每库仑(mg/C)($M=0.166$)；

Q——积分仪的积分值；

Q_1——积分仪单位积分值相当的电量，单位为微库仑(μC)($Q_1=100$)；

V_2——加入标准溶液的体积的数值，单位为微升(μL)；

R——积分仪衰减电阻值；

C_1——标准溶液中硫的质量浓度的数值，单位为纳克每微升(ng/μL)。

每个标准溶液至少重复测定三次，取其算术平均值作为转化系数的测定结果。转化系数应在0.8～1.2之间。如果转化系数不在规定范围内，应按照仪器说明书检查仪器系统，必要时可重新制备电解液、电极溶液，或配制标准溶液。

6.4 测定

用待测试样清洗注射器3～5次，按6.3的操作步骤注入适量试样，记录微库仑仪读数。

7 结果计算

硫的质量分数 w，数值以 mg/kg 表示，按式(3)计算：

$$w=\frac{M\times Q\times Q_1}{V\times\rho\times F\times R} \qquad \cdots\cdots(3)$$

式中：

V——试样的体积的数值，单位为微升(μL)；

ρ——试样在试验温度下密度的数值，单位为克每毫升(g/mL)；

M、Q、Q_1、F、R 含义同式(2)。

以两次平行测定结果的算术平均值为测定结果，按 GB/T 8170 规定进行数值修约。

8 精密度

8.1 重复性

在同一实验室，由同一操作员使用相同设备，按相同的测试方法，并在短时间内对同一被测对象相互独立进行测试获得的二次独立测试结果的绝对差值，不应超过下列重复性限 r，以超过重复性限 r 的情况不超过5%为前提。

当硫的质量分数为0.5 mg/kg～5 mg/kg 时，r 为这两个测定值的算术平均值的10%；当硫的质量分数为大于5 mg/kg 时，r 为这两个测定值的算术平均值的8%。

8.2 再现性

在不同的实验室，由不同的操作员使用不同设备，按相同的测试方法，对同一被测对象相互独立进行测试获得的二次独立测试结果的绝对差值，不超过再现性限 R，超过再现性限 R 的情况不超过5%。

当硫的质量分数为0.5 mg/kg～5 mg/kg 时，R 为这两个测定值的算术平均值的15%；当硫的质量分数为大于5 mg/kg 时，R 为这两个测定值的算术平均值的10%。

9 报告

报告应包括下列内容：

a) 有关样品的全部资料，例如样品名称、批号、采样地点、采样日期、采样时间等；

b) GB/T 6324 的本部分代号；

c) 分析结果和表示方法；

d) 测定中观察到的任何异常现象的细节及其说明；

e) 分析人员的姓名及分析日期等；

f) 任何不包括在 GB/T 6324 的本部分中的操作或是试验条件的说明。

ICS 71.080.01
G 15

中华人民共和国国家标准

GB/T 6324.5—2008
代替 GB/T 6324.5—1986,GB/T 6324.6—1986

有机化工产品试验方法 第5部分:有机化工产品中羰基化合物含量的测定

Test method of organic chemical products—Part 5: Determination of trace quantities of carbonyl compounds in organic chemicals

2008-06-04 发布　　2008-12-01 实施

中华人民共和国国家质量监督检验检疫总局
中国国家标准化管理委员会　发布

前 言

GB/T 6324《有机化工产品试验方法》分为以下几个部分：

——第1部分：液体有机化工产品水混溶性试验；

——第2部分：挥发性有机液体水浴上蒸发后干残渣的测定；

——第3部分：有机化工产品还原高锰酸钾物质的测定方法；

——第4部分：有机液体产品微量硫的测定　微库仑法；

——第5部分：有机化工产品中羰基化合物含量的测定。

本部分为GB/T 6324的第5部分，是对GB/T 6324.5—1986和GB/T 6324.6—1986的整合修订。

本部分修改采用美国材料与试验协会标准ASTM E 411—2005《用2,4-二硝基苯肼测定微量羰基化合物的方法》(英文版)。

本部分根据ASTM E 411—2005重新起草。在附录A中列出了本部分章条编号与ASTM E 411—2005章条编号的对照一览表。

考虑到我国国情，在采用ASTM E 411—2005时，本部分做了一些修改，主要差异如下：

——增加了羰基化合物中等含量测定——容量法(本部分的4.2)，这是为配合方法测定范围的变化。

本部分代替GB/T 6324.5—1986《有机化工产品中羰基化合物含量的测定　容量法》和GB/T 6324.6—1986《有机化工产品中微量羰基化合物含量的测定　光度法》。

本部分与GB/T 6324.5—1986和GB/T 6324.6—1986相比，主要变化如下：

——本部分的名称由"有机化工产品中羰基化合物含量的测定"修改为"有机化工产品试验方法　第5部分：有机化工产品中羰基化合物含量的测定"(1986版的封面，本版的封面)；

——对"范围"一章做了相应修改(1986年版的第1章，本版的第1章)；

——增加了分光光度法(见4.2)；

——分光光度法中标准物质由苯乙酮改为2-丁酮，试验温度由50℃改为室温，显色时间由5 min改为12 min，显色波长由445 nm改为480 nm，用乙醇调仪器零点改为用水调仪器零点(1986年版的3.5和第5章，本版的4.2.2.5和4.2.4)；

——容量法增加了当终点颜色变化不明显时，可采用电位法判定终点(见4.3)。

本部分的附录A为资料性附录。

本部分由中国石油和化学工业协会提出。

本部分由全国标准化技术委员会有机分会(SAC/TC 63/SC 2)归口。

本部分起草单位：济南艾孚特科技有限责任公司、山东省化工研究院。

本标准参加起草单位：中国石油化工股份有限公司锦州石化分公司。

本部分主要起草人：邱娟、崔爱红、于朋玲、祁新宇、李德波。

本部分所代替部分的版本发布情况为：

——GB/T 6324.5—1986、GB/T 6324.6—1986。

有机化工产品试验方法 第 5 部分：有机化工产品中羰基化合物含量的测定

警告——本部分未提及同标准使用有关的所有安全问题。使用者有责任采取适当的安全和防护措施，并保证符合国家有关法规规定的条件。有关的安全和预防措施的说明见第 3 章。

1 范围

本部分规定了有机化工产品中羰基化合物含量测定的试验方法：分光光度法、容量法。

本部分适用于水溶性和醇溶性的有机化工产品中羰基化合物含量的测定。分光光度法适用于羰基化合物质量分数低于或等于 0.01%的样品的测定，容量法适用于羰基化合物质量分数高于 0.01%的样品的测定。

2 规范性引用文件

下列文件中的条款通过本部分的引用而成为本部分的条款。凡是注日期的引用文件，其随后所有的修改单(不包括勘误的内容)或修订版均不适用于本部分，然而，鼓励根据本部分达成协议的各方研究是否可使用这些文件的最新版本。凡是不注日期的引用文件，其最新版本适用于本部分。

GB/T 601—2002　化学试剂　标准滴定溶液的制备

GB/T 603—2002　化学试剂　试验方法中所用制剂及制品的制备(ISO 6353-1:1982，NEQ)

GB/T 6682—2008　分析实验室用水规格和试验方法(eqv ISO 3696:1987)

GB/T 9725—2007　化学试剂　电位滴定法通则

3 安全和预防措施

3.1　采样安全应在产品标准中根据产品特性规定。

3.2　甲醇易燃，蒸馏时可能着火，应采取预防措施。如：检查烧瓶是否有裂缝，检查装置的密封性及备有防护罩等。应有足够的通风设施，使在蒸馏装置周围溶剂的蒸汽浓度低于爆炸极限，并且在整个工作区域内的溶剂蒸汽浓度低于阈值。

3.3　2,4-二硝基苯肼容易爆炸，明火或电火花都能使其剧烈燃烧。使用时应避免热源。

4 试验方法

4.1 一般规定

除非另有说明，在分析中仅使用确认为分析纯的试剂和 GB/T 6682—2008 规定的三级水。

分析中所用标准滴定溶液、制剂及制品，在没有注明其他要求时，均按 GB/T 601—2002、GB/T 603—2002 之规定制备。

4.2 分光光度法

4.2.1 方法原理

试样中的羰基化合物在酸性介质中与 2,4-二硝基苯肼反应，生成 2,4-二硝基苯腙，2,4-二硝基苯腙与氢氧化钾反应，生成显红色的物质，在波长 480 nm 处用分光光度计测量吸光度，得到羰基化合物含量。

反应式：

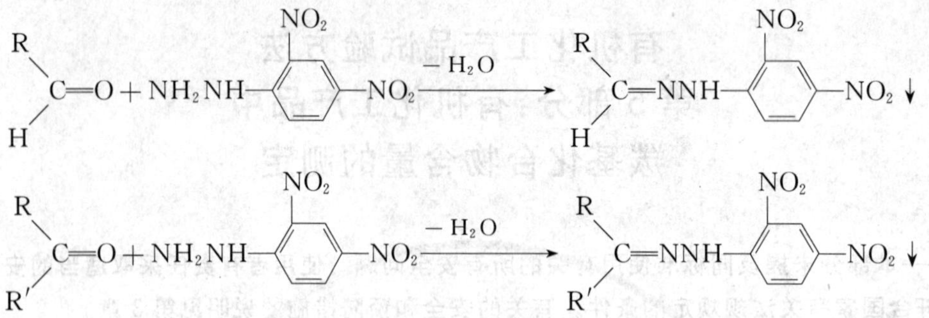

4.2.2 试剂和溶液

4.2.2.1 盐酸。

4.2.2.2 无羰基的甲醇

收集到的蒸馏液(无羰基的甲醇)应清澈透明、无色，否则应进行二次蒸馏。

4.2.2.3 氢氧化钾-甲醇溶液：100 g/L

称取 100 g 氢氧化钾溶于 200 mL 水中，用无羰基的甲醇稀释至 1 000 mL。

4.2.2.4 2,4-二硝基苯肼溶液：1 g/L。

4.2.2.5 羰基化合物标准溶液(以 CO 计)：2.5 mg/mL

称取 0.643 g 2-丁酮溶于约 50 mL 无羰基甲醇中，转移至 100 mL 容量瓶中，用无羰基的甲醇稀释至刻度，摇匀。

4.2.2.6 羰基化合物标准溶液(以 CO 计)：0.25 mg/mL

移取 10.00 mL 羰基化合物标准溶液(4.2.2.5)，置于 100 mL 容量瓶中，用无羰基的甲醇稀释至刻度，摇匀。该溶液使用前配制。

4.2.3 仪器

分光光度计：带有光程为 1 cm 的比色皿，吸光率精度为±0.004(A)。

4.2.4 分析步骤

4.2.4.1 标准曲线的绘制

4.2.4.1.1 标准比色溶液的配制

分别移取[0.0(为补偿溶液)，2.0，4.0，6.0，8.0，10.0]mL 羰基化合物标准溶液(4.2.2.6)置于6个100 mL 容量瓶中，用无羰基的甲醇稀释至刻度，摇匀。每 2.0 mL 此标准溶液分别含有(0，10，20，30，40，50)μg 羰基化合物。

4.2.4.1.2 吸光度的测定

向 6 个 25 mL 容量瓶中分别移取 2.0 mL 标准比色溶液(4.2.4.1.1)，各加入 2.0 mL 2,4-二硝基苯肼溶液，盖塞，在室温下反应(30±2)min，用氢氧化钾-甲醇溶液稀释至刻度，加塞摇匀，放置(12±1)min。用 1 cm 光程的比色皿，在 480 nm 处，以水调整分光光度计零点，测定上述溶液的吸光度。

4.2.4.1.3 绘制标准曲线

用标准比色溶液的吸光度减去补偿溶液的吸光度为纵坐标，以相对应的标准比色溶液中羰基化合物的质量(μg)为横坐标，绘制标准曲线。

4.2.4.2 样品的测定

4.2.4.2.1 样品溶液的制备

移取 2.0 mL 含羰基化合物(0.5～50)μg 的实验室样品于已预先称量的 25 mL 容量瓶中，称量，精确至 0.000 1 g。两次称量之差为实验室样品的质量。

注：如果 2.0 mL 样品中羰基化合物含量超过 50 μg，可先用无羰基甲醇稀释至刻度后，再按 4.2.4.2.1 进行测定，结果计算时增加稀释倍数。

4.2.4.2.2 吸光度的测定

按 4.2.4.1.2 的规定进行操作。同时移取 2.0 mL 无羰基的甲醇进行空白试验。

4.2.5 结果计算

羰基化合物的质量分数 w_1 以羰基(CO)计，数值以%表示，按式(1)计算：

$$w_1 = \frac{(m_1 - m_0) \times 10^{-6}}{m} \times 100 \qquad \cdots\cdots(1)$$

式中：

m_1——与试料吸光度相对应的由标准曲线上查得的羰基化合物的质量的数值，单位为微克(μg)；

m_0——与空白吸光度相对应的由标准曲线上查得的羰基化合物的质量的数值，单位为微克(μg)；

m——试料的质量的数值，单位为克(g)。

4.3 容量法

4.3.1 方法原理

样品中的羰基化合物与盐酸羟胺反应，所生成的酸，以溴酚蓝做指示，用氢氧化钠标准滴定溶液进行滴定，计算得到羰基化合物的含量。

反应式：$RCHO + H_2NOH \cdot HCl = RCH{=}NOH + HCl + H_2O$

$RCOR' + H_2NOH \cdot HCl = RR'C{=}NOH + HCl + H_2O$

4.3.2 试剂和溶液

4.3.2.1 95%乙醇；

4.3.2.2 盐酸羟胺溶液：20 g/L；

称取 4 g 盐酸羟胺，溶于盛有 20 mL 水的 250 mL 碘量瓶中，用 95%乙醇稀释至 200 mL，在沸水浴上回流 30 min 后，冷却至室温，加入 5.0 mL 溴酚蓝指示液，用氢氧化钠溶液中和，至产生二向色绿色(dichroic green)。此溶液使用前配制。

4.3.2.3 氢氧化钠标准滴定溶液：$c(NaOH) = 0.1$ mol/L；

4.3.2.4 氢氧化钠溶液：$c(NaOH) = 0.01$ mol/L；

4.3.2.5 盐酸溶液：$c(HCl) = 0.01$ mol/L；

4.3.2.6 溴酚蓝指示液：2 g/L

称取溴酚蓝指示剂 0.2 g，加 1.5 mL 0.1 mol/L 氢氧化钠标准滴定溶液溶解，以 95%乙醇稀释至 100 mL 。

4.3.3 仪器设备

微量滴定管：10 mL。

4.3.4 分析步骤

量取 50 mL 盐酸羟胺溶液置于 250 mL 碘量瓶中，用做滴定时的标准色。

移取 50.0 mL 实验室样品置于 250 mL 碘量瓶中，加入 1.25 mL 溴酚蓝指示液，滴加氢氧化钠溶液或盐酸溶液，直至样品溶液与标准色一致，此即为试样溶液。

在试样溶液中加入 25.0 mL 盐酸羟胺溶液，将碘量瓶的塞子轻轻松动，盖好，置沸水浴上反应 10 min 后，冷却至室温，用氢氧化钠标准滴定溶液滴定至与标准色一致为终点。当终点颜色变化不明显时，可按 GB/T 9725—2007 的电位滴定法来确定终点。

4.3.5 结果计算

羰基化合物的质量分数 w_2 以羰基(CO)计，数值以%表示，按式(2)计算：

$$w_2 = \frac{cVM}{50 \times \rho \times 1\,000} \times 100 \qquad \cdots\cdots(2)$$

式中：

V——试料消耗氢氧化钠标准滴定溶液(4.2.3.2)的体积的数值，单位为毫升(mL)；

ρ——20℃时试样的密度的数值，单位为克每升(g/L)；

M——羰基的摩尔质量的数值，单位为克每摩尔(g/mol)[$M=28.01$]；

c——氢氧化钠标准滴定溶液的浓度的数值，单位为摩尔每升(mol/L)。

5 结果表述

取两次平行测定结果的算术平均值为测定结果。

若以其他形式表示羰基化合物时，以(1)和(2)式的结果乘以 $E/28.01$，其中 E 是该形式羰基化合物的相对分子量。

附 录 A
（资料性附录）
本部分章条编号与 ASTM E 411—2005 标准章条编号对照一览表

A.1 本部分章条编号与 ASTM E 411—2005 标准章条编号对照表见表 A.1。

表 A.1

本部分章条编号	对应的 ASTM E 411—2005 章条编号
1	1,4
2	2
—	5
3	8,9
4.1	—
4.2	3,6,7,10,11,12
4.3	—
5	13

ICS 83.080.01
G 31

中华人民共和国国家标准

GB/T 6344—2008/ISO 1798:2008
代替 GB/T 6344—1996

软质泡沫聚合材料 拉伸强度和断裂伸长率的测定

Flexible cellular polymeric materials—Determination of tensile strength and elongation at break

(ISO 1798:2008,IDT)

2008-08-19 发布　　2009-05-01 实施

中华人民共和国国家质量监督检验检疫总局
中国国家标准化管理委员会　发布

前　言

本标准等同采用国际标准 ISO 1798:2008《软质泡沫聚合材料　拉伸强度和断裂伸长率的测定》，在技术内容和文本结构上与 ISO 1798:2008 完全相同，仅作如下编辑性修改：

——删除了国际标准的前言；

——删除了国际标准的目录；

——删除了国际标准的对实验室操作人员的一般性警告用语。

本标准代替 GB/T 6344—1996《软质泡沫聚合物材料　拉伸强度和断裂伸长率的测定》。

本标准与 GB/T 6344—1996 相比主要变化如下：

——修改了第 4 章部分内容；

——删除了 4.1 测厚仪；增加了“伸长测量系统”的相关规定；

——5.2 增加了 1A 型试样；

——5.4 增加了需要在材料生产后 16 h 或 48 h 进行试验的相关规定；

——7.1 将“平均拉伸强度”更改为“拉伸强度”；

——式(1)中用“TS”代替“σ_t”表示拉伸强度；

——式(2)中用“E_b”代替“ε_t”表示断裂伸长率。

本标准由中国轻工业联合会提出。

本标准由全国塑料制品标准化技术委员会归口。

本标准起草单位：北京工商大学、甘肃省皮革塑料研究所、国家轻工业塑料产品质量监督检测兰州站、甘肃省皮革塑料质量监督检验站、浙江圣诺盟顾家海绵有限公司。

本标准主要起草人：连钦、陈倩、袁利群、汪晓鹏、张定军、钱洪祥。

本标准历次版本发布情况为：GB 6344—1986、GB/T 6344—1996。

软质泡沫聚合材料 拉伸强度和断裂伸长率的测定

1 范围

本标准规定了软质泡沫聚合材料以恒定速率拉伸至断裂时拉伸强度和断裂伸长率的测试方法。

本标准适用于软质泡沫聚合材料拉伸强度和断裂伸长率的测试。

2 规范性引用文件

下列文件中的条款通过本标准的引用而成为本标准的条款。凡是注日期的引用文件，其随后所有修改单(不包括勘误的内容)或修订版均不适用于本标准，然而，鼓励根据本标准达成协议的各方研究是否可使用这些文件的最新版本。凡是不注日期的引用文件，其最新版本适用于本标准。

GB/T 6342 泡沫塑料和橡胶 线性尺寸的测定(GB/T 6342—1993,idt ISO 1923:1981)

ISO 7500-1:2004 金属材料 静态单轴向试验机的验证 第1部分：拉伸/压缩试验机 力测量系统的验证和校正

ISO 9513 金属材料 单轴向试验用引伸计的校正

ISO 23529 橡胶物理试验方法 试样制备和调节通用程序

3 术语和定义

下列术语和定义适用于本标准。

3.1

拉伸强度 tensile strength

试样在拉伸过程中所受的最大拉伸应力。

3.2

断裂伸长率 elongation at break

试样拉伸至断裂时的伸长百分率。

4 设备

拉力试验机，应符合下列要求：

拉力试验机夹具的移动速率为500 mm/min±50 mm/min，且在试验过程中应保持匀速；

在使用负荷范围内，拉力试验机测力精度应达到0.5级或1.0级，符合ISO 7500-1:2004的要求；

为了测定断裂伸长应选用配备机械或光学伸长测量系统的拉力试验机，所用伸长测量系统应符合ISO 9513的要求。

初始标距精确到±1%。

断裂标距精确到±1.25 mm。

当力学伸长测量系统与试样连结时，应小心操作以免损坏试样，自重和惯性对拉伸强度的影响最大不超过1%。

5 试样

5.1 取样方向

如果产品的泡孔具有很明显的方向性(泡孔取向),在制备拉伸试样时,应当使试样的纵轴垂直于泡孔的长轴方向,否则,应在试验报告中说明试样纵轴位置与泡孔长轴的相对关系。

5.2 形状与尺寸

试样横截面应为矩形,带表皮或不带表皮层,无明显缺陷。拉伸试样用图1所示的两种刀模之一冲切,试样厚度为10 mm～15 mm。

单位为毫米

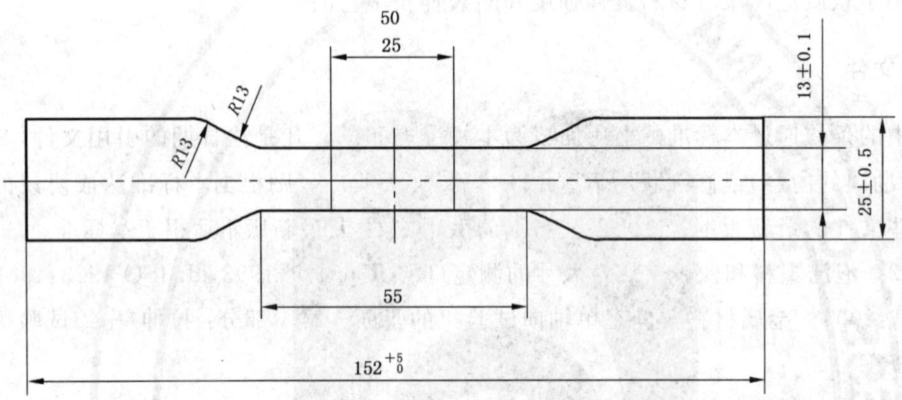

a) 1型

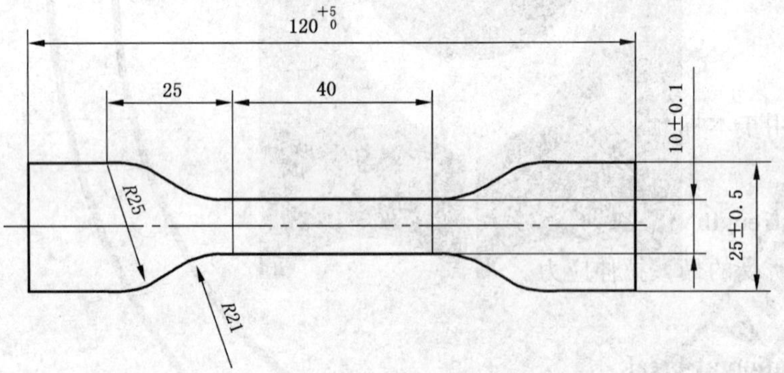

b) 1A型

图1 刀模尺寸示意图

5.3 试样数量

除非有关各方另行商定,否则,应提供足够的材料使每组试样至少有5个在标线内断裂。

5.4 状态调节

5.4.1 用于试验的试样或准备冲切试样的材料,应先按ISO 23529的规定进行状态调节,特别要求的除外。

5.4.2 生产后不到72 h(可以包括状态调节时间)的材料一般不得用于试验。如果可以证明,生产后16 h或48 h得到的平均结果与生产后72 h得到的平均结果差值不超过±10%,在这种情况下,允许在生产后16 h或48 h进行试验。

试验前,试样或用于冲切试样的材料应在下列任一种环境中进行状态调节16 h以上。

(23 ℃±2 ℃),相对湿度(50%±5%);

(27 ℃±2 ℃),相对湿度(65%±5 %)。

5.4.3 在质量控制的情况下试验,试样可以在生产后较短的时间(最少 12 h)和较少的状态调节时间(最少 6 h),选择以上任何一种条件进行试验。

6 试验步骤

6.1 用于冲切试样的材料在按照 5.4 规定进行状态调节后,选择 5 个均匀分布的点测量其厚度,测量应符合 GB 6342(ISO 1923)的要求,厚度差超过±2%的材料应被剔除。

6.2 在每个试样上画两条平行的标线作为标距,1 型试样的两条标线内侧相距 25 mm~50 mm, 1A 型试样为 40 mm, 标距测量精度为±1%。

6.3 将拉力试验机载荷示值置于零位,把试样夹在拉力试验机夹具上,仔细而对称地调整试样,使拉力均匀分布在试样横截面上,对试样施加 0.1 kPa 的预应力或 0.5%预伸长。完成预载荷或预伸长后,将伸长测量系统伸长示值清零,然后启动拉力试验机,拉伸速度为 500 mm/min±50 mm/min,记录拉伸过程最大载荷(精确至±1%)和试样断裂瞬间两标线间距(精确至±1.25 mm),剔除标线外断裂的试样,并继续试验直至获得 5 个满意的结果。

6.4 试验时的环境温、湿度应与状态调节时相同。

注:为减少标线外断裂次数,推荐使用 1A 型试样。在使用 1 型试样时,应选择最接近 50 mm 的标距。

7 计算

7.1 拉伸强度

计算每个试样的平均厚度。

按冲切试样中间部分(1 型宽度 13 mm,1A 型宽度 10 mm)的平均宽度和平均厚度计算原始横截面积。

按式(1)计算每个试样的拉伸强度,单位为 kPa。

$$TS = \frac{F}{A} \times 10^3 \qquad \cdots\cdots(1)$$

式中:

TS——拉伸强度,单位为千帕(kPa);

F——最大载荷,单位为牛(N);

A——试样平均原始横截面积,单位为平方毫米(mm^2)。

7.2 断裂伸长率

按式(2)计算断裂伸长率;

$$E_b = \frac{L - L_0}{L_0} \times 100\% \qquad \cdots\cdots(2)$$

式中:

E_b——断裂伸长率,以%表示;

L——试样断裂标距,单位为毫米(mm);

L_0——试样原始标距,单位为毫米(mm)。

8 试验报告

试验报告应包括以下内容:

a) 本国家标准编号;

b) 泡沫材料的种类;

c) 所测试样的类型;

d) 进行状态调节的温度和相对湿度；

e) 试样取自产品的位置，若多孔结构有明显的方向性，则予以说明；

f) 若有表皮层，应说明表皮层的位置及数目；

g) 试样的厚度；

h) 拉伸强度的中值，单位为 kPa；

i) 断裂伸长率的中值，以%表示；

j) 有关与本标准的偏离。

ICS 35.040
L 71

中华人民共和国国家标准

GB 6345.2—2008
代替 GB/T 12036—1989

信息技术　汉字编码字符集(基本集) 32点阵字型　第2部分:黑体

Information technology—Chinese ideogram coded character set (basic set)—32-dot matrix font—Part 2: Hei Ti

2008-08-06 发布　　　　2009-07-01 实施

中华人民共和国国家质量监督检验检疫总局
中国国家标准化管理委员会　发布

前　言

GB 6345 的本部分除字表中 1 区～11 区外的全部技术内容为强制性。

GB 6345《信息技术　汉字编码字符集(基本集)　32 点阵字型》分为如下四个部分：

——第 1 部分：宋体；

——第 2 部分：黑体；

——第 3 部分：楷体；

——第 4 部分：仿宋体。

本部分为 GB 6345 的第 2 部分。

本部分规定的 32 点阵汉字字型是以《第一批异体字整理表》、《简化字总表》、《印刷通用汉字字形表》和《现代汉语通用字表》(见参考文献)为依据，按照现行汉字字形整理原则进行设计。

本部分代替 GB/T 12036—1989。

本部分与 GB/T 12036—1989 相比，主要变化如下：

a)　为了进一步提高字型质量和保证标准间的协调统一，对部分的第一版中 1 区的数学符号错误进行了修正；

b)　对 3 区、10 区的字符错误、小写英文字母偏离基准线错误进行了修正；

c)　对 4 区、5 区日文假名/片假名部分字符进行了重新设计；

d)　对上一版本中不正确的汉字字型进行了修正。

本部分的附录 A、附录 B 是规范性附录。

本部分由中华人民共和国信息产业部提出。

本部分由中国电子技术标准化研究所归口。

本部分起草单位：中国电子技术标准化研究所、北京仓颉博雅信息技术有限公司、第二炮兵装备研究院第四研究所。

本部分起草人：翟广臣、周济萍、熊涛、代红、王颜尊、王立建、戴涌。

本部分所代替标准的历次版本发布情况为：

——GB/T 12036—1989。

引　言

有关字型数据的授权转让使用事宜,字型标准数据的维护、更新及修订工作,统一由归口单位负责。

地　　址:北京市东城区安定门东大街1号(北京市1101信箱)
邮　　编:100007
电　　话:64007689　84029173
传　　真:64007681
E - mail:daihong@cesi.ac.cn

信息技术　汉字编码字符集(基本集) 32点阵字型　第2部分:黑体

1　范围

GB 6345的本部分规定了GB 2312—1980《信息交换用汉字编码字符集　基本集》中图形字符的32点阵黑体字型。

本部分主要适用于各种电子信息产品、各种数字化产品,也可用于其他有关设备。

2　规范性引用文件

下列文件中的条款通过GB 6345的本部分的引用而成为本部分的条款。凡是注日期的引用文件,其随后所有的修改单(不包括勘误的内容)或修订版均不适用于本部分,然而,鼓励根据本部分达成协议的各方研究是否可使用这些文件的最新版本。凡是不注日期的引用文件,其最新版本适用于本部分。

GB 2312—1980　信息交换用汉字编码字符集　基本集

3　术语和定义

下列术语和定义适用于GB 6345的本部分。

3.1

字形　glyph

一种可辨认的抽象的图形符号,它不依赖于任何特定的设计。

3.2

字型　font

具有同一基本设计的字形图像的集合,如:黑体。

3.3

点阵字型　dot matrix font

以点的集合来表现图形字符的型(形)。

3.4

字序　character order

图形字符在集合中按一定规则排列的次序。

4　汉字图形字符

根据GB 2312—1980规定,相应提供了:

1区～9区　　外文字母及其他图形字符682个;

16区～55区　　第一级汉字3 755个;

56区～87区　　第二级汉字3 008个。

另外在8区27位～32位补充了6个字符;10区01位～94位补充了94个半角图形字符;11区01位～32位补充了32个汉语拼音的半角字符,见附录A。

本部分共提供图形字符7 577个。

5　标准数据的管理

为加强对电子信息技术产品使用汉字字型标准数据的管理,保证本部分在实施中数据的正确性和一致性，有关字型数据的授权转让使用事宜，字型标准数据的维护、更新及修订工作，统一由归口单位负责。

6 点阵字型的表示方法

6.1 栅格

栅格由若干条等距离的垂直线与水平线相交叉而形成。

本部分规定的是32点阵字型，其栅格是横向32格，纵向32格。每个方格的中心定为点的中心位置。

栅格仅对构成点阵的各点进行定位，32点阵栅格图如图1所示。

图1 32点阵栅格图

6.2 点

点是构成点阵字型的最小单位，以圆形表示，它是位于各方格内的黑色区域。

6.3 点阵字样

汉字点阵字型的字样，由置于栅格内的若干个点的集合来表示。汉字“永”的32点阵字样如图2所示。

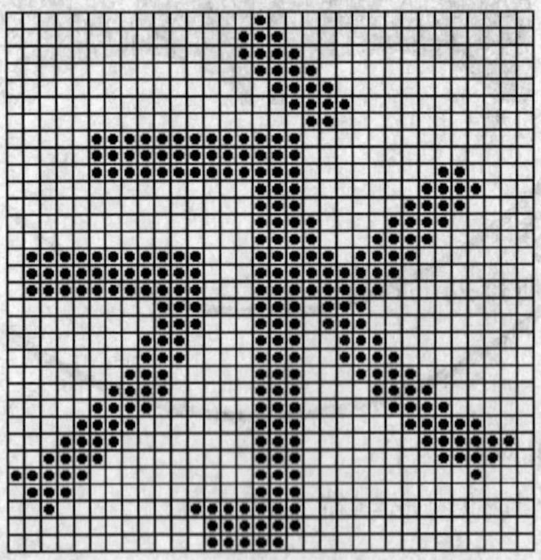

图2 32点阵汉字“永”的字样

6.4 字型数据

32点阵字型数据的表示，见附录B。

6.5 点阵字型表

本部分提供了GB 2312—1980规定的7 445个汉字/图形字符及补充的132个图形字符的32点阵黑体字型。

本部分的点阵字型列表如下：

1区	0	1	2	3	4	5	6	7	8	9	10	11	12	13	14	15	16	17	18	19
010			、	。	·	ˉ	ˇ	¨	〃	々	—	～	‖	…	‘	’	“	”	〔	〕
012	〈	〉	《	》	「	」	『	』	〖	〗	【	】	±	×	÷	∶	∧	∨	∑	∏
014	∪	∩	∈	∷	√	⊥	∥	∠	⌒	⊙	∫	∮	≡	≌	≈	∽	∝	≠	≮	≯
016	≤	≥	∞	∵	∴	♂	♀	°	′	″	℃	＄	¤	￠	￡	‰	§	№	☆	★
018	○	●	◎	◇	◆	□	■	△	▲	※	→	←	↑	↓	〓					

2区	0	1	2	3	4	5	6	7	8	9	10	11	12	13	14	15	16	17	18	19
020																		⒈	⒉	⒊
022	⒋	⒌	⒍	⒎	⒏	⒐	⒑	⒒	⒓	⒔	⒕	⒖	⒗	⒘	⒙	⒚	⒛	⑴	⑵	⑶
024	⑷	⑸	⑹	⑺	⑻	⑼	⑽	⑾	⑿	⒀	⒁	⒂	⒃	⒄	⒅	⒆	⒇	①	②	③
026	④	⑤	⑥	⑦	⑧	⑨	⑩			㈠	㈡	㈢	㈣	㈤	㈥	㈦	㈧	㈨	㈩	
028		Ⅰ	Ⅱ	Ⅲ	Ⅳ	Ⅴ	Ⅵ	Ⅶ	Ⅷ	Ⅸ	Ⅹ	Ⅺ	Ⅻ							

3区	0	1	2	3	4	5	6	7	8	9	10	11	12	13	14	15	16	17	18	19
030		！	＂	＃	￥	％	＆	＇	（	）	＊	＋	，	－	．	／	０	１	２	３
032	４	５	６	７	８	９	：	；	＜	＝	＞	？	＠	Ａ	Ｂ	Ｃ	Ｄ	Ｅ	Ｆ	Ｇ
034	Ｈ	Ｉ	Ｊ	Ｋ	Ｌ	Ｍ	Ｎ	Ｏ	Ｐ	Ｑ	Ｒ	Ｓ	Ｔ	Ｕ	Ｖ	Ｗ	Ｘ	Ｙ	Ｚ	［
036	＼	］	＾	＿	｀	ａ	ｂ	ｃ	ｄ	ｅ	ｆ	ｇ	ｈ	ｉ	ｊ	ｋ	ｌ	ｍ	ｎ	ｏ
038	ｐ	ｑ	ｒ	ｓ	ｔ	ｕ	ｖ	ｗ	ｘ	ｙ	ｚ	｛	｜	｝	￣					

4区	0	1	2	3	4	5	6	7	8	9	10	11	12	13	14	15	16	17	18	19
040		ぁ	あ	ぃ	い	ぅ	う	ぇ	え	ぉ	お	か	が	き	ぎ	く	ぐ	け	げ	こ
042	ご	さ	ざ	し	じ	す	ず	せ	ぜ	そ	ぞ	た	だ	ち	ぢ	っ	つ	づ	て	で
044	と	ど	な	に	ぬ	ね	の	は	ば	ぱ	ひ	び	ぴ	ふ	ぶ	ぷ	へ	べ	ぺ	ほ
046	ぼ	ぽ	ま	み	む	め	も	ゃ	や	ゅ	ゆ	ょ	よ	ら	り	る	れ	ろ	ゎ	わ
048	ゐ	ゑ	を	ん																

5区	0	1	2	3	4	5	6	7	8	9	10	11	12	13	14	15	16	17	18	19
050		ァ	ア	ィ	イ	ゥ	ウ	ェ	エ	ォ	オ	カ	ガ	キ	ギ	ク	グ	ケ	ゲ	コ
052	ゴ	サ	ザ	シ	ジ	ス	ズ	セ	ゼ	ソ	ゾ	タ	ダ	チ	ヂ	ッ	ツ	ヅ	テ	デ
054	ト	ド	ナ	ニ	ヌ	ネ	ノ	ハ	バ	パ	ヒ	ビ	ピ	フ	ブ	プ	ヘ	ベ	ペ	ホ
056	ボ	ポ	マ	ミ	ム	メ	モ	ャ	ヤ	ュ	ユ	ョ	ヨ	ラ	リ	ル	レ	ロ	ヮ	ワ
058	ヰ	ヱ	ヲ	ン	ヴ	ヵ	ヶ													

6区	0	1	2	3	4	5	6	7	8	9	10	11	12	13	14	15	16	17	18	19
060		Α	Β	Γ	Δ	Ε	Ζ	Η	Θ	Ι	Κ	Λ	Μ	Ν	Ξ	Ο	Π	Ρ	Σ	Τ
062	Υ	Φ	Χ	Ψ	Ω									α	β	γ	δ	ε	ζ	η
064	θ	ι	κ	λ	μ	ν	ξ	ο	π	ρ	σ	τ	υ	φ	χ	ψ	ω			
066																				
068																				

7区	0	1	2	3	4	5	6	7	8	9	10	11	12	13	14	15	16	17	18	19
070		А	Б	В	Г	Д	Е	Ё	Ж	З	И	Й	К	Л	М	Н	О	П	Р	С
072	Т	У	Ф	Х	Ц	Ч	Ш	Щ	Ъ	Ы	Ь	Э	Ю	Я						
074										а	б	в	г	д	е	ё	ж	з	и	й
076	к	л	м	н	о	п	р	с	т	у	ф	х	ц	ч	ш	щ	ъ	ы	ь	э
078	ю	я																		

8区	0	1	2	3	4	5	6	7	8	9	10	11	12	13	14	15	16	17	18	19
080		ā	á	ǎ	à	ē	é	ě	è	ī	í	ǐ	ì	ō	ó	ǒ	ò	ū	ú	ǔ
082	ù	ǖ	ǘ	ǚ	ǜ	ü	ê	ɑ	ḿ	ń	ň	ǹ	ɡ					ㄅ	ㄆ	ㄇ
084	ㄈ	ㄉ	ㄊ	ㄋ	ㄌ	ㄍ	ㄎ	ㄏ	ㄐ	ㄑ	ㄒ	ㄓ	ㄔ	ㄕ	ㄖ	ㄗ	ㄘ	ㄙ	ㄚ	ㄛ
086	ㄜ	ㄝ	ㄞ	ㄟ	ㄠ	ㄡ	ㄢ	ㄣ	ㄤ	ㄥ	ㄦ	ㄧ	ㄨ	ㄩ						
088																				

9区	0	1	2	3	4	5	6	7	8	9	10	11	12	13	14	15	16	17	18	19
090					─	━	│	┃	┄	┅	┆	┇	┈	┉	┊	┋	┌	┍	┎	┏
092	┐	┑	┒	┓	└	┕	┖	┗	┘	┙	┚	┛	├	┝	┞	┟	┠	┡	┢	┣
094	┤	┥	┦	┧	┨	┩	┪	┫	┬	┭	┮	┯	┰	┱	┲	┳	┴	┵	┶	┷
096	┸	┹	┺	┻	┼	┽	┾	┿	╀	╁	╂	╃	╄	╅	╆	╇	╈	╉	╊	╋
098																				

10区	0	1	2	3	4	5	6	7	8	9	10	11	12	13	14	15	16	17	18	19
100		!	"	#	¥	%	&	'	(	)	*	+	,	-	.	/	0	1	2	3
102	4	5	6	7	8	9	:	;	<	=	>	?	@	A	B	C	D	E	F	G
104	H	I	J	K	L	M	N	O	P	Q	R	S	T	U	V	W	X	Y	Z	[
106	\	]	^	_	`	a	b	c	d	e	f	g	h	i	j	k	l	m	n	o
108	p	q	r	s	t	u	v	w	x	y	z	{	|	}	‾					

11区	0	1	2	3	4	5	6	7	8	9	10	11	12	13	14	15	16	17	18	19
110		ā	á	ǎ	à	ē	é	ě	è	ī	í	ǐ	ì	ō	ó	ǒ	ò	ū	ú	ǔ
112	ù	ǖ	ǘ	ǚ	ǜ	ü	ê	ɑ	ḿ	ń	ň	ǹ	ɡ							
114																				
116																				
118																				

16区	0	1	2	3	4	5	6	7	8	9	10	11	12	13	14	15	16	17	18	19
160		啊	阿	埃	挨	哎	唉	哀	皑	癌	蔼	矮	艾	碍	爱	隘	鞍	氨	安	俺
162	按	暗	岸	胺	案	肮	昂	盎	凹	敖	熬	翱	袄	傲	奥	懊	澳	芭	捌	扒
164	叭	吧	笆	八	疤	巴	拔	跋	靶	把	耙	坝	霸	罢	爸	白	柏	百	摆	佰
166	败	拜	稗	斑	班	搬	扳	般	颁	板	版	扮	拌	伴	瓣	半	办	绊	邦	帮
168	梆	榜	膀	绑	棒	磅	蚌	镑	傍	谤	苞	胞	包	褒	剥					

17区	0	1	2	3	4	5	6	7	8	9	10	11	12	13	14	15	16	17	18	19
170		薄	雹	保	堡	饱	宝	抱	报	暴	豹	鲍	爆	杯	碑	悲	卑	北	辈	背
172	贝	钡	倍	狈	备	惫	焙	被	奔	苯	本	笨	崩	绷	甭	泵	蹦	迸	逼	鼻
174	比	鄙	笔	彼	碧	蓖	蔽	毕	毙	毖	币	庇	痹	闭	敝	弊	必	辟	壁	臂
176	避	陛	鞭	边	编	贬	扁	便	变	卞	辨	辩	辫	遍	标	彪	膘	表	鳖	憋
178	别	瘪	彬	斌	濒	滨	宾	摈	兵	冰	柄	丙	秉	饼	炳					

18区	0	1	2	3	4	5	6	7	8	9	10	11	12	13	14	15	16	17	18	19
180		病	并	玻	菠	播	拨	钵	波	博	勃	搏	铂	箔	伯	帛	舶	脖	膊	渤
182	泊	驳	捕	卜	哺	补	埠	不	布	步	簿	部	怖	擦	猜	裁	材	才	财	睬
184	踩	采	彩	菜	蔡	餐	参	蚕	残	惭	惨	灿	苍	舱	仓	沧	藏	操	糙	槽
186	曹	草	厕	策	侧	册	测	层	蹭	插	叉	茬	茶	查	碴	搽	察	岔	差	诧
188	拆	柴	豺	搀	掺	蝉	馋	谗	缠	铲	产	阐	颤	昌	猖					

19区	0	1	2	3	4	5	6	7	8	9	10	11	12	13	14	15	16	17	18	19
190		场	尝	常	长	偿	肠	厂	敞	畅	唱	倡	超	抄	钞	朝	嘲	潮	巢	吵
192	炒	车	扯	撤	掣	彻	澈	郴	臣	辰	尘	晨	忱	沉	陈	趁	衬	撑	称	城
194	橙	成	呈	乘	程	惩	澄	诚	承	逞	骋	秤	吃	痴	持	匙	池	迟	弛	驰
196	耻	齿	侈	尺	赤	翅	斥	炽	充	冲	虫	崇	宠	抽	酬	畴	踌	稠	愁	筹
198	仇	绸	瞅	丑	臭	初	出	橱	厨	躇	锄	雏	滁	除	楚					

20区	0	1	2	3	4	5	6	7	8	9	10	11	12	13	14	15	16	17	18	19
200		础	储	矗	搐	触	处	揣	川	穿	椽	传	船	喘	串	疮	窗	幢	床	闯
202	创	吹	炊	捶	锤	垂	春	椿	醇	唇	淳	纯	蠢	戳	绰	疵	茨	磁	雌	辞
204	慈	瓷	词	此	刺	赐	次	聪	葱	囱	匆	从	丛	凑	粗	醋	簇	促	蹿	篡
206	窜	摧	崔	催	脆	瘁	粹	淬	翠	村	存	寸	磋	撮	搓	措	挫	错	搭	达
208	答	瘩	打	大	呆	歹	傣	戴	带	殆	代	贷	袋	待	逮					

21区	0	1	2	3	4	5	6	7	8	9	10	11	12	13	14	15	16	17	18	19
210		怠	耽	担	丹	单	郸	掸	胆	旦	氮	但	惮	淡	诞	弹	蛋	当	挡	党
212	荡	档	刀	捣	蹈	倒	岛	祷	导	到	稻	悼	道	盗	德	得	的	蹬	灯	登
214	等	瞪	凳	邓	堤	低	滴	迪	敌	笛	狄	涤	翟	嫡	抵	底	地	蒂	第	帝
216	弟	递	缔	颠	掂	滇	碘	点	典	靛	垫	电	佃	甸	店	惦	奠	淀	殿	碉
218	叼	雕	凋	刁	掉	吊	钓	调	跌	爹	碟	蝶	迭	谍	叠					

22区	0	1	2	3	4	5	6	7	8	9	10	11	12	13	14	15	16	17	18	19
220		丁	盯	叮	钉	顶	鼎	锭	定	订	丢	东	冬	董	懂	动	栋	侗	恫	冻
222	洞	兜	抖	斗	陡	豆	逗	痘	都	督	毒	犊	独	读	堵	睹	赌	杜	镀	肚
224	度	渡	妒	端	短	锻	段	断	缎	堆	兑	队	对	墩	吨	蹲	敦	顿	囤	钝
226	盾	遁	掇	哆	多	夺	垛	躲	朵	跺	舵	剁	惰	堕	蛾	峨	鹅	俄	额	讹
228	娥	恶	厄	扼	遏	鄂	饿	恩	而	儿	耳	尔	饵	洱	二					

23区	0	1	2	3	4	5	6	7	8	9	10	11	12	13	14	15	16	17	18	19
230		贰	发	罚	筏	伐	乏	阀	法	珐	藩	帆	番	翻	樊	矾	钒	繁	凡	烦
232	反	返	范	贩	犯	饭	泛	坊	芳	方	肪	房	防	妨	仿	访	纺	放	菲	非
234	啡	飞	肥	匪	诽	吠	肺	废	沸	费	芬	酚	吩	氛	分	纷	坟	焚	汾	粉
236	奋	份	忿	愤	粪	丰	封	枫	蜂	峰	锋	风	疯	烽	逢	冯	缝	讽	奉	凤
238	佛	否	夫	敷	肤	孵	扶	拂	辐	幅	氟	符	伏	俘	服					

24区	0	1	2	3	4	5	6	7	8	9	10	11	12	13	14	15	16	17	18	19
240		浮	涪	福	袱	弗	甫	抚	辅	俯	釜	斧	脯	腑	府	腐	赴	副	覆	赋
242	复	傅	付	阜	父	腹	负	富	讣	附	妇	缚	咐	噶	嘎	该	改	概	钙	盖
244	溉	干	甘	杆	柑	竿	肝	赶	感	秆	敢	赣	冈	刚	钢	缸	肛	纲	岗	港
246	杠	篙	皋	高	膏	羔	糕	搞	镐	稿	告	哥	歌	搁	戈	鸽	胳	疙	割	革
248	葛	格	蛤	阁	隔	铬	个	各	给	根	跟	耕	更	庚	羹					

25区	0	1	2	3	4	5	6	7	8	9	10	11	12	13	14	15	16	17	18	19
250		埂	耿	梗	工	攻	功	恭	龚	供	躬	公	宫	弓	巩	汞	拱	贡	共	钩
252	勾	沟	苟	狗	垢	构	购	够	辜	菇	咕	箍	估	沽	孤	姑	鼓	古	蛊	骨
254	谷	股	故	顾	固	雇	刮	瓜	剐	寡	挂	褂	乖	拐	怪	棺	关	官	冠	观
256	管	馆	罐	惯	灌	贯	光	广	逛	瑰	规	圭	硅	归	龟	闺	轨	鬼	诡	癸
258	桂	柜	跪	贵	刽	辊	滚	棍	锅	郭	国	果	裹	过	哈					

26区	0	1	2	3	4	5	6	7	8	9	10	11	12	13	14	15	16	17	18	19
260		骸	孩	海	氦	亥	害	骇	酣	憨	邯	韩	含	涵	寒	函	喊	罕	翰	撼
262	捍	旱	憾	悍	焊	汗	汉	夯	杭	航	壕	嚎	豪	毫	郝	好	耗	号	浩	呵
264	喝	荷	菏	核	禾	和	何	合	盒	貉	阂	河	涸	赫	褐	鹤	贺	嘿	黑	痕
266	很	狠	恨	哼	亨	横	衡	恒	轰	哄	烘	虹	鸿	洪	宏	弘	红	喉	侯	猴
268	吼	厚	候	后	呼	乎	忽	瑚	壶	葫	胡	蝴	狐	糊	湖					

27区	0	1	2	3	4	5	6	7	8	9	10	11	12	13	14	15	16	17	18	19
270		弧	虎	唬	护	互	沪	户	花	哗	华	猾	滑	画	划	化	话	槐	徊	怀
272	淮	坏	欢	环	桓	还	缓	换	患	唤	痪	豢	焕	涣	宦	幻	荒	慌	黄	磺
274	蝗	簧	皇	凰	惶	煌	晃	幌	恍	谎	灰	挥	辉	徽	恢	蛔	回	毁	悔	慧
276	卉	惠	晦	贿	秽	会	烩	汇	讳	诲	绘	荤	昏	婚	魂	浑	混	豁	活	伙
278	火	获	或	惑	霍	货	祸	击	圾	基	机	畸	稽	积	箕					

28区	0	1	2	3	4	5	6	7	8	9	10	11	12	13	14	15	16	17	18	19
280		肌	饥	迹	激	讥	鸡	姬	绩	缉	吉	极	棘	辑	籍	集	及	急	疾	汲
282	即	嫉	级	挤	几	脊	己	蓟	技	冀	季	伎	祭	剂	悸	济	寄	寂	计	记
284	既	忌	际	妓	继	纪	嘉	枷	夹	佳	家	加	荚	颊	贾	甲	钾	假	稼	价
286	架	驾	嫁	歼	监	坚	尖	笺	间	煎	兼	肩	艰	奸	缄	茧	检	柬	碱	硷
288	拣	捡	简	俭	剪	减	荐	槛	鉴	践	贱	见	键	箭	件					

29区	0	1	2	3	4	5	6	7	8	9	10	11	12	13	14	15	16	17	18	19
290		健	舰	剑	饯	渐	溅	涧	建	僵	姜	将	浆	江	疆	蒋	桨	奖	讲	匠
292	酱	降	蕉	椒	礁	焦	胶	交	郊	浇	骄	娇	嚼	搅	铰	矫	侥	脚	狡	角
294	饺	缴	绞	剿	教	酵	轿	较	叫	窖	揭	接	皆	秸	街	阶	截	劫	节	桔
296	杰	捷	睫	竭	洁	结	解	姐	戒	藉	芥	界	借	介	疥	诫	届	巾	筋	斤
298	金	今	津	襟	紧	锦	仅	谨	进	靳	晋	禁	近	烬	浸					

30区	0	1	2	3	4	5	6	7	8	9	10	11	12	13	14	15	16	17	18	19
300		尽	劲	荆	兢	茎	睛	晶	鲸	京	惊	精	粳	经	井	警	景	颈	静	境
302	敬	镜	径	痉	靖	竟	竞	净	炯	窘	揪	究	纠	玖	韭	久	灸	九	酒	厩
304	救	旧	臼	舅	咎	就	疚	鞠	拘	狙	疽	居	驹	菊	局	咀	矩	举	沮	聚
306	拒	据	巨	具	距	踞	锯	俱	句	惧	炬	剧	捐	鹃	娟	倦	眷	卷	绢	撅
308	攫	抉	掘	倔	爵	觉	决	诀	绝	均	菌	钧	军	君	峻					

31区	0	1	2	3	4	5	6	7	8	9	10	11	12	13	14	15	16	17	18	19
310		俊	竣	浚	郡	骏	喀	咖	卡	咯	开	揩	楷	凯	慨	刊	堪	勘	坎	砍
312	看	康	慷	糠	扛	抗	亢	炕	考	拷	烤	靠	坷	苛	柯	棵	磕	颗	科	壳
314	咳	可	渴	克	刻	客	课	肯	啃	垦	恳	坑	吭	空	恐	孔	控	抠	口	扣
316	寇	枯	哭	窟	苦	酷	库	裤	夸	垮	挎	跨	胯	块	筷	侩	快	宽	款	匡
318	筐	狂	框	矿	眶	旷	况	亏	盔	岿	窥	葵	奎	魁	傀					

32区	0	1	2	3	4	5	6	7	8	9	10	11	12	13	14	15	16	17	18	19
320		馈	愧	溃	坤	昆	捆	困	括	扩	廓	阔	垃	拉	喇	蜡	腊	辣	啦	莱
322	来	赖	蓝	婪	栏	拦	篮	阑	兰	澜	谰	揽	览	懒	缆	烂	滥	琅	榔	狼
324	廊	郎	朗	浪	捞	劳	牢	老	佬	姥	酪	烙	涝	勒	乐	雷	镭	蕾	磊	累
326	儡	垒	擂	肋	类	泪	棱	楞	冷	厘	梨	犁	黎	篱	狸	离	漓	理	李	里
328	鲤	礼	莉	荔	吏	栗	丽	厉	励	砾	历	利	傈	例	俐					

33区	0	1	2	3	4	5	6	7	8	9	10	11	12	13	14	15	16	17	18	19
330		痢	立	粒	沥	隶	力	璃	哩	俩	联	莲	连	镰	廉	怜	涟	帘	敛	脸
332	链	恋	炼	练	粮	凉	梁	粱	良	两	辆	量	晾	亮	谅	撩	聊	僚	疗	燎
334	寥	辽	潦	了	撂	镣	廖	料	列	裂	烈	劣	猎	琳	林	磷	霖	临	邻	鳞
336	淋	凛	赁	吝	拎	玲	菱	零	龄	铃	伶	羚	凌	灵	陵	岭	领	另	令	溜
338	琉	榴	硫	馏	留	刘	瘤	流	柳	六	龙	聋	咙	笼	窿					

34区	0	1	2	3	4	5	6	7	8	9	10	11	12	13	14	15	16	17	18	19
340		隆	垄	拢	陇	楼	娄	搂	篓	漏	陋	芦	卢	颅	庐	炉	掳	卤	虏	鲁
342	麓	碌	露	路	赂	鹿	潞	禄	录	陆	戮	驴	吕	铝	侣	旅	履	屡	缕	虑
344	氯	律	率	滤	绿	峦	挛	孪	滦	卵	乱	掠	略	抡	轮	伦	仑	沦	纶	论
346	萝	螺	罗	逻	锣	箩	骡	裸	落	洛	骆	络	妈	麻	玛	码	蚂	马	骂	嘛
348	吗	埋	买	麦	卖	迈	脉	瞒	馒	蛮	满	蔓	曼	慢	漫					

35区	0	1	2	3	4	5	6	7	8	9	10	11	12	13	14	15	16	17	18	19
350		谩	芒	茫	盲	氓	忙	莽	猫	茅	锚	毛	矛	铆	卯	茂	冒	帽	貌	贸
352	么	玫	枚	梅	酶	霉	煤	没	眉	媒	镁	每	美	昧	寐	妹	媚	门	闷	们
354	萌	蒙	檬	盟	锰	猛	梦	孟	眯	醚	靡	糜	迷	谜	弥	米	秘	觅	泌	蜜
356	密	幂	棉	眠	绵	冕	免	勉	娩	缅	面	苗	描	瞄	藐	秒	渺	庙	妙	蔑
358	灭	民	抿	皿	敏	悯	闽	明	螟	鸣	铭	名	命	谬	摸					

36区	0	1	2	3	4	5	6	7	8	9	10	11	12	13	14	15	16	17	18	19
360		摹	蘑	模	膜	磨	摩	魔	抹	末	莫	墨	默	沫	漠	寞	陌	谋	牟	某
362	拇	牡	亩	姆	母	墓	暮	幕	募	慕	木	目	睦	牧	穆	拿	哪	呐	钠	那
364	娜	纳	氖	乃	奶	耐	奈	南	男	难	囊	挠	脑	恼	闹	淖	呢	馁	内	嫩
366	能	妮	霓	倪	泥	尼	拟	你	匿	腻	逆	溺	蔫	拈	年	碾	撵	捻	念	娘
368	酿	鸟	尿	捏	聂	孽	啮	镊	镍	涅	您	柠	狞	凝	宁					

37区	0	1	2	3	4	5	6	7	8	9	10	11	12	13	14	15	16	17	18	19
370		拧	泞	牛	扭	钮	纽	脓	浓	农	弄	奴	努	怒	女	暖	虐	疟	挪	懦
372	糯	诺	哦	欧	鸥	殴	藕	呕	偶	沤	啪	趴	爬	帕	怕	琶	拍	排	牌	徘
374	湃	派	攀	潘	盘	磐	盼	畔	判	叛	乓	庞	旁	耪	胖	抛	咆	刨	炮	袍
376	跑	泡	呸	胚	培	裴	赔	陪	配	佩	沛	喷	盆	砰	抨	烹	澎	彭	蓬	棚
378	硼	篷	膨	朋	鹏	捧	碰	坯	砒	霹	批	披	劈	琵	毗					

38区	0	1	2	3	4	5	6	7	8	9	10	11	12	13	14	15	16	17	18	19
380		啤	脾	疲	皮	匹	痞	僻	屁	譬	篇	偏	片	骗	飘	漂	瓢	票	撇	瞥
382	拼	频	贫	品	聘	乒	坪	苹	萍	平	凭	瓶	评	屏	坡	泼	颇	婆	破	魄
384	迫	粕	剖	扑	铺	仆	莆	葡	菩	蒲	埔	朴	圃	普	浦	谱	曝	瀑	期	欺
386	栖	戚	妻	七	凄	漆	柒	沏	其	棋	奇	歧	畦	崎	脐	齐	旗	祈	祁	骑
388	起	岂	乞	企	启	契	砌	器	气	迄	弃	汽	泣	讫	掐					

39区	0	1	2	3	4	5	6	7	8	9	10	11	12	13	14	15	16	17	18	19
390		恰	洽	牵	扦	钎	铅	千	迁	签	仟	谦	乾	黔	钱	钳	前	潜	遣	浅
392	谴	堑	嵌	欠	歉	枪	呛	腔	羌	墙	蔷	强	抢	橇	锹	敲	悄	桥	瞧	乔
394	侨	巧	鞘	撬	翘	峭	俏	窍	切	茄	且	怯	窃	钦	侵	亲	秦	琴	勤	芹
396	擒	禽	寝	沁	青	轻	氢	倾	卿	清	擎	晴	氰	情	顷	请	庆	琼	穷	秋
398	丘	邱	球	求	囚	酋	泅	趋	区	蛆	曲	躯	屈	驱	渠					

40区	0	1	2	3	4	5	6	7	8	9	10	11	12	13	14	15	16	17	18	19
400		取	娶	龋	趣	去	圈	颧	权	醛	泉	全	痊	拳	犬	券	劝	缺	炔	瘸
402	却	鹊	榷	确	雀	裙	群	然	燃	冉	染	瓤	壤	攘	嚷	让	饶	扰	绕	惹
404	热	壬	仁	人	忍	韧	任	认	刃	妊	纫	扔	仍	日	戎	茸	蓉	荣	融	熔
406	溶	容	绒	冗	揉	柔	肉	茹	蠕	儒	孺	如	辱	乳	汝	入	褥	软	阮	蕊
408	瑞	锐	闰	润	若	弱	撒	洒	萨	腮	鳃	塞	赛	三	叁					

41区	0	1	2	3	4	5	6	7	8	9	10	11	12	13	14	15	16	17	18	19
410		伞	散	桑	嗓	丧	搔	骚	扫	嫂	瑟	色	涩	森	僧	莎	砂	杀	刹	沙
412	纱	傻	啥	煞	筛	晒	珊	苫	杉	山	删	煽	衫	闪	陕	擅	赡	膳	善	汕
414	扇	缮	墒	伤	商	赏	晌	上	尚	裳	梢	捎	稍	烧	芍	勺	韶	少	哨	邵
416	绍	奢	赊	蛇	舌	舍	赦	摄	射	慑	涉	社	设	砷	申	呻	伸	身	深	娠
418	绅	神	沈	审	婶	甚	肾	慎	渗	声	生	甥	牲	升	绳					

42区	0	1	2	3	4	5	6	7	8	9	10	11	12	13	14	15	16	17	18	19
420		省	盛	剩	胜	圣	师	失	狮	施	湿	诗	尸	虱	十	石	拾	时	什	食
422	蚀	实	识	史	矢	使	屎	驶	始	式	示	士	世	柿	事	拭	誓	逝	势	是
424	嗜	噬	适	仕	侍	释	饰	氏	市	恃	室	视	试	收	手	首	守	寿	授	售
426	受	瘦	兽	蔬	枢	梳	殊	抒	输	叔	舒	淑	疏	书	赎	孰	熟	薯	暑	曙
428	署	蜀	黍	鼠	属	术	述	树	束	戍	竖	墅	庶	数	漱					

43区	0	1	2	3	4	5	6	7	8	9	10	11	12	13	14	15	16	17	18	19
430		恕	刷	耍	摔	衰	甩	帅	栓	拴	霜	双	爽	谁	水	睡	税	吮	瞬	顺
432	舜	说	硕	朔	烁	斯	撕	嘶	思	私	司	丝	死	肆	寺	嗣	四	伺	似	饲
434	巳	松	耸	怂	颂	送	宋	讼	诵	搜	艘	擞	嗽	苏	酥	俗	素	速	粟	僳
436	塑	溯	宿	诉	肃	酸	蒜	算	虽	隋	随	绥	髓	碎	岁	穗	遂	隧	祟	孙
438	损	笋	蓑	梭	唆	缩	琐	索	锁	所	塌	他	它	她	塔					

44区	0	1	2	3	4	5	6	7	8	9	10	11	12	13	14	15	16	17	18	19
440		獭	挞	蹋	踏	胎	苔	抬	台	泰	酞	太	态	汰	坍	摊	贪	瘫	滩	坛
442	檀	痰	潭	谭	谈	坦	毯	袒	碳	探	叹	炭	汤	塘	搪	堂	棠	膛	唐	糖
444	倘	躺	淌	趟	烫	掏	涛	滔	绦	萄	桃	逃	淘	陶	讨	套	特	藤	腾	疼
446	誊	梯	剔	踢	锑	提	题	蹄	啼	体	替	嚏	惕	涕	剃	屉	天	添	填	田
448	甜	恬	舔	腆	挑	条	迢	眺	跳	贴	铁	帖	厅	听	烃					

45区	0	1	2	3	4	5	6	7	8	9	10	11	12	13	14	15	16	17	18	19
450		汀	廷	停	亭	庭	挺	艇	通	桐	酮	瞳	同	铜	彤	童	桶	捅	筒	统
452	痛	偷	投	头	透	凸	秃	突	图	徒	途	涂	屠	土	吐	兔	湍	团	推	颓
454	腿	蜕	褪	退	吞	屯	臀	拖	托	脱	鸵	陀	驮	驼	椭	妥	拓	唾	挖	哇
456	蛙	洼	娃	瓦	袜	歪	外	豌	弯	湾	玩	顽	丸	烷	完	碗	挽	晚	皖	惋
458	宛	婉	万	腕	汪	王	亡	枉	网	往	旺	望	忘	妄	威					

46区	0	1	2	3	4	5	6	7	8	9	10	11	12	13	14	15	16	17	18	19
460		巍	微	危	韦	违	桅	围	唯	惟	为	潍	维	苇	萎	委	伟	伪	尾	纬
462	未	蔚	味	畏	胃	喂	魏	位	渭	谓	尉	慰	卫	瘟	温	蚊	文	闻	纹	吻
464	稳	紊	问	嗡	翁	瓮	挝	蜗	涡	窝	我	斡	卧	握	沃	巫	呜	钨	乌	污
466	诬	屋	无	芜	梧	吾	吴	毋	武	五	捂	午	舞	伍	侮	坞	戊	雾	晤	物
468	勿	务	悟	误	昔	熙	析	西	硒	矽	晰	嘻	吸	锡	牺					

47区	0	1	2	3	4	5	6	7	8	9	10	11	12	13	14	15	16	17	18	19
470		稀	息	希	悉	膝	夕	惜	熄	烯	溪	汐	犀	檄	袭	席	习	媳	喜	铣
472	洗	系	隙	戏	细	瞎	虾	匣	霞	辖	暇	峡	侠	狭	下	厦	夏	吓	掀	锨
474	先	仙	鲜	纤	咸	贤	衔	舷	闲	涎	弦	嫌	显	险	现	献	县	腺	馅	羡
476	宪	陷	限	线	相	厢	镶	香	箱	襄	湘	乡	翔	祥	详	想	响	享	项	巷
478	橡	像	向	象	萧	硝	霄	削	哮	嚣	销	消	宵	淆	晓					

48区	0	1	2	3	4	5	6	7	8	9	10	11	12	13	14	15	16	17	18	19
480		小	孝	校	肖	啸	笑	效	楔	些	歇	蝎	鞋	协	挟	携	邪	斜	胁	谐
482	写	械	卸	蟹	懈	泄	泻	谢	屑	薪	芯	锌	欣	辛	新	忻	心	信	衅	星
484	腥	猩	惺	兴	刑	型	形	邢	行	醒	幸	杏	性	姓	兄	凶	胸	匈	汹	雄
486	熊	休	修	羞	朽	嗅	锈	秀	袖	绣	墟	戌	需	虚	嘘	须	徐	许	蓄	酗
488	叙	旭	序	畜	恤	絮	婿	绪	续	轩	喧	宣	悬	旋	玄					

49区	0	1	2	3	4	5	6	7	8	9	10	11	12	13	14	15	16	17	18	19
490		选	癣	眩	绚	靴	薛	学	穴	雪	血	勋	熏	循	旬	询	寻	驯	巡	殉
492	汛	训	讯	逊	迅	压	押	鸦	鸭	呀	丫	芽	牙	蚜	崖	衙	涯	雅	哑	亚
494	讶	焉	咽	阉	烟	淹	盐	严	研	蜒	岩	延	言	颜	阎	炎	沿	奄	掩	眼
496	衍	演	艳	堰	燕	厌	砚	雁	唁	彦	焰	宴	谚	验	殃	央	鸯	秧	杨	扬
498	佯	疡	羊	洋	阳	氧	仰	痒	养	样	漾	邀	腰	妖	瑶					

50区	0	1	2	3	4	5	6	7	8	9	10	11	12	13	14	15	16	17	18	19
500		摇	尧	遥	窑	谣	姚	咬	舀	药	要	耀	椰	噎	耶	爷	野	冶	也	页
502	掖	业	叶	曳	腋	夜	液	一	壹	医	揖	铱	依	伊	衣	颐	夷	遗	移	仪
504	胰	疑	沂	宜	姨	彝	椅	蚁	倚	已	乙	矣	以	艺	抑	易	邑	屹	亿	役
506	臆	逸	肄	疫	亦	裔	意	毅	忆	义	益	溢	诣	议	谊	译	异	翼	翌	绎
508	茵	荫	因	殷	音	阴	姻	吟	银	淫	寅	饮	尹	引	隐					

51区	0	1	2	3	4	5	6	7	8	9	10	11	12	13	14	15	16	17	18	19
510		印	英	樱	婴	鹰	应	缨	莹	萤	营	荧	蝇	迎	赢	盈	影	颖	硬	映
512	哟	拥	佣	臃	痈	庸	雍	踊	蛹	咏	泳	涌	永	恿	勇	用	幽	优	悠	忧
514	尤	由	邮	铀	犹	油	游	酉	有	友	右	佑	釉	诱	又	幼	迂	淤	于	盂
516	榆	虞	愚	舆	余	俞	逾	鱼	愉	渝	渔	隅	予	娱	雨	与	屿	禹	宇	语
518	羽	玉	域	芋	郁	吁	遇	喻	峪	御	愈	欲	狱	育	誉					

52区	0	1	2	3	4	5	6	7	8	9	10	11	12	13	14	15	16	17	18	19
520		浴	寓	裕	预	豫	驭	鸳	渊	冤	元	垣	袁	原	援	辕	园	员	圆	猿
522	源	缘	远	苑	愿	怨	院	曰	约	越	跃	钥	岳	粤	月	悦	阅	耘	云	郧
524	匀	陨	允	运	蕴	酝	晕	韵	孕	匝	砸	杂	栽	哉	灾	宰	载	再	在	咱
526	攒	暂	赞	赃	脏	葬	遭	糟	凿	藻	枣	早	澡	蚤	躁	噪	造	皂	灶	燥
528	责	择	则	泽	贼	怎	增	憎	曾	赠	扎	喳	渣	札	轧					

53区	0	1	2	3	4	5	6	7	8	9	10	11	12	13	14	15	16	17	18	19
530		铡	闸	眨	栅	榨	咋	乍	炸	诈	摘	斋	宅	窄	债	寨	瞻	毡	詹	粘
532	沾	盏	斩	辗	崭	展	蘸	栈	占	战	站	湛	绽	樟	章	彰	漳	张	掌	涨
534	杖	丈	帐	账	仗	胀	瘴	障	招	昭	找	沼	赵	照	罩	兆	肇	召	遮	折
536	哲	蛰	辙	者	锗	蔗	这	浙	珍	斟	真	甄	砧	臻	贞	针	侦	枕	疹	诊
538	震	振	镇	阵	蒸	挣	睁	征	狰	争	怔	整	拯	正	政					

54区	0	1	2	3	4	5	6	7	8	9	10	11	12	13	14	15	16	17	18	19
540		帧	症	郑	证	芝	枝	支	吱	蜘	知	肢	脂	汁	之	织	职	直	植	殖
542	执	值	侄	址	指	止	趾	只	旨	纸	志	挚	掷	至	致	置	帜	峙	制	智
544	秩	稚	质	炙	痔	滞	治	窒	中	盅	忠	钟	衷	终	种	肿	重	仲	众	舟
546	周	州	洲	诌	粥	轴	肘	帚	咒	皱	宙	昼	骤	珠	株	蛛	朱	猪	诸	诛
548	逐	竹	烛	煮	拄	瞩	嘱	主	著	柱	助	蛀	贮	铸	筑					

55区	0	1	2	3	4	5	6	7	8	9	10	11	12	13	14	15	16	17	18	19
550		住	注	祝	驻	抓	爪	拽	专	砖	转	撰	赚	篆	桩	庄	装	妆	撞	壮
552	状	椎	锥	追	赘	坠	缀	谆	准	捉	拙	卓	桌	琢	茁	酌	啄	着	灼	浊
554	兹	咨	资	姿	滋	淄	孜	紫	仔	籽	滓	子	自	渍	字	鬃	棕	踪	宗	综
556	总	纵	邹	走	奏	揍	租	足	卒	族	祖	诅	阻	组	钻	纂	嘴	醉	最	罪
558	尊	遵	昨	左	佐	柞	做	作	坐	座										

56区	0	1	2	3	4	5	6	7	8	9	10	11	12	13	14	15	16	17	18	19
560		亍	丌	兀	丐	廿	卅	丕	亘	丞	鬲	孬	噩	丨	禺	丿	匕	乇	夭	爻
562	卮	氐	囟	胤	馗	毓	睾	鼗	丶	亟	鼐	乜	乩	亓	芈	孛	啬	嘏	仄	厍
564	厝	厣	厥	厮	靥	赝	匚	叵	匦	匮	匾	赜	卦	卣	刂	刈	刎	刭	刳	刿
566	剀	剌	剞	剡	剜	蒯	剽	劂	劁	劐	劓	冂	罔	亻	仃	仉	仂	仨	仡	仫
568	仞	伛	仳	伢	佤	仵	伥	伧	伉	伫	佞	佧	攸	佚	佝					

57区	0	1	2	3	4	5	6	7	8	9	10	11	12	13	14	15	16	17	18	19
570		佟	佗	伲	伽	佶	佴	侑	侉	侃	侏	佾	佻	侪	佼	侬	侔	俦	俨	俪
572	俅	俚	俣	俜	俑	俟	俸	倩	偌	俳	倬	倏	倮	倭	俾	倜	倌	倥	倨	偾
574	偃	偕	偈	偎	偬	偻	傥	傧	傩	傺	僖	儆	僭	僬	僦	僮	儇	儋	仝	氽
576	佘	佥	俎	龠	汆	籴	兮	巽	黉	馘	冁	夔	勹	匍	訇	匐	凫	夙	兕	亠
578	兖	亳	衮	袤	亵	脔	裒	禀	嬴	蠃	羸	冫	冱	冽	冼					

58区	0	1	2	3	4	5	6	7	8	9	10	11	12	13	14	15	16	17	18	19
580		凇	冖	冢	冥	讠	讦	讧	讪	讴	讵	讷	诂	诃	诋	诏	诎	诒	诓	诔
582	诖	诘	诙	诜	诟	诠	诤	诨	诩	诮	诰	诳	诶	诹	诼	诿	谀	谂	谄	谇
584	谌	谏	谑	谒	谔	谕	谖	谙	谛	谘	谝	谟	谠	谡	谥	谧	谪	谫	谮	谯
586	谲	谳	谵	谶	卩	卺	阝	阢	阡	阱	阪	阽	阼	陂	陉	陔	陟	陧	陬	陲
588	陴	隈	隍	隗	隰	邗	邛	邝	邙	邬	邡	邴	邳	邶	邺					

59区	0	1	2	3	4	5	6	7	8	9	10	11	12	13	14	15	16	17	18	19
590		邸	邰	郏	郅	邾	郐	郄	郇	郓	郦	郢	郜	郗	郛	郫	郯	郾	鄄	鄢
592	鄞	鄣	鄱	鄯	鄹	酃	酆	刍	奂	劢	劬	劭	劾	哿	勐	勖	勰	叟	燮	矍
594	廴	凵	凼	鬯	厶	弁	畚	巯	坌	垩	垡	塾	墼	壅	壑	圩	圬	圪	圳	圹
596	圮	圯	坜	圻	坂	坩	垅	坫	垆	坼	坻	坨	坭	坶	坳	垭	垤	垌	垲	埏
598	垧	垴	垓	垠	埕	埘	埚	埙	埒	垸	埴	埯	埸	埤	埝					

60区	0	1	2	3	4	5	6	7	8	9	10	11	12	13	14	15	16	17	18	19
600		堋	堍	埽	埭	堀	堞	堙	塄	堠	塥	塬	墁	墉	墚	墀	馨	鼙	懿	艹
602	艽	艿	芏	芊	芨	芄	芎	芑	芗	芙	芫	芸	芾	芰	苈	苊	苣	芘	芷	芮
604	苋	苌	苁	芩	芴	芡	芪	芟	苄	苎	芤	苡	茉	苷	苤	茏	茇	苜	苴	苒
606	苘	茌	苻	苓	茑	茚	茆	茔	茕	苠	苕	茜	荑	荛	荜	茈	莒	茼	茴	茱
608	莛	荞	茯	荏	荇	荃	荟	荀	茗	荠	茭	茺	茳	荦	荥					

61区	0	1	2	3	4	5	6	7	8	9	10	11	12	13	14	15	16	17	18	19
610		荨	茛	荩	荬	荪	荭	荮	莰	荸	莳	莴	莠	莪	莓	莜	莅	荼	莶	莩
612	荽	莸	荻	莘	莞	莨	莺	莼	菁	萁	菥	菘	堇	萘	萋	菝	菽	菖	萜	萸
614	萑	萆	菔	菟	萏	萃	菸	菹	菪	菅	菀	萦	菰	菡	葜	葑	葚	葙	葳	蒇
616	蒈	葺	蒉	葸	萼	葆	葩	葶	蒌	蒎	萱	葭	蓁	蓍	蓐	蓦	蒽	蓓	蓊	蒿
618	蒺	蓠	蒡	蒹	蒴	蒗	蓥	蓣	蔌	甍	蔸	蓰	蔹	蔟	蔺					

62区	0	1	2	3	4	5	6	7	8	9	10	11	12	13	14	15	16	17	18	19
620		蕖	蔻	蓿	蓼	蕙	蕈	蕨	蕤	蕞	蕺	瞢	蕃	蕲	蕻	薤	薨	薇	薏	蕹
622	薮	薜	薅	薹	薷	薰	藓	藁	藜	藿	蘧	蘅	蘩	蘖	蘼	廾	弈	夼	奁	耷
624	奕	奚	奘	匏	尢	尥	尬	尴	扌	扪	抟	抻	拊	拚	拗	拮	挢	拶	挹	捋
626	捃	掭	揶	捱	捺	掎	掴	捭	掬	掊	捩	掮	掼	揲	揸	揠	揿	揄	揞	揎
628	摒	揆	掾	摅	摁	搋	搛	搠	搌	搦	搡	摞	撄	摭	撖					

63区	0	1	2	3	4	5	6	7	8	9	10	11	12	13	14	15	16	17	18	19
630		摺	撷	撸	撙	撺	擀	擐	擗	擤	擢	攉	攥	攮	弋	忒	甙	弑	卟	叱
632	叽	叩	叨	叻	吒	吖	吆	呋	呒	呓	呔	呖	呃	吡	呗	呙	吣	吲	咂	咔
634	呷	呱	呤	咚	咛	咄	呶	呦	咝	哐	咭	哂	咴	哒	咧	咦	哓	哔	呲	咣
636	哕	咻	咿	哌	哙	哚	哜	咩	咪	咤	哝	哏	哞	唛	哧	唠	哽	唔	哳	唢
638	唣	唏	唑	唧	唪	啧	喏	喵	啉	啭	啁	啕	唿	啐	唼					

64区	0	1	2	3	4	5	6	7	8	9	10	11	12	13	14	15	16	17	18	19
640		唷	啖	啵	啶	啷	唳	唰	啜	喋	嗒	喃	喱	喹	喈	喁	喟	啾	嗖	喑
642	啻	嗟	喽	喾	喔	喙	嗪	嗷	嗉	嘟	嗑	嗫	嗬	嗔	嗦	嗝	嗄	嗯	嗥	嗲
644	嗳	嗌	嗍	嗨	嗵	嗤	辔	嘞	嘈	嘌	嘁	嘤	嘣	嗾	嘀	嘧	嘭	噘	嘹	噗
646	嘬	噍	噢	噙	噜	噌	噔	嚆	噤	噱	噫	噻	噼	嚅	嚓	嚯	囔	囗	囝	囡
648	囵	囫	囹	囿	圄	圊	圉	圜	帏	帙	帔	帑	帱	帻	帼					

65区	0	1	2	3	4	5	6	7	8	9	10	11	12	13	14	15	16	17	18	19
650		帷	幄	幔	幛	幞	幡	岌	屺	岍	岐	岖	岈	岘	岙	岑	岚	岜	岵	岢
652	岽	岬	岫	岱	岣	峁	岷	峄	峒	峤	峋	峥	崂	崃	崧	崦	崮	崤	崞	崆
654	崛	嵘	崾	崴	崽	嵬	嵛	嵯	嵝	嵫	嵋	嵊	嵩	嵴	嶂	嶙	嶝	豳	嶷	巅
656	彳	彷	徂	徇	徉	後	徕	徙	徜	徨	徭	徵	徼	衢	彡	犭	犰	犴	犷	犸
658	狃	狁	狎	狍	狒	狨	狯	狩	狲	狴	狷	猁	狳	猃	狺					

66区	0	1	2	3	4	5	6	7	8	9	10	11	12	13	14	15	16	17	18	19
660		狻	猗	猓	猡	猊	猞	猝	猕	猢	猹	猥	猬	猸	猱	獐	獍	獗	獠	獬
662	獯	獾	舛	夥	飧	夤	夂	饣	饧	饨	饩	饪	饫	饬	饴	饷	饽	馀	馄	馇
664	馊	馍	馐	馑	馓	馔	馕	庀	庑	庋	庖	庥	庠	庹	庵	庾	庳	赓	廒	廑
666	廛	廨	廪	膺	忄	忉	忖	忏	怃	忮	怄	忡	忤	忾	怅	怆	忪	忭	忸	怙
668	怵	怦	怛	怏	怍	怩	怫	怊	怿	怡	恸	恹	恻	恺	恂					

67区	0	1	2	3	4	5	6	7	8	9	10	11	12	13	14	15	16	17	18	19
670		恪	恽	悖	悚	悭	悝	悃	悒	悌	悛	惬	悻	悱	惝	惘	惆	惚	悴	愠
672	愦	愕	愣	惴	愀	愎	愫	慊	慵	憬	憔	憧	憷	懔	懵	忝	隳	闩	闫	闱
674	闳	闵	闶	闼	闾	阃	阄	阆	阈	阊	阋	阌	阍	阏	阒	阕	阖	阗	阙	阚
676	丬	爿	戕	氵	汔	汜	汊	沣	沅	沐	沔	沌	汨	汩	汴	汶	沆	沩	泐	泔
678	沭	泷	泸	泱	泗	沲	泠	泖	泺	泫	泮	沱	泓	泯	泾					

68区	0	1	2	3	4	5	6	7	8	9	10	11	12	13	14	15	16	17	18	19
680		洹	洧	洌	浃	浈	洇	洄	洙	洎	洫	浍	洮	洵	洚	浏	浒	浔	洳	涑
682	浯	涞	涠	浞	涓	涔	浜	浠	浼	浣	渚	淇	淅	淞	渎	涿	淠	渑	淦	淝
684	淙	渖	涫	渌	涮	渫	湮	湎	湫	溲	湟	溆	湓	湔	渲	渥	湄	滟	溱	溘
686	滠	漭	滢	溥	溧	溽	溻	溷	滗	溴	滏	溏	滂	溟	潢	潆	潇	漤	漕	滹
688	漯	漶	潋	潴	漪	漉	漩	澉	澍	澌	潸	潲	潼	潺	濑					

69区	0	1	2	3	4	5	6	7	8	9	10	11	12	13	14	15	16	17	18	19
690		濉	澧	澹	澶	濂	濡	濮	濞	濠	濯	瀚	瀣	瀛	瀹	瀵	灏	灞	宀	宄
692	宕	宓	宥	宸	甯	骞	搴	寤	寮	褰	寰	蹇	謇	辶	迓	迕	迥	迮	迤	迩
694	迦	迳	迨	逅	逄	逋	逦	逑	逍	逖	逡	逵	逶	逭	逯	遄	遑	遒	遐	遨
696	遘	遢	遛	暹	遴	遽	邂	邈	邃	邋	彐	彗	彖	彘	尻	咫	屐	屙	孱	屣
698	屦	羼	弪	弩	弭	艴	弼	鬻	屮	妁	妃	妍	妩	妪	妣					

70区	0	1	2	3	4	5	6	7	8	9	10	11	12	13	14	15	16	17	18	19
700		妗	姊	妫	妞	妤	姒	妲	妯	姗	妾	娅	娆	姝	娈	姣	姘	姹	娌	娉
702	娲	娴	娑	娣	娓	婀	婧	婊	婕	娼	婢	婵	胬	媪	媛	婷	婺	媾	嫫	媲
704	嫒	嫔	媸	嫠	嫣	嫱	嫖	嫦	嫘	嫜	嬉	嬗	嬖	嬲	嬷	孀	尕	尜	孚	孥
706	孳	孑	孓	孢	驵	驷	驸	驺	驿	驽	骀	骁	骅	骈	骊	骐	骒	骓	骖	骘
708	骛	骜	骝	骟	骠	骢	骣	骥	骧	纟	纡	纣	纥	纨	纩					

71区	0	1	2	3	4	5	6	7	8	9	10	11	12	13	14	15	16	17	18	19
710		纭	纰	纾	绀	绁	绂	绉	绋	绌	绐	绔	绗	绛	绠	绡	绨	绫	绮	绯
712	绱	绲	缍	绶	绺	绻	绾	缁	缂	缃	缇	缈	缋	缌	缏	缑	缒	缗	缙	缜
714	缛	缟	缡	缢	缣	缤	缥	缦	缧	缪	缫	缬	缭	缯	缰	缱	缲	缳	缵	幺
716	畿	巛	甾	邕	玎	玑	玮	玢	玟	珏	珂	珑	玷	玳	珀	珉	珈	珥	珙	顼
718	琊	珩	珧	珞	玺	珲	琏	琪	瑛	琦	琥	琨	琰	琮	琬					

72区	0	1	2	3	4	5	6	7	8	9	10	11	12	13	14	15	16	17	18	19
720		琛	琚	瑁	瑜	瑗	瑕	瑙	瑷	瑭	瑾	璜	璎	璀	璁	璇	璋	璞	璨	璩
722	璐	璧	瓒	璺	韪	韫	韬	杌	杓	杞	杈	杩	枥	枇	杪	杳	枘	枧	杵	枨
724	枞	枭	枋	杷	杼	柰	栉	柘	栊	柩	枰	栌	柙	枵	柚	枳	柝	栀	柃	枸
726	柢	栎	柁	柽	栲	栳	桠	桡	桎	桢	桄	桤	梃	栝	桕	桦	桁	桧	桀	栾
728	桊	桉	栩	梵	梏	桴	桷	梓	桫	棂	楮	棼	椟	椠	棹					

73区	0	1	2	3	4	5	6	7	8	9	10	11	12	13	14	15	16	17	18	19
730		椤	棰	椋	椁	楗	棣	椐	楱	椹	楠	楂	楝	榄	楫	榀	榘	楸	椴	槌
732	榇	榈	槎	榉	楦	楣	楹	榛	榧	榻	榫	榭	槔	榱	槁	槊	槟	榕	槠	榍
734	槿	樯	槭	樗	樘	橥	槲	橄	樾	檠	橐	橛	樵	檎	橹	樽	樨	橘	橼	檑
736	檐	檩	檗	檫	猷	獒	殁	殂	殇	殄	殒	殓	殍	殚	殛	殡	殪	轫	轭	轱
738	轲	轳	轵	轶	轸	轷	轹	轺	轼	轾	辁	辂	辄	辇	辋					

74区	0	1	2	3	4	5	6	7	8	9	10	11	12	13	14	15	16	17	18	19
740		辍	辎	辏	辘	辚	軎	戋	戗	戛	戟	戢	戡	戥	戤	戬	臧	瓯	瓴	瓿
742	甏	甑	甓	攴	旮	旯	旰	昊	昙	杲	昃	昕	昀	炅	曷	昝	昴	昱	昶	昵
744	耆	晟	晔	晁	晏	晖	晡	晗	晷	暄	暌	暧	暝	暾	曛	曜	曦	曩	贲	贳
746	贶	贻	贽	赀	赅	赆	赈	赉	赇	赍	赕	赙	觇	觊	觋	觌	觎	觏	觐	觑
748	牮	犟	牝	牦	牯	牾	牿	犄	犋	犍	犏	犒	挈	挲	掰					

75区	0	1	2	3	4	5	6	7	8	9	10	11	12	13	14	15	16	17	18	19
750		搿	擘	耄	毪	毳	毽	毵	毹	氅	氇	氆	氍	氕	氘	氙	氚	氡	氩	氤
752	氪	氲	攵	敕	敫	牍	牒	牖	爰	虢	刖	肟	肜	肓	肼	朊	肽	肱	肫	肭
754	肴	肷	胧	胨	胩	胪	胛	胂	胄	胙	胍	胗	朐	胝	胫	胱	胴	胭	脍	脎
756	胲	胼	朕	脒	豚	脶	脞	脬	脘	脲	腈	腌	腓	腴	腙	腚	腱	腠	腩	腼
758	腽	腭	腧	塍	媵	膈	膂	膑	滕	膣	膪	臌	朦	臊	膻					

76区	0	1	2	3	4	5	6	7	8	9	10	11	12	13	14	15	16	17	18	19
760		臁	膦	软	欷	欹	歃	歆	歙	飑	飒	飓	飕	飙	飚	殳	彀	毂	觳	斐
762	齑	斓	於	旆	旄	旃	旌	旎	旒	旖	炀	炜	炖	炝	炻	烀	炷	炫	炱	烨
764	烊	焐	焓	焖	焯	焱	煳	煜	煨	煅	煲	煊	煸	煺	熘	熳	熵	熨	熠	燠
766	燔	燧	燹	爝	爨	灬	焘	煦	熹	戾	戽	扃	扈	扉	礻	祀	祆	祉	祛	祜
768	祓	祚	祢	祗	祠	祯	祧	祺	禅	禊	禚	禧	禳	忑	忐					

77区	0	1	2	3	4	5	6	7	8	9	10	11	12	13	14	15	16	17	18	19
770		怼	恝	恚	恧	恁	恙	恣	悫	愆	愍	慝	憩	憝	懋	懑	戆	肀	聿	沓
772	泶	淼	矶	矸	砀	砉	砗	砘	砑	斫	砭	砜	砝	砹	砺	砻	砟	砼	砥	砬
774	砣	砩	硎	硭	硖	硗	砦	硐	硇	硌	硪	碛	碓	碚	碇	碜	碡	碣	碲	碹
776	碥	磔	磙	磉	磬	磲	礅	磴	礓	礤	礞	礴	龛	黹	黻	黼	盱	眄	眍	盹
778	眇	眈	眚	眢	眙	眭	眦	眵	眸	睐	睑	睇	睃	睚	睨					

78区	0	1	2	3	4	5	6	7	8	9	10	11	12	13	14	15	16	17	18	19
780		睢	睥	睿	瞍	睽	瞀	瞌	瞑	瞟	瞠	瞰	瞵	瞽	町	畀	畎	畋	畈	畛
782	畲	畹	疃	罘	罡	罟	詈	罨	罴	罱	罹	羁	罾	盍	盥	蠲	钅	钆	钇	钋
784	钊	钌	钍	钏	钐	钔	钗	钕	钚	钛	钜	钣	钤	钫	钪	钭	钬	钯	钰	钲
786	钴	钶	钷	钸	钹	钺	钼	钽	钿	铄	铈	铉	铊	铋	铌	铍	铎	铐	铑	铒
788	铕	铖	铗	铙	铘	铛	铞	铟	铠	铢	铤	铥	铧	铨	铪					

79区	0	1	2	3	4	5	6	7	8	9	10	11	12	13	14	15	16	17	18	19
790		铩	铫	铮	铯	铳	铴	铵	铷	铹	铼	铽	铿	锃	锂	锆	锇	锉	锊	锍
792	锎	锏	锒	锓	锔	锕	锖	锘	锛	锝	锞	锟	锢	锪	锫	锩	锬	锱	锲	锴
794	锶	锷	锸	锼	锾	锿	镂	锵	镄	镅	镆	镉	镌	镎	镏	镒	镓	镔	镖	镗
796	镘	镙	镛	镞	镟	镝	镡	镢	镤	镥	镦	镧	镨	镩	镪	镫	镬	镯	镱	镲
798	镳	锺	矧	矬	雉	秕	秭	秣	秫	稆	嵇	稃	稂	稞	稔					

80区	0	1	2	3	4	5	6	7	8	9	10	11	12	13	14	15	16	17	18	19
800		稹	稷	穑	黏	馥	穰	皈	皎	皓	皙	皤	瓞	瓠	甬	鸠	鸢	鸨	鸩	鸪
802	鸫	鸬	鸲	鸱	鸶	鸸	鸷	鸹	鸺	鸾	鹁	鹂	鹄	鹆	鹇	鹈	鹉	鹋	鹌	鹎
804	鹑	鹕	鹗	鹚	鹛	鹜	鹞	鹣	鹦	鹧	鹨	鹩	鹪	鹫	鹬	鹱	鹭	鹳	疒	疔
806	疖	疠	疝	疬	疣	疳	疴	疸	痄	疱	疰	痃	痂	痖	痍	痣	痨	痦	痤	痫
808	痧	瘃	痱	痼	痿	瘐	瘀	瘅	瘌	瘗	瘊	瘥	瘘	瘕	瘙					

81区	0	1	2	3	4	5	6	7	8	9	10	11	12	13	14	15	16	17	18	19
810		瘛	瘼	瘢	瘠	癀	瘭	瘰	瘿	瘵	癃	瘾	瘳	癍	癞	癔	癜	癖	癫	癯
812	翊	竦	穸	穹	窀	窆	窈	窕	窦	窠	窬	窨	窭	窳	衤	衩	衲	衽	衿	袂
814	袢	裆	袷	袼	裉	裢	裎	裣	裥	裱	褚	裼	裨	裾	裰	褡	褙	褓	褛	褊
816	褴	褫	褶	襁	襦	襻	疋	胥	皲	皴	矜	耒	耔	耖	耜	耠	耢	耥	耦	耧
818	耩	耨	耱	耋	耵	聃	聆	聍	聒	聩	聱	覃	顸	颀	颃					

82区	0	1	2	3	4	5	6	7	8	9	10	11	12	13	14	15	16	17	18	19
820		颉	颌	颍	颏	颔	颚	颛	颞	颟	颡	颢	颥	颦	虍	虔	虬	虮	虿	虺
822	虼	虻	蚨	蚍	蚋	蚬	蚝	蚧	蚣	蚪	蚓	蚩	蚶	蛄	蚵	蛎	蚰	蚺	蚱	蚯
824	蛉	蛏	蚴	蛩	蛱	蛲	蛭	蛳	蛐	蜓	蛞	蛴	蛟	蛘	蛑	蜃	蜇	蛸	蜈	蜊
826	蜍	蜉	蜣	蜻	蜞	蜥	蜮	蜚	蜾	蝈	蜴	蜱	蜩	蜷	蜿	螂	蜢	蝽	蝾	蝻
828	蝠	蝰	蝌	蝮	螋	蝓	蝣	蝼	蝤	蝙	蝥	螓	螯	螨	蟒					

83区	0	1	2	3	4	5	6	7	8	9	10	11	12	13	14	15	16	17	18	19
830		蟆	螈	螅	螭	螗	螃	螫	蟥	螬	螵	螳	蟋	蟓	螽	蟑	蟀	蟊	蟛	蟪
832	蟠	蟮	蠖	蠓	蟾	蠊	蠛	蠡	蠹	蠼	缶	罂	罄	罅	舐	竺	竽	笈	笃	笄
834	笕	笊	笫	笏	筇	笸	笪	笙	笮	笱	笠	笥	笤	笳	笾	笞	筘	筚	筅	筵
836	筌	筝	筠	筮	筻	筢	筲	筱	箐	箦	箧	箸	箬	箝	箨	箅	箪	箜	箢	箫
838	箴	篑	篁	篌	篝	篚	篥	篦	篪	簌	篾	篼	簏	簖	簋					

84区	0	1	2	3	4	5	6	7	8	9	10	11	12	13	14	15	16	17	18	19
840		簟	簪	簦	簸	籁	籀	臾	舁	舂	舄	臬	衄	舡	舢	舣	舭	舯	舨	舫
842	舸	舻	舳	舴	舾	艄	艉	艋	艏	艚	艟	艨	衾	袅	袈	裘	裟	襞	羝	羟
844	羧	羯	羰	羲	籼	敉	粑	粝	粜	粞	粢	粲	粼	粽	糁	糇	糌	糍	糈	糅
846	糗	糨	艮	暨	羿	翎	翕	翥	翡	翦	翩	翮	翳	糸	絷	綦	綮	繇	纛	麸
848	麴	赳	趄	趔	趑	趱	赧	赭	豇	豉	酊	酐	酎	酏	酤					

85区	0	1	2	3	4	5	6	7	8	9	10	11	12	13	14	15	16	17	18	19
850		酢	酡	酰	酩	酯	酽	酾	酲	酴	酹	醌	醅	醐	醍	醑	醢	醣	醪	醭
852	醮	醯	醵	醴	醺	豕	鹾	趸	跫	踅	蹙	蹩	趵	趿	趼	趺	跄	跖	跗	跚
854	跞	跎	跏	跛	跆	跬	跷	跸	跣	跹	跻	跤	踉	跽	踔	踝	踟	踬	踮	踣
856	踯	踺	蹀	踹	踵	踽	踱	蹉	蹁	蹂	蹑	蹒	蹊	蹰	蹶	蹼	蹯	蹴	躅	躏
858	躔	躐	躜	躞	豸	貂	貊	貅	貘	貔	斛	觖	觞	觚	觜					

86区	0	1	2	3	4	5	6	7	8	9	10	11	12	13	14	15	16	17	18	19
860		觥	觫	觯	訾	謦	靓	雩	雳	雯	霆	霁	霈	霏	霎	霪	霭	霰	霾	龀
862	龃	龅	龆	龇	龈	龉	龊	龌	黾	鼋	鼍	隹	隼	隽	雎	雒	瞿	雠	銎	銮
864	鋈	錾	鍪	鏊	鎏	鐾	鑫	鱿	鲂	鲅	鲆	鲇	鲈	稣	鲋	鲎	鲐	鲑	鲒	鲔
866	鲕	鲚	鲛	鲞	鲟	鲠	鲡	鲢	鲣	鲥	鲦	鲧	鲨	鲩	鲫	鲭	鲮	鲰	鲱	鲲
868	鲳	鲴	鲵	鲶	鲷	鲺	鲻	鲼	鲽	鳄	鳅	鳆	鳇	鳊	鳋					

87区	0	1	2	3	4	5	6	7	8	9	10	11	12	13	14	15	16	17	18	19
870		鳌	鳍	鳎	鳏	鳐	鳓	鳔	鳕	鳗	鳘	鳙	鳜	鳝	鳟	鳢	靼	鞅	鞑	鞒
872	鞔	鞯	鞫	鞣	鞲	鞴	骱	骰	骷	鹘	骶	骺	骼	髁	髀	髅	髂	髋	髌	髑
874	魅	魃	魇	魉	魈	魍	魑	飨	餍	餮	饕	饔	髟	髡	髦	髯	髫	髻	髭	髹
876	鬈	鬏	鬓	鬟	鬣	麽	麾	縻	麂	麇	麈	麋	麒	鏖	麝	麟	黛	黜	黝	黠
878	黟	黢	黩	黧	黥	黪	黯	鼢	鼬	鼯	鼹	鼷	鼽	鼾	齄					

附 录 A
（规范性附录）
补充的字符

本部分是以 GB 2312—1980《信息交换用汉字编码字符集　基本集》为依据制定的。根据使用需要，在 GB 2312—1980 修订之前，在本部分中对字符作如下补充。

补充的 132 个字符如下所示：

8-27 至 8-32	补充 ɑ ḿ ń ň ǹ ɡ。
10-01 至 10-94	补充 94 个半角图形的字符，其排列顺序与 GB 2312—1980 表 1“图形字符代码表”中第 3 区一一对应，字形宽度为对应第 3 区字形宽度的 1/2。
11-01 至 11-32	补充汉语拼音 ɑ、e、i、o、u、ü 的四声半角字符和 ê、ɑ、ḿ、ń、ň、ǹ、ɡ 的半角字符，排列顺序与本部分第 8 区 01 位～32 位的 32 个字符一一对应，字形宽度为相应第 8 区字形宽度的 1/2。

附 录 B
（规范性附录）
32 点阵字型数据

B.1 32 点阵字型数据的表示

本部分中，图形字符的字型可由点阵数据来表示。每个字型的点阵数据为 32×32（横行点数×纵列点数），共 1 024 个二进制位，128 个字节。

B.2 32 点阵字型数据的记录格式

32 点阵字型数据的 128 个字节排列次序是以 0 字节开始至 127 字节结束，均用十六进制表示，每行四个字节，记录格式如下：

行数	列数																
	0	1	2	3	4	5	6	7	……	24	25	26	27	28	29	30	31
0	0 字节								……	3 字节							
1 2 3 4 …… 30																	
31	124 字节								……	127 字节							

B.3 汉字 32 点阵字型数据举例

长 19-04	治 54-46	久 30-35	安 16-18
00 E0 01 00	00 00 60 00	00 30 00 00	00 03 00 00
00 E0 03 80	08 00 78 00	00 3C 00 00	00 07 80 00
00 E0 03 C0	1C 00 70 00	00 38 00 00	00 03 C0 00
00 E0 07 80	1E 00 70 00	00 38 00 00	00 01 80 00
00 E0 0F 00	0F 00 E0 00	00 38 00 00	7F FF FF FC
00 E0 1E 00	07 80 E0 00	00 38 00 00	7F FF FF FC
00 E0 3C 00	03 C1 C0 00	00 70 00 00	7F FF FF FC
00 E0 78 00	01 83 C0 40	00 7F FE 00	70 00 00 1C
00 E0 F0 00	00 07 80 E0	00 FF FE 00	70 0C 00 1C
00 E1 E0 00	00 0F 00 F0	00 FF FE 00	70 0F 00 1C
00 E3 C0 00	40 1E 00 78	01 E0 0E 00	70 0E 00 1C
00 E7 80 00	E0 3C 00 3C	01 C0 1E 00	00 1E 00 00
00 E3 00 00	F0 7F FF FC	03 C0 1C 00	00 1C 00 00
FF FF FF FE	78 7F FF FE	07 80 3C 00	00 1C 00 00
FF FF FF FE	3C 7F FF FE	0F 00 38 00	FF FF FF FE

FF FF FF FE	1E 00 00 04	1E 00 78 00	FF FF FF FE
00 E1 C0 00	0C 00 00 00	3C 00 F0 00	FF FF FF FE
00 E1 C0 00	00 00 00 00	78 00 F8 00	00 70 07 00
00 E0 E0 00	00 3F FF F8	70 01 F8 00	00 E0 07 00
00 E0 F0 00	00 3F FF F8	20 03 DC 00	00 E0 07 00
00 E0 78 00	00 3F FF F8	00 07 9C 00	01 C0 0E 00
00 E0 3C 00	06 38 00 38	00 0F 0E 00	03 E0 1E 00
00 E0 1E 00	07 38 00 38	00 1E 0E 00	01 FC 1C 00
00 E3 0F 00	07 38 00 38	00 3C 07 00	00 7F BC 00
00 E7 87 80	0E 38 00 38	00 78 07 80	00 0F F8 00
00 EF 03 C0	0E 38 00 38	00 F0 03 C0	00 03 F8 00
00 FE 01 F0	1C 38 00 38	01 E0 01 E0	00 0F FE 00
00 FC 00 FE	1C 38 00 38	07 C0 00 F0	00 3F 1F 80
00 F8 00 7C	38 3F FF F8	1F 80 00 78	01 FC 07 E0
01 F0 00 18	78 3F FF F8	FE 00 00 3E	3F F0 01 F8
01 E0 00 00	30 3F FF F8	7C 00 00 1C	1F C0 00 78
00 C0 00 00	10 38 00 38	30 00 00 08	0E 00 00 10

参 考 文 献

《第一批异体字整理表》	中华人民共和国文化部、中国文字改革委员会	1955年12月22日
《简化字总表》	中国文字改革委员会、中华人民共和国文化部、中华人民共和国教育部(1986年10月10日国家语言文字工作委员会重新发表)	1964年3月7日
《印刷通用汉字字形表》	中华人民共和国文化部、中国文字改革委员会	1965年1月30日
《现代汉语通用字表》	国家语言文字工作委员会、中华人民共和国新闻出版署	1988年3月25日

ICS 35.040
L 71

中华人民共和国国家标准

GB 6345.3—2008
代替 GB/T 12035—1989

信息技术　汉字编码字符集(基本集) 32点阵字型　第3部分:楷体

Information technology—Chinese ideogram coded character set (basic set)—32-dot matrix font—Part 3: Kai Ti

2008-08-06 发布　　2009-07-01 实施

中华人民共和国国家质量监督检验检疫总局
中国国家标准化管理委员会　发布

前　言

GB 6345 的本部分除字表 1 区～11 区外的全部技术内容为强制性。

GB 6345《信息技术　汉字编码字符集(基本集)　32 点阵字型》分为如下四个部分：

——第 1 部分：宋体；

——第 2 部分：黑体；

——第 3 部分：楷体；

——第 4 部分：仿宋体。

本部分为 GB 6345 的第 3 部分。

本部分规定的 32 点阵汉字字型是以《第一批异体字整理表》、《简化字总表》、《印刷通用汉字字形表》和《现代汉语通用字表》(见参考文献)为依据，按照现行汉字字形整理原则进行设计。

本部分代替 GB/T 12035—1989。

本部分与 GB/T 12035—1989 相比，主要变化如下：

a)　为了进一步提高字型质量和保证标准间的协调统一，本部分增加了 GB 2312—1980 中规定的字符部分内容；

b)　对上一版本中不正确的汉字字型进行了修正。

本部分的附录 A、附录 B 是规范性附录。

本部分由中华人民共和国信息产业部提出。

本部分由中国电子技术标准化研究所归口。

本部分起草单位：中国电子技术标准化研究所、北京仓颉博雅信息技术有限公司、第二炮兵装备研究院第四研究所。

本部分起草人：翟广臣、周济萍、熊涛、代红、王立建、戴涌。

本部分所代替标准的历次版本发布情况为：

——GB/T 12035—1989。

引　　言

有关字型数据的授权转让使用事宜，字型标准数据的维护、更新及修订工作，统一由归口单位负责。

地　　址：北京市东城区安定门东大街 1 号(北京市 1101 信箱)
邮　　编：100007
电　　话：64007689 84029173
传　　真：64007681
E-mail：daihong@cesi.ac.cn

信息技术　汉字编码字符集(基本集)
32点阵字型　第3部分:楷体

1　范围

GB 6345的本部分规定了GB 2312—1980《信息交换用汉字编码字符集　基本集》中图形字符的32点阵楷体字型。

本部分主要适用于各种电子信息产品、各种数字化产品,也可用于其他有关设备。

2　规范性引用文件

下列文件中的条款通过GB 6345的本部分的引用而成为本部分的条款。凡是注日期的引用文件,其随后所有的修改单(不包括勘误的内容)或修订版均不适用于本部分,然而,鼓励根据本部分达成协议的各方研究是否可使用这些文件的最新版本。凡是不注日期的引用文件,其最新版本适用于本部分。

GB 2312—1980　信息交换用汉字编码字符集　基本集

3　术语和定义

下列术语和定义适用于GB 6345的本部分。

3.1

字形　glyph

一种可辨认的抽象的图形符号,它不依赖于任何特定的设计。

3.2

字型　font

具有同一基本设计的字形图像的集合,如:楷体。

3.3

点阵字型　dot matrix font

以点的集合来表现图形字符的型(形)。

3.4

字序　character order

图形字符在集合中按一定规则排列的次序。

4　汉字图形字符

根据GB 2312—1980规定,相应提供了:

1区～9区　　外文字母及其他图形字符682个;

16区～55区　第一级汉字3 755个;

56区～87区　第二级汉字3 008个。

另外在8区27位至32位补充了6个字符;10区01位至94位补充了94个半角图形字符;11区01位至32位补充了32个汉语拼音的半角字符,见附录A。

本部分共提供图形字符7 577个。

5　标准数据的管理

为加强对电子信息技术产品使用汉字字型标准数据的管理,保证本部分在实施中数据的正确性和一致性，有关字型数据的授权转让使用事宜，字型标准数据的维护、更新及修订工作，统一由归口单位负责。

6 点阵字型的表示方法

6.1 栅格

栅格由若干条等距离的垂直线与水平线相交叉而形成。

本部分规定的是32点阵字型，其栅格是横向32格，纵向32格。每个方格的中心定为点的中心位置。

栅格仅对构成点阵的各点进行定位，32点阵栅格图如图1所示。

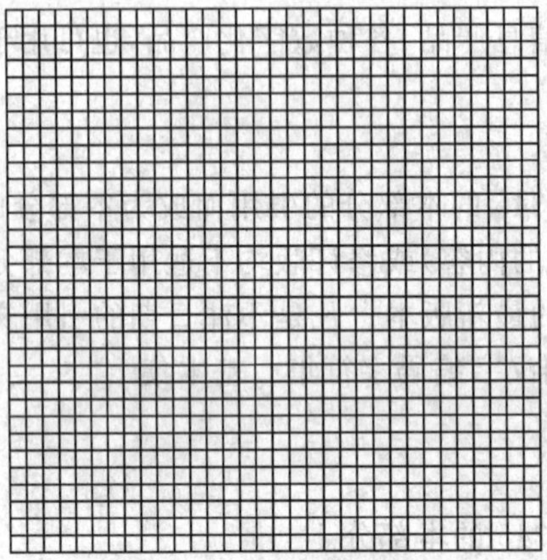

图1 32点阵栅格图

6.2 点

点是构成点阵字型的最小单位，以圆形表示，它是位于各方格内的黑色区域。

6.3 点阵字样

汉字点阵字型的字样，由置于栅格内的若干个点的集合来表示。汉字“永”的32点阵字样如图2所示。

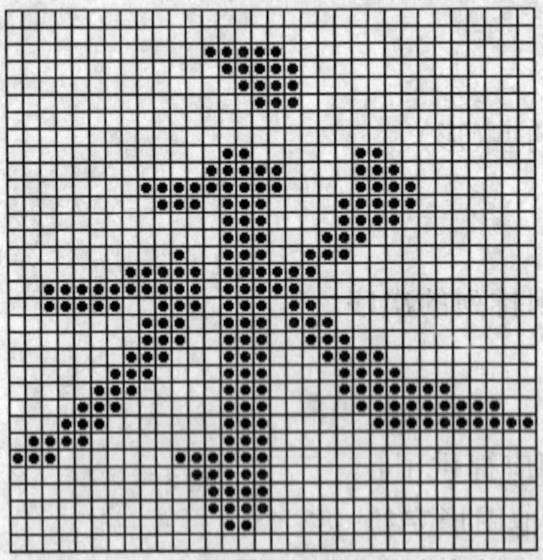

图2 32点阵汉字“永”的字样

6.4 字型数据

32点阵字型数据的表示，见附录B。

6.5 点阵字型表

本部分提供了GB 2312—1980规定的7 445个汉字/图形字符及补充的132个图形字符的32点阵楷体字型。

本部分的点阵字型列表如下：

1区	0	1	2	3	4	5	6	7	8	9	10	11	12	13	14	15	16	17	18	19
010			、	。	·	ˉ	ˇ	¨	〃	々	—	～	‖	…	‘	’	“	”	〔	〕
012	〈	〉	《	》	「	」	『	』	〖	〗	【	】	±	×	÷	∶	∧	∨	∑	∏
014	∪	∩	∈	∷	√	⊥	∥	∠	⌒	⊙	∫	∮	≡	≌	≈	∽	∝	≠	≮	≯
016	≤	≥	∞	∵	∴	♂	♀	°	′	″	℃	＄	¤	￠	￡	‰	§	№	☆	★
018	○	●	◎	◇	◆	□	■	△	▲	※	→	←	↑	↓	〓					

2区	0	1	2	3	4	5	6	7	8	9	10	11	12	13	14	15	16	17	18	19
020																		⒈	⒉	⒊
022	⒋	⒌	⒍	⒎	⒏	⒐	⒑	⒒	⒓	⒔	⒕	⒖	⒗	⒘	⒙	⒚	⒛	⑴	⑵	⑶
024	⑷	⑸	⑹	⑺	⑻	⑼	⑽	⑾	⑿	⒀	⒁	⒂	⒃	⒄	⒅	⒆	⒇	①	②	③
026	④	⑤	⑥	⑦	⑧	⑨	⑩			㈠	㈡	㈢	㈣	㈤	㈥	㈦	㈧	㈨	㈩	
028		Ⅰ	Ⅱ	Ⅲ	Ⅳ	Ⅴ	Ⅵ	Ⅶ	Ⅷ	Ⅸ	Ⅹ	Ⅺ	Ⅻ							

3区	0	1	2	3	4	5	6	7	8	9	10	11	12	13	14	15	16	17	18	19
030		！	＂	＃	￥	％	＆	＇	（	）	＊	＋	，	－	．	／	０	１	２	３
032	４	５	６	７	８	９	：	；	＜	＝	＞	？	＠	Ａ	Ｂ	Ｃ	Ｄ	Ｅ	Ｆ	Ｇ
034	Ｈ	Ｉ	Ｊ	Ｋ	Ｌ	Ｍ	Ｎ	Ｏ	Ｐ	Ｑ	Ｒ	Ｓ	Ｔ	Ｕ	Ｖ	Ｗ	Ｘ	Ｙ	Ｚ	［
036	＼	］	＾	＿	｀	ａ	ｂ	ｃ	ｄ	ｅ	ｆ	ｇ	ｈ	ｉ	ｊ	ｋ	ｌ	ｍ	ｎ	ｏ
038	ｐ	ｑ	ｒ	ｓ	ｔ	ｕ	ｖ	ｗ	ｘ	ｙ	ｚ	｛	｜	｝	￣					

4区	0	1	2	3	4	5	6	7	8	9	10	11	12	13	14	15	16	17	18	19
040		ぁ	あ	ぃ	い	ぅ	う	ぇ	え	ぉ	お	か	が	き	ぎ	く	ぐ	け	げ	こ
042	ご	さ	ざ	し	じ	す	ず	せ	ぜ	そ	ぞ	た	だ	ち	ぢ	っ	つ	づ	て	で
044	と	ど	な	に	ぬ	ね	の	は	ば	ぱ	ひ	び	ぴ	ふ	ぶ	ぷ	へ	べ	ぺ	ほ
046	ぼ	ぽ	ま	み	む	め	も	ゃ	や	ゅ	ゆ	ょ	よ	ら	り	る	れ	ろ	ゎ	わ
048	ゐ	ゑ	を	ん																

5区	0	1	2	3	4	5	6	7	8	9	10	11	12	13	14	15	16	17	18	19
050		ァ	ア	ィ	イ	ゥ	ウ	ェ	エ	ォ	オ	カ	ガ	キ	ギ	ク	グ	ケ	ゲ	コ
052	ゴ	サ	ザ	シ	ジ	ス	ズ	セ	ゼ	ソ	ゾ	タ	ダ	チ	ヂ	ッ	ツ	ヅ	テ	デ
054	ト	ド	ナ	ニ	ヌ	ネ	ノ	ハ	バ	パ	ヒ	ビ	ピ	フ	ブ	プ	ヘ	ベ	ペ	ホ
056	ボ	ポ	マ	ミ	ム	メ	モ	ャ	ヤ	ュ	ユ	ョ	ヨ	ラ	リ	ル	レ	ロ	ヮ	ワ
058	ヰ	ヱ	ヲ	ン	ヴ	ヵ	ヶ													

6区	0	1	2	3	4	5	6	7	8	9	10	11	12	13	14	15	16	17	18	19
060		Α	Β	Γ	Δ	Ε	Ζ	Η	Θ	Ι	Κ	Λ	Μ	Ν	Ξ	Ο	Π	Ρ	Σ	Τ
062	Υ	Φ	Χ	Ψ	Ω									α	β	γ	δ	ε	ζ	η
064	θ	ι	κ	λ	μ	ν	ξ	ο	π	ρ	σ	τ	υ	φ	χ	ψ	ω			
066																				
068																				

7区	0	1	2	3	4	5	6	7	8	9	10	11	12	13	14	15	16	17	18	19
070		А	Б	В	Г	Д	Е	Ё	Ж	З	И	Й	К	Л	М	Н	О	П	Р	С
072	Т	У	Ф	Х	Ц	Ч	Ш	Щ	Ъ	Ы	Ь	Э	Ю	Я						
074										а	б	в	г	д	е	ё	ж	з	и	й
076	к	л	м	н	о	п	р	с	т	у	ф	х	ц	ч	ш	щ	ъ	ы	ь	э
078	ю	я																		

8区	0	1	2	3	4	5	6	7	8	9	10	11	12	13	14	15	16	17	18	19
080		ā	á	ǎ	à	ē	é	ě	è	ī	í	ǐ	ì	ō	ó	ǒ	ò	ū	ú	ǔ
082	ù	ǖ	ǘ	ǚ	ǜ	ü	ê	ɑ	ḿ	ń	ň	ǹ	ɡ					ㄅ	ㄆ	ㄇ
084	ㄈ	ㄉ	ㄊ	ㄋ	ㄌ	ㄍ	ㄎ	ㄏ	ㄐ	ㄑ	ㄒ	ㄓ	ㄔ	ㄕ	ㄖ	ㄗ	ㄘ	ㄙ	ㄚ	ㄛ
086	ㄜ	ㄝ	ㄞ	ㄟ	ㄠ	ㄡ	ㄢ	ㄣ	ㄤ	ㄥ	ㄦ	ㄧ	ㄨ	ㄩ						
088																				

9区	0	1	2	3	4	5	6	7	8	9	10	11	12	13	14	15	16	17	18	19
090					─	━	│	┃	┄	┅	┆	┇	┈	┉	┊	┋	┌	┍	┎	┏
092	┐	┑	┒	┓	└	┕	┖	┗	┘	┙	┚	┛	├	┝	┞	┟	┠	┡	┢	┣
094	┤	┥	┦	┧	┨	┩	┪	┫	┬	┭	┮	┯	┰	┱	┲	┳	┴	┵	┶	┷
096	┸	┹	┺	┻	┼	┽	┾	┿	╀	╁	╂	╃	╄	╅	╆	╇	╈	╉	╊	╋
098																				

10区	0	1	2	3	4	5	6	7	8	9	10	11	12	13	14	15	16	17	18	19
100		!	"	#	￥	%	&	′	(	)	*	+	,	-	.	/	0	1	2	3
102	4	5	6	7	8	9	:	;	<	=	>	?	@	A	B	C	D	E	F	G
104	H	I	J	K	L	M	N	O	P	Q	R	S	T	U	V	W	X	Y	Z	[
106	\	]	^	_	`	a	b	c	d	e	f	g	h	i	j	k	l	m	n	o
108	p	q	r	s	t	u	v	w	x	y	z	{	|	}	‾					

11区	0	1	2	3	4	5	6	7	8	9	10	11	12	13	14	15	16	17	18	19
110		ā	á	ǎ	à	ē	é	ě	è	ī	í	ǐ	ì	ō	ó	ǒ	ò	ū	ú	ǔ
112	ù	ǖ	ǘ	ǚ	ǜ	ü	ê	ɑ	ḿ	ń	ň	ǹ	ɡ							
114																				
116																				
118																				

16区	0	1	2	3	4	5	6	7	8	9	10	11	12	13	14	15	16	17	18	19
160		啊	阿	埃	挨	哎	唉	哀	皑	癌	蔼	矮	艾	碍	爱	隘	鞍	氨	安	俺
162	按	暗	岸	胺	案	肮	昂	盎	凹	敖	熬	翱	袄	傲	奥	懊	澳	芭	捌	扒
164	叭	吧	笆	八	疤	巴	拔	跋	靶	把	耙	坝	霸	罢	爸	白	柏	百	摆	佰
166	败	拜	稗	斑	班	搬	扳	般	颁	板	版	扮	拌	伴	瓣	半	办	绊	邦	帮
168	梆	榜	膀	绑	棒	磅	蚌	镑	傍	谤	苞	胞	包	褒	剥					

17区	0	1	2	3	4	5	6	7	8	9	10	11	12	13	14	15	16	17	18	19
170		薄	雹	保	堡	饱	宝	抱	报	暴	豹	鲍	爆	杯	碑	悲	卑	北	辈	背
172	贝	钡	倍	狈	备	惫	焙	被	奔	苯	本	笨	崩	绷	甭	泵	蹦	迸	逼	鼻
174	比	鄙	笔	彼	碧	蓖	蔽	毕	毙	毖	币	庇	痹	闭	敝	弊	必	辟	壁	臂
176	避	陛	鞭	边	编	贬	扁	便	变	卞	辨	辩	辫	遍	标	彪	膘	表	鳖	憋
178	别	瘪	彬	斌	濒	滨	宾	摈	兵	冰	柄	丙	秉	饼	炳					

18区	0	1	2	3	4	5	6	7	8	9	10	11	12	13	14	15	16	17	18	19
180		病	并	玻	菠	播	拨	钵	波	博	勃	搏	铂	箔	伯	帛	舶	脖	膊	渤
182	泊	驳	捕	卜	哺	补	埠	不	布	步	簿	部	怖	擦	猜	裁	材	才	财	睬
184	踩	采	彩	菜	蔡	餐	参	蚕	残	惭	惨	灿	苍	舱	仓	沧	藏	操	糙	槽
186	曹	草	厕	策	侧	册	测	层	蹭	插	叉	茬	茶	查	碴	搽	察	岔	差	诧
188	拆	柴	豺	搀	掺	蝉	馋	谗	缠	铲	产	阐	颤	昌	猖					

19区	0	1	2	3	4	5	6	7	8	9	10	11	12	13	14	15	16	17	18	19
190		场	尝	常	长	偿	肠	厂	敞	畅	唱	倡	超	抄	钞	朝	嘲	潮	巢	吵
192	炒	车	扯	撤	掣	彻	澈	郴	臣	辰	尘	晨	忱	沉	陈	趁	衬	撑	称	城
194	橙	成	呈	乘	程	惩	澄	诚	承	逞	骋	秤	吃	痴	持	匙	池	迟	弛	驰
196	耻	齿	侈	尺	赤	翅	斥	炽	充	冲	虫	崇	宠	抽	酬	畴	踌	稠	愁	筹
198	仇	绸	瞅	丑	臭	初	出	橱	厨	躇	锄	雏	滁	除	楚					

20区	0	1	2	3	4	5	6	7	8	9	10	11	12	13	14	15	16	17	18	19
200		础	储	矗	搐	触	处	揣	川	穿	椽	传	船	喘	串	疮	窗	幢	床	闯
202	创	吹	炊	捶	锤	垂	春	椿	醇	唇	淳	纯	蠢	戳	绰	疵	茨	磁	雌	辞
204	慈	瓷	词	此	刺	赐	次	聪	葱	囱	匆	从	丛	凑	粗	醋	簇	促	蹿	篡
206	窜	摧	崔	催	脆	瘁	粹	淬	翠	村	存	寸	磋	撮	搓	措	挫	错	搭	达
208	答	瘩	打	大	呆	歹	傣	戴	带	殆	代	贷	袋	待	逮					

21区	0	1	2	3	4	5	6	7	8	9	10	11	12	13	14	15	16	17	18	19
210		怠	耽	担	丹	单	郸	掸	胆	旦	氮	但	惮	淡	诞	弹	蛋	当	挡	党
212	荡	档	刀	捣	蹈	倒	岛	祷	导	到	稻	悼	道	盗	德	得	的	蹬	灯	登
214	等	瞪	凳	邓	堤	低	滴	迪	敌	笛	狄	涤	翟	嫡	抵	底	地	蒂	第	帝
216	弟	递	缔	颠	掂	滇	碘	点	典	靛	垫	电	佃	甸	店	惦	奠	淀	殿	碉
218	叼	雕	凋	刁	掉	吊	钓	调	跌	爹	碟	蝶	迭	谍	叠					

22区	0	1	2	3	4	5	6	7	8	9	10	11	12	13	14	15	16	17	18	19
220		丁	盯	叮	钉	顶	鼎	锭	定	订	丢	东	冬	董	懂	动	栋	侗	恫	冻
222	洞	兜	抖	斗	陡	豆	逗	痘	都	督	毒	犊	独	读	堵	睹	赌	杜	镀	肚
224	度	渡	妒	端	短	锻	段	断	缎	堆	兑	队	对	墩	吨	蹲	敦	顿	囤	钝
226	盾	遁	掇	哆	多	夺	垛	躲	朵	跺	舵	剁	惰	堕	蛾	峨	鹅	俄	额	讹
228	娥	恶	厄	扼	遏	鄂	饿	恩	而	儿	耳	尔	饵	洱	二					

23区	0	1	2	3	4	5	6	7	8	9	10	11	12	13	14	15	16	17	18	19
230		贰	发	罚	筏	伐	乏	阀	法	珐	藩	帆	番	翻	樊	矾	钒	繁	凡	烦
232	反	返	范	贩	犯	饭	泛	坊	芳	方	肪	房	防	妨	仿	访	纺	放	菲	非
234	啡	飞	肥	匪	诽	吠	肺	废	沸	费	芬	酚	吩	氛	分	纷	坟	焚	汾	粉
236	奋	份	忿	愤	粪	丰	封	枫	蜂	峰	锋	风	疯	烽	逢	冯	缝	讽	奉	凤
238	佛	否	夫	敷	肤	孵	扶	拂	辐	幅	氟	符	伏	俘	服					

24区	0	1	2	3	4	5	6	7	8	9	10	11	12	13	14	15	16	17	18	19
240		浮	涪	福	袱	弗	甫	抚	辅	俯	釜	斧	脯	腑	府	腐	赴	副	覆	赋
242	复	傅	付	阜	父	腹	负	富	讣	附	妇	缚	咐	噶	嘎	该	改	概	钙	盖
244	溉	干	甘	杆	柑	竿	肝	赶	感	秆	敢	赣	冈	刚	钢	缸	肛	纲	岗	港
246	杠	篙	皋	高	膏	羔	糕	搞	镐	稿	告	哥	歌	搁	戈	鸽	胳	疙	割	革
248	葛	格	蛤	阁	隔	铬	个	各	给	根	跟	耕	更	庚	羹					

25区	0	1	2	3	4	5	6	7	8	9	10	11	12	13	14	15	16	17	18	19
250		埂	耿	梗	工	攻	功	恭	龚	供	躬	公	宫	弓	巩	汞	拱	贡	共	钩
252	勾	沟	苟	狗	垢	构	购	够	辜	菇	咕	箍	估	沽	孤	姑	鼓	古	蛊	骨
254	谷	股	故	顾	固	雇	刮	瓜	剐	寡	挂	褂	乖	拐	怪	棺	关	官	冠	观
256	管	馆	罐	惯	灌	贯	光	广	逛	瑰	规	圭	硅	归	龟	闺	轨	鬼	诡	癸
258	桂	柜	跪	贵	刽	辊	滚	棍	锅	郭	国	果	裹	过	哈					

26区	0	1	2	3	4	5	6	7	8	9	10	11	12	13	14	15	16	17	18	19
260		骸	孩	海	氦	亥	害	骇	酣	憨	邯	韩	含	涵	寒	函	喊	罕	翰	撼
262	捍	旱	憾	悍	焊	汗	汉	夯	杭	航	壕	嚎	豪	毫	郝	好	耗	号	浩	呵
264	喝	荷	菏	核	禾	和	何	合	盒	貉	阂	河	涸	赫	褐	鹤	贺	嘿	黑	痕
266	很	狠	恨	哼	亨	横	衡	恒	轰	哄	烘	虹	鸿	洪	宏	弘	红	喉	侯	猴
268	吼	厚	候	后	呼	乎	忽	瑚	壶	葫	胡	蝴	狐	糊	湖					

27区	0	1	2	3	4	5	6	7	8	9	10	11	12	13	14	15	16	17	18	19
270		弧	虎	唬	护	互	沪	户	花	哗	华	猾	滑	画	划	化	话	槐	徊	怀
272	淮	坏	欢	环	桓	还	缓	换	患	唤	痪	豢	焕	涣	宦	幻	荒	慌	黄	磺
274	蝗	簧	皇	凰	惶	煌	晃	幌	恍	谎	灰	挥	辉	徽	恢	蛔	回	毁	悔	慧
276	卉	惠	晦	贿	秽	会	烩	汇	讳	诲	绘	荤	昏	婚	魂	浑	混	豁	活	伙
278	火	获	或	惑	霍	货	祸	击	圾	基	机	畸	稽	积	箕					

28区	0	1	2	3	4	5	6	7	8	9	10	11	12	13	14	15	16	17	18	19
280		肌	饥	迹	激	讥	鸡	姬	绩	缉	吉	极	棘	辑	籍	集	及	急	疾	汲
282	即	嫉	级	挤	几	脊	己	蓟	技	冀	季	伎	祭	剂	悸	济	寄	寂	计	记
284	既	忌	际	妓	继	纪	嘉	枷	夹	佳	家	加	荚	颊	贾	甲	钾	假	稼	价
286	架	驾	嫁	歼	监	坚	尖	笺	间	煎	兼	肩	艰	奸	缄	茧	检	柬	碱	硷
288	拣	捡	简	俭	剪	减	荐	槛	鉴	践	贱	见	键	箭	件					

29区	0	1	2	3	4	5	6	7	8	9	10	11	12	13	14	15	16	17	18	19
290		健	舰	剑	饯	渐	溅	涧	建	僵	姜	将	浆	江	疆	蒋	桨	奖	讲	匠
292	酱	降	蕉	椒	礁	焦	胶	交	郊	浇	骄	娇	嚼	搅	铰	矫	侥	脚	狡	角
294	饺	缴	绞	剿	教	酵	轿	较	叫	窖	揭	接	皆	秸	街	阶	截	劫	节	桔
296	杰	捷	睫	竭	洁	结	解	姐	戒	藉	芥	界	借	介	疥	诫	届	巾	筋	斤
298	金	今	津	襟	紧	锦	仅	谨	进	靳	晋	禁	近	烬	浸					

30区	0	1	2	3	4	5	6	7	8	9	10	11	12	13	14	15	16	17	18	19
300		尽	劲	荆	兢	茎	睛	晶	鲸	京	惊	精	粳	经	井	警	景	颈	静	境
302	敬	镜	径	痉	靖	竟	竞	净	炯	窘	揪	究	纠	玖	韭	久	灸	九	酒	厩
304	救	旧	臼	舅	咎	就	疚	鞠	拘	狙	疽	居	驹	菊	局	咀	矩	举	沮	聚
306	拒	据	巨	具	距	踞	锯	俱	句	惧	炬	剧	捐	鹃	娟	倦	眷	卷	绢	撅
308	攫	抉	掘	倔	爵	觉	决	诀	绝	均	菌	钧	军	君	峻					

31区	0	1	2	3	4	5	6	7	8	9	10	11	12	13	14	15	16	17	18	19
310		俊	竣	浚	郡	骏	喀	咖	卡	咯	开	揩	楷	凯	慨	刊	堪	勘	坎	砍
312	看	康	慷	糠	扛	抗	亢	炕	考	拷	烤	靠	坷	苛	柯	棵	磕	颗	科	壳
314	咳	可	渴	克	刻	客	课	肯	啃	垦	恳	坑	吭	空	恐	孔	控	抠	口	扣
316	寇	枯	哭	窟	苦	酷	库	裤	夸	垮	挎	跨	胯	块	筷	侩	快	宽	款	匡
318	筐	狂	框	矿	眶	旷	况	亏	盔	岿	窥	葵	奎	魁	傀					

32区	0	1	2	3	4	5	6	7	8	9	10	11	12	13	14	15	16	17	18	19
320		馈	愧	溃	坤	昆	捆	困	括	扩	廓	阔	垃	拉	喇	蜡	腊	辣	啦	莱
322	来	赖	蓝	婪	栏	拦	篮	阑	兰	澜	谰	揽	览	懒	缆	烂	滥	琅	榔	狼
324	廊	郎	朗	浪	捞	劳	牢	老	佬	姥	酪	烙	涝	勒	乐	雷	镭	蕾	磊	累
326	儡	垒	擂	肋	类	泪	棱	楞	冷	厘	梨	犁	黎	篱	狸	离	漓	理	李	里
328	鲤	礼	莉	荔	吏	栗	丽	厉	励	砾	历	利	傈	例	俐					

33区	0	1	2	3	4	5	6	7	8	9	10	11	12	13	14	15	16	17	18	19
330		痢	立	粒	沥	隶	力	璃	哩	俩	联	莲	连	镰	廉	怜	涟	帘	敛	脸
332	链	恋	炼	练	粮	凉	梁	粱	良	两	辆	量	晾	亮	谅	撩	聊	僚	疗	燎
334	寥	辽	潦	了	撂	镣	廖	料	列	裂	烈	劣	猎	琳	林	磷	霖	临	邻	鳞
336	淋	凛	赁	吝	拎	玲	菱	零	龄	铃	伶	羚	凌	灵	陵	岭	领	另	令	溜
338	琉	榴	硫	馏	留	刘	瘤	流	柳	六	龙	聋	咙	笼	窿					

34区	0	1	2	3	4	5	6	7	8	9	10	11	12	13	14	15	16	17	18	19
340		隆	垄	拢	陇	楼	娄	搂	篓	漏	陋	芦	卢	颅	庐	炉	掳	卤	虏	鲁
342	麓	碌	露	路	赂	鹿	潞	禄	录	陆	戮	驴	吕	铝	侣	旅	履	屡	缕	虑
344	氯	律	率	滤	绿	峦	挛	孪	滦	卵	乱	掠	略	抡	轮	伦	仑	沦	纶	论
346	萝	螺	罗	逻	锣	箩	骡	裸	落	洛	骆	络	妈	麻	玛	码	蚂	马	骂	嘛
348	吗	埋	买	麦	卖	迈	脉	瞒	馒	蛮	满	蔓	曼	慢	漫					

35区	0	1	2	3	4	5	6	7	8	9	10	11	12	13	14	15	16	17	18	19
350		谩	芒	茫	盲	氓	忙	莽	猫	茅	锚	毛	矛	铆	卯	茂	冒	帽	貌	贸
352	么	玫	枚	梅	酶	霉	煤	没	眉	媒	镁	每	美	昧	寐	妹	媚	门	闷	们
354	萌	蒙	檬	盟	锰	猛	梦	孟	眯	醚	靡	糜	迷	谜	弥	米	秘	觅	泌	蜜
356	密	幂	棉	眠	绵	冕	免	勉	娩	缅	面	苗	描	瞄	藐	秒	渺	庙	妙	蔑
358	灭	民	抿	皿	敏	悯	闽	明	螟	鸣	铭	名	命	谬	摸					

36区	0	1	2	3	4	5	6	7	8	9	10	11	12	13	14	15	16	17	18	19
360		摹	蘑	模	膜	磨	摩	魔	抹	末	莫	墨	默	沫	漠	寞	陌	谋	牟	某
362	拇	牡	亩	姆	母	墓	暮	幕	募	慕	木	目	睦	牧	穆	拿	哪	呐	钠	那
364	娜	纳	氖	乃	奶	耐	奈	南	男	难	囊	挠	脑	恼	闹	淖	呢	馁	内	嫩
366	能	妮	霓	倪	泥	尼	拟	你	匿	腻	逆	溺	蔫	拈	年	碾	撵	捻	念	娘
368	酿	鸟	尿	捏	聂	孽	啮	镊	镍	涅	您	柠	狞	凝	宁					

37区	0	1	2	3	4	5	6	7	8	9	10	11	12	13	14	15	16	17	18	19
370		拧	泞	牛	扭	钮	纽	脓	浓	农	弄	奴	努	怒	女	暖	虐	疟	挪	懦
372	糯	诺	哦	欧	鸥	殴	藕	呕	偶	沤	啪	趴	爬	帕	怕	琶	拍	排	牌	徘
374	湃	派	攀	潘	盘	磐	盼	畔	判	叛	乓	庞	旁	耪	胖	抛	咆	刨	炮	袍
376	跑	泡	呸	胚	培	裴	赔	陪	配	佩	沛	喷	盆	砰	抨	烹	澎	彭	蓬	棚
378	硼	篷	膨	朋	鹏	捧	碰	坯	砒	霹	批	披	劈	琵	毗					

38区	0	1	2	3	4	5	6	7	8	9	10	11	12	13	14	15	16	17	18	19
380		啤	脾	疲	皮	匹	痞	僻	屁	譬	篇	偏	片	骗	飘	漂	瓢	票	撇	瞥
382	拼	频	贫	品	聘	乒	坪	苹	萍	平	凭	瓶	评	屏	坡	泼	颇	婆	破	魄
384	迫	粕	剖	扑	铺	仆	莆	葡	菩	蒲	埔	朴	圃	普	浦	谱	曝	瀑	期	欺
386	栖	戚	妻	七	凄	漆	柒	沏	其	棋	奇	歧	畦	崎	脐	齐	旗	祈	祁	骑
388	起	岂	乞	企	启	契	砌	器	气	迄	弃	汽	泣	讫	掐					

39区	0	1	2	3	4	5	6	7	8	9	10	11	12	13	14	15	16	17	18	19
390		恰	洽	牵	扦	钎	铅	千	迁	签	仟	谦	乾	黔	钱	钳	前	潜	遣	浅
392	谴	堑	嵌	欠	歉	枪	呛	腔	羌	墙	蔷	强	抢	橇	锹	敲	悄	桥	瞧	乔
394	侨	巧	鞘	撬	翘	峭	俏	窍	切	茄	且	怯	窃	钦	侵	亲	秦	琴	勤	芹
396	擒	禽	寝	沁	青	轻	氢	倾	卿	清	擎	晴	氰	情	顷	请	庆	琼	穷	秋
398	丘	邱	球	求	囚	酋	泅	趋	区	蛆	曲	躯	屈	驱	渠					

40区	0	1	2	3	4	5	6	7	8	9	10	11	12	13	14	15	16	17	18	19
400		取	娶	龋	趣	去	圈	颧	权	醛	泉	全	痊	拳	犬	券	劝	缺	炔	瘸
402	却	鹊	榷	确	雀	裙	群	然	燃	冉	染	瓤	壤	攘	嚷	让	饶	扰	绕	惹
404	热	壬	仁	人	忍	韧	任	认	刃	妊	纫	扔	仍	日	戎	茸	蓉	荣	融	熔
406	溶	容	绒	冗	揉	柔	肉	茹	蠕	儒	孺	如	辱	乳	汝	入	褥	软	阮	蕊
408	瑞	锐	闰	润	若	弱	撒	洒	萨	腮	鳃	塞	赛	三	叁					

41区	0	1	2	3	4	5	6	7	8	9	10	11	12	13	14	15	16	17	18	19
410		伞	散	桑	嗓	丧	搔	骚	扫	嫂	瑟	色	涩	森	僧	莎	砂	杀	刹	沙
412	纱	傻	啥	煞	筛	晒	珊	苫	杉	山	删	煽	衫	闪	陕	擅	赡	膳	善	汕
414	扇	缮	墒	伤	商	赏	晌	上	尚	裳	梢	捎	稍	烧	芍	勺	韶	少	哨	邵
416	绍	奢	赊	蛇	舌	舍	赦	摄	射	慑	涉	社	设	砷	申	呻	伸	身	深	娠
418	绅	神	沈	审	婶	甚	肾	慎	渗	声	生	甥	牲	升	绳					

42区	0	1	2	3	4	5	6	7	8	9	10	11	12	13	14	15	16	17	18	19
420		省	盛	剩	胜	圣	师	失	狮	施	湿	诗	尸	虱	十	石	拾	时	什	食
422	蚀	实	识	史	矢	使	屎	驶	始	式	示	士	世	柿	事	拭	誓	逝	势	是
424	嗜	噬	适	仕	侍	释	饰	氏	市	恃	室	视	试	收	手	首	守	寿	授	售
426	受	瘦	兽	蔬	枢	梳	殊	抒	输	叔	舒	淑	疏	书	赎	孰	熟	薯	暑	曙
428	署	蜀	黍	鼠	属	术	述	树	束	戍	竖	墅	庶	数	漱					

43区	0	1	2	3	4	5	6	7	8	9	10	11	12	13	14	15	16	17	18	19
430		恕	刷	耍	摔	衰	甩	帅	栓	拴	霜	双	爽	谁	水	睡	税	吮	瞬	顺
432	舜	说	硕	朔	烁	斯	撕	嘶	思	私	司	丝	死	肆	寺	嗣	四	伺	似	饲
434	巳	松	耸	怂	颂	送	宋	讼	诵	搜	艘	擞	嗽	苏	酥	俗	素	速	粟	僳
436	塑	溯	宿	诉	肃	酸	蒜	算	虽	隋	随	绥	髓	碎	岁	穗	遂	隧	祟	孙
438	损	笋	蓑	梭	唆	缩	琐	索	锁	所	塌	他	它	她	塔					

44区	0	1	2	3	4	5	6	7	8	9	10	11	12	13	14	15	16	17	18	19
440		獭	挞	蹋	踏	胎	苔	抬	台	泰	酞	太	态	汰	坍	摊	贪	瘫	滩	坛
442	檀	痰	潭	谭	谈	坦	毯	袒	碳	探	叹	炭	汤	塘	搪	堂	棠	膛	唐	糖
444	倘	躺	淌	趟	烫	掏	涛	滔	绦	萄	桃	逃	淘	陶	讨	套	特	藤	腾	疼
446	誊	梯	剔	踢	锑	提	题	蹄	啼	体	替	嚏	惕	涕	剃	屉	天	添	填	田
448	甜	恬	舔	腆	挑	条	迢	眺	跳	贴	铁	帖	厅	听	烃					

45区	0	1	2	3	4	5	6	7	8	9	10	11	12	13	14	15	16	17	18	19
450		汀	廷	停	亭	庭	挺	艇	通	桐	酮	瞳	同	铜	彤	童	桶	捅	筒	统
452	痛	偷	投	头	透	凸	秃	突	图	徒	途	涂	屠	土	吐	兔	湍	团	推	颓
454	腿	蜕	褪	退	吞	屯	臀	拖	托	脱	鸵	陀	驮	驼	椭	妥	拓	唾	挖	哇
456	蛙	洼	娃	瓦	袜	歪	外	豌	弯	湾	玩	顽	丸	烷	完	碗	挽	晚	皖	惋
458	宛	婉	万	腕	汪	王	亡	枉	网	往	旺	望	忘	妄	威					

46区	0	1	2	3	4	5	6	7	8	9	10	11	12	13	14	15	16	17	18	19
460		巍	微	危	韦	违	桅	围	唯	惟	为	潍	维	苇	萎	委	伟	伪	尾	纬
462	未	蔚	味	畏	胃	喂	魏	位	渭	谓	尉	慰	卫	瘟	温	蚊	文	闻	纹	吻
464	稳	紊	问	嗡	翁	瓮	挝	蜗	涡	窝	我	斡	卧	握	沃	巫	呜	钨	乌	污
466	诬	屋	无	芜	梧	吾	吴	毋	武	五	捂	午	舞	伍	侮	坞	戊	雾	晤	物
468	勿	务	悟	误	昔	熙	析	西	硒	矽	晰	嘻	吸	锡	牺					

47区	0	1	2	3	4	5	6	7	8	9	10	11	12	13	14	15	16	17	18	19
470		稀	息	希	悉	膝	夕	惜	熄	烯	溪	汐	犀	檄	袭	席	习	媳	喜	铣
472	洗	系	隙	戏	细	瞎	虾	匣	霞	辖	暇	峡	侠	狭	下	厦	夏	吓	掀	锨
474	先	仙	鲜	纤	咸	贤	衔	舷	闲	涎	弦	嫌	显	险	现	献	县	腺	馅	羡
476	宪	陷	限	线	相	厢	镶	香	箱	襄	湘	乡	翔	祥	详	想	响	享	项	巷
478	橡	像	向	象	萧	硝	霄	削	哮	嚣	销	消	宵	淆	晓					

48区	0	1	2	3	4	5	6	7	8	9	10	11	12	13	14	15	16	17	18	19
480		小	孝	校	肖	啸	笑	效	楔	些	歇	蝎	鞋	协	挟	携	邪	斜	胁	谐
482	写	械	卸	蟹	懈	泄	泻	谢	屑	薪	芯	锌	欣	辛	新	忻	心	信	衅	星
484	腥	猩	惺	兴	刑	型	形	邢	行	醒	幸	杏	性	姓	兄	凶	胸	匈	汹	雄
486	熊	休	修	羞	朽	嗅	锈	秀	袖	绣	墟	戌	需	虚	嘘	须	徐	许	蓄	酗
488	叙	旭	序	畜	恤	絮	婿	绪	续	轩	喧	宣	悬	旋	玄					

49区	0	1	2	3	4	5	6	7	8	9	10	11	12	13	14	15	16	17	18	19
490		选	癣	眩	绚	靴	薛	学	穴	雪	血	勋	熏	循	旬	询	寻	驯	巡	殉
492	汛	训	讯	逊	迅	压	押	鸦	鸭	呀	丫	芽	牙	蚜	崖	衙	涯	雅	哑	亚
494	讶	焉	咽	阉	烟	淹	盐	严	研	蜒	岩	延	言	颜	阎	炎	沿	奄	掩	眼
496	衍	演	艳	堰	燕	厌	砚	雁	唁	彦	焰	宴	谚	验	殃	央	鸯	秧	杨	扬
498	佯	疡	羊	洋	阳	氧	仰	痒	养	样	漾	邀	腰	妖	瑶					

50区	0	1	2	3	4	5	6	7	8	9	10	11	12	13	14	15	16	17	18	19
500		摇	尧	遥	窑	谣	姚	咬	舀	药	要	耀	椰	噎	耶	爷	野	冶	也	页
502	掖	业	叶	曳	腋	夜	液	一	壹	医	揖	铱	依	伊	衣	颐	夷	遗	移	仪
504	胰	疑	沂	宜	姨	彝	椅	蚁	倚	已	乙	矣	以	艺	抑	易	邑	屹	亿	役
506	臆	逸	肄	疫	亦	裔	意	毅	忆	义	益	溢	诣	议	谊	译	异	翼	翌	绎
508	茵	荫	因	殷	音	阴	姻	吟	银	淫	寅	饮	尹	引	隐					

51区	0	1	2	3	4	5	6	7	8	9	10	11	12	13	14	15	16	17	18	19
510		印	英	樱	婴	鹰	应	缨	莹	萤	营	荧	蝇	迎	赢	盈	影	颖	硬	映
512	哟	拥	佣	臃	痈	庸	雍	踊	蛹	咏	泳	涌	永	恿	勇	用	幽	优	悠	忧
514	尤	由	邮	铀	犹	油	游	酉	有	友	右	佑	釉	诱	又	幼	迂	淤	于	盂
516	榆	虞	愚	舆	余	俞	逾	鱼	愉	渝	渔	隅	予	娱	雨	与	屿	禹	宇	语
518	羽	玉	域	芋	郁	吁	遇	喻	峪	御	愈	欲	狱	育	誉					

52区	0	1	2	3	4	5	6	7	8	9	10	11	12	13	14	15	16	17	18	19
520		浴	寓	裕	预	豫	驭	鸳	渊	冤	元	垣	袁	原	援	辕	园	员	圆	猿
522	源	缘	远	苑	愿	怨	院	曰	约	越	跃	钥	岳	粤	月	悦	阅	耘	云	郧
524	匀	陨	允	运	蕴	酝	晕	韵	孕	匝	砸	杂	栽	哉	灾	宰	载	再	在	咱
526	攒	暂	赞	赃	脏	葬	遭	糟	凿	藻	枣	早	澡	蚤	躁	噪	造	皂	灶	燥
528	责	择	则	泽	贼	怎	增	憎	曾	赠	扎	喳	渣	札	轧					

53区	0	1	2	3	4	5	6	7	8	9	10	11	12	13	14	15	16	17	18	19
530		铡	闸	眨	栅	榨	咋	乍	炸	诈	摘	斋	宅	窄	债	寨	瞻	毡	詹	粘
532	沾	盏	斩	辗	崭	展	蘸	栈	占	战	站	湛	绽	樟	章	彰	漳	张	掌	涨
534	杖	丈	帐	账	仗	胀	瘴	障	招	昭	找	沼	赵	照	罩	兆	肇	召	遮	折
536	哲	蛰	辙	者	锗	蔗	这	浙	珍	斟	真	甄	砧	臻	贞	针	侦	枕	疹	诊
538	震	振	镇	阵	蒸	挣	睁	征	狰	争	怔	整	拯	正	政					

54区	0	1	2	3	4	5	6	7	8	9	10	11	12	13	14	15	16	17	18	19
540		帧	症	郑	证	芝	枝	支	吱	蜘	知	肢	脂	汁	之	织	职	直	植	殖
542	执	值	侄	址	指	止	趾	只	旨	纸	志	挚	掷	至	致	置	帜	峙	制	智
544	秩	稚	质	炙	痔	滞	治	窒	中	盅	忠	钟	衷	终	种	肿	重	仲	众	舟
546	周	州	洲	诌	粥	轴	肘	帚	咒	皱	宙	昼	骤	珠	株	蛛	朱	猪	诸	诛
548	逐	竹	烛	煮	拄	瞩	嘱	主	著	柱	助	蛀	贮	铸	筑					

55区	0	1	2	3	4	5	6	7	8	9	10	11	12	13	14	15	16	17	18	19
550		住	注	祝	驻	抓	爪	拽	专	砖	转	撰	赚	篆	桩	庄	装	妆	撞	壮
552	状	椎	锥	追	赘	坠	缀	谆	准	捉	拙	卓	桌	琢	茁	酌	啄	着	灼	浊
554	兹	咨	资	姿	滋	淄	孜	紫	仔	籽	滓	子	自	渍	字	鬃	棕	踪	宗	综
556	总	纵	邹	走	奏	揍	租	足	卒	族	祖	诅	阻	组	钻	纂	嘴	醉	最	罪
558	尊	遵	昨	左	佐	柞	做	作	坐	座										

56区	0	1	2	3	4	5	6	7	8	9	10	11	12	13	14	15	16	17	18	19
560		亍	丌	兀	丐	廿	卅	丕	亘	丞	鬲	孬	噩	丨	禺	丿	匕	乇	夭	爻
562	卮	氐	囟	胤	馗	毓	睾	鼗	丶	亟	鼐	乜	乩	亓	芈	孛	啬	嘏	仄	厍
564	厝	厣	厥	厮	靥	赝	匚	叵	匦	匮	匾	赜	卦	卣	刂	刈	刎	刭	刳	刿
566	剀	剌	剞	剡	剜	蒯	剽	劂	劁	劐	劓	冂	罔	亻	仃	仉	仂	仨	仡	仫
568	仞	伛	仳	伢	佤	仵	伥	伧	伉	伫	佞	佧	攸	佚	佝					

57区	0	1	2	3	4	5	6	7	8	9	10	11	12	13	14	15	16	17	18	19
570		佟	佗	伲	伽	佶	佴	侑	侉	侃	侏	佾	佻	侪	佼	侬	侔	俦	俨	俪
572	俅	俚	俣	俜	俑	俟	俸	倩	偌	俳	倬	倏	倮	倭	俾	倜	倌	倥	倨	偾
574	偃	偕	偈	偎	偬	偻	傥	傧	傩	傺	僖	儆	僭	僬	僦	僮	儇	儋	仝	氽
576	佘	佥	俎	龠	汆	籴	兮	巽	黉	馘	冁	夔	勹	匍	訇	匐	凫	夙	兕	亠
578	兖	亳	衮	袤	亵	脔	裒	禀	嬴	蠃	羸	冫	冱	冽	冼					

58区	0	1	2	3	4	5	6	7	8	9	10	11	12	13	14	15	16	17	18	19
580		凇	冖	冢	冥	讠	讦	讧	讪	讴	讵	讷	诂	诃	诋	诏	诎	诒	诓	诔
582	诖	诘	诙	诜	诟	诠	诤	诨	诩	诮	诰	诳	诶	诹	诼	诿	谀	谂	谄	谇
584	谌	谏	谑	谒	谔	谕	谖	谙	谛	谘	谝	谟	谠	谡	谥	谧	谪	谫	谮	谯
586	谲	谳	谵	谶	卩	卺	阝	阢	阡	阱	阪	阽	阼	陂	陉	陔	陟	陧	陬	陲
588	陴	隈	隍	隗	隰	邗	邛	邝	邙	邬	邡	邴	邳	邶	邺					

59区	0	1	2	3	4	5	6	7	8	9	10	11	12	13	14	15	16	17	18	19
590		邸	邰	郏	郅	邾	郐	郄	郇	郓	郦	郢	郜	郗	郛	郫	郯	郾	鄄	鄢
592	鄞	鄣	鄱	鄯	鄹	酃	酆	刍	奂	劢	劬	劭	劾	哿	勐	勖	勰	叟	燮	矍
594	廴	凵	凼	鬯	厶	弁	畚	巯	坌	垩	垡	塾	墼	壅	壑	圩	圬	圪	圳	圹
596	圮	圯	坜	圻	坂	坩	垅	坫	垆	坼	坻	坨	坭	坶	坳	垭	垤	垌	垲	埏
598	垧	垴	垓	垠	埕	埘	埚	埙	埒	垸	埴	埯	埸	埤	埝					

60区	0	1	2	3	4	5	6	7	8	9	10	11	12	13	14	15	16	17	18	19
600		堋	堍	埽	埭	堀	堞	堙	塄	堠	塥	塬	墁	墉	墚	墀	馨	鼙	懿	艹
602	艽	艿	芏	芊	芨	芄	芎	芑	芗	芙	芫	芸	芾	芰	苈	苊	苣	芘	芷	芮
604	苋	苌	苁	芩	芴	芡	芪	芟	苄	苎	芤	苡	茉	苷	苤	茏	茇	苜	苴	苒
606	苘	茌	苻	苓	茑	茚	茆	茔	茕	苠	苕	茜	荑	荛	荜	茈	莒	茼	茴	茱
608	莛	荞	茯	荏	荇	荃	荟	荀	茗	荠	茭	茺	茳	荦	荥					

61区	0	1	2	3	4	5	6	7	8	9	10	11	12	13	14	15	16	17	18	19
610		荨	茛	荩	荬	荪	荭	荮	莰	荸	莳	莴	莠	莪	莓	莜	莅	荼	莶	莩
612	荽	莸	荻	莘	莞	莨	莺	莼	菁	萁	菥	菘	堇	萘	萋	菝	菽	菖	萜	萸
614	萑	萆	菔	菟	萏	萃	菸	菹	菪	菅	菀	萦	菰	菡	葜	葑	葚	葙	葳	蒇
616	蒈	葺	蒉	葸	萼	葆	葩	葶	蒌	蒎	萱	葭	蓁	蓍	蓐	蓦	蒽	蓓	蓊	蒿
618	蒺	蓠	蒡	蒹	蒴	蒗	蓥	蓣	蔌	甍	蔸	蓰	蔹	蔟	蔺					

62区	0	1	2	3	4	5	6	7	8	9	10	11	12	13	14	15	16	17	18	19
620		蕖	蔻	蓿	蓼	蕙	蕈	蕨	蕤	蕞	蕺	瞢	蕃	蕲	蕻	薤	薨	薇	薏	蕹
622	薮	薜	薅	薹	薷	薰	藓	藁	藜	藿	蘧	蘅	蘩	蘖	蘼	廾	弈	夼	奁	耷
624	奕	奚	奘	匏	尢	尥	尬	尴	扌	扪	抟	抻	拊	拚	拗	拮	挢	拶	挹	捋
626	捃	掭	揶	捱	捺	掎	掴	捭	掬	掊	捩	掮	掼	揲	揸	揠	揿	揄	揞	揎
628	摒	揆	掾	摅	摁	搋	搛	搠	搌	搦	搡	摞	撄	摭	撖					

63区	0	1	2	3	4	5	6	7	8	9	10	11	12	13	14	15	16	17	18	19
630		摺	撷	撸	撙	撺	擀	擐	擗	擤	擢	攉	攥	攮	弋	忒	甙	弑	卟	叱
632	叽	叩	叨	叻	吒	吖	吆	呋	呒	呓	呔	呖	呃	吡	呗	呙	吣	吲	咂	咔
634	呷	呱	呤	咚	咛	咄	呶	呦	咝	哐	咭	哂	咴	哒	咧	咦	哓	哔	呲	咣
636	哕	咻	咿	哌	哙	哚	哜	咩	咪	咤	哝	哏	哞	唛	哧	唠	哽	唔	哳	唢
638	唣	唏	唑	唧	唪	啧	喏	喵	啉	啭	啁	啕	唿	啐	唼					

64区	0	1	2	3	4	5	6	7	8	9	10	11	12	13	14	15	16	17	18	19
640		唷	啖	啵	啶	啷	唳	唰	啜	喋	嗒	喃	喱	喹	喈	喁	喟	啾	嗖	喑
642	啻	嗟	喽	喾	喔	喙	嗪	嗷	嗉	嘟	嗑	嗫	嗬	嗔	嗦	嗝	嗄	嗯	嗥	嗲
644	嗳	嗌	嗍	嗨	嗵	嗤	辔	嘞	嘈	嘌	嘁	嘤	嘣	嗾	嘀	嘧	嘭	噘	嘹	噗
646	嘬	噍	噢	噙	噜	噌	噔	嚆	噤	噱	噫	噻	噼	嚅	嚓	嚯	囔	囗	囝	囡
648	囵	囫	囹	囿	圄	圊	圉	圜	帏	帙	帔	帑	帱	帻	帼					

65区	0	1	2	3	4	5	6	7	8	9	10	11	12	13	14	15	16	17	18	19
650		帷	幄	幔	幛	幞	幡	岌	屺	岍	岐	岖	岈	岘	岙	岑	岚	岜	岵	岢
652	岽	岬	岫	岱	岣	峁	岷	峄	峒	峤	峋	峥	崂	崃	崧	崦	崮	崤	崞	崆
654	崛	嵘	崾	崴	崽	嵬	嵛	嵯	嵝	嵫	嵋	嵊	嵩	嵴	嶂	嶙	嶝	豳	嶷	巅
656	彳	彷	徂	徇	徉	後	徕	徙	徜	徨	徭	徵	徼	衢	彡	犭	犰	犴	犷	犸
658	狃	狁	狎	狍	狒	狨	狯	狩	狲	狴	狷	猁	狳	猃	狺					

66区	0	1	2	3	4	5	6	7	8	9	10	11	12	13	14	15	16	17	18	19
660		狻	猗	猓	猡	猊	猞	猝	猕	猢	猹	猥	猬	猸	猱	獐	獍	獗	獠	獬
662	獯	獾	舛	夥	飧	夤	夂	饣	饧	饨	饩	饪	饫	饬	饴	饷	饽	馀	馄	馇
664	馊	馍	馐	馑	馓	馔	馕	庀	庑	庋	庖	庥	庠	庹	庵	庾	庳	赓	廒	廑
666	廛	廨	廪	膺	忄	忉	忖	忏	怃	忮	怄	忡	忤	忾	怅	怆	忪	忭	忸	怙
668	怵	怦	怛	怏	怍	怩	怫	怊	怿	怡	恸	恹	恻	恺	恂					

67区	0	1	2	3	4	5	6	7	8	9	10	11	12	13	14	15	16	17	18	19
670		恪	恽	悖	悚	悭	悝	悃	悒	悌	悛	惬	悻	悱	惝	惘	惆	惚	悴	愠
672	愦	愕	愣	惴	愀	愎	愫	慊	慵	憬	憔	憧	憷	懔	懵	忝	隳	闩	闫	闱
674	闳	闵	闶	闼	闾	阃	阄	阆	阈	阊	阋	阌	阍	阏	阒	阕	阖	阗	阙	阚
676	丬	爿	戕	氵	汔	汜	汊	沣	沅	沐	沔	沌	汨	汩	汴	汶	沆	沩	泐	泔
678	沭	泷	泸	泱	泗	沲	泠	泖	泺	泫	泮	沱	泓	泯	泾					

68区	0	1	2	3	4	5	6	7	8	9	10	11	12	13	14	15	16	17	18	19
680		洹	洧	洌	浃	浈	洇	洄	洙	洎	洫	浍	洮	洵	洚	浏	浒	浔	洳	涑
682	浯	涞	涠	浞	涓	涔	浜	浠	浼	浣	渚	淇	淅	淞	渎	涿	淠	渑	淦	淝
684	淙	渖	涫	渌	涮	渫	湮	湎	湫	溲	湟	溆	湓	湔	渲	渥	湄	滟	溱	溘
686	滠	漭	滢	溥	溧	溽	溻	溷	滗	溴	滏	溏	滂	溟	潢	潆	潇	漤	漕	滹
688	漯	漶	潋	潴	漪	漉	漩	澉	澍	澌	潸	潲	潼	潺	濑					

69区	0	1	2	3	4	5	6	7	8	9	10	11	12	13	14	15	16	17	18	19
690		濉	澧	澹	澶	濂	濡	濮	濞	濠	濯	瀚	瀣	瀛	瀹	瀵	灏	灞	宀	宄
692	宕	宓	宥	宸	甯	骞	搴	寤	寮	褰	寰	蹇	謇	辶	迓	迕	迥	迮	迤	迩
694	迦	迳	迨	逅	逄	逋	逦	逑	逍	逖	逡	逵	逶	逭	逯	遄	遑	遒	遐	遨
696	遘	遢	遛	暹	遴	遽	邂	邈	邃	邋	彐	彗	彖	彘	尻	咫	屐	屙	孱	屣
698	屦	羼	弪	弩	弭	艴	弼	鬻	屮	妁	妃	妍	妩	妪	妣					

70区	0	1	2	3	4	5	6	7	8	9	10	11	12	13	14	15	16	17	18	19
700		妗	姊	妫	妞	妤	姒	妲	妯	姗	妾	娅	娆	姝	娈	姣	姘	姹	娌	娉
702	娲	娴	娑	娣	娓	婀	婧	婊	婕	娼	婢	婵	胬	媪	媛	婷	婺	媾	嫫	媲
704	嫒	嫔	媸	嫠	嫣	嫱	嫖	嫦	嫘	嫜	嬉	嬗	嬖	嬲	嬷	孀	尕	尜	孚	孥
706	孳	孑	孓	孢	驵	驷	驸	驺	驿	驽	骀	骁	骅	骈	骊	骐	骒	骓	骖	骘
708	骛	骜	骝	骟	骠	骢	骣	骥	骧	纟	纡	纣	纥	纨	纩					

71区	0	1	2	3	4	5	6	7	8	9	10	11	12	13	14	15	16	17	18	19
710		纭	纰	纾	绀	绁	绂	绉	绋	绌	绐	绔	绗	绛	绠	绡	绨	绫	绮	绯
712	绱	绲	缍	绶	绺	绻	绾	缁	缂	缃	缇	缈	缋	缌	缏	缑	缒	缗	缙	缜
714	缛	缟	缡	缢	缣	缤	缥	缦	缧	缪	缫	缬	缭	缯	缰	缱	缲	缳	缵	幺
716	畿	巛	甾	邕	玎	玑	玮	玢	玟	珏	珂	珑	玷	玳	珀	珉	珈	珥	珙	顼
718	琊	珩	珧	珞	玺	珲	琏	琪	瑛	琦	琥	琨	琰	琮	琬					

72区	0	1	2	3	4	5	6	7	8	9	10	11	12	13	14	15	16	17	18	19
720		琛	琚	瑁	瑜	瑗	瑕	瑙	瑷	瑭	瑾	璜	璎	璀	璁	璇	璋	璞	璨	璩
722	璐	璧	瓒	璺	韪	韫	韬	杌	杓	杞	杈	杩	枥	枇	杪	杳	枘	枧	杵	枨
724	枞	枭	枋	杷	杼	柰	栉	柘	栊	柩	枰	栌	柙	枵	柚	枳	柝	栀	柃	枸
726	柢	栎	柁	柽	栲	栳	桠	桡	桎	桢	桄	桤	梃	栝	桕	桦	桁	桧	桀	栾
728	桊	桉	栩	梵	梏	桴	桷	梓	桫	棂	楮	棼	椟	椠	棹					

73区	0	1	2	3	4	5	6	7	8	9	10	11	12	13	14	15	16	17	18	19
730		椤	棰	椋	椁	楗	棣	椐	楱	椹	楠	楂	楝	榄	楫	榀	榘	楸	椴	槌
732	榇	榈	槎	榉	楦	楣	楹	榛	榧	榻	榫	榭	槔	榱	槁	槊	槟	榕	槠	榍
734	槿	樯	槭	樗	樘	橥	槲	橄	樾	檠	橐	橛	樵	檎	橹	樽	樨	橘	橼	檑
736	檐	檩	檗	檫	猷	獒	殁	殂	殇	殄	殒	殓	殍	殚	殛	殡	殪	轫	轭	轱
738	轲	轳	轵	轶	轸	轷	轹	轺	轼	轾	辁	辂	辄	辇	辋					

74区	0	1	2	3	4	5	6	7	8	9	10	11	12	13	14	15	16	17	18	19
740		辍	辎	辏	辘	辚	軎	戋	戗	戛	戟	戢	戡	戥	戤	戬	臧	瓯	瓴	瓿
742	甏	甑	甓	攴	旮	旯	旰	昊	昙	杲	昃	昕	昀	炅	曷	昝	昴	昱	昶	昵
744	耆	晟	晔	晁	晏	晖	晡	晗	晷	暄	暌	暧	暝	暾	曛	曜	曦	曩	贲	贳
746	贶	贻	贽	赀	赅	赆	赈	赉	赇	赍	赕	赙	觇	觊	觋	觌	觎	觏	觐	觑
748	牮	犟	牝	牦	牯	牾	牿	犄	犋	犍	犏	犒	挈	挲	掰					

75区	0	1	2	3	4	5	6	7	8	9	10	11	12	13	14	15	16	17	18	19
750		搿	擘	耄	毪	毳	毽	毵	毹	氅	氇	氆	氍	氕	氘	氙	氚	氡	氩	氤
752	氪	氲	攵	敕	敫	牍	牒	牖	爰	虢	刖	肟	肜	肓	肼	朊	肽	肱	肫	肭
754	肴	肷	胧	胨	胩	胪	胛	胂	胄	胙	胍	胗	朐	胝	胫	胱	胴	胭	脍	脎
756	胲	胼	朕	脒	豚	脶	脞	脬	脘	脲	腈	腌	腓	腴	腙	腚	腱	腠	腩	腼
758	腽	腭	腧	塍	媵	膈	膂	膑	滕	膣	膪	臌	朦	臊	膻					

76区	0	1	2	3	4	5	6	7	8	9	10	11	12	13	14	15	16	17	18	19
760		臁	膦	欤	欷	欹	歃	歆	歙	飑	飒	飓	飕	飙	飚	殳	彀	毂	觳	斐
762	齑	斓	於	旆	旄	旃	旌	旎	旒	旖	炀	炜	炖	炝	炻	烀	炷	炫	炱	烨
764	烊	焐	焓	焖	焯	焱	煳	煜	煨	煅	煲	煊	煸	煺	熘	熳	熵	熨	熠	燠
766	燔	燧	燹	爝	爨	灬	焘	煦	熹	戾	戽	扃	扈	扉	礻	祀	祆	祉	祛	祜
768	祓	祚	祢	祗	祠	祯	祧	祺	禅	禊	禚	禧	禳	忑	忐					

77区	0	1	2	3	4	5	6	7	8	9	10	11	12	13	14	15	16	17	18	19
770		怼	恝	恚	恧	恁	恙	恣	悫	愆	愍	慝	憩	憝	懋	懑	戆	肀	聿	沓
772	泶	淼	矶	矸	砀	砉	砗	砘	砑	斫	砭	砜	砝	砹	砺	砻	砟	砼	砥	砬
774	砣	砩	硎	硭	硖	硗	砦	硐	硇	硌	硪	碛	碓	碚	碇	碜	碡	碣	碲	碹
776	碥	磔	磙	磉	磬	磲	礅	磴	礓	礤	礞	礴	龛	黹	黻	黼	盱	眄	眍	盹
778	眇	眈	眚	眢	眙	眭	眦	眵	眸	睐	睑	睇	睃	睚	睨					

78区	0	1	2	3	4	5	6	7	8	9	10	11	12	13	14	15	16	17	18	19
780		睢	睥	睿	瞍	睽	瞀	瞌	瞑	瞟	瞠	瞰	瞵	瞽	町	畀	畎	畋	畈	畛
782	畲	畹	疃	罘	罡	罟	詈	罨	罴	罱	罹	羁	罾	盍	盥	蠲	钅	钆	钇	钋
784	钊	钌	钍	钏	钐	钔	钗	钕	钚	钛	钜	钣	钤	钫	钪	钭	钬	钯	钰	钲
786	钴	钶	钷	钸	钹	钺	钼	钽	钿	铄	铈	铉	铊	铋	铌	铍	铎	铐	铑	铒
788	铕	铖	铗	铙	铘	铛	铞	铟	铠	铢	铤	铥	铧	铨	铪					

79区	0	1	2	3	4	5	6	7	8	9	10	11	12	13	14	15	16	17	18	19
790		铩	铫	铮	铯	铳	铴	铵	铷	铹	铼	铽	铿	锃	锂	锆	锇	锉	锊	锍
792	锎	锏	锒	锓	锔	锕	锖	锘	锛	锝	锞	锟	锢	锪	锫	锩	锬	锱	锲	锴
794	锶	锷	锸	锼	锾	锿	镂	锵	镄	镅	镆	镉	镌	镎	镏	镒	镓	镔	镖	镗
796	镘	镙	镛	镞	镟	镝	镡	镢	镤	镥	镦	镧	镨	镩	镪	镫	镬	镯	镱	镲
798	镳	锺	矧	矬	雉	秕	秭	秣	秫	稆	嵇	稃	稂	稞	稔					

80区	0	1	2	3	4	5	6	7	8	9	10	11	12	13	14	15	16	17	18	19
800		稹	稷	穑	黏	馥	穰	皈	皎	皓	皙	皤	瓞	瓠	甬	鸠	鸢	鸨	鸩	鸪
802	鸫	鸬	鸲	鸱	鸶	鸸	鸷	鸹	鸺	鸾	鹁	鹂	鹄	鹆	鹇	鹈	鹉	鹋	鹌	鹎
804	鹑	鹕	鹗	鹚	鹛	鹜	鹞	鹣	鹦	鹧	鹨	鹩	鹪	鹫	鹬	鹱	鹭	鹳	疒	疔
806	疖	疠	疝	疬	疣	疳	疴	疸	痄	疱	疰	痃	痂	痖	痍	痣	痨	痦	痤	痫
808	痧	瘃	痱	痼	痿	瘐	瘀	瘅	瘌	瘗	瘊	瘥	瘘	瘕	瘙					

81区	0	1	2	3	4	5	6	7	8	9	10	11	12	13	14	15	16	17	18	19
810		瘛	瘼	瘢	瘠	癀	瘭	瘰	瘿	瘵	癃	瘾	瘳	癍	癞	癔	癜	癖	癫	癯
812	翊	竦	穸	穹	窀	窆	窈	窕	窦	窠	窬	窨	窭	窳	衤	衩	衲	衽	衿	袂
814	袢	裆	袷	袼	裉	裢	裎	裣	裥	裱	褚	裼	裨	裾	裰	褡	褙	褓	褛	褊
816	褴	褫	褶	襁	襦	襻	疋	胥	皲	皴	矜	耒	耔	耖	耜	耠	耢	耥	耦	耧
818	耩	耨	耱	耋	耵	聃	聆	聍	聒	聩	聱	覃	顸	颀	颃					

82区	0	1	2	3	4	5	6	7	8	9	10	11	12	13	14	15	16	17	18	19
820		颉	颌	颍	颏	颔	颚	颛	颞	颟	颡	颢	颥	颦	虍	虔	虬	虮	虿	虺
822	虼	虻	蚨	蚍	蚋	蚬	蚝	蚧	蚣	蚪	蚓	蚩	蚶	蛄	蚵	蛎	蚰	蚺	蚱	蚯
824	蛉	蛏	蚴	蛩	蛱	蛲	蛭	蛳	蛐	蜓	蛞	蛴	蛟	蛘	蛑	蜃	蜇	蛸	蜈	蜊
826	蜍	蜉	蜣	蜻	蜞	蜥	蜮	蜚	蜾	蝈	蜴	蜱	蜩	蜷	蜿	螂	蜢	蝽	蝾	蝻
828	蝠	蝰	蝌	蝮	螋	蝓	蝣	蝼	蝤	蝙	蝥	螓	螯	螨	蟒					

83区	0	1	2	3	4	5	6	7	8	9	10	11	12	13	14	15	16	17	18	19
830		蟆	螈	螅	螭	螗	螃	螫	蟥	螬	螵	螳	蟋	蟓	螽	蟑	蟀	蟊	蟛	蟪
832	蟠	蟮	蠖	蠓	蟾	蠊	蠛	蠡	蠹	蠼	缶	罂	罄	罅	舐	竺	竽	笈	笃	笄
834	笕	笊	笫	笏	筇	笸	笪	笙	笮	笱	笠	笥	笤	笳	笾	笞	筘	筚	筅	筵
836	筌	筝	筠	筮	筻	筢	筲	筱	箐	箦	箧	箸	箬	箝	箨	箅	箪	箜	箢	箫
838	箴	篑	篁	篌	篝	篚	篥	篦	篪	簌	篾	篼	簏	簖	簋					

84区	0	1	2	3	4	5	6	7	8	9	10	11	12	13	14	15	16	17	18	19
840		簟	簪	簦	簸	籁	籀	臾	舁	舂	舄	臬	衄	舡	舢	舣	舭	舯	舨	舫
842	舸	舻	舳	舴	舾	艄	艉	艋	艏	艚	艟	艨	衾	袅	袈	裘	裟	襞	羝	羟
844	羧	羯	羰	羲	籼	敉	粑	粝	粜	粞	粢	粲	粼	粽	糁	糇	糌	糍	糈	糅
846	糗	糨	艮	暨	羿	翎	翕	翥	翡	翦	翩	翮	翳	糸	絷	綦	綮	繇	纛	麸
848	麴	赳	趄	趔	趑	趱	赧	赭	豇	豉	酊	酐	酎	酏	酤					

85区	0	1	2	3	4	5	6	7	8	9	10	11	12	13	14	15	16	17	18	19
850		酢	酡	酦	酩	酯	酽	酾	酲	酴	酹	醌	醅	醐	醍	醑	醢	醣	醪	醭
852	醮	醯	醵	醴	醺	豕	鹾	趸	跫	踅	蹙	蹩	趵	趿	趼	趺	跄	跖	跗	跚
854	跞	跎	跏	跛	跆	跬	跷	跸	跣	跹	跻	跤	踉	跽	踔	踝	踟	踬	踮	踣
856	踯	踺	蹀	踹	踵	踽	踱	蹉	蹁	蹂	蹑	蹒	蹊	蹰	蹶	蹼	蹯	蹴	躅	躏
858	躔	躐	躜	躞	豸	貂	貊	貅	貘	貔	斛	觖	觞	觚	觜					

86区	0	1	2	3	4	5	6	7	8	9	10	11	12	13	14	15	16	17	18	19
860		觥	觫	觶	訾	謦	靓	雩	雳	雯	霆	霁	霈	霏	霎	霪	霭	霰	霾	齔
862	齟	齙	齠	齜	齦	齬	齪	齷	黽	黿	鼉	隹	隼	隽	雎	雒	瞿	讎	銎	鑾
864	鋈	鏨	鍪	鏊	鎏	鐾	鑫	魷	魴	鮁	鮃	鮎	鱸	穌	鮒	鱟	鮐	鮭	鮚	鮪
866	鮞	鱭	鮫	鯗	鱘	鯁	鱺	鰱	鰹	鰣	鰷	鯀	鯊	鯇	鯽	鯖	鯪	鯫	鯡	鯤
868	鯧	鯝	鯢	鯰	鯛	鯴	鯔	鱝	鰈	鰐	鰍	鰒	鰉	鯿	鰠					

87区	0	1	2	3	4	5	6	7	8	9	10	11	12	13	14	15	16	17	18	19
870		鰲	鰭	鰨	鰥	鰩	鰳	鰾	鱈	鰻	鰵	鱅	鱖	鱔	鱒	鱧	靼	鞅	韃	鞽
872	鞔	韉	鞫	鞣	鞲	鞴	骱	骰	骷	鶻	骶	骺	骼	髁	髀	髏	髂	髖	髕	髑
874	魅	魃	魘	魎	魈	魍	魑	飨	餍	餮	饕	饔	髟	髡	髦	髯	髫	髻	髭	髹
876	鬈	鬏	鬢	鬟	鬣	麽	麾	縻	麂	麇	麈	麋	麒	鏖	麝	麟	黛	黜	黝	黠
878	黟	黢	黩	黧	黥	黪	黯	鼢	鼬	鼯	鼹	鼷	鼽	鼾	齄					

附 录 A
（规范性附录）
补充的字符

本部分是以 GB 2312—1980《信息交换用汉字编码字符集　基本集》为依据制定的。根据使用需要，在 GB 2312—1980 修订之前，在本部分中对字符作如下补充。

补充的 132 个字符如下所示：

8-27 至 8-32　　补充 ɑ ḿ ń ň ǹ ɡ。

10-01 至 10-94　　补充 94 个半角图形的字符，其排列顺序与 GB 2312—1980 表 1"图形字符代码表"中第 3 区一一对应，字形宽度为对应第 3 区字形宽度的 1/2。

11-01 至 11-32　　补充汉语拼音 ɑ、e、i、o、u、ü 的四声半角字符和 ê、ɑ、ḿ、ń、ň、ǹ、ɡ 的半角字符，排列顺序与本部分第 8 区 01 位～32 位的 32 个字符一一对应，字形宽度为相应第 8 区字形宽度的 1/2。

附　录　B
（规范性附录）
32点阵字型数据

B.1　32点阵字型数据的表示

本部分中，图形字符的字型可由点阵数据来表示。每个字型的点阵数据为32×32（横行点数×纵列点数），共1 024个二进制位，128个字节。

B.2　32点阵字型数据的记录格式

32点阵字型数据的128个字节排列次序是以0字节开始至127字节结束，均用十六进制表示，每行四个字节，记录格式如下：

行数	列数																
	0	1	2	3	4	5	6	7	……	24	25	26	27	28	29	30	31
0	0字节								……	3字节							
1 2 3 4 ⋮ ⋮ 30																	
31	124字节								……	127字节							

B.3　32点阵字型数据举例

长 19-04	洽 54-46	久 30-35	安 16-18
00 00 00 00	00 00 00 00	00 00 00 00	00 00 00 00
00 00 00 00	00 00 00 00	00 00 00 00	00 00 00 00
00 70 30 00	00 00 60 00	00 1C 00 00	00 0F 80 00
00 78 3C 00	00 00 78 00	00 0E 00 00	00 07 C0 00
00 78 3C 00	00 00 3C 00	00 0E 00 00	00 03 E0 00
00 30 78 00	07 00 3C 00	00 1E 00 00	00 01 E0 00
00 30 F0 00	03 C0 78 00	00 1C 00 00	00 00 0F 00
00 31 E0 00	01 E0 70 00	00 3C 20 00	00 C1 FF 80
00 33 C0 00	01 E0 E0 00	00 38 F0 00	00 FF E7 C0
00 37 00 00	00 E0 E0 00	00 7F F8 00	00 F8 07 C0
00 3E 00 00	00 01 C3 80	00 7F F8 00	01 C0 0E 00
00 3C 00 00	00 03 81 E0	00 E0 F0 00	03 C7 08 00
00 30 07 F0	70 07 00 F0	00 C0 E0 00	03 C7 00 00
00 33 FF F8	3C 0F 3F F0	01 C1 E0 00	01 87 00 00
01 FF FC 00	1C 1F FE 70	03 81 C0 00	00 06 00 F8

7F FE 00 00	1C 5F C0 30	07 03 C0 00	00 0E 3F FE
3E 37 00 00	0C DE 00 00	0E 03 80 00	00 0F FF FE
00 33 80 00	00 C0 00 00	00 07 C0 00	01 FF F0 00
00 31 C0 00	01 80 03 00	00 07 E0 00	7F FC 30 00
00 30 F0 00	03 1C FF C0	00 0E 60 00	3E 18 70 00
00 30 78 00	07 0F FF E0	00 1C 70 00	00 18 70 00
00 30 3E 00	0E 0E 01 E0	00 3C 38 00	00 38 70 00
00 30 1F 80	1E 0E 03 C0	00 78 3C 00	00 3E E0 00
00 30 4F E0	1E 06 03 80	00 F0 1E 00	00 0F E0 00
00 31 C7 FE	1C 06 03 80	01 E0 0F 80	00 03 F0 00
00 73 83 FC	1C 06 1F 80	03 C0 0F E0	00 07 FC 00
00 7F 00 00	18 07 FF C0	0F 00 07 FC	00 0F 3F 00
00 7E 00 00	00 07 F8 00	3C 00 07 FE	00 3C 0F 80
00 7C 00 00	00 06 00 00	70 00 00 00	01 F0 07 C0
00 78 00 00	00 00 00 00	00 00 00 00	03 80 03 C0
00 30 00 00	00 00 00 00	00 00 00 00	00 00 01 C0
00 00 00 00	00 00 00 00	00 00 00 00	00 00 00 00

参考文献

《第一批异体字整理表》	中华人民共和国文化部、中国文字改革委员会	1955年12月22日
《简化字总表》	中国文字改革委员会、中华人民共和国文化部、中华人民共和国教育部(1986年10月10日国家语言文字工作委员会重新发表)	1964年3月7日
《印刷通用汉字字形表》	中华人民共和国文化部、中国文字改革委员会	1965年1月30日
《现代汉语通用字表》	国家语言文字工作委员会、中华人民共和国新闻出版署	1988年3月25日

ICS 35.040
L 71

中华人民共和国国家标准

GB 6345.4—2008
代替 GB/T 12034—1989

信息技术 汉字编码字符集(基本集) 32点阵字型 第4部分:仿宋体

Information technology—Chinese ideogram coded character set (basic set)—32-dot matrix font—Part 4: Fangsong Ti

2008-08-06 发布 2009-07-01 实施

中华人民共和国国家质量监督检验检疫总局
中国国家标准化管理委员会 发布

前　言

GB 6345 的本部分除字表中 01 区～11 区外的全部技术内容为强制性。

GB 6345《信息技术　汉字编码字符集(基本集) 32 点阵字型》分为如下四个部分：

——第 1 部分：宋体；

——第 2 部分：黑体；

——第 3 部分：楷体；

——第 4 部分：仿宋体。

本部分为 GB 6345 的第 4 部分。

本部分规定的 32 点阵汉字字型是以《第一批异体字整理表》、《简化字总表》、《印刷通用汉字字形表》和《现代汉语通用字表》(见参考文献)为依据，按照现行汉字字形整理原则进行设计。

本部分代替 GB/T 12034—1989。

本部分与 GB/T 12034—1989 相比，主要变化如下：

a) 为了进一步提高字型质量和保证标准间的协调统一，本部分增加了 GB 2312—1980 中规定的字符部分内容；

b) 对上一版本中不正确的汉字字型进行了修正。

本部分的附录 A、附录 B 是规范性附录。

本部分由中华人民共和国信息产业部提出。

本部分由中国电子技术标准化研究所归口。

本部分起草单位：中国电子技术标准化研究所、北京仓颉博雅信息技术有限公司、第二炮兵装备研究院第四研究所。

本部分起草人：周济萍、翟广臣、代红、王立建、熊涛、戴涌、王啸。

本部分所代替标准的历次版本发布情况为：

——GB/T 12034—1989。

引　言

有关字型数据的授权转让使用事宜，字型标准数据的维护、更新及修订工作，统一由归口单位负责。

地址：北京市东城区安定门东大街1号（北京市1101信箱）
邮　编：100007
电　话：64007689 84029173
传　真：64007681
E-mail：daihong@cesi.ac.cn

信息技术 汉字编码字符集(基本集) 32点阵字型 第4部分:仿宋体

1 范围

GB 6345 的本部分规定了 GB 2312—1980《信息交换用汉字编码字符集 基本集》中图形字符的32点阵仿宋体字型。

本部分主要适用于各种电子信息产品、各种数字化产品,也可用于其他有关设备。

2 规范性引用文件

下列文件中的条款通过 GB 6345 的本部分的引用而成为本部分的条款。凡是注日期的引用文件,其随后所有的修改单(不包括勘误的内容)或修订版均不适用于本部分,然而,鼓励根据本部分达成协议的各方研究是否可使用这些文件的最新版本。凡是不注日期的引用文件,其最新版本适用于本部分。

GB 2312—1980 信息交换用汉字编码字符集 基本集

3 术语和定义

下列术语和定义适用于 GB 6345 的本部分。

3.1

字形 glyph

一种可辨认的抽象的图形符号,它不依赖于任何特定的设计。

3.2

字型 font

具有同一基本设计的字形图像的集合,如:仿宋体。

3.3

点阵字型 dot matrix font

以点的集合来表现图形字符的型(形)。

3.4

字序 character order

图形字符在集合中按一定规则排列的次序。

4 汉字图形字符

根据 GB 2312—1980 的规定,相应提供了:

1区～9区 外文字母及其他图形字符682个;

16区～55区 第一级汉字3 755个;

56区～87区 第二级汉字3 008个。

另外在8区27位～32位补充了6个字符;10区01位～94位补充了94个半角图形字符;11区01位～32位补充了32个汉语拼音的半角字符,见附录A。

本部分共提供图形字符7 577个。

5 标准数据的管理

为加强对电子信息技术产品使用汉字字型标准数据的管理,保证本部分在实施中数据的正确性和一致性,有关字型数据的授权转让使用事宜,字型标准数据的维护、更新及修订工作,统一由归口单位负责。

6 点阵字型的表示方法

6.1 栅格

栅格由若干条等距离的垂直线与水平线相交叉而形成。

本部分规定的是32点阵字型，其栅格是横向32格，纵向32格。每个方格的中心定为点的中心位置。

栅格仅对构成点阵的各点进行定位，32点阵栅格图如图1所示。

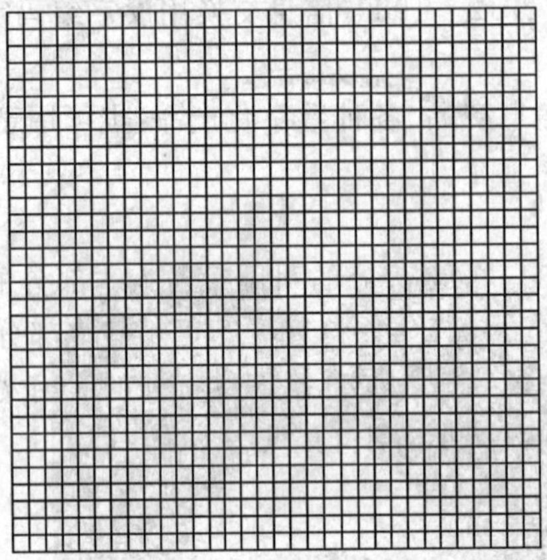

图1 32点阵栅格图

6.2 点

点是构成点阵字型的最小单位，以圆形表示，它是位于各方格内的黑色区域。

6.3 点阵字样

汉字点阵字型的字样，由置于栅格内的若干个点的集合来表示。汉字"永"的32点阵字样如图2所示。

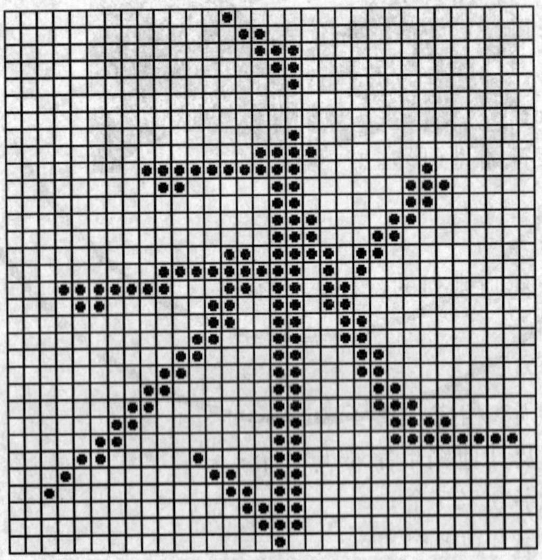

图2 32点阵汉字"永"的字样

6.4 字型数据

32点阵字型数据的表示，见附录B。

6.5 点阵字型表

本部分提供了GB 2312—1980规定的7 445个汉字/图形字符及补充的132个图形字符的32点阵仿宋体字型。

本部分的点阵字型列表如下：

1区	0	1	2	3	4	5	6	7	8	9	10	11	12	13	14	15	16	17	18	19
010			、	。	·	ˉ	ˇ	¨	〃	々	—	～	‖	…	‘	’	“	”	〔	〕
012	〈	〉	《	》	「	」	『	』	〖	〗	【	】	±	×	÷	∶	∧	∨	∑	∏
014	∪	∩	∈	∷	√	⊥	∥	∠	⌒	⊙	∫	∮	≡	≌	≈	∽	∝	≠	≮	≯
016	≤	≥	∞	∵	∴	♂	♀	°	′	″	℃	＄	¤	￠	￡	‰	§	№	☆	★
018	○	●	◎	◇	◆	□	■	△	▲	※	→	←	↑	↓	〓					

2区	0	1	2	3	4	5	6	7	8	9	10	11	12	13	14	15	16	17	18	19
020																		⒈	⒉	⒊
022	⒋	⒌	⒍	⒎	⒏	⒐	⒑	⒒	⒓	⒔	⒕	⒖	⒗	⒘	⒙	⒚	⒛	⑴	⑵	⑶
024	⑷	⑸	⑹	⑺	⑻	⑼	⑽	⑾	⑿	⒀	⒁	⒂	⒃	⒄	⒅	⒆	⒇	①	②	③
026	④	⑤	⑥	⑦	⑧	⑨	⑩			㈠	㈡	㈢	㈣	㈤	㈥	㈦	㈧	㈨	㈩	
028		Ⅰ	Ⅱ	Ⅲ	Ⅳ	Ⅴ	Ⅵ	Ⅶ	Ⅷ	Ⅸ	Ⅹ	Ⅺ	Ⅻ							

3区	0	1	2	3	4	5	6	7	8	9	10	11	12	13	14	15	16	17	18	19
030		！	＂	＃	￥	％	＆	＇	（	）	＊	＋	，	－	．	／	０	１	２	３
032	４	５	６	７	８	９	：	；	＜	＝	＞	？	＠	Ａ	Ｂ	Ｃ	Ｄ	Ｅ	Ｆ	Ｇ
034	Ｈ	Ｉ	Ｊ	Ｋ	Ｌ	Ｍ	Ｎ	Ｏ	Ｐ	Ｑ	Ｒ	Ｓ	Ｔ	Ｕ	Ｖ	Ｗ	Ｘ	Ｙ	Ｚ	［
036	＼	］	＾	＿	｀	ａ	ｂ	ｃ	ｄ	ｅ	ｆ	ｇ	ｈ	ｉ	ｊ	ｋ	ｌ	ｍ	ｎ	ｏ
038	ｐ	ｑ	ｒ	ｓ	ｔ	ｕ	ｖ	ｗ	ｘ	ｙ	ｚ	｛	｜	｝	￣					

4区	0	1	2	3	4	5	6	7	8	9	10	11	12	13	14	15	16	17	18	19
040		ぁ	あ	ぃ	い	ぅ	う	ぇ	え	ぉ	お	か	が	き	ぎ	く	ぐ	け	げ	こ
042	ご	さ	ざ	し	じ	す	ず	せ	ぜ	そ	ぞ	た	だ	ち	ぢ	っ	つ	づ	て	で
044	と	ど	な	に	ぬ	ね	の	は	ば	ぱ	ひ	び	ぴ	ふ	ぶ	ぷ	へ	べ	ぺ	ほ
046	ぼ	ぽ	ま	み	む	め	も	ゃ	や	ゅ	ゆ	ょ	よ	ら	り	る	れ	ろ	ゎ	わ
048	ゐ	ゑ	を	ん																

5区	0	1	2	3	4	5	6	7	8	9	10	11	12	13	14	15	16	17	18	19
050		ァ	ア	ィ	イ	ゥ	ウ	ェ	エ	ォ	オ	カ	ガ	キ	ギ	ク	グ	ケ	ゲ	コ
052	ゴ	サ	ザ	シ	ジ	ス	ズ	セ	ゼ	ソ	ゾ	タ	ダ	チ	ヂ	ッ	ツ	ヅ	テ	デ
054	ト	ド	ナ	ニ	ヌ	ネ	ノ	ハ	バ	パ	ヒ	ビ	ピ	フ	ブ	プ	ヘ	ベ	ペ	ホ
056	ボ	ポ	マ	ミ	ム	メ	モ	ャ	ヤ	ュ	ユ	ョ	ヨ	ラ	リ	ル	レ	ロ	ヮ	ワ
058	ヰ	ヱ	ヲ	ン	ヴ	ヵ	ヶ													

6区	0	1	2	3	4	5	6	7	8	9	10	11	12	13	14	15	16	17	18	19
060		Α	Β	Γ	Δ	Ε	Ζ	Η	Θ	Ι	Κ	Λ	Μ	Ν	Ξ	Ο	Π	Ρ	Σ	Τ
062	Υ	Φ	Χ	Ψ	Ω									α	β	γ	δ	ε	ζ	η
064	θ	ι	κ	λ	μ	ν	ξ	ο	π	ρ	σ	τ	υ	φ	χ	ψ	ω			
066																				
068																				

7区	0	1	2	3	4	5	6	7	8	9	10	11	12	13	14	15	16	17	18	19
070		А	Б	В	Г	Д	Е	Ё	Ж	З	И	Й	К	Л	М	Н	О	П	Р	С
072	Т	У	Ф	Х	Ц	Ч	Ш	Щ	Ъ	Ы	Ь	Э	Ю	Я						
074										а	б	в	г	д	е	ё	ж	з	и	й
076	к	л	м	н	о	п	р	с	т	у	ф	х	ц	ч	ш	щ	ъ	ы	ь	э
078	ю	я																		

8区	0	1	2	3	4	5	6	7	8	9	10	11	12	13	14	15	16	17	18	19
080		ā	á	ǎ	à	ē	é	ě	è	ī	í	ǐ	ì	ō	ó	ǒ	ò	ū	ú	ǔ
082	ù	ǖ	ǘ	ǚ	ǜ	ü	ê	ɑ	ḿ	ń	ň	ǹ	ɡ					ㄅ	ㄆ	ㄇ
084	ㄈ	ㄉ	ㄊ	ㄋ	ㄌ	ㄍ	ㄎ	ㄏ	ㄐ	ㄑ	ㄒ	ㄓ	ㄔ	ㄕ	ㄖ	ㄗ	ㄘ	ㄙ	ㄚ	ㄛ
086	ㄜ	ㄝ	ㄞ	ㄟ	ㄠ	ㄡ	ㄢ	ㄣ	ㄤ	ㄥ	ㄦ	ㄧ	ㄨ	ㄩ						
088																				

9区	0	1	2	3	4	5	6	7	8	9	10	11	12	13	14	15	16	17	18	19
090					─	━	│	┃	┄	┅	┆	┇	┈	┉	┊	┋	┌	┍	┎	┏
092	┐	┑	┒	┓	└	┕	┖	┗	┘	┙	┚	┛	├	┝	┞	┟	┠	┡	┢	┣
094	┤	┥	┦	┧	┨	┩	┪	┫	┬	┭	┮	┯	┰	┱	┲	┳	┴	┵	┶	┷
096	┸	┹	┺	┻	┼	┽	┾	┿	╀	╁	╂	╃	╄	╅	╆	╇	╈	╉	╊	╋
098																				

<table>
<tr><th>10区</th><th>0</th><th>1</th><th>2</th><th>3</th><th>4</th><th>5</th><th>6</th><th>7</th><th>8</th><th>9</th><th>10</th><th>11</th><th>12</th><th>13</th><th>14</th><th>15</th><th>16</th><th>17</th><th>18</th><th>19</th></tr>
<tr><td>100</td><td></td><td>!</td><td>"</td><td>#</td><td>¥</td><td>%</td><td>&</td><td>´</td><td>(</td><td>)</td><td>*</td><td>+</td><td>,</td><td>-</td><td>.</td><td>/</td><td>0</td><td>1</td><td>2</td><td>3</td></tr>
<tr><td>102</td><td>4</td><td>5</td><td>6</td><td>7</td><td>8</td><td>9</td><td>:</td><td>;</td><td><</td><td>=</td><td>></td><td>?</td><td>@</td><td>A</td><td>B</td><td>C</td><td>D</td><td>E</td><td>F</td><td>G</td></tr>
<tr><td>104</td><td>H</td><td>I</td><td>J</td><td>K</td><td>L</td><td>M</td><td>N</td><td>O</td><td>P</td><td>Q</td><td>R</td><td>S</td><td>T</td><td>U</td><td>V</td><td>W</td><td>X</td><td>Y</td><td>Z</td><td>[</td></tr>
<tr><td>106</td><td>\</td><td>]</td><td>^</td><td>_</td><td>`</td><td>a</td><td>b</td><td>c</td><td>d</td><td>e</td><td>f</td><td>g</td><td>h</td><td>i</td><td>j</td><td>k</td><td>l</td><td>m</td><td>n</td><td>o</td></tr>
<tr><td>108</td><td>p</td><td>q</td><td>r</td><td>s</td><td>t</td><td>u</td><td>v</td><td>w</td><td>x</td><td>y</td><td>z</td><td>{</td><td>|</td><td>}</td><td>‾</td><td></td><td></td><td></td><td></td><td></td></tr>
</table>

11区	0	1	2	3	4	5	6	7	8	9	10	11	12	13	14	15	16	17	18	19
110		ā	á	ǎ	à	ē	é	ě	è	ī	í	ǐ	ì	ō	ó	ǒ	ò	ū	ú	ǔ
112	ù	ǖ	ǘ	ǚ	ǜ	ü	ê	ɑ	ḿ	ń	ň	ǹ	ɡ							
114																				
116																				
118																				

16区	0	1	2	3	4	5	6	7	8	9	10	11	12	13	14	15	16	17	18	19
160		啊	阿	埃	挨	哎	唉	哀	皑	癌	蔼	矮	艾	碍	爱	隘	鞍	氨	安	俺
162	按	暗	岸	胺	案	肮	昂	盎	凹	敖	熬	翱	袄	傲	奥	懊	澳	芭	捌	扒
164	叭	吧	笆	八	疤	巴	拔	跋	靶	把	耙	坝	霸	罢	爸	白	柏	百	摆	佰
166	败	拜	稗	斑	班	搬	扳	般	颁	板	版	扮	拌	伴	瓣	半	办	绊	邦	帮
168	梆	榜	膀	绑	棒	磅	蚌	镑	傍	谤	苞	胞	包	褒	剥					

17区	0	1	2	3	4	5	6	7	8	9	10	11	12	13	14	15	16	17	18	19
170		薄	雹	保	堡	饱	宝	抱	报	暴	豹	鲍	爆	杯	碑	悲	卑	北	辈	背
172	贝	钡	倍	狈	备	惫	焙	被	奔	苯	本	笨	崩	绷	甭	泵	蹦	迸	逼	鼻
174	比	鄙	笔	彼	碧	蓖	蔽	毕	毙	毖	币	庇	痹	闭	敝	弊	必	辟	壁	臂
176	避	陛	鞭	边	编	贬	扁	便	变	卞	辨	辩	辫	遍	标	彪	膘	表	鳖	憋
178	别	瘪	彬	斌	濒	滨	宾	摈	兵	冰	柄	丙	秉	饼	炳					

18区	0	1	2	3	4	5	6	7	8	9	10	11	12	13	14	15	16	17	18	19
180		病	并	玻	菠	播	拨	钵	波	博	勃	搏	铂	箔	伯	帛	舶	脖	膊	渤
182	泊	驳	捕	卜	哺	补	埠	不	布	步	簿	部	怖	擦	猜	裁	材	才	财	睬
184	踩	采	彩	菜	蔡	餐	参	蚕	残	惭	惨	灿	苍	舱	仓	沧	藏	操	糙	槽
186	曹	草	厕	策	侧	册	测	层	蹭	插	叉	茬	茶	查	碴	搽	察	岔	差	诧
188	拆	柴	豺	搀	掺	蝉	馋	谗	缠	铲	产	阐	颤	昌	猖					

19区	0	1	2	3	4	5	6	7	8	9	10	11	12	13	14	15	16	17	18	19
190		场	尝	常	长	偿	肠	厂	敞	畅	唱	倡	超	抄	钞	朝	嘲	潮	巢	吵
192	炒	车	扯	撤	掣	彻	澈	郴	臣	辰	尘	晨	忱	沉	陈	趁	衬	撑	称	城
194	橙	成	呈	乘	程	惩	澄	诚	承	逞	骋	秤	吃	痴	持	匙	池	迟	弛	驰
196	耻	齿	侈	尺	赤	翅	斥	炽	充	冲	虫	崇	宠	抽	酬	畴	踌	稠	愁	筹
198	仇	绸	瞅	丑	臭	初	出	橱	厨	躇	锄	雏	滁	除	楚					

20区	0	1	2	3	4	5	6	7	8	9	10	11	12	13	14	15	16	17	18	19
200		础	储	矗	搐	触	处	揣	川	穿	椽	传	船	喘	串	疮	窗	幢	床	闯
202	创	吹	炊	捶	锤	垂	春	椿	醇	唇	淳	纯	蠢	戳	绰	疵	茨	磁	雌	辞
204	慈	瓷	词	此	刺	赐	次	聪	葱	囱	匆	从	丛	凑	粗	醋	簇	促	蹿	篡
206	窜	摧	崔	催	脆	瘁	粹	淬	翠	村	存	寸	磋	撮	搓	措	挫	错	搭	达
208	答	瘩	打	大	呆	歹	傣	戴	带	殆	代	贷	袋	待	逮					

21区	0	1	2	3	4	5	6	7	8	9	10	11	12	13	14	15	16	17	18	19
210		怠	耽	担	丹	单	郸	掸	胆	旦	氮	但	惮	淡	诞	弹	蛋	当	挡	党
212	荡	档	刀	捣	蹈	倒	岛	祷	导	到	稻	悼	道	盗	德	得	的	蹬	灯	登
214	等	瞪	凳	邓	堤	低	滴	迪	敌	笛	狄	涤	翟	嫡	抵	底	地	蒂	第	帝
216	弟	递	缔	颠	掂	滇	碘	点	典	靛	垫	电	佃	甸	店	惦	奠	淀	殿	碉
218	叼	雕	凋	刁	掉	吊	钓	调	跌	爹	碟	蝶	迭	谍	叠					

22区	0	1	2	3	4	5	6	7	8	9	10	11	12	13	14	15	16	17	18	19
220		丁	盯	叮	钉	顶	鼎	锭	定	订	丢	东	冬	董	懂	动	栋	侗	恫	冻
222	洞	兜	抖	斗	陡	豆	逗	痘	都	督	毒	犊	独	读	堵	睹	赌	杜	镀	肚
224	度	渡	妒	端	短	锻	段	断	缎	堆	兑	队	对	墩	吨	蹲	敦	顿	囤	钝
226	盾	遁	掇	哆	多	夺	垛	躲	朵	跺	舵	剁	惰	堕	蛾	峨	鹅	俄	额	讹
228	娥	恶	厄	扼	遏	鄂	饿	恩	而	儿	耳	尔	饵	洱	二					

23区	0	1	2	3	4	5	6	7	8	9	10	11	12	13	14	15	16	17	18	19
230		贰	发	罚	筏	伐	乏	阀	法	珐	藩	帆	番	翻	樊	矾	钒	繁	凡	烦
232	反	返	范	贩	犯	饭	泛	坊	芳	方	肪	房	防	妨	仿	访	纺	放	菲	非
234	啡	飞	肥	匪	诽	吠	肺	废	沸	费	芬	酚	吩	氛	分	纷	坟	焚	汾	粉
236	奋	份	忿	愤	粪	丰	封	枫	蜂	峰	锋	风	疯	烽	逢	冯	缝	讽	奉	凤
238	佛	否	夫	敷	肤	孵	扶	拂	辐	幅	氟	符	伏	俘	服					

24区	0	1	2	3	4	5	6	7	8	9	10	11	12	13	14	15	16	17	18	19
240		浮	涪	福	袱	弗	甫	抚	辅	俯	釜	斧	脯	腑	府	腐	赴	副	覆	赋
242	复	傅	付	阜	父	腹	负	富	讣	附	妇	缚	咐	噶	嘎	该	改	概	钙	盖
244	溉	干	甘	杆	柑	竿	肝	赶	感	秆	敢	赣	冈	刚	钢	缸	肛	纲	岗	港
246	杠	篙	皋	高	膏	羔	糕	搞	镐	稿	告	哥	歌	搁	戈	鸽	胳	疙	割	革
248	葛	格	蛤	阁	隔	铬	个	各	给	根	跟	耕	更	庚	羹					

25区	0	1	2	3	4	5	6	7	8	9	10	11	12	13	14	15	16	17	18	19
250		埂	耿	梗	工	攻	功	恭	龚	供	躬	公	宫	弓	巩	汞	拱	贡	共	钩
252	勾	沟	苟	狗	垢	构	购	够	辜	菇	咕	箍	估	沽	孤	姑	鼓	古	蛊	骨
254	谷	股	故	顾	固	雇	刮	瓜	剐	寡	挂	褂	乖	拐	怪	棺	关	官	冠	观
256	管	馆	罐	惯	灌	贯	光	广	逛	瑰	规	圭	硅	归	龟	闺	轨	鬼	诡	癸
258	桂	柜	跪	贵	刽	辊	滚	棍	锅	郭	国	果	裹	过	哈					

26区	0	1	2	3	4	5	6	7	8	9	10	11	12	13	14	15	16	17	18	19
260		骸	孩	海	氦	亥	害	骇	酣	憨	邯	韩	含	涵	寒	函	喊	罕	翰	撼
262	捍	旱	憾	悍	焊	汗	汉	夯	杭	航	壕	嚎	豪	毫	郝	好	耗	号	浩	呵
264	喝	荷	菏	核	禾	和	何	合	盒	貉	阂	河	涸	赫	褐	鹤	贺	嘿	黑	痕
266	很	狠	恨	哼	亨	横	衡	恒	轰	哄	烘	虹	鸿	洪	宏	弘	红	喉	侯	猴
268	吼	厚	候	后	呼	乎	忽	瑚	壶	葫	胡	蝴	狐	糊	湖					

27区	0	1	2	3	4	5	6	7	8	9	10	11	12	13	14	15	16	17	18	19
270		弧	虎	唬	护	互	沪	户	花	哗	华	猾	滑	画	划	化	话	槐	徊	怀
272	淮	坏	欢	环	桓	还	缓	换	患	唤	痪	豢	焕	涣	宦	幻	荒	慌	黄	磺
274	蝗	簧	皇	凰	惶	煌	晃	幌	恍	谎	灰	挥	辉	徽	恢	蛔	回	毁	悔	慧
276	卉	惠	晦	贿	秽	会	烩	汇	讳	诲	绘	荤	昏	婚	魂	浑	混	豁	活	伙
278	火	获	或	惑	霍	货	祸	击	圾	基	机	畸	稽	积	箕					

28区	0	1	2	3	4	5	6	7	8	9	10	11	12	13	14	15	16	17	18	19
280		肌	饥	迹	激	讥	鸡	姬	绩	缉	吉	极	棘	辑	籍	集	及	急	疾	汲
282	即	嫉	级	挤	几	脊	己	蓟	技	冀	季	伎	祭	剂	悸	济	寄	寂	计	记
284	既	忌	际	妓	继	纪	嘉	枷	夹	佳	家	加	荚	颊	贾	甲	钾	假	稼	价
286	架	驾	嫁	歼	监	坚	尖	笺	间	煎	兼	肩	艰	奸	缄	茧	检	柬	碱	硷
288	拣	捡	简	俭	剪	减	荐	槛	鉴	践	贱	见	键	箭	件					

29区	0	1	2	3	4	5	6	7	8	9	10	11	12	13	14	15	16	17	18	19
290		健	舰	剑	饯	渐	溅	涧	建	僵	姜	将	浆	江	疆	蒋	桨	奖	讲	匠
292	酱	降	蕉	椒	礁	焦	胶	交	郊	浇	骄	娇	嚼	搅	铰	矫	侥	脚	狡	角
294	饺	缴	绞	剿	教	酵	轿	较	叫	窖	揭	接	皆	秸	街	阶	截	劫	节	桔
296	杰	捷	睫	竭	洁	结	解	姐	戒	藉	芥	界	借	介	疥	诫	届	巾	筋	斤
298	金	今	津	襟	紧	锦	仅	谨	进	靳	晋	禁	近	烬	浸					

30区	0	1	2	3	4	5	6	7	8	9	10	11	12	13	14	15	16	17	18	19
300		尽	劲	荆	兢	茎	睛	晶	鲸	京	惊	精	粳	经	井	警	景	颈	静	境
302	敬	镜	径	痉	靖	竟	竞	净	炯	窘	揪	究	纠	玖	韭	久	灸	九	酒	厩
304	救	旧	臼	舅	咎	就	疚	鞠	拘	狙	疽	居	驹	菊	局	咀	矩	举	沮	聚
306	拒	据	巨	具	距	踞	锯	俱	句	惧	炬	剧	捐	鹃	娟	倦	眷	卷	绢	撅
308	攫	抉	掘	倔	爵	觉	决	诀	绝	均	菌	钧	军	君	峻					

31区	0	1	2	3	4	5	6	7	8	9	10	11	12	13	14	15	16	17	18	19
310		俊	竣	浚	郡	骏	喀	咖	卡	咯	开	揩	楷	凯	慨	刊	堪	勘	坎	砍
312	看	康	慷	糠	扛	抗	亢	炕	考	拷	烤	靠	坷	苛	柯	棵	磕	颗	科	壳
314	咳	可	渴	克	刻	客	课	肯	啃	垦	恳	坑	吭	空	恐	孔	控	抠	口	扣
316	寇	枯	哭	窟	苦	酷	库	裤	夸	垮	挎	跨	胯	块	筷	侩	快	宽	款	匡
318	筐	狂	框	矿	眶	旷	况	亏	盔	岿	窥	葵	奎	魁	傀					

32区	0	1	2	3	4	5	6	7	8	9	10	11	12	13	14	15	16	17	18	19
320		馈	愧	溃	坤	昆	捆	困	括	扩	廓	阔	垃	拉	喇	蜡	腊	辣	啦	莱
322	来	赖	蓝	婪	栏	拦	篮	阑	兰	澜	谰	揽	览	懒	缆	烂	滥	琅	榔	狼
324	廊	郎	朗	浪	捞	劳	牢	老	佬	姥	酪	烙	涝	勒	乐	雷	镭	蕾	磊	累
326	儡	垒	擂	肋	类	泪	棱	楞	冷	厘	梨	犁	黎	篱	狸	离	漓	理	李	里
328	鲤	礼	莉	荔	吏	栗	丽	厉	励	砾	历	利	傈	例	俐					

33区	0	1	2	3	4	5	6	7	8	9	10	11	12	13	14	15	16	17	18	19
330		痢	立	粒	沥	隶	力	璃	哩	俩	联	莲	连	镰	廉	怜	涟	帘	敛	脸
332	链	恋	炼	练	粮	凉	梁	粱	良	两	辆	量	晾	亮	谅	撩	聊	僚	疗	燎
334	寥	辽	潦	了	撂	镣	廖	料	列	裂	烈	劣	猎	琳	林	磷	霖	临	邻	鳞
336	淋	凛	赁	吝	拎	玲	菱	零	龄	铃	伶	羚	凌	灵	陵	岭	领	另	令	溜
338	琉	榴	硫	馏	留	刘	瘤	流	柳	六	龙	聋	咙	笼	窿					

34区	0	1	2	3	4	5	6	7	8	9	10	11	12	13	14	15	16	17	18	19
340		隆	垄	拢	陇	楼	娄	搂	篓	漏	陋	芦	卢	颅	庐	炉	掳	卤	虏	鲁
342	麓	碌	露	路	赂	鹿	潞	禄	录	陆	戮	驴	吕	铝	侣	旅	履	屡	缕	虑
344	氯	律	率	滤	绿	峦	挛	孪	滦	卵	乱	掠	略	抡	轮	伦	仑	沦	纶	论
346	萝	螺	罗	逻	锣	箩	骡	裸	落	洛	骆	络	妈	麻	玛	码	蚂	马	骂	嘛
348	吗	埋	买	麦	卖	迈	脉	瞒	馒	蛮	满	蔓	曼	慢	漫					

35区	0	1	2	3	4	5	6	7	8	9	10	11	12	13	14	15	16	17	18	19
350		谩	芒	茫	盲	氓	忙	莽	猫	茅	锚	毛	矛	铆	卯	茂	冒	帽	貌	贸
352	么	玫	枚	梅	酶	霉	煤	没	眉	媒	镁	每	美	昧	寐	妹	媚	门	闷	们
354	萌	蒙	檬	盟	锰	猛	梦	孟	眯	醚	靡	糜	迷	谜	弥	米	秘	觅	泌	蜜
356	密	幂	棉	眠	绵	冕	免	勉	娩	缅	面	苗	描	瞄	藐	秒	渺	庙	妙	蔑
358	灭	民	抿	皿	敏	悯	闽	明	螟	鸣	铭	名	命	谬	摸					

36区	0	1	2	3	4	5	6	7	8	9	10	11	12	13	14	15	16	17	18	19
360		摹	蘑	模	膜	磨	摩	魔	抹	末	莫	墨	默	沫	漠	寞	陌	谋	牟	某
362	拇	牡	亩	姆	母	墓	暮	幕	募	慕	木	目	睦	牧	穆	拿	哪	呐	钠	那
364	娜	纳	氖	乃	奶	耐	奈	南	男	难	囊	挠	脑	恼	闹	淖	呢	馁	内	嫩
366	能	妮	霓	倪	泥	尼	拟	你	匿	腻	逆	溺	蔫	拈	年	碾	撵	捻	念	娘
368	酿	鸟	尿	捏	聂	孽	啮	镊	镍	涅	您	柠	狞	凝	宁					

37区	0	1	2	3	4	5	6	7	8	9	10	11	12	13	14	15	16	17	18	19
370		拧	泞	牛	扭	钮	纽	脓	浓	农	弄	奴	努	怒	女	暖	虐	疟	挪	懦
372	糯	诺	哦	欧	鸥	殴	藕	呕	偶	沤	啪	趴	爬	帕	怕	琶	拍	排	牌	徘
374	湃	派	攀	潘	盘	磐	盼	畔	判	叛	乓	庞	旁	耪	胖	抛	咆	刨	炮	袍
376	跑	泡	呸	胚	培	裴	赔	陪	配	佩	沛	喷	盆	砰	抨	烹	澎	彭	蓬	棚
378	硼	篷	膨	朋	鹏	捧	碰	坯	砒	霹	批	披	劈	琵	毗					

38区	0	1	2	3	4	5	6	7	8	9	10	11	12	13	14	15	16	17	18	19
380		啤	脾	疲	皮	匹	痞	僻	屁	譬	篇	偏	片	骗	飘	漂	瓢	票	撇	瞥
382	拼	频	贫	品	聘	乒	坪	苹	萍	平	凭	瓶	评	屏	坡	泼	颇	婆	破	魄
384	迫	粕	剖	扑	铺	仆	莆	葡	菩	蒲	埔	朴	圃	普	浦	谱	曝	瀑	期	欺
386	栖	戚	妻	七	凄	漆	柒	沏	其	棋	奇	歧	畦	崎	脐	齐	旗	祈	祁	骑
388	起	岂	乞	企	启	契	砌	器	气	迄	弃	汽	泣	讫	掐					

39区	0	1	2	3	4	5	6	7	8	9	10	11	12	13	14	15	16	17	18	19
390		恰	洽	牵	扦	钎	铅	千	迁	签	仟	谦	乾	黔	钱	钳	前	潜	遣	浅
392	谴	堑	嵌	欠	歉	枪	呛	腔	羌	墙	蔷	强	抢	橇	锹	敲	悄	桥	瞧	乔
394	侨	巧	鞘	撬	翘	峭	俏	窍	切	茄	且	怯	窃	钦	侵	亲	秦	琴	勤	芹
396	擒	禽	寝	沁	青	轻	氢	倾	卿	清	擎	晴	氰	情	顷	请	庆	琼	穷	秋
398	丘	邱	球	求	囚	酋	泅	趋	区	蛆	曲	躯	屈	驱	渠					

40区	0	1	2	3	4	5	6	7	8	9	10	11	12	13	14	15	16	17	18	19
400		取	娶	龋	趣	去	圈	颧	权	醛	泉	全	痊	拳	犬	券	劝	缺	炔	瘸
402	却	鹊	榷	确	雀	裙	群	然	燃	冉	染	瓤	壤	攘	嚷	让	饶	扰	绕	惹
404	热	壬	仁	人	忍	韧	任	认	刃	妊	纫	扔	仍	日	戎	茸	蓉	荣	融	熔
406	溶	容	绒	冗	揉	柔	肉	茹	蠕	儒	孺	如	辱	乳	汝	入	褥	软	阮	蕊
408	瑞	锐	闰	润	若	弱	撒	洒	萨	腮	鳃	塞	赛	三	叁					

41区	0	1	2	3	4	5	6	7	8	9	10	11	12	13	14	15	16	17	18	19
410		伞	散	桑	嗓	丧	搔	骚	扫	嫂	瑟	色	涩	森	僧	莎	砂	杀	刹	沙
412	纱	傻	啥	煞	筛	晒	珊	苫	杉	山	删	煽	衫	闪	陕	擅	赡	膳	善	汕
414	扇	缮	墒	伤	商	赏	晌	上	尚	裳	梢	捎	稍	烧	芍	勺	韶	少	哨	邵
416	绍	奢	赊	蛇	舌	舍	赦	摄	射	慑	涉	社	设	砷	申	呻	伸	身	深	娠
418	绅	神	沈	审	婶	甚	肾	慎	渗	声	生	甥	牲	升	绳					

42区	0	1	2	3	4	5	6	7	8	9	10	11	12	13	14	15	16	17	18	19
420		省	盛	剩	胜	圣	师	失	狮	施	湿	诗	尸	虱	十	石	拾	时	什	食
422	蚀	实	识	史	矢	使	屎	驶	始	式	示	士	世	柿	事	拭	誓	逝	势	是
424	嗜	噬	适	仕	侍	释	饰	氏	市	恃	室	视	试	收	手	首	守	寿	授	售
426	受	瘦	兽	蔬	枢	梳	殊	抒	输	叔	舒	淑	疏	书	赎	孰	熟	薯	暑	曙
428	署	蜀	黍	鼠	属	术	述	树	束	戍	竖	墅	庶	数	漱					

43区	0	1	2	3	4	5	6	7	8	9	10	11	12	13	14	15	16	17	18	19
430		恕	刷	耍	摔	衰	甩	帅	栓	拴	霜	双	爽	谁	水	睡	税	吮	瞬	顺
432	舜	说	硕	朔	烁	斯	撕	嘶	思	私	司	丝	死	肆	寺	嗣	四	伺	似	饲
434	巳	松	耸	怂	颂	送	宋	讼	诵	搜	艘	擞	嗽	苏	酥	俗	素	速	粟	僳
436	塑	溯	宿	诉	肃	酸	蒜	算	虽	隋	随	绥	髓	碎	岁	穗	遂	隧	祟	孙
438	损	笋	蓑	梭	唆	缩	琐	索	锁	所	塌	他	它	她	塔					

44区	0	1	2	3	4	5	6	7	8	9	10	11	12	13	14	15	16	17	18	19
440		獭	挞	蹋	踏	胎	苔	抬	台	泰	酞	太	态	汰	坍	摊	贪	瘫	滩	坛
442	檀	痰	潭	谭	谈	坦	毯	袒	碳	探	叹	炭	汤	塘	搪	堂	棠	膛	唐	糖
444	倘	躺	淌	趟	烫	掏	涛	滔	绦	萄	桃	逃	淘	陶	讨	套	特	藤	腾	疼
446	誊	梯	剔	踢	锑	提	题	蹄	啼	体	替	嚏	惕	涕	剃	屉	天	添	填	田
448	甜	恬	舔	腆	挑	条	迢	眺	跳	贴	铁	帖	厅	听	烃					

45区	0	1	2	3	4	5	6	7	8	9	10	11	12	13	14	15	16	17	18	19
450		汀	廷	停	亭	庭	挺	艇	通	桐	酮	瞳	同	铜	彤	童	桶	捅	筒	统
452	痛	偷	投	头	透	凸	秃	突	图	徒	途	涂	屠	土	吐	兔	湍	团	推	颓
454	腿	蜕	褪	退	吞	屯	臀	拖	托	脱	鸵	陀	驮	驼	椭	妥	拓	唾	挖	哇
456	蛙	洼	娃	瓦	袜	歪	外	豌	弯	湾	玩	顽	丸	烷	完	碗	挽	晚	皖	惋
458	宛	婉	万	腕	汪	王	亡	枉	网	往	旺	望	忘	妄	威					

46区	0	1	2	3	4	5	6	7	8	9	10	11	12	13	14	15	16	17	18	19
460		巍	微	危	韦	违	桅	围	唯	惟	为	潍	维	苇	萎	委	伟	伪	尾	纬
462	未	蔚	味	畏	胃	喂	魏	位	渭	谓	尉	慰	卫	瘟	温	蚊	文	闻	纹	吻
464	稳	紊	问	嗡	翁	瓮	挝	蜗	涡	窝	我	斡	卧	握	沃	巫	呜	钨	乌	污
466	诬	屋	无	芜	梧	吾	吴	毋	武	五	捂	午	舞	伍	侮	坞	戊	雾	晤	物
468	勿	务	悟	误	昔	熙	析	西	硒	矽	晰	嘻	吸	锡	牺					

47区	0	1	2	3	4	5	6	7	8	9	10	11	12	13	14	15	16	17	18	19
470		稀	息	希	悉	膝	夕	惜	熄	烯	溪	汐	犀	檄	袭	席	习	媳	喜	铣
472	洗	系	隙	戏	细	瞎	虾	匣	霞	辖	暇	峡	侠	狭	下	厦	夏	吓	掀	锨
474	先	仙	鲜	纤	咸	贤	衔	舷	闲	涎	弦	嫌	显	险	现	献	县	腺	馅	羡
476	宪	陷	限	线	相	厢	镶	香	箱	襄	湘	乡	翔	祥	详	想	响	享	项	巷
478	橡	像	向	象	萧	硝	霄	削	哮	嚣	销	消	宵	淆	晓					

48区	0	1	2	3	4	5	6	7	8	9	10	11	12	13	14	15	16	17	18	19
480		小	孝	校	肖	啸	笑	效	楔	些	歇	蝎	鞋	协	挟	携	邪	斜	胁	谐
482	写	械	卸	蟹	懈	泄	泻	谢	屑	薪	芯	锌	欣	辛	新	忻	心	信	衅	星
484	腥	猩	惺	兴	刑	型	形	邢	行	醒	幸	杏	性	姓	兄	凶	胸	匈	汹	雄
486	熊	休	修	羞	朽	嗅	锈	秀	袖	绣	墟	戌	需	虚	嘘	须	徐	许	蓄	酗
488	叙	旭	序	畜	恤	絮	婿	绪	续	轩	喧	宣	悬	旋	玄					

49区	0	1	2	3	4	5	6	7	8	9	10	11	12	13	14	15	16	17	18	19
490		选	癣	眩	绚	靴	薛	学	穴	雪	血	勋	熏	循	旬	询	寻	驯	巡	殉
492	汛	训	讯	逊	迅	压	押	鸦	鸭	呀	丫	芽	牙	蚜	崖	衙	涯	雅	哑	亚
494	讶	焉	咽	阉	烟	淹	盐	严	研	蜒	岩	延	言	颜	阎	炎	沿	奄	掩	眼
496	衍	演	艳	堰	燕	厌	砚	雁	唁	彦	焰	宴	谚	验	殃	央	鸯	秧	杨	扬
498	佯	疡	羊	洋	阳	氧	仰	痒	养	样	漾	邀	腰	妖	瑶					

50区	0	1	2	3	4	5	6	7	8	9	10	11	12	13	14	15	16	17	18	19
500		摇	尧	遥	窑	谣	姚	咬	舀	药	要	耀	椰	噎	耶	爷	野	冶	也	页
502	掖	业	叶	曳	腋	夜	液	一	壹	医	揖	铱	依	伊	衣	颐	夷	遗	移	仪
504	胰	疑	沂	宜	姨	彝	椅	蚁	倚	已	乙	矣	以	艺	抑	易	邑	屹	亿	役
506	臆	逸	肄	疫	亦	裔	意	毅	忆	义	益	溢	诣	议	谊	译	异	翼	翌	绎
508	茵	荫	因	殷	音	阴	姻	吟	银	淫	寅	饮	尹	引	隐					

51区	0	1	2	3	4	5	6	7	8	9	10	11	12	13	14	15	16	17	18	19
510		印	英	樱	婴	鹰	应	缨	莹	萤	营	荧	蝇	迎	赢	盈	影	颖	硬	映
512	哟	拥	佣	臃	痈	庸	雍	踊	蛹	咏	泳	涌	永	恿	勇	用	幽	优	悠	忧
514	尤	由	邮	铀	犹	油	游	酉	有	友	右	佑	釉	诱	又	幼	迂	淤	于	盂
516	榆	虞	愚	舆	余	俞	逾	鱼	愉	渝	渔	隅	予	娱	雨	与	屿	禹	宇	语
518	羽	玉	域	芋	郁	吁	遇	喻	峪	御	愈	欲	狱	育	誉					

52区	0	1	2	3	4	5	6	7	8	9	10	11	12	13	14	15	16	17	18	19
520		浴	寓	裕	预	豫	驭	鸳	渊	冤	元	垣	袁	原	援	辕	园	员	圆	猿
522	源	缘	远	苑	愿	怨	院	曰	约	越	跃	钥	岳	粤	月	悦	阅	耘	云	郧
524	匀	陨	允	运	蕴	酝	晕	韵	孕	匝	砸	杂	栽	哉	灾	宰	载	再	在	咱
526	攒	暂	赞	赃	脏	葬	遭	糟	凿	藻	枣	早	澡	蚤	躁	噪	造	皂	灶	燥
528	责	择	则	泽	贼	怎	增	憎	曾	赠	扎	喳	渣	札	轧					

53区	0	1	2	3	4	5	6	7	8	9	10	11	12	13	14	15	16	17	18	19
530		铡	闸	眨	栅	榨	咋	乍	炸	诈	摘	斋	宅	窄	债	寨	瞻	毡	詹	粘
532	沾	盏	斩	辗	崭	展	蘸	栈	占	战	站	湛	绽	樟	章	彰	漳	张	掌	涨
534	杖	丈	帐	账	仗	胀	瘴	障	招	昭	找	沼	赵	照	罩	兆	肇	召	遮	折
536	哲	蛰	辙	者	锗	蔗	这	浙	珍	斟	真	甄	砧	臻	贞	针	侦	枕	疹	诊
538	震	振	镇	阵	蒸	挣	睁	征	狰	争	怔	整	拯	正	政					

54区	0	1	2	3	4	5	6	7	8	9	10	11	12	13	14	15	16	17	18	19
540		帧	症	郑	证	芝	枝	支	吱	蜘	知	肢	脂	汁	之	织	职	直	植	殖
542	执	值	侄	址	指	止	趾	只	旨	纸	志	挚	掷	至	致	置	帜	峙	制	智
544	秩	稚	质	炙	痔	滞	治	窒	中	盅	忠	钟	衷	终	种	肿	重	仲	众	舟
546	周	州	洲	诌	粥	轴	肘	帚	咒	皱	宙	昼	骤	珠	株	蛛	朱	猪	诸	诛
548	逐	竹	烛	煮	拄	瞩	嘱	主	著	柱	助	蛀	贮	铸	筑					

55区	0	1	2	3	4	5	6	7	8	9	10	11	12	13	14	15	16	17	18	19
550		住	注	祝	驻	抓	爪	拽	专	砖	转	撰	赚	篆	桩	庄	装	妆	撞	壮
552	状	椎	锥	追	赘	坠	缀	谆	准	捉	拙	卓	桌	琢	茁	酌	啄	着	灼	浊
554	兹	咨	资	姿	滋	淄	孜	紫	仔	籽	滓	子	自	渍	字	鬃	棕	踪	宗	综
556	总	纵	邹	走	奏	揍	租	足	卒	族	祖	诅	阻	组	钻	纂	嘴	醉	最	罪
558	尊	遵	昨	左	佐	柞	做	作	坐	座										

56区	0	1	2	3	4	5	6	7	8	9	10	11	12	13	14	15	16	17	18	19
560		亍	丌	兀	丏	廿	卅	丕	亘	丞	鬲	孬	噩	丨	禺	丿	匕	乇	夭	爻
562	卮	氐	囟	胤	馗	毓	睾	鼗	丶	亟	鼐	乜	乩	亓	芈	孛	啬	嘏	仄	厍
564	厝	厣	厥	厮	靥	赝	匚	叵	匦	匮	匾	赜	卦	卣	刂	刈	刎	刭	刳	刿
566	剀	剌	剞	剡	剜	蒯	剽	劂	劁	劐	劓	冂	罔	亻	仃	仉	仂	仨	仡	仫
568	仞	伛	仳	伢	佤	仵	伥	伧	伉	伫	佞	佧	攸	佚	佝					

57区	0	1	2	3	4	5	6	7	8	9	10	11	12	13	14	15	16	17	18	19
570		佟	佗	伲	伽	佶	佴	侑	侉	侃	侏	佾	佻	侪	佼	侬	侔	俦	俨	俪
572	俅	俚	俣	俜	俑	俟	俸	倩	偌	俳	倬	倏	倮	倭	俾	倜	倌	倥	倨	偾
574	偃	偕	偈	偎	偬	偻	傥	傧	傩	傺	僖	儆	僭	僬	僦	僮	儇	儋	仝	氽
576	佘	佥	俎	龠	汆	籴	兮	巽	黉	馘	冁	夔	勹	匍	訇	匐	凫	夙	兕	亠
578	兖	亳	衮	袤	亵	脔	裒	禀	嬴	蠃	羸	冫	冱	冽	冼					

58区	0	1	2	3	4	5	6	7	8	9	10	11	12	13	14	15	16	17	18	19
580		凇	冖	冢	冥	讠	讦	讧	讪	讴	讵	讷	诂	诃	诋	诏	诎	诒	诓	诔
582	诖	诘	诙	诜	诟	诠	诤	诨	诩	诮	诰	诳	诶	诹	诼	诿	谀	谂	谄	谇
584	谌	谏	谑	谒	谔	谕	谖	谙	谛	谘	谝	谟	谠	谡	谥	谧	谪	谫	谮	谯
586	谲	谳	谵	谶	卩	卺	阝	阢	阡	阱	阪	阽	阼	陂	陉	陔	陟	陧	陬	陲
588	陴	隈	隍	隗	隰	邗	邛	邝	邙	邬	邡	邴	邳	邶	邺					

59区	0	1	2	3	4	5	6	7	8	9	10	11	12	13	14	15	16	17	18	19
590		邸	邰	郏	郅	邾	郐	郄	郇	郓	郦	郢	郜	郗	郛	郫	郯	郾	鄄	鄢
592	鄞	鄣	鄱	鄯	鄹	酃	酆	刍	奂	劢	劬	劭	劾	哿	勐	勖	勰	叟	燮	矍
594	廴	凵	凼	鬯	厶	弁	畚	巯	坌	垩	垡	塾	墼	壅	壑	圩	圬	圪	圳	圹
596	圮	圯	坜	圻	坂	坩	垅	坫	垆	坼	坻	坨	坭	坶	坳	垭	垤	垌	垲	埏
598	垧	垴	垓	垠	埕	埘	埚	埙	埒	垸	埴	埯	埸	埤	埝					

60区	0	1	2	3	4	5	6	7	8	9	10	11	12	13	14	15	16	17	18	19
600		堋	堍	埽	埭	堀	堞	堙	塄	堠	塥	塬	墁	墉	墚	墀	馨	鼙	懿	艹
602	艽	艿	芏	芊	芨	芄	芎	芑	芗	芙	芫	芸	芾	芰	苈	苊	苣	芘	芷	芮
604	苋	苌	苁	芩	芴	芡	芪	芟	苄	苎	芤	苡	茉	苷	苤	茏	茇	苜	苴	苒
606	苘	茌	苻	苓	茑	茚	茆	茔	茕	苠	苕	茜	荑	荛	荜	茈	莒	茼	茴	茱
608	莛	荞	茯	荏	荇	荃	荟	荀	茗	荠	茭	茺	茳	荦	荥					

61区	0	1	2	3	4	5	6	7	8	9	10	11	12	13	14	15	16	17	18	19
610		荨	茛	荩	荬	荪	荭	荮	莰	荸	莳	莴	莠	莪	莓	莜	莅	荼	莶	莩
612	荽	莸	荻	莘	莞	莨	莺	莼	菁	萁	菥	菘	堇	萘	萋	菝	菽	菖	萜	萸
614	萑	萆	菔	菟	萏	萃	菸	菹	菪	菅	菀	萦	菰	菡	葜	葑	葚	葙	葳	蒇
616	蒈	葺	蒉	葸	萼	葆	葩	葶	蒌	蒎	萱	葭	蓁	蓍	蓐	蓦	蒽	蓓	蓊	蒿
618	蒺	蓠	蒡	蒹	蒴	蒗	蓥	蓣	蔌	甍	蔸	蓰	蔹	蔟	蔺					

62区	0	1	2	3	4	5	6	7	8	9	10	11	12	13	14	15	16	17	18	19
620		蕖	蔻	蓿	蓼	蕙	蕈	蕨	蕤	蕞	蕺	瞢	蕃	蕲	蕻	薤	薨	薇	薏	蕹
622	薮	薜	薅	薹	薷	薰	藓	藁	藜	藿	蘧	蘅	蘩	蘖	蘼	廾	弈	夼	奁	耷
624	奕	奚	奘	匏	尢	尥	尬	尴	扌	扪	抟	抻	拊	拚	拗	拮	挢	拶	挹	捋
626	捃	掭	揶	捱	捺	掎	掴	捭	掬	掊	捩	掮	掼	揲	揸	揠	揿	揄	揞	揎
628	摒	揆	掾	摅	摁	搋	搛	搠	搌	搦	搡	摞	撄	摭	撖					

63区	0	1	2	3	4	5	6	7	8	9	10	11	12	13	14	15	16	17	18	19
630		摺	撷	撸	撙	撺	擀	擐	擗	擤	擢	攉	攥	攮	弋	忒	甙	弑	卟	叱
632	叽	叩	叨	叻	吒	吖	吆	呋	呒	呓	呔	呖	呃	吡	呗	呙	吣	吲	咂	咔
634	呷	呱	呤	咚	咛	咄	呶	呦	咝	哐	咭	哂	咴	哒	咧	咦	哓	哔	呲	咣
636	哕	咻	咿	哌	哙	哚	哜	咩	咪	咤	哝	哏	哞	唛	哧	唠	哽	唔	哳	唢
638	唣	唏	唑	唧	唪	啧	喏	喵	啉	啭	啁	啕	唿	啐	唼					

64区	0	1	2	3	4	5	6	7	8	9	10	11	12	13	14	15	16	17	18	19
640		唷	啖	啵	啶	啷	唳	唰	啜	喋	嗒	喃	喱	喹	喈	喁	喟	啾	嗖	喑
642	啻	嗟	喽	喾	喔	喙	嗪	嗷	嗉	嘟	嗑	嗫	嗬	嗔	嗦	嗝	嗄	嗯	嗥	嗲
644	嗳	嗌	嗍	嗨	嗵	嗤	辔	嘞	嘈	嘌	嘁	嘤	嘣	嗾	嘀	嘧	嘭	噘	嘹	噗
646	嘬	噍	噢	噙	噜	噌	噔	嚆	噤	噱	噫	噻	噼	嚅	嚓	嚯	囔	囗	囝	囡
648	囵	囫	囹	囿	圄	圊	圉	圜	帏	帙	帔	帑	帱	帻	帼					

65区	0	1	2	3	4	5	6	7	8	9	10	11	12	13	14	15	16	17	18	19
650		帷	幄	幔	幛	幞	幡	岌	屺	岍	岐	岖	岈	岘	岙	岑	岚	岜	岵	岢
652	岽	岬	岫	岱	岣	峁	岷	峄	峒	峤	峋	峥	崂	崃	崧	崦	崮	崤	崞	崆
654	崛	嵘	崾	崴	崽	嵬	嵛	嵯	嵝	嵫	嵋	嵊	嵩	嵴	嶂	嶙	嶝	豳	嶷	巅
656	彳	彷	徂	徇	徉	後	徕	徙	徜	徨	徭	徵	徼	衢	彡	犭	犰	犴	犷	犸
658	狃	狁	狎	狍	狒	狨	狯	狩	狲	狴	狷	猁	狳	猃	狺					

66区	0	1	2	3	4	5	6	7	8	9	10	11	12	13	14	15	16	17	18	19
660		狻	猗	猓	猡	猊	猞	猝	猕	猢	猹	猥	猬	猸	猱	獐	獍	獗	獠	獬
662	獯	獾	舛	夥	飧	夤	夂	饣	饧	饨	饩	饪	饫	饬	饴	饷	饽	馀	馄	馇
664	馊	馍	馐	馑	馓	馔	馕	庀	庑	庋	庖	庥	庠	庹	庵	庾	庳	赓	廒	廑
666	廛	廨	廪	膺	忄	忉	忖	忏	怃	忮	怄	忡	忤	忾	怅	怆	忪	忭	忸	怙
668	怵	怦	怛	怏	怍	怩	怫	怊	怿	怡	恸	恹	恻	恺	恂					

67区	0	1	2	3	4	5	6	7	8	9	10	11	12	13	14	15	16	17	18	19
670		恪	恽	悖	悚	悭	悝	悃	悒	悌	悛	惬	悻	悱	惝	惘	惆	惚	悴	愠
672	愦	愕	愣	惴	愀	愎	愫	慊	慵	憬	憔	憧	憷	懔	懵	忝	隳	闩	闫	闱
674	闳	闵	闶	闼	闾	阃	阄	阆	阈	阊	阋	阌	阍	阏	阒	阕	阖	阗	阙	阚
676	丬	爿	戕	氵	汔	汜	汊	沣	沅	沐	沔	沌	汨	汩	汴	汶	沆	沩	泐	泔
678	沭	泷	泸	泱	泗	沲	泠	泖	泺	泫	泮	沱	泓	泯	泾					

68区	0	1	2	3	4	5	6	7	8	9	10	11	12	13	14	15	16	17	18	19
680		洹	洧	洌	浃	浈	洇	洄	洙	洎	洫	浍	洮	洵	洚	浏	浒	浔	洳	涑
682	浯	涞	涠	浞	涓	涔	浜	浠	浼	浣	渚	淇	淅	淞	渎	涿	淠	渑	淦	淝
684	淙	渖	涫	渌	涮	渫	湮	湎	湫	溲	湟	溆	湓	湔	渲	渥	湄	滟	溱	溘
686	滠	漭	滢	溥	溧	溽	溻	溷	滗	溴	滏	溏	滂	溟	潢	潆	潇	漤	漕	滹
688	漯	漶	潋	潴	漪	漉	漩	澉	澍	澌	潸	潲	潼	潺	濑					

69区	0	1	2	3	4	5	6	7	8	9	10	11	12	13	14	15	16	17	18	19
690		濉	澧	澹	澶	濂	濡	濮	濞	濠	濯	瀚	瀣	瀛	瀹	瀵	灏	灞	宀	宄
692	宕	宓	宥	宸	甯	骞	搴	寤	寮	褰	寰	蹇	謇	辶	迓	迕	迥	迮	迤	迩
694	迦	迳	迨	逅	逄	逋	逦	逑	逍	逖	逡	逵	逶	逭	逯	遄	遑	遒	遐	遨
696	遘	遢	遛	暹	遴	遽	邂	邈	邃	邋	彐	彗	彖	彘	尻	咫	屐	屙	孱	屣
698	屦	羼	弪	弩	弭	艴	弼	鬻	屮	妁	妃	妍	妩	妪	妣					

70区	0	1	2	3	4	5	6	7	8	9	10	11	12	13	14	15	16	17	18	19
700		妗	姊	妫	妞	妤	姒	妲	妯	姗	妾	娅	娆	姝	娈	姣	姘	姹	娌	娉
702	娲	娴	娑	娣	娓	婀	婧	婊	婕	娼	婢	婵	胬	媪	媛	婷	婺	媾	嫫	媲
704	嫒	嫔	媸	嫠	嫣	嫱	嫖	嫦	嫘	嫜	嬉	嬗	嬖	嬲	嬷	孀	尕	尜	孚	孥
706	孳	孑	孓	孢	驵	驷	驸	驺	驿	驽	骀	骁	骅	骈	骊	骐	骒	骓	骖	骘
708	骛	骜	骝	骟	骠	骢	骣	骥	骧	纟	纡	纣	纥	纨	纩					

71区	0	1	2	3	4	5	6	7	8	9	10	11	12	13	14	15	16	17	18	19
710		纭	纰	纾	绀	绁	绂	绉	绋	绌	绐	绔	绗	绛	绠	绡	绨	绫	绮	绯
712	绱	绲	缍	绶	绺	绻	绾	缁	缂	缃	缇	缈	缋	缌	缏	缑	缒	缗	缙	缜
714	缛	缟	缡	缢	缣	缤	缥	缦	缧	缪	缫	缬	缭	缯	缰	缱	缲	缳	缵	幺
716	畿	巛	甾	邕	玎	玑	玮	玢	玟	珏	珂	珑	玷	玳	珀	珉	珈	珥	珙	顼
718	琊	珩	珧	珞	玺	珲	琏	琪	瑛	琦	琥	琨	琰	琮	琬					

72区	0	1	2	3	4	5	6	7	8	9	10	11	12	13	14	15	16	17	18	19
720		琛	琚	琯	瑜	瑗	瑕	瑙	瑷	瑭	瑾	璜	璎	璀	璁	璇	璋	璞	璨	璩
722	璐	璧	瓒	璺	韪	韫	韬	杌	杓	杞	杈	杩	枥	枇	杪	杳	枘	枧	杵	枨
724	枞	枭	枋	杷	杼	柰	栉	柘	栊	柩	枰	栌	柙	枵	柚	枳	柝	栀	柃	枸
726	柢	栎	柁	柽	栲	栳	桠	桡	桎	桢	桄	桤	梃	栝	桕	桦	桁	桧	桀	栾
728	桊	桉	栩	梵	梏	桴	桷	梓	桫	棂	楮	棼	椟	椠	棹					

73区	0	1	2	3	4	5	6	7	8	9	10	11	12	13	14	15	16	17	18	19
730		椤	棰	椋	椁	楗	棣	椐	楱	椹	楠	楂	楝	榄	楫	榀	榘	楸	椴	槌
732	榇	榈	槎	榉	楦	楣	楹	榛	榧	榻	榫	榭	槔	榱	槁	槊	槟	榕	槠	榍
734	槿	樯	槭	樗	樘	橥	槲	橄	樾	檠	橐	橛	樵	檎	橹	樽	樨	橘	橼	檑
736	檐	檩	檗	檫	猷	獒	殁	殂	殇	殄	殒	殓	殍	殚	殛	殡	殪	轫	轭	轱
738	轲	轳	轵	轶	轸	轷	轹	轺	轼	轾	辁	辂	辄	辇	辋					

74区	0	1	2	3	4	5	6	7	8	9	10	11	12	13	14	15	16	17	18	19
740		辍	辎	辏	辘	辚	軎	戋	戗	戛	戟	戢	戡	戥	戤	戬	臧	瓯	瓴	瓿
742	甏	甑	甓	攴	旮	旯	旰	昊	昙	杲	昃	昕	昀	炅	曷	昝	昴	昱	昶	昵
744	耆	晟	晔	晁	晏	晖	晡	晗	晷	暄	暌	暧	暝	暾	曛	曜	曦	曩	贲	贳
746	贶	贻	贽	赀	赅	赆	赈	赉	赇	赍	赕	赙	觇	觊	觋	觌	觎	觏	觐	觑
748	牮	犟	牝	牦	牯	牾	牿	犄	犋	犍	犏	犒	挈	挲	掰					

75区	0	1	2	3	4	5	6	7	8	9	10	11	12	13	14	15	16	17	18	19
750		搿	擘	耄	毪	毳	毽	毵	毹	氅	氇	氆	氍	氕	氘	氙	氚	氡	氩	氤
752	氪	氲	攵	敕	敫	牍	牒	牖	爰	虢	刖	肟	肜	肓	肼	朊	肽	肱	肫	肭
754	肴	肷	胧	胨	胩	胪	胛	胂	胄	胙	胍	胗	朐	胝	胫	胱	胴	胭	脍	脎
756	胲	胼	朕	脒	豚	脶	脞	脬	脘	脲	腈	腌	腓	腴	腙	腚	腱	腠	腩	腼
758	腽	腭	腧	塍	媵	膈	膂	膑	滕	膣	膪	臌	朦	臊	膻					

76区	0	1	2	3	4	5	6	7	8	9	10	11	12	13	14	15	16	17	18	19
760		臁	膦	欤	欷	欹	歃	歆	歙	飑	飒	飓	飕	飙	飚	殳	彀	毂	觳	斐
762	齑	斓	於	旆	旄	旃	旌	旎	旒	旖	炀	炜	炖	炝	炻	烀	炷	炫	炱	烨
764	烊	焐	焓	焖	焯	焱	煳	煜	煨	煅	煲	煊	煸	煺	熘	熳	熵	熨	熠	燠
766	燔	燧	燹	爝	爨	灬	焘	煦	熹	戾	戽	扃	扈	扉	礻	祀	祆	祉	祛	祜
768	祓	祚	祢	祗	祠	祯	祧	祺	禅	禊	禚	禧	禳	忑	忐					

77区	0	1	2	3	4	5	6	7	8	9	10	11	12	13	14	15	16	17	18	19
770		怼	恝	恚	恧	恁	恙	恣	悫	愆	愍	慝	憩	憝	懋	懑	戆	肀	聿	沓
772	泶	淼	矶	矸	砀	砉	砗	砘	砑	斫	砭	砜	砝	砹	砺	砻	砟	砼	砥	砬
774	砣	砩	硎	硭	硖	硗	砦	硐	硇	硌	硪	碛	碓	碚	碇	碜	碡	碣	碲	碹
776	碥	磔	磙	磉	磬	磲	礅	磴	礓	礤	礞	礴	龛	黹	黻	黼	盱	眄	眍	盹
778	眇	眈	眚	眢	眙	眭	眦	眵	眸	睐	睑	睇	睃	睚	睨					

78区	0	1	2	3	4	5	6	7	8	9	10	11	12	13	14	15	16	17	18	19
780		睢	睥	睿	瞍	睽	瞀	瞌	瞑	瞟	瞠	瞰	瞵	瞽	町	畀	畎	畋	畈	畛
782	畲	畹	疃	罘	罡	罟	詈	罨	罴	罱	罹	羁	罾	盍	盥	蠲	钅	钆	钇	钋
784	钊	钌	钍	钏	钐	钔	钗	钕	钚	钛	钜	钣	钤	钫	钪	钭	钬	钯	钰	钲
786	钴	钶	钷	钸	钹	钺	钼	钽	钿	铄	铈	铉	铊	铋	铌	铍	铎	铐	铑	铒
788	铕	铖	铗	铙	铘	铛	铞	铟	铠	铢	铤	铥	铧	铨	铪					

79区	0	1	2	3	4	5	6	7	8	9	10	11	12	13	14	15	16	17	18	19
790		铩	铫	铮	铯	铳	铴	铵	铷	铹	铼	铽	铿	锃	锂	锆	锇	锉	锊	锍
792	锎	锏	锒	锓	锔	锕	锖	锘	锛	锝	锞	锟	锢	锪	锫	锩	锬	锱	锲	锴
794	锶	锷	锸	锼	锾	锿	镂	锵	镄	镅	镆	镉	镌	镎	镏	镒	镓	镔	镖	镗
796	镘	镙	镛	镞	镟	镝	镡	镢	镤	镥	镦	镧	镨	镩	镪	镫	镬	镯	镱	镲
798	镳	锺	矧	矬	雉	秕	秭	秣	秫	稆	嵇	稃	稂	稞	稔					

80区	0	1	2	3	4	5	6	7	8	9	10	11	12	13	14	15	16	17	18	19
800		稹	稷	穑	黏	馥	穰	皈	皎	皓	皙	皤	瓞	瓠	甬	鸠	鸢	鸨	鸩	鸪
802	鸫	鸬	鸲	鸱	鸶	鸸	鸷	鸹	鸺	鸾	鹁	鹂	鹄	鹆	鹇	鹈	鹉	鹋	鹌	鹎
804	鹑	鹕	鹗	鹚	鹛	鹜	鹞	鹣	鹦	鹧	鹨	鹩	鹪	鹫	鹬	鹱	鹭	鹳	疒	疔
806	疖	疠	疝	疬	疣	疳	疴	疸	痄	疱	疰	痃	痂	痖	痍	痣	痨	痦	痤	痫
808	痧	瘃	痱	痼	痿	瘐	瘀	瘅	瘌	瘗	瘊	瘥	瘘	瘕	瘙					

81区	0	1	2	3	4	5	6	7	8	9	10	11	12	13	14	15	16	17	18	19
810		瘛	瘼	瘢	瘠	癀	瘭	瘰	瘿	瘵	癃	瘾	瘳	癍	癞	癔	癜	癖	癫	癯
812	翊	竦	穸	穹	窀	窆	窈	窕	窦	窠	窬	窨	窭	窳	衤	衩	衲	衽	衿	袂
814	袢	裆	袷	袼	裉	裢	裎	裣	裥	裱	褚	裼	裨	裾	裰	褡	褙	褓	褛	褊
816	褴	褫	褶	襁	襦	襻	疋	胥	皲	皴	矜	耒	耔	耖	耜	耠	耢	耥	耦	耧
818	耩	耨	耱	耋	耵	聃	聆	聍	聒	聩	聱	覃	顸	颀	颃					

82区	0	1	2	3	4	5	6	7	8	9	10	11	12	13	14	15	16	17	18	19
820		颉	颌	颍	颏	颔	颚	颛	颞	颟	颡	颢	颥	颦	虍	虔	虬	虮	虿	虺
822	虼	虻	蚨	蚍	蚋	蚬	蚝	蚧	蚣	蚪	蚓	蚩	蚶	蛄	蚵	蛎	蚰	蚺	蚱	蚯
824	蛉	蛏	蚴	蛩	蛱	蛲	蛭	蛳	蛐	蜓	蛞	蛴	蛟	蛘	蛑	蜃	蜇	蛸	蜈	蜊
826	蜍	蜉	蜣	蜻	蜞	蜥	蜮	蜚	蜾	蝈	蜴	蜱	蜩	蜷	蜿	螂	蜢	蝽	蝾	蝻
828	蝠	蝰	蝌	蝮	螋	蝓	蝣	蝼	蝤	蝙	蝥	螓	螯	螨	蟒					

83区	0	1	2	3	4	5	6	7	8	9	10	11	12	13	14	15	16	17	18	19
830		蟆	螈	螅	螭	螗	螃	螫	蟥	螬	螵	螳	蟋	蟓	螽	蟑	蟀	蟊	蟛	蟪
832	蟠	蟮	蠖	蠓	蟾	蠊	蠛	蠡	蠹	蠼	缶	罂	罄	罅	舐	竺	竽	笈	笃	笄
834	笕	笊	笫	笏	筇	笸	笪	笙	笮	笱	笠	笥	笤	笳	笾	笞	筘	筚	筅	筵
836	筌	筝	筠	筮	筻	筢	筲	筱	箐	箦	箧	箸	箬	箝	箨	箅	箪	箜	箢	箫
838	箴	篑	篁	篌	篝	篚	篥	篦	篪	簌	篾	篼	簏	簖	簋					

84区	0	1	2	3	4	5	6	7	8	9	10	11	12	13	14	15	16	17	18	19
840		簟	簪	簦	簸	籁	籀	臾	舁	舂	舄	臬	衄	舡	舢	舣	舭	舯	舨	舫
842	舸	舻	舳	舴	舾	艄	艉	艋	艏	艚	艟	艨	衾	袅	袈	裘	裟	襞	羝	羟
844	羧	羯	羰	羲	籼	敉	粑	粝	粜	粞	粢	粲	粼	粽	糁	糇	糌	糍	糈	糅
846	糗	糨	艮	暨	羿	翎	翕	翥	翡	翦	翩	翮	翳	糸	絷	綦	綮	繇	纛	麸
848	麴	赳	趄	趔	趑	趱	赧	赭	豇	豉	酊	酐	酎	酏	酤					

85区	0	1	2	3	4	5	6	7	8	9	10	11	12	13	14	15	16	17	18	19
850		酢	酡	酰	酩	酯	酽	酾	酲	酴	酹	醌	醅	醐	醍	醑	醢	醣	醪	醭
852	醮	醯	醵	醴	醺	豕	鹾	趸	跫	踅	蹙	蹩	趵	趿	趼	趺	跄	跖	跗	跚
854	跞	跎	跏	跛	跆	跬	跷	跸	跣	跹	跻	跤	踉	跽	踔	踝	踟	踬	踮	踣
856	踯	踺	蹀	踹	踵	踽	踱	蹉	蹁	蹂	蹑	蹒	蹊	蹰	蹶	蹼	蹯	蹴	躅	躏
858	躔	躐	躜	躞	豸	貂	貊	貅	貘	貔	斛	觖	觞	觚	觜					

86区	0	1	2	3	4	5	6	7	8	9	10	11	12	13	14	15	16	17	18	19
860		觥	觫	觯	訾	謦	靓	雩	雳	雯	霆	霁	霈	霏	霎	霪	霭	霰	霾	龀
862	龃	龅	龆	龇	龈	龉	龊	龌	黾	鼋	鼍	隹	隼	隽	雎	雒	瞿	雠	銎	銮
864	鋈	錾	鍪	鏊	鎏	鐾	鑫	鱿	鲂	鲅	鲆	鲇	鲈	稣	鲋	鲎	鲐	鲑	鲒	鲔
866	鲕	鲚	鲛	鲞	鲟	鲠	鲡	鲢	鲣	鲥	鲦	鲧	鲨	鲩	鲫	鲭	鲮	鲰	鲱	鲲
868	鲳	鲴	鲵	鲶	鲷	鲺	鲻	鲼	鲽	鳄	鳅	鳆	鳇	鳊	鳋					

87区	0	1	2	3	4	5	6	7	8	9	10	11	12	13	14	15	16	17	18	19
870		鳌	鳍	鳎	鳏	鳐	鳓	鳔	鳕	鳗	鳘	鳙	鳜	鳝	鳟	鳢	靼	鞅	鞑	鞒
872	鞔	鞯	鞫	鞣	鞲	鞴	骱	骰	骷	鹘	骶	骺	骼	髁	髀	髅	髂	髋	髌	髑
874	魅	魃	魇	魉	魈	魍	魑	飨	餍	餮	饕	饔	髟	髡	髦	髯	髫	髻	髭	髹
876	鬈	鬏	鬓	鬟	鬣	麽	麾	縻	麂	麇	麈	麋	麒	鏖	麝	麟	黛	黜	黝	黠
878	黟	黢	黩	黧	黥	黪	黯	鼢	鼬	鼯	鼹	鼷	鼽	鼾	齄					

附 录 A
（规范性附录）
补充的字符

本部分是以 GB 2312—1980《信息交换用汉字编码字符集　基本集》为依据制定的。根据使用需要，在 GB 2312—1980 修订之前，在本部分中对字符作如下补充。

补充的 132 个字符如下所示：

8-27 至 8-32	补充 ɑ ḿ ń ň ǹ ɡ。
10-01 至 10-94	补充 94 个半角图形的字符，其排列顺序与 GB 2312—1980 的表 1“图形字符代码表”中第 3 区一一对应，字形宽度为对应第 3 区字形宽度的 1/2。
11-01 至 11-32	补充汉语拼音 ɑ、e、i、o、u、ü 的四声半角字符和 ê、ɑ、ḿ、ń、ň、ǹ、ɡ 的半角字符，排列顺序与本部分第 8 区 01 位～32 位的 32 个字符一一对应，字形宽度为相应第 8 区字形宽度的 1/2。

附 录 B
（规范性附录）
32 点阵字型数据

B.1 32 点阵字型数据的表示

本部分中，图形字符的字型可由点阵数据来表示。每个字型的点阵数据为 32×32（横行点数×纵列点数），共 1 024 个二进制位，128 个字节。

B.2 32 点阵字型数据的记录格式

32 点阵字型数据的 128 个字节排列次序是以 0 字节开始至 127 字节结束，均用十六进制表示，每行四个字节，记录格式如下：

行数	列数																
	0	1	2	3	4	5	6	7	……	24	25	26	27	28	29	30	31
0	0 字节								……	3 字节							
1 2 3 4 ⋮ 30																	
31	124 字节								……	127 字节							

B.3 汉字 32 点阵字型数据举例

长 19-04	治 54-46	久 30-35	安 16-18
00 40 00 00	00 00 10 00	00 04 00 00	00 04 00 00
00 60 00 00	00 00 18 00	00 06 00 00	00 02 00 00
00 30 08 00	00 00 1C 00	00 07 00 00	00 03 00 00
00 38 0C 00	03 00 18 00	00 06 00 00	00 03 80 00
00 30 0E 00	01 C0 30 00	00 06 00 00	00 01 80 20
00 30 1C 00	00 E0 30 00	00 0C 02 00	02 01 00 70
00 30 18 00	00 60 60 00	00 0C 07 00	02 00 FF F8
00 30 30 00	00 20 62 00	00 18 7F 80	03 FF FE 60
00 30 60 00	00 00 C1 00	00 1F E6 00	07 FE 00 C0
00 30 C0 00	00 00 81 80	00 33 0C 00	06 00 01 80
00 31 80 00	00 11 80 C0	00 30 0C 00	0E 04 01 00
00 33 00 00	18 11 00 60	00 60 18 00	06 06 02 00
00 36 00 00	0E 13 03 F0	00 C0 18 00	04 07 00 00
00 38 00 18	07 32 7E 38	00 C0 30 00	00 06 00 10
00 30 0F FC	03 2F C0 18	01 80 30 00	00 0C 00 F8

00 3F F8 00
7F F3 00 00
30 31 80 00
00 31 80 00
00 30 C0 00
00 30 60 00
00 30 60 00
00 30 30 00
00 30 18 00
00 30 18 00
00 30 8C 00
00 33 0E 00
00 36 07 C0
00 3C 07 FC
00 38 00 00
00 70 00 00
00 20 00 00

01 26 00 10
00 60 00 00
00 60 00 00
00 44 00 C0
00 C6 0F E0
00 C3 F8 C0
00 C3 00 C0
00 83 00 C0
01 83 00 C0
11 83 00 80
0D 83 01 80
07 83 01 80
03 03 1F C0
01 03 F0 00
00 07 00 00
00 03 00 00
00 01 00 00

03 00 60 00
06 00 60 00
08 00 E0 00
00 01 B0 00
00 03 10 00
00 03 18 00
00 06 18 00
00 0C 0C 00
00 18 0C 00
00 30 06 00
00 60 06 00
00 C0 03 00
01 80 03 80
03 00 01 F0
0E 00 01 FE
38 00 00 00
60 00 00 00

00 0C 7F FC
00 FF FE 00
3F FF 0C 00
1E 18 0C 00
00 18 18 00
00 30 18 00
00 30 30 00
00 60 30 00
00 7C 60 00
00 0F C0 00
00 01 F0 00
00 03 3C 00
00 06 0F 80
00 1C 01 E0
00 70 00 60
01 C0 00 20
07 00 00 00

参 考 文 献

《第一批异体字整理表》 中华人民共和国文化部、中国文字改革委员会 1955年12月22日

《简化字总表》 中国文字改革委员会、中华人民共和国文化部、中华人民共和国教育部(1986年10月10日国家语言文字工作委员会重新发表) 1964年3月7日

《印刷通用汉字字形表》 中华人民共和国文化部、中国文字改革委员会 1965年1月30日

《现代汉语通用字表》 国家语言文字工作委员会、中华人民共和国新闻出版署 1988年3月25日

ICS 71.100.40
G 72

中华人民共和国国家标准

GB/T 6368—2008/ISO 4316:1977
代替 GB/T 6368—1993

表面活性剂　水溶液 pH 值的测定 电位法

Surface active agents—Determination of pH of aqueous solution—Potentiometric method

(ISO 4316:1977,IDT)

2008-04-01 发布　　2008-10-01 实施

中华人民共和国国家质量监督检验检疫总局
中国国家标准化管理委员会　发布

前　言

本标准代替 GB/T 6368—1993《表面活性剂　水溶液 pH 值的测定　电位法》。

本标准等同采用 ISO 4316:1977《表面活性剂　水溶液 pH 值的测定　电位法》。

本标准与前版的主要差异：

——增加了前言部分；

——提高了采标程度；

——增加了测量样品数量，与国际标准一致；

——增加了试验报告章节。

本标准由中国石油和化学工业协会提出。

本标准由化学工业表面活性剂标准化技术委员会归口。

本标准起草单位：上海染料研究所有限公司、浙江皇马化工集团。

本标准起草人：庄永斌、黄伟卿、王伟松、孟照平。

本标准于 1986 年首次发布，于 1993 年第一次修订。

表面活性剂　水溶液 pH 值的测定 电位法

1　范围

本标准规定了采用电位法测定表面活性剂水溶液 pH 值的方法。

本标准适用于表面活性剂水溶液 pH 值测定。

2　规范性引用文件

下列文件中的条款通过本标准的引用而成为本标准的条款。凡是注日期的引用文件，其随后所有的修改单(不包括勘误的内容)或修订版均不适用于本标准，然而，鼓励根据本标准达成协议的各方研究是否可使用这些文件的最新版本。凡是不注日期的引用文件，其最新版本适用于本标准。

GB/T 603—2002　化学试剂　试验方法中所用制剂及制品的制备

GB/T 6682—1992　分析实验室用水规格和试验方法

3　原理

测量浸入表面活性剂水溶液中的电极电位差，以 pH 值来表示。

4　试剂

4.1　蒸馏水：无二氧化碳。符合 GB/T 6682—1992 中三级水的要求，按 GB/T 603—2002 中4.1.1.1 规定制备。

4.2　标准缓冲溶液：从常用的标准溶液中选取两种以校准电位计，它们的 pH 值尽可能接近试样溶液预期的 pH 值，其中一种标准缓冲溶液和预期值之差不得超过一个 pH 单位。

5　仪器和设备

5.1　pH 计：最小刻度 0.1 pH 单位。

5.2　玻璃电极。

5.3　参考电极：甘汞/氯化钾饱和溶液型。

5.4　复合电极：用以代替玻璃电极和参考电极。

5.5　磁力搅拌器。

5.6　烧杯：容量 150 mL。

5.7　容量瓶：容量 1 000 mL。

5.8　温度计：0℃～100℃。

5.9　水浴锅。

6　测量

6.1　试验条件

在测量过程中，被测溶液、标准缓冲溶液及洗涤用水的温度均应调节在 20℃±1℃。

6.2　pH 计校正

按仪器供应商的使用说明书的校正方法进行校正。

6.3 试样溶液制备

称取试样 10.0 g 置于烧杯中，称准至 0.001 g，用蒸馏水溶解，移入容量瓶中，稀释至刻度，摇匀备用。

6.4 测量

将上述溶液倒入烧杯中，置于磁力搅拌器上搅拌 30 s，停止搅拌，插入电极，待 pH 计稳定 1 min 后，读数。同一试样平行测量 2 次，测量之差不大于 0.1 pH 单位。

在测定阳电荷性表面活性剂样品时，每次测量均需校正 pH 计。

7 试验报告

试验报告应包括以下内容：

a) 完成测定样品所需的技术资料；

b) 试样的浓度；

c) 所用的参考方法；

d) 试验结果；

e) 试验温度；

f) pH 计的类型；

g) 本标准未规定的任何操作以及会影响结果的任何情况。

ICS 71.100.40
G 72

中华人民共和国国家标准

GB/T 6369—2008
代替 GB/T 6369—1986

表面活性剂 乳化力的测定 比色法

Surface active agents—Determination of emulsifying power—Colorimetric method

2008-04-01 发布 2008-10-01 实施

中华人民共和国国家质量监督检验检疫总局
中国国家标准化管理委员会 发布

前言

本标准代替 GB/T 6369—1986《表面活性剂　乳化力的测定　比色法》。

本标准与前版的主要差异：

——增加了前言部分。

——增加了仪器和设备一章(见第 4 章)。

——增加了试验报告一章(见第 7 章)。

本标准由中国石油和化学工业协会提出。

本标准由化学工业表面活性剂标准化技术委员会归口。

本标准起草单位：上海染料研究所有限公司、浙江皇马化工集团。

本标准起草人：庄永斌、王伟松、孟照平。

本标准于 1986 年首次发布。

表面活性剂　乳化力的测定　比色法

1　范围

本标准规定了表面活性剂采用比色法测定乳化力的方法。

本标准适用于流出油处理剂乳化能力的测定。

2　原理

乳化剂与具有颜色的油类，以一定的比例进行充分混合后，加到水中，经过振荡，形成乳化液。静置分层后，用溶剂萃取乳化层中的油。测定萃取液的光密度值。从工作曲线找到对应的乳化油量，从而计算出乳化力的大小。

3　试剂

3.1　三氯甲烷：化学纯。

3.2　燃料油：(船用内燃机燃料油)黏度 100 mPa·s～500 mPa·s，密度(20℃)0.887 2 g/cm^3。

3.3　蒸馏水：pH 7～8。

3.4　无水硫酸钠：化学纯。

4　仪器和设备

4.1　球形分液漏斗：容量 60 mL。

4.2　移液管：容量 10 mL、20 mL、25 mL。

4.3　容量瓶：容量 25 mL、50 mL、100 mL。

4.4　刻度烧杯：容量 50 mL。

4.5　水平振荡仪：240 次/min。

4.6　搅拌器：不锈钢制浆式搅拌器及圆柱形杯(见图 1)。

4.7　转速表。

4.8　秒表。

4.9　可见光分光光度计。

单位为毫米

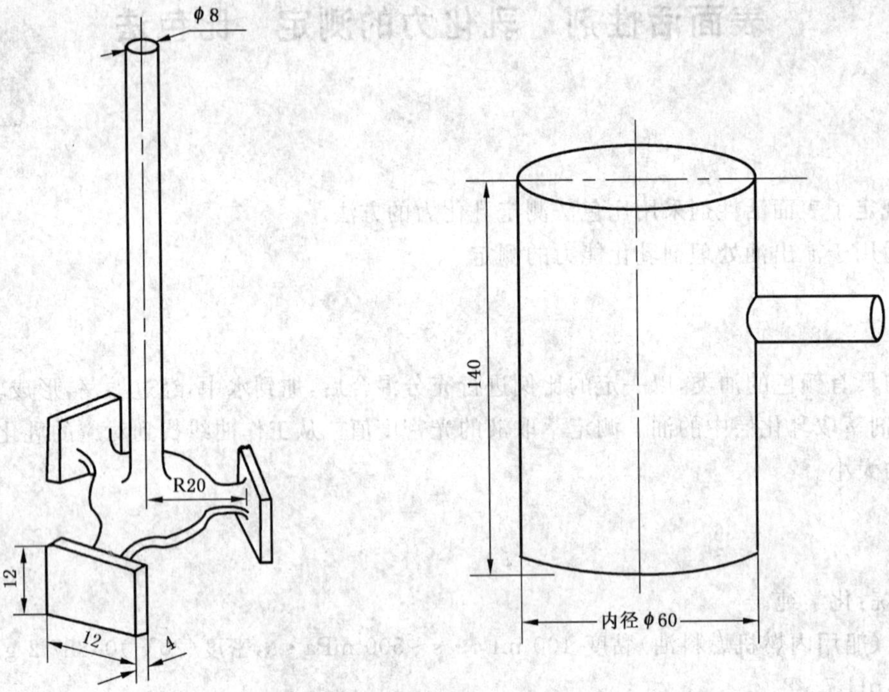

图 1 桨式搅拌器及圆柱形杯

5 测定

5.1 绘制工作曲线图

称取燃料油 0.5 g,称准至 0.001 g,用三氯甲烷稀释至 100 mL。分别吸取 1 mL、2 mL、3 mL、4 mL、5 mL、6 mL,各稀释至 50 mL,测定其光密度值。根据所测得的六个光密度值,与已知油含量绘制工作曲线,如图 2 所示。

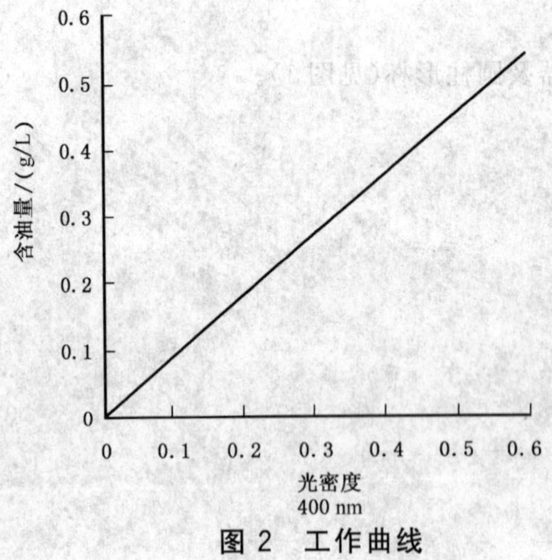

图 2 工作曲线

5.2 配制混合物

称取燃料油 30 g,称准至 0.1 g,置于搅拌器中,启动搅拌。然后称取乳化剂 0.6 g,称准至 0.05 g,滴加至正在搅拌的燃料油中,调节搅拌速度为 1 400 r/min～1 500 r/min,搅拌时间为 30 min。

5.3 测定

分别在 3 只分液漏斗中加入规定温度的蒸馏水 25 mL,然后分别加入新配置的乳化剂与油混合物

0.2 g，称准至 0.001 g，再补加蒸馏水 25 mL。将分液漏斗固定在水平振荡仪上，振荡 2 min 后，垂直置于支架上，静置 30 s。放下乳化层溶液 30 mL 于烧杯中，搅拌均匀后，用移液管吸取 10 mL，移入另一分液漏斗中，用三氯甲烷约 50 mL 分几次进行萃取，萃取液收集于 50 mL 容量瓶至刻度处。若发现萃取液较混浊，可加入无水硫酸钠进行脱水，使溶液成褐色透明液体。

在 $\lambda=400$ nm 波长，以三氯甲烷为对比液，对 3 只容量瓶内的萃取液进行光密度值测定。根据光密度值，从工作曲线找到对应的含量，与加入油量相比，得到该乳化剂的乳化力。

6 测定结果

6.1 计算方法

以百分率(%)表示乳化力的大小。按下式计算：

$$\text{乳化力}=\frac{\text{乳化层中含油量}}{\text{加入油量}}\times 100=\frac{c\times V\times \frac{50}{10}}{m\times \frac{30}{30+0.6}}\times 100$$

式中：

c——从工作曲线上查得的乳化油量，单位为克每升(g/L)；

V——萃取液体积，单位为毫升(mL)；

m——加入乳化剂和燃料油的量，单位为克(g)。

6.2 重现性

由同一分析人员进行的 3 次测定中，至少 2 次测定结果之差不超过平均值的 5%。

7 试验报告

试验报告应包括以下内容：

a) 完成测定样品所需的技术资料；

b) 所用的试剂规格；

c) 所得的结果及表示方法；

d) 试验条件；

e) 本标准未规定的任何操作以及会影响结果的任何情况。

ICS 71.100.40
G 72

中华人民共和国国家标准

GB/T 6371—2008
代替 GB/T 6371—1995

表面活性剂 纺织助剂 洗涤力的测定

Surface active agents—Textile auxiliaries—Determination of detergency

2008-04-01 发布 2008-10-01 实施

中华人民共和国国家质量监督检验检疫总局
中国国家标准化管理委员会 发布

前 言

本标准代替 GB/T 6371—1995《表面活性剂　纺织助剂　洗涤力的测定》。

本标准与前版的主要差异：

——增加了前言部分。

——增加了仪器和设备一章(见第 5 章)。

——增加了试验报告一章(见第 7 章)。

本标准由中国石油和化学工业协会提出。

本标准由化学工业表面活性剂标准化技术委员会归口。

本标准起草单位：上海染料研究所有限公司、浙江皇马化工集团。

本标准起草人：黄伟卿、庄永斌、王伟松、孟照平。

本标准于 1986 年首次发布。

表面活性剂　纺织助剂　洗涤力的测定

1　范围

本标准规定了用人工污布进行去污试验，通过灰卡评级评价表面活性剂洗涤力的测定方法。

本标准适用于工业用阴离子及非离子表面活性剂洗涤力的测定，也可适用于某些阳离子型、两性型及复合型表面活性剂的洗涤力的测定。

2　规范性引用文件

下列文件中的条款通过本标准的引用而成为本标准的条款。凡是注日期的引用文件，其随后所有的修改单(不包括勘误的内容)或修订版均不适用于本标准，然而，鼓励根据本标准达成协议的各方研究是否可使用这些文件的最新版本。凡是不注日期的引用文件，其最新版本适用于本标准。

GB 250　评定变色用灰色样卡(GB 250—1995,ISO 150/A02:1993,IDT)

3　原理

将试样与标样配成一定浓度的溶液，分别加入标准污布及不锈钢珠，在一定的温度和时间下进行洗涤，目测经洗涤并干燥后的标准污布的色泽深浅。评价净洗剂的相对洗涤力。

4　试剂和材料

4.1　乙二醇乙醚：化学纯。

4.2　95%乙醇：化学纯。

4.3　羊毛脂。

4.4　牛油：工业用20号(优质)牛油。

4.5　碳素墨水。

4.6　女式呢：(05495号　64支，全毛女式呢)。

4.7　评定变色用灰色样卡。

5　仪器和设备

5.1　烧杯：容量400 mL、1 000 mL、2 000 mL。

5.2　容量瓶：容量500 mL、1 000 mL。

5.3　直型量筒：容量200 mL。

5.4　温度计：0℃～100℃。

5.5　磁力加热搅拌器。

5.6　剪刀。

5.7　耐洗色牢度试验机：SW型或同类设备，容量各为500 mL。

5.8　不锈钢珠：直径为6 mm。

5.9　实验室轧染机：具有车速、轧液率可控装置。

6　测定

6.1　标准污布制备

6.1.1　浸轧碳素墨水

在2 000 mL烧杯内加入100 mL 95%乙醇，置于磁力加热搅拌器上，在搅拌情况下滴加100 g碳素墨水，混匀后再加入 815 mL 95%乙醇，充分搅拌，直至混和均匀，浸轧女式呢。工艺条件：二浸二轧；浸轧温度：20℃～25℃；轧液率：85%；车速：3 m/min；干燥条件：将浸轧后女式呢平摊于桌面上，室温自然干燥，备用。

6.1.2 浸轧油脂

在 1 000 mL 烧杯中加入 20 g 羊毛脂、20 g 牛油和 500 mL 乙二醇乙醚于水浴上加热至 60℃，使之充分溶解，冷却至 30℃，用乙二醇乙醚稀释至 1 000 mL，将上述经过浸轧碳素墨水且干燥后的羊毛织物按下述条件浸轧油脂。工艺条件：二浸二轧；浸轧温度：50℃；轧液率：85%；车速：3 m/min；干燥条件：将浸轧油脂溶液女式呢平摊于桌面上，室温自然干燥，即为标准污布，裁成直径 54 mm 的圆片，备用。

6.2 测定

6.2.1 试样和标样溶液的制备

按不同类型的产品性能和要求，称取试样和标样（渗透剂 JFC 或渗透剂 BX，均为行业标准样品）0.1 g～2 g，称准至 0.001 g（称量范围也可根据产品洗涤力的大小另行调节），分别置于烧杯中，加蒸馏水少许，使之溶解（必要时可加热），移入 500 mL 容量瓶中，稀释至刻度，摇匀，备用。

6.2.2 洗涤

分别量取试样和标样溶液 200 mL，置于耐洗色牢度试验机内的具盖不锈钢烧杯中，放入标准污布一块和不锈钢珠 50 粒。不锈钢烧杯加盖密封后移入耐洗色牢度试验机内，于 50℃搅拌洗涤 30 min，取出，水洗，在室温下自然干燥。

注：当被测试样的浊点低于 50℃时，应在浊点温度以下进行试验，并在试验报告中注明。

6.2.3 结果的评定

目测经洗涤试验后的标准污布的色泽深浅，按 GB 250 规定的方法对试样和标样的洗涤效果作相对比较，评出试样的相对洗涤力。

7 试验报告

试验报告应包括以下内容：

a) 完成测定样品所需的技术资料；

b) 所用的试剂规格；

c) 所得的结果及表示方法；

d) 试验条件；

e) 本标准未规定的任何操作以及会影响结果的任何情况。

ICS 53.100
P 97

中华人民共和国国家标准

GB/T 6375—2008/ISO 7464:1983
代替 GB/T 6375—1986

土方机械　牵引力测试方法

**Earth-moving machinery—
Method of test for the measurement of drawbar pull**

(ISO 7464:1983,IDT)

2008-08-26 发布　　　　2009-02-01 实施

中华人民共和国国家质量监督检验检疫总局
中国国家标准化管理委员会　发布

前言

本标准等同采用 ISO 7464:1983《土方机械　牵引力测试方法》(英文版)。

本标准等同翻译 ISO 7464:1983。

为便于使用,本标准做了下列编辑性修改:

——“本国际标准”一词改为“本标准”;

——用小数点“.”代替作为小数点的“,”;

——删除了国际标准前言;

——将 ISO 7464:1983 第 1 章、第 2 章合并为本标准第 1 章内容;

——将 ISO 7464:1983 第 4 章下的“悬置段”依据内容增加编号,本标准中的 3.1.1、3.1.2、3.1.3;

——将 ISO 7464:1983 中 5.2 的内容改为本标准表 1 的形式。

本标准代替 GB/T 6375—1986《土方机械　牵引力测试方法》。

本标准与 GB/T 6375—1986 相比,主要变化如下:

——增加了前言;

——调整了有关范围的说明;

——调整了有关术语和定义;

——增加了单位说明;

——调整了 2.3 的内容;

——调整了公式计算的表示方法;

——调整有关参数的符号,按国际标准进行了更改;

——试验报告的有关内容作了调整和修改。

本标准由中国机械工业联合会提出。

本标准由全国土方机械标准化技术委员会(SAC/TC 334)归口。

本标准负责起草单位:天津工程机械研究院。

本标准参加起草单位:厦门厦工机械股份有限公司、三一重工股份有限公司、福田雷沃国际重工股份有限公司、广西柳工机械股份有限公司。

本标准主要起草人:张丽娟、李蔚苹、易迪升、王军伟、章二平。

本标准所代替标准的历次版本发布情况为:

——GB/T 6375—1986。

土方机械　牵引力测试方法

1　范围

本标准规定了在带载荷或空载状态下，自行式土方机械及其配备或拖拽的工作装置的牵引性能试验方法。

本标准规定在行驶速度下测试下列指标：牵引力、牵引功率和轮胎或履带的滑转率。

本标准适用于挖掘机以外的所有类型的自行式土方机械。

2　术语和定义

下列术语和定义适用于本标准。

2.1

牵引杆（或牵引装置连接件）　drawbar/hitch point

试验机器上用来连接负荷测量车的部件。

2.2

牵引力　drawbar pull

施加在牵引杆或牵引装置连接件上的水平牵引力，单位为千牛（kN）。

2.3

牵引功率　drawbar power

通过牵引杆或牵引装置连接件传递的牵引功率，单位为千瓦（kW）。它是由行驶速度[单位为米每秒（m/s）]和牵引力[单位为千牛（kN）]的乘积计算得出的。

2.4

行驶速度　travel speed

试验机器的实际行驶速度，单位为米每秒（m/s）或千米每小时（km/h）。

2.5

发动机额定转速　rated engine speed

由制造商规定的，发动机产生额定功率时的发动机转速，单位为转每分钟（r/min）。

2.6

发动机最大空载转速　fast idle engine speed

发动机处于最大油门位置且不承受载荷时的转速，单位为转每分钟（r/min）。

2.7

测试时间　test time

试验机器通过测试距离所需时间或测试运行的持续时间，单位为秒（s）。

2.8

测试距离　test distance

试验机器在测试时间内所运行的距离，单位为米（m）。

2.9

轮胎或履带的滑转率　wheel or track slip

在同一测试距离下，驱动轮牵引时的转速与空载时的转速之差与驱动轮牵引时的转速的比值，用百分数来表示。

2.10

负荷测量车　dynamometer car

在进行试验时，能对试验机器施加可调的平稳载荷的车辆。它至少应提供测量牵引力、实际行驶距离、驱动轮转数、发动机输出轴的转速和试验运行时间的测试仪器。

2.11

工作质量　operating mass(OM)

主机带有包括制造商规定的工作装置和无载的附属装置、司机(75 kg)、燃油箱加足燃油、其他液体系统加到制造商规定液位时的质量。

2.12

轮胎压力　tyre pressure

试验时，试验机器各轮胎的气压，单位为千帕(kPa)。

2.13

驱动轮转数　drive wheel revolutions

在规定的测试距离或时间内，驱动轮或驱动链轮的旋转转数。

2.14

环境温度/相对湿度　ambient air temperature/relative humidity

在试验期间，环境气温在干、湿温度计上的读数，单位为摄氏度(℃)。

2.15

大气压力　barometric pressure

试验期间，大气压力的测量值，单位为千帕(kPa)。

3　试验场地

3.1　试验跑道

3.1.1　基本要求

试验跑道应为直线的水平路面，它能提供所要求的附着性能并具有最小的滚动阻力。

3.1.2　推荐最短长度

推荐试验跑道的最短长度为100 m，在该长度的跑道上测试，使机器在进入测试区域之前试验机器的速度和载荷应达到平稳。为便于试验机器和负荷测量车转弯，在试验跑道的两端应有足够的场地作为转弯区域。

3.1.3　坡度

试验跑道的纵向坡度应小于0.5%，如果在坡度大于0.5%的场地上进行试验时，则应从两个方向进行试验，取其平均值。

试验跑道中心至试验跑道两端的横向坡度应小于3%。

3.2　路面

3.2.1　轮胎式机器

轮胎式机器，应按以下顺序选择路面。

3.2.1.1　混凝土路面

路面材质应均匀一致，且其膨胀缝隙应最小。膨胀缝里的填充物应与路面平齐或低于路面。路面应干燥清洁。

3.2.1.2　沥青路面

路面用的材质通常是沥青或沥青混凝土。

3.2.2　履带式和钢轮式机器

对于履带式和钢轮式机器，应在土跑道上进行试验，路面应充分夯实，无松散的材料，要求土壤在适当润湿且被夯实后具有粘聚力。对于跑道的修整准备工作，需备有翻路、洒水、平整和夯实用的设备。

3.2.3 其他路面

如果需要进行特殊的试验项目，试验可以在其他类型的路面上进行，应记录路面的性能特征。

4 仪器（所用仪器的实例见图 2）

4.1 负荷测量车

牵引载荷应在下列参数规定的极限范围内保持可调：

a) 试验机器的发动机转速，变速器输出轴转速或驱动轮转速；

b) 牵引力。

负荷测量车在本身安全工作范围内，应具有使试验机器达到满负荷的牵引性能。

4.2 测量并记录如下主参数（见表 1）

表 1 测量参数

测量参数	准确度
时间/s	±0.2 s
距离/m	±0.5%
牵引力/kN	±1.0%
发动机转速/(r/min)	±1.0%
液力传动装置输出轴转速/(r/min)	±1.0%
驱动轮或驱动链轮转数	±0.5%
工作质量/kg	±1.5%
轮胎压力/kPa	±3.0%
履刺高度及轮胎花纹深度/mm	±1.0 mm
温度(干式和湿式)/℃	±1 ℃
大气压力/kPa	±0.35 kPa

5 试验前的准备工作

5.1 测量或调整发动机性能，使发动机性能或动力输出轴性能符合制造商的规定。

5.2 试验机器在试验前应进行检修，应确保如下要求：

a) 所有调整机构均应符合制造商的规定（如发动机转速、制动器和离合器等）；

b) 燃油、润滑油和冷却剂应符合制造商的规定。

5.3 根据需要增加载荷、配重或附件。

5.4 根据制造商的规定调整轮胎压力（见 5.8）。

5.5 在 2.11 条件下测量试验机器的工作质量，并且得出分配在各驱动轮上的轮荷。

5.6 连接试验机器和负荷测量车，并且接上所有的仪表。

牵引杆或牵引装置连接件的高度应设置在制造商推荐的高度，调整负荷测量车上的牵引装置保证牵引杆成水平状态。

常用牵引的试验机器，提供牵引载荷的附件应位于牵引装置或牵引杆处。对平地机或铲运机类铲土运输机械的牵引载荷，应加在不高于地面 100 mm 处。

5.7 试验机器应充分地试运转，以确保各系统运转正常。

5.8 准备一台以轮胎作为驱动轮的机器，使其以一挡或二挡，$\frac{1}{2}\sim\frac{3}{4}$的最大牵引载荷在试验跑道上行驶，观察轮胎花纹的磨损情况。如果轮胎面没有完全与地面接触，则应降低轮胎压力。

注：轮胎压力降低后不应低于各轮胎承受实际重量的压力下限，应按制造商的要求。

轮胎花纹或履刺的磨损不应超过新轮胎花纹或履刺高度的50%。

5.9　应按制造商的规定调整履带张紧力。

5.10　在一段试验距离上，确定驱动轮或驱动链轮的"纯滚动"或无牵引力转数的计数。测试条件是发动机低速运转，试验机器以最低挡速度行驶，没有方向转向校正，在不少于50 m的测试距离内测取。

5.11　按表2要求记录相关数据。

6　试验步骤

6.1　记录试验数据前，被试验的机器应一直试运转到发动机、传动系统和最终传动系统内的液体温度处于正常的工作温度范围内。

在试验运转期间，发动机的调节手柄位置应处于发动机产生最大功率的位置。

6.2　在规定的各次行驶试验中，带有一定牵引载荷的试验机器以要求的挡位速度行驶在试验跑道上，当发动机和驱动轮或驱动链轮的平均转速保持在规定值时，记录下面各参数：

a)　牵引力；

b)　时间；

c)　距离；

d)　发动机转速；

e)　变速器输出轴转速；

f)　各驱动轮轴的转速。

另一种测试方法，控制各次行驶过程中的牵引力，并尽可能保持定值，记录以上各参数。

如果记录距离和轴转数的计数器可以由电子计时器自动控制，每次试验行驶的持续过程可以由时间限定，而不由距离限定。

试验记录过程中记录的时间和距离应准确。描述试验机器性能的速度和牵引力应是两次试验结果(两个方向各取一次)的平均值。

试验记录过程中，转向操纵的校正应减少到最低。轮胎式机器的各驱动轮之间转速的相对变化率不应大于3%，履带式机器的驱动轮之间转速的相对变化率不应大于2%。

在任何行驶试验记录过程中，发动机或变矩器输出轴瞬时转速相对于规定转速的变化率不应超过±3%，任何一次行驶的平均速度与规定速度的变化率不应超过±3%，但被选取的两次试验过程的平均速度相对于规定速度的变化率不应超过0.5%。

6.3　在各挡位的一系列试验过程中，发动机油门处于最大位置，负荷从最小变到最大，直达到驱动系统的最大扭矩值或轮胎的滑转率达到15%或履带滑转率达到7%。

6.4　装有变矩器或无级变速驱动装置的机器，如果要测量涡轮失速时的牵引力，为防止失速时前轮打滑，可给机器增添配重。

6.5　在给定条件下，试验过程的行驶速度应限制在安全行驶范围内，通常应低于20 km/h。对于高速行驶机器应有额外的安全防护措施。

6.6　按以下公式计算：

6.6.1　滑转率S,(%)，计算公式如下：

$$S=\left(1-\frac{Nf}{R}\right)\times 100\% \qquad \cdots\cdots(1)$$

式中：

N——五轮仪的计数；

f——定值,驱动轮和五轮仪计数的比值,如 $f=\frac{r}{n}$;

r——"纯滚动"测试时,驱动轮的计数;

n——"纯滚动"测试时,五轮仪的计数;

R——驱动轮旋转的计数(左轮和右轮的平均值)。

6.6.2 由下面公式计算出行驶速度 v:

$$v=\frac{Nc}{t}=\frac{dN}{nt} \qquad \cdots\cdots(2)$$

式中:

v——行驶速度(在测试期间五轮仪的计数乘以定值,再与在测试期间五轮仪"纯滚动"的计数乘以在测试距离内行驶的时间的比值),单位为千米每小时(km/h);

d——"纯滚动"测试的距离,单位为米(m);

t——在测试距离内行驶的时间,单位为秒(s)(精确到 0.1 s);

c——定值,五轮仪每单位计数所表示的距离,$c=\frac{d}{n}$。

6.6.3 由下面公式计算出牵引功率 P:

$$P=vL \qquad \cdots\cdots(3)$$

式中:

P——牵引功率,单位为千瓦(kW);

L——牵引力(测试时间或距离的平均值),单位为千牛(kN)。

7 试验结果

7.1 按表 2 和表 3 的要求填入试验结果的数据。

7.2 根据一系列试验结果绘出牵引性能曲线,典型的曲线图见图 1。

7.3 记录的牵引功率是考虑了轮胎或履带滑转率后,机器的牵引装置所发挥的功率,并且应明确写明所测得的轮胎滑转率。

表 2 试验结果汇总表

(按 GB/T 6375—2008 牵引力测定)

地点________ 日期________

机器类型________ 制造商________ 型号________ 出厂编号________

发动机类型________ 燃料________ 标定功率________kW

额定发动机功率________kW 发动机额定转速________r/min

发动机制造商________ 型号________ 出厂编号________

附件________

	前桥	后桥	整机
配重	________kg	________kg	________kg
驱动型式	________	________	________
机器质量	________kg	________kg	________kg
轮胎	________	________	
规格	________	________	
层级	________	________	制造商________
压力	________	________	

履带板宽度________mm 履刺型式________ 履刺高度________mm

轮胎花纹型式________

轮胎花纹深度(新时)________mm 试验时________mm 磨损量________%

试验跑道路面________ 状 态________

牵引杆高度________mm 轴 距________mm 履带长度________mm

载荷传感器编号________ 标定员________ 标定日期________

试验结果摘要

挡位	最大牵引力/kN	行驶速度/(km/h)	滑转率/%	最大牵引功率/kW	行驶速度/(km/h) 发动机转速/(r/min)	额定转速时牵引功率[a]/kW	天气状况		
							温度		大气压/kPa
							湿式温度计/℃	干式温度计/℃	

[a] 发动机额定功率。

表 3 牵引力试验数据表

页数：________

记录员：________

日期：________

机器________ 型号________ 出厂编号________

自由滚动距离 d：________ m 试验地点________

五轮仪(纯滚动)计数 n：________ 轮胎花纹深度 新时：________ mm

试验时：________ mm

驱动轮(纯滚动)计数 r：________ 设计滚动半径____ mm 自由滚动半径_____ mm

挡位	运动序号	方向	时间 t/s	发动机转速 E/(r/min)	五轮仪计数 N	驱动轮计数 R				滑转率 S/%	速度 v/(m/s)	牵引力 L/(kN)	牵引功率 P/(kW)	备注 天气等
						前桥		后桥						
						右轮	左轮	右轮	左轮					

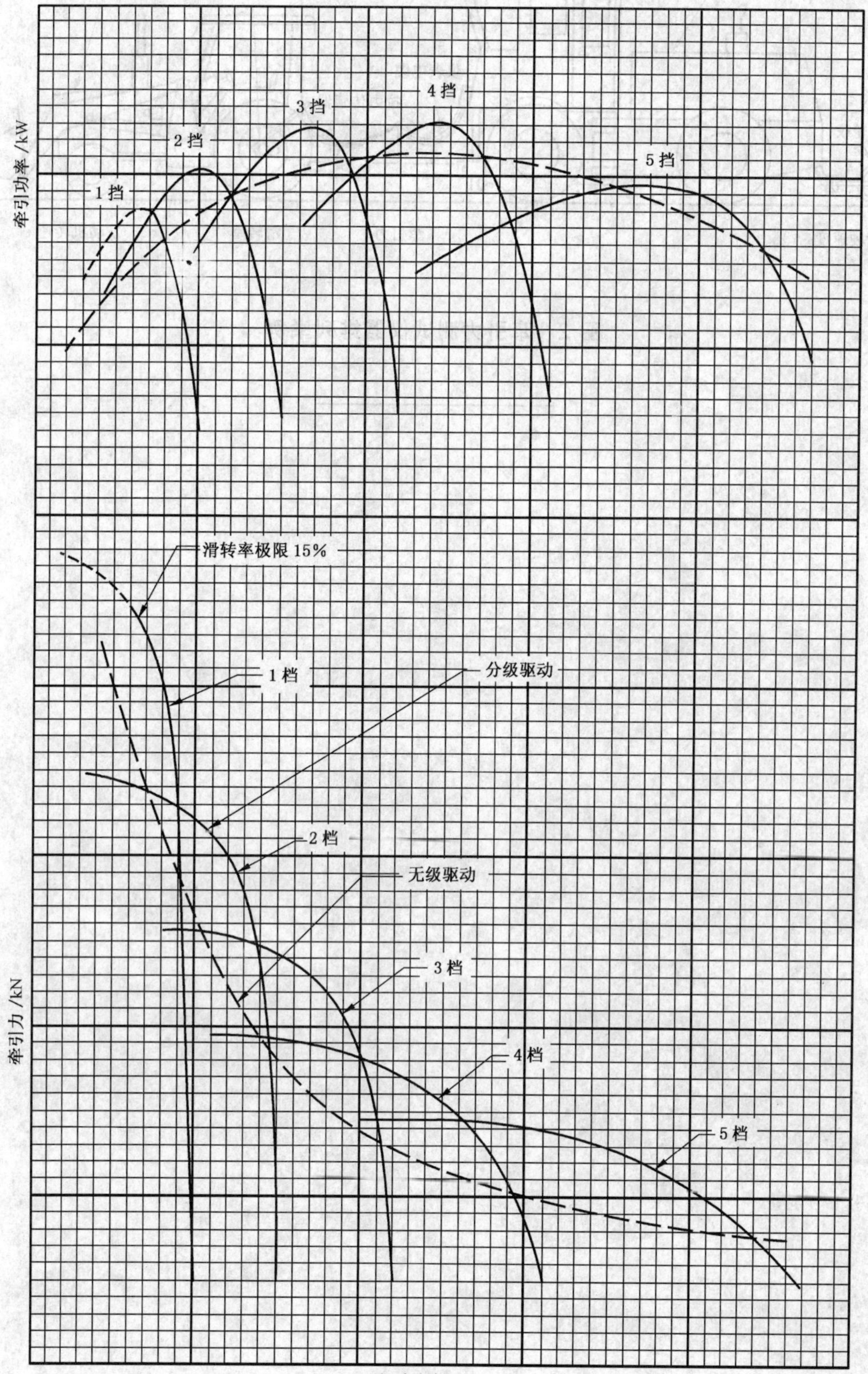
牵引功率 /kW
1 挡
2 挡
3 挡
4 挡
5 挡
滑转率极限 15%
1 档
分级驱动
2 档
无级驱动
3 档
4 档
5 档
牵引力 /kN
行驶速度 /(km/h)

图 1 典型曲线

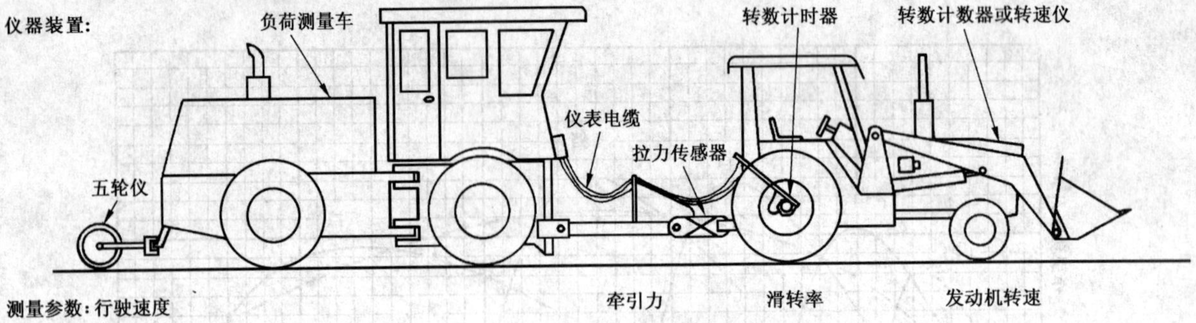

图 2　牵引力测试仪器排列举例

ICS 65.060.10
T 60

GB

中华人民共和国国家标准

GB 6376—2008
代替 GB 6376—1995

拖拉机　噪声限值

Limits of tractor noise

STANDARDS PRESS OF CHINA

2008-11-17 发布　　　　2009-07-01 实施

中华人民共和国国家质量监督检验检疫总局
中国国家标准化管理委员会　发布

前 言

本标准的全部技术内容为强制性。

本标准是对 GB 6376—1995《拖拉机 噪声限值》的修订。主要技术内容与原标准相比有以下变化：

——对拖拉机的类别和功率进行了分类；

——修改了拖拉机的噪声限值。

本标准自实施之日起代替 GB 6376—1995。

本标准由中国机械工业联合会提出。

本标准由全国拖拉机标准化技术委员会归口。

本标准负责起草单位:国家拖拉机质量监督检验中心。

本标准参加起草单位:中国一拖集团有限公司、福田雷沃国际重工股份有限公司。

本标准主要起草人:李京忠、郭志强、朱金光、郎志中、尚项绳、徐惠娟、田朝阳。

本标准所代替标准的历次版本发布情况为：

——GB 6376—1987、GB 6376—1995。

拖拉机 噪声限值

1 范围

本标准规定了农林拖拉机的环境噪声和驾驶员操作位置处噪声限值。

本标准适用于轮式拖拉机、履带拖拉机和手扶拖拉机。

2 规范性引用文件

下列文件中的条款通过本标准的引用而成为本标准的条款。凡是注日期的引用文件，其随后所有的修改单(不包括勘误的内容)或修订版均不适用于本标准，然而，鼓励根据本标准达成协议的各方研究是否可使用这些文件的最新版本。凡是不注日期的引用文件，其最新版本适用于本标准。

GB/T 3871.8 农业拖拉机 试验规程 第8部分：噪声测量[GB/T 3871.8—2006，OECD R5：2002，Noise measurement at the driver's position(s) on agricultural and forestry tractors，MOD]

GB/T 6229 手扶拖拉机 试验方法

GB/T 6960.7—2007 拖拉机术语 第7部分：驾驶室、驾驶座和覆盖件

GB/T 15833 林业轮式和履带拖拉机 试验方法

3 拖拉机噪声限值

3.1 农林拖拉机的环境噪声和驾驶员操作位置处噪声限值见表1。

3.2 农林拖拉机的环境噪声和驾驶员操作位置处噪声的测定方法，农业拖拉机按 GB/T 3871.8 的规定，林业拖拉机按 GB/T 15833 的规定，手扶拖拉机按 GB/T 6229 的规定执行。

表1 拖拉机噪声限值

<table>
<tr><th colspan="2" rowspan="2">型式</th><th rowspan="2">标定功率
kW</th><th colspan="2">环境噪声
dB(A)</th><th colspan="2">驾驶员操作位置处噪声
dB(A)</th></tr>
<tr><th>静态</th><th>动态</th><th>其他</th><th>封闭驾驶室[a]</th></tr>
<tr><td colspan="2" rowspan="2">手扶拖拉机</td><td>≤7.5</td><td rowspan="7"></td><td>82</td><td colspan="2" rowspan="2">92</td></tr>
<tr><td>>7.5</td><td>84</td></tr>
<tr><td rowspan="5">轮式
拖拉机</td><td rowspan="4">直联传动</td><td><14.7</td><td>85</td><td rowspan="2">94</td><td rowspan="5">89</td></tr>
<tr><td>≥14.7～<48</td><td>86</td></tr>
<tr><td>≥48～<73.5</td><td>87</td><td rowspan="2">95</td></tr>
<tr><td>≥73.5</td><td>88</td></tr>
<tr><td>皮带传动</td><td></td><td>86</td><td>95</td></tr>
<tr><td colspan="2" rowspan="2">履带拖拉机</td><td><73.5</td><td>83</td><td rowspan="2"></td><td rowspan="2">95</td><td rowspan="2"></td></tr>
<tr><td>≥73.5</td><td>85</td></tr>
<tr><td colspan="7">a 封闭驾驶室按 GB/T 6960.7—2007 中 3.1.3 的规定。</td></tr>
</table>

ICS 03.120.30
A 41

中华人民共和国国家标准

GB/T 6378.1—2008/ISO 3951-1:2005
代替 GB/T 6378—2002

计量抽样检验程序　第1部分：按接收质量限(AQL)检索的对单一质量特性和单个AQL的逐批检验的一次抽样方案

Sampling procedures for inspection by variables—Part 1: Specification for single sampling plans indexed by acceptance quality limit (AQL) for lot-by-lot inspection for a single quality characteristic and a single AQL

(ISO 3951-1:2005,IDT)

2008-07-28 发布　　　　2009-01-01 实施

中华人民共和国国家质量监督检验检疫总局
中国国家标准化管理委员会　发布

前 言

GB/T 6378《计量抽样检验程序》将分为以下几个部分，其预期结构及对应的国际标准和将代替的国家标准为：

——第1部分：按接收质量限(AQL)检索的对单一质量特性和单个AQL逐批检验的一次抽样计划(ISO 3951-1:2005，IDT；代替GB/T 6378—2003)

——第2部分：按接收质量限(AQL)检索的对独立质量特性逐批检验的一次抽样方案(对应ISO 3951-2:2006)

——第3部分：按接收质量限(AQL)检索的逐批检验的二次抽样计划(ISO 3951-3:2007)

——第4部分：对均值的声称质量水平的评定程序(ISO/WD 3951-4:2007，NEQ；代替GB/T 14900—1994)

——第5部分：按接收质量限(AQL)检索的计量检验序贯抽样计划(对应ISO/FDIS 3951-5:2005)

GB/T 6378的本部分等同采用国际标准ISO 3951-1:2005《计量抽样检验程序　第1部分：按接收质量限(AQL)检索的对单一质量特性和单个AQL逐批检验的一次抽样方案的规定》。

GB/T 6378的本部分代替GB/T 6378—2003《不合格品率的计量抽样检验程序及图表(适用于连续批的检验)》。本部分与GB/T 6378—2003之间的主要差别如下：

——取消了有关不合格分类的术语。

——取消了实施程序。

——AQL是接收质量限(Acceptance Quality Limit)的缩写，它比GB/T 6378—2003使用的可接收质量水平(Acceptable Quality Level)更能准确地反映其作用。

——GB/T 6378本部分适用于服从正态分布的单一质量特性的抽样检验。GB/T 6378本部分也包括了联合双侧规范限的情况，而有关分立和复合双侧规范限的内容将在GB/T 6378.2中处理。用于多个质量特性和/或多个AQL的更一般的程序将在GB/T 6378.2中给出。

——GB/T 6378本部分的抽样方案已经过修正，使其与GB/T 2828.1的抽样方案在操作特性曲线上更为匹配。s法和σ法二者的样本量在主表的行上是常数。

——所有的接收常数(见附录B，附录C，附录G和附录I)经过修正后以3位小数列在了对应的AQL中。

——重新计算了操作特性的所有表值，像正常和加严检验一样对放宽检验也进行了直接的计算。

——取消了包含一般统计理论的附录。计划将其内容放在计量抽样检验程序的导则中。

——在附录中重新安排了执行程序所需要的表格。

本部分的附录A至附录N均为规范性附录。

本部分由全国统计方法应用标准化技术委员会提出并归口。

本部分起草单位：中国人民解放军军械工程学院、中国标准化研究院、中国科学院数学与系统科学研究院、苏州大学、福州春伦茶业有限公司。

本部分主要起草人：张玉柱、于振凡、丁文兴、陈敏、冯士雍、汪仁官、傅天龙。

本部分所代替标准的历次版本发布情况为：

——GB/T 6378—1986；

——GB/T 6378—2003。

引　言

GB/T 6378本部分规定了计量一次抽样检验方案的验收抽样系统，它以接收质量限（AQL）为索引。GB/T 6378.2给出了更广泛的技术处理。GB/T 6378本部分是GB/T 2828.1的补充。

GB/T 6378本部分给出的方法的目的在于，确保对实际质量水平优于接收质量限的批以高概率接收，同时确保对实际质量水平劣于接收质量限的批以低概率接收。上述目的是通过标准所提供的转移规则实现的：

a）当发现质量劣化时，通过转移到加严检验或暂停抽样检验，自动对使用方提供保护；

b）如果质量一贯地好，通过转移到样本量较小的抽样方案以减少检验费用来激励生产方。

GB/T 6378本部分中批的接收性实质上是由过程不合格品百分数（从过程中各批随机抽取的样本来估计）决定的。

GB/T 6378本部分的检验程序适用于分立个体产品的连续系列批，即产品全部由同一生产方同一生产过程提供。如果产品来自于不同的生产方和生产过程，应分别使用GB/T 6378本部分。

GB/T 6378本部分仅适用于能用连续尺度度量的单个质量特性；对于两个或更多质量特性的情形见GB/T 6378.2。

GB/T 6378本部分假定测量误差可忽略。当需要考虑测量误差时，参见参考文献[17]。

GB/T 6378本部分仅涉及联合双侧规范限，其他形式的规范限见GB/T 6378.2。

本标准中以不合格品百分数为质量指标的计量检验包括几种模式，其可能的组合对使用者而言较为复杂：

——标准差未知，或开始未知而后可相当精确地估计，或检验开始时即已知；

——单侧规范限或联合双侧规范限；

——正常检验、加严检验或放宽检验。

GB/T 6378本部分包含14个附录。附录A至附录I给出了不同抽样程序所需的表。附录J说明了如何获得样本标准差s和过程标准差σ。附录K提供了计算使用方风险的统计理论，同时列表给出了正常、加严和放宽检验时s法和σ法的相应风险值。附录L给出了生产方风险的类似信息。附录M给出了σ法操作特性的一般计算公式。附录N专门给出了GB/T 6378本部分s法在样本量为3和4时估计过程不合格品率的统计理论，因为此两种情形下的技术处理与其他样本量的情形不同。

为便于GB/T 6378本部分的应用，表1为使用者在不同可能情况下所需使用的本部分的相应内容和图表给出了指导。虽然表1仅与第15、16、20、21和22章的内容有关，但不论哪种情形，都必须先阅读其他相关条款。

表 1 不同情况下所需使用的本部分的相应内容所在条款和图表

检验类型	单侧规范限						联合双侧规范限					
	s 法			σ 法			*s* 法			σ 法		
	条款	表	图	条款	表	图	条款	表	图	条款	表	图
正常检验	15.1,15.2,15.3 和 20.1	A.1,A.2,B.1 B 至 R	B 至 R	16.1,16.2 和 20.1	A.1,A.2,C.1,B 至 R*	B 至 R*	15.1,15.4 和 20.1	A.1,A.2,D.1,F(对于 $n=3$),G(对于 $n=3$ 或 4),B 至 R*	*s*-D 至 *s*-R,B 至 R*	16.1,16.3 和 20.1	A.1,A.2,C.1,E,B 至 R*	B 至 R*
正常和加严检验之间的转移	20.2,20.3	B.1,B.2	B 至 R	20.2,20.3	C.1,C.2	B 至 R*	20.2,20.3	D.1,D.2	*s*-D 至 *s*-R,B 至 R*	20.2,20.3	C.1,C.2,E	B 至 R*
正常和放宽检验之间的转移	20.4,20.5	B.1,B.3	B 至 R	20.4,20.5	C.1,C.3	B 至 R*	20.4,20.5	D.1,D.3	*s*-D 至 *s*-R,B 至 R*	20.4,20.5	E	B 至 R*
加严和暂停检验之间的转移	21	B.2	B 至 R	21	C.2	B 至 R*	21	D.2	*s*-D 至 *s*-R,B 至 R*	21	E	B 至 R*
s 法和 σ 法之间的转移	22	附录 K		22	附录 K		22	附录 K		22	附录 K	

* 见 8.4。

计量抽样检验程序　第1部分：按接收质量限(AQL)检索的对单一质量特性和单个AQL的逐批检验的一次抽样方案

1　范围

GB/T 6378的本部分规定了计量一次抽样方案的验收抽样系统，本部分中批的接收性实质上是由过程不合格品百分数(从过程中各批随机抽取的样本来估计)决定的。

本部分的抽样检验程序不适用于事先对不合格品已经过筛选的批。

本部分主要是在下述条件下使用：

a)　本部分的检验程序适用于分立个体产品的连续系列批，即产品全部由同一生产方同一生产过程提供；

b)　仅考虑产品的单一质量特性x，该质量特性须用连续尺度度量；

c)　测量误差可以忽略，即其标准差不大于过程标准差的10%；

d)　生产过程稳定(处于统计受控状态)，且质量特性值x服从正态分布或近似服从正态分布；

e)　若合同或标准中规定了上规范限U，下规范限L，或同时规定了二者；当且仅当产品被测量的质量特性x满足下列不等式之一时即为合格品：

　1)　质量特性值$x \geqslant L$(即，不低于下规范限)；

　2)　质量特性值$x \leqslant U$(即，不高于上规范限)；

　3)　质量特性值$L \leqslant x \leqslant U$(质量特性值介于下规范限与上规范限之间)。

第1)和第2)种情况称为单侧规范限，第3)种情况称为双侧规范限。

如果应用双侧规范限，本部分假定两个规范限对产品的合格与否同等重要；在此情形下，宜使用超出双侧规范限中任意一个的单一的联合不合格品百分数AQL。这就是所谓"联合控制"。

2　规范性引用文件

下列文件中的条款通过GB/T 6378的本部分的引用而成为本部分的条款。凡是注日期的引用文件，其随后所有的修改单(不包括勘误的内容)或修订版均不适用于本部分，然而，鼓励根据本部分达成协议的各方研究是否可使用这些文件的最新版本。凡是不注日期的引用文件，其最新版本适用于本部分。

GB/T 2828.1—2003　计数抽样检验程序　第1部分：按接收质量限(AQL)检索的逐批检验抽样计划(ISO 2859-1:1999,IDT)

ISO 3534-1:2006　统计学词汇及符号　第1部分：一般统计术语及用于概率论的术语

ISO 3534-2:2006　统计学词汇及符号　第2部分：应用统计

3　术语和定义

ISO 3534-1:2006、ISO 3534-2:2006和GB/T 2828.1—2003所确立的术语和定义以及下列术语和定义适用于本部分。

3.1

计量检验　inspection by variables

通过测量单位产品的质量特性值进行的检验。

[ISO 3534-2:2006,4.1.4]

3.2

抽样检验 sampling inspection

从所考虑的产品集合中抽取一些单位产品进行检验。

[ISO 3534-2:2006,4.1.6]

3.3

验收抽样检验 acceptance sampling inspection;acceptance sampling

用**抽样检验**(3.2)决定能否接收的验收检验。

[ISO 3534-2:2006,4.1.8]

3.4

计量验收抽样检验 acceptance sampling inspection by variables

根据来自批的样本中的各单位产品的规定质量特性测量值,从统计上判定过程可接收性的**验收抽样检验**(3.3)。

[ISO 3534-2:2006,4.2.11]

3.5

过程平均不合格品率 process fraction nonconforming

用比例表示的过程产生的不合格品所占的比率。

3.6

接收质量限 acceptance quality limit (AQL)

对连续序列批进行**验收抽样检验**(3.3)时,可容忍的最差**过程平均不合格品率**(3.5)。

注:见第5章。

3.7

质量水平 quality level

用不合格品率表示的质量。

3.8

极限质量 limiting quality

当被认为是孤立批时,为了**验收抽样检验**(3.3),必须限制在低接收概率的**质量水平**(3.7)。

[ISO 3534-2:2006,4.6.13]

注1:在本部分中,其接收概率限于10%。

注2:见13.1。

3.9

不合格 nonconformity

不满足规定的要求。

3.10

不合格单位产品 nonconforming unit

具有一个或多于一个不合格的单位产品。

3.11

s 法验收抽样方案 s method acceptance sampling plan

使用样本标准差的计量验收抽样方案。

[ISO 3534-2:2006,4.3.10]

注:见第15章。

3.12

σ 法验收抽样方案 σ method acceptance sampling plan

使用过程标准差假定值的计量验收抽样方案。

[ISO 3534-2:2006,4.3.9]

注:见第16章。

3.13

规范限 specification limit

对质量特性规定的合格界限值。

[ISO 3534-2:2006,3.1.3]

3.14

下规范限 lower specification limit

对单位产品或服务规定的合格下界的**规范限**(3.13)。

[ISO 3534-2:2006,3.1.5]

3.15

上规范限 upper specification limit

对单位产品或服务规定的合格上界的**规范限**(3.13)。

[ISO 3534-2:2006,3.1.4]

3.16

联合控制 combined control

当对质量特性规定了上、下规范限时,以超出双侧规范限中任意一个的联合不合格品百分数作为AQL(3.6)。

注1:见5.3。

注2:使用联合控制意味着,超出任一规范限的不合格对产品完整性的影响相同或大体相同。

3.17

接收常数 acceptability constant

计量验收抽样方案中依赖于规定的接收质量限(3.6)和样本量的用在批接收准则中的常数。

[ISO 3534-2:2006,4.4.4]

注:见15.2和16.2。

3.18

质量统计量 quality statistic

规范限(3.13)、样本均值和样本(或过程)标准差的函数用于评定批的接收性。

注1:对于单侧**规范限**(3.13),批的可接收性通过比较质量特性 Q 与**接收常数**(3.17)k 来判定。

[ISO 3534-2:2006,4.4.9]

注2:见15.2和16.2。

3.19

下质量统计量 lower quality statistic

下规范限(3.14)、样本均值和样本(或过程)标准差的函数。

注1:对于单侧**下规范限**(3.14),批的接收性通过比较 Q_L 与**接收常数**(3.17)k 来判定。

[ISO 3534-2:2006,4.4.11]

注2:见第4章、15.2和16.2。

3.20

上质量统计量 upper quality statistic

上规范限(3.14)、样本均值和样本(或过程)标准差的函数。

注1:对于**单侧上规范限**(3.15),批的可接收性通过比较上质量统计量 Q_U 与**接收常数**(3.17)k 来判定。

[ISO 3534-2:2006,4.4.10]

注2:见第4章、15.2和16.2。

3.21

最大样本标准差　maximum sample standard deviation

MSSD

当过程变异未知时，对给定的样本量字码和**接收质量限**(3.6)，能够满足联合双侧规范限接收准则的最大的样本标准差。

注：见 15.4。

3.22

最大过程标准差　maximum process standard deviation

MPSD

当过程变异已知时，对给定的样本量字码和接收质量限(3.6)，能够满足加严检验状态下联合双侧**规范限**(3.13)接收准则的最大的过程标准差。

注：见 16.3。

3.23

转移规则　switching rule

验收抽样计划中，根据已证实的质量水平历史，从一个验收抽样方案改变到另一个更严或更宽的抽样方案的指令规则。

注 1：见第 20 章。

注 2：正常、加严或放宽检验、或检验的暂停，就是严格度更严或更宽的例子。

3.24

测量　measurement

确定某个质量数值所需操作的集合。

4　符号

c_U　确定样本标准差上控制限的系数(见附录 H)

f_s　将最大样本标准差与 U-L 联系起来的系数(见附录 D)

f_σ　在加严检验时，将最大过程标准差与 U-L 联系起来的系数(见附录 E)

k　使用 s 法和附录 C 中 σ 法时的接收常数(见附录 B)

L　下规范限(作为变量的下标时表示其对应于 L 的值)

μ　过程平均

N　批量(批中单位产品的数量)

n　样本量(样本中单位产品的数量)

$\hat{p}$　过程不合格品率的估计值

$\hat{p}_L$　低于下侧规范限的过程不合格品率的估计值

$\hat{p}_U$　高于上侧规范限的过程不合格品率的估计值

p^*　过程不合格品率估计的最大接收值

P_a　接收概率

Q　质量统计量

Q_L　下质量统计量

注 1：当过程标准差未知时，Q_L 定义为$(\bar{x}-L)/s$；当过程标准差已知时，Q_L 定义为$(\bar{x}-L)/\sigma$。

Q_U　上质量统计量

注 2：当过程标准差未知时，Q_U 定义为$(U-\bar{x})/s$；当过程标准差已知时，Q_U 定义为$(U-\bar{x})/\sigma$。

s　质量特性测量值的样本标准差(也表示过程标准差的估计)

$$s=\sqrt{\frac{1}{n-1}\sum_{j=1}^{n}(x_j-\bar{x})^2}$$

$s_{\max}$　最大样本标准差(MSSD)

σ　统计受控状态下的过程标准差

注 3：通常称过程标准差的平方 σ^2 为过程方差。

$\sigma_{\max}$　最大过程标准差(MPSD)

U　上规范限(作为变量的下标时表示其对应于 U 的值)

x_j　样本中第 j 个单位产品质量特性的测量值

$\bar{x}$　样本质量特性测量值的算术平均，即：

$$\bar{x}=\frac{\sum_{j=1}^{n}x_j}{n}$$

5　接收质量限(AQL)

5.1　原则

当对连续系列批进行验收抽样时，接收质量限 AQL 是允许的最差过程平均质量水平，用不合格品率(或不合格品百分数)表示。尽管具有与接收质量限相同质量水平的某些单批，能以相当高的概率被接收，但是，指定接收质量限并非表明它是令人满意的质量水平。本部分所提供的抽样计划，通过转移规则和暂停抽样检验来鼓励供方保持其过程不合格品率应一贯地优于相应的 AQL。否则，很有可能转移到检验严格度更高的加严检验，此时批被接收的准则将变得更加苛刻。一旦执行加严检验，除非供方采取改善过程的有效措施，根据转移规则，就很有可能会导致暂停抽样检验。

5.2　用途

在本部分中，AQL 和样本量字码用来检索抽样方案。

5.3　AQL 值的规定

AQL 值由产品标准、合同或负责部门指定。如果同时给出了上侧和下侧规范限，本部分只用一个总的 AQL 表示超出两规范限的联合不合格品百分数；这就是所谓的“联合控制”(关于双侧规范限的“分立”和“复合”控制，见 GB/T 6378.2)。

5.4　优先 AQL 值

本部分给出的从 0.01(%)到 10(%)的 16 个不合格品百分数 AQL 值，它们是按优先数系设计的。对于任何产品或服务，若指定的 AQL 不属于上述优先数值，则不能应用本部分(见 13.2)。

5.5　注意

根据 AQL 的上述定义，本标准仅能为连续系列批的检验提供所希望的保护。

5.6　限制

指定 AQL 值，并不意味着生产方有权提供任何已知的不合格品。

6　正常、加严和放宽检验的转移规则

转移规则是为了防止生产方的质量水平劣于 AQL。在本部分中，当检验结果表明质量劣于 AQL 时转移到加严检验。如果加严检验未能激励生产方迅速改善其生产过程，本部分还进一步规定了抽样检验的暂停。

为了使得过程质量水平控制在 AQL 以下，本部分中加严检验和暂停检验规则必须作为一个整体使用。

当检验结果表明质量水平稳定且认可其优于 AQL 时，本部分还规定了转移到放宽检验的规则。然而，该规则的执行是可选择的(由负责部门决定)。

使用 s 法时,若在控制图(见 19.1)上有充分的证据表明变异处于统计受控状态,则可考虑转换到 σ 法。如果这种转换有利,应取 s(样本标准差)的稳定值作为 σ 的值(见第 22 章)。

在暂停抽样检验状态,如果生产方没有采取有效措施改进其质量水平,不可恢复使用本部分的抽样检验。

转移规则的操作细节将在第 20 章、第 21 章和第 22 章给出。

7 与 GB/T 2828.1 的关系

7.1 相似点

a) 本部分是 GB/T 2828.1 的补充;这两个标准设计理念相同,所使用的程序和词汇也尽可能一致。

b) 二者均使用 AQL 检索抽样方案,并且在本部分中所使用的优先数值与 GB/T 2828.1 所给出的不合格品百分数的数值范围(即从 0.01(%)到 10(%))是相同的。

c) 在这两个标准中,由批量和检验水平(若没有其他的说明,应采用一般检验水平Ⅱ)确定样本量字码。然后用样本量字码和 AQL 从主表中查出要抽取的样本量和接收准则。s 法和 σ 法以及正常、加严和放宽检验方案由各自的表给出。

d) 转移规则本质上相同。

7.2 不同点

a) 接收性的确定:在 GB/T 2828.1 中,不合格品百分数计数抽样方案的接收准则是由样本中发现的不合格品数来确定的。计量抽样检验的接收准则基于过程均值的估计值与规范限相对于过程标准差的估计值或假设值的距离。本部分提供了两种方法:过程标准差未知时使用的 s 法与过程标准差已知时使用的 σ 法。在单侧规范限的情况下,接收准则可由公式给出(见15.2 和 16.2),而对 s 法,还容易利用图解法来确定接收准则(见 15.3)。对联合双侧规范限情况下,本部分对 s 法,仅提供了确定接收性的图解法(见 15.4),而对 σ 法,给出了数值法。

b) 正态性:GB/T 2828.1 中对质量特性值的分布没有要求。而在本部分中,为了对方案进行有效的操作,要求测量值服从或近似服从正态分布。

c) 操作特性曲线(OC 曲线):本部分中计量抽样方案的 OC 曲线与 GB/T 2828.1 相应方案的 OC 曲线不完全相同。两类 OC 曲线已在许多实际约束下尽可能接近,比如对任意 AQL,在给定样本量字码和检验方法情形下,保持样本量相同。

d) 生产方风险:当过程质量恰好等于 AQL 时,批不被接收的生产方风险随着样本量递增一级且 AQL 值递减一级而降低,即沿着主表上自右上向左下的对角线上的抽样方案生产方风险递减。接收概率的变化与此类似,但与 GB/T 2828.1 不相同(方案的生产方风险由附录 L 给出)。

e) 样本量:在样本量字码相同时,计量抽样方案的样本量通常比相应的计数抽样方案的样本量要小,对于 σ 法尤为如此(见表 A.2)。

f) 二次抽样方案:二次抽样方案将在 GB/T 6378.3 中另行给出。

g) 多次抽样方案:本部分未给出多次抽样方案。

h) 平均检出质量上限(AOQL):AOQL 的概念适用于对不接收批可通过 100%检验进行剔换的情形。AOQL 的概念不适用于破坏性测试或费用昂贵的测试的情形,而上述情形通常使用计量抽样方案,所以本部分不包括 AOQL 表。

8 极限质量保护

8.1 单个方案的使用

本部分的目的是通过对连续系列批系统地运用加严、正常和放宽检验来为使用方提供保护;同时确保只要质量优于 AQL 就有非常大的可能被接收来为生产方提供保护。

某些用户可从本部分选择一个特定的方案而不使用转移规则。例如某一消费者仅将方案用于验证的目的，此时并不是本部分给出系统的主要应用，这种使用方式不应认为“按 GB/T 6378.1 检验”。当以上述方式使用时，本部分仅作为一个以 AQL 检索的由单个抽样方案组成的方案库。所选择方案的操作特性曲线和其他特性应根据本部分所提供的表具体评价。

8.2 使用方风险表

如果连续批系列没有长到足以允许运用转移规则，需要对抽样方案的选择加以限制，在指定的 AQL 值下，所选择方案的使用方风险质量不劣于极限质量，以便对使用方提供保护。为此目的，应利用选定的使用方风险质量 CRQ 和与之关联的使用方风险来选择抽样方案。附录 K 给出了对应于使用方风险为 10%的 s 法和 σ 法的使用方风险质量值。

不推荐将本部分用于孤立批的检验，因为其计量抽样理论仅针对过程。对于孤立批或短系列批的检验，诸如 GB/T 2828.2 的计数抽样检验方案是适用的，且更有效率(见参考文献[5])。

8.3 生产方风险表

附录 L 列表给出了当过程不合格品率等于 AQL 时使用 s 法和 σ 法抽样方案的不接收概率。此概率称为生产方风险。

8.4 操作特性曲线

使用方风险质量和生产方风险表仅提供了操作特性曲线上两个点的信息。然而，任何过程质量下的单个抽样方案对使用方提供保护的程度，可由方案的操作特性(OC)曲线来确定。本部分 s 法正常检验抽样方案的 OC 曲线由图表 B 至图表 R 给出，同时也给出了 s 法所有抽样方案的 9 个标准接收概率对应的过程质量表，供选择抽样方案时参考。

对 s 方法，这些 OC 曲线和表用于单侧规范限，它们的大部分对 σ 法和联合双侧规范限提供了好的近似，特别是样本量较大的情形。如果对 σ 法需要更精确的 OC 曲线，参见附录 M。

9 策划

选择合适的计量抽样方案，需要经验、判断力和有关统计与要检验产品两方面的知识。本部分的第 10 章至第 13 章为抽样方案的选择提供帮助。在决定计量抽样方案是否适合以及挑选恰当的标准方案时，应熟悉并把握好这部分的内容。

10 计量和计数之间的选择

第一，要考虑计量检验是否比计数检验更合乎需要，应考虑的因素如下：

a) 从费用角度考虑。应对计数抽样检验和计量抽样检验二者费用进行比较。计数抽样计划所需样本量较大，但检验简便；而相应的计量抽样计划所需样本量较小但检验程序复杂，且单位产品检验费用更高、更耗时。

b) 从质量信息的获取角度考虑，计量检验在获取产品质量优劣程度的更精确信息方面具有优势，当质量下降时，会在早期发出警告。

c) 计数抽样计划较之计量抽样计划更易于理解和接受。例如，使用计量检验时有可能会出现在样本中没有发现任何不合格品而批被拒收的情形(见 15.4.2 和 15.4.4 的示例)。

d) 表 A.2 给出了在相同的 AQL 下，对采用计数检验标准方案(如来自 GB/T 2828.1)和采用 GB/T 6378 本部分的标准方案所需的样本量进行了比较。采用 σ 法(在假设过程标准差已知时使用)所需的样本量最小。采用 s 法(在过程标准差未知时使用)所需的样本量一般也小于计数抽样的样本量。

e) 计量检验特别适合与计量型控制图联合起来使用。

f) 当检验费用昂贵时，例如在破坏性检验的情况下，计量抽样检验具有实质上的优势。

g) 随着产品测量项目的增多,计量抽样计划的实施变得更为复杂。(对于两个或多个质量特性的情况,不能使用本部分,详见 GB/T 6378.2。)

h) 本部分仅适用于有理由相信质量特性的测量值服从正态分布的情形。对此有怀疑时应向负责部门咨询。

注 1:GB/T 4882 给出了检验正态性的详细程序。

注 2:ISO 2854:1976 也给出了处理正态偏离的方法,第 2 章提供了用图解法检验所用计量抽样数据的分布是否满足正态分布的示例。

11 s 法与 σ 法之间的选择

如果要采用计量检验,遇到的第二个问题是选用 s 法还是 σ 法。从样本量观点看,σ 法较经济,但在使用该方法之前必须确定 σ 的值。

检验应从 s 法开始,如果质量持续很好,经负责部门的许可,根据标准转移规则允许转移到放宽检验并使用较小的样本量。

接下来的问题是,如果变异受控且批连续被接收,转向 σ 法是否经济。σ 法样本量通常较小,接收准则也更简单(见 16.2)。另一方面,仍需要计算并记录样本标准差 s,用于控制图的更新(见第 19 章)。s 的计算初看起来较为麻烦;但用计算器或计算机就很容易解决。确定 s 和 σ 的方法由附录 J 给出。

12 检验水平与 AQL 的选择

对于标准抽样方案,检验水平、批量和 AQL 决定了样本量,并决定了检验的鉴别力。图表 B 至图表 R 及其相应数表给出了上述抽样方案的 OC 曲线和风险状况。

检验水平和 AQL 的选择由许多因素决定,但主要是在检验总费用与使用不合格品的后果之间进行权衡。

通常应使用一般检验水平Ⅱ,除非特定的情形下其他检验水平更合适。

13 抽样方案的选择

13.1 标准方案

本标准程序仅适用于连续序列批产品的检验。

标准程序规定从 s 法开始,采用一般检验水平Ⅱ,借助批量与样本量的关系在实际应用中基本上都能找到可用的抽样方案;但是,考虑的顺序首先是 AQL,其次是样本量,最后是极限质量。

本系统的可接收性基于使用方受转移规则(见第 20 章、第 21 章和第 22 章)的保护,当过程质量劣于 AQL 时,转移规则可以快速的增加检验方案的严格程度,最终还可能会导致抽样检验中止。

注:若被检验产品批的实际质量水平正好是极限质量水平时,则有 10%的接收概率。使用方的实际风险依赖于提交这种低质量产品的概率。

在某些情况下,极限质量具有比样本量更高的优先顺序(例如当产品的批数较少时),本部分合适的方案可以通过使用图表 A(见第 23 章)来选择。过极限质量值作垂直于横轴的直线,同时,过具有 95%接收概率的质量水平(接近于 AQL 值)作平行于横轴的直线。这两条直线的交点可能正好落在表示标准正常检验方案的样本量字码的某条线上或落在其下方。这可通过图表 B 到图表 R(见第 24 章),在相应样本量字码和 AQL 值所对应的 OC 曲线及其数值表中加以验证。

示例:假设可允许的极限质量为 1.5(%),相应于接收概率为 95%的质量水平为 0.15(%)。在图表 A 上,不合格品率为 1.5(%)的垂直线与不合格品率为 0.15(%)的水平线的交点位于表示样本量字码 L 线的下方。从图表 L 查出样本量字码 L 和 AQL 为 0.15(%)所需的抽样方案。

如果上述交点落在图表 A 的字码 R 线的上方,则意味着 s 法所需的样本量将超过 250,本部分所提供的方案均不能满足此要求。

13.2 特殊方案

如果没有满意的标准方案，那么就需要设计特殊方案。这时就要确定 AQL、极限质量 LQ 和样本量最合适的组合。注意这三者并非相互独立，当任意两个被确定第三个就定了。

这样的选择并非不受任何限制；实际上样本量必须受到某些约束。如果必须采用特殊方案，那么就需要求助于质量控制方面有经验的统计专家。

14 预备操作

计量检验开始之前，需要核对以下情况：

a) 生产是否连续，质量特性的分布是否可视为正态分布。

注 1：正态偏离的检验，见 GB/T 4882。

注 2：如果在验收抽样之前对批中的不合格品进行了筛选，分布是截尾的，则不能应用本部分。

b) 检验开始时是否采用 s 法，标准差是否稳定且已知，在稳定且已知的情况下应采用 σ 法。

c) 是否规定了检验水平。如果没有规定，则应采用一般检验水平Ⅱ。

d) 对具有双侧规范限的质量特性，每一侧的不合格是否同等重要。如果不是这种情形，应参考 ISO 3951-2:2006(与其对应的 GB/T 6378.2 正在起草中)。

e) AQL 是否被指定，AQL 是否为本部分的优先数。否则，不能应用有关的表。

15 s 法的标准程序

15.1 检索方案、抽样和预备计算

检索和实施方案的程序如下：

a) 根据给定的检验水平(通常为一般检验水平Ⅱ)和批量，从表 A.1 检索样本量字码。

b) 对于单侧规范限用字码和 AQL 从 B.1，B.2 或 B.3 中查出样本量 n 和接收常数 k。对于联合双侧规范限，当样本量为 5 及以上时，在图表 s-D 到 s-R 之中查找合适的接收曲线。

c) 随机抽取样本量为 n 的样本，测量每个样本产品的特性值 x，然后计算样本均值 $\bar{x}$，并且计算样本标准差 s(见附录 J)。如果 $\bar{x}$ 在规范限之外，即可不接收该批，这时可不计算 s。但为了保持记录的完整性，还须计算 s。

15.2 单侧规范限的接收准则

单侧规范限的情形，则需要计算质量统计量

$$Q_U=\frac{U-\bar{x}}{s} \text{或} Q_L=\frac{\bar{x}-L}{s}$$

然后，将计算出的 Q_L 或 Q_U 与从表 B.1，B.2 或 B.3 中获得的相应于正常、加严或放宽检验的接收常数 k 比较。如果统计量大于或等于接收常数，则接收该批；否则，不接收该批。即：

如果仅规定了上规范限 U，当 $Q_U \geqslant k$ 时，则接收该批，当 $Q_U < k$ 时，则不接收该批。

如果仅规定了下规范限 L，当 $Q_L \geqslant k$ 时，则接收该批，当 $Q_L < k$ 时，则不接收该批。

示例 1：单侧上规范限

某设备最高操作温度规定为 60 ℃，被检验产品的批量为 100 件。采用一般检验水平Ⅱ，AQL＝2.5 (%)的正常检验。从表 A.1 查得样本量字码为 F，由表 B.1 查出所需样本量为 13，接收常数 k 为 1.045。假设测量值如下：53 ℃，57 ℃，49 ℃，58 ℃，59 ℃，54 ℃，58 ℃，56 ℃，50 ℃，50 ℃，55 ℃，54 ℃，57 ℃。

给出本示例的接收准则并确定批的接收性。

需要的信息	得到的数值
样本量：n	13
样本均值：$\bar{x}=\frac{1}{n}\sum_{j=1}^{n}x_j$	54.615 4 ℃

样本标准差：$s=\sqrt{\sum_{j=1}^{n}(x_j-\bar{x})^2/(n-1)}$	3.330 ℃
(见附录 J 中的 J.1.2)	
规范限(上)：U	60 ℃
$Q_U=(U-\bar{x})/s$	1.617
接收常数：k(见表 B.1)	1.405
接收准则：Q_U 是否大于或等于 k($Q_U\geqslant k$)？	是(1.617>1.405)

满足接收准则，故接收该批。

示例 2：单侧下规范限(需要使用主表中的箭头情形)

某种火工品的延时装置的最短延时时间规定为 4.0 s，被检验产品的批量为 1 000 件。采用一般检验水平Ⅱ，正常检验，对下规范限，AQL 取 0.1(%)。由表 A.1 查得样本量字码为 J，由表 A.2 查出应用 s 法所需样本量为 35。而在表 B.1 中 J 和 AQL=0.1(%)查到的是一个向下的箭头。这意味着在此不能得到完全匹配的方案，可用的方案是由样本量字码 K 给出的，即样本量为 50 和接收常数 k 为 2.569。随机抽取 50 个样本产品。假设延迟时间的样本数值(以 s 为单位)如下：

6.95	6.04	6.68	6.63	6.65	6.52	6.59	6.86	6.57	6.91
6.40	6.44	6.34	6.04	6.15	6.29	6.63	6.70	6.67	6.67
6.44	7.15	6.70	6.59	6.51	6.80	5.94	5.92	6.56	6.53
6.35	7.17	6.83	6.25	6.96	7.00	6.38	6.83	6.29	6.39
6.80	5.84	6.16	6.25	6.57	6.71	6.77	6.55	6.87	6.25

给出本示例的接收准则并确定批的接收性。

需要的信息	得到的数值
样本量：n	50
样本均值：$\bar{x}=\frac{1}{n}\sum_{j=1}^{n}x_j$	6.542 s
样本标准差：$s=\sqrt{\sum_{j=1}^{n}(x_j-\bar{x})^2/(n-1)}$	0.312 0 s
(见附录 J 中的 J.1.2)	
下规范限：L	40 s
下质量统计量：$Q_L=(\bar{x}-L)/s$	8.147
接收常数：k(见表 B.1)	2.569
接收准则：Q_L 是否大于或等于 k($Q_L\geqslant k$)？	是(8.147>2.569)

满足接收准则，故接收该批。

15.3 单侧规范限的图解法

当使用图解法时，需要在图纸上以 $\bar{x}$ 为纵轴，以 s 为横轴，画出适当的直线：

$x=U-ks$ (对上规范限)

或

$x=L+ks$(对下规范限)

对于上规范限的检验，直线及其下面的区域为接收域。对于下规范限的检验，直线及其上面的区域为接收域。在图上描出$(s,\bar{x})$点。如果点落在接收域内，则接收该批；如果点落在接收域外，则不接收该批。

示例：使用 15.2 示例 1 的数据，在 $\bar{x}$ 轴上的点标出 $U=60$ 的点并画过该点的斜率为 $-k$ 的直线，[这里 $k=1.405$，意味着该直线要通过点$(s=1,\bar{x}=58.595)$，$(s=2,\bar{x}=57.190)$，$(s=3,\bar{x}=55.785)$ 等]。选择一个合适的点画一条通过它和$(s=0,\bar{x}=60)$，即$(0,U)$的直线。接收域则为直线下面(包含该直线在内)的区域。s 和 $\bar{x}$ 的计算值分别为 3.330 和 54.615，点$(s,\bar{x})$落在图 1 的接收域中，则接收该批。

接收图可在对批序列检验开始前准备好，然后把每一批的点$(s,\bar{x})$标在图上就可以确定批是否接收。

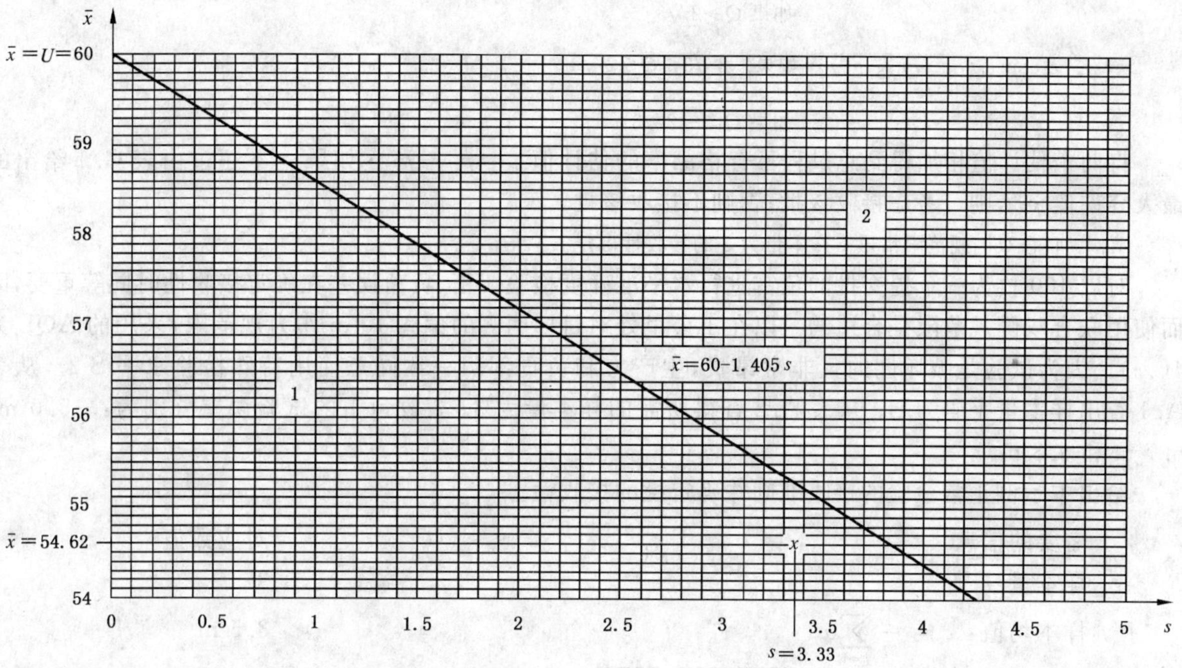

说明：

1——接收域；

2——拒收域。

图 1　示例中使用 s 法，单侧规范限的接收图

15.4　联合双侧规范限检验的接收准则

15.4.1　概述

对于联合双侧规范限情形下的 s 法，即采用一个超出上侧或下侧规范限的总的 AQL。GB/T 6378 本部分在确定批的接收性时，对样本量为 3 或 4 的情形仅提供了数值法，对其他样本量的情形既提供了数值法又提供了图解法(ISO 3951-2 仅提供了数值法)。样本变异性越大，接收性的要求越难满足。如果 s 的值超过从表 D.1、表 D.2 或表 D.3 查出的最大样本标准差(MSSD)，不必做进一步的计算或描图，即可判不接收该批。

15.4.2　样本量为 3 的程序

从附录 B 可得到，使用 s 法时，样本量字码 B 的正常和加严检验方案以及样本量字码由 B 到 D 的放宽检验方案的样本量均为 3。

在计算样本均值 $\bar{x}$ 和样本标准差 s 之后，从表 D.1、表 D.2 或表 D.3 的第一行查出所需的系数 f_s 的值。用下式确定最大样本标准差(即容许的最大值)。

$$s_{\max}=(U-L)f_s$$

然后将 s 与 $s_{\max}$ 进行比较。如果 s 大于 $s_{\max}$ 则不需要进一步计算即可不接收该批。

否则确定 $Q_U=(U-\bar{x})/s$ 和 $Q_L=(\bar{x}-L)/s$ 的值。将 Q_U 和 Q_L 乘以 $\sqrt{3}/2$(约为 0.866)，并用表 F.1 分别确定超出上、下规范限过程不合格品率的估计值 $\hat{p}_U$、$\hat{p}_L$。

注 1：统计量 Q 是负值，意味着超过规范限的过程不合格品率估计值大于 0.5，GB/T 6378 本部分对此总是判为批不接收。为了保持记录的完整性，用 $\sqrt{3}Q_U/2$ 的绝对值从表 F.1 中查得一个数值，然后用 1.0 减去该数值后就可得到 Q 为负值时的过程不合格品率的估计值。例如，如果 $Q_U=-0.156$，那么 $\sqrt{3}Q_U/2=-0.135$，用 0.135 从表 F.1 查得的数值为 0.456 9，用 1.0 减去 0.456 9 得到估计值 $\hat{p}_U=0.543\ 1$。

注 2：表 F.1 是基于附录 K 得到的。$n=3$ 时，超出每一规范限的过程不合格品率的估计值可不查表 F.1，而通过下式直接计算得到：

$$\hat{p}=\begin{cases}0 & \text{如果 } Q>2/\sqrt{3}\\ \dfrac{2}{\pi}\arcsin\left\{\sqrt{(1-Q\sqrt{3}/2)/2}\right\} & \text{如果 } -2/\sqrt{3}\leqslant Q\leqslant 2/\sqrt{3}\\ 1 & \text{如果 } Q<-2/\sqrt{3}\end{cases}$$

将两个估计值相加得到总过程不合格品率的估计值 $\hat{p}=\hat{p}_U+\hat{p}_L$。如果 $\hat{p}$ 不超过由表 G.1 给出的最大容许值 p^*，则可考虑接收该批；否则不接收该批。

示例：联合双侧规范限情形下样本量为 3 的接收性确定。

对以 100 枚为一个提交批的鱼雷进行水平准确度检验。正、负角误差在确定接收性时同等重要，因而使用联合双侧规范限是合适的。以在 1 公里处对目标两侧的偏离 10 m 作为规范限，采用的 AQL 为 4(%)。因为试验是破坏性的且非常昂贵，生产方和负责部门一致同意使用特殊检验水平 S-2。从表 A.1 查出样本量字码为 B。从表 A.2 查得所需的样本量为 3。3 枚鱼雷的试验误差分别为：−5.0 m，6.7 m 和 8.8 m。

给出本示例正常检验的接收准则并确定批的接收性。

需要的信息	对应数值
样本量：n	3
样本均值：$\bar{x}=\frac{1}{n}\sum_{j=1}^{n}x_j$	3.5 m
样本标准差：$s=\sqrt{\sum_{j=1}^{n}(x_j-\bar{x})^2/(n-1)}$	7.436 m
(见附录 J 中 J.1.2)	
对于 MSSD($s_{\max}$)的 f_s 值(表 D.1)	0.474
$s_{\max}=(U-L)f_s=[10-(-10)]\times 0.474$	9.48
因为 $s=7.436<s_{\max}=9.48$ 该批可能被接收，继续计算：	
$Q_U=(U-\bar{x})/s=(10-3.5)/7.436$	0.874 1
$Q_L=(\bar{x}-L)/s=(3.5+10)/7.436$	1.815
$\sqrt{3}Q_U/2$	0.757
$\sqrt{3}Q_L/2$	1.572
$\hat{p}_U$(从表 F.1)	0.226 7
$\hat{p}_L$(从表 F.1)	0.000 0
$\hat{p}=\hat{p}_U+\hat{p}_L$	0.226 7
p^*(从表 G.1，正常检验)	0.190 5
由于 $\hat{p}>p^*$，所以不接收该批。	

注 3：尽管样本中所有被检验的样本产品都在规范限内，但仍不能接收该批。

15.4.3 样本量为 4 的程序

从附录 B 可得到，使用 s 法时，样本量字码 C 的正常和加严检验方案以及样本量字码 E 的放宽检验方案的样本量均为 4。

在计算样本均值 $\bar{x}$ 和样本标准差 s 之后，从表 D.1、表 D.2 或表 D.3 的第二行查出所需的系数 f_s 的值。用下式确定最大样本标准差(即容许的最大值)

$$s_{\max}=(U-L)f_s$$

然后将 s 与 $s_{\max}$ 进行比较。如果 s 大于 $s_{\max}$ 则不需要进一步计算即可不接收该批。否则，确定 $Q_U=(U-\bar{x})/s$ 和 $Q_L=(\bar{x}-L)/s$ 的值。计算

$$\hat{p}_U=\begin{cases}0 & \text{如果 } Q_U>1.5\\ 0.5-Q_U/3 & \text{如果 } -1.5\leqslant Q_U\leqslant 1.5\\ 1 & \text{如果 } Q_U<-1.5\end{cases} \quad (1)$$

和

$$\hat{p}_L=\begin{cases}0 & \text{如果 } Q_L>1.5\\ 0.5-Q_L/3 & \text{如果 } -1.5\leqslant Q_L\leqslant 1.5\\ 1 & \text{如果 } Q_L<-1.5\end{cases} \qquad (2)$$

将两个估计值相加得到总过程不合格品率的估计值 $\hat{p}=\hat{p}_U+\hat{p}_L$。如果 $\hat{p}$ 不超过由表 G.1 给出的最大容许值 p^*，则可考虑接收该批；否则不接收该批。

注：式(1)和式(2)由附录 N 给出。

示例：某产品的批量为 50。产品直径的下侧与上侧规范限分别为 82 mm 与 84 mm。直径太大和太小认为同等重要的不合格，并且决定在一般检验水平 Ⅰ 下，采用一个总的 AQL=2.5(%)来控制总的不合格品率。检验开始时采用正常检验。从表 A.1 得样本量字码为 C。从表 A.2 查得所需样本量为 4。对第一批中 4 个样本产品测得的直径为 82.4 mm，82.2 mm，83.1 mm 及 82.3 mm。

给出本示例正常检验的接收准则并确定批的接收性。

需要的信息	得到的数值
样本量：n	4
样本均值：$\bar{x}=\frac{1}{n}\sum_{j=1}^{n}x_j$	82.50 mm
样本标准差：$s=\sqrt{\sum_{j=1}^{n}(x_j-\bar{x})^2/(n-1)}$	0.408 2 mm
(见附录 J 中的 J.1.2)	
上规范限：U	84 mm
下规范限：L	82 mm
对于 MSSD(s_{max})的 f_s 值(从表 D.1)	0.376
$s_{max}=(U-L)f_s=(84-82)\times0.376$	0.752 mm
因为 $s=0.408\,2<s_{max}=0.752$，该批可能被接收，继续计算：	
$Q_U=(U-\bar{x})/s=(84-82.5)/0.408\,2$	3.674 7
$Q_L=(\bar{x}-L)/s=(82.5-82)/0.408\,2$	1.224 9
$\hat{p}_U$(根据式(1))	0.000 0
$\hat{p}_L$(根据式(2))	0.091 7
$\hat{p}=\hat{p}_U+\hat{p}_L$	0.091 7
p^*(表 G.1，正常检验)	0.112 3

由于 $\hat{p}<p^*$，所以判该批接收。

15.4.4 样本量大于 4 的程序

在计算样本均值 $\bar{x}$ 和样本标准差 s 之后，从表 D.1、表 D.2 或表 D.3 中查出所需的系数 f_s 的值。用下式确定最大样本标准差(即容许的最大值)

$s_{max}=(U-L)f_s$

然后将 s 与 s_{max} 进行比较。如果 s 大于 s_{max} 则不需要进一步计算即可拒收该批。

否则，在图表 s-D 到 s-R 中找出相应样本量字码的接收曲线图，并在图中找出标有指定的总的 AQL 值的接收曲线。

然后计算 $s/(U-L)$ 和 $(\bar{x}-L)/(U-L)$ 并将其对应的点描在图上。如果该点落在曲线内侧(包括曲线上)，则接收该批；如果落在外侧，则不接收该批。为了更方便，建议在检验开始前，将需用的正常检验、加严检验和放宽检验的接收曲线图复制一份。然后调整坐标刻度以使得 s 和 $\bar{x}$(s,$\bar{x}$)可直接在接收性图标出(即用上下规范限分别代替纵坐标上的 1.0,0.0)。

然后将由样本算得的(s,$\bar{x}$)标在接收性图上。如果该点落在曲线内侧(包括曲线上)，则接收该批；如果落在外侧，则不接收该批。

示例 5：某设备的最低操作温度规定为 60 ℃，最高操作温度规定为 70 ℃，被检验产品的批量为 96 件。检验水平为Ⅱ，采用正常检验，AQL =1.5%。由表 A.1 得样本量字码 F；由表 A.2 查出所需样本量为 13，由表 D.1 查出 MSSD 的系数 f_s 的值为 0.274。假设测量值如下：65.5 ℃，60.0 ℃，65.2 ℃，61.7 ℃，69.0 ℃，67.1 ℃，60.0 ℃，66.4 ℃，62.8 ℃，68.0 ℃，63.4 ℃，60.7 ℃，65.8 ℃。

给出本示例的接收准则并确定批的接收性。

需要的信息	得到的数值
样本量：n	13
样本均值：$\bar{x}=\frac{1}{n}\sum_{j=1}^{n}x_j$	64.28 ℃
样本标准差：$s=\sqrt{\sum_{j=1}^{n}(x_j-\bar{x})^2/(n-1)}$ （见附录 J 中的 J.1.2）	2.86 ℃
上规范限：U	70.0 ℃
下规范限：L	60.0 ℃
MSSD（$s_{\max}$）相应的 f_s 值（表 D.1）	0.274
$s_{\max}=(U-L)f_s$	2.74 ℃

由于 s 大于 $s_{\max}$，直接判不接收该批。

注：尽管样本中所有被检验的样本产品都在规范限内，但也不能接收该批。

如果用 AQL=4.0(%)代替 1.5(%)。此时 f_s 的值为 0.328，给出的 MSSD 为 3.28。由于 s 小于 MSSD，不能作出是否可接收该批的决定。这就要从图表 s-F 中寻找相应的接收曲线。将点(s=2.86，x=64.28)描在已对坐标刻度进行了调整的图 2 上。该点落在了 AQL 为 4.0(%)的接收曲线内侧，故接收该批。

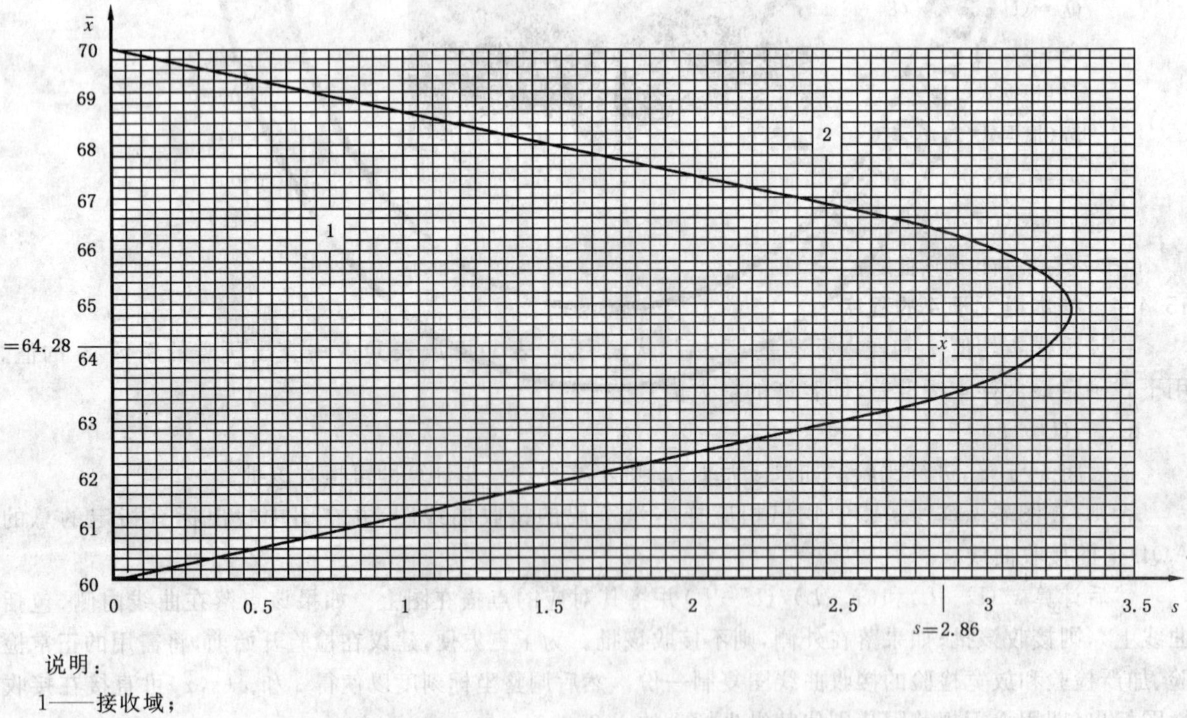

说明：

1——接收域；

2——拒收域。

图 2　对联合双侧规范限的 s 法，使用接收图(调整的刻度)的示例

如果没有对接收图的刻度进行调整,则还需进一步计算。

标准化的样本均值:$(\bar{x}-L)/(U-L)=(64.28-60)/(70-60)=0.428$。

标准化的样本标准差:$s/(U-L)=2.86/(70-60)=0.286$。

将点(0.286,0.428)描在图3上。由于该点落在AQL=4.0(%)的接收曲线内侧,故接收该批。

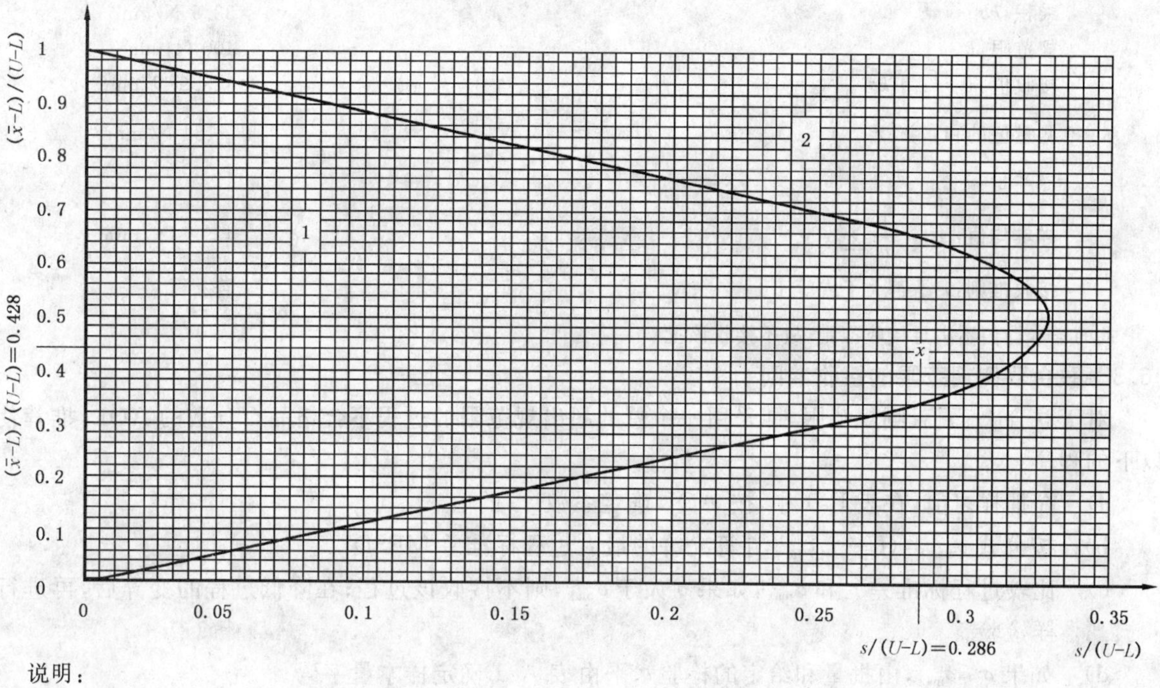

说明:

1——接收域;

2——拒收域。

图3 对联合双侧规范限的 s 法,使用接收图(标准化的刻度)的示例

16 σ 法的标准程序

16.1 检索方案、抽样和预备计算

σ 法仅用于有有效证据表明过程标准差 σ 是常数且数值已知的情况。

从表A.1中可以查得样本量字码。依据样本量字码、检验的严格度以及规定的AQL,从表C.1、表C.2或表C.3中查得相应的样本量 n 和接收常数 k。

随机抽取样本量为 n 的样本,测量每个样本产品的特性值 x,然后计算样本均值 $\bar{x}$(也需计算样本标准差 s,但仅用于核对过程标准差的稳定性,见第19章)。

16.2 单侧规范限的接收准则

σ 法的接收准则与 s 法的程序类似。首先,用过程标准差已知的 σ 代替 s 法的质量统计量 Q 中的 s,然后,计算 Q 的值并与由表C.1、表C.2和表C.3查得的接收常数 k 进行比较。

注意,例如可将上规范限的接收准则 $Q_U[=(U-\bar{x})/\sigma]\geqslant k$ 改写为 $\bar{x}\leqslant U-k\sigma$。由于 U、k 和 σ 的值都已知,所以接收值 $\bar{x}_U[=U-k\sigma]$ 在检验开始前就确定了。

对于上规范限,

如果 $\bar{x}\leqslant\bar{x}_U[=U-k\sigma]$,则接收该批;如果 $\bar{x}>\bar{x}_U[=U-k\sigma]$,则不接收该批。

类似地,对于下规范限,

如果 $\bar{x}\geqslant\bar{x}_L[=L+k\sigma]$,则接收该批;如果 $\bar{x}<\bar{x}_L[=L+k\sigma]$,则不接收该批。

示例 某钢铸件的最低屈服点规定为400 N/mm^2,交验批的批量为500件。采用一般检验水平Ⅱ,正常检验,AQL=1.5(%)。已知 σ 为21 N/mm^2。由表A.1查得样本量字码为H。由表C.1查出对应于AQL值为1.5(%)的样

本量 n 为 12,接收常数 k 为 1.613。假设样本产品的屈服点如下:431,417,469,407,452,427,411,429,420,400,445。

给出本示例的接收准则并确定批的接收性。

需要的信息	得到的数值
接收常数:k	1.613
已知的 σ:	21 N/mm^2
乘积:$k\sigma$	33.9 N/mm^2
规范限:L	400 N/mm^2
接收值:$\bar{x}_L = L + k\sigma$	433.9 N/mm^2
测量值的和:$\sum_{j=1}^{n} x_j$	5 184 N/mm^2
样本量:n	12
样本均值:$\bar{x} = \frac{1}{n}\sum_{j=1}^{n} x_j$	429.8 N/mm^2
接收准则:$\bar{x}$ 是否大于或等于 $\bar{x}_L$?	否

批的样本均值不满足接收准则,故不接收该批。

16.3 联合双侧规范限的接收准则

对于联合上、下双侧规范限,即采用一个总的超出规范限的过程不合格品百分数的 AQL,推荐使用以下的程序:

a) 在抽样之前,在表 E.1 中,按 AQL 确定系数 f_σ 的值。

b) 按公式 $\sigma_{\max} = (U-L)\ f_\sigma$ 计算允许的最大过程标准差 MPSD。

c) 比较过程标准差 σ 和 $\sigma_{\max}$,如果 σ 大于 $\sigma_{\max}$,则不接收该过程;在降低过程的变异后,再进行抽样检验。

d) 如果 $\sigma \leqslant \sigma_{\max}$,由批量和给定的检验水平由表 A.1 确定样本量字码。

e) 根据样本量字码和检验的严格度(即检验是采用正常、加严或放宽)以及 AQL 值,从表 C.1、表 C.2 或表 C.3 查出适用的样本量和接收常数 k。

f) 按公式 $\bar{x}_U = U - k\sigma$ 计算允许的样本均值上界 $\bar{x}_U$,按公式 $\bar{x}_L = L + k\sigma$ 计算允许的样本均值下界 $\bar{x}_L$。

g) 从批中抽取样本量为 n 的样本,计算样本均值 $\bar{x}$。如果 $\bar{x}_L \leqslant \bar{x} \leqslant \bar{x}_U$,则接收该批,如果 $\bar{x} < \bar{x}_L$ 或 $\bar{x} > \bar{x}_U$,则不接收该批。

示例:某电子元件的电阻值规定为(520±50)Ω,被检验产品的批量为 2 500 件。采用一般检验水平Ⅱ,正常检验,用于双侧规范限(470 和 570)的总的 AQL 值为 4(%)。已知 σ 为 21.0,由表 A.1 查得样本量字码为 K,由表 A.2 查出所需样本量为 18。假设样本产品电阻的测量值(单位为欧姆)如下:515,491,479,507,543,521,536,483,509,514,507,484,526,552,499,530,512,492。

需要的信息	得到的数值
从表 E.1 查系数:f_σ	0.223
上规范限:U	570 Ω
下规范限:L	470 Ω
最大过程标准差,$\sigma_{\max} = (U-L)\ f_\sigma$	22.3 Ω
已知的标准差 σ	21.0 Ω

(由于 $\sigma \leqslant \sigma_{\max}$,需对批的接收性做进一步分析。)

样本量:n	18
接收常数(从表 C.1)	1.340
$\bar{x}$ 的上界:$\bar{x}_U = U - k_\sigma$	541.9 Ω
$\bar{x}$ 的下界:$\bar{x}_L = L + k_\sigma$	498.1 Ω
测量结果之和:$\sum_{j=1}^{n} x_j$	9 200 Ω

样本均值：$\bar{x}=\frac{1}{n}\sum_{j=1}^{n}x_j$　　511.1 Ω

由于 $\bar{x}$=511.1 Ω 介于 $\bar{x}$ 接收限 498.1 Ω 和 541.9 Ω 之间，故接收该批。

除了最后两行外其他的计算应在抽样开始前完成。

如果已知的 σ 为 25，由于 σ 超过 MPSD，不能进行抽样检验。

17　连续检验的程序

只有以下条件都满足，才能有效进行计量抽样：

a)　检验的质量特性服从正态分布；

b)　有完整的记录；

c)　遵守转移规则。

18　正态性与离群值

18.1　正态性

在抽样开始前，负责部门应验证质量特性的正态性。若有怀疑，应向统计专家咨询，该批产品质量特性的分布是否适用计量抽样，或者是否应使用 GB/T 4882 或 GB/T 4889 给出的方法对正态性偏离进行检验。

18.2　离群值

离群值(偏离的观察值)是指样本中显著偏离其他观测值的观测值。单个离群值，即使其值在规范限之内，也会造成变异的增加与均值的变化，可能会最终导致批的不接收(见 GB/T 6379.2)。如果检测有离群值，对该批的处理应由供方和采购方协商解决。

19　记录

19.1　控制图

计量抽样检验的一个优点是可以发现产品质量水平的变化趋势，并在产品质量水平超出接收标准之前得到警示，但这要建立在保存有足够多的记录之上。

无论使用 s 法或 σ 法，均需保存 $\bar{x}$ 和 s 的记录，并最好以控制图的形式(见 GB/T 4091 和 GB/T 4891)保存。

上述程序特别适用于使用 σ 法时验证由样本得到的 s 值是否落在预设的 σ 值的控制界限内。

对于联合双侧规范限，从表 D.1、表 D.2 或表 D.3 查得 MSSD 的值，应该画在 s 控制图中作为不接收值的标识。

注：控制图仅用于检测质量特性的变化趋势。而对单个批接收性的最终决定则按第 15 章和第 16 章做出。

19.2　不接收的批

应特别关注所有不接收批的有关记录，并查看转移规则是否得到贯彻。没有负责部门的允许，任何被抽样方案不接收的批不得以整体或部分的方式重新提交。

20　转移规则的实施

标准的转移规则如下：

a)　正常检验　开始检验时应采用正常检验(除非另有规定)。在需要转为加严检验或允许放宽检验之前，应连续采用正常检验。

b)　正常检验到加严检验　在执行正常检验时，如果连续五批或少于五批中，有两批初检验不被接收，应从下一批开始执行加严检验。

加严检验通常采用增大接收常数 k 值的方法来实现。表 B.2 列出了 s 法、表 C.2 列出了 σ 法的加严检验抽样方案的接收常数值。这两种方法在从正常转移到加严检验时都不改变样本量，除非因为AQL太小而在表中显示出向下的箭头时，才有必要增大样本量。

c) 加严检验到正常检验　在执行加严检验时，如果连续五批初检验被接收，则从下一批开始恢复正常检验。

d) 正常检验到放宽检验　在执行正常检验时，如果连续十批被接收，并且符合以下情况则可转到放宽检验：

1) 如果AQL加严一级，这些批还能被接收。

注：如果加严一级AQL对应的k值没有在表B.1(s法)或表C.1(σ法)中给出，则可查阅表I.1。

2) 生产过程处于统计受控状态。

3) 负责部门认为放宽检验可行。

放宽检验的样本量比正常检验的样本量小，接收常数也小。对于s法，表B.3给出了放宽检验抽样方案n和k的值，对于σ法，表C.3给出了放宽检验抽样方案n和k的值。

e) 放宽检验到正常检验　在执行放宽检验时，如果发生以下情况之一，则从下一批开始恢复正常检验：

1) 一批未被接收；

2) 生产过程不稳定或被延迟；

3) 负责部门认为不再适合执行放宽检验。

21 检验的暂停和恢复

在执行加严检验时，如果经初检验不接收的批累计达五批，则暂停本部分的验收程序。

在供方有效改善其所提供产品或服务的质量以前，不应恢复本部分规定的检验，如果有证据表明改进措施有效，经负责部门允许，可以恢复按本部分的检验，并从20 b)规定的加严检验开始。

22 s法和σ法之间的转换

22.1 过程标准差的估计

在开始使用本部分期间，应定期计算样本方差的加权平均的平方根，作为s法和σ法二者的过程标准差σ的估计(见J.2)。除非负责部门对定期计算间隔另有规定，应每隔5批重新估计一次σ的值。除非负责部门另有规定，每次估计应依前10批的结果来计算。

22.2 统计受控状态

对于每相邻10批(或负责部门规定的其他批数)，按$c_U\sigma$计算上控制限. 其中c_U是一个依赖于样本量n的系数，由表H.1给出。如果样本标准差s_j没有超过相应的控制限，就认为过程处于统计受控状态，否则认为过程处于失控状态。

注1：如果所有批的样本量相等，则它们使用同一个$c_U\sigma$的值。

注2：如果各批的样本量不尽相同，则对那些样本标准差s_j小于或等于σ的批不参与$c_U\sigma$的计算。

22.3 从s法转到σ法

使用s法时，若过程处于统计受控状态，即可转到σ法，并使用最新的σ值。

注：这种转换必须经负责部门许可。

22.4 从σ法转到s法

即使在使用σ法时，建议仍保留s控制图。一旦过程处于失控状态，应转到s法。

23 图表A——标准一次抽样方案的样本量字码与规定的质量水平

图4给出了接收概率为95%和10%处规定的质量水平(以不合格品百分数表示)的标准一次抽样方案的样本量字码。

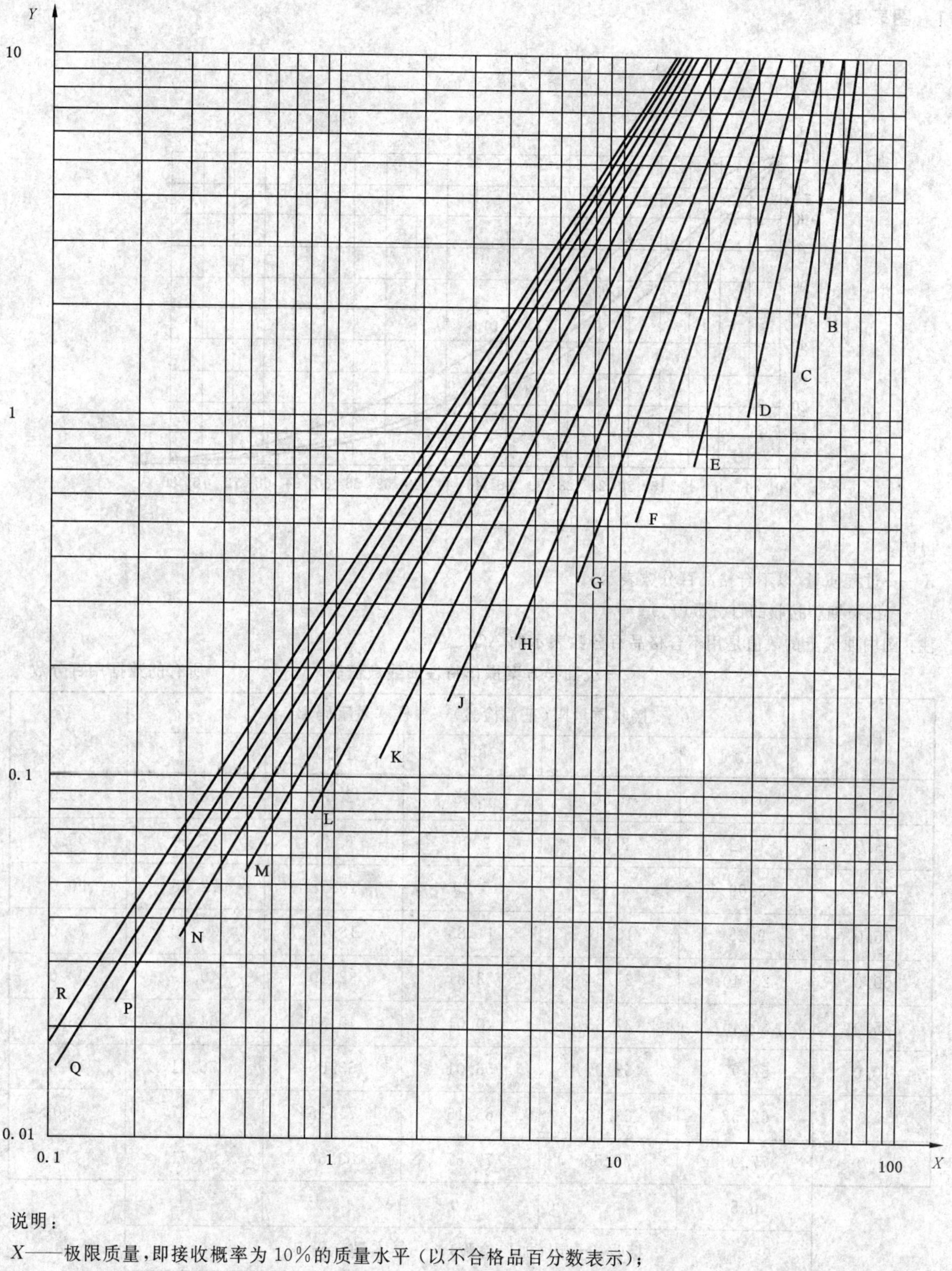

说明：

X——极限质量，即接收概率为10%的质量水平（以不合格品百分数表示）；

Y——接收概率为95%的质量水平（用不合格品百分数表示）；

黑体字表示样本量字码。

图4　图表A：接收概率为95%和10%处的规定的质量水平的标准一次抽样方案的样本量字码

24 图表 B 到图表 R(图 5 到图 19)——样本量字码 B 到 R 的操作特性曲线图和数表,*s* 法

24.1 图表 B

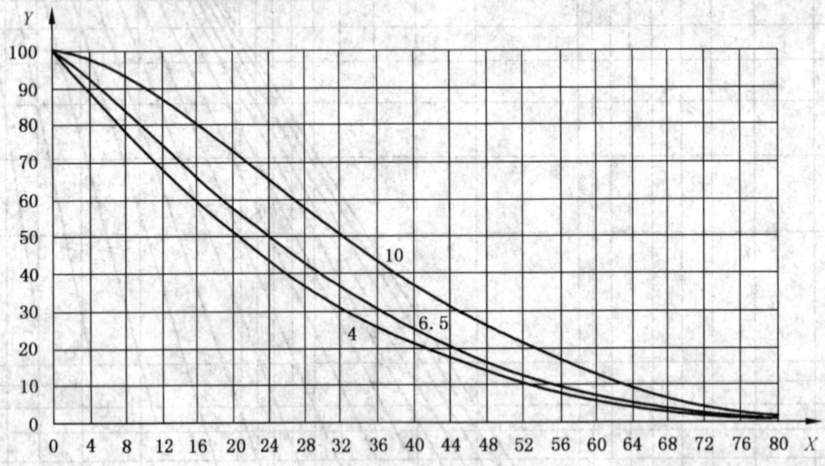

说明:

X——过程质量(以不合格品百分数表示);

Y——批被期望接收的百分数(P_a)。

注:图中曲线上的数值是用不合格品百分数表示的 AQL。

一次抽样方案操作特性曲线数值表 所有的数据用百分数

P_a	接收质量限(正常检验)——样本量字码 B					P_a
	4.0		6.5	10.0		
99.0	0.45	0.57	0.85	2.61	8.63	99.0
95.0	1.92	2.25	2.99	6.63	16.60	95.0
90.0	3.69	4.19	5.29	10.18	22.35	90.0
75.0	9.25	10.09	11.83	18.77	34.10	75.0
50.0	20.40	21.54	23.81	32.20	49.19	50.0
25.0	36.45	37.65	40.01	48.34	64.40	25.0
10.0	52.92	53.97	56.01	63.09	76.41	10.0
5.0	62.52	63.42	65.15	71.15	82.37	5.0
1.0	77.98	78.56	79.67	83.53	90.71	1.0
	6.5		10.0			
	接收质量限(加严检验)——样本量字码 B					
	1.5	2.5	4.0	6.5	10.0	
	接收质量限(放宽检验)——样本量字码 B-D					

图 5 图表 B:一次抽样方案的操作特性曲线,正常检验

24.2 图表 C

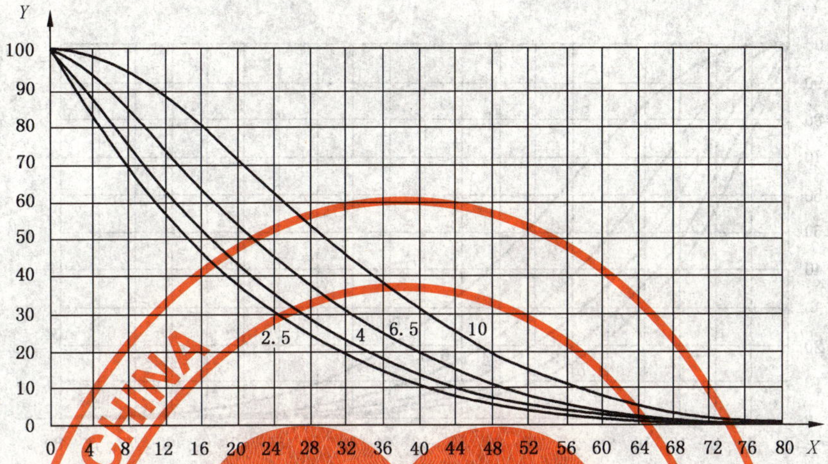

说明：

X——过程质量(以不合格品百分数表示)；

Y——批被期望接收的百分数(P_a)。

注：图中曲线上的数值是用不合格品百分数表示的 AQL。

一次抽样方案操作特性曲线数值表 所有的数据用百分数

P_a	接收质量限(正常检验)——样本量字码 C						P_a
	2.5		4.0	6.5	10.0		
99.0	0.34	0.42	0.59	1.33	3.41	10.42	99.0
95.0	1.36	1.59	2.03	3.70	7.47	17.98	95.0
90.0	2.58	2.93	3.61	5.94	10.76	23.15	90.0
75.0	6.46	7.08	8.21	11.78	18.34	33.38	75.0
50.0	14.59	15.50	17.10	21.84	29.76	46.37	50.0
25.0	27.17	28.24	30.09	35.31	43.53	59.76	25.0
10.0	41.32	42.37	44.16	49.09	56.61	70.93	10.0
5.0	50.30	51.27	52.90	57.40	64.15	76.84	5.0
1.0	66.36	67.10	68.33	71.69	76.68	85.89	1.0
	4.0		6.5	10.0			
	接收质量限(加严检验)——样本量字码 C						
	1.0	1.5	2.5	4.0	6.5	10.0	
	接收质量限(放宽检验)——样本量字码 E						

图 6 图表 C:一次抽样方案的操作特性曲线,正常检验

24.3 图表 D

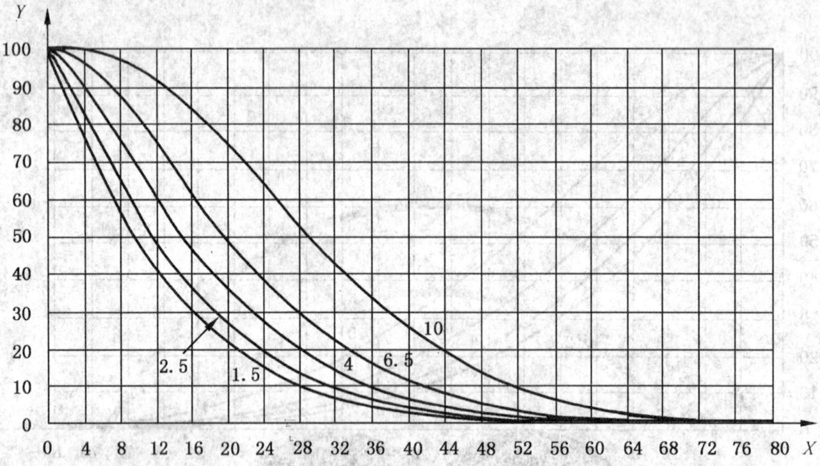

说明：

X——过程质量(以不合格品百分数表示)；

Y——批被期望接收的百分数(P_a)。

注：图中曲线上的数值是用不合格品百分数表示的 AQL。

一次抽样方案操作特性曲线数值表 所有的数据用百分数

P_a	接收质量限(正常检验)——样本量字码 D							P_a
	1.5		2.5	4.0	6.5	10.0		
99.0	0.29	0.36	0.50	1.00	2.12	5.43	13.35	99.0
95.0	1.01	1.19	1.53	2.60	4.66	9.75	20.34	95.0
90.0	1.81	2.08	2.58	4.08	6.76	12.89	24.82	90.0
75.0	4.27	4.76	5.60	7.95	11.73	19.53	33.34	75.0
50.0	9.45	10.21	11.47	14.78	19.68	28.88	43.91	50.0
25.0	17.87	18.86	20.47	24.48	30.07	39.88	54.94	25.0
10.0	28.19	29.28	31.02	35.26	40.94	50.49	64.57	10.0
5.0	35.31	36.40	38.14	42.30	47.79	56.85	69.96	5.0
1.0	49.55	50.54	52.10	55.78	60.52	68.16	78.91	1.0
	2.5		4.0	6.5	10.0			
	接收质量限(加严检验)——样本量字码 D							
	0.65	1.0	1.5	2.5	4.0	6.5	10.0	
	接收质量限(放宽检验)——样本量字码 F							

图 7 图表 D:一次抽样方案的操作特性曲线,正常检验

24.4 图表 E

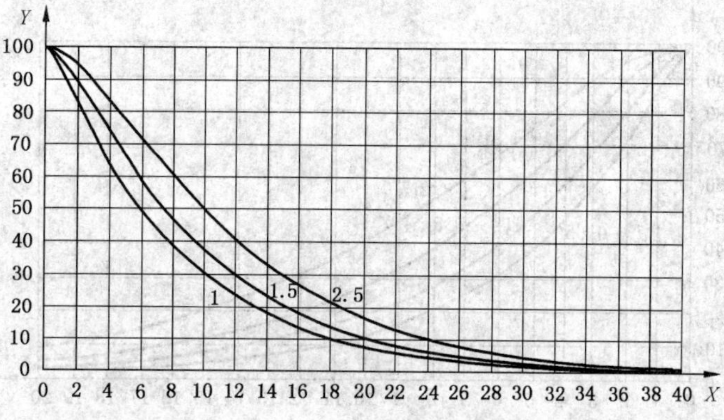

a)

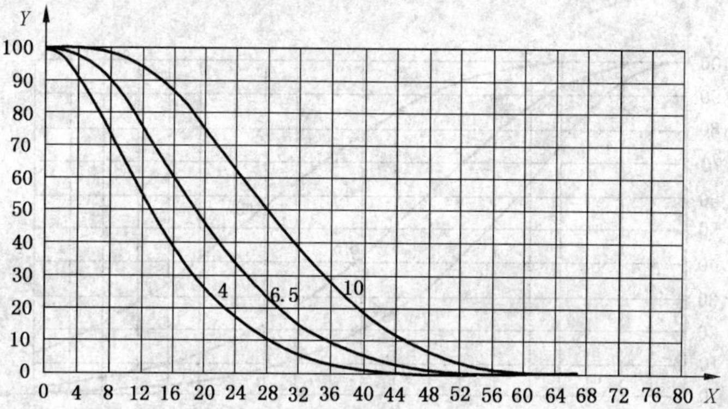

b)

说明：

X——过程质量(以不合格品百分数表示)；

Y——批被期望接收的百分数(P_a)。

注：图中曲线上的数值是用不合格品百分数表示的 AQL。

一次抽样方案操作特性曲线数值表

所有的数据用百分数

P_a	接收质量限(正常检验)——样本量字码 E								P_a
	1.0		1.5	2.5	4.0	6.5	10.0		
99.0	0.24	0.30	0.41	0.78	1.51	3.40	7.63	12.27	99.0
95.0	0.74	0.88	1.13	1.88	3.19	6.13	11.91	17.74	95.0
90.0	1.26	1.47	1.83	2.86	4.56	8.15	14.78	21.20	90.0
75.0	2.81	3.17	3.77	5.38	7.83	12.55	20.50	27.78	75.0
50.0	6.00	6.58	7.51	9.86	13.18	19.05	28.18	36.08	50.0
25.0	11.32	12.13	13.39	16.43	20.48	27.19	36.98	45.08	25.0
10.0	18.20	19.17	20.66	24.15	28.61	35.67	45.52	53.42	10.0
5.0	23.24	24.27	25.84	29.48	34.03	41.10	50.74	58.35	5.0
1.0	34.16	35.23	36.84	40.48	44.92	51.59	60.41	67.20	1.0
	1.5		2.5	4.0	6.5	10.0			
	接收质量限(加严检验)——样本量字码 E								
	0.40	0.65	1.0	1.5	2.5	4.0	6.5	10.0	
	接收质量限(放宽检验)——样本量字码 G								

图 8　图表 E：一次抽样方案的操作特性曲线，正常检验

24.5 图表 F

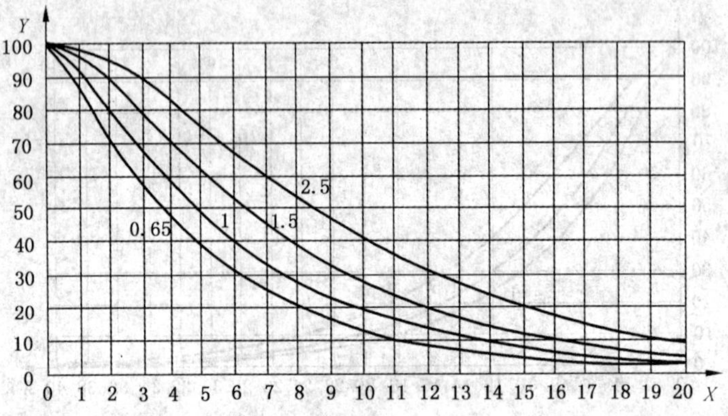

a)

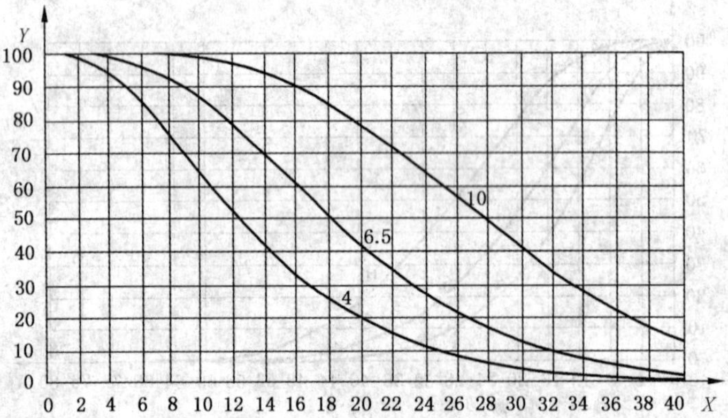

b)

说明：

X——过程质量（以不合格品百分数表示）；

Y——批被期望接收的百分数（P_a）。

注：图中曲线上的数值是用不合格品百分数表示的 AQL。

一次抽样方案操作特性曲线数值表 所有的数据用百分数

P_a	接收质量限（正常检验）——样本量字码 F										P_a
	0.65		1.0	1.5	2.5	4.0	6.5		10.0		
99.0	0.19	0.23	0.31	0.56	1.01	2.10	4.37	6.80	9.49	12.85	99.0
95.0	0.51	0.61	0.78	1.27	2.08	3.80	7.01	10.18	13.52	17.53	95.0
90.0	0.84	0.98	1.22	1.90	2.95	5.08	8.84	12.41	16.08	20.42	90.0
75.0	1.79	2.03	2.43	3.49	5.04	7.93	12.63	16.84	21.02	25.83	75.0
50.0	3.72	4.12	4.75	6.35	8.52	12.29	17.97	22.78	27.40	32.59	50.0
25.0	7.00	7.58	8.48	10.65	13.45	18.01	24.48	29.72	34.60	39.97	25.0
10.0	11.40	12.14	13.27	15.91	19.19	24.30	31.22	36.63	41.59	46.94	10.0
5.0	14.75	15.57	16.83	19.70	23.19	28.52	35.57	41.00	45.90	51.16	5.0
1.0	22.46	23.39	24.81	27.96	31.67	37.15	44.15	49.40	54.07	59.00	1.0
	1.0		1.5	2.5	4.0	6.5	10.0				
	接收质量限（加严检验）——样本量字码 F										
	0.25	0.40	0.65	1.0	1.5	2.5	4.0	6.5		10.0	
	接收质量限（放宽检验）——样本量字码 H										

图 9 图表 F：一次抽样方案的操作特性曲线，正常检验

24.6 图表 G

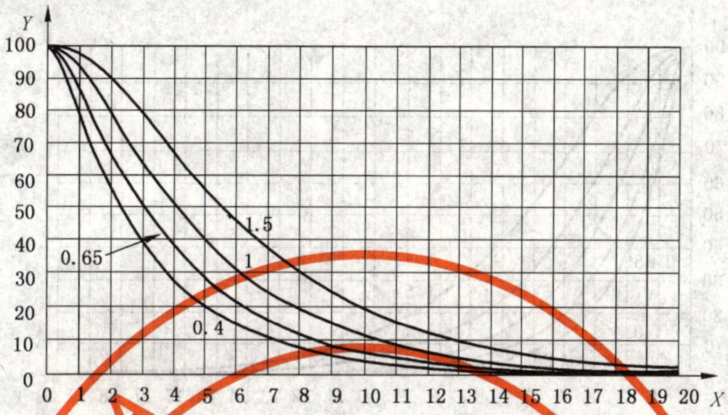

a)

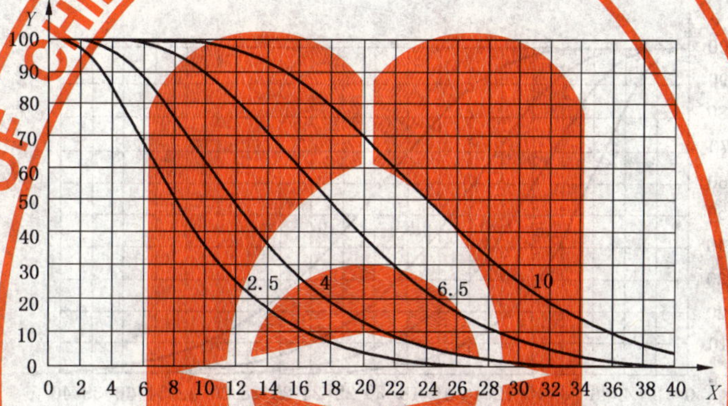

b)

说明：

X——过程质量(以不合格品百分数表示)；

Y——批被期望接收的百分数(P_a)。

注：图中曲线上的数值是用不合格品百分数表示的 AQL。

一次抽样方案操作特性曲线数值表 所有的数据用百分数

P_a	接收质量限(正常检验)——样本量字码 G												P_a
	0.40		0.65	1.0	1.5	2.5	4.0		6.5		10.0		
99.0	0.14	0.17	0.22	0.39	0.69	1.35	2.65	4.01	5.48	7.30	9.20	11.26	99.0
95.0	0.35	0.42	0.53	0.86	1.38	2.43	4.33	6.15	8.05	10.31	12.60	15.02	95.0
90.0	0.56	0.66	0.82	1.26	1.94	3.25	5.51	7.61	9.74	12.24	14.73	17.33	90.0
75.0	1.15	1.31	1.58	2.28	3.28	5.11	8.01	10.58	13.10	15.98	18.78	21.66	75.0
50.0	2.34	2.60	3.03	4.11	5.55	8.01	11.67	14.74	17.65	20.90	23.99	27.11	50.0
25.0	4.37	4.77	5.40	6.90	8.84	11.95	16.32	19.83	23.06	26.58	29.87	33.16	25.0
10.0	7.15	7.68	8.51	10.43	12.80	16.44	21.34	25.15	28.58	32.26	35.65	39.00	10.0
5.0	9.33	9.94	10.89	13.04	15.64	19.56	24.71	28.64	32.15	35.87	39.28	42.61	5.0
1.0	14.54	15.29	16.42	18.95	21.90	26.20	31.65	35.69	39.23	42.94	46.28	49.53	1.0
	0.65		1.0	1.5	2.5	4.0	6.5		10.0				
	接收质量限(加严检验)——样本量字码 G												
	0.15	0.25	0.40	0.65	1.0	1.5	2.5	4.0		6.5		10.0	
	接收质量限(放宽检验)——样本量字码 J												

图 10 图表 G：一次抽样方案的操作特性曲线，正常检验

24.7 图表 H

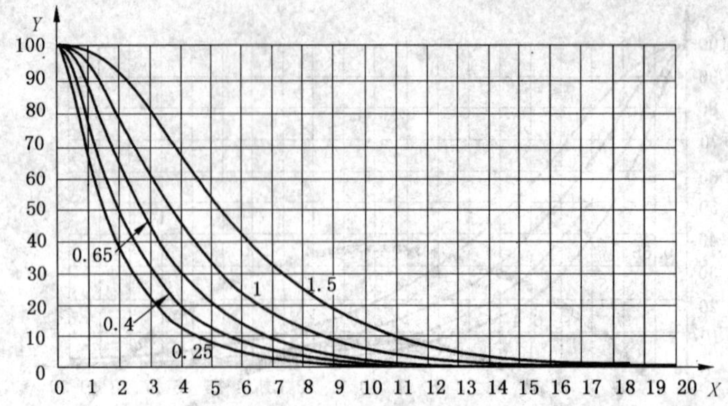

a)

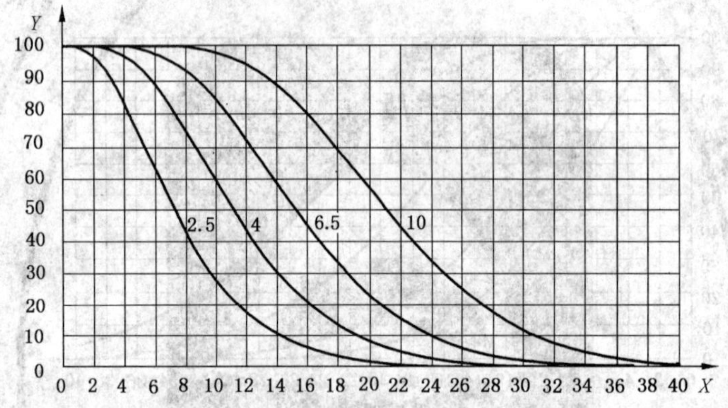

b)

说明：

X——过程质量(以不合格品百分数表示)；

Y——批被期望接收的百分数(P_a)。

注：图中曲线上的数值是用不合格品百分数表示的 AQL。

一次抽样方案操作特性曲线数值表 所有的数据用百分数

P_a	接收质量限(正常检验)——样本量字码 H													P_a
	0.25		0.40	0.65	1.0	1.5	2.5		4.0		6.5		10.0	
99.0	0.10	0.12	0.16	0.28	0.47	0.89	1.67	2.45	3.29	4.31	5.37	6.50	8.98	99.0
95.0	0.24	0.29	0.36	0.58	0.91	1.57	2.73	3.81	4.91	6.22	7.55	8.92	11.85	95.0
90.0	0.37	0.44	0.54	0.83	1.27	2.09	3.48	4.74	6.00	7.47	8.94	10.45	13.62	90.0
75.0	0.73	0.84	1.01	1.46	2.11	3.27	5.10	6.67	8.21	9.96	11.67	13.39	16.95	75.0
50.0	1.44	1.62	1.90	2.60	3.55	5.14	7.50	9.46	11.31	13.35	15.32	17.26	21.19	50.0
25.0	2.65	2.92	3.34	4.34	5.65	7.73	10.65	12.98	15.11	17.43	19.61	21.74	25.97	25.0
10.0	4.33	4.70	5.27	6.58	8.23	10.76	14.17	16.79	19.16	21.68	24.02	26.27	30.69	10.0
5.0	5.66	6.10	6.76	8.27	10.13	12.91	16.59	19.37	21.84	24.46	26.87	29.18	33.67	5.0
1.0	8.95	9.51	10.35	12.21	14.44	17.65	21.74	24.75	27.38	30.13	32.62	34.98	39.52	1.0
	0.40		0.65	1.0	1.5	2.5	4.0		6.5			10.0		
	接收质量限(加严检验)——样本量字码 H													
	0.10	0.15	0.25	0.40	0.65	1.0	1.5	2.5		4.0		6.5	10.0	
	接收质量限(放宽检验)——样本量字码 K													

图 11 图表 H:一次抽样方案的操作特性曲线,正常检验

24.8 图表 J

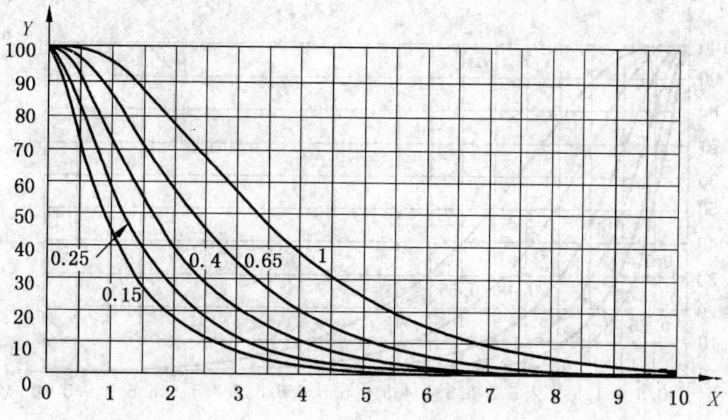

a)

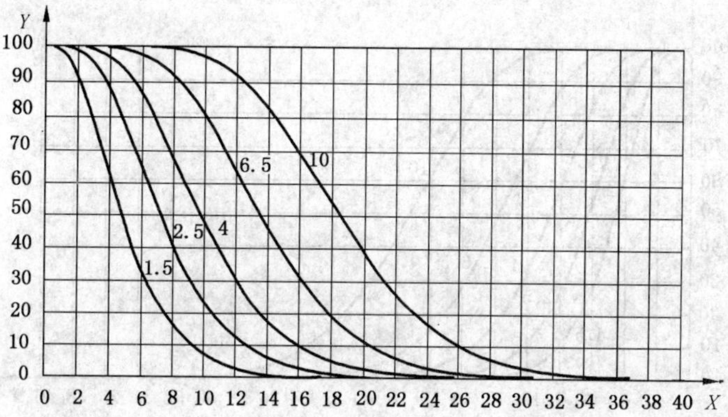

b)

说明：

X——过程质量(以不合格品百分数表示)；

Y——批被期望接收的百分数(P_a)。

注：图中曲线上的数值是用不合格品百分数表示的 AQL。

一次抽样方案操作特性曲线数值表 所有的数据用百分数

P_a	接收质量限(正常检验)——样本量字码 J															P_a
	0.15		0.25	0.40	0.65	1.0	1.5		2.5		4.0		6.5		10.0	
99.0	0.07	0.09	0.12	0.20	0.33	0.59	1.08	1.55	2.04	2.63	3.24	3.88	5.28	6.79	8.42	99.0
95.0	0.16	0.19	0.25	0.39	0.61	1.03	1.74	2.39	3.06	3.83	4.60	5.40	7.11	8.90	10.78	95.0
90.0	0.24	0.29	0.36	0.55	0.83	1.35	2.21	2.98	3.74	4.62	5.49	6.38	8.26	10.20	12.21	90.0
75.0	0.46	0.53	0.64	0.93	1.35	2.08	3.22	4.20	5.16	6.22	7.26	8.31	10.47	12.66	14.89	75.0
50.0	0.87	0.99	1.17	1.62	2.22	3.25	4.75	5.99	7.17	8.45	9.68	10.91	13.38	15.82	18.28	50.0
25.0	1.57	1.74	2.01	2.67	3.51	4.88	6.79	8.30	9.71	11.21	12.62	14.01	16.77	19.45	22.10	25.0
10.0	2.53	2.78	3.15	4.02	5.12	6.82	9.11	10.87	12.48	14.17	15.73	17.26	20.24	23.09	25.88	10.0
5.0	3.31	3.60	4.04	5.06	6.31	8.22	10.73	12.64	14.36	16.15	17.80	19.39	22.49	25.43	28.28	5.0
1.0	5.25	5.63	6.21	7.52	9.07	11.37	14.29	16.44	18.34	20.30	22.08	23.79	27.05	30.10	33.04	1.0
	0.25		0.40	0.65	1.0	1.5	2.5		4.0			6.5		10.0		
	接收质量限(加严检验)——样本量字码 J															
	0.065	0.10	0.15	0.25	0.40	0.65	1.0	1.5		2.5		4.0	6.5			
	接收质量限(放宽检验)——样本量字码 L															

图 12 图表 J：一次抽样方案的操作特性曲线，正常检验

24.9 图表 K

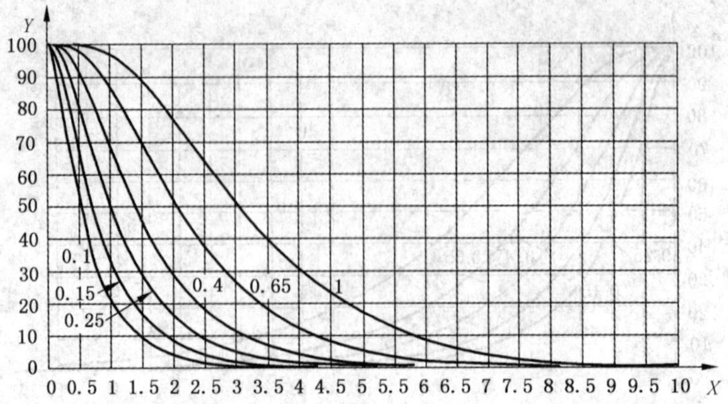

a)

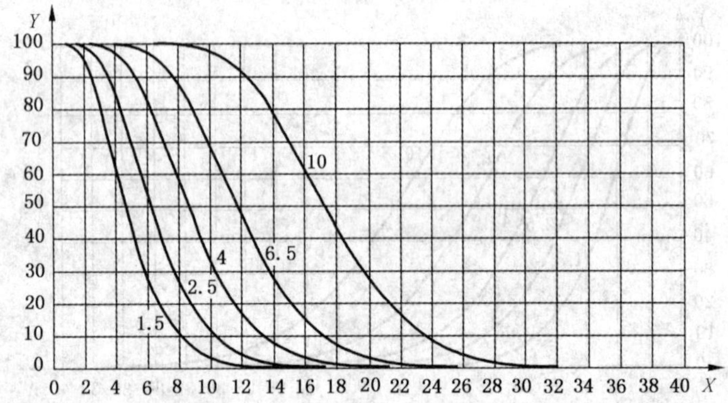

b)

说明：

X——过程质量(以不合格品百分数表示)；

Y——批被期望接收的百分数(P_a)。

注：图中曲线上的数值是用不合格品百分数表示的 AQL。

一次抽样方案操作特性曲线数值表 所有的数据用百分数

P_a	接收质量限(正常检验)——样本量字码 K																	P_a
	0.10		0.15	0.25	0.40	0.65	1.0		1.5		2.5		4.0		6.5		10.0	
99.0	0.06	0.07	0.09	0.15	0.24	0.42	0.74	1.05	1.36	1.74	2.12	2.51	3.36	4.28	5.24	7.33	8.99	99.0
95.0	0.12	0.14	0.17	0.27	0.42	0.70	1.17	1.59	2.01	2.50	2.98	3.48	4.53	5.63	6.76	9.18	11.05	95.0
90.0	0.17	0.19	0.24	0.37	0.56	0.90	1.46	1.96	2.44	3.00	3.55	4.11	5.27	6.47	7.70	10.29	12.28	90.0
75.0	0.30	0.34	0.42	0.61	0.88	1.36	2.10	2.73	3.34	4.02	4.69	5.35	6.71	8.09	9.48	12.26	14.53	75.0
50.0	0.53	0.61	0.72	1.01	1.41	2.07	3.05	3.86	4.62	5.46	6.26	7.05	8.63	10.21	11.78	14.96	17.32	50.0
25.0	0.93	1.04	1.21	1.63	2.18	3.07	4.32	5.33	6.25	7.25	8.19	9.11	10.92	12.69	14.43	17.89	20.42	25.0
10.0	1.46	1.62	1.86	2.42	3.13	4.25	5.78	6.98	8.05	9.20	10.26	11.30	13.30	15.24	17.12	20.80	23.46	10.0
5.0	1.89	2.08	2.36	3.02	3.85	5.12	6.82	8.12	9.29	10.52	11.66	12.76	14.88	16.91	18.86	22.67	25.38	5.0
1.0	2.97	3.22	3.60	4.47	5.52	7.08	9.11	10.63	11.97	13.35	14.62	15.84	18.14	20.32	22.39	26.39	29.20	1.0
	0.15		0.25	0.40	0.65	1.0	1.5		2.5			4.0		6.5		10.0		
	接收质量限(加严检验)——样本量字码 K																	
	0.04	0.065	0.010	0.15	0.25	0.40	0.65	1.0		1.5		2.5	4.0					
	接收质量限(放宽检验)——样本量字码 M																	

图 13 图表 K：一次抽样方案的操作特性曲线，正常检验

24.10 图表 L

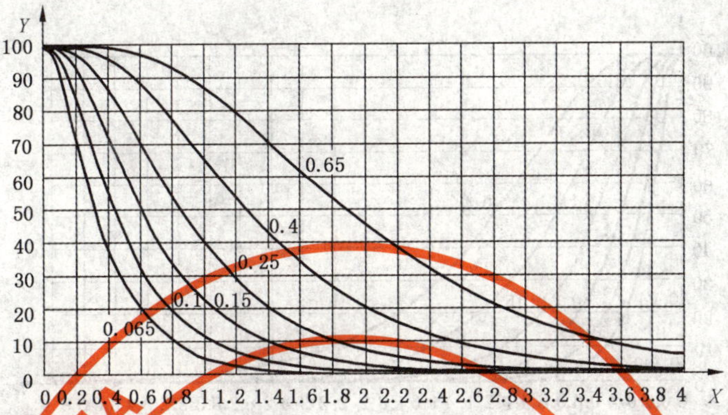

a)

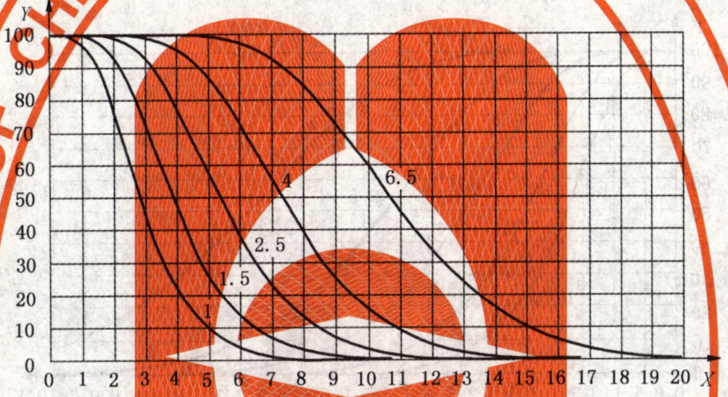

b)

说明：

X——过程质量(以不合格品百分数表示)；

Y——批被期望接收的百分数(P_a)。

注：图中曲线上的数值是用不合格品百分数表示的 AQL。

一次抽样方案操作特性曲线数值表 所有的数据用百分数

P_a	接收质量限(正常检验)——样本量字码 L																	P_a
	0.065		0.10	0.15	0.25	0.40	0.65		1.0		1.5		2.5		4.0		6.5	
99.0	0.04	0.05	0.06	0.10	0.17	0.29	0.50	0.69	0.89	1.12	1.35	1.59	2.10	2.65	3.22	4.44	5.41	99.0
95.0	0.08	0.09	0.12	0.18	0.28	0.46	0.76	1.02	1.29	1.59	1.89	2.19	2.83	3.50	4.18	5.61	6.73	95.0
90.0	0.11	0.13	0.16	0.24	0.36	0.59	0.94	1.25	1.55	1.90	2.24	2.58	3.30	4.03	4.78	6.33	7.52	90.0
75.0	0.19	0.22	0.26	0.39	0.56	0.86	1.33	1.73	2.11	2.54	2.95	3.36	4.21	5.06	5.93	7.67	9.00	75.0
50.0	0.32	0.37	0.44	0.62	0.87	1.29	1.91	2.42	2.90	3.43	3.93	4.43	5.44	6.43	7.43	9.40	10.88	50.0
25.0	0.54	0.61	0.72	0.98	1.32	1.88	2.68	3.33	3.92	4.56	5.16	5.75	6.92	8.06	9.19	11.39	13.01	25.0
10.0	0.84	0.93	1.08	1.43	1.88	2.59	3.58	4.35	5.05	5.80	6.49	7.17	8.49	9.76	11.00	13.40	15.15	10.0
5.0	1.07	1.18	1.36	1.77	2.29	3.11	4.21	5.07	5.83	6.65	7.40	8.13	9.54	10.89	12.20	14.72	16.53	5.0
1.0	1.66	1.81	2.05	2.60	3.27	4.30	5.64	6.66	7.55	8.49	9.35	10.17	11.75	13.25	14.68	17.39	19.32	1.0
	0.10		0.15	0.25	0.40	0.65	1.0		1.5			2.5		4.0		6.5		
	接收质量限(加严检验)——样本量字码 L																	
	0.025	0.04	0.065	0.10	0.15	0.25	0.40	0.65		1.0		1.5	2.5					
	接收质量限(放宽检验)——样本量字码 N																	

图 14 图表 L:一次抽样方案的操作特性曲线,正常检验

24.11 图表 M

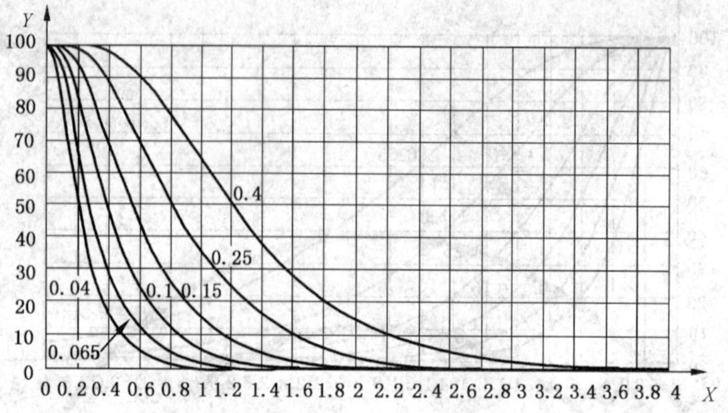

a)

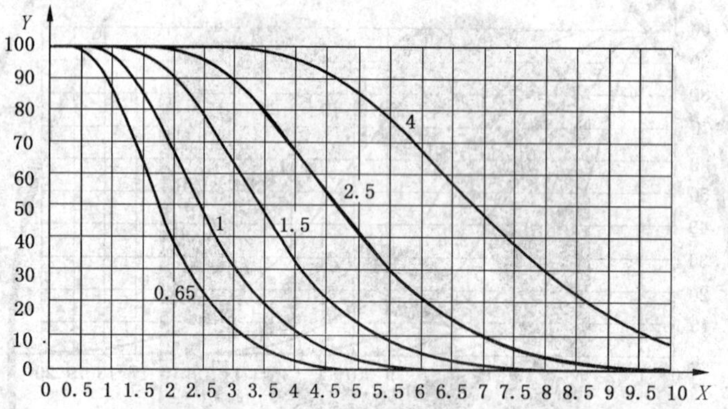

b)

说明：

X——过程质量(以不合格品百分数表示)；

Y——批被期望接收的百分数(P_a)。

注：图中曲线上的数值是用不合格品百分数表示的 AQL。

一次抽样方案操作特性曲线数值表 所有的数据用百分数

P_a	接收质量限(正常检验)——样本量字码 M																	P_a
	0.04		0.065	0.10	0.15	0.25	0.40		0.65		1.0		1.5		2.5		4.0	
99.0	0.03	0.04	0.05	0.07	0.12	0.20	0.33	0.46	0.59	0.73	0.88	1.03	1.35	1.68	2.04	2.78	3.36	99.0
95.0	0.05	0.06	0.08	0.12	0.19	0.31	0.50	0.67	0.84	1.03	1.22	1.41	1.81	2.22	2.65	3.53	4.21	95.0
90.0	0.07	0.09	0.11	0.16	0.24	0.38	0.61	0.81	1.01	1.23	1.44	1.66	2.10	2.56	3.03	3.99	4.73	90.0
75.0	0.12	0.14	0.17	0.25	0.36	0.55	0.85	1.11	1.35	1.63	1.89	2.15	2.68	3.22	3.76	4.87	5.70	75.0
50.0	0.20	0.23	0.27	0.39	0.55	0.82	1.21	1.54	1.85	2.19	2.51	2.83	3.47	4.10	4.74	6.01	6.95	50.0
25.0	0.32	0.37	0.43	0.60	0.82	1.17	1.69	2.10	2.48	2.90	3.29	3.67	4.42	5.16	5.90	7.34	8.39	25.0
10.0	0.49	0.55	0.64	0.86	1.14	1.60	2.24	2.74	3.20	3.69	4.14	4.58	5.45	6.28	7.11	8.70	9.86	10.0
5.0	0.62	0.69	0.80	1.06	1.39	1.91	2.63	3.19	3.69	4.23	4.73	5.21	6.14	7.03	7.92	9.60	10.82	5.0
1.0	0.95	1.05	1.19	1.54	1.97	2.63	3.51	4.19	4.79	5.42	5.99	6.55	7.61	8.62	9.60	11.46	12.79	1.0
	0.065		0.10	0.15	0.25	0.40	0.65		1.0			1.5		2.5		4.0		
	接收质量限(加严检验)——样本量字码 M																	
	0.015	0.025	0.04	0.065	0.10	0.15	0.25	0.40		0.65		1.0	1.5					
	接收质量限(放宽检验)——样本量字码 P																	

图 15 图表 M:一次抽样方案的操作特性曲线,正常检验

24.12 图表 N

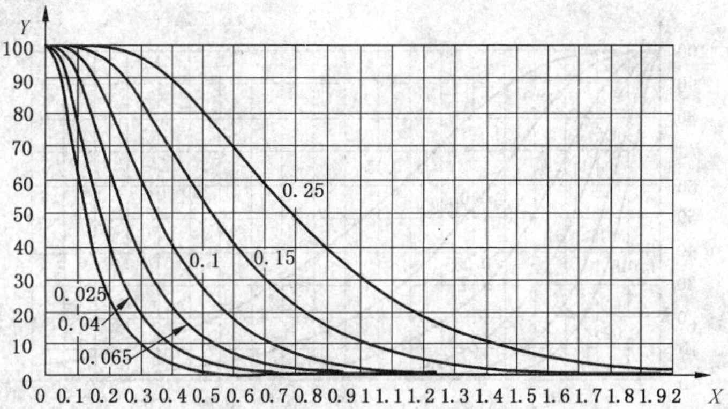

a)

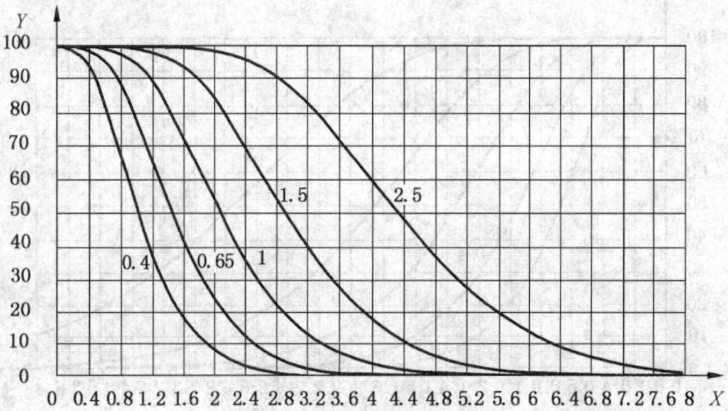

b)

说明：

X——过程质量(以不合格品百分数表示)；

Y——批被期望接收的百分数(P_a)。

注：图中曲线上的数值是用不合格品百分数表示的 AQL。

一次抽样方案操作特性曲线数值表 所有的数据用百分数

P_a	接收质量限(正常检验)——样本量字码 N																	P_a
	0.025		0.04	0.065	0.10	0.15	0.25		0.40		0.65		1.0		1.5		2.5	
99.0	0.02	0.02	0.03	0.05	0.08	0.13	0.22	0.30	0.38	0.47	0.56	0.66	0.85	1.06	1.28	1.73	2.08	99.0
95.0	0.04	0.04	0.05	0.08	0.12	0.20	0.32	0.43	0.54	0.66	0.78	0.90	1.14	1.40	1.66	2.20	2.63	95.0
90.0	0.05	0.06	0.07	0.10	0.16	0.25	0.39	0.52	0.64	0.78	0.91	1.05	1.33	1.61	1.90	2.50	2.96	90.0
75.0	0.08	0.09	0.11	0.16	0.23	0.35	0.54	0.70	0.86	1.03	1.19	1.36	1.69	2.03	2.37	3.06	3.58	75.0
50.0	0.12	0.14	0.17	0.24	0.34	0.51	0.76	0.97	1.17	1.38	1.58	1.79	2.19	2.59	3.00	3.80	4.40	50.0
25.0	0.19	0.22	0.26	0.37	0.50	0.73	1.06	1.32	1.56	1.83	2.07	2.32	2.80	3.28	3.75	4.67	5.36	25.0
10.0	0.29	0.33	0.38	0.52	0.70	0.99	1.39	1.71	2.01	2.32	2.61	2.90	3.46	4.01	4.54	5.58	6.34	10.0
5.0	0.36	0.41	0.47	0.64	0.84	1.18	1.63	1.99	2.32	2.67	2.99	3.30	3.91	4.50	5.07	6.18	6.99	5.0
1.0	0.55	0.61	0.70	0.92	1.19	1.61	2.18	2.61	3.01	3.43	3.80	4.17	4.87	5.55	6.20	7.44	8.34	1.0
	0.04		0.065	0.10	0.15	0.25	0.40		0.65			1.0		1.5		2.5		
	接收质量限(加严检验)——样本量字码 N																	
	0.01	0.015	0.025	0.04	0.065	0.10	0.15	0.25		0.40		0.65	1.0					
	接收质量限(放宽检验)——样本量字码 Q																	

图 16 图表 N:一次抽样方案的操作特性曲线,正常检验

24.13　图表 P

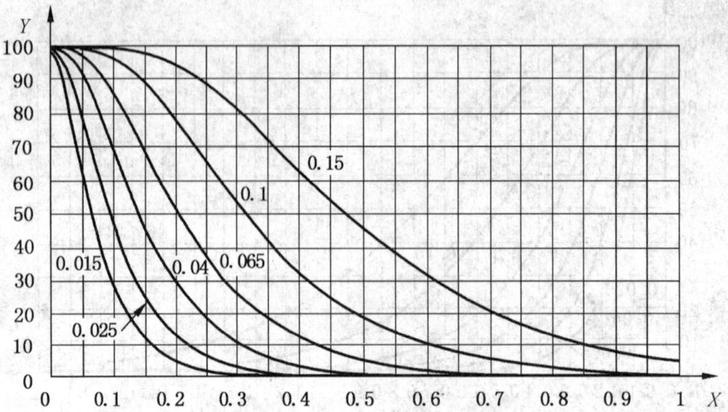

a)

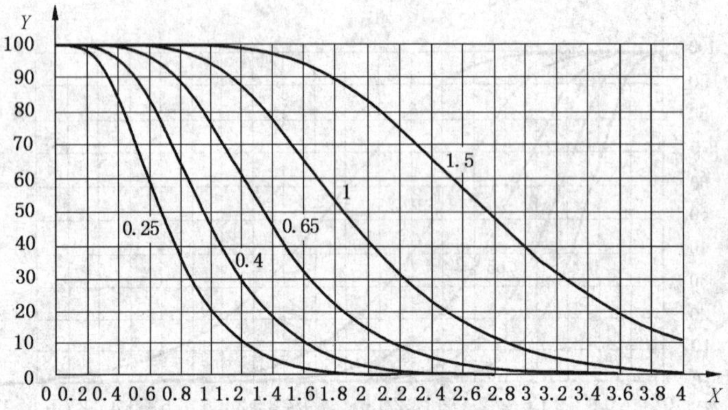

b)

说明：

X——过程质量(以不合格品百分数表示)；

Y——批被期望接收的百分数(P_a)。

注：图中曲线上的数值是用不合格品百分数表示的 AQL。

一次抽样方案操作特性曲线数值表　　　　所有的数据用百分数

P_a	接收质量限(正常检验)——样本量字码 P																	P_a
	0.015		0.025	0.040	0.065	0.10	0.15		0.25		0.40		0.65		1.0		1.5	
99.0	0.01	0.02	0.02	0.03	0.05	0.09	0.14	0.19	0.24	0.30	0.36	0.42	0.54	0.67	0.80	1.07	1.28	99.0
95.0	0.02	0.03	0.03	0.05	0.08	0.13	0.21	0.27	0.34	0.42	0.49	0.56	0.72	0.88	1.04	1.37	1.62	95.0
90.0	0.03	0.04	0.04	0.07	0.10	0.16	0.25	0.33	0.41	0.49	0.58	0.66	0.83	1.01	1.19	1.55	1.83	90.0
75.0	0.05	0.06	0.07	0.10	0.14	0.22	0.34	0.44	0.54	0.65	0.75	0.85	1.06	1.27	1.48	1.91	2.23	75.0
50.0	0.08	0.09	0.10	0.15	0.21	0.32	0.48	0.61	0.73	0.86	0.99	1.12	1.37	1.63	1.88	2.38	2.76	50.0
25.0	0.12	0.13	0.16	0.22	0.31	0.45	0.66	0.82	0.97	1.14	1.30	1.45	1.76	2.07	2.36	2.95	3.38	25.0
10.0	0.17	0.19	0.23	0.31	0.42	0.61	0.86	1.06	1.25	1.45	1.64	1.82	2.18	2.54	2.87	3.54	4.03	10.0
5.0	0.21	0.24	0.28	0.38	0.51	0.72	1.01	1.24	1.45	1.67	1.87	2.08	2.47	2.85	3.22	3.94	4.46	5.0
1.0	0.32	0.36	0.41	0.55	0.71	0.98	1.35	1.63	1.88	2.15	2.39	2.63	3.09	3.54	3.96	4.78	5.37	1.0
	0.025		0.04	0.065	0.10	0.15	0.25		0.40			0.65		1.0		1.5		
	接收质量限(加严检验)——样本量字码 P																	
		0.01	0.015	0.025	0.04	0.065	0.10	0.15		0.25		0.40	0.65					
	接收质量限(放宽检验)——样本量字码 R																	

图 17　图表 P：一次抽样方案的操作特性曲线，正常检验

24.14 图表 Q

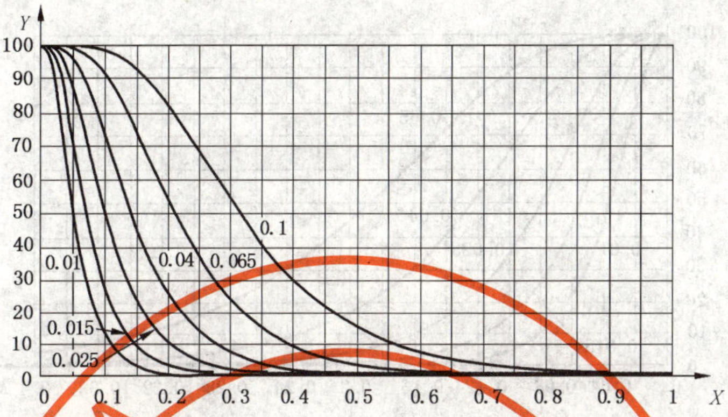

a)

b)

说明：

X——过程质量(以不合格品百分数表示)；

Y——批被期望接收的百分数(P_a)。

注：图中曲线上的数值是用不合格品百分数表示的 AQL。

一次抽样方案操作特性曲线数值表 所有的数据用百分数

P_a	接收质量限(正常检验)——样本量字码 Q													P_a
	0.01	0.015	0.025	0.04	0.065	0.10	0.15	0.25		0.40		0.65		1.0	
99.0	0.01	0.01	0.02	0.03	0.06	0.09	0.16	0.23	0.27	0.35	0.43	0.51	0.68	0.82	99.0
95.0	0.02	0.02	0.04	0.05	0.08	0.14	0.22	0.32	0.36	0.46	0.56	0.66	0.87	1.04	95.0
90.0	0.02	0.03	0.04	0.07	0.10	0.16	0.26	0.37	0.43	0.54	0.65	0.76	0.99	1.17	90.0
75.0	0.03	0.04	0.06	0.09	0.14	0.22	0.35	0.48	0.55	0.68	0.82	0.95	1.22	1.43	75.0
50.0	0.05	0.07	0.10	0.14	0.20	0.30	0.47	0.64	0.72	0.88	1.05	1.21	1.53	1.77	50.0
25.0	0.07	0.10	0.14	0.19	0.28	0.42	0.62	0.83	0.93	1.13	1.33	1.52	1.90	2.18	25.0
10.0	0.11	0.14	0.19	0.27	0.38	0.55	0.80	1.05	1.17	1.40	1.63	1.86	2.29	2.61	10.0
5.0	0.13	0.17	0.24	0.32	0.45	0.64	0.92	1.20	1.33	1.59	1.84	2.08	2.56	2.90	5.0
1.0	0.19	0.25	0.33	0.44	0.61	0.85	1.20	1.53	1.69	1.99	2.29	2.57	3.12	3.51	1.0
	0.015	0.025	0.04	0.065	0.10	0.15	0.25		0.40		0.65		1.0		
	接收质量限(加严检验)——样本量字码 Q														

图 18 图表 Q：一次抽样方案的操作特性曲线，正常检验

24.15 图表 R

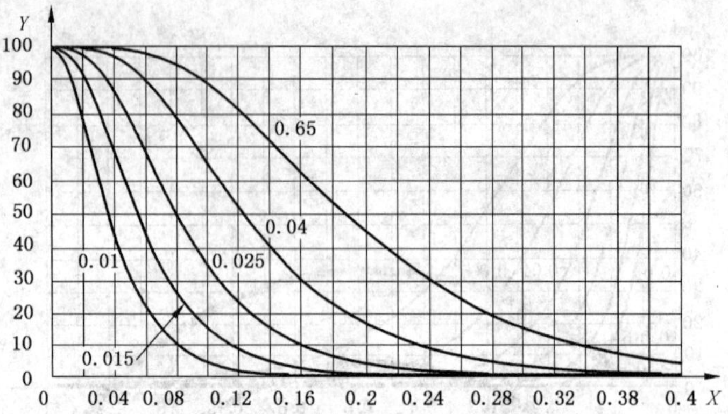

a)

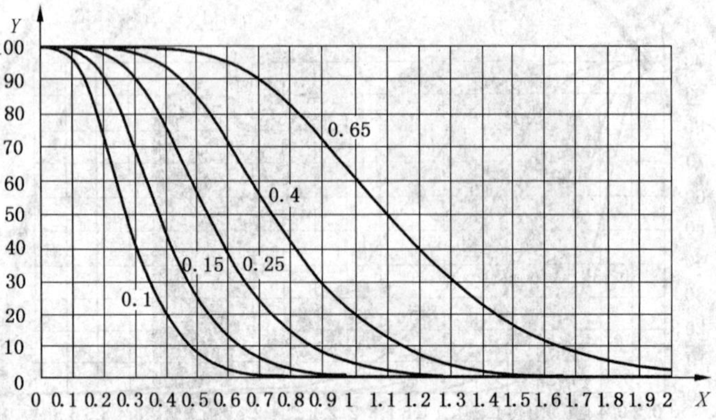

b)

说明：

X——过程质量(以不合格品百分数表示)；

Y——批被期望接收的百分数(P_a)。

注：图中曲线上的数值是用不合格品百分数表示的 AQL。

一次抽样方案操作特性曲线数值表 所有的数据用百分数

P_a	接收质量限(正常检验)——样本量字码 R														P_a
		0.010	0.015	0.025	0.04	0.065	0.10	0.15		0.25		0.40		0.65	
99.0	0.01	0.01	0.01	0.02	0.04	0.06	0.10	0.15	0.17	0.22	0.27	0.32	0.43	0.51	99.0
95.0	0.01	0.01	0.02	0.03	0.05	0.09	0.14	0.20	0.23	0.29	0.35	0.42	0.55	0.65	95.0
90.0	0.01	0.02	0.03	0.04	0.07	0.10	0.17	0.23	0.27	0.34	0.41	0.48	0.62	0.73	90.0
75.0	0.02	0.03	0.04	0.06	0.09	0.14	0.22	0.30	0.34	0.43	0.51	0.60	0.77	0.90	75.0
50.0	0.03	0.04	0.06	0.08	0.13	0.19	0.29	0.40	0.45	0.55	0.65	0.76	0.96	1.11	50.0
25.0	0.04	0.06	0.09	0.12	0.18	0.26	0.39	0.52	0.58	0.71	0.83	0.95	1.19	1.37	25.0
10.0	0.06	0.08	0.12	0.16	0.23	0.34	0.49	0.65	0.73	0.88	1.02	1.16	1.44	1.65	10.0
5.0	0.08	0.10	0.14	0.19	0.28	0.39	0.57	0.75	0.83	0.99	1.15	1.31	1.61	1.83	5.0
1.0	0.11	0.15	0.20	0.27	0.37	0.52	0.74	0.95	1.05	1.25	1.44	1.62	1.97	2.23	1.0
	0.010	0.015	0.025	0.04	0.065	0.10	0.15		0.25		0.40		0.65		
	接收质量限(加严检验)——样本量字码 R														

图 19 图表 R：一次抽样方案的操作特性曲线，正常检验

25 图表 *s*-D 到 *s*-R(图 20 到图 32)——联合双侧规范限的接收曲线,*s* 法

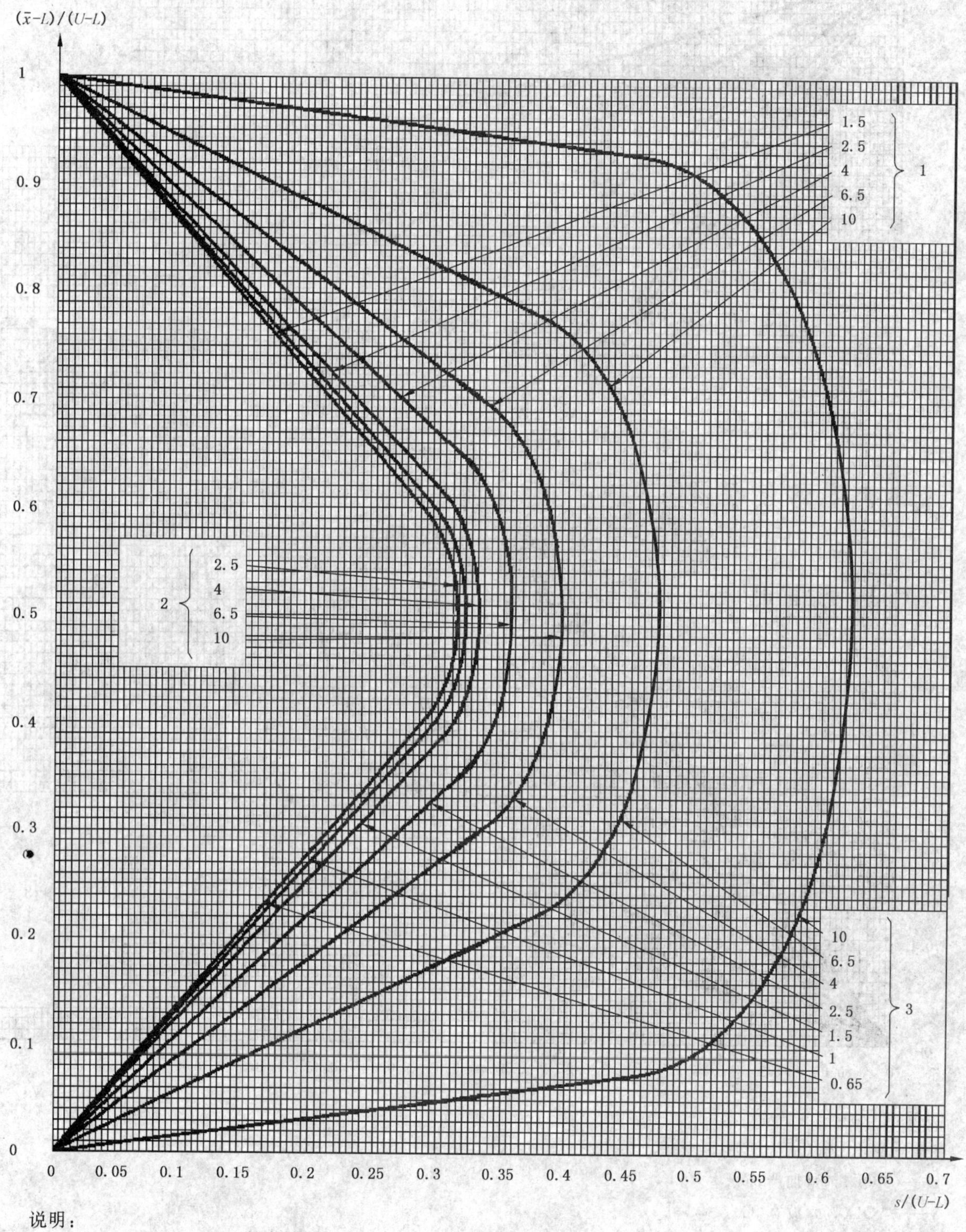

说明:

1——AQL(%)(正常,D);

2——AQL(%)(加严,D);

3——AQL(%)(放宽,F)。

图 20 图表 *s*-D:联合(AQL)双侧规范限的接收曲线

s 法 样本量字码 D(样本量 6)(对于放宽检验,样本量字码 F)

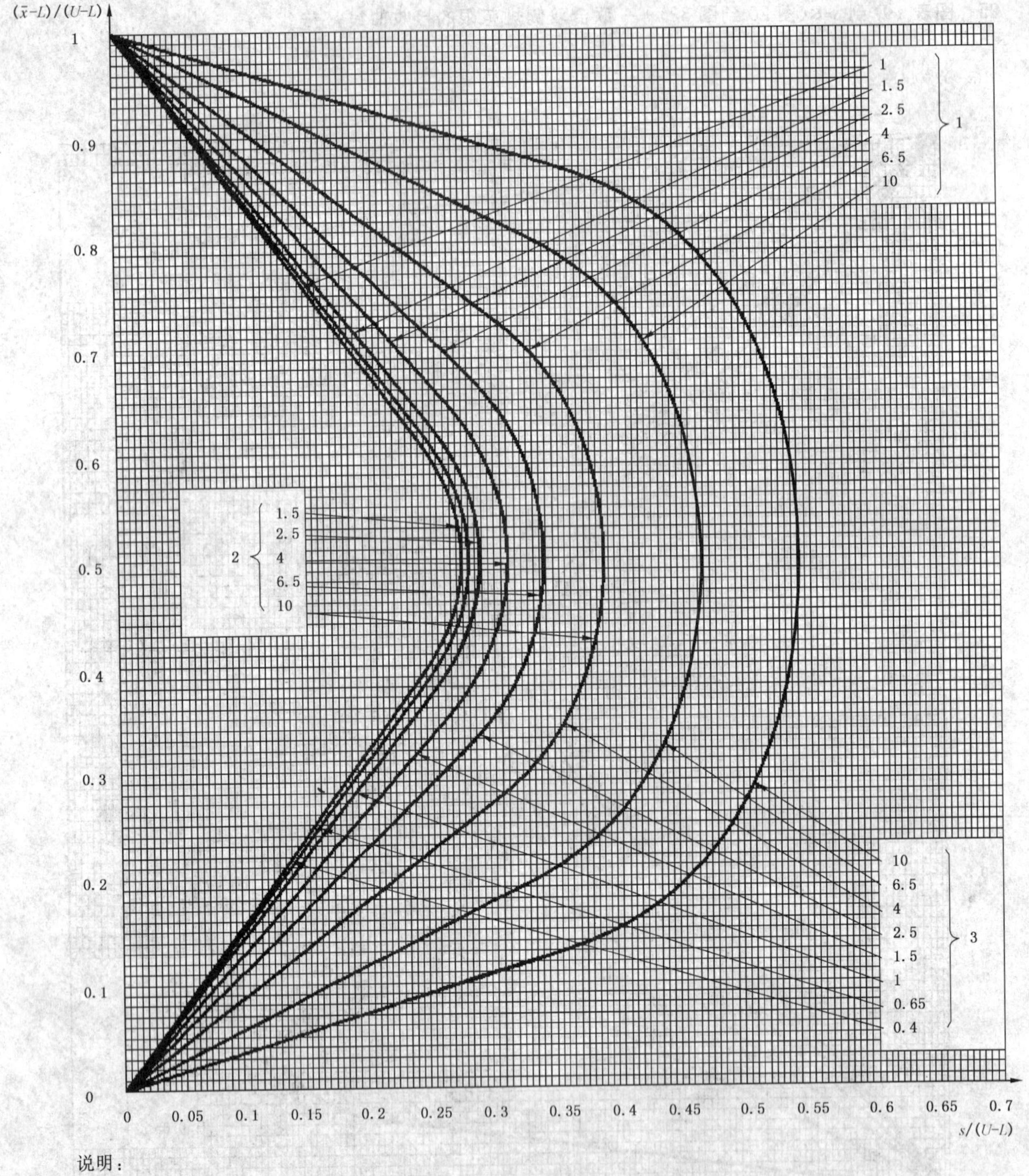

说明：

1——AQL(%)(正常，E)；

2——AQL(%)(加严，E)；

3——AQL(%)(放宽，G)。

图21 图 *s*-E：联合(AQL)双侧规范限的接收曲线

s 法 样本量字码 E(样本量 9)(对于放宽检验，样本量字码 G)

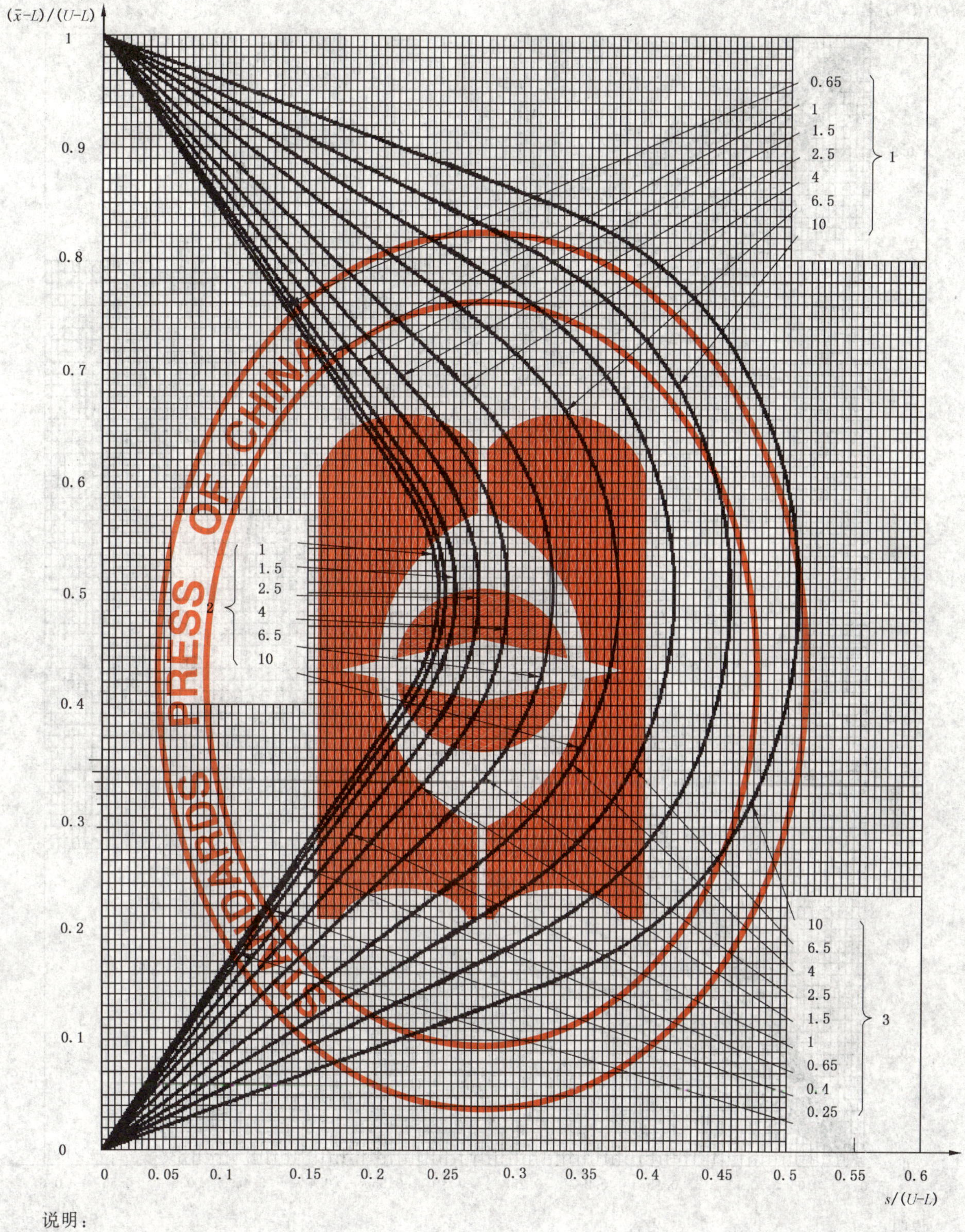

说明：

1——AQL(%)(正常,F)；

2——AQL(%)(加严,F)；

3——AQL(%)(放宽,H)。

图 22 图 *s*-F：联合(AQL)双侧规范限的接收曲线

***s* 法 样本量字码 F(样本量 13)(对于放宽检验，样本量字码 H)**

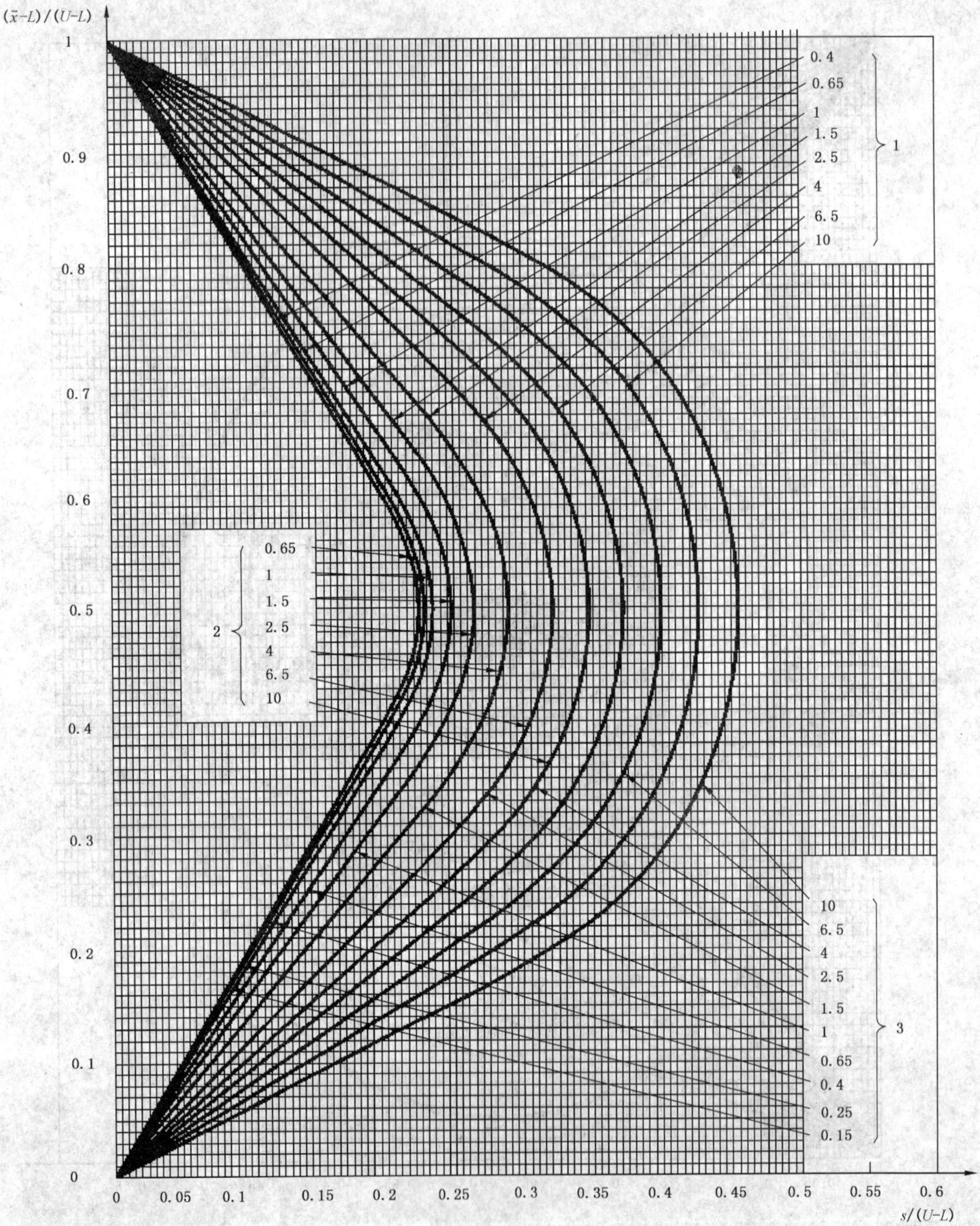

说明：

1——AQL(%)(正常,G)；

2——AQL(%)(加严,G)；

3——AQL(%)(放宽,J)。

图 23　图 *s*-G：联合(AQL)双侧规范限的接收曲线

s 法　样本量字码 G(样本量 18)(对于放宽检验，样本量字码 J)

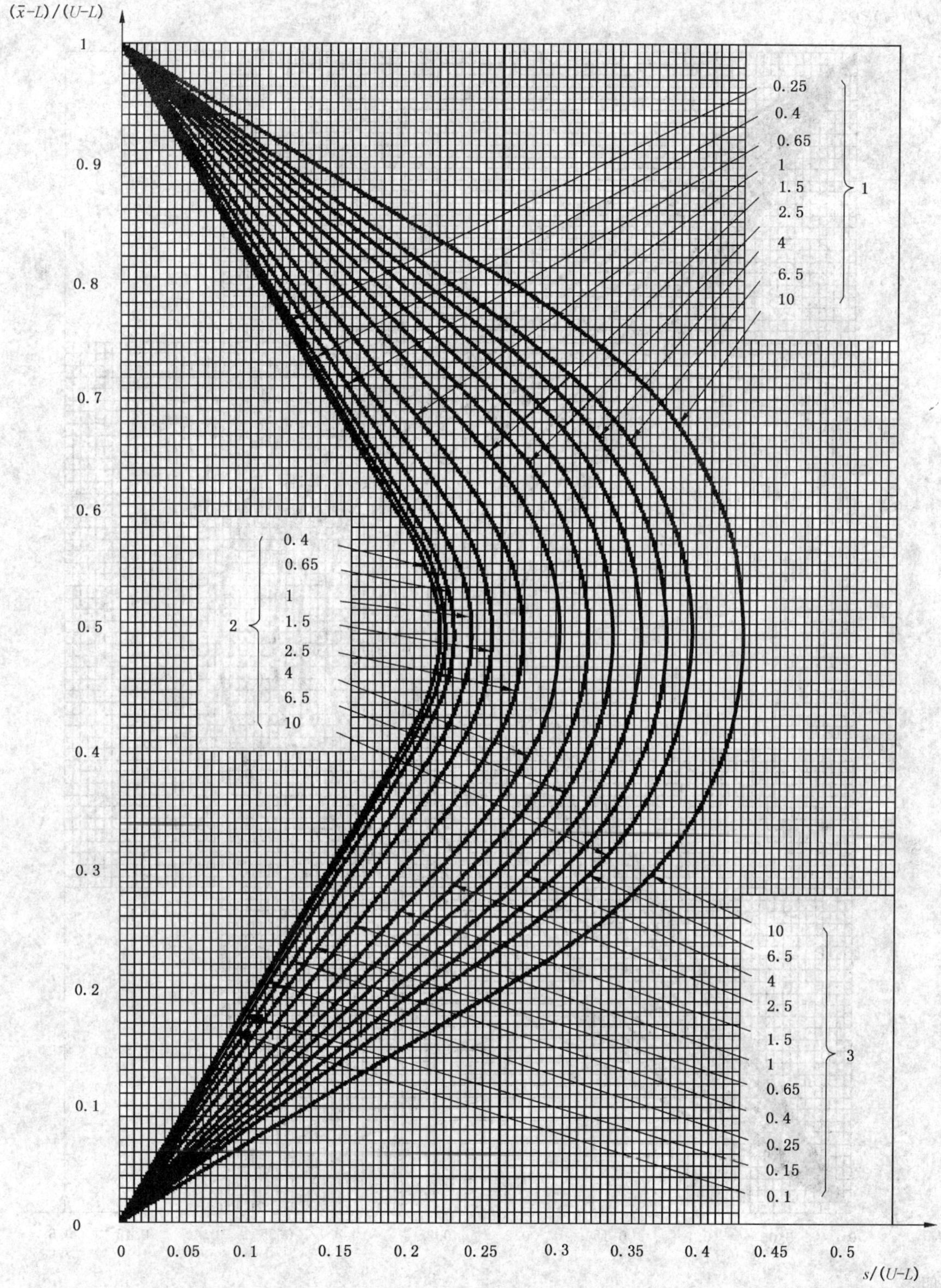

说明：

1——AQL(%)(正常,H)；

2——AQL(%)(加严,H)；

3——AQL(%)(放宽,K)。

图 24 图 *s*- H:联合(AQL)双侧规范限的接收曲线

***s*法 样本量字码 H(样本量 25)(对于放宽检验,样本量字码 K)**

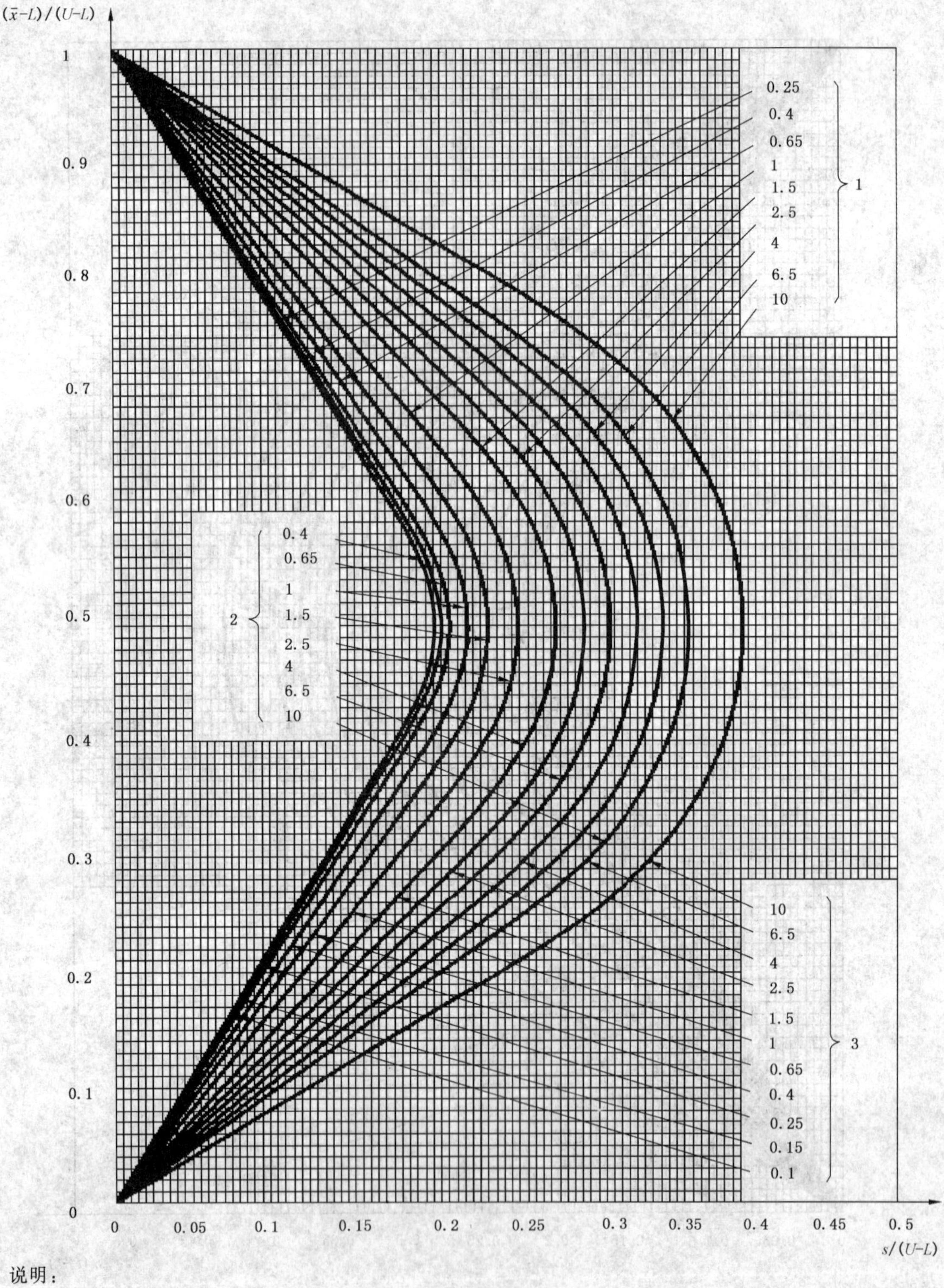

说明：

1——AQL(%)(正常,J)；

2——AQL(%)(加严,J)；

3——AQL(%)(放宽,L)。

图 25　图 *s*-J:联合(AQL)双侧规范限的接收曲线

***s* 法　样本量字码 J (样本量 35)(对于放宽检验,样本量字码 L)**

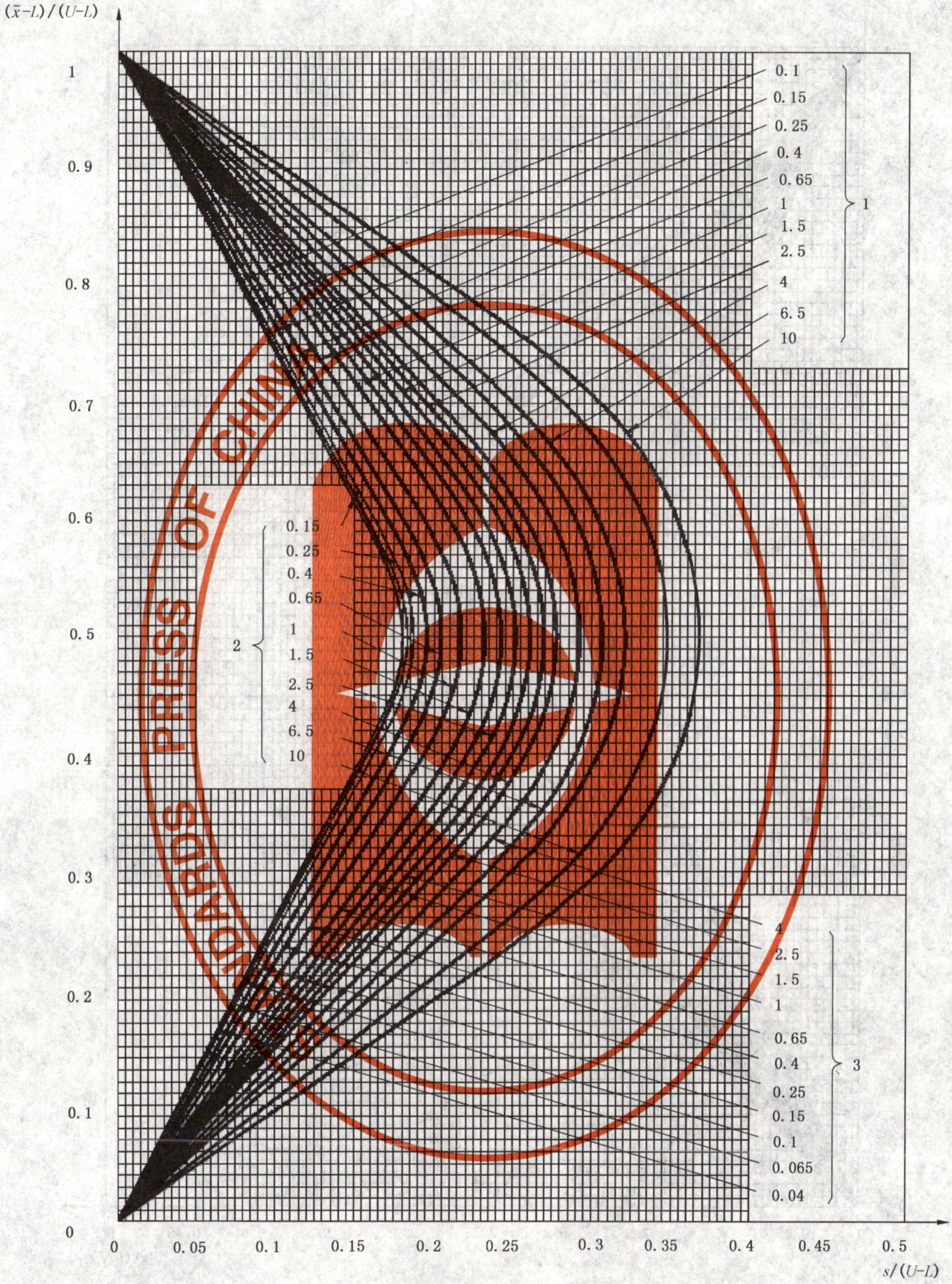

说明：

1——AQL(%)(正常,K)；

2——AQL(%)(加严,K)；

3——AQL(%)(放宽,M)。

图 26 图 s-K：联合(AQL)双侧规范限的接收曲线

s 法 样本量字码 K(样本量 50)(对于放宽检验，样本量字码 M)

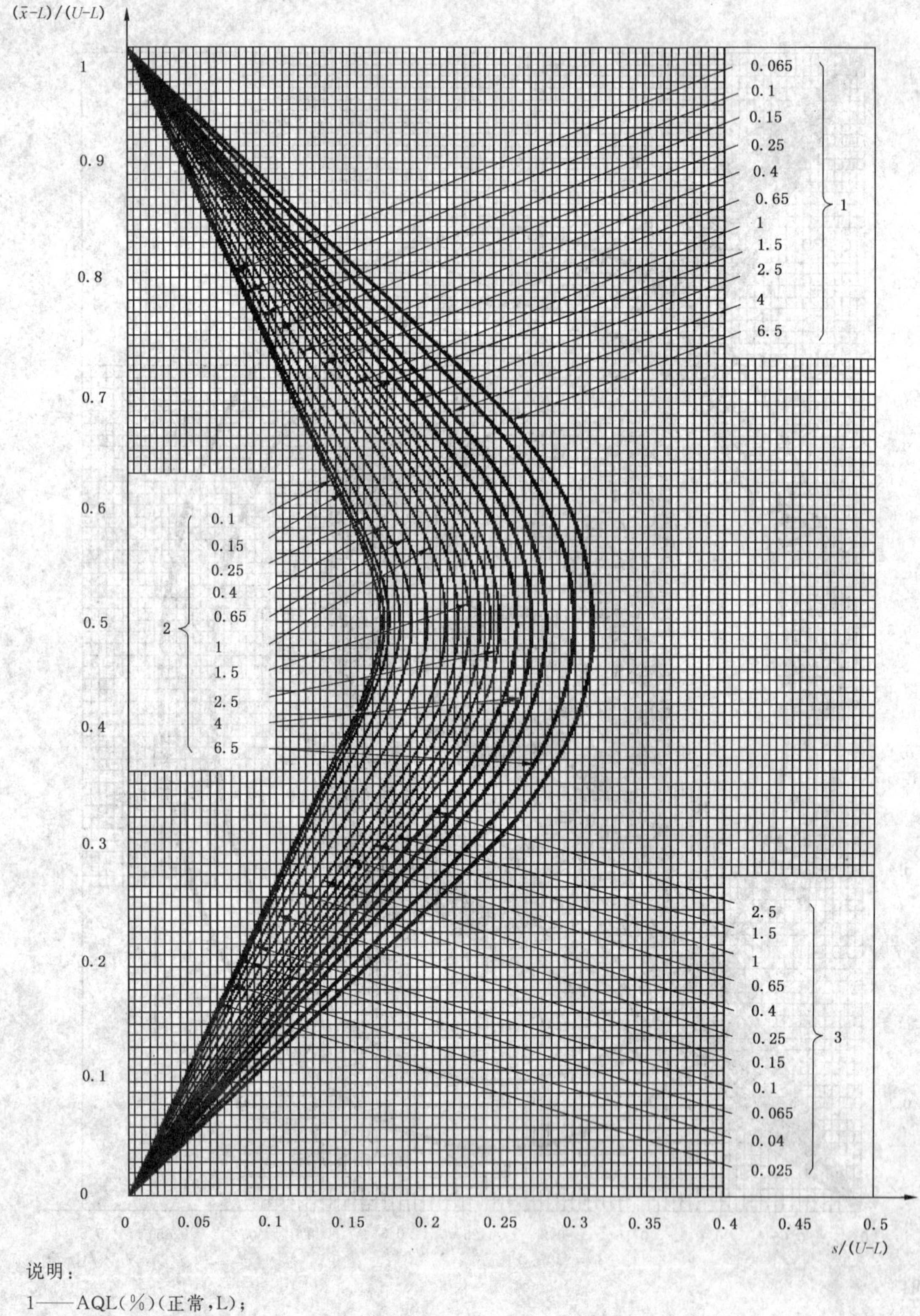

说明：

1——AQL(%)(正常,L)；

2——AQL(%)(加严,L)；

3——AQL(%)(放宽,N)。

图 27　图 *s*-L:联合(AQL)双侧规范限的接收曲线

***s* 法　样本量字码 L(样本量 70)(对于放宽检验,样本量字码 N)**

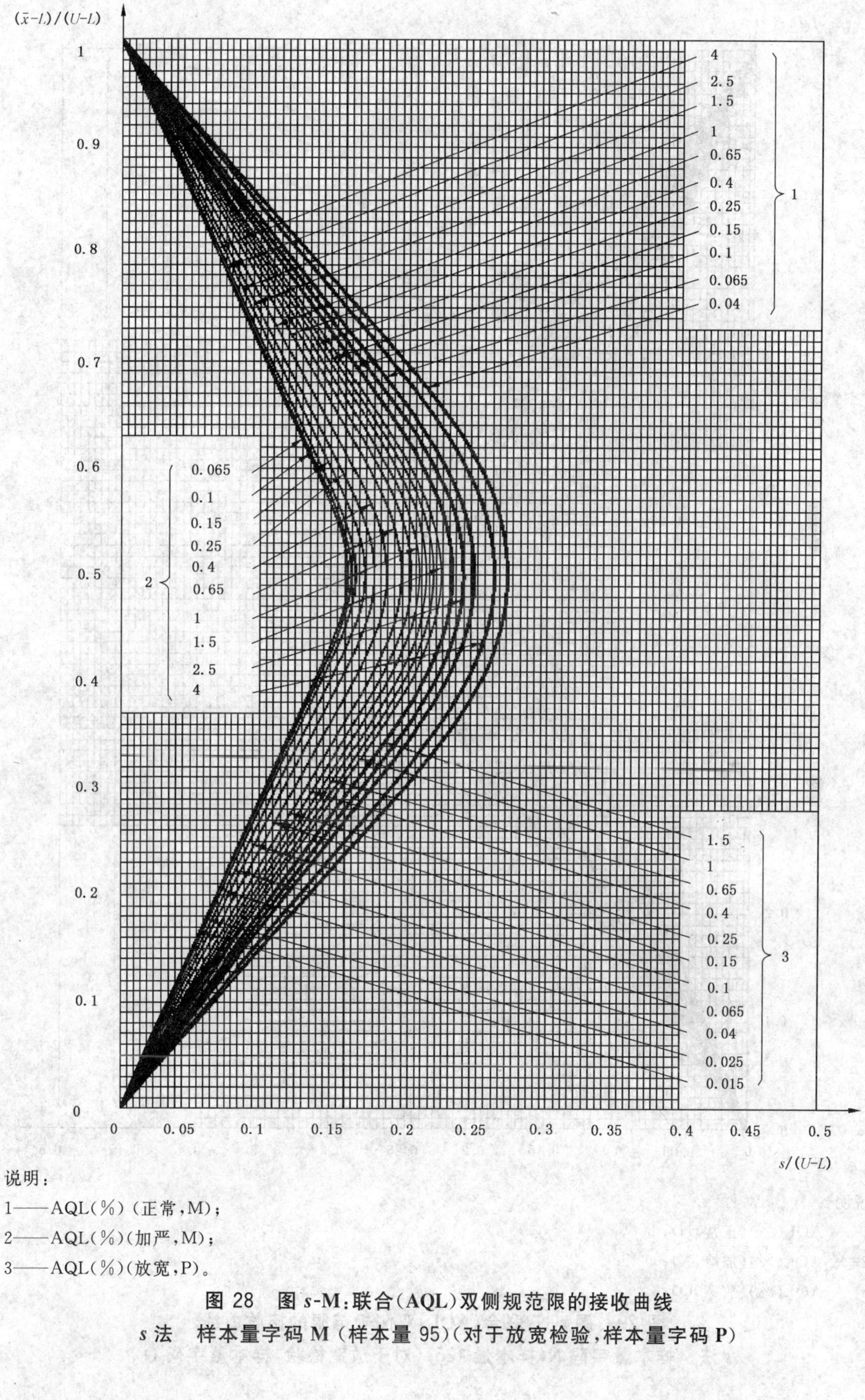

说明：

1——AQL(%)（正常，M）；

2——AQL(%)（加严，M）；

3——AQL(%)（放宽，P）。

图 28 图 *s*-M：联合(AQL)双侧规范限的接收曲线

***s* 法 样本量字码 M（样本量 95）（对于放宽检验，样本量字码 P）**

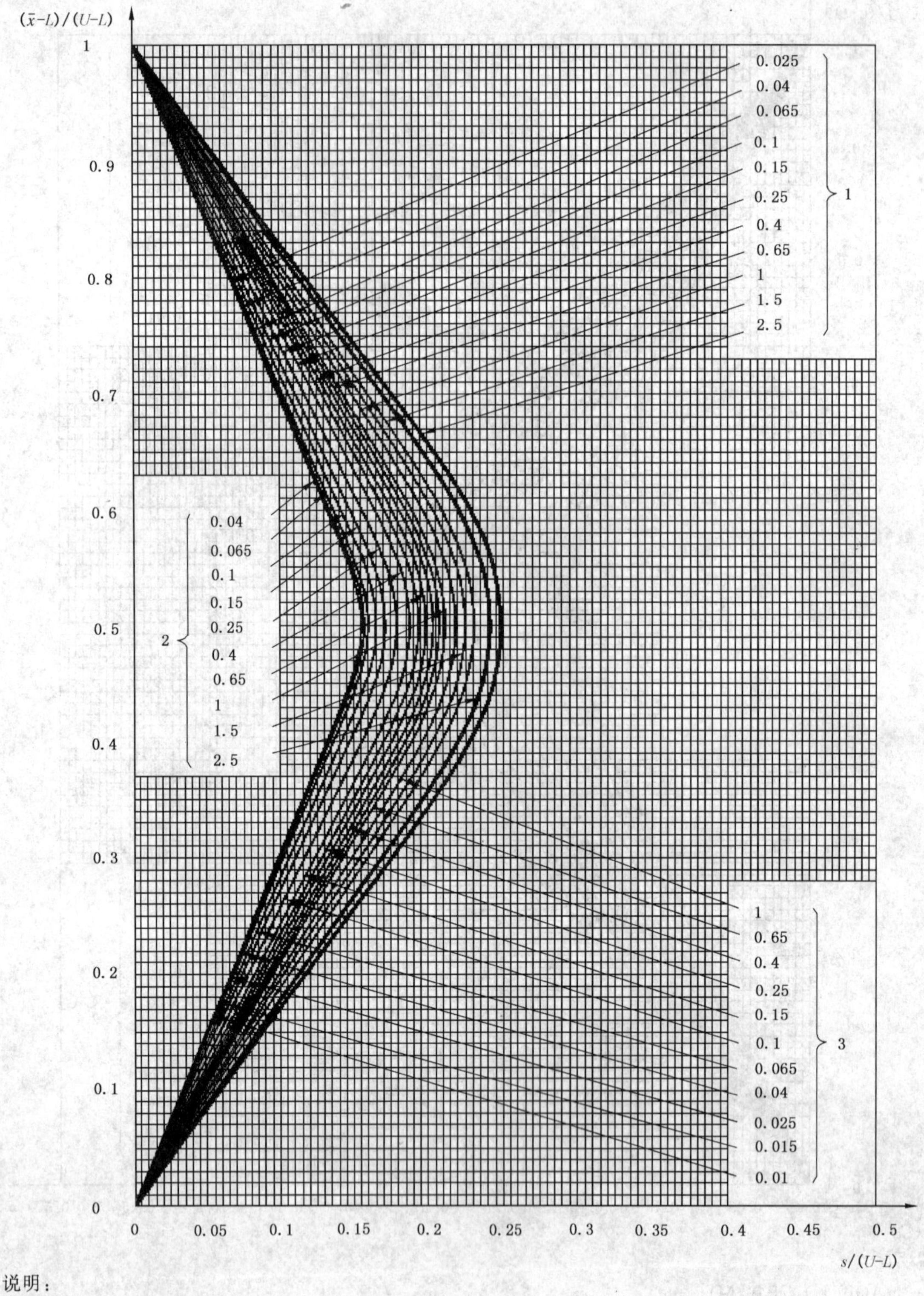

说明：

1——AQL(%)(正常,N)；

2——AQL(%)(加严,N)；

3——AQL(%)(放宽,Q)。

图 29　图 *s*-N:联合(AQL)双侧规范限的接收曲线

***s* 法　样本量字码 N(样本量 125)(对于放宽检验,样本量字码 Q)**

说明：

1——AQL(%)(正常,P)；

2——AQL(%)(加严,P)；

3——AQL(%)(放宽,R)。

图 30　图 *s*-**P**:联合(**AQL**)双侧规范限的接收曲线

s 法　样本量字码 **P**(样本量 160)(对于放宽检验,样本量字码 **R**)

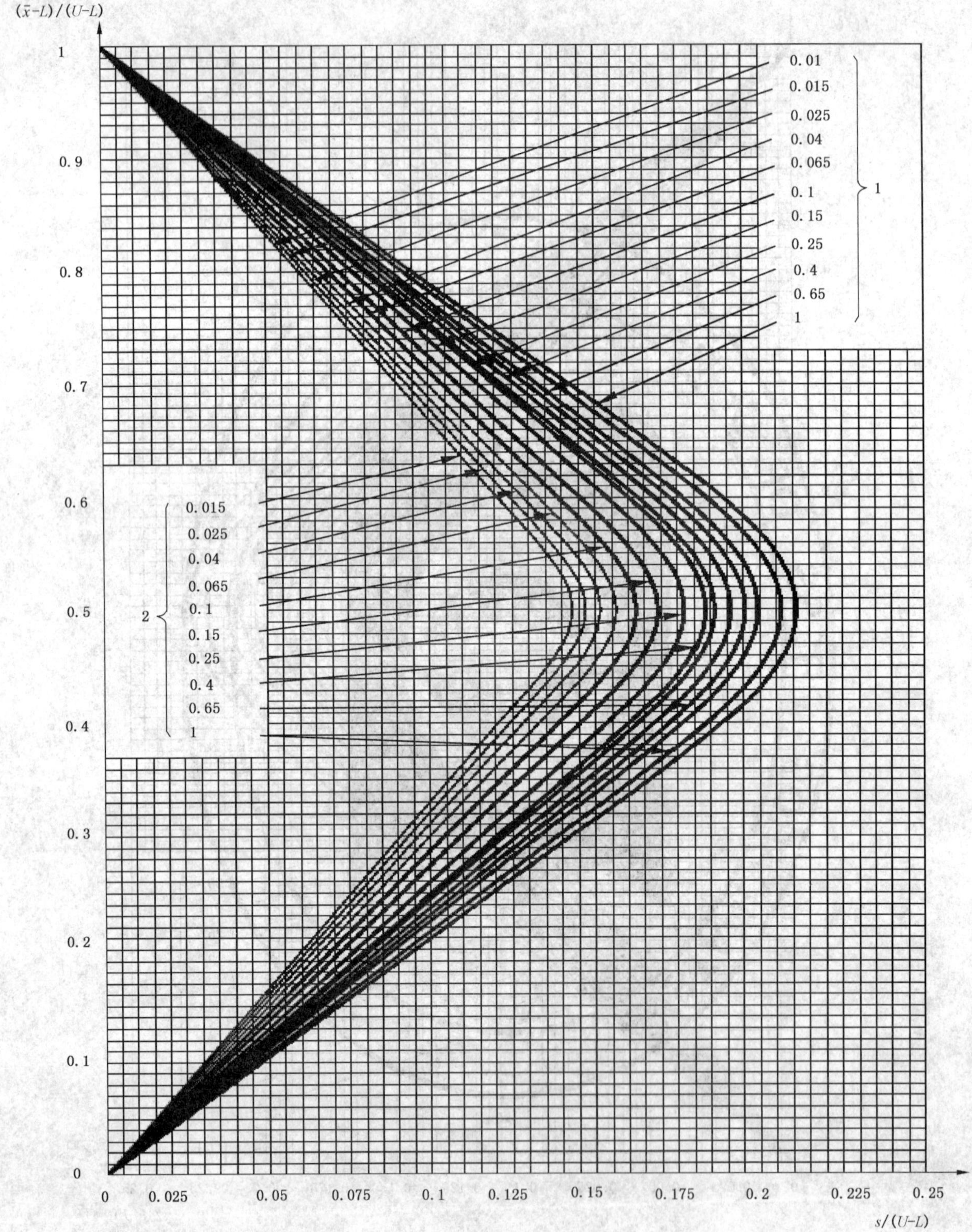

说明：

1——AQL(%)(正常,Q)；

2——AQL(%)(加严,Q)。

图 31　图 *s*-Q：联合(AQL)双侧规范限的接收曲线

s 法　样本量字码 Q(样本量 200)

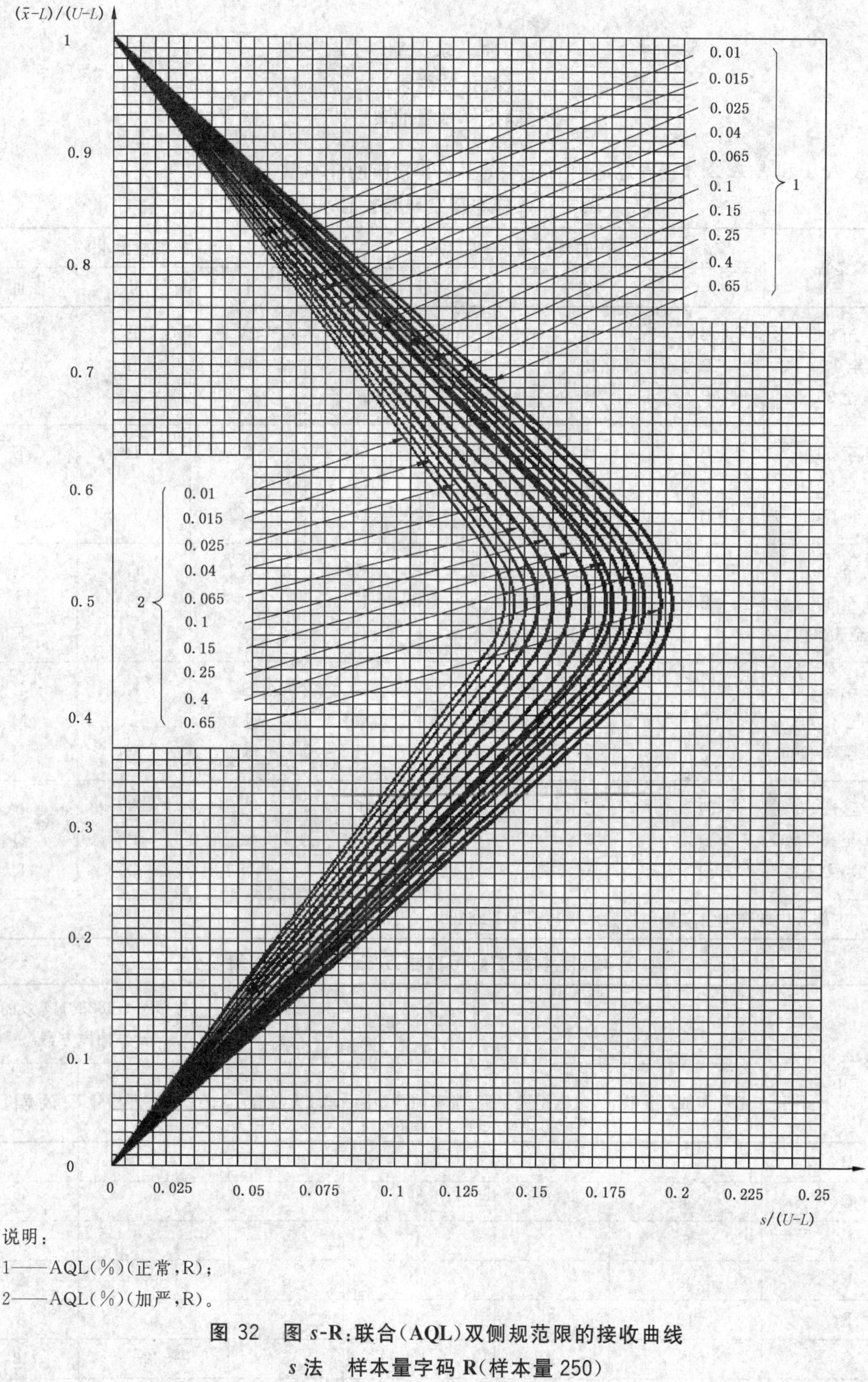

说明：

1——AQL(%)(正常,R)；

2——AQL(%)(加严,R)。

图 32　图 s-R:联合(AQL)双侧规范限的接收曲线

s 法　样本量字码 R(样本量 250)

附 录 A
（规范性附录）
确定样本量的表

由表 A.1 和表 A.2 分别确定适用的样本量字码和相应的样本量。

表 A.1 样本量字码和检验水平

批量范围	特殊检验水平				一般检验水平		
	S-1	S-2	S-3	S-4	Ⅰ	Ⅱ	Ⅲ
2 至 8	B	B	B	B	B	B	B
9 至 15	B	B	B	B	B	B	C
16 至 25	B	B	B	B	B	C	D
26 至 50	B	B	B	C	C	D	E
51 至 90	B	B	C	C	C	E	F
91 至 150	B	B	C	D	D	F	G
151 至 280	B	C	D	E	F	G	H
281 至 500	B	C	D	E	F	H	J
501 至 1 200	C	C	E	F	G	J	K
1 201 至 3 200	C	D	E	G	H	K	L
3 201 至 10 000	C	D	F	G	J	L	M
10 001 至 35 000	C	D	F	H	K	M	N
35 001 至 150 000	D	E	G	J	L	N	P
150 001 至 500 000	D	E	G	J	M	P	Q
500 001 及以上	D	E	H	K	N	Q	R
注：本部分中的样本量字码和检验水平与 GB/T 2828.1 给出的相对应。							

表 A.2 样本量字码与检验方法对应的样本量

样本量字码	"s"法		"σ"法		与 GB/T 2828.1 等效的计数抽样方案	
	正常和加严检验	放宽检验	正常和加严检验	放宽检验	正常和加严检验	放宽检验
B	3	3	2	2	3	2
C	4	3	3	2	5	2
D	6	3	4	2	8	3
E	9	4	6	3	13	5
F	13	6	8	4	20	8
G	18	9	10	6	32	13
H	25	13	12	8	50	20
J	35	18	15	10	80	32

表 A.2（续）

样本量字码	“s”法		“σ”法		与 GB/T 2828.1 等效的计数抽样方案	
	正常和加严检验	放宽检验	正常和加严检验	放宽检验	正常和加严检验	放宽检验
K	50	25	18	12	125	50
L	70	35	21	15	200	80
M	95	50	25	18	315	125
N	125	70	32	21	500	200
P	160	95	40	25	800	315
Q	200	125	50	32	1 250	500
R	250	160	65	40	2 000	800
注：本部分中的样本量字码和检验水平与 GB/T 2828.1 给出的相对应。						

附　录　B
（规范性附录）
s 法的一次抽样方案的接收常数k

表 B.1 到表 B.3 提供了 s 法的一次抽样方案。

表 B.1　正常检验一次抽样方案(主表):“s”法

字码	样本量	接收质量限（用不合格品百分数）															
		0.01	0.015	0.025	0.04	0.065	0.10	0.15	0.25	0.40	0.65	1.0	1.5	2.5	4.0	6.5	10.0
		k	k	k	k	k	k	k	k	k	k	k	k	k	k	k	k
B	3													↓	0.954	0.818	0.526
C	4												↓	1.163	1.046	0.853	0.580
D	6											↓	1.395	1.275	1.108	0.902	0.587
E	9										↓	1.615	1.494	1.338	1.159	0.907	0.597
F	13									↓	1.830	1.712	1.565	1.405	1.189	0.938	0.614
G	18								↓	2.025	1.910	1.770	1.622	1.429	1.212	0.944	0.718
H	25							↓	2.215	2.102	1.969	1.829	1.652	1.457	1.225	1.035	0.809
J	35						↓	2.399	2.289	2.160	2.028	1.862	1.684	1.476	1.311	1.118	0.912
K	50					↓	2.569	2.461	2.336	2.209	2.052	1.885	1.693	1.543	1.372	1.193	0.947
L	70				↓	2.736	2.631	2.510	2.389	2.239	2.082	1.904	1.766	1.611	1.451	1.238	↑
M	95			↓	2.889	2.787	2.670	2.553	2.410	2.261	2.093	1.965	1.822	1.676	1.484	↑	
N	125		↓	3.037	2.937	2.824	2.711	2.574	2.432	2.274	2.154	2.021	1.886	1.710	↑		
P	160	↓	3.179	3.082	2.973	2.865	2.733	2.597	2.447	2.334	2.209	2.083	1.921	↑			
Q	200	3.310	3.215	3.109	3.004	2.877	2.747	2.603	2.495	2.377	2.258	2.106	↑				
R	250	3.350	3.247	3.146	3.023	2.898	2.760	2.657	2.545	2.432	2.289	↑					

注 1：本部分中的样本量字码与 GB/T 2828.1 给出的相对应。

注 2：符号 ↓ 表示该范围中没有合适的抽样方案，应采用箭头之下的第一个抽样方案。如果样本量等于或超过批量采用 100％检验。
↑ 表示该范围中没有合适的抽样方案，应采用箭头之上的第一个抽样方案。

表 B.2　加严检验一次抽样方案(主表):“s”法

字码	样本量	接收质量限(用不合格品百分数) 0.01	0.015	0.025	0.04	0.065	0.10	0.15	0.25	0.40	0.65	1.0	1.5	2.5	4.0	6.5	10.0
		k	k	k	k	k	k	k	k	k	k	k	k	k	k	k	k
B	3														↓	0.954	0.818
C	4													↓	1.163	1.046	0.853
D	6												↓	1.395	1.275	1.108	0.902
E	9											↓	1.615	1.494	1.338	1.159	0.907
F	13										↓	1.830	1.712	1.565	1.405	1.189	0.938
G	18									↓	2.025	1.910	1.770	1.622	1.429	1.212	0.944
H	25								↓	2.215	2.102	1.969	1.829	1.652	1.457	1.225	0.995
J	35							↓	2.399	2.289	2.160	2.028	1.862	1.684	1.476	1.242	1.010
K	50						↓	2.569	2.461	2.336	2.209	2.052	1.885	1.693	1.481	1.277	1.044
L	70					↓	2.736	2.631	2.510	2.389	2.239	2.082	1.904	1.710	1.526	1.322	↑
M	95				↓	2.889	2.787	2.670	2.553	2.410	2.261	2.093	1.913	1.745	1.559	↑	
N	125			↓	3.037	2.937	2.824	2.711	2.574	2.432	2.274	2.105	1.949	1.779	↑		
P	160		↓	3.179	3.082	2.973	2.865	2.733	2.597	2.447	2.288	2.141	1.984				
Q	200	↓	3.310	3.215	3.109	3.004	2.877	2.747	2.603	2.452	2.313	2.165		↑			
R	250	3.442	3.350	3.247	3.146	3.023	2.898	2.760	2.616	2.485	2.345	↑	↑				

注 1：本部分中的样本量字码与 GB/T 2828.1 给出的相对应。

注 2：符号 ↓ 表示该范围中没有合适的抽样方案，应采用箭头之下的第一个抽样方案。如果样本量等于或超过批量采用 100% 检验。
↑ 表示该范围中没有合适的抽样方案，应采用箭头之上的第一个抽样方案。

表 B.3 放宽检验一次抽样方案(主表):"s"法

字码	样本量	接收质量限(用不合格品百分数)															
		0.01	0.015	0.025	0.04	0.065	0.10	0.15	0.25	0.40	0.65	1.0	1.5	2.5	4.0	6.5	10.0
		k	k	k	k	k	k	k	k	k	k	k	k	k	k	k	k
B-D	3											↓	0.954	0.907	0.818	0.526	0.023
E	4										↓	1.163	1.119	1.046	0.853	0.580	0.099
F	6									↓	1.395	1.348	1.275	1.108	0.902	0.587	0.161
G	9								↓	1.615	1.566	1.494	1.338	1.159	0.907	0.597	0.368
H	13							↓	1.830	1.782	1.712	1.565	1.405	1.189	0.938	0.763	0.461
J	18						↓	2.025	1.978	1.910	1.770	1.622	1.429	1.212	1.065	0.823	0.619
K	25					↓	2.215	2.168	2.102	1.969	1.829	1.652	1.457	1.329	1.123	0.955	0.809
L	35				↓	2.399	2.353	2.289	2.160	2.028	1.862	1.684	1.569	1.387	1.242	1.118	↑
M	50			↓	2.569	2.524	2.461	2.336	2.209	2.052	1.885	1.778	1.612	1.481	1.372	↑	
N	70		↓	2.736	2.692	2.631	2.510	2.389	2.239	2.082	1.982	1.829	1.710	1.611	↑		
P	95	↓	2.889	2.846	2.787	2.670	2.553	2.410	2.261	2.167	2.023	1.913	1.822	↑			
Q	125	3.037	2.995	2.937	2.824	2.711	2.574	2.432	2.344	2.208	2.105	2.021	↑				
R	160	3.139	3.082	2.973	2.865	2.733	2.597	2.513	2.385	2.288	2.209	↑					

注 1:本部分中的样本量字码与 GB/T 2828.1 给出的相对应。

注 2:符号 ↓ 表示该范围中没有合适的抽样方案,应采用箭头之下的第一个抽样方案。如果样本量等于或超过批量采用 100%检验。
↑ 表示该范围中没有合适的抽样方案,应采用箭头之上的第一个抽样方案。

附 录 C
（规范性附录）
σ 法的一次抽样方案的接收常数 k

表 C.1 到表 C.3 提供了 σ 法的一次抽样方案。

表 C.1 正常检验一次抽样方案（主表）："σ"法

字码	样本量	接收质量限（用不合格品百分数）															
		0.01	0.015	0.025	0.04	0.065	0.10	0.15	0.25	0.40	0.65	1.0	1.5	2.5	4.0	6.5	10.0
		k	k	k	k	k	k	k	k	k	k	k	k	k	k	k	k
B	2													↓	0.620	0.478	0.273
C	3												↓	0.991	0.841	0.643	0.412
D	4											↓	1.296	1.148	0.964	0.760	0.478
E	6										↓	1.578	1.432	1.256	1.068	0.818	0.528
F	8									↓	1.821	1.682	1.517	1.344	1.121	0.872	0.564
G	10								↓	2.030	1.897	1.742	1.581	1.378	1.157	0.893	0.675
H	12							↓	2.223	2.096	1.949	1.800	1.613	1.412	1.179	0.991	0.771
J	15						↓	2.410	2.289	2.150	2.009	1.835	1.650	1.439	1.273	1.082	0.879
K	18					↓	2.576	2.459	2.327	2.193	2.029	1.857	1.662	1.511	1.340	1.162	0.919
L	21				↓	2.738	2.627	2.500	2.374	2.218	2.057	1.876	1.737	1.582	1.422	1.210	↑
M	25			↓	2.890	2.783	2.661	2.540	2.393	2.240	2.070	1.941	1.797	1.650	1.459	↑	
N	32		↓	3.041	2.937	2.820	2.704	2.563	2.419	2.258	2.136	2.001	1.866	1.690	↑		
P	40	↓	3.186	3.086	2.974	2.862	2.727	2.589	2.436	2.321	2.194	2.068	1.905	↑			
Q	50	3.319	3.222	3.113	3.005	2.875	2.742	2.596	2.487	2.367	2.247	2.094	↑				
R	65	3.359	3.254	3.150	3.025	2.897	2.758	2.653	2.539	2.426	2.281	↑					

注 1：本部分中的样本量字码与 GB/T 2828.1 给出的相对应。

注 2：符号 ↓ 表示该范围中没有合适的抽样方案，应采用箭头之下的第一个抽样方案。如果样本量等于或超过批量采用 100% 检验。
↑ 表示该范围中没有合适的抽样方案，应采用箭头之上的第一个抽样方案。

表 C.2 加严检验一次抽样方案(主表):"σ"法

字码	样本量	接收质量限(用不合格品百分数)															
		0.01	0.015	0.025	0.04	0.065	0.10	0.15	0.25	0.40	0.65	1.0	1.5	2.5	4.0	6.5	10.0
		k	*k*	*k*	*k*	*k*	*k*	*k*	*k*	*k*	*k*	*k*	*k*	*k*	*k*	*k*	*k*
B	2	↓	↓	↓	↓	↓	↓	↓	↓	↓	↓	↓	↓	↓	↓	0.620	0.478
C	3	↓	↓	↓	↓	↓	↓	↓	↓	↓	↓	↓	↓	↓	0.991	0.841	0.643
D	4	↓	↓	↓	↓	↓	↓	↓	↓	↓	↓	↓	↓	1.296	1.148	0.964	0.760
E	6	↓	↓	↓	↓	↓	↓	↓	↓	↓	↓	↓	1.578	1.432	1.256	1.068	0.818
F	8	↓	↓	↓	↓	↓	↓	↓	↓	↓	↓	1.821	1.682	1.517	1.344	1.121	0.872
G	10	↓	↓	↓	↓	↓	↓	↓	↓	↓	2.030	1.897	1.742	1.581	1.378	1.157	0.893
H	12	↓	↓	↓	↓	↓	↓	↓	↓	2.223	2.096	1.949	1.800	1.613	1.412	1.179	0.913
J	15	↓	↓	↓	↓	↓	↓	↓	2.410	2.289	2.150	2.009	1.835	1.650	1.439	1.204	0.976
K	18	↓	↓	↓	↓	↓	↓	2.576	2.459	2.327	2.193	2.029	1.857	1.662	1.449	1.245	1.015
L	21	↓	↓	↓	↓	↓	2.738	2.627	2.500	2.374	2.218	2.057	1.876	1.681	1.497	1.293	↑
M	25	↓	↓	↓	↓	2.890	2.783	2.661	2.540	2.393	2.240	2.070	1.888	1.719	1.534	↑	↑
N	32	↓	↓	↓	3.041	2.937	2.820	2.704	2.563	2.419	2.258	2.087	1.929	1.758	↑	↑	↑
P	40	↓	↓	3.186	3.086	2.974	2.862	2.727	2.589	2.436	2.274	2.127	1.968	↑	↑	↑	↑
Q	50	↓	3.319	3.222	3.113	3.005	2.875	2.742	2.596	2.443	2.303	2.154	↑	↑	↑	↑	↑
R	65	3.454	3.359	3.254	3.150	3.025	2.897	2.758	2.611	2.478	2.337		↑	↑	↑	↑	↑

注1:本部分中的样本量字码与GB/T 2828.1给出的相对应。

注2:符号 ↓ 表示该范围中没有合适的抽样方案,应采用箭头之下的第一个抽样方案。如果样本量等于或超过批量采用100%检验。
↑ 表示该范围中没有合适的抽样方案,应采用箭头之上的第一个抽样方案。

表 C.3 放宽检验一次抽样方案(主表):"σ"法

字码	样本量	接收质量限(用不合格品百分数) 0.01	0.015	0.025	0.04	0.065	0.10	0.15	0.25	0.40	0.65	1.0	1.5	2.5	4.0	6.5	10.0
		k	k	k	k	k	k	k	k	k	k	k	k	k	k	k	k
B-D	2											↓	0.620	0.565	0.478	0.273	0.011
E	3										↓	0.991	0.931	0.841	0.643	0.412	0.067
F	4									↓	1.296	1.236	1.148	0.964	0.760	0.478	0.129
G	6								↓	1.578	1.518	1.432	1.256	1.068	0.818	0.528	0.323
H	8							↓	1.821	1.764	1.682	1.517	1.344	1.121	0.872	0.705	0.422
J	10						↓	2.030	1.975	1.897	1.742	1.581	1.378	1.157	1.012	0.776	0.581
K	12					↓	2.223	2.170	2.096	1.949	1.800	1.613	1.412	1.283	1.078	0.913	0.771
L	15				↓	2.410	2.360	2.289	2.150	2.009	1.835	1.650	1.533	1.349	1.204	1.082	↑
M	18			↓	2.576	2.527	2.459	2.327	2.193	2.029	1.857	1.748	1.580	1.449	1.340	↑	
N	21		↓	2.738	2.691	2.627	2.500	2.374	2.218	2.057	1.956	1.801	1.681	1.582	↑		
P	25	↓	2.890	2.845	2.783	2.661	2.540	2.393	2.240	2.145	1.999	1.888	1.797	↑			
Q	32	3.041	2.998	2.937	2.820	2.704	2.563	2.419	2.328	2.191	2.087	2.001	↑				
R	40	3.144	3.086	2.974	2.862	2.727	2.589	2.503	2.373	2.274	2.194	↑					

注 1:本部分中的样本量字码与 GB/T 2828.1 给出的相对应。

注 2:符号 ↓ 表示该范围中没有合适的抽样方案,应采用箭头之下的第一个抽样方案。如果样本量等于或超过批量采用 100% 检验。

↑ 表示该范围中没有合适的抽样方案,应采用箭头之上的第一个抽样方案。

附 录 D
（规范性附录）
最大样本标准差(MSSD)中系数 f_s 的值

表 D.1 到表 D.3 提供了最大样本标准差(MSSD)中系数 f_s 的值。

表 D.1 综合双侧规范限的最大样本标准差的 f_s 值 正常检验,"s"法

字码	接收质量限（不合格品百分数）															
	0.010	0.015	0.025	0.040	0.065	0.10	0.15	0.25	0.40	0.65	1.0	1.5	2.5	4.0	6.5	10.0
	f_s	f_s	f_s	f_s	f_s	f_s	f_s	f_s	f_s	f_s	f_s	f_s	f_s	f_s	f_s	f_s
B													↓	0.474	0.507	0.595
C												↓	0.376	0.393	0.425	0.481
D											↓	0.314	0.331	0.357	0.396	0.471
E										↓	0.274	0.289	0.310	0.338	0.386	0.464
F									↓	0.245	0.257	0.274	0.295	0.328	0.375	0.457
G								↓	0.224	0.234	0.248	0.264	0.289	0.321	0.372	0.426
H							↓	0.206	0.215	0.227	0.240	0.259	0.283	0.317	0.351	0.401
J						↓	0.192	0.200	0.209	0.220	0.235	0.254	0.279	0.302	0.335	0.376
K					↓	0.180	0.187	0.195	0.205	0.217	0.232	0.252	0.269	0.292	0.320	0.368
L				↓	0.170	0.176	0.183	0.191	0.202	0.214	0.230	0.243	0.261	0.281	0.312	↑
M			↓	0.162	0.167	0.174	0.180	0.189	0.200	0.213	0.224	0.237	0.253	0.276	↑	
N		↓	0.155	0.160	0.165	0.171	0.179	0.188	0.199	0.208	0.219	0.231	0.249	↑		
P	↓	0.149	0.153	0.158	0.163	0.170	0.177	0.187	0.194	0.203	0.213	0.227	↑			
Q	0.143	0.147	0.152	0.156	0.162	0.169	0.177	0.183	0.191	0.199	0.211	↑				
R	0.142	0.146	0.150	0.155	0.161	0.168	0.174	0.180	0.187	0.197						

注：MSSD 通过 f_s 与上规范限 U 和下规范限 L 的差相乘求得，即：MSSD$=f_s(U-L)$。

MSSD 表示在方差未知时综合控制双侧规范限情形下的正常抽样方案的样本标准差的最大允许值。当样本标准差小于 MSSD 时检验批有被接收的可能，但还不能肯定接收。

表 D.2　综合双侧规范限的最大样本标准差的 f_s 值　加严检验，"s"法

字码	接收质量限（不合格品百分数）														
	0.010	0.015	0.025	0.040	0.065	0.10	0.15	0.25	0.40	0.65	1.0	1.5	2.5	4.0	6.5	10.0
	f_s	f_s	f_s	f_s	f_s	f_s	f_s	f_s	f_s	f_s	f_s	f_s	f_s	f_s	f_s	f_s
B															0.474	0.507
C														0.376	0.393	0.425
D													0.314	0.331	0.357	0.396
E												0.274	0.289	0.310	0.338	0.386
F											0.245	0.257	0.274	0.295	0.328	0.375
G										0.224	0.234	0.248	0.264	0.289	0.321	0.372
H									0.206	0.215	0.227	0.240	0.259	0.283	0.317	0.368
J								0.192	0.200	0.209	0.220	0.235	0.254	0.279	0.313	0.355
K							0.180	0.187	0.195	0.205	0.217	0.232	0.252	0.277	0.307	0.348
L						0.170	0.176	0.183	0.191	0.202	0.214	0.230	0.249	0.271	0.299	
M					0.162	0.167	0.174	0.180	0.189	0.200	0.213	0.228	0.245	0.266		
N				0.155	0.160	0.165	0.171	0.179	0.188	0.199	0.212	0.225	0.241			
P			0.149	0.153	0.158	0.163	0.170	0.177	0.187	0.197	0.208	0.222				
Q		0.143	0.147	0.152	0.156	0.162	0.169	0.177	0.186	0.196	0.206					
R	0.138	0.142	0.146	0.150	0.155	0.161	0.168	0.176	0.184	0.193						

注：MSSD 通过 f_s 与上规范限 U 和下规范限 L 的差相乘求得，即：MSSD$=f_s(U-L)$。

MSSD 表示在方差未知时综合控制双侧规范限情形下的加严抽样方案的样本标准差的最大允许值。当样本标准差小于 MSSD 时检验批有被接收的可能，但还不能肯定接收。

表 D.3　综合双侧规范限的最大样本标准差的 f_s 值　放宽检验，"s"法

字码	接收质量限（不合格品百分数）															
	0.010	0.015	0.025	0.040	0.065	0.10	0.15	0.25	0.40	0.65	1.0	1.5	2.5	4.0	6.5	10.0
	f_s	f_s	f_s	f_s	f_s	f_s	f_s	f_s	f_s	f_s	f_s	f_s	f_s	f_s	f_s	f_s
B-D											↓	0.474	0.485	0.507	0.595	0.849
E										↓	0.376	0.382	0.393	0.425	0.481	0.625
F									↓	0.314	0.320	0.331	0.357	0.396	0.471	0.623
G								↓	0.274	0.280	0.289	0.310	0.338	0.386	0.464	0.542
H							↓	0.245	0.250	0.257	0.274	0.295	0.328	0.375	0.416	0.507
J						↓	0.224	0.228	0.234	0.248	0.264	0.289	0.321	0.347	0.399	0.455
K					↓	0.206	0.210	0.215	0.227	0.240	0.259	0.283	0.301	0.335	0.368	0.401
L				↓	0.192	0.195	0.200	0.209	0.220	0.235	0.254	0.267	0.291	0.313	0.335	↑
M			↓	0.180	0.183	0.187	0.195	0.205	0.217	0.232	0.243	0.261	0.277	0.292	↑	
N		↓	0.170	0.173	0.176	0.183	0.191	0.202	0.214	0.223	0.237	0.249	0.261	↑		
P	↓	0.162	0.164	0.167	0.174	0.180	0.189	0.200	0.207	0.219	0.228	0.237	↑			
Q	0.155	0.157	0.160	0.165	0.171	0.179	0.188	0.194	0.203	0.212	0.219	↑				
R	0.150	0.153	0.158	0.163	0.170	0.177	0.183	0.191	0.197	0.203						

注：MSSD 通过 f_s 与上规范限 U 和下规范限 L 的差相乘求得，即：MSSD$=f_s(U-L)$。

MSSD 表示在方差未知时综合控制双侧规范限情形下的放宽抽样方案的样本标准差的最大允许值。当样本标准差小于 MSSD 时检验批有被接收的可能，但还不能肯定接收。

附　录　E
（规范性附录）
最大样本标准差(MPSD)中系数 f_σ 的值

表 E.1 提供了最大过程标准差(MPSD)中系数 f_σ 的值。MPSD 表示在方差已知且联合双侧规范限情形下，正常抽样方案的样本标准差的最大允许值。如果过程标准差小于 MPSD 时，检验批有被接收的可能，但还不能肯定接收。MPSD 是通过将 f_σ 与上规范限 U 和下规范限 L 的差相乘求得的，即：$\mathrm{MPSD}=(U-L)f_\sigma$。

表 E.1　联合双侧规范限的最大样本标准差中系数 f_σ 的值：σ 法

接收质量限 （不合格品百分数）	f_σ
0.010	0.125
0.015	0.129
0.025	0.132
0.040	0.137
0.065	0.141
0.10	0.147
0.15	0.152
0.25	0.157
0.40	0.165
0.65	0.174
1.0	0.184
1.5	0.194
2.5	0.206
4.0	0.223
6.5	0.243
10.0	0.271

附 录 F
（规范性附录）
样本量为 3 的过程不合格品率的估计，s 法

表 F.1 提供了过程不合格品率的估计值。

表 F.1 过程不合格品率的估计，$\hat{p}$ 是质量统计量 Q 的函数

$Q\sqrt{3}/2$ 前两位小数	$Q\sqrt{3}/2$ 第三位小数									
	0.000	0.001	0.002	0.003	0.004	0.005	0.006	0.007	0.008	0.009
	$\hat{p}$	$\hat{p}$	$\hat{p}$	$\hat{p}$	$\hat{p}$	$\hat{p}$	$\hat{p}$	$\hat{p}$	$\hat{p}$	$\hat{p}$
0.00	0.500 0	0.499 7	0.499 4	0.499 0	0.498 7	0.498 4	0.498 1	0.497 8	0.497 5	0.497 1
0.01	0.496 8	0.496 5	0.496 2	0.495 9	0.495 5	0.495 2	0.494 9	0.494 6	0.494 3	0.494 0
0.02	0.493 6	0.493 3	0.493 0	0.492 7	0.492 4	0.492 0	0.491 7	0.491 4	0.491 1	0.490 8
0.03	0.490 4	0.490 1	0.489 8	0.489 5	0.489 2	0.488 9	0.488 5	0.488 2	0.487 9	0.487 6
0.04	0.487 3	0.486 9	0.486 6	0.486 3	0.486 0	0.485 7	0.485 4	0.485 0	0.484 7	0.484 4
0.05	0.484 1	0.483 8	0.483 4	0.483 1	0.482 8	0.482 5	0.482 2	0.481 8	0.481 5	0.481 2
0.06	0.480 9	0.480 6	0.480 3	0.479 9	0.479 6	0.479 3	0.479 0	0.478 7	0.478 3	0.478 0
0.07	0.477 7	0.477 4	0.477 1	0.476 7	0.476 4	0.476 1	0.475 8	0.475 5	0.475 1	0.474 8
0.08	0.474 5	0.474 2	0.473 9	0.473 5	0.473 2	0.472 9	0.472 6	0.472 3	0.472 0	0.471 6
0.09	0.471 3	0.471 0	0.470 7	0.470 4	0.470 0	0.469 7	0.469 4	0.469 1	0.468 8	0.468 4
0.10	0.468 1	0.467 8	0.467 5	0.467 2	0.466 8	0.466 5	0.466 2	0.465 9	0.465 6	0.465 2
0.11	0.464 9	0.464 6	0.464 3	0.464 0	0.463 6	0.463 3	0.463 0	0.462 7	0.462 4	0.462 0
0.12	0.461 7	0.461 4	0.461 1	0.460 7	0.460 4	0.460 1	0.459 6	0.459 5	0.459 1	0.458 8
0.13	0.458 5	0.458 2	0.457 9	0.457 5	0.457 2	0.456 9	0.456 6	0.456 3	0.455 9	0.455 6
0.14	0.455 3	0.455 0	0.454 6	0.454 3	0.454 0	0.453 7	0.453 4	0.453 0	0.452 7	0.452 4
0.15	0.452 1	0.451 8	0.451 4	0.451 1	0.450 8	0.450 5	0.450 1	0.449 8	0.449 5	0.449 2
0.16	0.448 9	0.448 5	0.448 2	0.447 9	0.447 6	0.447 2	0.446 9	0.446 6	0.446 3	0.445 9
0.17	0.445 6	0.445 3	0.445 0	0.444 7	0.444 3	0.444 0	0.443 7	0.443 4	0.443 0	0.442 7
0.18	0.442 4	0.442 1	0.441 7	0.441 4	0.441 1	0.440 8	0.440 4	0.440 1	0.439 8	0.439 5
0.19	0.439 2	0.438 8	0.438 5	0.438 2	0.437 9	0.437 5	0.437 2	0.436 9	0.436 6	0.436 2
0.20	0.435 9	0.435 6	0.435 3	0.434 9	0.434 6	0.434 3	0.434 0	0.433 6	0.433 3	0.433 0
0.21	0.432 7	0.432 3	0.432 0	0.431 7	0.431 4	0.431 0	0.430 7	0.430 4	0.430 0	0.429 7
0.22	0.429 4	0.429 1	0.428 7	0.428 4	0.428 1	0.427 8	0.427 4	0.427 1	0.426 8	0.426 5
0.23	0.426 1	0.425 8	0.425 5	0.425 1	0.424 8	0.424 5	0.424 2	0.423 8	0.423 5	0.423 2
0.24	0.422 9	0.422 5	0.422 2	0.421 9	0.421 5	0.421 2	0.420 9	0.420 6	0.420 2	0.419 9

表 F.1（续）

$Q\sqrt{3}/2$ 前两位小数	$Q\sqrt{3}/2$ 第三位小数									
	0.000	0.001	0.002	0.003	0.004	0.005	0.006	0.007	0.008	0.009
	$\hat{p}$	$\hat{p}$	$\hat{p}$	$\hat{p}$	$\hat{p}$	$\hat{p}$	$\hat{p}$	$\hat{p}$	$\hat{p}$	$\hat{p}$
0.25	0.419 6	0.419 2	0.418 9	0.418 6	0.418 3	0.417 9	0.417 6	0.417 3	0.416 9	0.416 6
0.26	0.416 3	0.415 9	0.415 6	0.415 3	0.415 0	0.414 6	0.414 3	0.414 0	0.413 6	0.413 3
0.27	0.413 0	0.412 6	0.412 3	0.412 0	0.411 7	0.411 3	0.411 0	0.410 7	0.410 3	0.410 0
0.28	0.409 7	0.409 3	0.409 0	0.408 7	0.408 3	0.408 0	0.407 7	0.407 3	0.407 0	0.406 7
0.29	0.406 3	0.406 0	0.405 7	0.405 3	0.405 0	0.404 7	0.404 3	0.404 0	0.403 7	0.403 3
0.30	0.403 0	0.402 7	0.402 3	0.402 0	0.401 7	0.401 3	0.401 0	0.400 7	0.400 3	0.400 0
0.31	0.399 7	0.399 3	0.399 0	0.398 7	0.398 3	0.398 0	0.397 7	0.397 3	0.397 0	0.396 7
0.32	0.396 3	0.396 0	0.395 6	0.395 3	0.395 0	0.394 6	0.394 3	0.394 0	0.393 6	0.393 3
0.33	0.393 0	0.392 6	0.392 3	0.391 9	0.391 6	0.391 3	0.390 9	0.390 6	0.390 2	0.389 9
0.34	0.389 6	0.389 2	0.388 9	0.388 6	0.388 2	0.387 9	0.387 5	0.387 2	0.386 9	0.386 5
0.35	0.386 2	0.385 8	0.385 5	0.385 2	0.384 8	0.384 5	0.384 1	0.383 8	0.383 5	0.383 1
0.36	0.382 8	0.382 4	0.382 1	0.381 8	0.381 4	0.381 1	0.380 7	0.380 4	0.380 0	0.379 7
0.37	0.379 4	0.379 0	0.378 7	0.378 3	0.378 0	0.377 6	0.377 3	0.377 0	0.376 6	0.376 3
0.38	0.375 9	0.375 6	0.375 2	0.374 9	0.374 5	0.374 2	0.373 9	0.373 5	0.373 2	0.372 8
0.39	0.372 5	0.372 1	0.371 8	0.371 4	0.371 1	0.370 7	0.370 4	0.370 1	0.369 7	0.369 4
0.40	0.369 0	0.368 7	0.368 3	0.368	0.367 6	0.367 3	0.366 9	0.366 6	0.366 2	0.365 9
0.41	0.365 5	0.365 2	0.364 8	0.364 5	0.364 1	0.363 8	0.363 4	0.363 1	0.362 7	0.362 4
0.42	0.362 0	0.361 7	0.361 3	0.361 0	0.360 6	0.360 3	0.359 9	0.359 6	0.359 2	0.358 9
0.43	0.358 5	0.358 2	0.357 8	0.357 5	0.357 1	0.356 7	0.356 4	0.356	0.355 7	0.355 3
0.44	0.355 0	0.354 6	0.354 3	0.353 9	0.353 6	0.353 2	0.352 8	0.352 5	0.352 1	0.351 8
0.45	0.351 4	0.351 1	0.350 7	0.350 4	0.350 0	0.349 6	0.349 3	0.348 9	0.348 6	0.348 2
0.46	0.347 8	0.347 5	0.347 1	0.346 8	0.346 4	0.346 1	0.345 7	0.345 3	0.345 0	0.344 6
0.47	0.344 3	0.343 9	0.343 5	0.343 2	0.342 8	0.342 4	0.342 1	0.341 7	0.341 4	0.341 0
0.48	0.340 6	0.340 3	0.339 9	0.339 5	0.339 2	0.338 8	0.338 5	0.338 1	0.337 7	0.337 4
0.49	0.337 0	0.336 6	0.336 3	0.335 9	0.335 5	0.335 2	0.334 8	0.334 4	0.334 1	0.333 7
0.50	0.333 3	0.333 0	0.332 6	0.332 2	0.331 9	0.331 5	0.331 1	0.330 8	0.330 4	0.330 0
0.51	0.329 6	0.329 3	0.328 9	0.328 5	0.328 2	0.327 8	0.327 4	0.327 0	0.326 7	0.326 3
0.52	0.325 9	0.325 6	0.325 2	0.324 8	0.324 4	0.324 1	0.323 7	0.323 3	0.322 9	0.322 6
0.53	0.322 2	0.321 8	0.321 4	0.321 1	0.320 7	0.320 3	0.319 9	0.319 6	0.319 2	0.318 8

表 F.1（续）

$Q\sqrt{3}/2$ 前两位小数	$Q\sqrt{3}/2$ 第三位小数									
	0.000	0.001	0.002	0.003	0.004	0.005	0.006	0.007	0.008	0.009
	$\hat{p}$	$\hat{p}$	$\hat{p}$	$\hat{p}$	$\hat{p}$	$\hat{p}$	$\hat{p}$	$\hat{p}$	$\hat{p}$	$\hat{p}$
0.54	0.318 4	0.318 0	0.317 7	0.317 3	0.316 9	0.316 5	0.316 1	0.315 8	0.315 4	0.315 0
0.55	0.314 6	0.314 2	0.313 9	0.313 5	0.313 1	0.312 7	0.312 3	0.312 0	0.311 6	0.311 2
0.56	0.310 8	0.310 4	0.310 0	0.309 6	0.309 3	0.308 9	0.308 5	0.308 1	0.307 7	0.307 3
0.57	0.306 9	0.306 6	0.306 2	0.305 8	0.305 4	0.305 0	0.304 6	0.304 2	0.303 8	0.303 4
0.58	0.303 1	0.302 7	0.302 3	0.301 9	0.301 5	0.301 1	0.300 7	0.300 3	0.299 9	0.299 5
0.59	0.299 1	0.298 7	0.298 3	0.297 9	0.297 5	0.297 2	0.296 8	0.296 4	0.296 0	0.295 6
0.60	0.295 2	0.294 8	0.294 4	0.294 0	0.293 6	0.293 2	0.292 8	0.292 4	0.292 0	0.291 6
0.61	0.291 2	0.290 8	0.290 4	0.290 0	0.289 6	0.289 2	0.288 8	0.288 3	0.287 9	0.287 5
0.62	0.287 1	0.286 7	0.286 3	0.285 9	0.285 5	0.285 1	0.284 7	0.284 3	0.283 9	0.283 5
0.63	0.283 1	0.282 6	0.282 2	0.281 8	0.281 4	0.281 0	0.280 6	0.280 2	0.279 8	0.279 3
0.64	0.278 9	0.278 5	0.278 1	0.277 7	0.277 3	0.276 9	0.276 4	0.276 0	0.275 6	0.275 2
0.65	0.274 8	0.274 3	0.273 9	0.273 5	0.273 1	0.272 7	0.272 2	0.271 8	0.271 4	0.271 0
0.66	0.270 6	0.270 1	0.269 7	0.269 3	0.268 9	0.268 4	0.268 0	0.267 6	0.267 2	0.266 7
0.67	0.266 3	0.265 9	0.265 4	0.265 0	0.264 6	0.264 1	0.263 7	0.263 3	0.262 8	0.262 4
0.68	0.262 0	0.261 5	0.261 1	0.260 7	0.260 2	0.259 8	0.259 4	0.258 9	0.258 5	0.258 0
0.69	0.257 6	0.257 2	0.256 7	0.256 3	0.255 8	0.255 4	0.255 0	0.254 5	0.254 1	0.253 6
0.70	0.253 2	0.252 7	0.252 3	0.251 8	0.251 4	0.250 9	0.250 5	0.250 0	0.249 6	0.249 1
0.71	0.248 7	0.248 2	0.247 8	0.247 3	0.246 9	0.246 4	0.246 0	0.245 5	0.245 1	0.244 6
0.72	0.244 1	0.243 7	0.243 2	0.242 8	0.242 3	0.241 8	0.241 4	0.240 9	0.240 5	0.240 0
0.73	0.239 5	0.239 1	0.238 6	0.238 1	0.237 7	0.237 2	0.236 7	0.236 2	0.235 8	0.235 3
0.74	0.234 8	0.234 4	0.233 9	0.233 4	0.232 9	0.232 4	0.232 0	0.231 5	0.231 0	0.230 5
0.75	0.230 1	0.229 6	0.229 1	0.228 6	0.228 1	0.227 6	0.227 2	0.226 7	0.226 2	0.225 7
0.76	0.225 2	0.224 7	0.224 2	0.223 7	0.223 2	0.222 7	0.222 2	0.221 7	0.221 3	0.220 8
0.77	0.220 3	0.219 8	0.219 3	0.218 8	0.218 3	0.217 7	0.217 2	0.216 7	0.216 2	0.215 7
0.78	0.215 2	0.214 7	0.214 2	0.213 7	0.213 2	0.212 7	0.212 1	0.211 6	0.211 1	0.210 6
0.79	0.210 1	0.209 6	0.209 0	0.208 5	0.208 0	0.207 5	0.206 9	0.206 4	0.205 9	0.205 4
0.80	0.204 8	0.204 3	0.203 8	0.203 2	0.202 7	0.202 2	0.201 6	0.201 1	0.200 6	0.200 0
0.81	0.199 5	0.198 9	0.198 4	0.197 8	0.197 3	0.196 7	0.196 2	0.195 6	0.195 1	0.194 5
0.82	0.194 0	0.193 4	0.192 9	0.192 3	0.191 7	0.191 2	0.190 6	0.190 0	0.189 5	0.188 9

表 F.1(续)

$Q\sqrt{3}/2$ 前两位小数	$Q\sqrt{3}/2$ 第三位小数									
	0.000	0.001	0.002	0.003	0.004	0.005	0.006	0.007	0.008	0.009
	$\hat{p}$	$\hat{p}$	$\hat{p}$	$\hat{p}$	$\hat{p}$	$\hat{p}$	$\hat{p}$	$\hat{p}$	$\hat{p}$	$\hat{p}$
0.83	0.188 3	0.187 8	0.187 2	0.186 6	0.186 0	0.185 5	0.184 9	0.184 3	0.183 7	0.183 1
0.84	0.182 6	0.182 0	0.181 4	0.180 8	0.180 2	0.179 6	0.179 0	0.178 4	0.177 8	0.177 2
0.85	0.176 6	0.176 0	0.175 4	0.174 6	0.174 2	0.173 6	0.172 9	0.172 3	0.171 7	0.171 1
0.86	0.170 5	0.169 8	0.169 2	0.168 6	0.168 0	0.167 3	0.166 7	0.166 0	0.165 4	0.164 8
0.87	0.164 1	0.163 5	0.162 8	0.162 2	0.161 5	0.160 9	0.160 2	0.159 5	0.158 9	0.158 2
0.88	0.157 5	0.156 9	0.156 2	0.155 5	0.154 8	0.154 2	0.153 5	0.152 8	0.152 1	0.151 4
0.89	0.150 7	0.150 0	0.149 3	0.148 6	0.147 9	0.147 2	0.146 5	0.145 7	0.145 0	0.144 3
0.90	0.143 6	0.142 8	0.142 1	0.141 4	0.140 6	0.139 9	0.139 1	0.138 4	0.137 6	0.136 8
0.91	0.136 1	0.135 3	0.134 5	0.133 8	0.133 0	0.132 2	0.131 4	0.130 6	0.129 8	0.129 0
0.92	0.128 2	0.127 4	0.126 6	0.125 7	0.124 9	0.124 1	0.123 2	0.122 4	0.121 5	0.120 7
0.93	0.119 8	0.118 9	0.118 1	0.117 2	0.116 3	0.115 4	0.114 5	0.113 6	0.112 7	0.111 8
0.94	0.110 8	0.109 9	0.108 9	0.108 0	0.107 0	0.106 1	0.105 1	0.104 1	0.103 1	0.102 1
0.95	0.101 1	0.100 1	0.099 0	0.098 0	0.096 9	0.095 9	0.094 8	0.093 7	0.092 6	0.091 5
0.96	0.090 3	0.089 2	0.088 0	0.086 9	0.085 7	0.084 5	0.083 2	0.082 0	0.080 7	0.079 5
0.97	0.078 2	0.076 8	0.075 5	0.074 1	0.0727	0.071 3	0.069 9	0.068 4	0.066 9	0.065 3
0.98	0.063 8	0.062 1	0.060 5	0.058 8	0.057 0	0.055 2	0.053 3	0.051 4	0.049 4	0.047 3
0.99	0.045 1	0.042 7	0.040 3	0.037 7	0.034 9	0.031 8	0.028 5	0.024 7	0.020 1	0.014 2
1.00	0.000 0	0.000 0	0.000 0	0.000 0	0.000 0	0.000 0	0.000 0	0.000 0	0.000 0	0.000 0

注：当 Q 为负数时，将 $Q\sqrt{3}/2$ 的绝对值输入表中，然后用 1.0 减去所得结果。

附 录 G
（规范性附录）
一次抽样方案的 p^*

表 G.1 给出了一次抽样方案的最大过程不合格品率的最大允许值 p^*。

表 G.1 样本量为 3 和 4 的过程不合格品率估计的最大允许值 p^*，s 法

检验的严格度	样本量 n	接收质量限（不合格品百分数）					
		1.0	1.5	2.5	4.0	6.5	10.0
		p^*	p^*	p^*	p^*	p^*	p^*
加严	3					0.190 5	0.249 4
	4				0.112 3	0.151 3	0.215 7
放宽	3				0.190 5	0.249 4	0.349 5
	4			0.112 3	0.151 3	0.215 7	0.306 7
正常	3		0.190 5	0.212 4	0.249 4	0.349 5	0.493 7
	4	0.112 3	0.127 0	0.151 3	0.215 7	0.306 7	0.467 0

附　录　H
（规范性附录）
样本标准差上控制限中系数 c_U 的值

表 H.1 提供了样本标准差上控制限中系数 c_U 的值。

表 H.1　样本标准差上控制限中系数 c_U 的值

样本量 n	因数 c_U	样本量 n	因数 c_U	样本量 n	因数 c_U	样本量 n	因数 c_U
2	2.800	10	1.617	25	1.377	70	1.221
3	2.297	12	1.558	32	1.331	95	1.189
4	2.065	13	1.534	35	1.316	125	1.165
6	1.827	15	1.494	40	1.295	160	1.145
8	1.700	18	1.448	50	1.263	200	1.130
9	1.654	21	1.413	65	1.230	250	1.116

附 录 I
（规范性附录）
放宽检验资格鉴定中的附加接收常数

表 I.1 提供了附加接收常数。

表 I.1 放宽检验资格鉴定中的附加接收常数

样本量字码	AQL/%	AQL 加严一级的接收常数	
		"s"法	"σ"法
		k	k
B	4.0	1.118	0.829
C	2.5	1.325	1.201
D	1.5	1.516	1.452
E	1.0	1.740	1.735
F	0.65	1.967	1.989
G	0.40	2.153	2.185
H	0.25	2.350	2.384
J	0.15	2.503	2.532
K	0.10	2.678	2.702
L	0.065	2.856	2.875
M	0.040	3.002	3.018
N	0.025	3.157	3.176
P	0.015	3.272	3.290
Q	0.01	3.407	3.426
R	0.01	3.448	3.466

附 录 J
（规范性附录）
计算 s 和 σ 的程序

J.1 计算 s 的程序

J.1.1 由样本观测值对总体标准差的估计通常用符号 s 表示。其数值可由下式计算：

$$s=\sqrt{\frac{\sum_{j=1}^{n}(x_j-\bar{x})^2}{n-1}} \qquad \cdots\cdots(J.1)$$

其中，x_j 是第 j 个样本产品质量特性的值，$\bar{x}$ 为所有 x_j 的均值，即

$$\bar{x}=\frac{1}{n}\sum_{j=1}^{n}x_j \qquad \cdots\cdots(J.2)$$

J.1.2 为避免数值修约引起的误差，一般不推荐使用公式(J.1)，常用如下等价的计算公式：

$$s=\sqrt{\frac{n\sum_{j=1}^{n}x_j^2-\left(\sum_{j=1}^{n}x_j\right)^2}{n(n-1)}} \qquad \cdots\cdots(J.3)$$

J.1.3 如果变异与均值相比很小，即 s 与 $\bar{x}$ 比起来很小，公式(J.2)可进一步改进，在计算之前从所有测量值中减去一个适当的常数 a，即

$$s=\sqrt{\frac{n\sum_{j=1}^{n}(x_j-a)^2-\left\{\sum_{j=1}^{n}(x_j-a)\right\}^2}{n(n-1)}} \qquad \cdots\cdots(J.4)$$

J.1.4 许多袖珍计算器都有标准差的功能键。不幸的是，有些计算器中用 n 代替了分母中的 $(n-1)$。如果有意使用计算器的功能键或计算程序，核对计算器中所使用的公式是否为公式(J.1)很重要。最简单的核对方法是计算 0、1 和 2 的标准差。其样本量为 3，样本均值为 1，对均值的离差平方和为 2，由公式(J.1)得

$$s=\sqrt{\frac{2}{2}}=\sqrt{1}=1$$

如果在计算机或计算器中错误地用 n 代替了分母中的 $(n-1)$，计算结果将变为

$$s=\sqrt{\frac{2}{3}}=0.816\ 5$$

应避免在分母中使用 n，否则会放宽接收准则从而削弱 AOQL 对使用方的保护。

注：对于本例使用(J.3)式来计算 s 的步骤如下。

$$s=\sqrt{\frac{3\times(0^2+1^2+2^2)-(0+1+2)^2}{3\times(3-1)}}=\sqrt{\frac{3\times(0+1+4)-3^2}{3\times2}}=\sqrt{\frac{3\times5-9}{6}}=\sqrt{\frac{6}{6}}=1$$

J.2 计算 σ 的程序

J.2.1 如果利用 s 控制图进行控制，可用下面的公式估计 σ。

$$\sigma=\sqrt{\frac{\sum_{i=1}^{m}(n_i-1)s_i^2}{\sum_{i=1}^{m}(n_i-1)}}$$

式中：

m——批数；

n_i——第 i 批的样本量；

s_i——第 i 批的样本标准差。

J.2.2 如果每批的样本量都相等，上述公式可简化为

$$\sigma = \sqrt{\frac{\sum_{i=1}^{m} s_i^2}{m}}$$

附 录 K
（规范性附录）
使用方风险质量

K.1 对于给定的抽样计划，使用方风险质量就是提交批接收概率为10%的批质量。

K.2 对于 s 法，使用方风险质量要从方程 $F_{n-1,\sqrt{n}K_p}(\sqrt{n}k)=0.90$ 中求解 p，其中 n 是样本量，k 是 s 法的接收常数，K_p 是标准正态分布的 $(1-p)$ 分位数，$F_{n-1\sqrt{n}K_p}(.)$ 是自由度为 $n-1$ 非中心参数为 $\sqrt{n}K_p$ 的非中心 t 分布的分布函数。

K.3 本部分中 s 法的正常、加严和放宽检验方案的使用方风险质量分别由表 K.1、表 K.3 和表 K.5 给出。

K.4 σ 法的使用方风险质量由 $\Phi\{(1.2816/\sqrt{n})-k\}$ 给出，其中 n 是样本量，k 是 σ 法的接收常数且 $\Phi(.)$ 是标准正态分布的分布函数。

K.5 本部分中 σ 法的正常、加严和放宽检验方案的使用方风险质量分别由表 K.2、表 K.4 和表 K.6 给出。

表 K.1 s 法的正常检验的使用方风险质量 （以百分数表示）

字码	样本量	接收质量限（不合格品百分数）															
		0.01	0.015	0.025	0.04	0.065	0.10	0.15	0.25	0.40	0.65	1.0	1.5	2.5	4.0	6.5	10.0
B	3													↓	52.9	56.0	63.1
C	4												↓	41.3	44.2	49.1	56.6
D	6											↓	8.2	31.0	35.3	40.9	50.5
E	9										↓	18.2	20.7	24.2	28.6	35.7	45.5
F	13									↓	11.4	13.3	15.9	19.2	24.3	31.2	41.6
G	18								↓	7.15	8.51	10.4	12.8	16.4	21.3	28.6	35.7
H	25							↓	4.33	5.27	6.58	8.23	10.8	14.2	19.2	24.0	30.7
J	35						↓	2.53	3.15	4.02	5.12	6.82	9.11	12.5	15.7	20.2	25.9
K	50					↓	1.46	1.86	2.42	3.13	4.25	5.78	8.05	10.3	13.3	17.1	23.5
L	70				↓	0.836	1.08	1.4	1.88	2.59	3.58	5.05	6.49	8.49	11.0	15.2	↑
M	95			↓	0.490	0.640	0.860	1.14	1.60	2.24	3.20	4.14	5.45	7.11	9.86	↑	
N	125		↓	0.289	0.382	0.519	0.699	0.988	1.39	2.01	2.61	3.46	4.54	6.34	↑		
P	160	↓	0.172	0.229	0.314	0.425	0.606	0.862	1.25	1.64	2.18	2.87	4.03	↑			
Q	200	0.105	0.141	0.195	0.265	0.381	0.545	0.797	1.05	1.40	1.86	2.61	↑				
R	250	0.084 9	0.118	0.161	0.234	0.336	0.495	0.653	0.876	1.16	1.65	↑					

注：使用方风险质量是批被期望接收概率为10%的过程不合格品率。

表 K.2　σ 法的正常检验的使用方风险质量　　（以百分数表示）

字码	样本量	接收质量限（不合格品百分数）															
		0.01	0.015	0.025	0.04	0.065	0.10	0.15	0.25	0.40	0.65	1.0	1.5	2.5	4.0	6.5	10.0
B	2													↓	61.3	66.6	73.7
C	3												↓	40.1	46.0	53.9	62.8
D	4											↓	25.6	30.6	37.3	45.3	56.5
E	6										↓	14.6	18.2	23.2	29.3	38.4	49.8
F	8									↓	8.57	11.0	14.4	18.6	25.2	33.8	45.6
G	10								↓	5.21	6.79	9.07	12.0	16.5	22.6	31.3	39.4
H	12							↓	3.19	4.22	5.72	7.64	10.7	14.9	20.9	26.7	34.4
J	15						↓	1.88	2.51	3.45	4.67	6.63	9.36	13.4	17.3	22.6	29.2
K	18					↓	1.15	1.55	2.14	2.93	4.21	6.00	8.69	11.3	15.0	19.5	26.9
L	21				↓	0.698	0.945	1.32	1.81	2.63	3.77	5.52	7.25	9.64	12.7	17.6	↑
M	25			↓	0.422	0.576	0.809	1.12	1.63	2.36	3.49	4.60	6.17	8.17	11.5	↑	
N	32		↓	0.244	0.336	0.475	0.662	0.973	1.42	2.11	2.81	3.80	5.06	7.17	↑		
P	40	↓	0.143	0.197	0.279	0.391	0.580	0.851	1.28	1.71	2.32	3.11	4.43	↑			
Q	50	0.0851	0.118	0.169	0.237	0.353	0.522	0.787	1.06	1.44	1.94	2.79	↑				
R	65	0.0687	0.0984	0.139	0.208	0.309	0.467	0.631	0.866	1.17	1.69	↑					

注：使用方风险质量是批被期望接收概率为 10%的过程不合格品率。

表 K.3　s 法的加严检验的使用方风险质量　　（以百分数表示）

字码	样本量	接收质量限（不合格品百分数）															
		0.01	0.015	0.025	0.04	0.065	0.10	0.15	0.25	0.40	0.65	1.0	1.5	2.5	4.0	6.5	10.0
B	3														↓	52.9	56.0
C	4													↓	41.3	44.2	49.1
D	6												↓	28.2	31.0	35.3	40.9
E	9											↓	18.2	20.7	24.2	28.6	35.7
F	13										↓	11.4	13.3	15.9	19.2	24.3	31.2
G	18									↓	7.15	8.51	10.4	12.8	16.4	21.3	28.6
H	25								↓	4.33	5.27	6.58	8.23	10.8	14.2	19.2	26.3
J	35							↓	2.53	3.15	4.02	5.12	6.82	9.11	12.5	17.3	23.1
K	50						↓	1.46	1.86	2.42	3.13	4.25	5.78	8.05	11.3	15.2	20.8
L	70					↓	0.836	1.08	1.43	1.88	2.59	3.58	5.05	7.17	9.76	13.4	↑
M	95				↓	0.490	0.640	0.860	1.14	1.60	2.24	3.20	4.58	6.28	8.70	↑	
N	125			↓	0.289	0.382	0.519	0.699	0.988	1.39	2.01	2.90	4.01	5.58	↑		
P	160		↓	0.172	0.229	0.314	0.425	0.606	0.862	1.25	1.82	2.54	3.54	↑			
Q	200	↓	0.105	0.141	0.195	0.265	0.381	0.545	0.797	1.17	1.63	2.29	↑				
R	250	0.0628	0.0849	0.118	0.161	0.234	0.336	0.495	0.728	1.02	1.44	↑					

注：使用方风险质量是批被期望接收概率为 10%的过程不合格品率。

表 K.4　σ 法的加严检验的使用方风险质量　（以百分数表示）

字码	样本量	接收质量限（不合格品百分数）															
		0.01	0.015	0.025	0.04	0.065	0.10	0.15	0.25	0.40	0.65	1.0	1.5	2.5	4.0	6.5	10.0
B	2														↓	61.3	66.6
C	3													↓	40.1	46.0	53.9
D	4												↓	25.6	30.6	37.3	45.3
E	6											↓	14.6	18.2	23.2	29.3	38.4
F	8										↓	8.57	11.0	14.4	18.6	25.2	33.8
G	10									↓	5.21	6.79	9.07	12.0	16.5	22.6	31.3
H	12								↓	3.19	4.22	5.72	7.64	10.7	14.9	20.9	29.3
J	15							↓	1.88	2.51	3.45	4.67	6.63	9.36	13.4	19.1	25.9
K	18						↓	1.15	1.55	2.14	2.93	4.21	6.00	8.69	12.6	17.3	23.8
L	21					↓	0.698	0.945	1.32	1.81	2.63	3.77	5.52	8.06	11.2	15.5	↑
M	25				↓	0.422	0.576	0.809	1.12	1.63	2.36	3.49	5.14	7.18	10.1	↑	
N	32			↓	0.244	0.336	0.475	0.622	0.973	1.42	2.11	3.14	4.43	6.28	↑		
P	40		↓	0.143	0.197	0.279	0.391	0.580	0.851	1.28	1.92	2.72	3.88	↑			
Q	50	↓	0.0851	0.118	0.169	0.237	0.353	0.522	0.787	1.19	1.69	2.43	↑				
R	65	0.0492	0.0687	0.0984	0.139	0.208	0.309	0.467	0.710	1.02	1.47	↑					

注：使用方风险质量是批被期望接收概率为10%的过程不合格品率。

表 K.5　*s* 法的放宽检验的使用方风险质量　（以百分数表示）

字码	样本量	接收质量限（不合格品百分数）															
		0.01	0.015	0.025	0.04	0.065	0.10	0.15	0.25	0.40	0.65	1.0	1.5	2.5	4.0	6.5	10.0
B-D	3											↓	52.9	54.0	56.0	63.1	76.4
E	4										↓	41.3	42.4	44.2	49.1	56.6	70.9
F	6									↓	28.2	29.3	31.0	35.3	40.9	50.5	64.6
G	9								↓	18.2	19.2	20.7	24.2	28.6	35.7	45.5	53.4
H	13							↓	11.4	12.1	13.3	15.9	19.2	24.3	31.2	36.6	46.9
J	18						↓	7.15	7.68	8.51	10.4	12.8	16.4	21.3	25.2	32.3	39.0
K	25					↓	4.33	4.70	5.27	6.58	8.23	10.8	14.2	16.8	21.7	26.3	30.7
L	35				↓	2.53	2.78	3.15	4.02	5.12	6.82	9.11	10.9	14.2	17.3	20.2	↑
M	50			↓	1.46	1.62	1.86	2.42	3.13	4.25	5.78	6.98	9.20	11.3	13.3	↑	
N	70		↓	0.836	0.931	1.08	1.43	1.88	2.59	3.58	4.35	5.80	7.17	8.49	↑		
P	95	↓	0.490	0.549	0.640	0.860	1.14	1.60	2.24	2.74	3.69	4.58	5.45	↑			
Q	125	0.289	0.326	0.382	0.519	0.699	0.988	1.39	1.71	2.32	2.90	3.46	↑				
R	160	0.194	0.229	0.314	0.425	0.606	0.862	1.06	1.45	1.82	2.18	↑					

注：使用方风险质量是批被期望接收概率为10%的过程不合格品率。

表 K.6　σ 法的放宽检验的使用方风险质量　（以百分数表示）

字码	样本量	接收质量限（不合格品百分数）															
		0.01	0.015	0.025	0.04	0.065	0.10	0.15	0.25	0.40	0.65	1.0	1.5	2.5	4.0	6.5	10.0
B-D	2	↓	↓	↓	↓	↓	↓	↓	↓	↓	↓	↓	61.3	63.3	66.6	73.7	81.5
E	3	↓	↓	↓	↓	↓	↓	↓	↓	↓	↓	40.1	42.4	46.0	53.9	62.8	74.9
F	4	↓	↓	↓	↓	↓	↓	↓	↓	↓	25.6	27.6	30.6	37.3	45.3	56.5	69.6
G	6	↓	↓	↓	↓	↓	↓	↓	↓	14.6	16.0	18.2	23.2	29.3	38.4	49.8	57.9
H	8	↓	↓	↓	↓	↓	↓	↓	8.57	9.49	11.0	14.4	18.6	25.2	33.8	40.1	51.2
J	10	↓	↓	↓	↓	↓	↓	5.21	5.82	6.79	9.07	12.0	16.5	22.6	27.2	35.5	43.0
K	12	↓	↓	↓	↓	↓	3.19	3.59	4.22	5.72	7.64	10.7	14.9	18.1	23.9	29.3	34.4
L	15	↓	↓	↓	↓	1.88	2.12	2.51	3.45	4.67	6.63	9.36	11.5	15.4	10.1	22.6	↑
M	18	↓	↓	↓	1.15	1.30	1.55	2.14	2.93	4.21	6.00	7.41	10.1	12.6	15.0	↑	↑
N	21	↓	↓	0.698	0.795	0.946	1.32	1.81	2.63	3.77	4.68	6.41	8.06	9.64	↑	↑	↑
P	25	↓	0.422	0.482	0.576	0.809	1.12	1.63	2.36	2.95	4.07	5.14	6.17	↑	↑	↑	↑
Q	32	0.244	0.279	0.336	0.475	0.662	0.973	1.42	1.78	2.47	3.14	3.80	↑	↑	↑	↑	↑
R	40	0.163	0.197	0.279	0.391	0.580	0.851	1.07	1.50	1.92	2.32	↑	↑	↑	↑	↑	↑

注：使用方风险质量是批被期望接收概率为10%的过程不合格品率。

附 录 L
（规范性附录）
生产方风险

L.1 生产方风险是提交批的不合格品率等于 AQL 时的不接收概率，即 1 减去提交批的不合格品率等于 AQL 时的接收概率。

L.2 对于 s 法，生产方风险由 $F_{n-1,\sqrt{n}K_p}(\sqrt{n}k)$ 计算，其中 n 是样本量，p 是以不合格品率表示的 AQL，k 是 s 法的接收常数，K_p 是标准正态分布的 $(1-p)$ 分位数，$F_{n-1,\sqrt{n}K_p}(.)$ 是自由度为 $n-1$ 非中心参数为 $\sqrt{n}K_p$ 的非中心 t 分布的分布函数。

L.3 本部分中 s 法的正常、加严和放宽检验方案的生产方风险分别由表 L.1、表 L.3 和表 L.5 给出。

L.4 σ 法的生产方风险由 $\Phi\{\sqrt{n}(k-K_p)\}$ 计算，其中 n 是样本量，k 是 σ 法的接收常数，K_p 是标准正态分布的 $(1-p)$ 分位数，$\Phi(.)$ 是标准正态分布的分布函数。

L.5 本部分中 σ 法的正常、加严和放宽检验方案的生产方风险分别由表 L.2、表 L.4 和表 L.6 给出。

表 L.1 s 法的正常检验的生产方风险 （以百分数表示）

字码	样本量	接收质量限（不合格品百分数）															
		0.01	0.015	0.025	0.04	0.065	0.10	0.15	0.25	0.40	0.65	1.0	1.5	2.5	4.0	6.5	10.0
B	3													↓	10.9	12.8	9.7
C	4												↓	9.7	11.3	11.4	8.7
D	6											↓	8.1	9.6	9.7	9.3	5.3
E	9										↓	7.4	7.6	8.1	7.8	5.8	2.7
F	13									↓	7.0	7.4	6.7	7.3	5.7	3.9	1.3
G	18								↓	6.1	7.0	6.6	6.0	5.4	3.9	2.1	1.6
H	25							↓	5.3	6.0	6.3	6.1	4.4	3.8	2.3	2.6	1.9
J	35						↓	4.3	5.2	5.3	5.9	4.7	3.1	2.3	2.7	3.2	3.2
K	50					↓	3.7	3.6	4.1	4.4	4.0	3.0	1.5	2.3	2.7	4.0	2.4
L	70				↓	3.2	3.4	3.0	3.7	3.2	2.9	1.7	1.7	2.6	3.9	4.0	↑
M	95			↓	2.3	2.9	2.7	2.5	2.5	2.2	1.6	2.0	1.9	3.6	3.6	↑	
N	125		↓	1.8	2.2	2.5	2.5	1.7	1.8	1.3	2.1	2.5	2.8	3.7	↑		
P	160	↓	1.3	1.8	2.0	2.5	1.9	1.3	1.1	1.8	3.0	4.1	3.0	↑			
Q	200	1.2	1.2	1.5	1.8	1.7	1.3	0.7	1.5	2.3	4.4	4.0	↑				
R	250	1.2	1.0	1.5	1.4	1.4	0.9	1.1	2.2	3.9	5.2	↑					

注：生产方风险是当提交批的过程不合格品率等于 AQL 时批不被接收的概率。

表 L.2 σ 法的正常检验的生产方风险 （以百分数表示）

字码	样本量	接收质量限（不合格品百分数）															
		0.01	0.015	0.025	0.04	0.065	0.10	0.15	0.25	0.40	0.65	1.0	1.5	2.5	4.0	6.5	10.0
B	2													↓	5.5	7.1	7.7
C	3												↓	4.7	5.8	6.6	6.6
D	4											↓	4.0	5.2	5.8	6.6	5.4
E	6										↓	3.3	3.5	4.2	4.7	4.4	3.2
F	8									↓	3.0	3.4	3.2	4.1	3.7	3.5	2.1
G	10								↓	2.5	3.2	3.2	3.1	3.3	3.0	2.5	2.8
H	12							↓	2.2	2.7	3.2	3.4	2.7	2.9	2.4	3.5	3.9
J	15						↓	1.5	2.2	2.6	3.3	2.8	2.2	2.2	3.2	4.7	5.9
K	18					↓	1.5	1.5	2.1	2.6	2.7	2.3	1.6	2.8	4.1	6.8	6.2
L	21				↓	1.4	1.7	1.6	2.4	2.3	2.5	2.0	2.4	4.2	6.6	8.2	↑
M	25			↓	1.0	1.5	1.6	1.6	1.9	2.0	1.9	2.7	3.1	6.1	7.2	↑	
N	32		↓	0.6	0.9	1.3	1.4	1.1	1.4	1.3	2.5	3.3	4.3	6.3	↑		
P	40	↓	0.3	0.6	0.8	1.3	1.1	0.8	0.9	1.8	3.3	5.1	4.7	↑			
Q	50	0.2	0.3	0.5	0.7	0.8	0.7	0.4	1.2	2.2	4.7	5.0	↑				
R	65	0.2	0.2	0.4	0.4	0.5	0.4	0.6	1.5	3.4	5.1	↑					

注：生产方风险是当提交批的过程不合格品率等于 AQL 时批不被接收的概率。

表 L.3 s 法的加严检验的生产方风险 （以百分数表示）

字码	样本量	接收质量限（不合格品百分数）															
		0.01	0.015	0.025	0.04	0.065	0.10	0.15	0.25	0.40	0.65	1.0	1.5	2.5	4.0	6.5	10.0
B	3														↓	17.8	20.8
C	4													↓	15.7	19.5	20.3
D	6												↓	14.4	17.1	19.3	19.5
E	9											↓	12.3	15.2	16.6	18.6	15.8
F	13										↓	12.5	13.4	15.5	17.2	17.0	14.0
G	18									↓	12.2	13.5	13.4	16.0	15.6	15.4	11.0
H	25								↓	11.2	13.3	13.8	13.8	14.8	14.3	12.9	8.3
J	35							↓	10.4	12.2	13.8	14.7	12.7	13.8	12.3	10.7	9.1
K	50						↓	8.3	10.6	11.7	13.9	12.8	10.8	10.8	9.0	10.2	8.4
L	70					↓	8.3	8.7	10.6	12.5	13.1	12.0	8.8	8.8	9.7	11.5	↑
M	95				↓	7.8	8.7	8.4	11.1	11.2	12.0	9.8	6.6	9.0	10.1	↑	
N	125			↓	6.6	8.5	8.8	8.9	10.1	10.4	10.4	8.1	7.1	10.0	↑		
P	160		↓	5.9	7.4	9.0	10.0	8.4	9.9	9.4	9.4	9.5	8.3	↑			
Q	200	↓	4.4	6.4	7.5	9.8	8.9	7.5	8.2	7.7	10.1	10.3	↑				
R	250	4.7	5.0	6.8	8.8	9.5	8.9	6.6	7.4	9.3	12.5	↑					

注：生产方风险是当提交批的过程不合格品率等于 AQL 时批不被接收的概率。

表 L.4 σ 法的加严检验的生产方风险　　（以百分数表示）

字码	样本量	接收质量限（不合格品百分数）															
		0.01	0.015	0.025	0.04	0.065	0.10	0.15	0.25	0.40	0.65	1.0	1.5	2.5	4.0	6.5	10.0
B	2															10.3	12.8
C	3														9.4	12.2	13.4
D	4													9.2	11.4	13.6	14.8
E	6												7.3	9.8	11.3	13.7	12.8
F	8											7.6	8.4	10.5	12.5	13.3	12.3
G	10										7.6	8.7	8.8	11.5	11.9	12.9	11.0
H	12									6.9	9.0	9.6	10.0	11.5	12.0	12.3	10.1
J	15								6.2	8.0	9.8	10.9	9.7	11.5	11.4	12.5	11.8
K	18							4.8	7.0	8.4	10.9	10.3	9.2	10.3	10.0	12.7	12.9
L	21						5.3	5.9	8.0	10.1	11.2	10.9	8.9	10.1	12.3	15.5	
M	25					5.2	6.2	6.3	9.1	9.8	11.2	10.0	7.9	11.4	13.9		
N	32				3.9	5.7	6.3	6.8	8.4	9.4	10.1	8.8	8.6	12.7			
P	40			3.1	4.6	6.3	7.4	6.4	8.4	8.6	9.2	10.4	10.0				
Q	50		1.8	3.4	4.5	6.8	6.4	5.5	6.8	7.0	10.1	11.2					
R	65	1.6	1.9	3.4	5.1	6.2	6.0	4.5	5.7	8.0	11.8						

注：生产方风险是当提交批的过程不合格品率等于 AQL 时批不被接收的概率。

表 L.5 s 法的放宽检验的生产方风险　　（以百分数表示）

字码	样本量	接收质量限（不合格品百分数）															
		0.01	0.015	0.025	0.04	0.065	0.10	0.15	0.25	0.40	0.65	1.0	1.5	2.5	4.0	6.5	10.0
B-D	3												3.8	5.6	7.1	4.8	1.4
E	4											3.5	4.7	6.4	5.6	3.8	0.9
F	6										2.9	4.0	4.9	4.7	3.7	1.7	0.3
G	9									2.1	3.2	4.1	3.4	3.0	1.6	0.5	0.4
H	13								1.6	2.6	3.7	3.2	2.5	1.6	0.7	0.8	0.2
J	18							1.2	2.1	3.0	2.9	2.4	1.4	0.8	1.0	0.5	0.5
K	25						1.0	1.5	2.5	2.3	2.3	1.4	0.7	1.1	0.7	1.0	1.9
L	35					0.8	1.3	1.8	1.8	1.8	1.3	0.8	0.9	0.8	1.2	3.2	
M	50				0.4	0.9	1.4	1.1	1.2	0.8	0.6	0.8	0.5	1.0	2.7		
N	70			0.2	0.5	1.1	0.9	0.7	0.6	0.4	0.8	0.6	0.7	2.6			
P	95		0.1	0.3	0.7	0.7	0.6	0.3	0.3	0.5	0.5	0.8	1.9				
Q	125	0.1	0.2	0.4	0.4	0.5	0.3	0.1	0.4	0.4	0.9	2.5					
R	160	0.1	0.3	0.3	0.3	0.3	0.2	0.3	0.3	0.8	3.0						

注：生产方风险是当提交批的过程不合格品率等于 AQL 时批不被接收的概率。

表 L.6 σ法的放宽检验的生产方风险

（以百分数表示）

字码	样本量	接收质量限（不合格品百分数） 0.01	0.015	0.025	0.04	0.065	0.10	0.15	0.25	0.40	0.65	1.0	1.5	2.5	4.0	6.5	10.0
B-D	2	↓	↓	↓	↓	↓	↓	↓	↓	↓	↓	↓	1.4	2.4	3.6	4.0	3.6
E	3	↓	↓	↓	↓	↓	↓	↓	↓	↓	↓	1.0	1.6	2.6	2.8	2.8	1.8
F	4	↓	↓	↓	↓	↓	↓	↓	↓	↓	0.9	1.5	2.0	2.3	2.4	1.9	1.1
G	6	↓	↓	↓	↓	↓	↓	↓	↓	0.4	0.9	1.4	1.3	1.4	1.1	0.8	0.9
H	8	↓	↓	↓	↓	↓	↓	↓	0.3	0.6	1.2	1.1	1.0	0.9	0.6	1.1	0.8
J	10	↓	↓	↓	↓	↓	↓	0.2	0.4	0.8	0.9	0.9	0.6	0.6	1.0	1.0	1.3
K	12	↓	↓	↓	↓	↓	0.1	0.3	0.7	0.7	0.9	0.7	0.4	1.0	1.0	1.9	3.9
L	15	↓	↓	↓	↓	0.09	0.2	0.4	0.5	0.6	0.6	0.4	0.7	0.9	1.7	4.7	↑
M	18	↓	↓	↓	0.05	0.2	0.4	0.3	0.5	0.4	0.4	0.7	0.6	1.5	4.1	↑	↑
N	21	↓	↓	0.03	0.1	0.3	0.3	0.3	0.3	0.3	0.8	0.8	1.3	4.2	↑	↑	↑
P	25	↓	0.01	0.07	0.2	0.3	0.3	0.2	0.2	0.6	0.8	1.4	3.1	↑	↑	↑	↑
Q	32	0.01	0.02	0.1	0.1	0.2	0.1	0.1	0.3	0.5	1.2	3.3	↑	↑	↑	↑	↑
R	40	0.01	0.04	0.07	0.1	0.1	0.08	0.2	0.3	0.8	3.3	↑	↑	↑	↑	↑	↑

注：生产方风险是当提交批的过程不合格品率等于 AQL 时批不被接收的概率。

附 录 M
（规范性附录）
σ 法的操作特性

M.1 接收概率计算公式

对单侧规范限，过程不合格品率为 p 时，批接收概率由下式给出：

$$P_a = \Phi\{\sqrt{n}(K_p - k)\}$$

其中，Φ(.)表示标准正态分布函数，n 是样本量，K_p 是标准正态分布的(1－p)分位数，k 是 σ 法的接收常数。

M.2 示例

考虑用 σ 法、AQL 为 1.0(%)和样本量字码为 M 的正常检验方案，对过程质量水平为 2.5(%)时接收概率的计算。按 AQL 为 1.0(%)和样本量字码为 M 在表 C.1 中查得样本量 n 为 25、接收常数 k 为 1.941。当过程不合格品率为 p=2.5(%)，在标准正态分布表中查得 K_p=1.690。因此有

$P_a=\Phi\{\sqrt{25}(1.960-1.941)\}=\Phi(5\times0.019)=\Phi(0.095)$

从标准正态分布表查得，P_a=0.538。

M.3 与 s 法表值的比较

可以看出，σ 的法接收概率与相应 s 法的接收概率大体相近。从图表 M 中 AQL 为 1.0(%)的列中，过程质量水平为 2.51(%)时，即 p=2.51(%)相对应的接收概率为 50%，即 P_a=0.50。

附 录 N
（规范性附录）
样本量为 3 和 4 的过程不合格品率的估计，*s* 法

N.1 对样本量为 *n* 的一般公式

当过程标准差未知时，超出任一规范限的过程不合格品率估计的一般公式为

$$\hat{p} = B_{(n-2)/2}\left\{\frac{1}{2}\left(1-Q\frac{\sqrt{n}}{n-1}\right)\right\} \qquad \text{(N.1)}$$

其中，n 是样本量，Q 是质量统计量，$B_{(n-2)/2}(.)$ 是两个分布参数均为 $(n-2)/2$ 的贝塔分布的分布函数。

N.2 样本量为 3 的公式

当样本量为 3 时，估计公式变为

$$\hat{p} = B_{1/2}\left\{\frac{1}{2}\left(1-Q\frac{\sqrt{3}}{2}\right)\right\} \qquad \text{(N.2)}$$

这时

$$B_{\frac{1}{2}}(x) = \begin{cases} 0 & \text{如果 } x<0 \\ \displaystyle\int_0^x \frac{t^{\frac{1}{2}}(1-t)^{\frac{1}{2}}}{B\left(\frac{1}{2},\frac{1}{2}\right)}\mathrm{d}t & \text{如果 } 0\leqslant x\leqslant 1 \\ 1 & \text{如果 } x>1 \end{cases} \qquad \text{(N.3)}$$

其中

$B\left(\frac{1}{2},\frac{1}{2}\right)=\Gamma\left(\frac{1}{2}\right)\Gamma\left(\frac{1}{2}\right)/\Gamma\left(\frac{1}{2}+\frac{1}{2}\right)=\sqrt{\pi}\sqrt{\pi}/1=\pi$，

$\Gamma(.)$ 表示伽玛函数。将 $t=\sin^2\theta_1$ 代入(N.3)式得

$$B_{\frac{1}{2}}(x) = \begin{cases} 0 \\ \displaystyle\frac{2}{\pi}\int_0^{\arcsin(\sqrt{x})}\mathrm{d}\theta \\ 1 \end{cases} = \begin{cases} 0 & \text{如果 } x<0 \\ \displaystyle\frac{2}{\pi}\arcsin(\sqrt{x}) & \text{如果 } 0\leqslant x\leqslant 1 \\ 1 & \text{如果 } x>1 \end{cases} \qquad \text{(N.4)}$$

将(N.4)式代入(N.2)式得

$$\hat{p} = \begin{cases} 0 & \text{如果 } Q>2/\sqrt{3} \\ \displaystyle\frac{2}{\pi}\arcsin\left\{\sqrt{(1-Q\sqrt{3}/2)/2}\right\} & \text{如果 } -2/\sqrt{3}\leqslant Q\leqslant 2/\sqrt{3} \\ 1 & \text{如果 } Q<-2/\sqrt{3} \end{cases}$$

附录 F 的表中给出了该数值。

N.3 样本量为 4 的公式

当 $n=4$ 时，估计量变为

$$\hat{p} = B_1\left\{\frac{1}{2}\left(1-\frac{2}{3}Q\right)\right\} = B_1\{0{,}5-Q/3\} \qquad \text{(N.5)}$$

这时

$$B_1(x)=\begin{cases}0 & \text{如果 } x<0\\ \int_0^x \dfrac{\mathrm{d}t}{B(1,1)} & \text{如果 } 0\leqslant x\leqslant 1\\ 1 & \text{如果 } x>1\end{cases} \qquad \cdots\cdots(\text{N}.6)$$

其中，$B(1,1)=\Gamma(1)\Gamma(1)/\Gamma(1+1)=1$，

于是，(N.6)式变为

$$B_1(x)=\begin{cases}0 & \text{如果 } x<0\\ x & \text{如果 } 0\leqslant x\leqslant 1\\ 1 & \text{如果 } x>1\end{cases} \qquad \cdots\cdots(\text{N}.7)$$

于是，将(N.7)式代入(N.5)式得

$$\hat{p}=\begin{cases}0 & \text{如果 } Q>1.5\\ 0.5-Q/3 & \text{如果 } -1.5\leqslant Q\leqslant 1.5\\ 1 & \text{如果 } Q<-1.5\end{cases}$$

参 考 文 献

[1] Bowker, A. H. and Goode, H. P. Sampling Inspection by Variables, McGraw-Hill, 1952.

[2] Bowker, A. H. and Lieberman, G. J. Engineering Statistics. Prentice-Hall, 1972.

[3] Burr, I. W. Engineering Statistics and Quality Control. McGraw-Hill, 1953.

[4] Duncan, A. J. Quality Control and Industrial Statistics. Richard D. Irwin. Inc., 1965.

[5] GöB, R. (2001). Methodological Foundations of Statistical Lot Inspection, pp. 3-24. In: Lenz, H. J. and Wilrich, P-Th. [Editors]. Frontiers in Statistical Quality Control 6, Physica-Verlag, Heidelberg; NewYork.

[6] Grant, E. L. and Leavenworth, R. S. Statistical Quality Control, McGraw-Hill, 1972.

[7] Hahn, G. H. and Shapiro, S. S. Statistical Models in Engineering. John Wiley, 1967.

[8] ISO 31-11, Quantities and units—Part 11: Mathematical signs and symbols for use in the physical sciences and technology.

[9] ISO 2854:1976, Statistical interpretation of data—Techniques of estimation and tests relation to means and variances.

[10] ISO 2859-0, Sampling procedures for inspection by attributes—Part 0: Introduction to the ISO 2859 attribute sampling system.

[11] ISO 2859-2, Sampling procedures for inspection by attributes—Part 2: Sampling plans indexed by limiting quality(LQ) for isolated lot inspection.

[12] ISO 5479, Statistical interpretation of data—Tests for departure from the normal distribution.

[13] ISO 5725-2, Accuracy (trueness and precision) of measurement methods and results—Part 2: Basic method for the determination of repeatability and reproducibility of a standard measurement method.

[14] ISO 7870, Control charts—General guide and introduction.

[15] ISO 8258, Shewhart control charts.

[16] Kendall, M. G., and Buckland, W. R. A Dictionary of Statistical Terms. Oliver and Boyd. 1971.

[17] Mathematical and Statistical Principles Underlying Military Standard 414. Office of the Assistant Secretary of Defense, Washington D. C.

[18] Melgaard, H. and Thyregod, P. (2001). Acceptance sampling by variables under measurement uncertainty, pp. 47-60. In: Lenz, H. J. and Wilrich, P-Th. (eds.) Frontiers in Statistical Quality Control 6, Physica-Verlag, Heidelberg; New York.

[19] Pearson, E. S., and Hartley, H. O. Biometrika Tables for Statisticians, Volumes 1and 2. Cambridge University Press, 1966.

[20] Resnikoff, G. J., and Lieberman, G. J. Tables of the Non-Central t-Distribution. Stanford University Press, 1966.

[21] Techniques of Statistical Analysis. Statistical Research Group, Columbia University, McGraw-Hill, 1947.

ICS 03.120.30
A 41

中华人民共和国国家标准

GB/T 6378.4—2008
代替 GB/T 14900—1994

计量抽样检验程序 第4部分：对均值的声称质量水平的评定程序

Sampling procedures for inspection by variables—Part 4: Procedures for assessment of declared quality levels for mean

(ISO/WD 3951-4:2007, NEQ)

2008-07-16 发布　　2009-01-01 实施

中华人民共和国国家质量监督检验检疫总局
中国国家标准化管理委员会　发布

前　言

GB/T 6378《计量抽样检验程序》将分为以下部分，其预期结构及对应的国际标准和将代替的国家标准为：

——第 1 部分：按接收质量限(AQL)检索的对单一质量特性和单个 AQL 的逐批检验的一次抽样方案的规定(ISO 3951-1:2005，IDT；代替 GB/T 6378—2002)

——第 2 部分：按接收质量限(AQL)检索的对独立质量特性逐批检验的一次抽样方案的一般规定(对应 ISO 3951-2:2006)

——第 3 部分：按接收质量限(AQL)检索的逐批检验的二次抽样计划(对应 ISO 3951-3:2007)

——第 4 部分：对均值的声称质量水平的评定程序(ISO/WD 3951-4:2007，NEQ；代替 GB/T 14900—1994)

——第 5 部分：按接收质量限(AQL)检索的计量检验的序贯抽样计划(对应 ISO/FDIS 3951-5:2005)

GB/T 6378 的本部分与国际标准草案 ISO/WD 3951-4:2007《计量抽样检验程序　第 4 部分：对均值的声称质量水平的评定程序》的一致性程度为非等效。

本部分代替 GB/T 14900—1994，本部分与 GB/T 14900—1994 之间的重大差别如下：

——将监督质量水平 μ_0 改为声称质量水平 DQL；

——将监督总体改为核查总体；

——将不通过判定值改为限定值；

——将监督总体不可通过改为核查总体不合格，将监督抽样检验可通过改为核查通过；

——将抽检合格改为抽检样本符合要求；

——增加了用实际质量水平与声称质量水平相比较进行判定的论述；

——增加了复验、复检和核查抽样检验功效的定义；

——调整了个别抽样方案。

本部分的附录 A 为资料性附录。

本部分由中国标准化研究院提出。

本部分由全国统计方法应用标准化技术委员会归口。

本部分起草单位：无锡市产品质量监督检验所、中国标准化研究院、广东省工商行政管理局、中国航天科工集团第二研究院、中国人民解放军军械工程学院、中国科学院数学与系统科学研究院。

本部分主要起草人：吴建国、于振凡、彭海斌、殷勤、陈华英、丁文兴、张玉柱、陈敏。

本部分所代替标准的历次版本发布情况为：

——GB/T 14900—1994。

引　言

GB/T 6378.4 的范围不同于 GB/T 6378 的第 1 部分至第 3 部分。GB/T 6378 的第 1 部分至第 3 部分所规定的验收抽样程序的体系适用于两个相关方(例如生产方与使用方)之间的双边协议。验收抽样程序仅用作检验交验批的样本后判定是否接收批产品的规则。因此,这些程序不明确涉及任何形式上的声称质量水平。

验收抽样中,认为在可接收的批和不可接收的批的质量水平之间没有明显的界限。对于 GB/T 6378的第 1 部分至第 3 部分中的程序,双方商定的某一接收质量限就是当提交一系列连续批时可容忍的最差的过程平均质量水平。

GB/T 6378.1 中的转移规则和抽样计划的设计是为了鼓励生产方生产的产品具有比所选取的 AQL 好的过程平均质量水平。GB/T 6378 的第 1 部分和第 3 部分中的程序适用于验收抽样,但不适用于在评审、审核中验证某一核查总体的声称质量。其主要理由是,GB/T 6378 的第 1 部分和第 3 部分是用接收质量限来检索的,仅与验收抽样的实际目的有关,因而对两类风险是均衡的。

GB/T 6378 的本部分中规定的抽样检验程序是为了在正规的评审中所需做的抽样检验而设计的。当实施这种形式的检验时,负责部门必须考虑作出错误结论的风险,并且在安排和执行评审(或审核)中考虑此类风险。

GB/T 6378 的本部分设计了一些规则,使得当事实上核查总体的实际质量水平符合声称质量水平时,判核查总体不合格的风险很小。如果还希望当核查总体的实际质量水平不符合声称质量水平时,判核查通过的风险同样很小,必须有更大的样本量。为了尽量减小样本量,允许当实际质量水平事实上不符合声称质量水平时,判核查通过的风险稍高。

判定结果的用词反映了作出不同错误结论风险的不平衡。当由抽样结果判核查总体不合格时,有很大的把握认为:“核查总体的实际质量水平劣于该声称质量水平”。当由抽样结果判核查通过时,认为:“对此有限的样本量,未发现核查总体的实际质量水平劣于该声称质量水平”。因此,当样本量较小时,对判核查通过的情形,负责部门不负确认核查总体合格的责任。

计量抽样检验程序
第4部分:对均值的声称质量水平的评定程序

1 范围

GB/T 6378的本部分规定了对以核查总体的某个质量特性的平均值为质量指标的计量一次抽样检验程序。

GB/T 6378的本部分所规定的抽样方案和评定程序,用于评定某一总体(批或过程等)的质量水平是否不符合某一声称质量水平。本部分规定的抽样方案使否定某一合格总体(批)的风险控制在5%。

GB/T 6378的本部分的程序不适用于批的验收抽样,仅适用于各种形式的质量核查,即利用样本的检验结果来说明某一核查总体是否不符合某一声称质量水平的场合。被检产品质量特性应服从或近似服从正态分布。

GB/T 6378的本部分适用于能从核查总体中抽取由一些单位产品组成的随机样本的情形。

GB/T 6378的本部分提供的抽样方案可用于(但不限于)检验下述各种产品,例如:

——最终产品;

——零部件和原材料;

——操作;

——在制品;

——库存品;

——维修操作;

——数据与记录;

——管理程序。

2 规范性引用文件

下列文件中的条款通过GB/T 6378的本部分的引用成为本部分的条款。凡是注日期的引用文件,其随后所有的修改单(不包括勘误的内容)或修订版均不适于本部分。然而,鼓励根据本部分达成协议的各方研究是否可使用这些文件的最新版本。凡是不注日期的引用文件,其最新版本适用于本部分。

GB/T 4882 数据的统计处理和解释 正态性检验(GB/T 4882—2001,ISO 5479:1997,IDT)

GB/T 6378.1 计量抽样检验程序 第1部分:按接收质量限(AQL)检索的对单一质量特性和单个AQL的逐批检验的一次抽样方案(GB/T 6378.1—2008,ISO 3951-1:2005,IDT)

GB/T 10111 随机数的产生及其在产品质量抽样检验中的应用程序

GB/T 16306 声称质量水平复检与复验的评定程序

ISO 3534-1:2006 统计学词汇及符号 第1部分:一般统计术语与用于概率的术语

ISO 3534-2:2006 统计学词汇及符号 第2部分:应用统计

3 术语、定义和符号

ISO 3534-1:2006,ISO 3534-2:2006和GB/T 6378.1—2008确定的术语、定义和符号以及下列术语、定义和符号适用于本部分。

3.1 术语和定义

3.1.1

核查总体 audit population

被实施核查的单位产品的全体。

3.1.2

质量水平 quality level

核查总体中某质量特性的实际平均值。

3.1.3

声称质量水平上限 upper limit of declared quality level

核查总体质量水平允许的上限值。

3.1.4

声称质量水平下限 lower limit of declared quality level

核查总体质量水平允许的下限值。

3.1.5

限定值 limiting value

基于声称质量水平,质量统计量允许的最小值。

3.1.6

复验 re-test

对原样本产品进行再次测试。

3.1.7

复检 re-inspection

在原核查总体中再次抽取样本进行检验,判定核查总体是否不符合声称质量水平。

3.1.8

检验水平 inspection level

核查抽样检验中样本量与检验功效之间的等级对应关系。

3.1.9

质量统计量 quality statistics

由声称质量水平上下限、样本均值和批标准差(或样本标准差)构成的函数。

注:分为上质量统计量和下质量统计量两种。

3.1.10

σ 法 "*σ*" method

核查总体标准差已知时,利用样本均值与核查总体标准差来判定核查总体是否不合格的方法。

3.1.11

s 法 "*s*" method

核查总体标准差未知时,利用样本均值与样本标准差来判定核查总体是否不合格的方法。

3.1.12

核查抽样检验功效 power of audit sampling

当核查总体的实际质量水平不符合声称质量水平时,核查总体被判为不合格的概率。

3.2 符号

μ 总体均值

σ 总体标准差

$\hat{\sigma}$ 总体标准差的估计值

DQL_L 声称质量水平的下限

DQL_U 声称质量水平的上限

n 样本量

X_i 表示第 i 个样本产品的质量特性值

$\overline{X}$ 样本均值

$$\overline{X}=\frac{1}{n}\sum_{i=1}^{n}X_i$$

s 样本标准差

$$s=\sqrt{\frac{1}{n-1}\sum_{i=1}^{n}(X_i-\overline{X})^2}$$

Q_U 声称质量水平的上质量统计量

$$Q_U=\frac{DQL_U-\overline{X}}{\sigma}\text{ 或 }Q_U=\frac{DQL_U-\overline{X}}{s}$$

Q_L 声称质量水平的下质量统计量

$$Q_L=\frac{\overline{X}-DQL_L}{\sigma}\text{ 或 }Q_L=\frac{\overline{X}-DQL_L}{s}$$

k 限定值

α 第一类错误概率(错判风险)

β 第二类错误概率(漏判风险)

$[n,k]$ 抽样方案

$P_a(\mu)$ 核查抽样方案的通过概率

4 实施抽样检验的程序

本标准规定的检验程序如下：

a) 确定核查总体；

b) 确定核查质量特性；

c) 确定核查抽样检验类型：σ 法或 s 法；

d) 确定核查抽样检验方式：上侧、下侧或双侧；

e) 规定声称质量水平；

f) 规定核查检验水平；

g) 检索核查抽样方案；

h) 抽取样本；

i) 样本的检测与计算；

j) 判定核查总体是否不合格。

5 实施抽样检验

5.1 确定核查总体

根据核查需要确定核查总体，核查总体中的产品可以是同厂家、同型号、同一生产周期生产的产品。需要时也可以是同厂家、同型号、不同生产周期生产的产品；或同厂家、不同型号、不同生产周期生产的产品；甚至不同厂家、不同型号、不同生产周期生产的产品。

5.2 确定核查总体的受检质量特性

根据核查的需要，确定核查总体的一个或多个受检质量特性。

5.3 确定核查抽样检验类型

如果能预先确定核查总体的标准差，则可选用 σ 法；否则，应选用 s 法。

本标准中的表1、表2用于σ法，表3、表4用于s法。

5.4 确定核查抽样检验方式

GB/T 6378的本部分包括声称质量水平的上限、声称质量水平的下限和声称质量水平的双侧限三种不同核查抽样检验方式。可根据产品标准对产品质量特性的规范限的不同要求而选用。

5.5 规定声称质量水平

根据核查需要规定声称质量水平。声称质量水平应与抽样检验方式相适应。

5.6 规定核查检验水平

GB/T 6378的本部分的表1～表4均给出15个核查检验水平。考虑到σ法与s法的区别，表1和表2中核查检验水平所对应的样本量系列与表3和表4所对应的样本量系列不全相同。

核查检验水平越高，样本量越大，检验的功效越高。核查检验水平一经选定，在实施过程中不得改动。

5.7 确定核查抽样方案

5.7.1 σ法：给定声称质量水平上限或下限

使用表1，由检验水平所在行直接读取样本量n和限定值k。

5.7.2 σ法：给定声称质量水平上下限

使用表2，先由核查检验水平所在行读取样本量n；再由$\frac{DQL_U - DQL_L}{\sigma/\sqrt{n}}$的值所在列与样本量$n$所在行的相交处，读取限定值$k$。

5.7.3 s法：给定声称质量水平上限或下限

使用表3，由检验水平所在行直接读取样本量n和限定值k。

5.7.4 s法：给定声称质量水平上下限

使用表4，先由核查检验水平所在行读取样本量n；再根据以往经验或双方协商一个用于检索抽样方案的总体标准差的估计值$\hat{\sigma}$，由$\frac{DQL_U - DQL_L}{\hat{\sigma}/\sqrt{n-1.64}}$的值所在列与样本量所在行的相交处，读取限定值$k$。

计算质量统计量的值并作出判定。若对判定结果有异议，则应用计算质量统计量中的样本标准差s代替前面的$\hat{\sigma}$，重复上述过程。

5.8 抽取样本

样本应按GB/T 10111中规定的方法在核查总体中随机抽取。

当使用分层随机抽样时，从各层抽取的样本产品数应与所考虑的核查总体的层的大小成比例。当从核查总体（批）中抽样时，可把可识别的子批作为层来使用分层抽样。当从过程中抽样时，可根据所识别的变异来源（例如，工具，操作人员，班次等）分层而使用分层抽样。

如果检索出的抽样方案所需的样本量超过所研究的核查总体量，应对该核查总体中所有的单位产品进行检验。

5.9 样本的检测与计算

抽取的样本按产品标准或有关文件规定的试验、测量或其他方法，对抽取的样本中每一个样本产品逐个进行检测。检测结果应完整、准确地记录，并计算出样本的均值与标准差。

5.10 判定核查总体是否不合格

5.10.1 σ法判定规则

a) 给定声称质量水平的上限时

若$Q_U \leqslant k$，即抽检样本不符合要求，判核查总体不合格；

若$Q_U > k$，即抽检样本符合要求，判核查通过。

其中：$Q_U = \frac{DQL_U - \overline{X}}{\sigma}$

b) 给定声称质量水平的下限时

若 $Q_L \leqslant k$，即抽检样本不符合要求，判核查总体不合格；

若 $Q_L > k$，即抽检样本符合要求，判核查通过。

其中：$Q_L = \dfrac{\overline{X} - DQL_L}{\sigma}$

c) 给定双侧限时

若 $Q_U \leqslant k$ 或 $Q_L \leqslant k$，即抽检样本不符合要求，判核查总体不合格；

若 $Q_U > k$ 且 $Q_L > k$，即抽检样本符合要求，判核查通过。

其中：$Q_U = \dfrac{DQL_U - \overline{X}}{\sigma}$，$Q_L = \dfrac{\overline{X} - DQL_L}{\sigma}$

5.10.2 *s* 法判定规则

a) 给定声称质量水平的上限时

若 $Q_U \leqslant k$，即抽检样本不符合要求，判核查总体不合格；

若 $Q_U > k$，即抽检样本符合要求，判核查通过。

其中：$Q_U = \dfrac{DQL_U - \overline{X}}{s}$

b) 给定声称质量水平的下限时

若 $Q_L \leqslant k$，即抽检样本不符合要求，判核查总体不合格；

若 $Q_L > k$，即抽检样本符合要求，判核查通过。

其中：$Q_L = \dfrac{\overline{X} - DQL_L}{s}$

c) 给定双侧限时

若 $Q_U \leqslant k$ 或 $Q_L \leqslant k$，即抽检样本不符合要求，判核查总体不合格；

若 $Q_U > k$ 且 $Q_L > k$，即抽检样本符合要求，判核查通过。

其中：$Q_U = \dfrac{DQL_U - \overline{X}}{s}$，$Q_L = \dfrac{\overline{X} - DQL_L}{s}$

5.11 抽样检验结论的统计解释

质量负责部门对抽检样本不符合要求的核查总体可确认总体不合格，且对该核查总体可进行合理追溯，对核查抽样时不在场的产品，若有充分依据证明属于该核查总体（例如，属于同一检验批），也应按不合格处理。

由于被核查抽样方案判为核查通过的总体有较大的漏判风险。因此，对核查通过的总体不确认为总体合格。

5.12 复验与复检

若受核查方对核查结果有异议，可申请复验或复检。

按 GB/T 16306 的规定取得的复验结果作为样本产品质量特性的最终结果。

复检样本不包括初次检验样本中的样本产品。其复检抽样方案按 GB/T 16306 的规定程序检索复检抽样方案。复检结论为最终结论。

注：经过复检后，会减小抽样检验的 α 值（第一类错误概率），而增大抽样检验的 β 值（第二类错误概率）。

5.13 用实际质量水平判定

当可以确定核查总体的实际质量水平时，应用核查总体的实际质量水平与声称质量水平 DQL 比较，以判定该核查总体是否合格，而不使用抽样方案判定；此时不存在复检，允许复验。

6 应用示例

6.1 σ 法

6.1.1 给定声称质量水平上限的情形

示例 1：某企业生产固体苛性钠，要求其中的氧化铁的含量要低。总体均值的声称质量水平上限 $DQL_U=0.0045\%$，核查检验水平为Ⅲ。已知总体标准差 $\sigma=0.0006\%$，试确定核查抽样方案。

a) 查表 1，由核查检验水平 Ⅲ 所在行查得：$[n,k]=[4,-0.822]$；

b) 判定。从总体中随机抽取 4 个样本产品，检测后计算样本均值 $\overline{X}$ 和上质量统计量，

$$Q_U=\frac{DQL_U-\overline{X}}{\sigma}=\frac{0.0045-\overline{X}}{0.0006}$$

判定规则为：若 $Q_U\leqslant-0.822$，即抽检样本不符合要求，则判核查总体不合格；若 $Q_U>-0.822$，即抽检样本符合要求，则判核查通过。

6.1.2 给定声称质量水平下限的情形

示例 2：某种材料的抗拉强度以大为好，总体均值的声称质量水平 $DQL_L=45\times10^7$ Pa，核查检验水平为 ⅩⅢ。已知总体标准差 $\sigma=4\times10^7$ Pa，试确定核查抽样方案。

a) 查表 1，由核查检验水平 ⅩⅢ 所在行查得：

$$[n,k]=[14,-0.440]$$

b) 判定。从总体中随机抽取 14 个单位产品，检测后计算样本均值 $\overline{X}$ 和下质量统计量，

$$Q_L=\frac{\overline{X}-DQL_L}{\sigma}=\frac{\overline{X}-45\times10^7}{4\times10^7}$$

判定规则为：若 $Q_L\leqslant-0.440$，即抽检样本不符合要求，则判核查总体不合格；若 $Q_L>-0.440$，即抽检样本符合要求，则判核查通过。

6.1.3 给定声称质量水平上下限的情形

示例 3：某种产品的标准尺寸为 100 mm，总体均值的声称质量水平上限 $DQL_U=100.1$ mm、声称质量水平下限 $DQL_L=99.9$ mm，检验水平为Ⅷ。已知总体标准差 $\sigma=0.3$ mm，试确定抽样方案。

a) 查表 2，由核查检验水平Ⅷ所在行查得：

$$n=9$$

b) 计算

$$\frac{DQL_U-DQL_L}{\sigma/\sqrt{n}}=\frac{100.1-99.9}{0.3/\sqrt{9}}=2.000$$

c) 再查表 2，由计算值 2.000 所在列与 $n=9$ 所在行的相交处查得 $k=-0.549$。于是抽样方案为：

$$[n,k]=[9,-0.549]$$

d) 判定。从总体中随机抽取 9 个单位产品，检测后计算样本均值 $\overline{X}$ 和上下质量统计量，

$$Q_U=\frac{DQL_U-\overline{X}}{\sigma}=\frac{100.1-\overline{X}}{0.3},Q_L=\frac{\overline{X}-DQL_L}{\sigma}=\frac{\overline{X}-99.9}{0.3}$$

判定规则为：若 $Q_U\leqslant-0.549$ 或 $Q_L\leqslant-0.549$，即抽检样本不符合要求，则判核查总体不合格；若 $Q_U>-0.549$ 且 $Q_L>-0.549$，即抽检样本符合要求，则判核查通过。

6.2 s 法

6.2.1 给定声称质量水平上限的情形

示例 4：某种原材料的化学成分 SO_2 要求含量低，总体均值的声称质量水平 $DQL_U=1.52\%$，核查检验水平Ⅴ，由于无近期质量管理或抽样检验的数据，无法预先估计总体标准差，采用未知标准差的 s 法，试确定抽样方案。

a) 查表 3，由检验水平Ⅴ所在行查得：

$$[n,k]=[8,-0.670]$$

b) 判定。从总体中随机抽取 8 个单位产品，测定 SO_2 含量后计算样本均值 $\overline{X}$、样本标准差 s 和上质量统计量，

$$Q_U=\frac{DQL_U-\overline{X}}{s}=\frac{0.0152-\overline{X}}{s}$$

判定规则为：若 $Q_U \leqslant -0.670$，即抽检样本不符合要求，则判核查总体不合格；若 $Q_U > -0.670$，即抽检样本符合要求，则判核查通过。

6.2.2 给定声称质量水平下限的情形

示例 5：某种钢材，要求其洛氏硬度值要高，总体均值的声称质量水平 $DQL_L = 75$，规定核查检验水平为Ⅺ。由于无法预先估计总体标准差，采用未知标准差的 s 法，试确定抽样方案。

a) 查表 3，由核查检验水平Ⅺ 查得：

$$[n,k] = [14, -0.473]$$

b) 判定。从总体中随机抽取 14 个单位产品，测定硬度后，计算样本均值 $\overline{X}$、样本标准差 s 和下质量统计量，

$$Q_L = \frac{\overline{X} - DQL_L}{s} = \frac{\overline{X} - 75}{s}$$

判定规则为：若 $Q_L \leqslant -0.473$，即抽检样本不符合要求，则判核查总体不合格；若 $Q_L > -0.473$，即抽检样本符合要求，则判核查通过。

6.2.3 给定声称质量水平上下限的情形

示例 6：设 6.1.3 例的标准差是未知的。经商定 $\hat{\sigma} = 0.35$，采用未知标准差的 s 法。试确定抽样方案。

a) 查表 4，由于检验水平Ⅷ所在行查得：$n = 11$

b) 计算 $\dfrac{DQL_U - DQL_L}{\hat{\sigma}/\sqrt{n-1.64}} = \dfrac{100.1 - 99.9}{0.35/\sqrt{9.36}} = 1.748$

c) 再查表 4，由计算值 1.748 所在列与 $n=11$ 所在行的相交处查得限定值 $k = -0.531$，于是抽样方案为：

$$[n,k] = [11, -0.531]$$

d) 判定。从总体中随机抽取 11 个单位产品，检测后计算样本均值 $\overline{X}$、样本标准差 s 和上下质量统计量，

$$Q_U = \frac{DQL_U - \overline{X}}{s} = \frac{100.1 - \overline{X}}{s}, Q_L = \frac{\overline{X} - DQL_L}{s} = \frac{\overline{X} - 99.9}{s}$$

判定规则为：若 $Q_U \leqslant -0.531$ 或 $Q_L \leqslant -0.531$，即抽检样本不符合要求，则判核查总体不合格；若 $Q_U > -0.531$ 且 $Q_L > -0.531$，即抽检样本符合要求，则判核查通过。

若对上述判定结果有异议，则用样本标准差 s 代替前面 b)中的 $\hat{\sigma}$ 后，重复上述过程，作出的判定结果为此次核查抽检的最终结果。

7 核查抽样方案的检验功效

核查抽样方案确定后，可按附录 A 中给出的抽样方案核查通过概率的计算公式，算出通过概率 $P_a(\mu)$。检验功效为：

$$1 - P_a(\mu)$$

8 抽样表

表 1 给出了 σ 法单侧限抽样表；表 2 给出了 σ 法双侧限抽样表；表 3 给出了 s 法单侧限抽样表；表 4 给出了 s 法双侧限抽样表。

表 1 σ 法 对声称质量水平上限或下限(单侧限)的抽样表

核查检验水平	n	k
Ⅰ	2	−1.163
Ⅱ	3	−0.950
Ⅲ	4	−0.822
Ⅳ	5	−0.736

表 1（续）

核查检验水平	n	k
Ⅴ	6	−0.672
Ⅵ	7	−0.622
Ⅶ	8	−0.582
Ⅷ	9	−0.548
Ⅸ	10	−0.520
Ⅹ	11	−0.496
Ⅺ	12	−0.475
Ⅻ	13	−0.456
XIII	14	−0.440
XIV	15	−0.425
XV	16	−0.411

表 2　**σ** 法　对声称质量水平上、下限(双侧限)的抽样表

检验水平	$\frac{DQL_U-DQL_L}{\sigma/\sqrt{n}}$ / k / n	0.005 以下	0.006～0.050	0.051～0.150	0.151～0.250	0.251～0.350	0.351～0.500	0.501～0.650	0.651～0.850	0.851～1.050	1.051～1.250	1.251～1.550	1.551～1.950	1.951～2.550	2.551 以上
Ⅰ	2	−1.385	−1.374	−1.351	−1.320	−1.290	−1.263	−1.238	−1.214	−1.191	−1.181	−1.169	−1.165	−1.163	−1.163
Ⅱ	3	−1.131	−1.122	−1.103	−1.078	−1.054	−1.032	−1.011	−0.991	−0.973	−0.964	−0.955	−0.951	−0.950	−0.950
Ⅲ	4	−0.979	−0.972	−0.956	−0.933	−0.913	−0.893	−0.875	−0.858	−0.842	−0.835	−0.827	−0.824	−0.823	−0.822
Ⅳ	5	−0.876	−0.869	−0.855	−0.835	−0.816	−0.799	−0.783	−0.768	−0.754	−0.747	−0.740	−0.737	−0.736	−0.736
Ⅴ	6	−0.799	−0.793	−0.780	−0.762	−0.745	−0.729	−0.715	−0.701	−0.688	−0.682	−0.675	−0.673	−0.672	−0.672
Ⅵ	7	−0.740	−0.734	−0.722	−0.705	−0.690	−0.675	−0.662	−0.649	−0.637	−0.631	−0.625	−0.623	−0.622	−0.622
Ⅶ	8	−0.692	−0.687	−0.676	−0.660	−0.645	−0.632	−0.619	−0.607	−0.596	−0.590	−0.585	−0.583	−0.582	−0.582
Ⅷ	9	−0.653	−0.648	−0.637	−0.622	−0.608	−0.596	−0.584	−0.572	−0.562	−0.557	−0.552	−0.549	−0.549	−0.548
Ⅸ	10	−0.619	−0.614	−0.604	−0.590	−0.577	−0.565	−0.554	−0.543	−0.533	−0.528	−0.523	−0.521	−0.520	−0.520
Ⅹ	11	−0.590	−0.586	−0.576	−0.563	−0.550	−0.539	−0.528	−0.518	−0.508	−0.503	−0.499	−0.497	−0.496	−0.496
Ⅺ	12	−0.565	−0.561	−0.552	−0.539	−0.527	−0.516	−0.505	−0.496	−0.486	−0.482	−0.478	−0.476	−0.475	−0.475
Ⅻ	13	−0.543	−0.539	−0.530	−0.518	−0.506	−0.496	−0.486	−0.476	−0.467	−0.463	−0.459	−0.457	−0.456	−0.456
XIII	14	−0.523	−0.519	−0.511	−0.499	−0.488	−0.477	−0.468	−0.459	−0.450	−0.446	−0.442	−0.440	−0.440	−0.440
XIV	15	−0.506	−0.502	−0.493	−0.482	−0.471	−0.461	−0.452	−0.443	−0.435	−0.431	−0.427	−0.425	−0.425	−0.425
XV	16	−0.490	−0.486	−0.478	−0.467	−0.456	−0.447	−0.438	−0.429	−0.421	−0.417	−0.414	−0.412	−0.411	−0.411

表 3 *s* 法 对声称质量水平上限或下限(单侧限)的抽样表

检验水平	n	k
Ⅰ	4	−1.177
Ⅱ	5	−0.953
Ⅲ	6	−0.832
Ⅳ	7	−0.734
Ⅴ	8	−0.670
Ⅵ	9	−0.620
Ⅶ	10	−0.580
Ⅷ	11	−0.546
Ⅸ	12	−0.518
Ⅹ	13	−0.494
Ⅺ	14	−0.473
Ⅻ	16	−0.438
XIII	18	−0.410
XIV	20	−0.387
XV	22	−0.367

表 4　s 法　对声称质量水平上、下限(双侧限)的抽样表

核查检验水平	$\frac{DQL_U-DQL_L}{\hat{\sigma}/\sqrt{n-1.64}}$ k / n	0.005 以下	0.006～0.050	0.051～0.150	0.151～0.250	0.251～0.350	0.351～0.500	0.501～0.650	0.651～0.850	0.851～1.050	1.051～1.250	1.251～1.550	1.551～1.950	1.951～2.550	2.551 以上
Ⅰ	4	−1.357	−1.337	−1.296	−1.242	−1.194	−1.152	−1.114	−1.080	−1.049	−1.034	−1.020	−1.014	−1.012	−1.011
Ⅱ	5	−1.115	−1.101	−1.073	−1.034	−0.999	−0.968	−0.940	−0.914	−0.890	−0.879	−0.868	−0.863	−0.862	−0.861
Ⅲ	6	−0.969	−0.958	−0.953	−0.904	−0.877	−0.851	−0.828	−0.807	−0.787	−0.778	−0.769	−0.765	−0.764	−0.763
Ⅳ	7	−0.869	−0.859	−0.840	−0.814	−0.790	−0.769	−0.749	−0.730	−0.713	−0.705	−0.697	−0.694	−0.693	−0.692
Ⅴ	8	−0.794	−0.786	−0.769	−0.746	−0.725	−0.706	−0.688	−0.672	−0.657	−0.650	−0.643	−0.639	−0.638	−0.638
Ⅵ	9	−0.736	−0.729	−0.713	−0.693	−0.674	−0.657	−0.641	−0.626	−0.612	−0.605	−0.599	−0.596	−0.595	−0.595
Ⅶ	10	−0.689	−0.682	−0.668	−0.649	−0.632	−0.616	−0.602	−0.588	−0.575	−0.569	−0.563	−0.561	−0.560	−0.559
Ⅷ	11	−0.650	−0.644	−0.631	−0.613	−0.597	−0.583	−0.569	−0.556	−0.544	−0.539	−0.533	−0.531	−0.530	−0.530
Ⅸ	12	−0.617	−0.611	−0.599	−0.583	−0.568	−0.554	−0.541	−0.529	−0.518	−0.513	−0.507	−0.505	−0.504	−0.504
Ⅹ	13	−0.588	−0.583	−0.572	−0.556	−0.542	−0.529	−0.517	−0.506	−0.495	−0.490	−0.485	−0.483	−0.482	−0.482
Ⅺ	14	−0.563	−0.558	−0.548	−0.533	−0.520	−0.507	−0.496	−0.485	−0.475	−0.470	−0.466	−0.463	−0.463	−0.463
Ⅻ	15	−0.541	−0.537	−0.527	−0.513	−0.500	−0.488	−0.477	−0.467	−0.457	−0.453	−0.448	−0.446	−0.446	−0.445
XIII	16	−0.522	−0.517	−0.508	−0.494	−0.482	−0.471	−0.460	−0.450	−0.441	−0.437	−0.433	−0.431	−0.430	−0.430
XIV	17	−0.504	−0.500	−0.491	−0.478	−0.466	−0.455	−0.445	−0.436	−0.427	−0.423	−0.419	−0.417	−0.416	−0.416
XV	18	−0.488	−0.484	−0.475	−0.463	−0.452	−0.441	−0.431	−0.422	−0.414	−0.410	−0.406	−0.404	−0.403	−0.403

附 录 A
（资料性附录）
核查抽样方案抽检样本符合要求概率的计算公式

A.1 “σ”法

a） 给定声称质量水平上限时的情形（希望特性值低）

$$P_a(\mu)=\Phi\left[\sqrt{n}\left(\frac{\mathrm{DQL_U}-\mu}{\sigma}-k\right)\right]$$

b） 给定声称质量水平下限时的情形（希望特性值高）

$$P_a(\mu)=\Phi\left[\sqrt{n}\left(\frac{\mu-\mathrm{DQL_L}}{\sigma}-k\right)\right]$$

c） 给定声称质量水平上、下限时的情形（希望特性值在一定范围内）

$$P_a(\mu)=\Phi\left[\sqrt{n}\left(\frac{\mathrm{DQL_U}-\mu}{\sigma}-k\right)\right]-\Phi\left[\sqrt{n}\left(k-\frac{\mu-\mathrm{DQL_L}}{\sigma}\right)\right]$$

A.2 “s”法

为应用方便，仅列出近似计算公式：

a） 给定声称质量水平上限时的情形（希望特性值低）

$$P_a(\mu)=\Phi\left[\frac{1}{\sqrt{\frac{1}{n}+\frac{k^2}{2(n-1)}}}\left(\frac{\mathrm{DQL_U}-\mu}{\hat{\sigma}}-k\right)\right]$$

b） 给定声称质量水平下限时的情形（希望特性值高）

$$P_a(\mu)=\Phi\left[\frac{1}{\sqrt{\frac{1}{n}+\frac{k^2}{2(n-1)}}}\left(\frac{\mu-\mathrm{DQL_L}}{\hat{\sigma}}-k\right)\right]$$

c） 给定声称质量水平上、下限时的情形（希望特性值在一定范围内）

$$P_a(\mu)=\Phi\left[\frac{1}{\sqrt{\frac{1}{n}+\frac{k^2}{2(n-1)}}}\left(\frac{\mathrm{DQL_U}-\mu}{\hat{\sigma}}-k\right)\right]-\Phi\left[\frac{1}{\sqrt{\frac{1}{n}+\frac{k^2}{2(n-1)}}}\left(k-\frac{\mu-\mathrm{DQL_L}}{\hat{\sigma}}\right)\right]$$

核查抽样方案确定后，由上述计算公式可以算出相应于总体均值 μ 的抽检样本符合要求的概率 $P_a(\mu)$。于是，核查抽样检验功效为 $1-P_a(\mu)$。

ICS 03.120.30
A 41

中华人民共和国国家标准

GB/T 6380—2008
代替 GB/T 6380—1986

数据的统计处理和解释 Ⅰ型极值分布样本离群值的判断和处理

Statistical interpretation of data—Detection and treatment of outliers in the sample from type Ⅰ extreme value distribution

2008-07-28 发布　　　　2009-01-01 实施

中华人民共和国国家质量监督检验检疫总局
中国国家标准化管理委员会　发布

前　言

本标准代替 GB/T 6380—1986《数据的统计处理和解释　Ⅰ型极值分布样本异常值的判断和处理》。本标准与 GB/T 6380—1986 相比较，技术内容的变化主要包括：

——按 GB/T 1.1—2000《标准化工作导则　第1部分：标准的结构和编写规则》的要求对标准格式进行了修改；

——增加了术语、定义和符号；

——将标准名称中"Ⅰ型极值分布样本异常值的判断和处理"改为"Ⅰ型极值分布样本离群值的判断和处理"；

——将术语"检出异常值"和"高度异常值"分别改为"歧离值"和"统计离群值"，并进一步明确了二者的含义及相互差异；

——增加了检出水平和剔除水平的定义；

——检出水平由原标准中"检出水平一般取为 1%，5%或 10%"改为"除非根据本标准达成协议的各方另有约定，检出水平应为 0.05"；

——明确规定剔除水平的值，除非根据本标准达成协议的各方另有约定，剔除水平应为 0.01；

——增加了各种情形"统计离群值"的检验步骤；

——增加了"多个离群值的判断规则"；

——将"没有异常值"和"没有高度异常的异常值"分别改为"未发现离群值"和"未发现统计离群值"。

本标准的附录 A 是规范性附录。

本标准由全国统计方法应用标准化技术委员会提出并归口。

本标准起草单位：宁波工程学院、中国标准化研究院、北京大学、天津大学、海南省产品质量监督检验所。

本标准主要起草人：荆广珠、丁文兴、于振凡、蔡军伟、孙山泽、马逢时、黄艳等。

本标准所代替标准的历次版本发布情况为：

——GB/T 6380—1986。

引　言

从事科学研究、工农业制造以及管理工作都离不开数据，而对这些数据的整理、分析和解释都离不开统计方法。统计学是研究数字资料的整理、分析和正确解释的一门学科。人们各自从不同的来源取得各种数字资料，这些数字资料通常都是杂乱无章的，必须经过整理和简缩才能利用，使用完善的统计方法就可使数据整理、排列的有条有理，用图形或少量的几个重要参数，就可将大量数据的特征表达出来，这样既可避免不正确的解释，又可将获得满意数据的成本降到最低限度，提高了经济效益。

国家标准《数据的统计处理和解释》包含以下各项：

——统计容忍区间的确定(GB/T 3359)

——均值的估计和置信区间(GB/T 3360)

——在成对观测值情形下两个均值的比较(GB/T 3361)

——二项分布参数的估计与检验(GB/T 4088)

——泊松分布参数的估计和检验(GB/T 4089)

——正态性检验(GB/T 4882)

——正态样本离群值的判断和处理(GB/T 4883)

——正态分布均值和方差的估计与检验(GB/T 4889)

——正态分布均值和方差检验的功效(GB/T 4890)

——Ⅰ型极值分布样本离群值的判断和处理(GB/T 6380)

——伽玛分布（皮尔逊Ⅲ型分布）的参数估计(GB/T 8055)

——指数分布样本离群值的判断和处理(GB/T 8056)

本标准尚无相应的国际标准。

数据的统计处理和解释
Ⅰ型极值分布样本离群值的判断和处理

1 范围

本标准规定了判断和处理Ⅰ型极值分布的样本中上侧离群值和Ⅰ型极小值分布的样本中下侧离群值的一般原则和实施方法。

本标准适用于来自Ⅰ型极值分布或Ⅰ型极小值分布总体的样本。

本标准适用于样本量为5至50的情形。

注：由于经过变换 $Z=-X$ 后，Ⅰ型极小值分布的随机变量将服从Ⅰ型极值分布，所以只对Ⅰ型极值分布给出检出上侧离群值的方法。

2 规范性引用文件

下列文件中的条款通过本标准的引用而成为本标准的条款。凡是注日期的引用文件，其随后所有的修改单(不包括勘误的内容)或修订版本均不适用于本标准，然而，鼓励根据本标准达成协议的各方研究是否可使用这些文件的最新版本。凡是不注日期的引用文件，其最新版本适用于本标准。

ISO 3534-1:2006 统计学词汇及符号 第1部分：一般统计术语与用于概率的术语

ISO 3534-2:2006 统计学词汇及符号 第2部分：应用统计

3 术语、定义和符号

ISO 3534-1:2006、ISO 3534-2:2006确立的术语、定义和符号以及下列术语、定义和符号适用于本标准。

3.1 术语和定义

3.1.1

Ⅰ型极值分布 type Ⅰ extreme value distribution(Gumbel distribution)

具有下述分布函数的连续型分布。

$$F(x)=\exp(-\mathrm{e}^{-(x-a)/b})$$

其中：$b>0$，$-\infty<x<+\infty$

3.1.2

Ⅰ型极小值分布 type Ⅰ minimum value distribution

具有下述分布函数的连续型分布。

$$F(x)=1-\exp(-\mathrm{e}^{-(x-a)/b})$$

其中：$b>0$，$-\infty<x<+\infty$

3.1.3

离群值 outlier

样本中的一个或几个观测值，它们离开其他观测值较远，暗示它们可能来自不同的总体。

注：离群值按显著性的程度分为歧离值和统计离群值。

3.1.4

统计离群值 statistical outlier

在剔除水平(3.1.7)下统计检验为显著的离群值。

3.1.5

歧离值 straggler

在检出水平(3.1.6)下显著,但在剔除水平(3.1.7)下不显著的离群值。

3.1.6

检出水平 detection level

为检出离群值而指定的统计检验的显著性水平。

注:除非根据本标准达成协议的各方另有约定,检出水平应为0.05。

3.1.7

剔除水平 deletion level

为检出离群值是否高度离群而指定的统计检验的显著性水平。

注:剔除水平的值应不超过检出水平的值。除非根据本标准达成协议的各方另有约定,剔除水平应为0.01。

3.2 符号和缩略语

n	样本量(观测值个数)
α	检验离群值所使用的显著性水平,简称检出水平
α^*	检验统计离群值所使用的显著性水平,简称剔除水平($\alpha^* < \alpha$)
$x_{(i)}$	观测值自小到大排序后的第 i 个值
D_n	样本量 $5 \leqslant n \leqslant 30$ 时,检验最大的观测值 $x_{(n)}$ 是否为离群值时所用的统计量
$D_{1-\alpha}(n)$	检出水平为 α 时,用统计量 D_n 作检验时的临界值
I_n	样本量 $30 < n \leqslant 50$ 时,检验最大的观测值 $x_{(n)}$ 是否为离群值时所用的统计量
$I_{1-\alpha}(n)$	检出水平为 α 时,用统计量 I_n 作检验时的临界值

4 离群值判断

4.1 离群值的来源与判定

4.1.1 来源

离群值按产生原因分为两类:第一类离群值是总体固有变异性的极端表现,这类离群值与样本中其余观测值属于同一总体;第二类离群值是由于试验条件和试验方法的偶然偏离所产生的结果,或产生于观测、记录、计算中的失误,这类离群值与样本中其余观测值不属于同一总体。

4.1.2 判定

对离群值的判定通常可根据技术上或物理上的理由直接进行,例如当试验者已经知道试验偏离规定的试验方法,或测试仪器发生问题等。当上述理由不明确时,可用本标准规定的方法。

4.2 检出离群值个数的上限

应规定在样本中检出离群值个数的上限(与样本量相比应较小),当检出离群值个数达到了这个上限时,对此样本应作慎重的研究和处理。

4.3 单个离群值情形

检验规则如下:

a) 原假设为所有观测值来自同一总体,备择假设为观测数据有下侧离群值,根据统计学原理选用判断离群值的统计量(见6.1);

b) 确定适当的显著性水平;

c) 根据显著性水平及样本量,确定检验的临界值;

d) 由观测值计算相应统计量的值,根据所得值与临界值的比较结果作出判断。

4.4 多个离群值情形

在允许检出离群值的个数大于1的情况下,重复使用4.3规定的检验规则进行检验,并按下述规则决定检验停止的时机:

a） 若没有检出离群值，则整个检验停止；

b） 若检出离群值，当检出的离群值总数达到上限(见 4.2)时，检验停止，否则，采用相同的检出水平和相同的规则，对除去已检出的离群值后余下的观测值继续检验。

5 离群值处理

5.1 处理方式

处理离群值的方式有：

a） 保留离群值并用于后续数据处理；

b） 在找到实际原因时修正离群值，否则予以保留；

c） 剔除离群值，不追加观测值；

d） 剔除离群值，并追加新的观测值或用适宜的插补值代替。

5.2 处理规则

对检出的离群值，应尽可能寻找其技术上和物理上的原因，作为处理离群值的依据。应根据实际问题的性质，权衡寻找和判定产生离群值的原因所需代价、正确判定离群值的得益及错误剔除正常观测值的风险，以确定实施下述三个规则之一：

a） 若在技术上或物理上找到产生离群值的原因，则应剔除或修正；否则，不得剔除或修正；

b） 若在技术上或物理上找到产生离群值的原因，则应剔除或修正；否则，保留歧离值，剔除或修正统计离群值。在重复使用同一检验规则检验多个离群值的情形，每次检出离群值后，都要再检验它是否为统计离群值。若某次检出的离群值为统计离群值，则此离群值及在它前面检出的离群值(含歧离值)都应被剔除或修正。

c） 检出的离群值(含歧离值)都应被剔除或修正。

5.3 备案

被剔除或修正的观测值及其理由应予记录，以备查询。

6 单个离群值的判断规则

6.1 检验方法的选择

当样本量 $5 \leqslant n \leqslant 30$ 时，使用狄克逊(Dixon)检验法；当样本量 $30 < n \leqslant 50$ 时，使用欧文(Irwin)检验法。

6.2 狄克逊(Dixon)检验法

6.2.1 检验步骤

当样本量 $5 \leqslant n \leqslant 30$ 时实施步骤如下：

a） 根据样本观测值中的最小观测值 $x_{(1)}$、最大观测值 $x_{(n)}$、次大观测值 $x_{(n-1)}$ 以及第三大观测值 $x_{(n-2)}$，计算统计量 D_n 的值：

$$D_n = \begin{cases} \dfrac{x_{(n)} - x_{(n-1)}}{x_{(n)} - x_{(1)}}, 5 \leqslant n \leqslant 8 \\ \dfrac{x_{(n)} - x_{(n-2)}}{x_{(n)} - x_{(1)}}, 9 \leqslant n \leqslant 30 \end{cases} \quad \cdots\cdots(1)$$

b） 确定检出水平 α，在附录 A 表 A.1 中查出临界值 $D_{1-\alpha}(n)$。

c） 当 $D_n > D_{1-\alpha}(n)$ 时，判定 $x_{(n)}$ 为离群值，否则判未发现 $x_{(n)}$ 是离群值。

d） 对于检出的离群值 $x_{(n)}$，确定剔除水平 α^*，在附录 A 表 A.1 中查出临界值 $D_{1-\alpha^*}(n)$。当 $D_n > D_{1-\alpha^*}(n)$ 时，判定 $x_{(n)}$ 为统计离群值，否则判未发现 $x_{(n)}$ 是统计离群值(即 $x_{(n)}$ 为歧离值)。

6.2.2 狄克逊(Dixon)检验法示例

自动剪床切断钢料，每日记录最初剪下的100根钢料的长度，作为一批数据，一周内记录了6批，得到每日最大值数据如下（单位：mm）：

321.46　319.62　320.44　319.51　329.73　320.41

根据经验，可以认为总体为Ⅰ型极值分布。假如使用者关心的是数据中是否有上侧离群值，可采用本条中的方法。

本例中，$n=6$，最小观测值为 $x_{(1)}=319.51$，最大观测值为 $x_{(6)}=329.73$，次大观测值为 $x_{(5)}=321.46$，按式(1)计算统计量 D_n 的值。

$$D_6=\frac{x_{(6)}-x_{(5)}}{x_{(6)}-x_{(1)}}=\frac{329.73-321.46}{329.73-319.51}=0.8092$$

确定检出水平 $\alpha=0.05$，在附录A表A.1中查出 D_n 的临界值 $D_{0.95}(6)=0.681$。由于 $D_6=0.8092>0.681=D_{0.95}(6)$，故判定 $x_{(6)}=329.73$ 为离群值。

对于检出离群值 $x_{(6)}=329.73$，进一步给出剔除水平 $\alpha^*=0.01$，在附录A表A.1中查出 D_n 的临界值 $D_{0.99}(6)=0.796$，由于 $D_6=0.809>0.796=D_{0.99}(6)$，故判断 $x_{(6)}=329.73$ 为统计离群值。

经复核查实，此数据系误记，实际值为319.73。

6.3 欧文(Irwin)检验法

6.3.1 检验步骤

当样本量 $30<n\leqslant 50$ 时实施步骤如下：

a) 根据样本观测值中的最小观测值 $x_{(1)}$、最大观测值 $x_{(n)}$ 以及次大观测值 $x_{(n-1)}$，计算统计量 I_n 的值：

$$I_n=\frac{x_{(n)}-x_{(n-1)}}{s}\qquad\cdots\cdots(2)$$

其中：

$$s=\sqrt{\frac{1}{n-3}\sum_{i=2}^{n-1}(x_{(i)}-\bar{x})^2}\qquad\cdots\cdots(3)$$

$$\bar{x}=\frac{1}{n-2}\sum_{i=2}^{n-1}x_{(i)}\qquad\cdots\cdots(4)$$

这里 $\bar{x}$ 中的求和是对除去最小观测值 $x_{(1)}$、最大观测值 $x_{(n)}$ 后的所有样本观测值进行的。

b) 确定检出水平 α，在附录A表A.2中查出临界值 $I_{1-\alpha}(n)$。

c) 当 $I_n>I_{1-\alpha}(n)$ 时，判定 $x_{(n)}$ 为离群值，否则判未发现 $x_{(n)}$ 是离群值。

d) 对于检出的离群值 $x_{(n)}$，确定剔除水平 α^*，在附录A表A.2中查出临界值 $I_{1-\alpha^*}(n)$。当 $I_n>I_{1-\alpha^*}(n)$ 时，判定 $x_{(n)}$ 为统计离群值，否则判未发现 $x_{(n)}$ 是统计离群值（即 $x_{(n)}$ 为歧离值）。

6.3.2 欧文(Irwin)检验法示例

某地某河流年最大经流量的逐年观测数据如下（单位：km^3/s）：

1.69	1.22	0.75	1.26	1.73	1.74	3.09	1.57	1.97	2.23
2.03	1.58	0.90	2.40	1.65	1.96	2.30	1.79	1.48	2.22
1.91	3.06	2.08	1.06	4.31	1.56	1.88	2.10	2.02	1.74
1.18	2.12	1.38	0.90	1.45	1.78	1.97	2.27	2.34	2.44

经验表明年最大经流量的逐年观测数据近似地服从Ⅰ型极值分布，需要判断最大值 $x_{(40)}=4.31$ 是否为离群值。

对上述观测数据稍加整理可以看出，其最小观测值为 $x_{(1)}=0.75$，最大观测值为 $x_{(40)}=4.31$，次大观测值为 $x_{(39)}=3.09$。对除去最小观测值 $x_{(1)}$、最大观测值 $x_{(40)}$ 后的所有观测值，先按式(3)计算 s 的值，再按式(2)计算统计量 I_n 的值。

$$I_{40}=\frac{x_{(40)}-x_{(39)}}{s}=\frac{4.31-3.09}{0.502}=2.43$$

确定检出水平 $\alpha=0.05$，在附录 A 表 A.2 中查出临界值 $I_{0.95}(40)=2.88$。由于 $I_{40}=2.43<2.88=I_{0.95}(40)$，故判未发现 $x_{(40)}=4.31$ 是离群值。

7 多个离群值的判断规则

7.1 检验步骤

当样本中可能有多个离群值需要检验时，按照 4.4 的规则执行。具体判断离群值的方法，可根据样本量的大小分别按 6.2、6.3 的步骤实施。

7.2 多个离群值检验示例

从某种绝缘材料中随机地取出 11 个样品，在一定条件下进行寿命试验，其失效时间分别为(单位:h)：

4.09，17.31，60.78，62.16，64.15，70.67，71.85，75.50，79.35，80.00，88.01

经验表明这种绝缘材料的寿命 T 服从Ⅰ型极小值分布，因此，$X=-T$ 服从Ⅰ型极值分布。

此处 $x_{(1)}=-88.01$，$x_{(2)}=-80.00$，……，$x_{(8)}=-62.16$，$x_{(9)}=-60.78$，$x_{(10)}=-17.31$，$x_{(11)}=-4.09$，若规定检出离群值个数上限为 2，可采用本条的方法。

首先，对 $x_{(11)}$ 是否是离群值进行判断，因为 $n=11$，按式(1)计算统计量 D_{11} 的值：

$$D_{11}=\frac{x_{(11)}-x_{(9)}}{x_{(11)}-x_{(1)}}=\frac{(-4.09)-(-60.78)}{(-4.09)-(-88.01)}=0.675$$

确定检出水平 $\alpha=0.05$，在附录 A 表 A.1 中查出临界值 $D_{0.95}(11)=0.656$，由于 $D_{11}=0.675>0.656=D_{0.95}(11)$，故判定 $x_{(11)}=-4.09$ 为离群值，即判定原数据中 4.09 为离群值。

对于检出的离群值 $x_{(11)}=-4.09$，确定剔除水平 $\alpha^*=0.01$，在附录 A 表 A.1 中查出临界值 $D_{0.99}(11)=0.748$，由于 $D_{11}=0.675<0.748=D_{0.99}(11)$，故判未发现 $x_{(11)}=-4.09$ 是统计离群值(即 $x_{(11)}=-4.09$ 为歧离值，也即判定原数据中 4.09 为歧离值)。

再对余下的 10 个数据继续检验，此时样本量变为 10，按式(1)计算统计量 D_{10} 的值：

$$D_{10}=\frac{x_{(10)}-x_{(8)}}{x_{(10)}-x_{(1)}}=\frac{(-17.31)-(-62.16)}{(-17.31)-(-88.01)}=0.634$$

仍取检出水平 $\alpha=0.05$，在附录 A 表 A.1 中查出临界值 $D_{0.95}(10)=0.676$，由于 $D_{10}=0.634<0.676=D_{0.95}(10)$，故判未发现 $x_{(10)}=-17.31$ 为离群值(即未发现原数据中 17.31 是离群值)。

至此整个检验停止。

附 录 A
（规范性附录）
临 界 值 表

狄克逊检验的临界值表见表 A.1，欧文检验的临界值表见表 A.2。

表 A.1 狄克逊检验的临界值表

n	统计量	0.90	0.95	0.99
5	$D_n=\frac{x_{(n)}-x_{(n-1)}}{x_{(n)}-x_{(1)}}$	0.665	0.739	0.850
6		0.606	0.681	0.796
7		0.564	0.639	0.756
8		0.534	0.608	0.726
9	$D_n=\frac{x_{(n)}-x_{(n-2)}}{x_{(n)}-x_{(1)}}$	0.644	0.700	0.790
10		0.619	0.676	0.767
11		0.597	0.656	0.748
12		0.581	0.638	0.731
13		0.567	0.624	0.717
14		0.554	0.611	0.705
15		0.543	0.600	0.694
16		0.533	0.590	0.684
17		0.524	0.581	0.675
18		0.516	0.573	0.667
19		0.509	0.565	0.660
20		0.502	0.558	0.654
21		0.496	0.552	0.648
22		0.490	0.546	0.642
23		0.485	0.541	0.636
24		0.480	0.536	0.631
25		0.475	0.531	0.626
26		0.471	0.527	0.622
27		0.467	0.523	0.618
28		0.463	0.519	0.614
29		0.459	0.515	0.610
30		0.456	0.511	0.606

表 A.2 欧文检验的临界值表

n	统计量	0.90	0.95	0.99
31	$I_n = \dfrac{x_{(n)} - x_{(n-1)}}{s}$ 其中：$s = \sqrt{\dfrac{1}{n-3}\sum_{i=2}^{n-1}(x_{(i)} - \overline{x})^2}$，$\overline{x} = \dfrac{1}{n-2}\sum_{i=2}^{n-1}x_{(i)}$	2.29	3.03	4.71
32		2.28	3.01	4.68
33		2.27	2.99	4.65
34		2.26	2.97	4.62
35		2.25	2.95	4.60
36		2.24	2.93	4.58
37		2.23	2.91	4.56
38		2.22	2.90	4.54
39		2.21	2.89	4.52
40		2.20	2.88	4.50
41		2.19	2.87	4.48
42		2.18	2.86	4.46
43		2.17	2.85	4.44
44		2.16	2.84	4.42
45		2.16	2.83	4.40
46		2.15	2.82	4.39
47		2.15	2.81	4.38
48		2.14	2.80	4.37
49		2.14	2.79	4.36
50		2.13	2.78	4.35

参 考 文 献

[1] 马逢时,许其洲. 极值分布的异常值检验[J]. 数理统计与应用概率,1986,1(1). 81-91.

[2] 费鹤良. 极值分布和威布尔分布异常数据的检验方法[J]. 应用数学学报,1998,21(4). 549-561.

[3] F E Grubbs. Sample criterion for testing observation. Statistics. Annals of Mathematical Statistics[J], 1950, 21. 27-58.

[4] J O Irwin. On a criterion for the rejection of Outlying observations[J]. Biometrics, 1925, 17. 238-250.

[5] W J Dixon. Analysis of extreme value. Annals of Mathematical Statistics, 1950, 21. 488-506.

[6] W J Dixon. Processing data for outliers. Biometrics, 1953, 9(1). 74-89.

ICS 47.020.05
U 05

中华人民共和国国家标准

GB/T 6384—2008
代替 GB/T 6384—1986

船舶及海洋工程用金属材料在天然环境中的海水腐蚀试验方法

The testing methods for seawater corrosion in natural environment of metallic materials for ship and offshore structures

2008-08-04 发布 2009-02-01 实施

中华人民共和国国家质量监督检验检疫总局
中国国家标准化管理委员会 发布

前　言

本标准代替 GB/T 6384—1986《船舶及海洋工程用金属材料在天然环境中的海水腐蚀试验方法》。

本标准与 GB/T 6384—1986 相比，主要有下列变化：

——增加了“规范性引用文件”；

——增加了比对试样；

——增加了飞溅区挂样高度的确定方法；

——修改了试验时间和试验开始时间；

——修改了碳钢及低合金钢试样的称量测量精度等；

——取消原标准附录 A“腐蚀产物化学清除方法”。

本标准附录 A 为规范性附录。

本标准由中国船舶重工集团公司提出。

本标准由全国海洋船舶标准化技术委员会船用材料应用工艺分技术委员会归口。

本标准起草单位：中国船舶重工集团公司第七二五研究所。

本标准主要起草人：侯健、郭为民、李文军、邓春龙、刘大扬。

本标准所代替标准的历次版本发布情况为：

——GB/T 6384—1986。

船舶及海洋工程用金属材料在天然环境中的海水腐蚀试验方法

1 范围

本标准规定了船舶及海洋工程用金属材料在天然环境中海水腐蚀试验的条件、装置、比对试样、试样制备、步骤和结果评定方法等。

本标准适用于船舶及海洋工程用金属材料在天然条件下的全浸、潮差和飞溅海水腐蚀试验，评定材料的耐蚀性。

2 规范性引用文件

下列文件中的条款通过本标准的引用而成为本标准的条款。凡是注日期的引用文件，其随后所有的修改单(不包括勘误的内容)或修订版均不适用于本标准，然而，鼓励根据本标准达成协议的各方研究是否可使用这些文件的最新版本。凡是不注日期的引用文件，其最新版本适用于本标准。

GB/T 7998 铝合金晶间腐蚀测定方法

GB/T 10127 不锈钢三氯化铁缝隙腐蚀试验方法

GB/T 15748 船用金属材料电偶腐蚀试验方法

GB/T 15970.2—2000 金属和合金的腐蚀 应力腐蚀试验 第2部分：弯梁试样的制备和应用(idt ISO 7539-2:1989)

GB/T 16545 金属和合金的腐蚀 腐蚀试样上腐蚀产物的清除(GB/T 16545—1996，idt ISO 8407:1991)

GB/T 18590—2001 金属和合金的腐蚀 点蚀评定方法(idt ISO 11463:1995)

3 试验条件

3.1 试验地点

3.1.1 除非是为了确定由污染引起的腐蚀，试验地点应选在要试验的材料可能使用的典型天然海水环境，海水应清洁、无污染。

3.1.2 试验地点无大的波浪冲击，有潮汐引起的自然流动，一般流速在1 m/s以下，能满足同时或分别进行天然条件下的全浸、潮差和飞溅海水腐蚀试验。

3.1.3 需进行潮差或飞溅腐蚀试验时，试验地点的大气应清洁、无污染。

3.1.4 试验地点应有安全防护措施和明显标志。

3.2 试样安放位置

3.2.1 全浸

固定式全浸腐蚀试验，一般使试样上端位于最低潮位下0.2 m～2 m；浮动式全浸腐蚀试验，试样上端在水面下与水面的距离不小于0.2 m。两种方式试验时，试样下端距海底均不小于0.8 m。

注：最低潮位为前10 a中的最低值。

3.2.2 潮差

潮差试样安放在平均中潮位±0.3 m以内。

3.2.3 飞溅

飞溅试验挂样应置于试验海域腐蚀最严重的高度范围。以碳钢为试验材料，通过为期不少于1 a的不同高度预备挂片暴露试验，找出具体地点和具体设施上的腐蚀最严重的高度范围。

注：平均中潮位为前10 a的平均值。

3.3 试验时间和试验开始时间

3.3.1 试验时间建议分为0.5 a、1 a、2 a、4 a、8 a、16 a，特殊试验可自行设定试验时间。

3.3.2 试验开始时间推荐在每年9月～12月。

4 试验设施及装置

4.1 试验设施

试验设施分为下列形式：

a) 固定式：码头、栈桥、平台等；

b) 浮动式：浮筏、浮筒等。

4.2 试样框架

试样框架应由在整个预计暴露期间内保持完好的材料制成。若用金属材料制造框架，试样应用绝缘材料固定，以保证在整个试验时间内试样与框架之间的电绝缘。

4.3 试样固定方式

试样固定时，相邻试样试验面之间距离不小于100 mm，试验面与框架之间距离不小于50 mm。长期暴露可考虑更大的距离，保证试验期间试样间有海水流动，不被生物阻塞。固定试样的垫片或隔套应使用绝缘材料。使用面接触垫片时，接触面应尽量小。对缝隙腐蚀敏感的试样推荐使用三支点垫片（见图1）。板状试样可用串挂固定法（见图2）和螺栓固定法固定（见图3）。其他形状的试样，其固定法应根据试样的大小和形状另行设计。试样应固定牢固，避免产生接触腐蚀和缝隙腐蚀。

试验样品放置时，应防止一种金属腐蚀溶出的离子可能加速其他金属材料的腐蚀，若铜污染会引起铝的加速腐蚀，铝合金试样不应用铜及铜合金材料的框架，也不得与铜及铜合金试样放在同一框架内和相邻的框位内。

单位为毫米

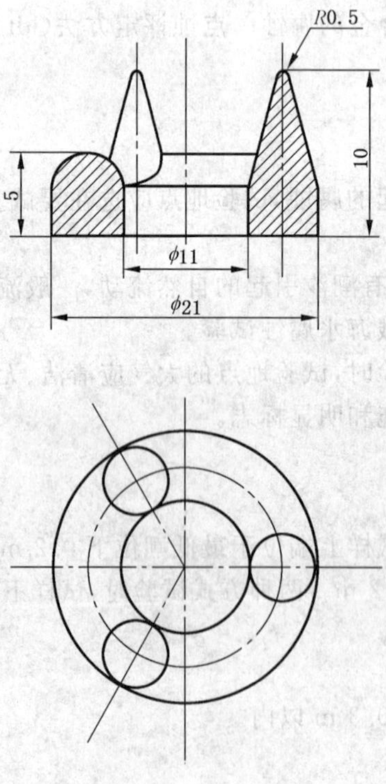

图1 三支点垫片

单位为毫米

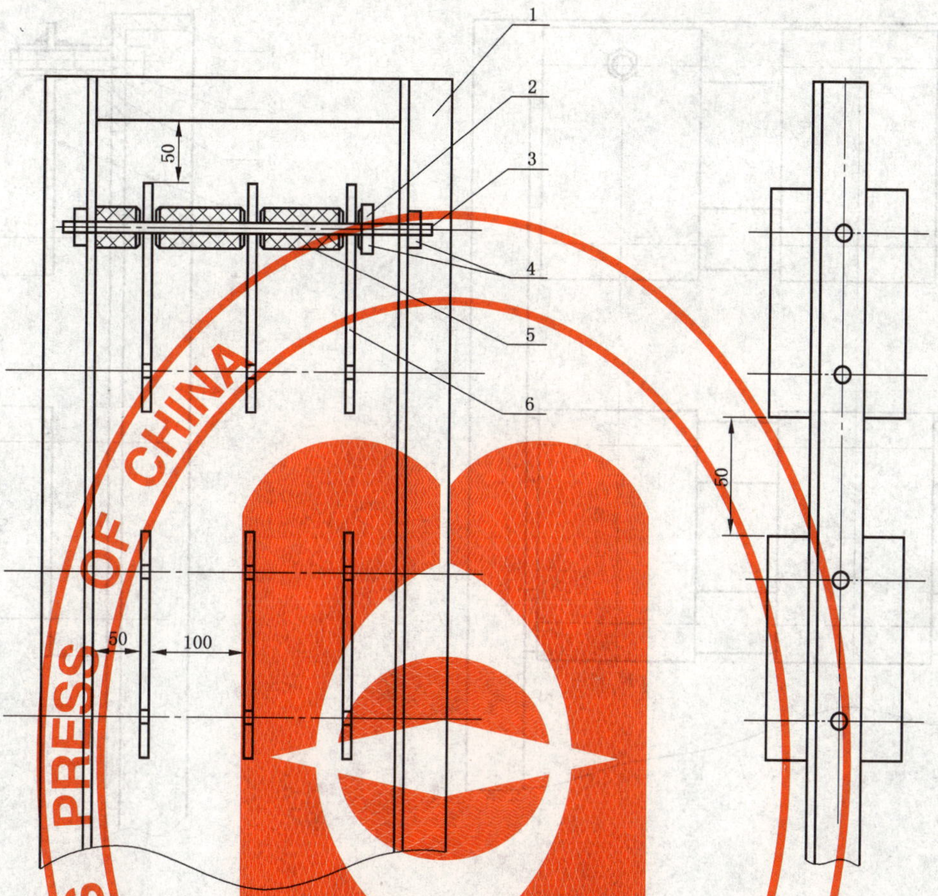

1——框架；
2——三支点垫片；
3——螺杆；
4——螺母；
5——隔套；
6——试样。

图2 试样串挂固定法

单位为毫米

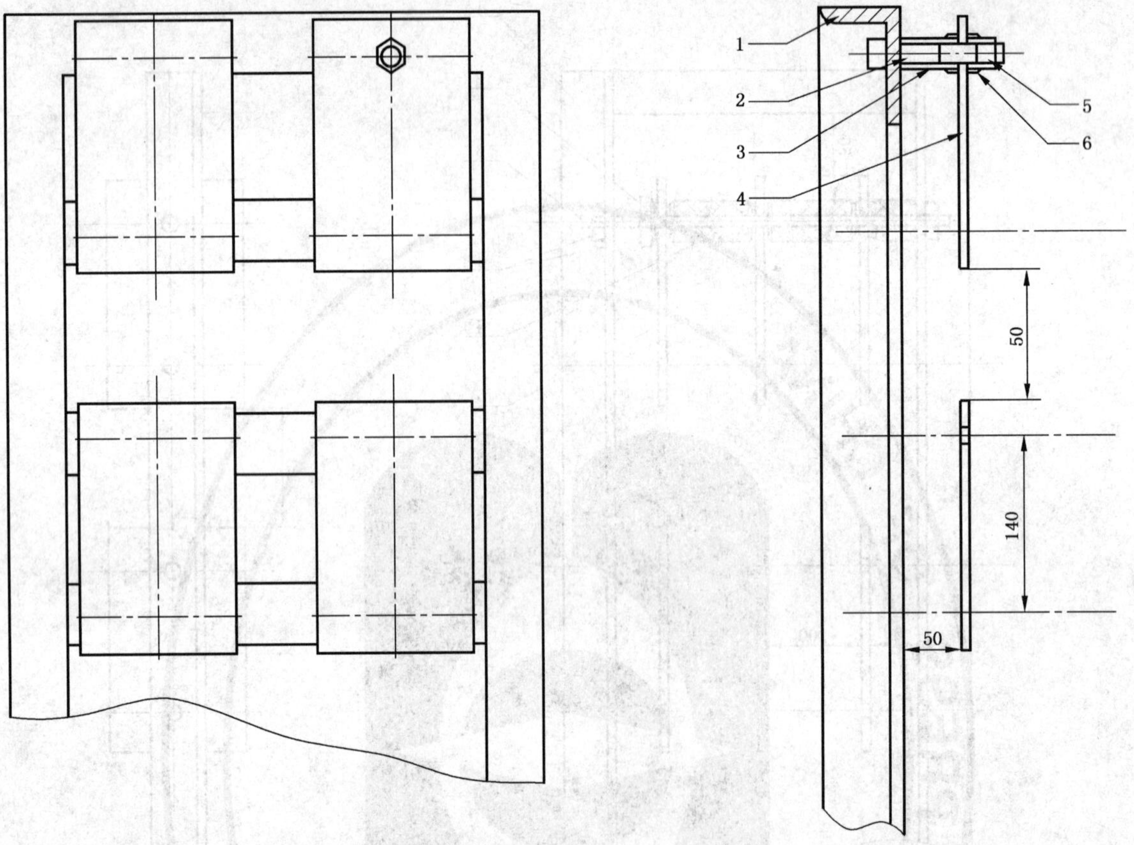

1——框架；

2——螺栓；

3——隔套；

4——试样；

5——螺母；

6——三支点垫片。

图 3 试样螺栓固定法

5 比对试样

对比试样分为以下两类：

a) 根据其腐蚀速度用于确定试验时间长短，试样在给定条件下性能完全确定并确实发生腐蚀。推荐材料为碳钢 Q235。

b) 用于查明在试验期间是否遇到反常情况如化学污染等，此类试样在给定条件下已知通常是耐蚀的。推荐材料为纯铜 T2。

6 试样及制备

6.1 试样形状、尺寸和表面状态

6.1.1 板材试样的尺寸宜为 200 mm×100 mm。厚度为 2 mm～10 mm。特殊要求的试验，也可采用其他尺寸试样，试样的形状和尺寸可分别按照 GB/T 7998、GB/T 10127、GB/T 15748、GB/T 15970.2—2000 和 GB/T 18590 规定执行。

6.1.2 试样表面状态应接近材料的使用情况。根据不同试验目的，也可用其他表面状态。油脂和污垢应采用溶剂脱脂清除，对不溶解的污物要用力擦洗除去。除明确要求外，应清除试样上的轧制氧化皮。试样表面状态应均匀。

6.2 试验样品制备

6.2.1 板材试样可用剪切、气割等方法取样，边缘应有 5 mm～15 mm 的加工余量。试样的长方向垂直于轧制方向。

6.2.2 试样标记一般用打孔标记，孔径 2 mm～3 mm，距边缘 10 mm～15 mm。标记内容有试验材料、试验地点、试验条件、试验时间和试样序号等。耐蚀材料和短时间试验的试样也可在边缘 10 mm～15 mm 范围内打钢印标记。试样表面不应用任何涂料作标记。

6.2.3 应记录试验样品的原始形貌和外观，并照相或摄像，保存资料。

6.3 试验样品数量

对每个暴露周期，最少要有三个平行样。为了比较已暴露和未暴露试样，应保留未暴露的空白样。

7 试验步骤

7.1 试验前的准备

7.1.1 试验前应收集试验材料的化学成分、力学性能等相关信息。

7.1.2 称量试样重量，不耐蚀材料，如碳钢及低合金钢精确到 10 mg，耐蚀材料精确到 1 mg。

7.1.3 测量试样尺寸，长度和宽度精确到 0.05 mm，厚度精确到 0.02 mm。

7.1.4 按 4.3 的规定固定试样，试验框架应悬挂固定，试验样品垂直于水平面。一组三个试样应安装在同一框架的不同高度位置处，记录试样的装框情况。

7.2 中间检查

7.2.1 中间检查时间推荐每三个月检查一次。观察并记录腐蚀和主要海生物附着情况，拍照或摄像，保存资料。检查试样固定是否牢固。检查时不应损坏腐蚀产物和海生物附着层，全浸试验样品框架出水时间不得超过 0.5 h。

7.2.2 应进行主要海水参数的观测和记录。参数通常包括海水温度、盐度、电导率、pH 值、氧含量和海流速度等。海水参数的测量次数每个月至少三次。常用的是海水环境因素的月平均值。

7.2.3 必要时，及时检查加固试样，以确保试验样品安全。

7.3 试验终止及后处理

7.3.1 按预定的时间取出试样，观察并记录腐蚀产物和海生物附着情况，拍照或摄像留存。刮除海生物时，应使用塑料或木制的刮板，不得损伤试验样品。需要对腐蚀产物进行分析的，注意保护腐蚀产物。

7.3.2 观察记录试验样品表面及边缘的变化(腐蚀形貌)，仔细辨认点蚀、缝隙腐蚀，应力腐蚀破裂、选择性腐蚀等形貌，必要时拍照或摄像，保存资料。

7.3.3 按照 GB/T 16545 清洗试验样品腐蚀产物，试验样品称量精度按 7.1.2 规定。

7.3.4 测量局部腐蚀深度按附录 A 方法进行测量。

7.3.5 当腐蚀主要是局部腐蚀(如点蚀、缝隙腐蚀)而失重较小时，失重结果不能准确评定腐蚀程度，需补充测定试验样品的力学性能如延伸率等并与空白试验样品进行比较。

8 评定指标

8.1 腐蚀特征，如腐蚀类型、锈层厚度、形态、颜色等，以文字叙述和照片表示。

8.2 腐蚀速率，由腐蚀失重计算平均腐蚀减薄速率，单位为毫米每年(mm/a)。

8.3 局部腐蚀深度，包括平均局部腐蚀深度和最大局部腐蚀深度，单位为毫米(mm)。

8.4 点蚀密度，按照 GB/T 18590—2001 的规定评定。

8.5 力学性能损失，用完成暴露周期后试验样品测得的抗拉强度及延伸率与材料原始的数值之间计算出的损失百分数来表示。

8.6 对局部腐蚀采用相应的其他指标。

9 试验报告

试验报告一般包括以下内容：

a) 试样的材料牌号；

b) 外形尺寸；

c) 化学成分；

d) 表面状态；

e) 试验前油污去除及暴露后腐蚀产物的清除方法等；

f) 试验地点；

g) 暴露日期和周期；

h) 试验期间主要的海水参数、海生物附着情况；

i) 腐蚀速率或单位面积的失重与暴露时间的关系曲线；

j) 暴露期间试验样品外观的任何变化；

k) 局部腐蚀性能；

l) 必要时，试样拉伸性能及其与未暴露的原始试样或对比试样相比的抗拉强度损失百分比；

m) 暴露期间，试验样品在任何时候被侵扰，如被漂浮碎片碰撞，应记录发生的日期和确切情况。

附 录 A
（规范性附录）
局部腐蚀深度测量

A.1 测量点的确定

每块试样的每一主试验面上，至少选择依次五个最深的蚀孔或蚀坑作为测量点。距边缘不到5 mm的蚀孔或蚀坑不应选取。若少于五个蚀孔或蚀坑时，测量实际数量蚀孔的深度数据，应在平均孔蚀深度值后注明孔的数量。

A.2 测量基准面的规定

A.2.1 不锈钢、铝合金等呈典型局部腐蚀的材料，推荐以蚀孔周围3 mm以内的表面作为测量基准面。

A.2.2 碳钢、低合金钢等呈不均匀腐蚀的材料，推荐在被测量点上盖一块基准板，以基准板的表面作为测量基准面。基准板由硬质塑料或玻璃制成，尺寸推荐使用ϕ50 mm，要求表面平直，厚度均匀，厚度差不大于0.02 mm。

A.3 测量方法

A.3.1 用带针头的百分表或其他量具，测量蚀孔或蚀坑底部与基准面的高度差。按A.2.1选定基准面，测得的高度差即为测定点的深度；按A.2.2选定基准面，测得的高度差减去基准板的厚度所得的值为测定点的深度。

A.3.2 若蚀孔非常狭窄，点蚀测量仪针头难以伸入时，按GB/T 18590—2001的4.2.4测量。

A.4 局部腐蚀深度指标

A.4.1 平均局部腐蚀深度：平行试样每个主要试验面上五个测量点的深度的平均值。

A.4.2 最大局部腐蚀深度：平行试样上所有测量点的深度最大值。

ICS 77.040.10
H 22

中华人民共和国国家标准

GB/T 6396—2008
代替 GB/T 6396—1995

复合钢板力学及工艺性能试验方法

Clad steel plates—Mechanical and technological test

2008-05-13 发布　　2008-11-01 实施

中华人民共和国国家质量监督检验检疫总局
中国国家标准化管理委员会　发布

前　言

本标准与日本标准 JIS G 0601-2002《复合钢板试验方法》的一致性程度为非等效。

本标准代替 GB/T 6396—1995《复合钢板力学及工艺性能试验方法》，本标准与 GB/T 6396—1995 相比主要变化如下：

——删除了对复合钢板厚度的限制；

——对一些术语和定义进行了重新修订：增加了复合的定义，删除了轧制复合钢板、爆炸复合钢板、堆焊复合钢板、铸造复合钢板、爆炸轧制复合钢板、堆焊轧制复合钢板、铸造轧制复合钢板、剪切试验的定义，对基材、外弯曲试验、内弯曲试验、侧弯取试验的定义进行了修正；

——取消了拉伸试验组合强度标准值的计算公式；

——取消了对剪切试验、结合度试验和粘结试验中对取样量的规定；

——增加了试验报告的内容，并把试验报告统一放置在附录 B 中；

——对粘结试验装置进行了改进，在凹模中心增加了一个直径 6 mm 通孔；

本标准的附录 A、附录 B 为规范性附录。

本标准由中国钢铁工业协会提出。

本标准由全国钢标准化技术委员会归口。

本标准起草单位：大连船舶重工集团有限公司、大连爆炸加工研究所、首钢总公司、武昌造船厂、武汉钢铁公司、济南试金集团公司。

本标准主要起草人：常青、王勇、刘卫平、杨小敏、李荣锋、耿秀英、曹凤、王萍、张丽艳。

本标准所代替标准的历次版本的发布情况为：

——GB/T 6396—1986、GB/T 6396—1995。

复合钢板力学及工艺性能试验方法

1 范围

本标准规定了复合钢板的拉伸、剪切、弯曲、结合度、冲击、粘结和硬度试验方法。

本标准适用于以钢板为基材，以不锈钢或有色金属及合金为复材的轧制、爆炸、堆焊、扩散、铸造、爆炸轧制、堆焊轧制、扩散轧制及铸造轧制等加工方法制造的单面和双面复合钢板（以下简称为复合钢板）的力学及工艺性能试验。

对其他金属复合板，也可参照执行。

2 规范性引用文件

下列文件中的条款通过本标准的引用而成为本标准的条款。凡是注日期的引用文件，其随后所有的修改单（不包括勘误的内容）或修订版均不适用于本标准，然而，鼓励根据本标准达成协议的各方研究是否可使用这些文件的最新版本。凡是不注日期的引用文件，其最新版本适用于本标准。

GB/T 228 金属材料 室温拉伸试验方法（GB/T 228—2002，eqv ISO 6892：1998）

GB/T 229 金属夏比缺口冲击试验方法（GB/T 229—2007，ISO 148-1：2006，MOD）

GB/T 232 金属材料 弯曲试验方法（GB/T 232—1999，eqv ISO 7438：1985）

GB/T 2975 钢及钢产品 力学性能试验取样位置及试样制备（GB/T 2975—1998，eqv ISO 377：1997）

GB/T 4340.1 金属维氏硬度试验 第1部分：试验方法（GB/T 4340.1—1999，eqv ISO 6507-1：1997）

GB/T 8170 数值修约规则

GB/T 10623 金属力学性能试验术语

3 术语和定义

GB/T 10623 确立的以及下列术语和定义适用于本标准。

3.1

复合 clad

一种金属被另一种金属完全复盖，并使其在界面上实现冶金结合（镀层金属除外）。

3.2

复合钢板 clad steel plate

以钢板为基材的复合板。

3.3

基材 base metal

复合钢板中主要承受结构强度的材料。

3.4

复材 cladding metal

复合钢板中的包复材料。

3.5

复合钢板的总厚度 total thickness of clad steel plate

复合钢板的基材与复材厚度之和。

3.6

复合比　clad ratio

复材厚度占复合钢板总厚度之比。

3.7

单面复合钢板　single side clad steel plate

基材单面复合有复材的复合钢板。

3.8

双面复合钢板　both sides clad steel plate

基材双面均复合有复材的复合钢板。

3.9

外弯曲试验　external bend test

试样受拉面为复材的弯曲试验。

3.10

内弯曲试验　internal bend test

试样受拉面为基材的弯曲试验。

3.11

侧弯曲试验　side bend test

试样受拉面为复合钢板横截面的弯曲试验。

3.12

结合度试验　bond test

以规定直径的弯心对试样进行内弯曲，弯曲到规定角度后卸除试验力，检查试样两侧结合面的分离程度。

3.13

粘结试验　combine test

用静压力通过相应的粘结试验装置使复合钢板结合面承受法向拉力，使基材与复材分离，以测定其粘结强度的试验。

4　符号及说明

本标准适用的符号及说明见表1。

表1　符号及说明

符　号	说　明	单　位
a	试样总厚度	mm
a_b	试样的基材厚度	mm
a_c	试样的复材厚度	mm
B	试样宽度	mm
C	分离率	%
d	弯心直径	mm
d_1	试样环形结合面内径	mm
d_2	试样环形结合面外径	mm
F	试验力	N
l	支辊间距离	mm

表 1(续)

符 号	说 明	单 位
l_0	分离全长：$l_0=\sum_{n=1}^{k} l_n$	mm
l_n	各分离段长度	mm
L	试样长度	mm
L_0	结合度试样弯曲部分全长：$L_0=\pi(r+a_c)$	mm
r	弯心半径	mm
R_{nb}	粘结强度	N/mm²
S	试样受剪面面积：$S=W\times B$	mm²
S_0	试样环形结合面面积：$S_0=(d_2^2-d_1^2)\pi/4$	mm²
T	复合钢板总厚度	mm
T_b	复合钢板基材厚度	mm
T_c	复合钢板复材厚度	mm
W	试样复材受剪面宽度	mm
α	弯曲角度	(°)
π	圆周率(至少取 4 位有效数字)	—
τ	抗剪强度	N/mm²

5 拉伸试验

5.1 原理

同 GB/T 228 中原理。

5.2 试样

5.2.1 样坯取样数量、方向及部位按复合钢板或基材的相关产品标准或 GB/T 2975 中有关规定执行。

5.2.2 试样一般为矩形试样。拉伸试样的宽度 、形状、尺寸等，按 GB/T 228 中有关规定执行。

5.2.3 当复合钢板总厚度 T 不大于 40 mm 时，采用全厚度试样试验。

5.2.4 当复合钢板总厚度 T 大于 40 mm 且试验机能力不足时，可从基材和复材两面按比例将厚度加工至 40 mm，但试样复材厚度 a_c 不得小于 3 mm，当钢板复材厚度 T_c 小于等于 3mm 时，只减薄基材厚度 T_b。

5.2.5 对于特殊用途的复合钢板，可采用全部去除复材的矩形试样或圆形试样。

5.2.6 试样尺寸的测量应按 GB/T 228 中有关规定执行，必要时还应分别测量试样的基材厚度 a_b 和复材厚度 a_c，测量方法应符合附录 A。

5.3 试验设备、试验要求及试验方法

试验设备、试验要求及试验方法应按 GB/T 228 中有关规定执行。

5.4 试验结果处理

各种强度的计算和数值修约均按 GB/T 228 中有关规定执行。

5.5 试验报告

试验报告见附录 B。

6 剪切试验

6.1 原理

试验系用静压缩力或静拉伸力，通过相应的试验装置，使平行于试验力方向的基材与复材的结合面

承受剪切力直至分离，以测定其抗剪强度。

6.2 试样

6.2.1 样坯切取的部位、方向和数量应按复合钢板相关产品标准进行。对于轧制复合钢板，试样长度方向应平行于轧制方向。

6.2.2 试样尺寸应符合图1的规定。如果结合面呈波纹状，复材加工掉后，结合面处应呈两种金属混合的斑点状。

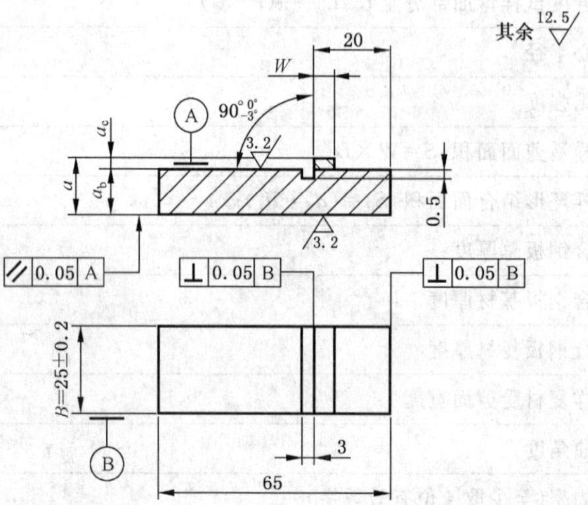

$W=1.5a_c \pm 0.1a_c \leqslant 3$ mm；$a_b \geqslant 2W$

图1 剪切试验试样

6.2.3 应在剪切面两端处测量复材受剪面宽度 W，测量时应靠近两种金属的结合面，取其算术平均值。剪切面的长度尺寸也应靠近结合面处测量。

6.2.4 当复合钢板总厚度 T 小于等于10 mm时，可用拉剪试样进行剪切试验，见图2。

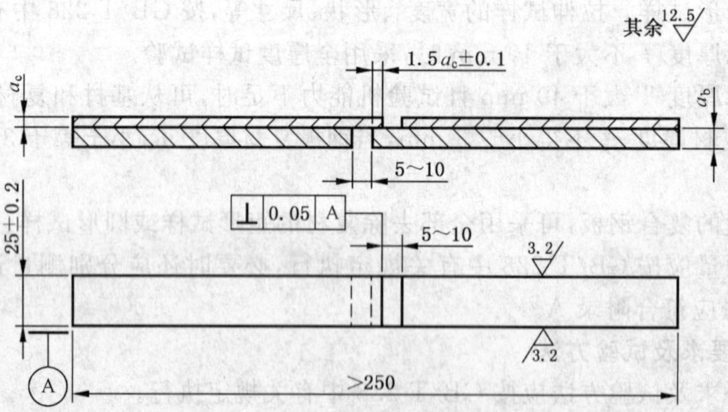

图2 拉剪试样

6.3 试验设备

6.3.1 剪切试验装置

6.3.1.1 剪切试验装置见图3，除图3注明的技术条件外，剪切试验装置还应保证试样间隙可调，其硬度应不低于400 HV，剪切刀刃处硬度应不低于600 HV。

6.3.1.2 试验装置的设计应确保试验力 F 作用在试样基材的中心线上。

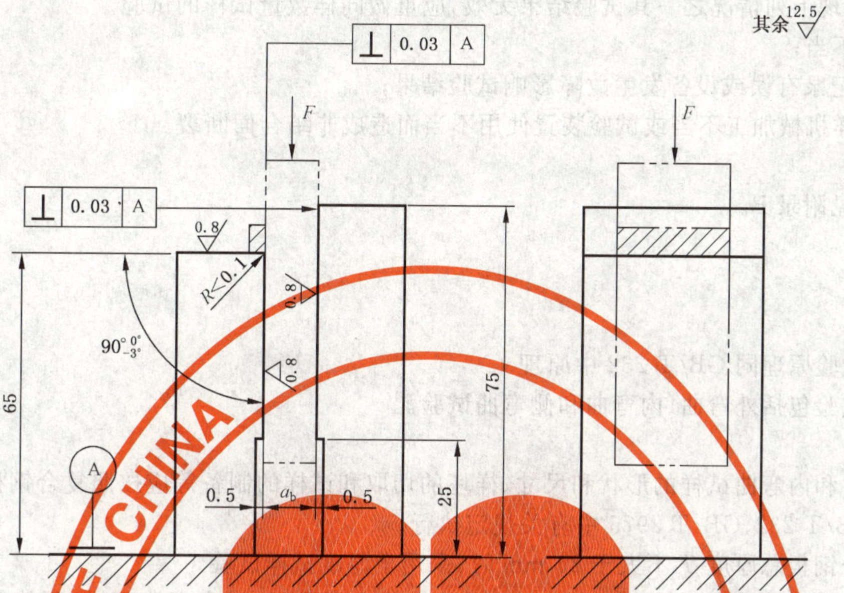

图 3　剪切试验装置

6.3.2　**试验机**

试验机应按 GB/T 228 中有关规定执行。

6.4　**试验要求**

6.4.1　**试验速率**

试验速率按表 2 规定执行。

表 2　剪切试验应力速率

复材的弹性模量/(N/mm²)	应力速率/[N/(mm²·s⁻¹)]	
	最小	最大
<150 000	1	5
≥150 000	3	15

6.4.2　**试验温度**

除非另有规定，试验一般在室温 10℃～35℃范围内进行。对温度要求严格的试验，试验温度应为 23℃±5℃。

6.5　**试验方法**

6.5.1　将图 1 所示的剪切试样放入图 3 所示的剪切试验装置中。

6.5.2　调整试验装置，使试样在试验装置中的间隙为 0.1 mm～0.15 mm。

6.5.3　用试验机对试样平稳施加试验力，把复材从基材上沿结合面平行剪切下来。

6.6　**试验结果处理**

6.6.1　抗剪强度按公式(1)计算：

$$\tau = \frac{F}{S} \qquad \cdots\cdots(1)$$

6.6.2　抗剪强度值应按照相关产品标准的要求进行修约。如相关产品标准未规定具体要求，应按照表 3 的要求进行修约，修约的方法按 GB/T 8170 中有关规定执行。

表 3　抗剪强度的修约间隔

抗剪强度范围/(N/mm²)	修约间隔/(N/mm²)
≤200	1
>200	5

6.6.3 试验出现下列情况之一其试验结果无效，应重做同样数量试样的试验。

a) 操作不当；

b) 试验记录有误或设备发生故障影响试验结果；

c) 因试样机械加工不当或试验装置使用不当而造成非结合面断裂。

6.7 试验报告

试验报告见附录B。

7 弯曲试验

7.1 原理

7.1.1 弯曲试验原理同GB/T 232中原理。

7.1.2 弯曲试验包括外弯曲、内弯曲和侧弯曲试验。

7.2 试样

7.2.1 外弯曲和内弯曲试样的形状和尺寸、样坯的切取和试样的制备等应按照复合钢板或基材的相关产品标准或GB/T 232、GB/T 2975中有关规定执行。

7.2.2 当复合钢板总厚度 T 不大于25 mm时，采用全厚度试样试验。

7.2.3 当复合钢板总厚度 T 大于25 mm，且试验机能力不足时，对内弯曲试样，可从复材一侧机械加工减薄至25 mm；对外弯曲试样，可从基材一侧机械加工减薄至25 mm；当试验机能力允许时，可采用全厚度试样试验。

7.2.4 对于双面复合钢板，当 T 大于25 mm，且试验机能力不足时，可从双面复材处分别机械加工减薄至25 mm；其中一个试样保留一面复材，另一个试样保留另一面复材。试验机能力允许时，可采用全厚度试样试验。

7.2.5 侧弯曲样坯的切取和试样的制备等应参照GB/T 232中有关规定执行。试样形状和尺寸如图4所示。当复合钢板总厚度 T 不大于40 mm时，试样宽度 B 等于 T；当复合钢板总厚度 T 大于40 mm时，可将复合钢板从基材减薄至40 mm，对双面复合钢板，应取两个试样，一个从一面的复材机械加工减薄，另一个从另一面复材机械加工减薄至40 mm。

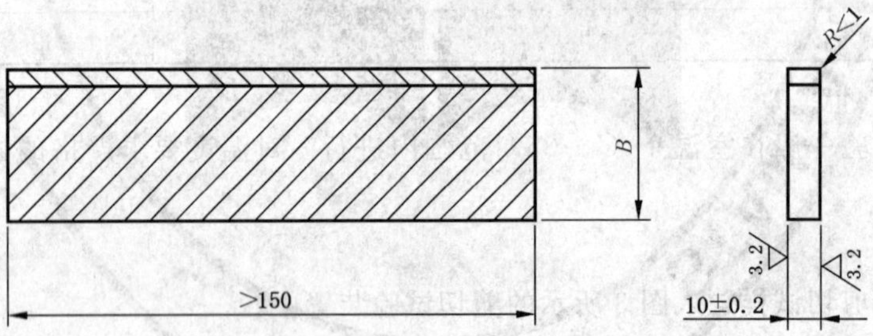

图4 侧弯曲试样

7.3 试验设备

7.3.1 试验装置如图5和图6所示。

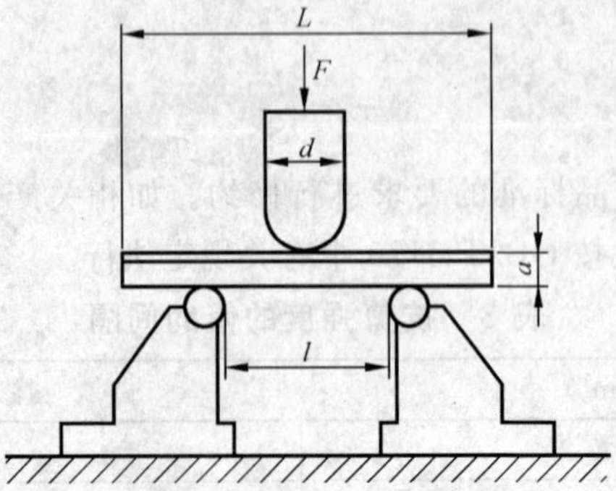

图5 弯曲试验装置(弯曲前)

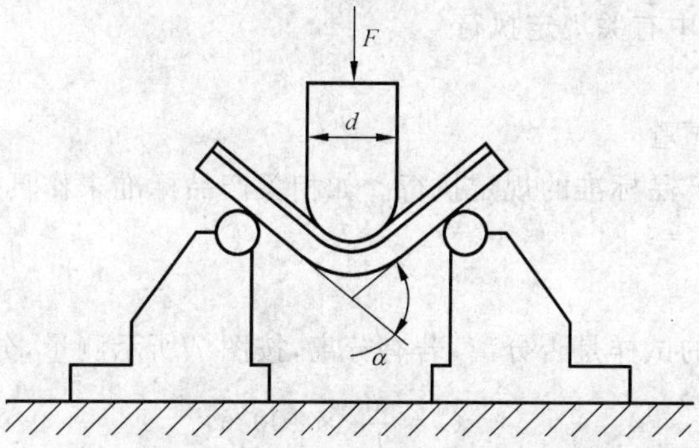

图 6　弯曲试验装置(弯曲后)

7.3.2　弯曲试验可在压力机或万能试验机上进行。

7.3.3　试验机的弯曲装置应按 GB/T 232 中有关规定执行。

7.4　试验要求

按 GB/T 232 中有关规定执行。

7.5　试验方法

7.5.1　外弯曲和内弯曲试验方法均按 GB/T 232 的有关规定进行。弯心直径应根据其复合钢板或基材的相关产品标准确定。

7.5.2　对双面复合钢板的两个试样均进行外弯曲试验。

7.5.3　如相关产品标准未作具体规定,侧弯曲可选用 40 mm 直径的弯心,弯曲 180°后,检查试样受拉表面两种金属结合面是否开裂。

7.6　试验结果处理

7.6.1　按相关产品标准或 GB/T 232 中有关规定评定弯曲试验结果。

7.6.2　试验出现下列情况之一其试验结果无效,应重做同样数量试样的试验。

a)　操作不当;

b)　因弯心选错或设备故障等影响试验结果。

7.7　试验报告

试验报告见附录 B。

8　结合度试验

8.1　原理

将一定形状尺寸的试样放置在弯曲试验装置上,以规定直径的弯心和弯曲角度进行内弯曲后,卸除试验力,用肉眼检查试样两侧结合面处是否分离并计算分离率。该试验可作为剪切试验的一种替代试验。

8.2　试样

8.2.1　样坯切取的部位、方向等应按照复合钢板或基材相关产品标准或 GB/T 232 或 GB/T 2975 中有关规定执行。

8.2.2　试样尺寸按复合钢板相关产品标准或 GB/T 232 中有关规定执行。

8.2.3　当复合钢板总厚度 T 不大于 40 mm 时,试样宽度 B 等于 T。

8.2.4　当复合钢板总厚度 T 大于 40 mm 且试验机能力不足时,可从基材和复材两面按比例减薄至 40 mm,但试样复材厚度 a_c 不得小于 3 mm,当钢板复材厚度 T_c 小于等于 3 mm 时,只减薄基材厚度 T_b。

8.3　试验设备

试验设备按 7.3 的规定执行。

8.4 试验要求

试验要求按 GB/T 232 中有关规定执行。

8.5 试验方法

8.5.1 试验方法同内弯曲试验

8.5.2 弯心直径应按相关产品标准的规定执行。如相关产品标准未作具体规定时，则取弯心直径 $d=2a$，弯曲角度为 180°。

8.6 试验结果处理

8.6.1 用肉眼检查试验后的试样是否分离，若有分离，按图 7 所示测量，分离率 C 按公式(2)计算：

$$C=\frac{l_0}{L_0}\times 100\% \qquad \cdots\cdots(2)$$

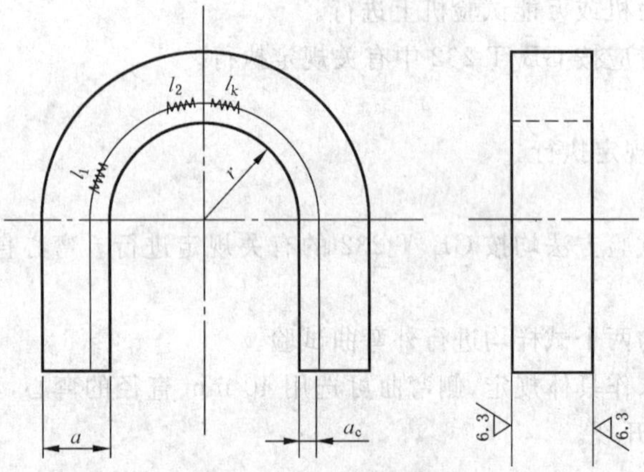

图 7 结合度试样

8.6.2 试验结果无效的判定按照 7.6.2 的规定执行。

8.6.3 试验测定的分离率，应按照相关产品标准的要求进行修约。如相关产品标准未规定具体要求，应按照修约间隔为 0.5% 进行修约，修约的方法按 GB/T 8170 中有关规定执行。

8.7 试验报告

试验报告见附录 B。

9 粘结试验

9.1 试验原理

试验采用静压力通过相应的粘结试验装置，使垂直于作用力方向的基材和复材在结合面上受一法向拉力，直至断裂，以测定其粘结强度。

9.2 试样

9.2.1 样坯切取部位应按相关产品标准的规定执行。

9.2.2 试样的形状与尺寸如图 8 所示。

9.3 试验设备

9.3.1 试验装置

9.3.1.1 试验装置见图 9。

9.3.1.2 试验装置的维氏硬度应不低于 600 HV。

9.3.1.3 试验装置应保证试验力 F 作用在环形结合面的中心上，使其均匀受力。

9.3.1.4 试验装置凹模中心加工直径 6 mm 通孔，便于取出断裂复材。

9.3.2 试验机

试验机按 6.3.2 的规定执行。

9.4　试验要求

9.4.1　试验速率

除相关产品标准规定外，粘结试验速率应按表 4 的规定进行试验。

表 4　粘结试验速率

复材弹性模量 N/mm²	应力速率 N/(mm²·s⁻¹)	
	最小	最大
<150 000	1	5
≥150 000	3	15

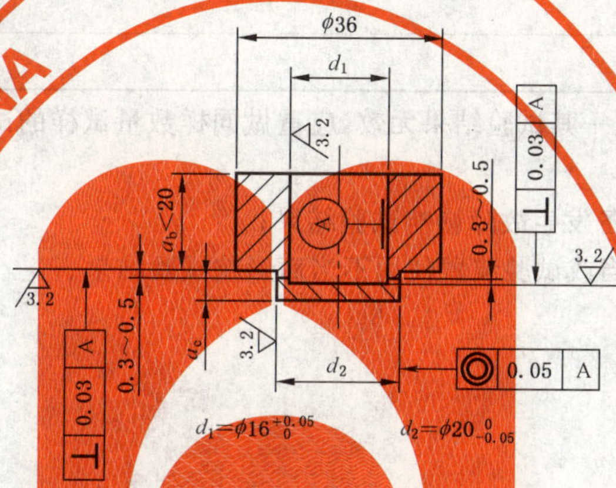

图 8　粘结试验试样

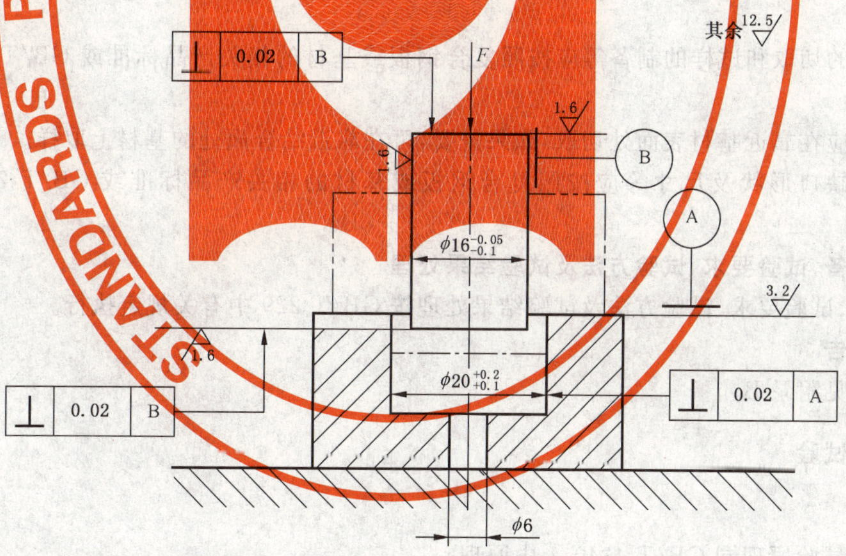

图 9　粘结试验装置

9.4.2　试验温度

试验温度按 6.4.2 的规定执行。

9.5　试验方法

9.5.1　将图 7 所示的试样放入试验装置。

9.5.2　试样在试验装置上的放置与试验力的施加，应保证试验力的作用方向垂直于试样的结合面。

9.5.3　如图 8 所示，用试验机对试样平稳施加试验力，使复材与基材在结合面处受一法向力，直至断裂。

9.6 试验结果处理

9.6.1 粘结强度按公式(3)计算：

$$R_{nb} = \frac{F}{S_0} \quad \cdots\cdots\cdots\cdots\cdots\cdots (3)$$

9.6.2 粘结强度值应按照相关产品标准的要求进行修约。如相关产品标准未规定具体要求，应按照表5的要求进行修约，修约的方法按GB/T 8170中有关规定执行。

表5 粘结强度的修约间隔

粘结强度范围/(N/mm^2)	修约间隔/(N/mm^2)
≤200	1
>200	5

9.6.3 试验出现下列情况之一其试验结果无效，应重做同样数量试样的试验。

a) 操作不当；

b) 试验记录有误或设备发生故障影响试验结果；

c) 因试样机械加工不当或试验装置使用不当而影响试验结果。

9.7 试验报告

试验报告见附录B。

10 冲击试验

10.1 原理

同GB/T 229中原理。

10.2 试样

10.2.1 样坯的切取和试样的制备等应按照复合钢板或基材的相关产品标准或GB/T 2975中有关规定执行。

10.2.2 试样应在靠近基材表面处切取，如果需要，可在靠近结合面处的基材上取样。

10.2.3 试样缺口形状及尺寸等应按照复合钢板或基材的相关产品标准或GB/T 229中有关规定执行。

10.3 试验设备、试验要求、试验方法及试验结果处理

试验设备、试验要求、试验方法及试验结果处理按GB/T 229中有关规定执行。

10.4 试验报告

试验报告见附录B。

11 维氏硬度试验

11.1 原理

维氏硬度试验原理同GB/T 4340.1中原理。

11.2 试样

11.2.1 试样应取自复合钢板的横截面，具体尺寸视需要和试验条件而定。

11.2.2 试样被测表面必须平滑，经抛光后，其粗糙度参数 Ra 应不大于0.4 μm。

11.2.3 经抛光加工后的试样表面须用相应的腐蚀液腐蚀，以显示出复材与基材的分界线，对于具有过渡层和热影响区的复合钢板，还应显示出各区域的分界线。

11.2.4 对试样的其他要求按GB/T 4340.1中有关规定执行。

11.3 试验设备和试验要求

试验设备和试验要求按GB/T 4340.1中有关规定执行。

11.4 试验方法

11.4.1 按 GB/T 4340.1 中有关规定进行试验。

11.4.2 试验应根据相关产品标准进行，如相关产品标准未作具体规定，可参照图 10 所示虚线部位任选一种图形进行试验，测定复材、基材、结合区和堆焊过渡层的硬度。

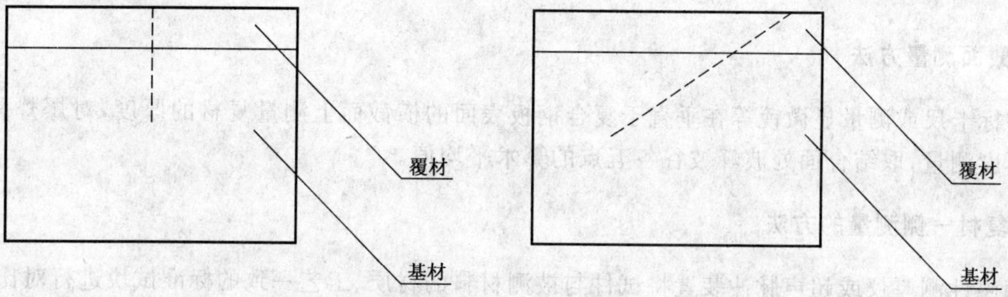

图 10 维氏硬度试验部位示意图

11.4.3 如对试验力无具体要求时，一般可选用试验力为 98.07 N 进行试验。

11.5 试验结果处理

按 GB/T 4340.1 中有关规定执行。

11.6 试验报告

试验报告见附录 B。

附 录 A
（规范性附录）
复材厚度测量

A.1 横截面测量方法

用游标卡尺或测量显微镜等在垂直于复合钢板表面的横截面上测量复材的厚度，对爆炸复合钢板的复材厚度测量，取结合面处波峰波谷各五点的算术平均值。

A.2 从复材一侧测量的方法

可用磁性测厚仪或超声脉冲装置将试件与被测材料的材质、工艺一致的标准试块进行对比测量。

A.2.1 用磁性测厚装置从复材一侧测量厚度的方法不适用于磁性复材。

A.2.2 当复材为奥氏体不锈钢时，其铁素体含量应与已知厚度的标准试块的铁素体含量一致。

A.2.3 超声脉冲装置仅适用于复材与基材声阻抗差别大的复合钢板，先测出基材厚度，再测量出复合钢板的总厚度，两者之差即是复材的厚度。

附 录 B
（规范性附录）
试 验 报 告

试验报告一般应包括下列内容：

a) 本国家标准编号；

b) 试样标识；

c) 材料名称、牌号；

d) 试样类型：

  1) 弯曲试验应注明外弯曲、内弯曲和侧弯曲；

  2) 冲击试验应明确表示出试样尺寸及缺口形状。

e) 试样的取样方向和位置；

f) 试验结果：

  1) 弯曲试验结果，应注明弯心直径和弯曲角度；侧弯曲的试验结果应注明结合面开裂的长度与数量；

  2) 结合度试验结果，应注明每个试样每一侧分离段的数量、长度及总长；

  3) 粘结试验结果，应包括断裂部位及其在结合面所占的百分比；

  4) 冲击试验结果，应明确表示出试验温度；

  5) 硬度试验结果，应包括硬度试验符号，不同区域硬度值等。

ICS 77.040.20
H 26

中华人民共和国国家标准

GB/T 6402—2008
代替 GB/T 6402—1991

钢锻件超声检测方法

Steel forgings—Method for ultrasonic testing

2008-05-13 发布　　2008-11-01 实施

中华人民共和国国家质量监督检验检疫总局
中国国家标准化管理委员会　发布

前　言

本标准修改采用EN 10228-3:1998《铁素体或马氏体钢锻件超声检测》及EN 10228-4:1999《奥氏体和奥氏体-铁素体不锈钢锻件超声检测》(英文版)。

本标准根据EN 10228-3:1998及EN 10228-4:1999重新起草。为了方便比较,在资料性附录A中列出了本标准和EN标准条款的对照一览表。

本标准在采用EN标准时进行了修改,这些技术性差异用垂直单线标识在它们所涉及的条款的页边空白处。在附录B中给出了技术性差异及其原因一览表。

为了方便使用,本标准还做了下列编辑性和技术性的修改:

——删除了两个EN标准的前言;

——将EN 10228-3条款1范围及EN 10228-4条款1范围进行合并,增加了:其他组织的锻件也可参照使用;

——人员资格和鉴定改为:应按GB/T 9445或相应的标准进行资格培训,并取得资格证书;

——将EN 10228中引用EN 583-2探头靴要求的具体内容增加到本标准7.2.2中;

——将EN 10228中第3部分与第4部分的记录水平与验收标准合并、简化形成本标准的记录水平和验收标准的质量等级表;

——本标准删除EN 10228该两部分中的11.2.2的DGS方法及所有与DGS相关的内容。用底波反射法代替并增加相应的附录E;

——删除EN 10228-4的附录Z;

——EN 10228中的规范性引用文件中的欧盟标准在本标准中一律采用相应的国家标准代替。

本标准代替GB/T 6402—1991《钢锻件超声波检验方法》。

本标准与原GB/T 6402—1991相比:

——检测方法与原标准一致,但在编排结构上完全采用欧盟标准方式。

——锻件的分类与质量等级与原标准相比更为详细。

本标准中的附录A、附录B、附录C、附录D、附录E是资料性附录。

本标准由中国钢铁工业协会提出。

本标准由全国钢标准化技术委员会归口。

本标准主要起草单位:宝山钢铁股份有限公司特殊钢分公司、冶金工业信息标准研究院。

本标准主要起草人:倪秀美、王勇灵、周卫东、赵春、黄颖。

本标准所代替标准的历次版本发布情况为:

——GB/T 6402—1986、GB/T 6402—1991。

钢锻件超声检测方法

1 范围

本标准规定了钢锻件超声检测的协议条款、操作规程的编制、人员资格、设备和附件、校准和检查、检测时机、表面状态、灵敏度、扫查、分类、记录水平和验收标准。

本标准适用于铁素体-马氏体钢锻件、奥氏体和奥氏体-铁素体不锈钢锻件超声脉冲反射式手工检测方法。供需双方协商后也可使用液浸法检测的机械化扫查方法。其他组织的锻件也可参照使用。

本标准按形状和生产方法将锻件分为 4 类。1、2、3 类为简单外形的锻件，4 类为复杂形状的锻件。

本标准不适用于：致密的模锻件、汽轮机转子和发动机锻件。

2 规范性引用文件

下列文件中的条款通过本标准的引用而成为本标准的条款。凡是注日期的引用文件，其随后所有的修改单（不包括勘误的内容）或修订版均不适用于本标准，然而，鼓励根据本标准达成协议的各方研究是否可使用这些文件的最新版本。凡是不注日期的引用文件，其最新版本适用于本标准。

GB/T 9445　无损检测　人员资格鉴定与认证(GB/T 9445—2005,ISO 9712:1999,IDT)

GB 11343　接触式超声斜射探伤方法

GB/T 12604.1　无损检测　术语　超声检测

GB/T 18694　无损检测　超声检验　探头及其声场的表征(GB/T 18694—2002,eqv ISO 10375:1997(E))

GB/T 19799.1　无损检测　超声检测　1 号校准试块(GB/T 19799.1—2005,eqv ISO 2400:1972)

JB/T 4009　接触式超声纵波直射探伤方法

JB/T 9214　A 型脉冲反射式超声探伤系统工作性能测试方法

JB/T 10061　A 型脉冲反射式超声波探伤仪器通用方法条件

3 术语和定义

GB/T 12604.1 确定的术语和定义适用于本标准。

4 协议条款

供需双方应在订货时，对下面相关的超声检测达成共识（供需方若未注明，供方有权选择检测方法）：

——在哪个生产阶段进行无损检测（见第 9 章）；

——所要检测的范围，是进行栅格扫查还是 100%扫查（见第 12 章）；

——是否要求近表面检查（见 7.2.6）；

——所要求的某个质量等级或多个质量等级和区域（见第 14 章）；

——除了第 7 章和第 12 章中详列出的外，是否要求特殊的设备、耦合剂、扫查范围；

——不用手工检测的扫查方法；

——长条形不连续的定量方法（见第 15 章）；

——灵敏度的设置方法（见第 11 章）；

——检测时是否需要需方或其代理在场；

——是否要求采用横波探头检测（见 11.3）；

——是否需要提交得到需方认可的一份书面的操作规程；

——对于第 4 类复杂锻件的其他检测要求(见 12.2)。

5 操作规程的编制

超声检测应按操作规程执行。当合同中有规定时，操作规程在检测之前应提交需方以获批准。

操作规程形式：

——产品技术规范；或

——为应用而特别编制的规程；或

——本标准特别应用时的那部分检测资料。

该规程至少包含下列详细信息：

——被检测锻件的描述；

——参考文献；

——检测人员的资质和证书；

——实施检测的生产阶段；

——在适用的质量等级中规定的检测区域；

——扫查表面的准备；

——耦合剂；

——检测设备的描述；

——校准和设定；

——扫查计划；

——检测操作的描述和顺序；

——记录/评定等级；

——不连续的特征；

——验收标准；

——检测报告。

6 人员资格

人员资格和鉴定应按 GB/T 9445 或相应的标准进行培训，并取得资格证书。

7 设备和附件

7.1 探伤仪器

应以 A 型显示为主的探伤仪，并符合 JB/T 10061 的要求。

7.2 探头

7.2.1 一般要求

直探头和横波探头应符合 GB/T 18694 的要求。如果需要进一步的信息，其他探头也可使用。但其他探头不能用于初始的不连续检测，该探头也应符合 GB/T 18694 的要求。

7.2.2 探头靴的仿形

为避免探头摇动，以保证与工件良好的、均匀的声耦合和恒定的声束角度，在需要时，可安装仿形的探头靴。(见图 1)

探头靴需要在被检材料外形相似的参考试块上设定探测范围和灵敏度。

在凸表面上纵向扫查时，探头靴的宽度 W_{ps} 应大于被检材料直径 D_{obj} 的 1/10。

横向扫查时，探头靴的长度 l_{ps} 也应大于被检材料直径 D_{obj} 的 1/10。

在凹表面上扫查时，也需安装仿形探头靴，除非是凹面直径非常大，能获得合适的耦合。

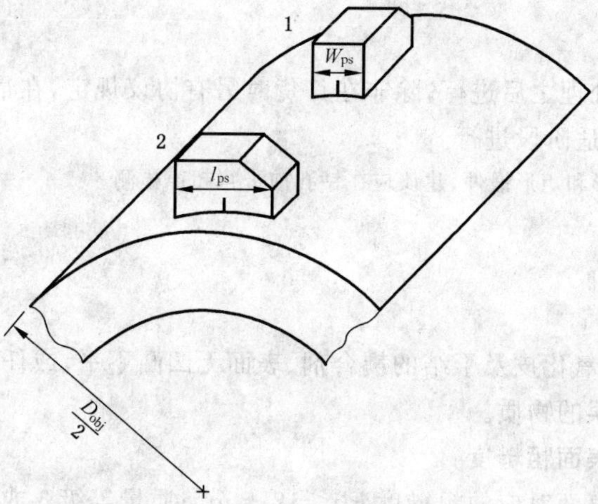

1——横向弯曲；

2——纵向弯曲。

图 1 探头靴在圆棒纵横方向上的长度 l_{ps}、宽度 W_{ps} 示意图

7.2.3 标称频率

探头标称频率在 1.0 MHz～6.0 MHz 范围之内。

7.2.4 直探头

晶片的有效直径应在 10 mm～40 mm 之间。

7.2.5 横波探头

横波探头声束折射角度应在 35°～70°范围之内。

晶片的有效面积应在 20 mm^2～625 mm^2 之间。

7.2.6 双晶探头

如果需要近表面检测(见第 4 章)可使用双晶探头。

7.3 校准试块

校准试块应符合 GB/T 19799.1 的要求。

7.4 对比试块

当灵敏度是由距离波幅曲线(DAC)方法设定和/或根据 DAC 方法按参考反射体的幅度进行不连续定量时，应制作对比试块。对比试块的表面状况应能代表被检材料的表面状况。除非另有规定，对比试块应至少包含能覆盖整个检测深度的三个反射体。

对比试块的形式将根据实际情况，可由下列中的某一种材料制成：

——被检材料的多余长度部分，或

——与被检材料同钢种、同热处理状态的部分材料，或

——与被检材料具有相似的声学特性的材料。

注：对比试块反射体尺寸规定如下，铁素体-马氏体锻钢按表 4；奥氏体和奥氏体-铁素体不锈钢锻件按表 5 和表 6 中的尺寸。不同尺寸反射体用于提供检测灵敏度的校验。

7.5 耦合剂

耦合剂应正确使用。在校验、设定灵敏度，扫查和不连续评定时，应使用相同型号的耦合剂。检测结束后，如果耦合剂的存在会影响后道生产、检测工序或成品的完整性，则应清除干净。

注：可使用合适的耦合剂：如水(有或没有防腐蚀剂或软化剂)、油脂、油、甘油和水质浆糊。

8 常规校准和检查

组合设备(探伤仪和探头)应按照 JB/T 9214 的规定进行校准和检查。

9 检测时机

超声检测应在最终热处理之后进行，除非在订货时另有协议规定，在最终热处理之后不能进行检测的锻件，应在之前的某个合适阶段进行。

注：对于即将钻孔的圆柱形和矩形锻件，建议应在钻孔前进行超声检测。

10 表面状况

10.1 一般要求

扫查表面应无油漆、无氧化皮及干结的耦合剂、表面无凹凸不平，或任何其他引起耦合失效，阻碍探头自由移动及引起判断错误的物质。

10.2 与质量等级相关的表面粗糙度

对于质量等级1、2其表面对应的粗糙度 $Ra \leqslant 12.5\ \mu m$；质量等级3或更高要求的，其表面相应的粗糙度 $Ra \leqslant 6.3\ \mu m$。

10.3 锻造表面状态

若锻造表面状况能满足指定的质量等级，则可进行检测。

注：在锻造表面进行全面的检测有困难时，可使用喷丸、喷砂或表面研磨，以确保声耦合。通常只适用于质量等级1。

11 灵敏度

11.1 一般要求

11.1.1 灵敏度应足以保证检测到指定质量等级中记录水平所要求的最小不连续的尺寸。

11.1.2 应使用11.2和/或11.3的方法。用特定的探头来确定扫查灵敏度(见第4章)。每种情况所使用的程序应符合JB/T 4009的要求。

11.2 直探头

可用下列中的一种方法来确定扫查灵敏度。

11.2.1 以平底孔为基础的距离波幅曲线(DAC)方法。

11.2.2 当检测面与底面平行，或圆柱形表面且厚度或直径大于探头近场区的3倍时，可使用底波反射法(见附录E)。

11.3 横波探头

DAC方法使用3 mm直径的横孔。

11.4 重复检测

如果进行重复检测，确定灵敏度的方法应和最初时一样。

12 扫查

12.1 一般要求

应使用脉冲反射式进行手工接触法扫查，所要求的最小扫查范围应取决于锻件的类型，采用栅格扫查还是100%扫查应在合同中具体指明。

表1根据锻件的外形和生产的方法将锻件分为4类。

表2给出了1、2、3类锻件用直探头的扫查区域。

表3给出了3a和3b种类锻件的横波探头扫查范围的详细要求，横波周向扫查的有效深度受到探头角度和锻件直径的限制，其锻件的外径和内径比小于1.6(见附录C)。

12.2 复杂锻件

对于复杂形状的锻件或锻件的复杂部位(4类)和小直径的锻件，供需双方在订货时应协商扫查要求，内容至少包括：探头角度、扫查方向、扫查范围（栅格或100%）（见第4章）。

12.3 栅格扫查

进行栅格扫查应使用一个或多个探头顺着表2和表3中规定的栅格线往复移动。

当栅格扫查显示出可记录的指示时，应在该指示周围进行附加的扫查，以确定其延伸情况。

12.4 100%扫查覆盖

100%扫查区域应按表2和表3中规定的表面上执行，相邻探头移动覆盖区至少为有效探头直径的10%。

12.5 扫查速度

手工扫查速度不应超过150 mm/s。

表1 按锻件外形和生产方法进行分类

类型	外 形	生产方法
1a[a]	圆形或近似圆形截面的长形件。如：型材、棒材、圆柱、轴、轴颈、从棒上切割下来的圆盘 	直接锻造
1b[a]	矩形或近似于矩形截面的长形件，如：型材、棒材、坯料，或从型材上切下来的截面 	
2[b]	锤平的：如：圆盘、金属板、飞轮 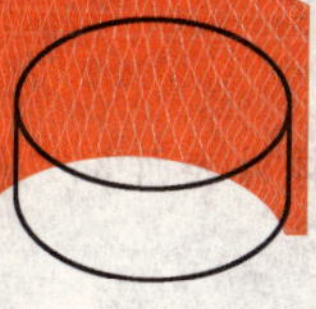	镦锻
3a	空心的圆柱形，如：瓶子、压缩气体罐 	芯棒锻造
3b	空心的圆柱形，如：环、法兰盘、轮胎箍 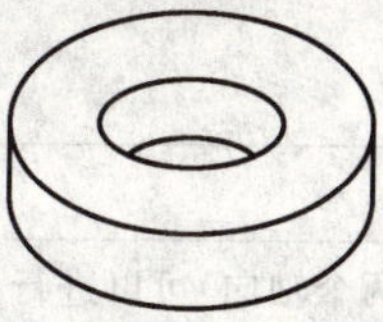	扩孔
3c		环形薄片
4	有复杂外形锻件或锻件的复杂部位。	根据生产厂的说明

a 1类锻件：大直径的锻件可能含有小直径的穿孔。

b 2类锻件：可以最终钻孔（如：紧固圈）。

表 2　直探头的扫查范围

类型	栅格扫查[a]			100%扫查[a,b]
		直径 D/mm	扫查线[c]	
1	1a 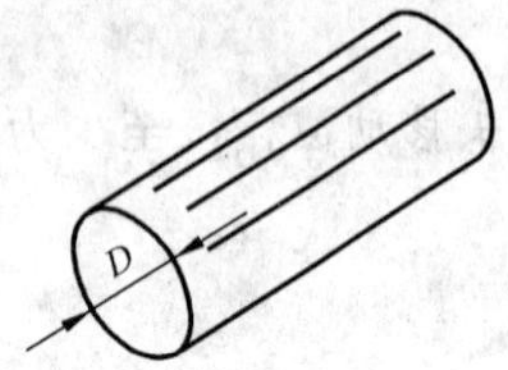	$D \leqslant 200$ $200 < D \leqslant 500$ $500 < D \leqslant 1\,000$ $1\,000 < D$	2 条;间隔 90° 3 条;间隔 60° 4 条;间隔 45° 6 条;间隔 30°	至少环绕圆柱表面 180°进行 100%扫查
1	1b 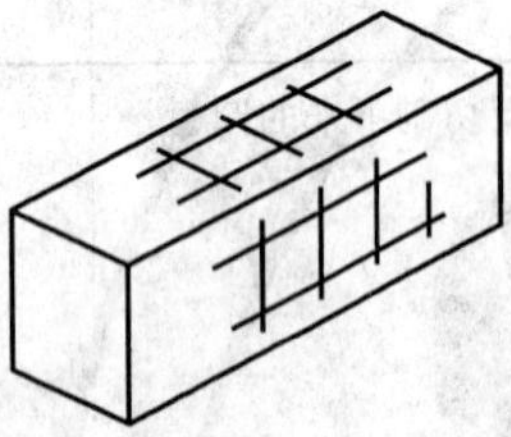	在两个垂直表面沿着栅格线扫查[c,d]		在两个垂直表面进行 100%扫查
2	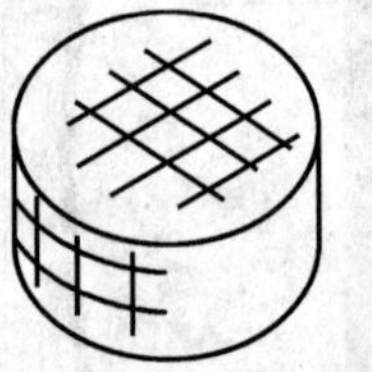	沿着圆柱形表面 360°的栅格线和一个水平面的栅格线进行扫查[d]		至少环绕圆柱表面 180°或一个水平面进行 100%扫查
3	3a 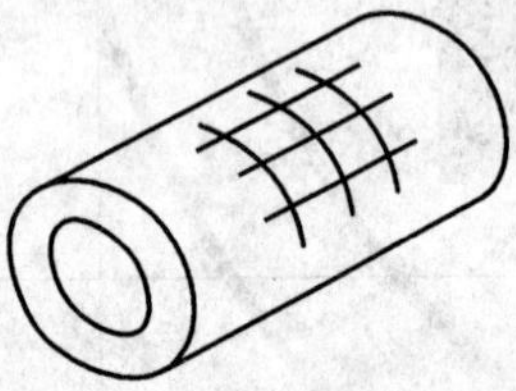	环绕圆柱体外表面 360°进行栅格线扫查[d]		环绕圆柱体外表面 360°进行 100%扫查
3	3b 和 3c 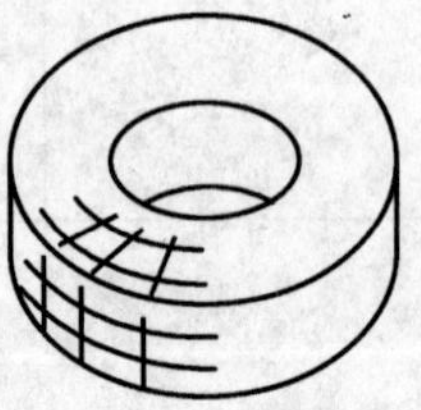	环绕圆柱体外表面和一个水平面进行 360°栅格线扫查[d]		环绕圆柱体外表面和一个水平面 360°进行 100%扫查
4	扫查区域应在合同中明确说明。			

a 如在合同中规定,那么附加的扫查(如对 3a 类的两个轴向)可以进行。

b 100%意味着相邻探头移动覆盖区至少为有效探头直径的 10%。

c 对 1a 或 1b,如果孔的存在阻碍了声束到达相对表面,则扫查线的数量应均匀地加倍。

d 栅格线应均分,间隙最大为 200 mm。

表 3 横波探头的扫查范围

类型	栅格扫查[a]		100%扫查[a,b]
3	3a 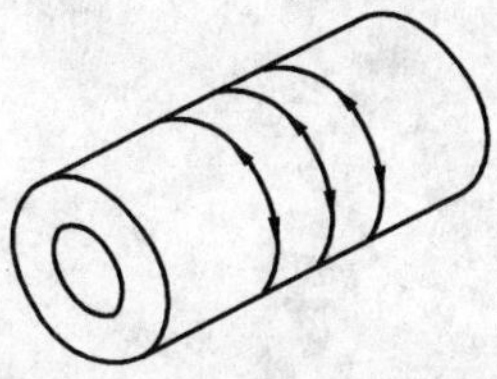 3b 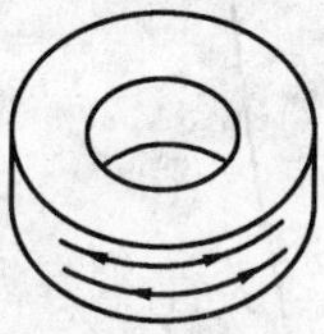	从两个方向以360°圆周栅格扫查，栅格线的间距与径向的厚度相等，最大为200 mm	在圆柱形外表面两个方向进行100%扫查[b]
4	扫查区域应在询价或订货时规定。		

a 如在订货时明确指明，那么附加的扫查可以进行。

b 100%意味着相邻探头之间至少有10%的覆盖。

13 分类

13.1 指示的分类

指示的分类应根据其至少两个相互垂直方向的扫查做出的动态回波图进行。

13.1.1 Ⅰ型图

当探头移动时，A扫查显示器显示出单个清晰的平滑地上升到最大振幅的指示，然后平滑地下降到0(见图2)。

图2是用横孔所绘制的声束轮廓动态回波图，对应于小于或等于−6 dB声束轮廓不连续的尺寸回波图。

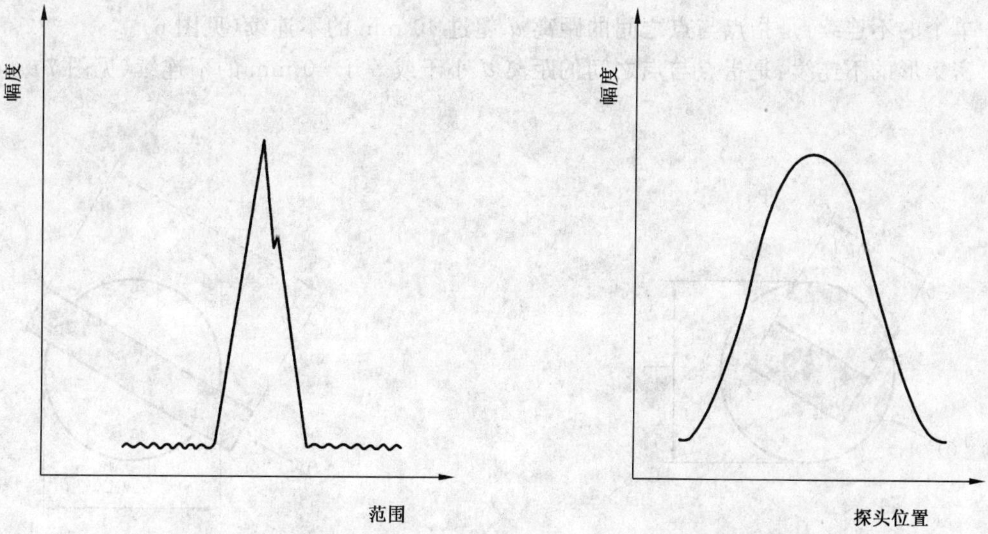

A型显示
(在典型的探头位置上)

动态波形图
(探头移动时信号幅度的变化)

图 2 Ⅰ型图 A型显示和回波包络显示

13.1.2 Ⅱ型图

当探头移动时，A型显示器显示单个清晰平滑上升至最大幅度的指示，该幅度维持或没有振幅变化，然后平滑地下降到0(见图3)。

该图形表示大于－6 dB声束轮廓不连续的回波图。

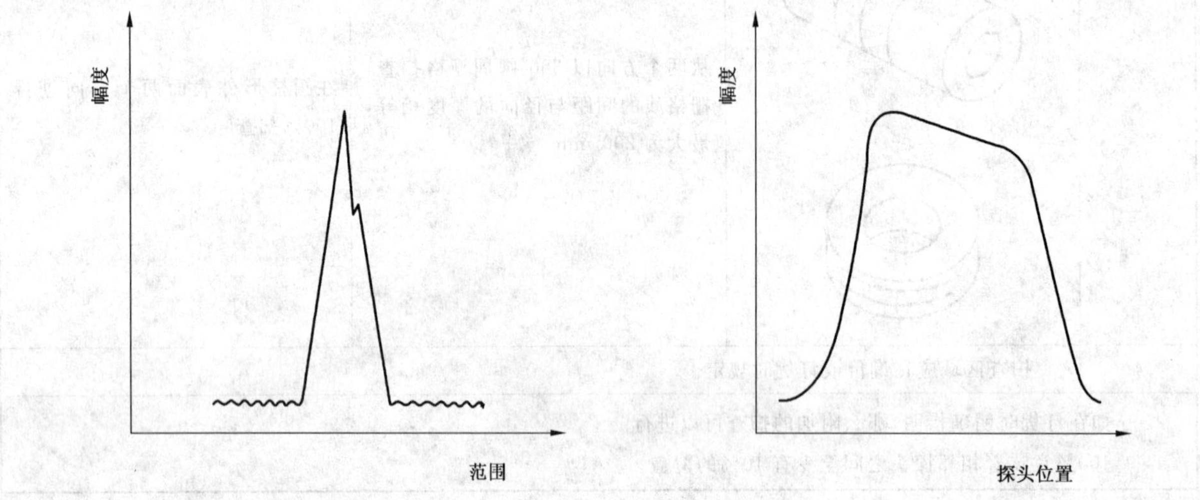

扫查显示
(在典型的探头位置上)

动态波形图
(探头移动时信号幅度的变化)

图3 Ⅱ型图A型显示和回波包络显示

13.2 不连续的分类

根据其动态波形图，不连续的分类如下：

——点状的不连续：是指Ⅰ型动态波形图和/或直径小于或等于－6 dB声束宽度的不连续(见图4)。

——长条形的不连续：是指Ⅱ型动态波形图和/或直径大于－6 dB声束宽度的不连续(见图5)。

——单个的不连续：是指点与点之间的距离 d 超过40 mm的不连续(见图6)。

——密集形的不连续：是指点与点之间的距离 d 小于或等于40 mm的不连续(见图7)。

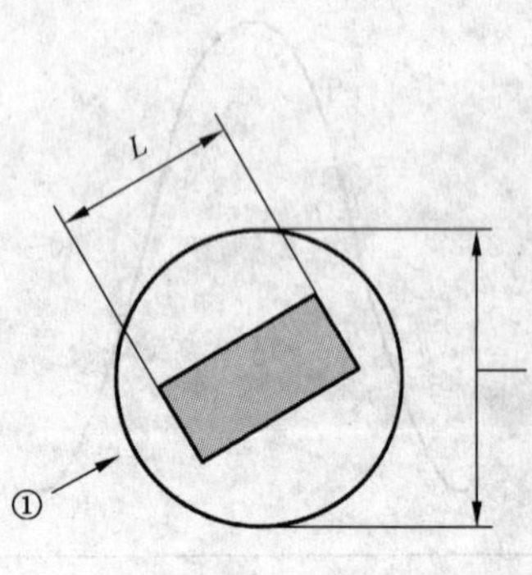

($L \leqslant D_p$)

图4 点状的不连续

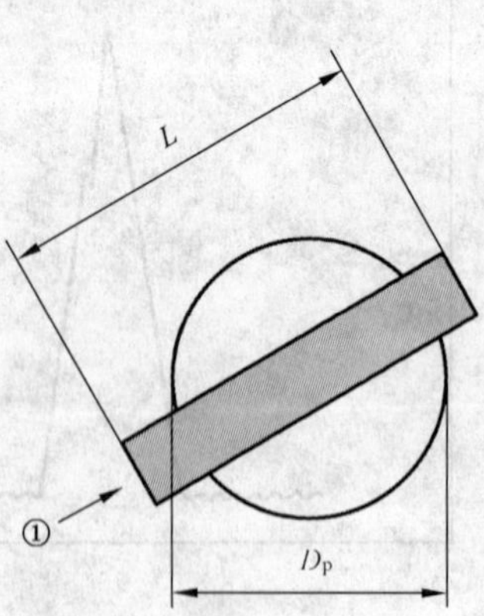

($L > D_p$)

图5 长条形的不连续

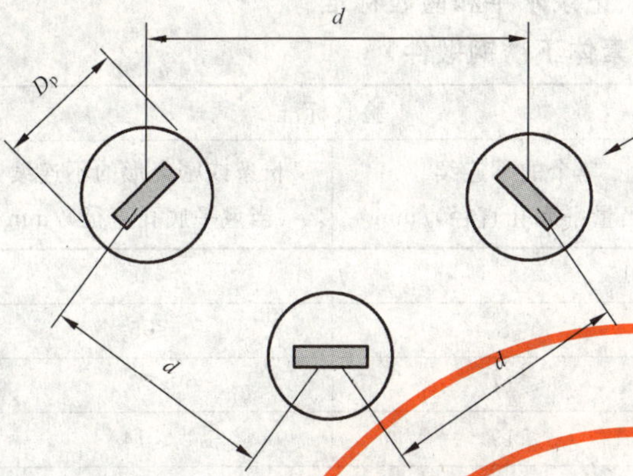

$(L \leqslant D_p, d > 40\ \text{mm})$

图 6 单个的不连续

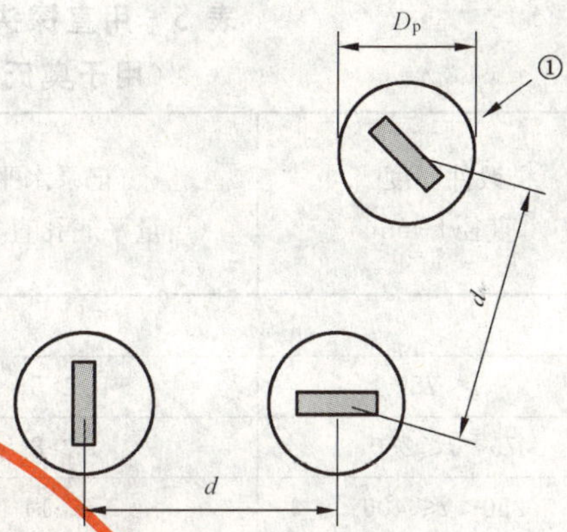

$(L \leqslant D_p, d \leqslant 40\ \text{mm})$

图 7 密集形的不连续

①——常规的 −6 dB 不连续的轮廓线；
D_p——在不连续的深度上的声束宽度；
d——两个不连续之间的距离；
L——常用的 −6 dB 不连续的长度。

14 记录水平和验收标准

所要求的质量等级应由供需双方协商(见第 4 章)。表 4、表 5、表 6 分别列出了铁素体-马氏体钢锻件和奥氏体和奥氏体-铁素体不锈钢锻件的四个质量等级的记录水平和验收标准。

注：几个质量等级可能应用于一个锻件的多个部位；等级 4 是最严格的，规定了最小的记录水平和验收标准。

表 4 质量等级、记录水平和验收标准
(用于铁素体-马氏体钢锻件)

直探头

参数		质量等级 1	2	3	4
记录水平	当量平底孔直径/mm	>8	>5	>3	>2
记录水平	底波降低系数 R	≤0.1	≤0.3	≤0.5	≤0.6
验收标准	单个点状不连续的当量平底孔直径/mm	≤12	≤8	≤5	≤3
验收标准	长条或密集形点状不连续的当量平底孔直径/mm	≤8	≤5	≤3	≤2

注：底波降低系数 $R=F_n/F_{0,n}$。
式中：
当 $t \geqslant 60$ mm 时 $n=1$。
当 $t < 60$ mm 时 $n=2$。
F_n——不连续处的第 n 次底波幅度。
$F_{0,n}$——与 F_n 同样的范围内，距不连续处最近的正常区域的第 n 次底波幅度。
如果底波衰减超过记录水平，应进行进一步检测。
R——仅用于由于不连续的存在引起的底波快速衰减。

斜探头(DAC 方法)

参数		质量等级 1	2	2	3	3	4	4
标称频率/MHz[c]			1	2	2	4	2	4
记录水平(DAC)/%			>50	>100	>50	>100	>30	>50
验收标准[a,d]	单个的不连续(DAC)/%	b	≤100	≤200	≤100	≤200	≤60	≤100
验收标准[a,d]	长条或密集形的不连续(DAC)/%		≤50	≤100	≤50	≤100	≤30	≤50

a 以直径 3 mm 的横孔为基础。
b 横波扫查不能应用于质量等级 1。
c 每个探头应建立直径 3 mm 横孔的 DAC。
d 与 DAC 相关的指示幅度 dB 值在附录 D 中给出。

表 5 用直探头时的质量等级、记录水平和验收标准

（用于奥氏体和奥氏体-铁素体不锈钢锻件）

锻件厚度 直径 t/mm	记录水平 （当量平底孔直径）/mm	验收标准	
		单个的不连续 （当量平底孔直径）/mm	长条或密集形的不连续 （当量平底孔直径）/mm
质量等级 1			
$t \leqslant 75$	>5	≤8	≤5
$75 < t \leqslant 250$	>8	≤11	≤8
$250 < t \leqslant 400$	>14	≤19	≤14
$t > 400$	使底波损失 80%的指示	使底波完全损失的指示，底波完全损失指的是底波小于正常底波幅度的 5%或底波小于等于草状回波	
质量等级 2			
$t \leqslant 75$	>3	≤5	≤3
$75 < t \leqslant 250$	>5	≤8	≤5
$250 < t \leqslant 400$	>8	≤11	≤8
$400 < t \leqslant 600$	>11	≤15	≤11
$t > 600$	使底波损失 80%的指示	使底波完全损失的指示，底波完全损失指的是底波小于正常底波幅度的 5%或底波小于等于草状回波	
质量等级 3			
$t \leqslant 75$	>2	≤3	≤2
$75 < t \leqslant 250$	>3	≤5	≤3
$250 < t \leqslant 400$	>5	≤8	≤5
$400 < t \leqslant 600$	>8	≤11	≤8
$t > 600$	使底波损失 80%的指示	使底波完全损失的指示，底波完全损失指的是底波小于正常底波幅度的 5%或底波小于等于草状回波	

表 6 横波探头应用 DAC 方法时的记录水平和验收标准[a,b,c]

（用于奥氏体和奥氏体-铁素体不锈钢锻件）

锻件厚度 直径 t/mm	标称频率/ MHz	记录水平/ %	验收标准	
			单个的不连续/ %	长条或密集形的不连续/ %
$t \leqslant 75$	1	>30	≤60	≤30
	2	>50	≤100	≤50
$75 < t \leqslant 250$	1	>50	≤100	≤50
	2	>100	≤200	≤100
$250 < t \leqslant 400$	1	>100	≤200	≤100
	2	>200	≤400	≤200

注：大于 400 mm 厚度应供需双方协商。

a 以直径 3 mm 的横孔为基础。

b 每个频率的探头应建立直径 3 mm 横孔的 DAC。

c 与 DAC 相关的指示幅度的 dB 值在附录 D 中给出。

15 测长

对一个长条形的不连续评估时，应使用下列供需之间协商的一个或多个方法，执行这些方法应符合JB/T 4009的要求。

——6 dB法；

——20 dB法；

——端点峰值法。

16 报告

检测报告应包括下列信息：

——供货方的名称；

——被检材料的标识；

——检测范围、检测区域和质量等级；

——超声检测时机；

——表面状况；

——使用的设备(探伤仪、探头、校准和参考试块)；

——灵敏度的设定方法；

——使用的标准或编制的规程；

——检测结果：不连续的定位、分类和定量(按平底孔当量直径，或横孔百分数表示)；

——扫查范围的详细信息，及是否适用近表面区域；

——检测日期；

——操作人员的姓名、资格以及签名。

附 录 A
（资料性附录）
本标准章条编号与 EN 10228-3:1998、EN 10228-4:1999 章条编号对照

表 A.1 给出了本标准章条编号与 EN 10228-3:1998、EN 10228-4:1999 章条编号对照一览表。

表 A.1 本标准章条编号与 EN 10228-3:1998、EN 10228-4:1999 章条编号对照表

本标准章条编号	对应的 EN 标准章条编号
5	5.1、5.2、5.3
11.1.1	EN 10228-3 11.1 的第一段
11.1.2	EN 10228-3 11.1 的第二段
11.2.1	EN 10228-3 11.2a)的第一段
11.2.2	—
—	EN 10228-3、4 的 11.2b)、11.3b)
图 2	EN 10228-4 图 1
图 3	EN 10228-4 图 2
图 4	EN 10228-4 图 3a
图 5	EN 10228-4 图 3b
图 6	EN 10228-4 图 3c
图 7	EN 10228-4 图 3d
—	EN 10228-3 表 6、EN 10228-4 表 5
表 4	EN 10228-3 表 5 和表 7
表 5	EN 10228-4 的表 4
表 6	EN 10228-4 的表 6
附录 A	—
附录 B	—
附录 C	EN 10228-4 的附录 A
附录 D	EN 10228-4 的附录 B
—	EN 10228-4 的附录 E

注：表中的章条以外的本标准其他章条编号与该 EN 标准其他章条编号均相同且内容相对应。

附 录 B
（资料性附录）
本标准与 EN 10228-3:1998、EN 10228-4:1999 技术性差异及其原因

表 B.1 给出了本标准与 EN 10228-3 和 EN 10228-4 的技术性差异及其原因一览表。

表 B.1 本标准与 EN 10228-3:1998、EN 10228-4:1999 技术性差异及其原因表

本标准的章条编号	技术性差异	原 因
1	将 EN 10228-3 和 EN 10228-4 的范围合并。 增加了"其他组织的锻件也可参照使用"	检验方法程序都相同，只是所要求的质量等级及验收标准不同
2	引用与 EN 标准内容相当的国内标准。 删除 EN 583 标准	以适合国情
6	按 GB/T 9445 或相应的标准进行资格培训。 删除应符合 EN 473 要求	以适合国情
7.2.2	将 EN 10228-3 和 EN 10228-4 引用 EN 583 的要求内容具体化。 删除应符合 EN 583 的要求	目前这方面的内容国内无相关标准可参照。 为方便使用，将 EN 583 相关内容编入正文
11	删除 DGS 方法及所有与 DGS 相关的内容。 增加 11.2.2 底波反射法	国内不使用 DGS 方法。 用底波反射法代替并增加相应的内容
附录 E	增加	为 11.2.2 而增加的资料性附录

附 录 C
（资料性附录）
圆周横波扫查的最大可检测深度

图 C.1 表示表 C.1 给出的周向横波扫查最大可检测深度。

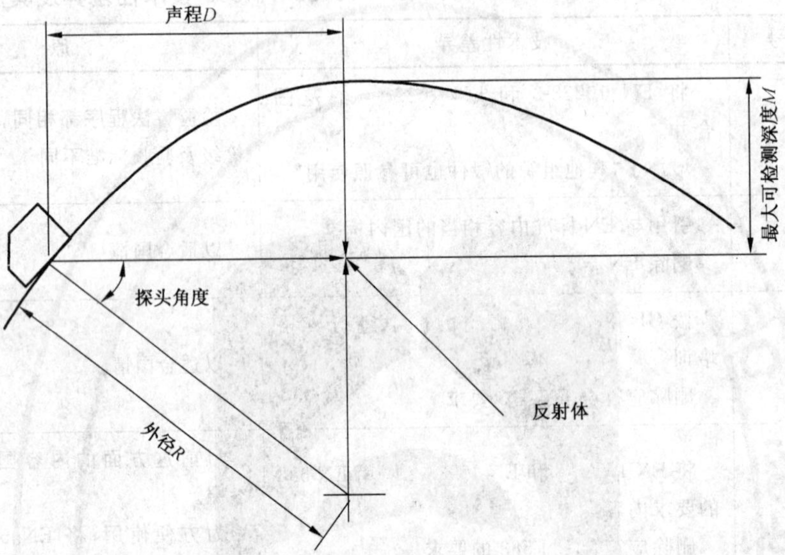

图 C.1 周向横波扫查最大可检测深度

在图 C.1 中：
——D 是入射点到径向反射体的声程；
——M 是特定的探头角度和外径 R 的最大可检测深度。

表 C.1 周向横波扫查最大可检测深度

探头角度 X	最大检测深度 M	声程范围 D
70°	0.06R	0.34R
60°	0.13R	0.50R
50°	0.24R	0.64R
45°	0.30R	0.70R
35°	0.42R	0.82R
注：径向反射体的最大可检测深度和最大可检测深度的声程范围可用锻件的外径 R 表示，有效的声程范围为 2D。		

附 录 D
（资料性附录）
DAC(%)波幅与dB值的对应关系

可用3 mm直径的横孔绘制一条DAC曲线(100%DAC)，所要求的记录/验收标准可由所绘制3 mm的DAC曲线(100%DAC)，并按表D.1的幅度调整来获得。

表D.1 DAC(%)波幅与dB值的关系

DAC/%	相对于DAC的指示幅度/dB
30	−10
50	−6
60	−4
100	0
200	+6

附 录 E
（资料性附录）
采用工件底波调整灵敏度的方法

E.1 在锻件上找出可以代表完好锻件材质状态的位置，把第1次底面回波高度调整到满幅度的40%～80%，作为评定回波信号的基准。

E.2 根据被检锻件的需要，按E.3或E.4调整，作为检测灵敏度。

E.3 在检测实心锻件时，需要提高的增益数值，按式(E.1)计算：

$$A = 20\lg\frac{2\lambda T}{\pi d^2} \quad \text{(E.1)}$$

式中：

A——需要提高的增益值，单位为分贝(dB)；

T——被检部位的厚度或直径，单位为毫米(mm)；

d——平底孔直径，单位为毫米(mm)；

λ——波长，单位为毫米(mm)；

π——圆周率。

E.4 在检测有中心孔的锻件时，需要提高的增益数值，按式(E.2)计算：

$$A = 20\lg\frac{2\lambda T}{\pi d^2} - 10\lg\frac{R}{r} \quad \text{(E.2)}$$

式中：

R——被检部位的外径，单位为毫米(mm)；

r——被检部位的内径，单位为毫米(mm)。

ICS 25.010
J 05

中华人民共和国国家标准

GB/T 6403.1—2008
代替 GB/T 6403.1—1986

球面半径

Radii of sphere surfaces

2008-09-22 发布　　2009-05-01 实施

中华人民共和国国家质量监督检验检疫总局
中国国家标准化管理委员会　发布

前　言

GB/T 6403 分为五个部分：

——GB/T 6403.1　球面半径；

——GB/T 6403.2　润滑槽；

——GB/T 6403.3　滚花；

——GB/T 6403.4　零件倒圆与倒角；

——GB/T 6403.5　砂轮越程槽。

本部分为 GB/T 6403 的第 1 部分。

本部分是对 GB/T 6403.1—1986《球面半径》的修订。

本部分与 GB/T 6403.1—1986 相比主要差异如下：

——按照 GB/T 1.1—2000 要求进行了编辑性的修改；

——增加了标准的前言；

——增加了标准的适用范围。

本部分由全国机器轴与附件标准化技术委员会提出并归口。

本部分起草单位：中机生产力促进中心、石家庄链轮总厂、德阳立达基础件有限公司、中国船舶重工集团公司 711 研究所。

本部分主要起草人：明翠新、许文江、王建农、孔曼军、邓哲。

本部分所代替标准的历次版本发布情况为：

——GB/T 6403.1—1986。

球 面 半 径

1 范围

GB/T 6403 的本部分规定了一般机械零件的球面半径尺寸。

本部分适用于一般机械零件的球面半径。

2 球面半径系列值的一般规定

球面半径系列值按表 1 选取,优先选用表中第 1 系列值。

表 1 球面半径系列值

单位为毫米

第 1 系列	0.2	0.4	0.6	1.0	1.6	2.5	4.0	6.0	10	16	20
第 2 系列	0.3	0.5	0.8	1.2	2.0	3.0	5.0	8.0	12	18	22
第 1 系列	25	32	40	50	63	80	100	125	160	200	250
第 2 系列	28	36	45	56	71	90	110	140	180	220	280
第 1 系列	320	400	500	630	800	1 000	1 250	1 600	2 000	2 500	3 200
第 2 系列	360	450	560	710	900	1 100	1 400	1 800	2 200	2 800	

3 球面半径的应用

球面半径的应用举例如下图所示。

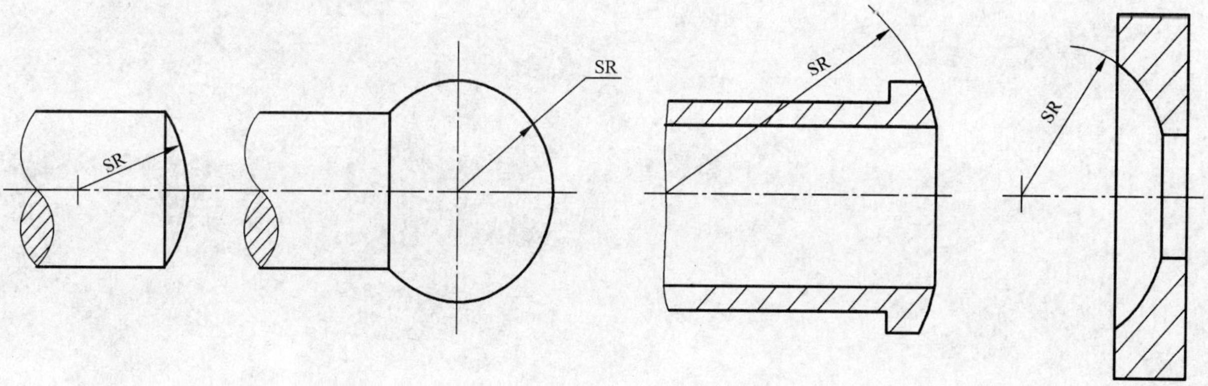

ICS 25.010
J 05

中华人民共和国国家标准

GB/T 6403.2—2008
代替 GB/T 6403.2—1986

润滑槽

Lubricating grooves

2008-09-22 发布 2009-05-01 实施

中华人民共和国国家质量监督检验检疫总局
中国国家标准化管理委员会 发布

前　言

GB/T 6403 分为五个部分：

——GB/T 6403.1　球面半径；

——GB/T 6403.2　润滑槽；

——GB/T 6403.3　滚花；

——GB/T 6403.4　零件倒圆与倒角；

——GB/T 6403.5　砂轮越程槽。

本部分为 GB/T 6403 的第 2 部分。

本部分是对 GB/T 6403.2—1986《润滑槽》的修订。

本部分与 GB/T 6403.2—1986 相比主要差异如下：

——按照 GB/T 1.1—2000 要求进行了编辑性的修改；

——增加了标准的前言；

——增加了标准的适用范围。

本部分由全国机器轴与附件标准化技术委员会提出并归口。

本部分起草单位：中机生产力促进中心、石家庄链轮总厂、德阳立达基础件有限公司、中国船舶重工集团公司 711 研究所。

本部分主要起草人：明翠新、许文江、王建农、孔曼军、邓哲。

本部分所代替标准的历次版本发布情况为：

——GB/T 6403.2—1986。

润 滑 槽

1 范围

GB/T 6403 的本部分规定了一般用途的滑动轴承润滑槽和平面润滑槽的型式和尺寸。

本部分适用于一般用途的滑动轴承润滑槽和平面润滑槽。

2 滑动轴承上用的润滑槽型式和尺寸

2.1 径向轴承的润滑槽型式

径向轴承的润滑槽型式如图 1 所示。图 1a)～图 1d)用于轴瓦、轴套，图 1e)用于轴上。

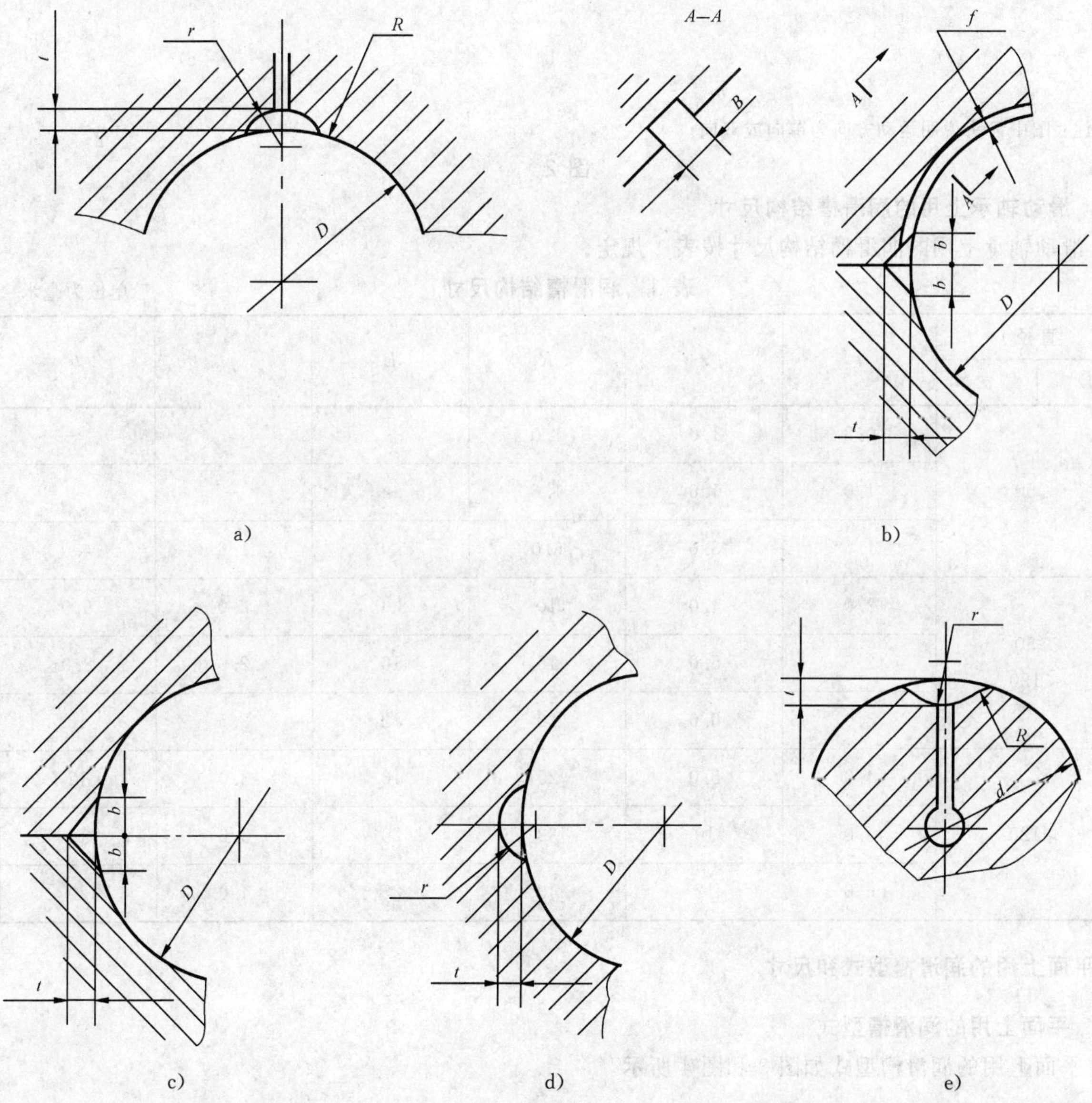

图 1

2.2 推力轴承的润滑槽型式

推力轴承的润滑槽型式如图 2 所示。图 2a)和图 2b)用于推力轴承上，图 2c)用于轴端面上。

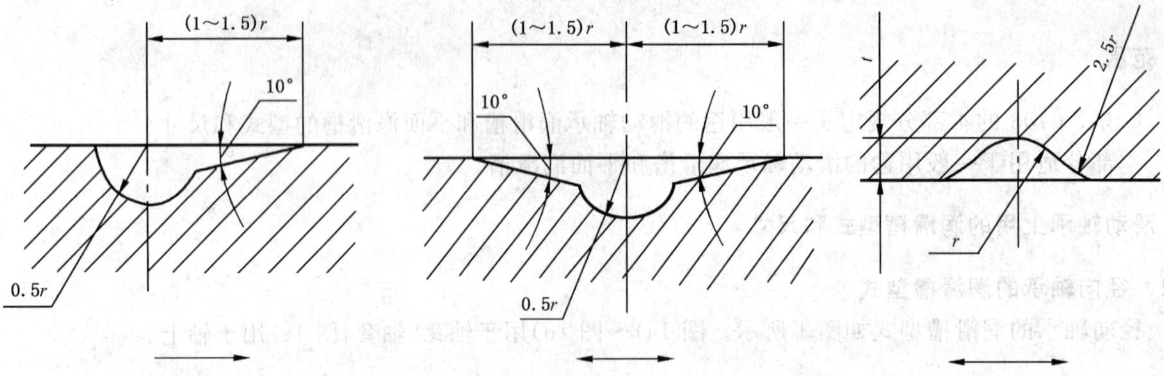

a)　　　　b)　　　　c)

注：图中箭头说明运动方向为单向或双向。

图 2

2.3 滑动轴承上用的润滑槽结构尺寸

滑动轴承上用的润滑槽结构尺寸按表 1 规定。

表 1 润滑槽结构尺寸

单位为毫米

直径		*t*	*r*	*R*	*B*	*f*	*b*
D	*d*						
≤50		0.8	1.0	1.0	—	—	—
		1.0	1.6	1.6	—	—	—
		1.6	3.0	6.0	5.0	1.6	4.0
＞50 ＜120		2.0	4.0	10	8.0	2.0	6.0
		2.5	5.0	16	10	2.0	8.0
		3.0	6.0	20	12	2.5	10
＞120		4.0	8.0	25	16	3.0	12
		5.0	10	32	20	3.0	16
		6.0	12	40	25	4.0	20

3 平面上用的润滑槽型式和尺寸

3.1 平面上用的润滑槽型式

平面上用的润滑槽型式如图 3 和图 4 所示。

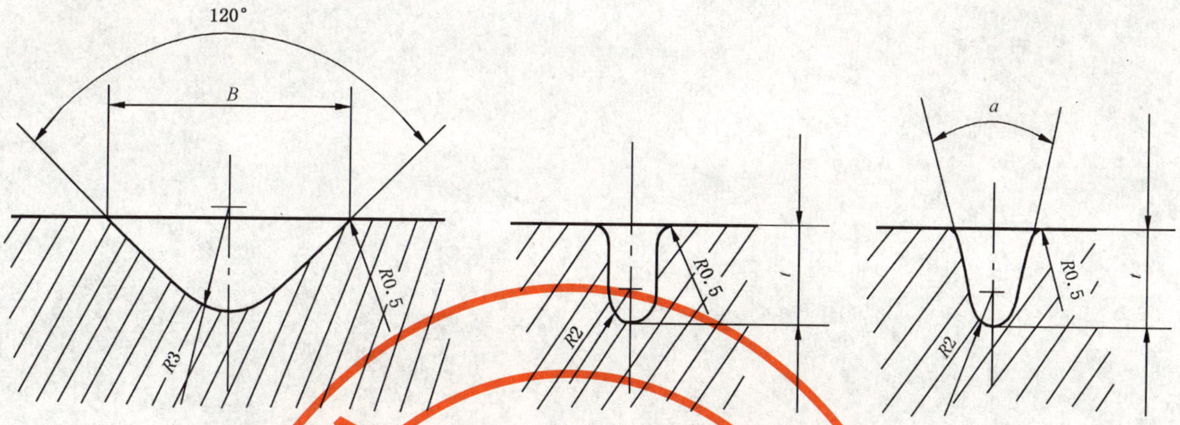

图 3

图 4

3.2 平面上用的润滑槽尺寸

3.2.1 图 3 所示润滑槽尺寸按表 2 选取。

表 2 润滑槽尺寸(图 3 适用)

单位为毫米

B	4,6,10,12,16
α/(°)	15,30,45
t	3,4,5

3.2.2 图 4 所示润滑槽尺寸按表 3 选取。

表 3 润滑槽尺寸(图 4 适用)

单位为毫米

t	1.0	1.6	2.0
r	1.6	2.5	4.0

4 修棱

标准中未注明尺寸的棱边,按小于 0.5 mm 倒圆。

ICS 25.010
J 05

中华人民共和国国家标准

GB/T 6403.3—2008
代替 GB/T 6403.3—1986

滚　　花

Knurl

2008-09-22 发布　　2009-05-01 实施

中华人民共和国国家质量监督检验检疫总局
中国国家标准化管理委员会　发布

前 言

GB/T 6403分为五个部分：

——GB/T 6403.1 球面半径；

——GB/T 6403.2 润滑槽；

——GB/T 6403.3 滚花；

——GB/T 6403.4 零件倒圆与倒角；

——GB/T 6403.5 砂轮越程槽。

本部分为GB/T 6403的第3部分。

本部分是对GB/T 6403.3—1986《滚花》的修订。

本部分与GB/T 6403.3—1986相比主要差异如下：

——按照GB/T 1.1—2000要求进行了编辑性的修改；

——增加了标准的前言；

——增加了标准的适用范围；

——增加了标准的技术要求。

本部分由全国机器轴与附件标准化技术委员会提出并归口。

本部分起草单位：中机生产力促进中心、石家庄链轮总厂、德阳立达基础件有限公司、中国船舶重工集团公司711研究所。

本部分主要起草人：明翠新、许文江、王建农、孔曼军、邓哲。

本部分所代替标准的历次版本发布情况为：

——GB/T 6403.3—1986。

滚　　花

1　范围

GB/T 6403 的本部分规定了一般用途的圆柱表面滚花型式和尺寸。

本部分适用于一般用途的圆柱表面滚花。

2　滚花的型式

滚花的型式如图 1 所示。

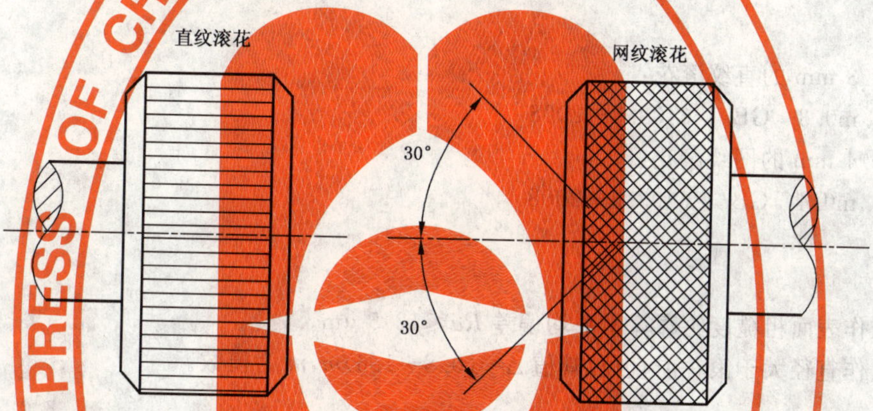

图 1

3　滚花花纹的形状

滚花花纹的形状是假定工作直径为无穷大时花纹的垂直截面，如图 2 所示。

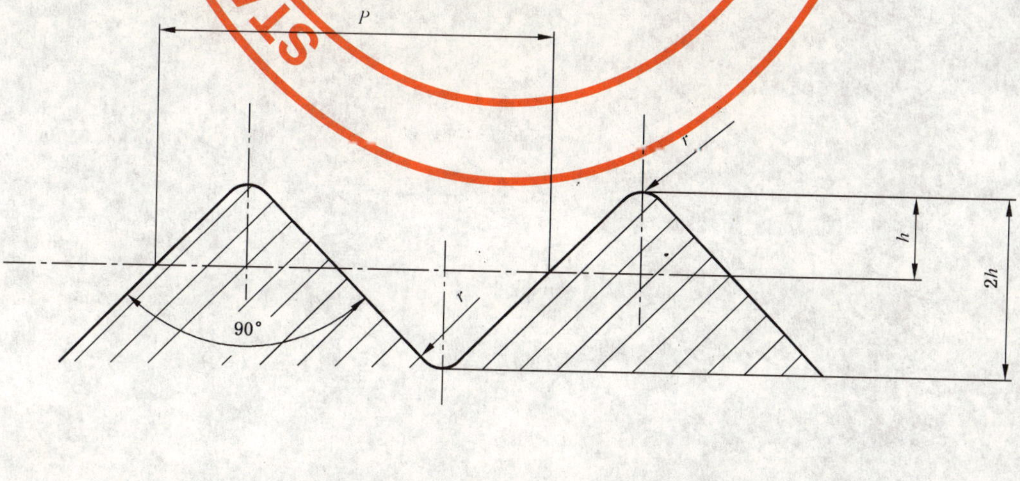

图 2

4 滚花的尺寸规格

滚花的尺寸规格应符合表1的规定。

表1 滚花的尺寸规格

单位为毫米

模数 m	h	r	节距 P
0.2	0.132	0.06	0.628
0.3	0.198	0.09	0.942
0.4	0.264	0.12	1.257
0.5	0.326	0.16	1.571
注：表中 $h=0.785m-0.414r$。			

5 标记

模数 $m=0.3$ mm 的直纹滚花：

直纹 m0.3 GB/T 6403.3—2008

模数 $m=0.4$ mm 的网纹滚花：

网纹 m0.4 GB/T 6403.3—2008

6 技术要求

6.1 滚花前工作表面粗糙度轮廓算术平均偏差 $Ra\leqslant 12.5\ \mu m$。

6.2 滚花后工作直径大于滚花前直径，其值 $\Delta\approx(0.8\sim1.6)m$，$m$ 为模数。

ICS 25.010
J 05

中华人民共和国国家标准

GB/T 6403.4—2008
代替 GB/T 6403.4—1986

零件倒圆与倒角

Rounding and chamfer of parts

2008-09-22 发布 2009-05-01 实施

中华人民共和国国家质量监督检验检疫总局
中国国家标准化管理委员会 发布

前　言

GB/T 6403 分为五个部分：

——GB/T 6403.1　球面半径；

——GB/T 6403.2　润滑槽；

——GB/T 6403.3　滚花；

——GB/T 6403.4　零件倒圆与倒角；

——GB/T 6403.5　砂轮越程槽。

本部分为 GB/T 6403 的第 4 部分。

本部分是对 GB/T 6403.4—1986《零件倒圆与倒角》的修订。

本部分与 GB/T 6403.4—1986 相比主要差异如下：

——按照 GB/T 1.1—2000 要求进行了编辑性的修改；

——增加了标准的前言；

——增加了标准的适用范围；

——增加了标准的规范性引用文件；

——增加了图注和条文注；

——修改了表 1 与表 A.1 中的错误数据。

本部分的附录 A 为规范性附录，附录 B 为资料性附录。

本部分由全国机器轴与附件标准化技术委员会提出并归口。

本部分起草单位：中机生产力促进中心、石家庄链轮总厂、德阳立达基础件有限公司、中国船舶重工集团公司 711 研究所。

本部分主要起草人：明翠新、许文江、王建农、孔曼军、邓哲。

本部分所代替标准的历次版本发布情况为：

——GB/T 6403.4—1986。

零件倒圆与倒角

1 范围

GB/T 6403 的本部分规定了一般机械切削加工零件的外角和内角的倒圆、倒角。

本部分适用于一般机械切削加工零件的外角和内角的倒圆、倒角。不适用于有特殊要求的倒圆、倒角。

2 规范性引用文件

下列文件中的条款通过 GB/T 6403 的本部分的引用而成为本部分的条款。凡是注日期的引用文件,其随后所有的修改单(不包括勘误的内容)或修订版均不适用于本部分,然而,鼓励根据本部分达成协议的各方研究是否可使用这些文件的最新版本。凡是不注日期的引用文件,其最新版本适用于本部分。

GB/T 4458.4 机械制图 尺寸标注

3 倒圆、倒角型式

倒圆、倒角型式如图 1 所示,其尺寸系列值见表 1。

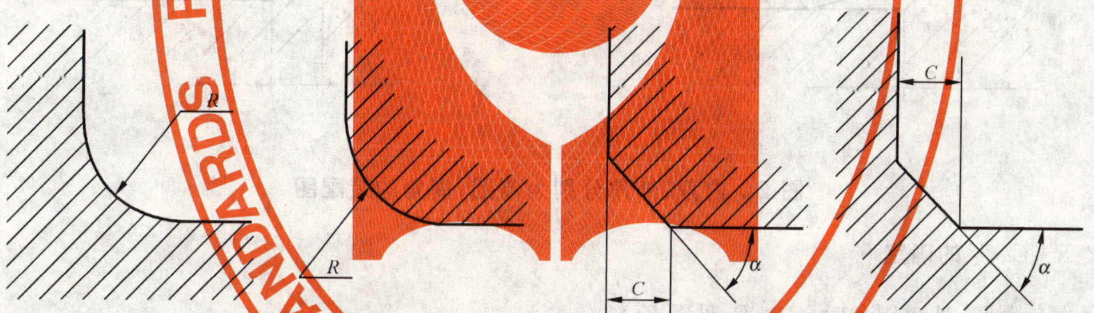

注:α 一般采用 45°,也可采用 30°或 60°。倒圆半径、倒角的尺寸标注符合 GB/T 4458.4 的要求。

图 1 倒圆、倒角图

表 1 倒圆、倒角尺寸系列值

单位为毫米

R、C	0.1	0.2	0.3	0.4	0.5	0.6	0.8	1.0	1.2	1.6	2.0	2.5	3.0
	4.0	5.0	6.0	8.0	10	12	16	20	25	32	40	50	—

4 内角、外角分别为倒圆、倒角(倒角为 45°)的装配型式

内角、外角分别为倒圆、倒角(倒角为 45°)的装配型式如图 2 所示。R_1、C_1 的偏差为正;R、C 的偏差为负。

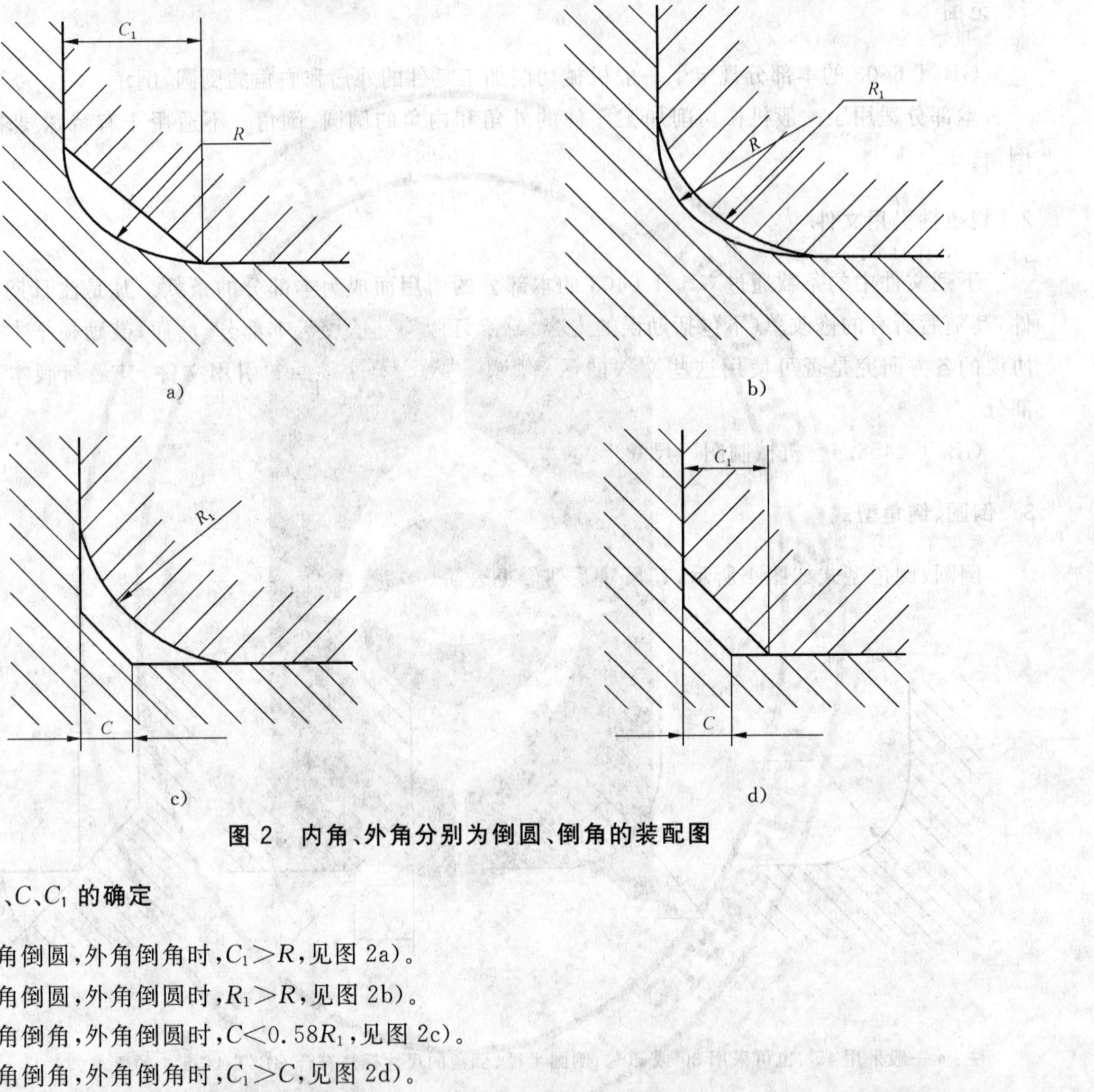

图 2 内角、外角分别为倒圆、倒角的装配图

5 R、R_1、C、C_1 的确定

5.1 内角倒圆,外角倒角时,$C_1 > R$,见图 2a)。

5.2 内角倒圆,外角倒圆时,$R_1 > R$,见图 2b)。

5.3 内角倒角,外角倒圆时,$C < 0.58R_1$,见图 2c)。

5.4 内角倒角,外角倒角时,$C_1 > C$,见图 2d)。

注:上述关系装配时,内角与外角取值要适当,外角的倒圆或倒角过大会影响零件工作面,内角的倒圆或倒角过小会产生应力集中。C_{max} 与 R_1 的关系见附录 A,C 和 R 值见附录 B。

附 录 A
（规范性附录）
内角倒角，外角倒圆时 *C* 的最大值 C_{max} 与 R_1 的关系

本附录规定了内角倒角，外角倒圆（见图 A.1）时 *C* 的最大值 C_{max} 与 R_1 的关系，见表 A.1。

表 A.1 内角倒角，外角倒圆时 *C* 的最大值 C_{max} 与 R_1 的关系

单位为毫米

R_1	0.1	0.2	0.3	0.4	0.5	0.6	0.8	1.0	1.2	1.6	2.0
C_{max}	—	0.1	0.1	0.2	0.2	0.3	0.4	0.5	0.6	0.8	1.0
R_1	2.5	3.0	4.0	5.0	6.0	8.0	10	12	16	20	25
C_{max}	1.2	1.6	2.0	2.5	3.0	4.0	5.0	6.0	8.0	10	12

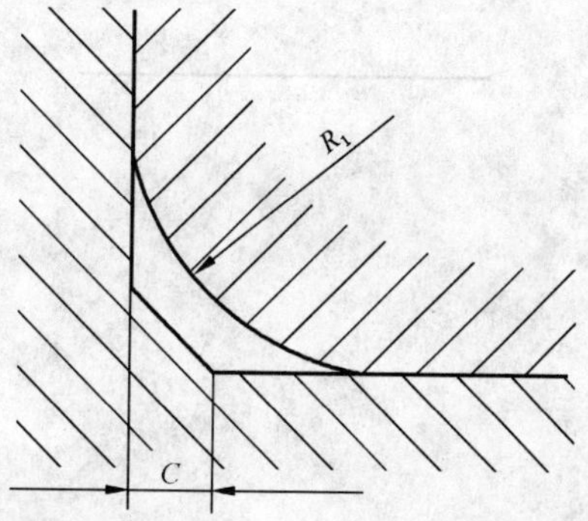

图 A.1 内角倒角，外角倒圆图

附 录 B
（资料性附录）
与直径ϕ相应的倒角C、倒圆R的推荐值

本附录给出了与直径ϕ相应的倒角C、倒圆R的推荐值，见表B.1。

表 B.1 与直径ϕ相应的倒角C、倒圆R的推荐值

单位为毫米

ϕ	<3	>3~6	>6~10	>10~18	>18~30	>30~50
C或R	0.2	0.4	0.6	0.8	1.0	1.6
ϕ	>50~80	>80~120	>120~180	>180~250	>250~320	>320~400
C或R	2.0	2.5	3.0	4.0	5.0	6.0
ϕ	>400~500	>500~630	>630~800	>800~1 000	>1 000~1 250	>1 250~1 600
C或R	8.0	10	12	16	20	25

ICS 25.010
J 05

GB

中华人民共和国国家标准

GB/T 6403.5—2008
代替 GB/T 6403.5—1986

砂轮越程槽

Relief grooves for grinding wheels

2008-09-22 发布

2009-05-01 实施

中华人民共和国国家质量监督检验检疫总局
中国国家标准化管理委员会 发布

前　言

GB/T 6403 分为五个部分：

——GB/T 6403.1　球面半径；

——GB/T 6403.2　润滑槽；

——GB/T 6403.3　滚花；

——GB/T 6403.4　零件倒圆与倒角；

——GB/T 6403.5　砂轮越程槽。

本部分为 GB/T 6403 的第 5 部分。

本部分是对 GB/T 6403.5—1986《砂轮越程槽》的修订。

本部分与 GB/T 6403.5—1986 相比主要差异如下：

——按照 GB/T 1.1—2000 要求进行了编辑性的修改；

——增加了标准的前言；

——增加了标准的适用范围；

——增加了表名；

——将表注移入表内；

——修改了图 3 中角度的标记错误。

本部分由全国机器轴与附件标准化技术委员会提出并归口。

本部分起草单位：中机生产力促进中心、石家庄链轮总厂、德阳立达基础件有限公司、中国船舶重工集团公司 711 研究所。

本部分主要起草人：明翠新、许文江、王建农、孔曼军、邓哲。

本部分所代替标准的历次版本发布情况为：

——GB/T 6403.5—1986。

砂 轮 越 程 槽

1 范围

GB/T 6403 的本部分规定了一般结构零件磨削面的砂轮越程槽的型式与尺寸。

本部分适用于一般结构零件磨削面的砂轮越程槽。

2 回转面及端面砂轮越程槽

2.1 回转面及端面砂轮越程槽的型式如图 1 所示。

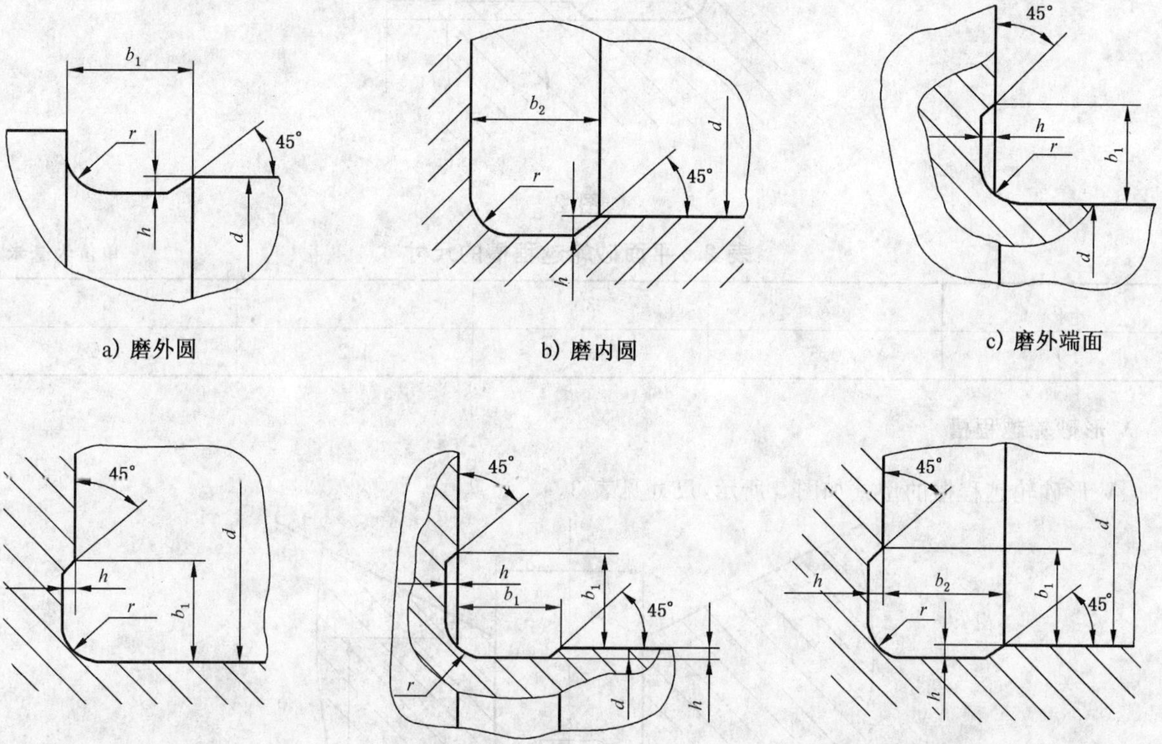

a) 磨外圆　b) 磨内圆　c) 磨外端面

d) 磨内端面　e) 磨外圆及端面　f) 磨内圆及端面

图 1

2.2 回转面及端面砂轮越程槽的尺寸见表 1。

表 1 回转面及端面砂轮越程槽的尺寸　　单位为毫米

b_1	0.6	1.0	1.6	2.0	3.0	4.0	5.0	8.0	10
b_2	2.0	3.0		4.0		5.0		8.0	10
h	0.1	0.2		0.3	0.4		0.6	0.8	1.2
r	0.2	0.5		0.8	1.0		1.6	2.0	3.0
d	~10			10~50		50~100		100	

注 1：越程槽内与直线相交处，不允许产生尖角。

注 2：越程槽深度 h 与圆弧半径 r，要满足 $r \leqslant 3h$。

2.3 磨削具有数个直径的工件时,可使用同一规格的越程槽。

2.4 直径 d 值大的零件,允许选择小规格的砂轮越程槽。

2.5 砂轮越程槽的尺寸公差和表面粗糙度根据该零件的结构、性能确定。

3 平面砂轮越程槽

平面砂轮越程槽的型式如图 2 所示,尺寸见表 2。

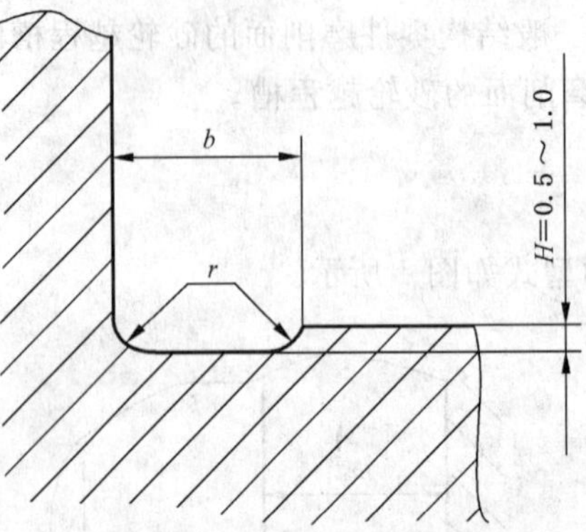

图 2

表 2 平面砂轮越程槽的尺寸

单位为毫米

b	2	3	4	5
r	0.5	1.0	1.2	1.6

4 V 形砂轮越程槽

V 形砂轮越程槽的型式如图 3 所示,尺寸见表 3。

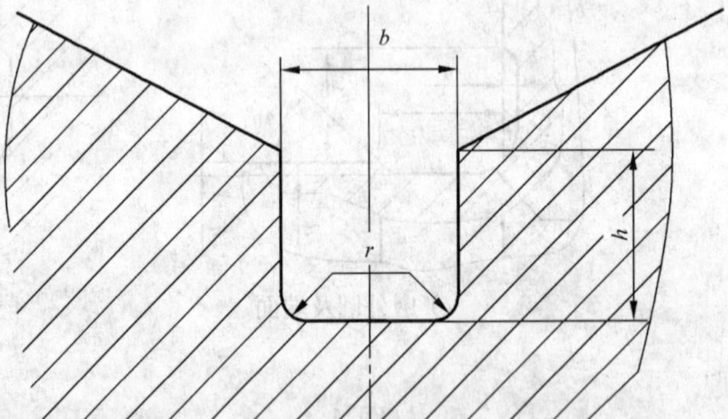

图 3

表 3 V 形砂轮越程槽的尺寸

单位为毫米

b	2	3	4	5
h	1.6	2.0	2.5	3.0
r	0.5	1.0	1.2	1.6

5 燕尾导轨砂轮越程槽

燕尾导轨砂轮越程槽的型式如图 4 所示,尺寸见表 4。

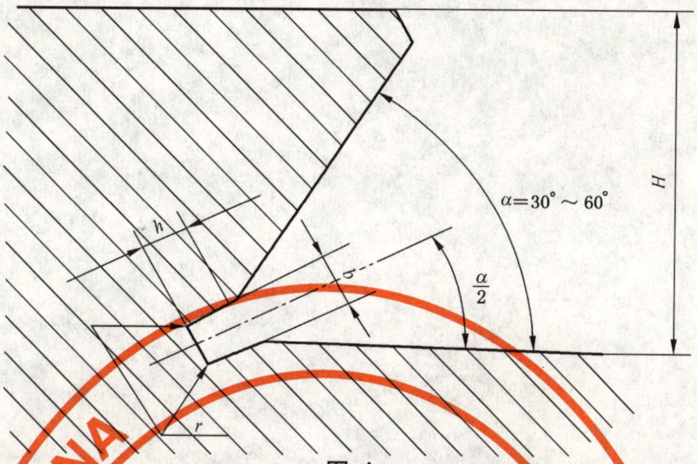

图 4

表 4 燕尾导轨砂轮越程槽的尺寸

单位为毫米

H	≤5	6	8	10	12	16	20	25	32	40	50	63	80
b h	1	2		3			4			5			6
r	0.5	0.5		1.0			1.6			1.6			2.0

6 矩形导轨砂轮越程槽

矩形导轨砂轮越程槽的型式如图 5 所示，尺寸见表 5。

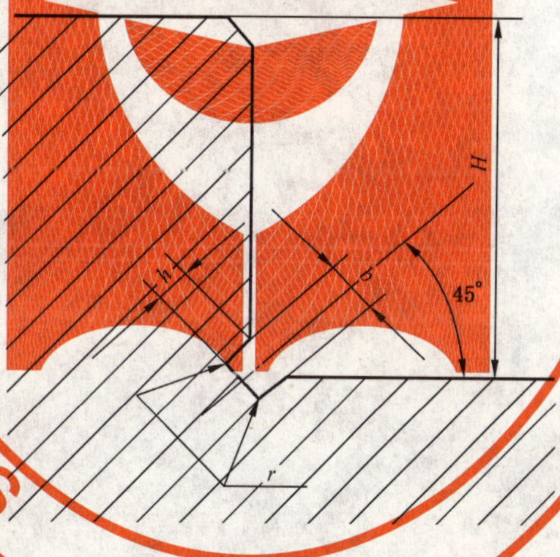

图 5

表 5 矩形导轨砂轮越程槽的尺寸

单位为毫米

H	8	10	12	16	20	25	32	40	50	63	80	100
b	2				3				5		8	
h	1.6				2.0				3.0		5.0	
r	0.5				1.0				1.6		2.0	

ICS 61.020
W 63

中华人民共和国国家标准

GB/T 6411—2008
代替 GB/T 6411—1997

针织内衣规格尺寸系列

A series of size of knitted underwear

2008-06-18 发布

2009-03-01 实施

中华人民共和国国家质量监督检验检疫总局
中国国家标准化管理委员会 发布

前言

本标准代替 GB/T 6411—1997《棉针织内衣规格尺寸系列》。本标准在修订中参考了 GB/T 1335.1～GB/T 1335.3 服装号型标准，并结合针织产品的特点而制定。

本标准与 GB/T 6411—1997 相比主要变化如下：

——变更标准名称“棉针织内衣规格尺寸系列”为“针织内衣规格尺寸系列”；

——重新定义号型定义中型的定义。“型”是以厘米表示人体的胸围或臀围(1997 年版的 3.1；本版的 3.2)；

——依据针织面料横向的拉伸伸长率的情况，将针织内衣规格尺寸系列分为三类：

A 类：在 14.7 N 定负荷力的作用下，面料横向的伸长率小于等于 80％的产品；

B 类：在 14.7 N 定负荷力的作用下，面料横向的伸长率大于 80％且小于等于 120％的产品；

C 类：在 14.7 N 定负荷力的作用下，面料横向的伸长率大于 120％且小于等于 180％的产品。

本标准由中国纺织工业协会提出。

本标准由全国纺织品标准化技术委员会针织品分技术委员会(SAC/TC 209/SC 6)归口。

本标准主要起草单位：国家针织产品质量监督检验中心、上海三枪(集团)有限公司、红豆集团有限公司、江苏 AB 集团、济南元首针织股份有限公司、北京铜牛集团有限公司、国家纺织服装产品质量监督检验中心(浙江)、江苏省纤维检验所、青岛大统纺织开发有限公司。

本标准主要起草人：邢志贵、薛继凤、漆小瑾、周平、吴鸿烈、葛东瑛、徐勤、唐祖根、刘永贵、许壬申。

本标准所代替标准的历次版本发布情况为：

——GB/T 6411—1986，GB/T 6411—1997。

针织内衣规格尺寸系列

1 范围

本标准规定了针织内衣的规格尺寸。

本标准适用于针织面料制作的内衣产品。

2 规范性引用文件

下列文件中的条款通过本标准的引用而成为本标准的条款。凡是注日期的引用文件，其随后所有的修改单（不包括勘误的内容）或修订版均不适用于本标准，然而，鼓励根据本标准达成协议的各方研究是否可使用这些文件的最新版本。凡是不注日期的引用文件，其最新版本适用于本标准。

FZ/T 70006—2004 针织物拉伸弹性回复率试验方法

3 术语和定义

下列术语和定义适用于本标准。

3.1

号 size

号是以厘米表示的人体的总高度，是设计内衣长短的依据。

3.2

型 style

型是以厘米表示人体的胸围或臀围，是设计内衣肥瘦的依据。

4 要求

4.1 号型系列的设置

4.1.1 成人：男子以总体高 170 cm、围度 95 cm；女子以总体高 160 cm、围度 90 cm 为中心两边依次递增或递减组成。号型均以 5 cm 分档组成系列。

4.1.2 儿童：总体高在 160 cm 及以下，号以 50 cm 为起点；型以 45 cm 为起点依次递增组成系列。

4.1.3 成人(男子)5·5 系列号型见表 1。

表 1 成人(男子)5·5 系列号型

单位为厘米

号	型							
155	75	80						
160		80	85					
165			85	90	95			
170			85	90	95			
175				90	95	100		
180					95	100	105	
185						100	105	110

4.1.4 成人(女子)5·5 系列号型见表 2。

表 2　成人(女子)5·5 系列号型

单位为厘米

号	型							
145	70	75						
150		75	80					
155			80	85	90			
160			80	85	90			
165				85	90	95		
170					90	95	100	
175						95	100	105

4.1.5　儿童 5·5 系列号型见表 3。

表 3　儿童 5·5 系列号型

单位为厘米

号	型
50	45
60	45
70	50
80	50
90	55
100	55
110	60
120	60
130	65
135	65
140	70
145	70
150	75
155	75
160	80

4.2　号型的表示方法

号型之间用斜线分开。例如:170/95。

4.3　产品的分类

4.3.1　A 类:在 14 N 定负荷力的作用下,面料横向的伸长率小于等于 80%的产品。例:不含氨纶纤维的文化衫、背心、棉毛秋衣秋裤等。

4.3.2　B 类:在 14 N 定负荷力的作用下,面料横向的伸长率大于 80%且小于等于 120%的产品。例:含氨纶纤维的文化衫、背心、棉毛秋衣秋裤等。

4.3.3　C 类:在 14 N 定负荷力的作用下,面料横向的伸长率大于 120%且小于等于 180%的产品。例:罗纹背心、罗纹秋衣秋裤等。

4.3.4　伸长率的测试方法按 FZ/T 70006—2004 中 8.2.2 执行。

4.3.5　童装产品不分类。

4.4　主要部位规格尺寸测量及测量方法

4.4.1　主要部位规格尺寸的测量见图 1～图 3。

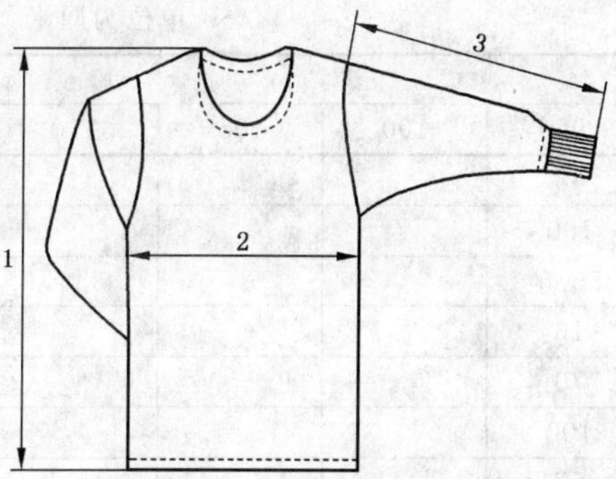

1——身长；

2——胸围；

3——袖长。

图 1

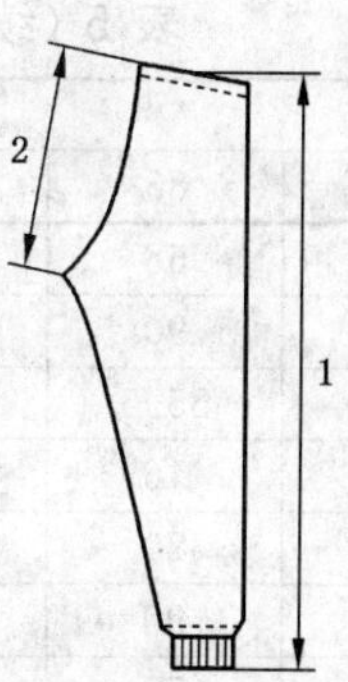

1——裤长；

2——直档。

图 2

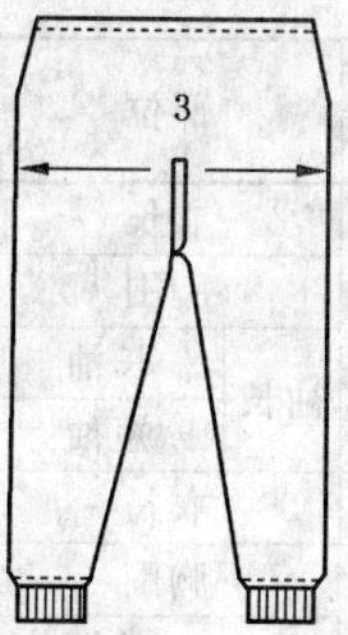

3——臀围。

图 3

4.4.2 主要部位规格尺寸的测量方法见表 4。

表 4 主要部位规格尺寸的测量方法

类别	序号	部位	测量方法
上衣类	1	衣长	连肩的由肩中间量到底边，合肩的由肩缝最高处量到底边。
	2	胸围	由挂肩缝与肋缝交叉处向下 2 cm 处横量一周。
	3	袖长	平肩式由挂肩缝外端量到袖口边，插肩式由后领中间量到袖口边。
裤类	1	裤长	后腰宽 1/4 处向下直量到裤口边。
	2	直档	裤身相对折，由腰边向下斜量到档角处。
	3	臀围	由腰边向下至裆底 2/3 处横量一周。

4.5 分档方法

4.5.1 成人上衣 衣长按 2 cm 分档；胸围按 5 cm 分档；长袖按 1.5 cm 分档；短袖按 1 cm 分档。

4.5.2 成人裤子 裤长按 3 cm 分档；臀围按 5 cm 分档；直档按 1 cm 分档。

4.5.3 儿童上衣 衣长：号 50 cm～80 cm 按 2 cm 分档；号 80 cm～130 cm 按 4 cm 分档；号 130 cm～160 cm 按 2 cm 分档。长袖：号 50 cm～80 cm 按 2 cm 分档；号 80 cm～130 cm 按 3 cm 分档；号 130 cm～160 cm 按 1.5 cm 分档。短袖：按 1 cm 分档。

4.5.4 儿童裤子 裤长：号 50 cm～80 cm 按 3 cm 分档；号 80 cm～130 cm 按 7 cm 分档；号 130 cm～160 cm 按 3 cm 分档。直档：按 1 cm 分档。

5 针织内衣规格尺寸系列

5.1 A 类

5.1.1 成人(男子)上衣类主要部位规格尺寸见表 5。

表 5 成人(男子)上衣类主要部位规格尺寸

单位为厘米

号	部位		型 75	80	85	90	95	100	105	110
155	衣长		64	64						
	胸围		80	85						
	袖长	长袖	52.5	52.5						
		短袖	15	15						
160	衣长			66	66					
	胸围			85	90					
	袖长	长袖		54	54					
		短袖		16	16					

表 5（续） 单位为厘米

号	部位		型 75	80	85	90	95	100	105	110
165	衣长				68	68	68			
	胸围				90	95	100			
	袖长	长袖			55.5	55.5	55.5			
		短袖			16	16	16			
170	衣长				70	70	70			
	胸围				90	95	100			
	袖长	长袖			57	57	57			
		短袖			17	17	17			
175	衣长					72	72	72		
	胸围					95	100	105		
	袖长	长袖				58.5	58.5	58.5		
		短袖				17	17	17		
180	衣长						74	74	74	
	胸围						100	105	110	
	袖长	长袖					60	60	60	
		短袖					18	18	18	
185	衣长							76	76	76
	胸围							105	110	115
	袖长	长袖						61.5	61.5	61.5
		短袖						18	18	18

5.1.2 成人(男子)裤类主要部位规格尺寸见表 6。

表 6 成人(男子)裤类主要部位规格尺寸 单位为厘米

号	部位	型 75	80	85	90	95	100	105	110
155	裤长	90	90						
	臀围	80	85						
	直裆	31	31						
160	裤长		93	93	93				
	臀围		85	90	95				
	直裆		32	32	32				
165	裤长			96	96	96			
	臀围			90	95	100			
	直裆			33	33	33			
170	裤长			99	99	99			
	臀围			90	95	100			
	直裆			34	34	34			
175	裤长				102	102	102		
	臀围				95	100	105		
	直裆				35	35	35		
180	裤长					105	105	105	
	臀围					100	105	110	
	直裆					36	36	36	
185	裤长						108	108	108
	臀围						105	110	115
	直裆						37	37	37

5.1.3 成人(女子)上衣类主要部位规格尺寸见表7。

表7 成人(女子)上衣类主要部位规格尺寸

单位为厘米

号	部位		型							
			70	75	80	85	90	95	100	105
145	衣长		54	54						
	胸围		75	80						
	袖长	长袖	47.5	47.5						
		短袖	12	12						
150	衣长			56	56					
	胸围			80	85					
	袖长	长袖		49	49					
		短袖		13	13					
155	衣长				58	58	58			
	胸围				85	90	95			
	袖长	长袖			50.5	50.5	50.5			
		短袖			13	13	13			
160	衣长				60	60	60			
	胸围				85	90	95			
	袖长	长袖			52	52	52			
		短袖			14	14	14			
165	衣长					62	62	62		
	胸围					90	95	100		
	袖长	长袖				53.5	53.5	53.5		
		短袖				14	14	14		
170	衣长						64	64	64	
	胸围						95	100	105	
	袖长	长袖					55	55	55	
		短袖					15	15	15	
175	衣长							66	66	66
	胸围							100	105	110
	袖长	长袖						56.5	56.5	56.5
		短袖						15	15	15

5.1.4 成人(女子)裤类主要部位规格尺寸见表8。

表8 成人(女子)裤类主要部位规格尺寸

单位为厘米

号	部位	型							
		70	75	80	85	90	95	100	105
145	裤长	85	85						
	臀围	75	80						
	直裆	29	29						
150	裤长		88	88					
	臀围		80	85					
	直裆		30	30					
155	裤长		91	91	91				
	臀围		80	85	90				
	直裆		31	31	31				
160	裤长			94	94	94			
	臀围			85	90	95			
	直裆			32	32	32			

表 8（续）　　单位为厘米

号	部位	型 70	75	80	85	90	95	100	105
165	裤长				97	97	97		
	臀围				90	95	100		
	直裆				33	33	33		
170	裤长					100	100	100	
	臀围					95	100	105	
	直裆					34	34	34	
175	裤长						103	103	103
	臀围						100	105	110
	直裆						35	35	35

5.1.5　儿童针织内衣主要部位规格尺寸见表 9。

表 9　儿童针织内衣主要部位规格尺寸　　单位为厘米

号	部位		型 45	50	55	60	65	70	75	80
50	衣长		24							
	胸围		50							
	袖长	长袖	19							
		短袖	6							
	裤长		33							
	臀围		50							
	直裆		19							
60	衣长		26							
	胸围		50							
	袖长	长袖	21							
		短袖	6							
	裤长		36							
	臀围		50							
	直裆		20							
70	衣长			28						
	胸围			55						
	袖长	长袖		23						
		短袖		6						
	裤长			39						
	臀围			55						
	直裆			21						
80	衣长			30						
	胸围			55						
	袖长	长袖		25						
		短袖		7						
	裤长			42						
	臀围			55						
	直裆			22						
90	衣长				34					
	胸围				60					
	袖长	长袖			28					
		短袖			7					
	裤长				49					

表 9（续）

单位为厘米

号	部位		型							
			45	50	55	60	65	70	75	80
90	臀围				60					
	直裆				23					
100	衣长				38					
	胸围				60					
	袖长	长袖			31					
		短袖			8					
	裤长				56					
	臀围				60					
	直裆				24					
110	衣长					42				
	胸围					65				
	袖长	长袖				34				
		短袖				8				
	裤长					63				
	臀围					65				
	直裆					25				
120	衣长					46				
	胸围					65				
	袖长	长袖				37				
		短袖				9				
	裤长					70				
	臀围					65				
	直裆					26				
130	衣长						50			
	胸围						70			
	袖长	长袖					40			
		短袖					9			
	裤长						77			
	臀围						70			
	直裆						27			
135	衣长						52			
	胸围						70			
	袖长	长袖					41.5			
		短袖					10			
	裤长						80			
	臀围						70			
	直裆						28			
140	衣长							54		
	胸围							75		
	袖长	长袖						43		
		短袖						10		
	裤长							83		
	臀围							75		
	直裆							29		
145	衣长							56		
	胸围							75		

表 9（续） 单位为厘米

号	部位		型 45	50	55	60	65	70	75	80
145	袖长	长袖						44.5		
		短袖						11		
	裤长							86		
	臀围							75		
	直裆							30		
150	衣长								58	
	胸围								80	
	袖长	长袖							46	
		短袖							11	
	裤长								89	
	臀围								80	
	直裆								31	
155	衣长								60	
	胸围								80	
	袖长	长袖							47.5	
		短袖							12	
	裤长								92	
	臀围								80	
	直裆								32	
160	衣长									62
	胸围									85
	袖长	长袖								49
		短袖								12
	裤长									95
	臀围									85
	直裆									33

5.2 B 类

5.2.1 成人(男子)上衣类主要部位规格尺寸见表 10。

表 10 成人(男子)上衣类主要部位规格尺寸 单位为厘米

号	部位		型 75	80	85	90	95	100	105	110
155	衣长		61	61						
	胸围		70	75						
	袖长	长袖	50	50						
		短袖	15	15						
160	衣长			63	63					
	胸围			75	80					
	袖长	长袖		51.5	51.5					
		短袖		16	16					
165	衣长				65	65	65			
	胸围				80	85	90			
	袖长	长袖			53	53	53			
		短袖			16	16	16			
170	衣长				67	67	67			
	胸围				80	85	90			

表 10（续）

单位为厘米

号	部位		型 75	80	85	90	95	100	105	110
170	袖长	长袖			54.5	54.5	54.5			
		短袖			17	17	17			
175	衣长					69	69	69		
	胸围					85	90	95		
	袖长	长袖				56	56	56		
		短袖				17	17	17		
180	衣长						71	71	71	
	胸围						90	95	100	
	袖长	长袖					57.5	57.5	57.5	
		短袖					18	18	18	
185	衣长							73	73	73
	胸围							95	100	105
	袖长	长袖						59	59	59
		短袖						18	18	18

5.2.2 成人(男子)裤类主要部位规格尺寸见表 11。

表 11 成人(男子)裤类主要部位规格尺寸

单位为厘米

号	部位	型 75	80	85	90	95	100	105	110
155	裤长	87	87						
	臀围	70	75						
	直裆	29	29						
160	裤长		90	90	90				
	臀围		75	80	85				
	直裆		30	30	30				
165	裤长			93	93	93			
	臀围			80	85	90			
	直裆			31	31	31			
170	裤长			96	96	96			
	臀围			80	85	90			
	直裆			32	32	32			
175	裤长				99	99	99		
	臀围				85	90	95		
	直裆				33	33	33		
180	裤长					102	102	102	
	臀围					90	95	100	
	直裆					34	34	34	
185	裤长						105	105	105
	臀围						100	105	110
	直裆						35	35	35

5.2.3 成人(女子)上衣类主要部位规格尺寸见表 12。

表 12　成人(女子)上衣类主要部位规格尺寸

单位为厘米

号	部位		型							
			70	75	80	85	90	95	100	105
145	衣长		51	51						
	胸围		65	70						
	袖长	长袖	45.5	45.5						
		短袖	12	12						
150	衣长			53	53					
	胸围			70	75					
	袖长	长袖		47	47					
		短袖		13	13					
155	衣长				55	55	55			
	胸围				75	80	85			
	袖长	长袖			48.5	48.5	48.5			
		短袖			13	13	13			
160	衣长				57	57	57			
	胸围				75	80	85			
	袖长	长袖			50	50	50			
		短袖			14	14	14			
165	衣长					59	59	59		
	胸围					80	85	90		
	袖长	长袖				51.5	51.5	51.5		
		短袖				14	14	14		
170	衣长						61	61	61	
	胸围						85	90	95	
	袖长	长袖					53	53	53	
		短袖					15	15	15	
175	衣长							63	63	63
	胸围							90	95	100
	袖长	长袖						54.5	54.5	54.5
		短袖						15	15	15

5.2.4　成人(女子)裤类主要部位规格尺寸见表 13。

表 13　成人(女子)裤类主要部位规格尺寸

单位为厘米

号	部位	型							
		70	75	80	85	90	95	100	105
145	裤长	82	82						
	臀围	65	70						
	直裆	27	27						
150	裤长		85	85					
	臀围		70	75					
	直裆		28	28					
155	裤长		88	88	88				
	臀围		70	75	80				
	直裆		29	29	29				
160	裤长			91	91	91			
	臀围			75	80	85			
	直裆			30	30	30			

表 13（续）

单位为厘米

号	部位	型							
		70	75	80	85	90	95	100	105
165	裤长				94	94	94		
	臀围				80	85	90		
	直裆				31	31	31		
170	裤长					97	97	97	
	臀围					85	90	95	
	直裆					32	32	32	
175	裤长						100	100	100
	臀围						90	95	100
	直裆						33	33	35

5.3 **C 类**

5.3.1 成人(男子)上衣类主要部位规格尺寸见表 14。

表 14 成人(男子)上衣类主要部位规格尺寸

单位为厘米

号	部位		型							
			75	80	85	90	95	100	105	110
155	衣长		63	63						
	胸围		65	70						
	袖长	长袖	52.5	52.5						
		短袖	15	15						
160	衣长			65	65					
	胸围			70	75					
	袖长	长袖		54	54					
		短袖		16	16					
165	衣长				67	67	67			
	胸围				75	80	85			
	袖长	长袖			55.5	55.5	55.5			
		短袖			16	16	16			
170	衣长				69	69	69			
	胸围				75	80	85			
	袖长	长袖			57	57	57			
		短袖			17	17	17			
175	衣长					71	71	71		
	胸围					80	85	90		
	袖长	长袖				58.5	58.5	58.5		
		短袖				17	17	17		
180	衣长						73	73	73	
	胸围						85	90	95	
	袖长	长袖					60	60	60	
		短袖					18	18	18	
185	衣长							75	75	75
	胸围							90	95	100
	袖长	长袖						61.5	61.5	61.5
		短袖						18	18	18

5.3.2 成人(男子)裤类主要部位规格尺寸见表 15。

表 15 成人(男子)裤类主要部位规格尺寸

单位为厘米

号	部位	型 75	80	85	90	95	100	105	110
155	裤长	89	89						
	臀围	65	70						
	直裆	30	30						
160	裤长		92	92	92				
	臀围		70	75	80				
	直裆		31	31	31				
165	裤长			95	95	95			
	臀围			75	80	85			
	直裆			32	32	32			
170	裤长			98	98	98			
	臀围			75	80	85			
	直裆			33	33	33			
175	裤长				101	101	101		
	臀围				80	85	90		
	直裆				34	34	34		
180	裤长					104	104	104	
	臀围					85	90	95	
	直裆					35	35	35	
185	裤长						107	107	107
	臀围						90	95	100
	直裆						36	36	35

5.3.3 成人(女子)上衣类主要部位规格尺寸见表 16。

表 16 成人(女子)上衣类主要部位规格尺寸

单位为厘米

号	部位		型 70	75	80	85	90	95	100	105
145	衣长		53	53						
	胸围		60	65						
	袖长	长袖	47.5	47.5						
		短袖	12	12						
150	衣长			55	55					
	胸围			65	70					
	袖长	长袖		49	49					
		短袖		13	13					
155	衣长				57	57	57			
	胸围				70	75	80			
	袖长	长袖			50.5	50.5	50.5			
		短袖			13	13	13			
160	衣长				59	59	59			
	胸围				70	75	80			
	袖长	长袖			52	52	52			
		短袖			14	14	14			
165	衣长					61	61	61		
	胸围					75	80	85		
	袖长	长袖				53.5	53.5	53.5		
		短袖				14	14	14		

表 16（续）

单位为厘米

号	部位		型							
			70	75	80	85	90	95	100	105
170	衣长						63	63	63	
	胸围						80	85	90	
	袖长	长袖					55	55	55	
		短袖					15	15	15	
175	衣长							65	65	65
	胸围							85	90	95
	袖长	长袖						56.5	56.5	56.5
		短袖						15	15	15

5.3.4　成人(女子)裤类主要部位规格尺寸见表 17。

表 17　成人(女子)裤类主要部位规格尺寸

单位为厘米

号	部位	型							
		70	75	80	85	90	95	100	105
145	裤长	84	84						
	臀围	60	65						
	直裆	28	28						
150	裤长		87	87					
	臀围		65	70					
	直裆		29	29					
155	裤长			90	90	90			
	臀围			70	75	80			
	直裆			30	30	30			
160	裤长			93	93	93			
	臀围			70	75	80			
	直裆			31	31	31			
165	裤长				96	96	96		
	臀围				75	80	85		
	直裆				32	32	32		
170	裤长					99	99	99	
	臀围					80	85	90	
	直裆					33	33	33	
175	裤长						102	102	102
	臀围						85	90	95
	直裆						34	34	34